2024年 MBA、MPA、MPAcc、MEM
管理类联考综合能力

# 逻辑历年真题分类精解

周建武　编著

中国人民大学出版社
·北京·

# 序 言

管理类联考综合能力（科目代码199）和经济类联考综合能力（科目代码396）分别是为了招收管理类和经济类专业学位硕士研究生而设的全国性联考科目。两者均是素质能力考试，考试目的是科学、公平、有效地测试考生是否具备攻读硕士专业学位所必需的基本素质、一般能力和培养潜能，具体包括：

第一，运用数学基础知识、基本方法分析和解决问题的能力；

第二，较强的分析、推理、论证等逻辑思维能力；

第三，较强的文字材料理解能力、分析能力以及书面表达能力。

两类联考综合能力的考试时间均为180分钟，其考试范围为数学基础、逻辑推理、写作（包括论证有效性分析、论说文）三大部分。其中，两者数学基础部分考试大纲有一定的差异，而逻辑推理、写作部分的考试大纲基本相同。两者的试卷结构对比如下：

| | | 管理类联考综合能力<br>（科目代码199） | 经济类联考综合能力<br>（科目代码396） |
|---|---|---|---|
| 试卷满分 | | 200分 | 150分 |
| 分值分布 | 数学基础 | 75分<br>（包括问题求解15题、条件充分性判断10题，每题3分） | 70分<br>（包括35道选择题，每题2分） |
| | 逻辑推理 | 60分<br>（选择题30题，每题2分） | 40分<br>（选择题20题，每题2分） |
| | 写作 论证有效性分析 | 30分<br>（1篇） | 20分<br>（1篇） |
| | 写作 论说文 | 35分<br>（1篇） | 20分<br>（1篇） |

管理类联考和经济类联考的综合能力试卷中涉及逻辑思维能力测试的包括逻辑推理和论证有效性分析两大部分。为帮助广大考生有针对性地进行逻辑复习备考，作者基于20多年专硕逻辑辅导经验和20余部管理类、经济类、工程类逻辑应试图书编写经验，推出本套"周建武考研逻辑系列"，共6种。

高质量的考试辅导图书要具备三个要素：一是突显为考生备考服务的宗旨；二是具有前瞻性，对今后的考试有指导意义；三是严格遵循大纲要求，内容难度与考试试卷相符或略微偏高。本套书就是按这样的要求来编写的。首先，针对考试题量大、内容广的特点，全面精讲基础知识和基本技能，帮助考生做好全面复习，尽快适应考试；其次，根据命题思路，举题型讲方法，对以往考题进行剖析，充分展示解题技巧和规律性，便于考生掌握和应用；再次，强调精练，在统计分析以往考题的基础上，结合未来命题的趋势，精心设计了针对性强、与命题发展方向相吻合的经典习题或模拟试题。本套书的例题、习题与模拟试题在设计上突出了"适度偏难"，不只是为了让考生准备更充分，也是为了弥补目前各类复习辅导图书中的题目与考试题目难度差距较大的不足。

逻辑应试能力训练需要大量做题才能达到熟能生巧的效果，那么，到底要做多少题才能达到熟练的程度呢？根据作者长期的辅导经验，达标训练量是1 000道题，理想训练量是2 000～3 000道题，达到这种程度的训练量，考生将达到豁然开朗的境界。为此，本套书收集了国内外各类考试的逻辑真题，参考了市面上常见的各类逻辑习题和模拟题，总题量已达3 000道。特别是通过查重软件严格筛选和精心编排，本套书中各册书的题目均不重复，以利于考生高效备考。同时，由于国内考试命题常常借鉴各类国内外考试的真题，学习本套书的考生还将有机会在考试中遇到"熟题"。相信充分利用好本套书进行学习和训练，一定会达到理想的备考效果。

按照备考经验，整个复习过程可分为系统学习、综合训练、最后冲刺三个阶段，相应地，本套6种图书分别对应不同的阶段，列表如下：

| 科目 | 阶段 | 主要任务 | "管理类联考"用书 | "经济类联考"用书 |
| --- | --- | --- | --- | --- |
| 逻辑推理 | 第一阶段 | 系统学习 | 《MBA、MPA、MPAcc、MEM管理类联考综合能力逻辑教程（考前辅导与历年试题精讲）》 | 《经济类联考综合能力逻辑应试教程（历年真题分类精解及全真模拟试卷）》 |
| | 第二阶段 | 综合训练 | 《MBA、MPA、MPAcc、MEM管理类联考综合能力逻辑题库（专项训练与模拟试题精编）》《MBA、MPA、MPAcc、MEM管理类联考综合能力逻辑历年真题分类精解》 | |
| | 第三阶段 | 最后冲刺 | 《MBA、MPA、MPAcc、MEM管理类联考综合能力逻辑精选600题（20套全真试卷及详解）》 | |
| 论证有效性分析 | | 全面学习 | 《管理类联考与经济类联考综合能力论证有效性分析（考试教程与历年真题）》 | |

衷心希望本套书能帮助考生有效地提高实战能力，给应试备考带来实实在在的训练效果。祝愿各位考生在认真准备的基础上，有良好的发挥，真正实现逻辑应试的高分突破，顺利地考取理想院校的专业硕士研究生。

由于本套书涉及的范围广、内容多、题量大，疏漏和不足之处在所难免，因此，热诚欢迎广大读者提出宝贵意见。若有信息反馈请直接发至作者邮箱：758566755@qq.com。

# 前　言

逻辑推理是管理类和经济类联考综合能力考试的重要组成部分，作为能力型测试，逻辑推理测试绝非简单地考概念、知识、原理的记忆，而是主要考查逻辑思维能力的应用和实际分析解决问题的能力。逻辑推理的考查内容包括形式推理和非形式推理两大类，题量各占一半左右。为使考生对逻辑推理测试有个整体把握，以便更好地使用本书复习备考，下面把逻辑试题的分类、特点、本书对应章节、考查目标、题量比例、试题类型总结如下。

| 分类 | 特点 | 本书对应章节 | | 考查目标 | 题量比例 | 试题类型 |
|---|---|---|---|---|---|---|
| 形式推理 | 必然性推理 分析性推理 | 上篇 演绎推理 | 词项逻辑（第1～3章）命题逻辑（第4～6章）模态推理（第7章） | 逻辑基础知识 | 约25% | 知识型试题 |
| | | | 关系推理（第8章）分析推理（第9章） | 逻辑分析能力 | 约25% | |
| 非形式推理 | 或然性推理 批判性推理 | 中篇 归纳推理 | 逻辑归纳、统计数据、因果推理、归纳方法、类比推理、实践推理（第1～6章） | 逻辑归纳能力 阅读理解能力 | 约50% | 能力型试题 |
| | | 下篇 论证推理 | 假设、支持、削弱、评价、推论、解释、比较、描述、综合（第1～9章） | 批判性思维能力 阅读理解能力 | | |

针对管理类和经济类联考逻辑测试的特点，根据以往考生的考试经验，逻辑复习备考最有效的应试方法就是抓住真题。把真题利用好，能给考生带来事半功倍的效果，省心、省时、高效。

一、逻辑备考的主要经验：真题就是一切

逻辑命题具有很强的承继性，常考的领域都有重复性。真题是逻辑复习备考的最好蓝本，逻辑备考的要诀就是在真题里提高解题能力，在真题里猜测出今后命题的规律，在真题里悟出解题要领。

一套真题需要命题组专家花一年时间专门琢磨，题目出得不可能不精，质量自然要远高于各类辅导书的习题。历年考题不仅使你熟悉考题类型和解题套路，而且还可以使你在正式考试时对绝大多数题感到"面熟"，无形中会产生胸有成竹的心理优势。因此，反复研习历届真题，是攻克逻辑考试的捷径。

由于逻辑解题只有在做到一定题量之后才可谈及技巧，所以研习真题是提高逻辑成绩所必须下的扎实功夫。在研习真题的过程中一定要仔细分析题目和答案，逻辑题目的陷阱和解题方法很多要慢慢领悟。在真题精练的过程中，考生将全面把握大纲要求和考试特点，并且通过分析题目能掌握出题思路，找出快速解题技巧，逻辑解题速度和能力一定会在不知不觉中提高。

二、逻辑备考的最佳策略：真题类型化方法

逻辑考试考查的重点是对知识的综合运用以及解决实际问题的能力，具体表现为题目很活，解题技巧只有在反复练习中才会真正掌握并巩固。因此，要拿高分，秘诀就是真题类型化方法。

所谓类型化方法，就是以最佳的试题类型分类为基础，根据不同的试题类型所具有的主要特征，而提炼出来的处理不同类问题的具体方法。分类越细越实用，掌握类型的特征越明晰效果越显著。

只要你仔细研究历年真题就会发现，很多考题都惊人地相似。做真题的目的并不是找可能再次出现的题，而是找一定会再次出现的题型，同时要分析清楚做题的方法。

好的解题方法简便快捷，与差的方法往往有天壤之别。为此，本书针对逻辑题型，深入分析探究，用"举题型讲方法"的格式，把历届真题按题目的表现形式或解题方法划分为不同的题型和解题套路，并做详细剖析说明，通过对同类真题的解题分析，尽量把每一种套路的特点和解题方法分析透彻。本书中总结出的解题方法、技巧，便于考生掌握和应用，将使考生应试时思路畅通，有的放矢。

三、逻辑备考的成功秘诀：通过真题精练形成题感

提高逻辑成绩最有效的办法就是精练。所谓精练，就是反复做题，按照题目的类型进行解题套路的训练，从而全面把握各类类型的命题规律，逐步形成题感。只有解题既快又准，才能取得逻辑高分。逻辑推理是一种能力，是每个人潜在的能力，可以通过培养和训练加以显化和提高。做题的过程就是训练和提高这种能力的过程，只有在大量做题的过程中，你才会提高自己的快速反应和分析问题的水平。

真题的作用绝不是其他模拟题可替代的。因此，想取得考试成功，就要进行真题精练，即反复做历年真题，要做到"熟能生巧"。只有大量做题，才能形成题感。历年真题对考生的备考具有导向性的作用，吃透真题，才能摸清考点和出题规律。为此，本书系统剖析了历年逻辑真题的题型特点，突出了类型化的编排特色，提供了精简而实用的解题思路、方法和技巧，非常适合作为管理类和经济类联考考生紧抓逻辑考点、把握考题特征、辨明考试趋势的辅导与训练用书。

鉴于以上认识，本书的编写指导思想是从考生的实际出发，以逻辑思维能力的训练为目标，以历年真题为基础，把分类思维训练与解题技巧有效地结合起来。目的是通过解题训练，帮助广大考生更好地进行逻辑科目的复习备考，有效地提高考生的实战能力。

# 目 录

## 上篇　演绎推理

**第1章　概念推理** ... 3
　1.1　概念关系 ... 3
　1.2　偷换概念 ... 5
　1.3　定义判断 ... 8

**第2章　直言推理** ... 11
　2.1　对当关系 ... 11
　2.2　变形推理 ... 15

**第3章　三段论** ... 17
　3.1　结构比较 ... 17
　3.2　推出结论 ... 19
　3.3　补充前提 ... 31

**第4章　复合推理** ... 35
　4.1　联言推理 ... 35
　4.2　选言推理 ... 36
　4.3　假言推理 ... 38
　4.4　推出结论 ... 45
　4.5　省略假言 ... 48

**第5章　多重推理** ... 50
　5.1　摩根定律 ... 50
　5.2　等价转换 ... 61
　5.3　假言连锁 ... 62
　5.4　二难推理 ... 65

**第6章　混合推理** ... 68
　6.1　单式推论 ... 68
　6.2　多式推论 ... 71
　6.3　混合推论 ... 77
　6.4　推论复选 ... 101
　6.5　补充前提 ... 109
　6.6　结构比较 ... 114
　6.7　评价描述 ... 119
　6.8　推理题组 ... 121

**第7章　模态推理** ... 127
　7.1　模态命题 ... 127

7.2 模态复合 ............................................. 129
第 8 章 关系推理 ............................................. 133
  8.1 排序推理 ............................................. 133
  8.2 关系推演 ............................................. 136
第 9 章 分析推理 ............................................. 138
  9.1 数学运算 ............................................. 138
  9.2 数学思维 ............................................. 141
  9.3 数学推演 ............................................. 151
  9.4 演绎推论 ............................................. 156
  9.5 演绎分析 ............................................. 160
  9.6 匹配对应 ............................................. 172
  9.7 真假话题 ............................................. 181
  9.8 逻辑推演 ............................................. 188
  9.9 分析题组 ............................................. 193

# 中篇　归纳推理

第 1 章 逻辑归纳 ............................................. 231
  1.1 归纳概括 ............................................. 231
  1.2 统计概括 ............................................. 235
第 2 章 统计数据 ............................................. 240
  2.1 平均数据 ............................................. 240
  2.2 相对数据 ............................................. 241
  2.3 交叉数据 ............................................. 245
  2.4 相关数据 ............................................. 248
  2.5 可比数据 ............................................. 249
  2.6 独立数据 ............................................. 251
第 3 章 因果推理 ............................................. 257
  3.1 因果传递 ............................................. 257
  3.2 间接因果 ............................................. 259
  3.3 从因到果 ............................................. 261
  3.4 从果到因 ............................................. 263
  3.5 因果推断 ............................................. 265
  3.6 倒置因果 ............................................. 267
  3.7 复合因果 ............................................. 270
第 4 章 归纳方法 ............................................. 274
  4.1 求同推理 ............................................. 274
  4.2 求异强化 ............................................. 275
  4.3 求异弱化 ............................................. 280
  4.4 求异推论 ............................................. 287
  4.5 求异解释 ............................................. 289
  4.6 求异比较 ............................................. 293
  4.7 共变推理 ............................................. 294

## 第 5 章 类比推理 ... 297
- 5.1 类比强化 ... 297
- 5.2 类比弱化 ... 299
- 5.3 类比推论 ... 302
- 5.4 类比比较 ... 303
- 5.5 类比描述 ... 304

## 第 6 章 实践推理 ... 307
- 6.1 强化方案 ... 307
- 6.2 弱化方案 ... 309

# 下篇 论证推理

## 第 1 章 假设 ... 319
- 1.1 充分假设 ... 319
- 1.2 推理可行 ... 327
- 1.3 没有他因 ... 335
- 1.4 假设辨析 ... 340
- 1.5 不能假设 ... 343
- 1.6 假设复选 ... 344
- 小结 ... 350

## 第 2 章 支持 ... 352
- 2.1 充分支持 ... 352
- 2.2 必要支持 ... 356
- 2.3 论据支持 ... 358
- 2.4 最能支持 ... 377
- 2.5 不能支持 ... 382
- 小结 ... 387

## 第 3 章 削弱 ... 388
- 3.1 否定假设 ... 388
- 3.2 反对理由 ... 395
- 3.3 另有他因 ... 396
- 3.4 反面论据 ... 407
- 3.5 最能削弱 ... 419
- 3.6 削弱变形 ... 426
- 3.7 不能削弱 ... 430
- 3.8 削弱复选 ... 437
- 小结 ... 438

## 第 4 章 评价 ... 440
- 4.1 是否假设 ... 440
- 4.2 对比评价 ... 441
- 4.3 不能评价 ... 445
- 小结 ... 446

## 第5章 推论 ... 447
- 5.1 概括论点 ... 448
- 5.2 推出结论 ... 449
- 5.3 推论假设 ... 454
- 5.4 推论支持 ... 457
- 5.5 推论削弱 ... 461
- 5.6 不能推论 ... 462
- 5.7 推论复选 ... 464
- 小结 ... 468

## 第6章 解释 ... 469
- 6.1 解释现象 ... 469
- 6.2 解释矛盾 ... 472
- 6.3 最能解释 ... 478
- 6.4 不能解释 ... 480
- 6.5 解释复选 ... 487
- 小结 ... 488

## 第7章 比较 ... 489
- 7.1 结构平行 ... 489
- 7.2 方法相似 ... 491
- 小结 ... 498

## 第8章 描述 ... 499
- 8.1 逻辑描述 ... 499
- 8.2 缺陷描述 ... 502
- 小结 ... 505

## 第9章 综合 ... 506
- 9.1 言语理解 ... 506
- 9.2 事例判断 ... 513
- 9.3 论证谬误 ... 514
- 9.4 争议焦点 ... 518
- 9.5 对话辨析 ... 522
- 9.6 完成句子 ... 527
- 9.7 论证题组 ... 529
- 本篇总结 ... 561

**后记** ... 563

# 上篇

2023 年 MBA、MPA、MPAcc、MEM
管理类联考综合能力逻辑历年真题分类精解

  演绎推理即形式推理，属于必然性的推理，主要考查考生的演绎思维能力，其命题依据就是形式逻辑的基础知识。这类试题虽然并不专门考核或不直接考查逻辑专业知识，但逻辑知识是隐含在试题之中的。这类试题属于知识能力试题，虽然凭感觉选择也会有一定的成功概率，但若不按照有关的逻辑理论和方法去做，答题的速度比较慢，而且很容易答错。因此考生必须熟悉一些逻辑学的基础知识，掌握一些逻辑学的基本方法，才能迅速准确地解题。

# 第1章　概念推理

形式逻辑是研究思维的形式及其规律的科学。要研究逻辑，首先要从概念出发。概念是思维形式最基本的组成单位，是构成命题、推理的要素。

## 1.1　概念关系

概念有两个基本的逻辑特征：内涵和外延。

概念的内涵是指反映在概念中的思维对象的特性或本质。外延是指具有概念的内涵所反映的那些特性或本质的具体思维对象。任何概念都有内涵和外延，概念的内涵规定了概念的外延，概念的外延也影响着概念的内涵。

### 一、概念间的逻辑关系

概念间的关系按其性质来说，可以分为相容关系和不相容关系两大类。

#### 1. 概念间相容关系

（1）同一关系，是指外延完全重合的两个概念之间的关系。

（2）从属关系，是指一个概念的外延包含着另一个概念的全部外延，这样两个概念之间的关系。

（3）交叉关系，是指外延有且只有一部分重合的两个概念之间的关系。

#### 2. 概念间不相容关系

（1）矛盾关系，是指这样两个概念之间的关系：两个概念的外延是互相排斥的，而且这两个概念的外延之和穷尽了它们属概念的全部外延。

（2）反对关系，是指这样两个概念之间的关系：两个概念的外延是互相排斥的，而且这两个概念的外延之和没有穷尽它们属概念的全部外延。

### 二、图解法解题

涉及概念关系的题目通常用图解法来帮助解题，即根据题意用欧拉图法（即圆圈图形的示意法）表示概念之间的外延关系。根据题干提供的条件作图，大致解题步骤如下：

#### 1. 判定概念间的关系

（1）先判定题目中每两个概念间的外延关系。

（2）再判定各个概念彼此之间的外延关系。

#### 2. 作图方法

（1）先用实线画相对固定的概念关系。

(2) 再用虚线画不固定的概念关系。
(3) 在每个圆圈的适当位置上标注。
(4) 在此基础上，画出能从整体上反映各个概念彼此之间外延关系的综合图形。

### 3. 用图形辅助解题

由于用上述方法作出的示意图并不是唯一确定的，所以，只用作解题时的辅助思考。要注意两个问题：

(1) 实线是否有重合的可能，即概念间是否可能为同一关系。
(2) 虚线可能出现的位置。

**1** 2000MBA-64

所有持有当代商厦购物优惠卡的顾客，同时持有双安商厦的购物优惠卡。今年国庆，当代商厦和双安商厦同时给持有本商厦的购物优惠卡的顾客的半数，赠送了价值100元的购物奖券。结果，上述同时持有两个商厦的购物优惠卡的顾客，都收到了这样的购物奖券。

如果上述断定是真的，则以下哪项断定也一定为真？

Ⅰ. 所有持有双安商厦的购物优惠卡的顾客，也同时持有当代商厦的购物优惠卡。
Ⅱ. 今年国庆，没有一个持有上述购物优惠卡的顾客分别收到两个商厦的购物奖券。
Ⅲ. 持有双安商厦的购物优惠卡的顾客中，至多有一半收到当代商厦的购物奖券。

A. 只有Ⅰ。　　　　　　　　　　B. 只有Ⅱ。
C. 只有Ⅲ。　　　　　　　　　　D. 只有Ⅰ和Ⅱ。
E. Ⅰ、Ⅱ和Ⅲ。

**2** 2000GRK-30

某大学一寝室中住着若干个学生。其中，一个是哈尔滨人，两个是北方人，一个是广东人，两个在法律系，三个是进修生。该寝室中恰好住了8个人。

如果题干中关于身份的介绍涉及了寝室中所有的人，则以下各项关于该寝室的断定都不与题干矛盾，除了

A. 该校法律系每年都招收进修生。
B. 该校法律系从未招收过进修生。
C. 来自广东的室友在法律系就读。
D. 来自哈尔滨的室友在财政金融系就读。
E. 该室的三个进修生都是南方人。

**3** 2008MBA-46

陈先生要举办一个亲朋好友的聚会。他出面邀请了他父亲的姐夫，他姐夫的父亲，他哥哥的岳母，他岳母的哥哥。

陈先生最少出面邀请了几个客人？

A. 未邀请客人。　　　　　　　　B. 1个客人。
C. 2个客人。　　　　　　　　　D. 3个客人。
E. 4个客人。

## 答案与解析

### 1. 正确答案：C

题干只是断定，所有持有当代商厦购物优惠卡的顾客，同时持有双安商厦的购物优惠卡；

从中不能必然推出：所有持有双安商厦的购物优惠卡的顾客，也同时持有当代商厦的购物优惠卡。因此，Ⅰ不一定是真。

因为"持有当代卡的顾客"与"持有双安卡的顾客"不一定是同一关系，因此，Ⅱ不一定是真的。

由题干，所有持有当代商厦购物优惠卡的顾客，同时持有双安商厦的购物优惠卡。这说明，持有双安商厦优惠卡的顾客人数不会少于持有当代商厦优惠卡的顾客人数。如果持有双安商厦优惠卡的顾客中，有超过一半的人收到当代商厦的购物奖券，这说明收到当代商厦购物奖券的人数，超过了持有当代商厦优惠卡顾客人数的半数，这和题干的条件矛盾，因此，Ⅲ的断定一定为真（图 1-1-1）。

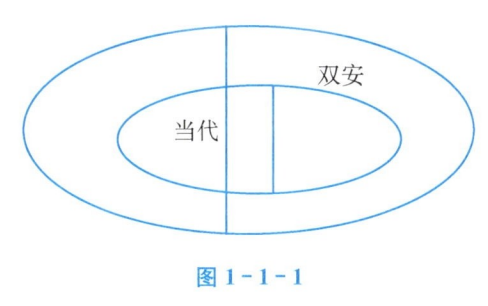

图 1-1-1

### 2. 正确答案：C

这类题目就是考查对概念的外延是否交叉和包含的判断。要做对本题，就要理解，哈尔滨人是北方人；所以，假设其他概念不交叉，那么一共是 8 个人，因此，其他概念必须不能"交叉"。选项 C 中，广东人和法律系交叉了，这样，总人数就少于 8 人了，因此，与题干矛盾。

选项 A、B、D、E 都没有构成新的概念交叉，因此不与题干矛盾（图 1-1-2）。

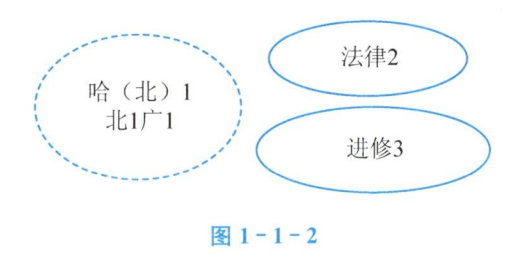

图 1-1-2

### 3. 正确答案：C

陈先生所邀请的客人，从名义上看是 4 个人（1 个女性，3 个男性），但 3 个男性中，父亲的姐夫、姐夫的父亲和岳母的哥哥可以是同一个人，所以，陈先生最少邀请了 2 人。

## 1.2 偷换概念

偷换概念或混淆概念是指在论证中把不同的概念当作同一概念来使用的逻辑错误，实际上改变了概念的修饰语、适用范围、所指对象等具体内涵。偷换掉一个重要概念，句子甚至观点的意思就会大不一样。

**1** 2000GRK-53

对同一事物，有的人说"好"，有的人说"不好"，这两种人之间没有共同语言。可见，不存在全民族通用的共同语言。

以下除哪项外，都与题干推理所犯的逻辑错误近似？

A. 甲："厂里规定，工作时禁止吸烟。"乙："当然，可我吸烟时从不工作。"
B. 有的写作教材上讲，写作中应当讲究语言形式的美，我的看法不同。我认为语言就应该朴实，不应该追求那些形式主义的东西。
C. 有意杀人者应处死刑，行刑者是有意杀人者，所以行刑者应处死刑。
D. 象是动物，所以小象是小动物。
E. 这种观点既不属于唯物主义，又不属于唯心主义，我看两者都有点像。

**2  2001MBA – 50**

有一种观点认为，到21世纪，和发达国家相比，发展中国家将有更多的人死于艾滋病。其根据是：据统计，艾滋病毒感染者人数在发达国家趋于稳定或略有下降，在发展中国家却持续快速上升；到21世纪，估计全球的艾滋病毒感染者将达到4 000万至1亿1千万人，其中，60%将集中在发展中国家。这一观点缺乏充分的说服力。因为，同样权威的统计数据表明，发达国家的艾滋病感染者从感染到发病的平均时间要大大短于发展中国家，而从发病到死亡的平均时间只有发展中国家的二分之一。

以下哪项最为恰当地概括了上述反驳所使用的方法？

A. 对"论敌"的立论动机提出质疑。
B. 指出"论敌"把两个相近的概念当作同一概念来使用。
C. 对"论敌"的论据的真实性提出质疑。
D. 提出一个反例来否定"论敌"的一般性结论。
E. 指出"论敌"在论证中没有明确具体的时间范围。

**3  2002GRK – 23**

我国正常婴儿在3个月时的平均体重在5～6公斤。因此，如果一个3个月的婴儿的体重只有4公斤，则说明期间他（她）的体重增长低于平均水平。

以下哪项如果为真，最有助于说明上述论证存在的漏洞？

A. 婴儿体重增长低于平均水平不意味着发育不正常。
B. 上述婴儿在6个月时的体重高于平均水平。
C. 上述婴儿出生时的体重低于平均水平。
D. 母乳喂养的婴儿体重增长较快。
E. 我国婴儿的平均体重较20年前有了显著的增加。

**4  2004MBA – 55**

张教授：如果没有爱迪生，人类还将生活在黑暗中。理解这样的评价，不需要任何想象力。爱迪生的发明，改变了人类的生存方式。但是，他只在学校中受过几个月的正式教育。因此，接受正式教育对于在技术发展中作出杰出贡献并不是必要的。

李研究员：你的看法完全错了。自爱迪生时代以来，技术的发展日新月异。在当代，如果你想对技术发展作出杰出贡献，即使接受当时的正式教育，全面具备爱迪生时代的知识也是远远不够的。

以下哪项最恰当地指出了李研究员的反驳中存在的漏洞？

A. 没有确切界定何为"技术发展"。
B. 没有确切界定何为"接受正式教育"。
C. 夸大了当代技术发展的成果。
D. 忽略了一个核心概念：人类的生存方式。

E. 低估了爱迪生的发明对当代技术发展的意义。

### 5  2010MBA-49

克鲁特是德国家喻户晓的"明星"北极熊，北极熊是名副其实的北极霸主，因此，克鲁特是名副其实的北极霸主。

以下除哪项外，均与上述论证中出现的谬误相似？

A. 儿童是祖国的花朵，小雅是儿童，因此，小雅是祖国的花朵。
B. 鲁迅的作品不是一天能读完的，《祝福》是鲁迅的作品，因此，《祝福》不是一天能读完的。
C. 中国人是不怕困难的，我是中国人，因此，我是不怕困难的。
D. 康怡花园坐落在清水街，清水街的建筑属于违章建筑，因此，康怡花园的建筑属于违章建筑。
E. 西班牙语是外语，外语是普通高等学校招生的必考科目，因此，西班牙语是普通高校招生的必考科目。

### 6  2013GRK-48

一脸"萌"相的康恩·莱维，看似与其他新生儿并无两样，但因为是全球首例经新一代基因测序技术筛查后的试管婴儿，他的问世，受到了专家学者的关注。前不久，英国伦敦召开的"欧洲人类生殖和胚胎学会年会"上，这则新闻引爆全场。而普通人也由此认为，人类或许迎来了"定制宝宝"的时代。

以下哪项如果为真，最能反驳上述普通人的观点？

A. "人工"的基因筛查不排除会有漏洞；自然受孕中，大自然优胜劣汰准则似乎更为奥妙、有效。
B. 从近代科技发展史可见，技术发展往往快于人类认知，有时技术会走得更远，偏离人类认知的轨道。
C. 筛查基因主要是避免生殖缺陷，这一技术为人类优生优育带来契机；至于"定制宝宝"，更多涉及克隆概念，两者不能混淆。
D. "定制宝宝"在全球范围内尚无尝试，这一概念也挑战最具有争议的人类生殖伦理。
E. 生物技术飞速发展，"定制宝宝"的时代可能尚未热身就已经被别的时代所取代。

## 答案与解析

### 1. 正确答案：E

题干的逻辑错误是偷换概念，前后出现的两个"共同语言"是两个概念，前者指的是"个体之间相同的意见"，后者指的是"群体之间的通用语言"。

选项 A，偷换了概念，工作既是一个时段概念，也可以是一个动作的概念。

选项 B，前一个"语言"与后一个"语言"不是同一个概念。

选项 C，两个"有意杀人者"不是同一个概念。

选项 D，其逻辑错误是"小动物"已经成了另外一个概念，与"小的动物"不同。

选项 E，其逻辑错误是"两不可"，与题干的逻辑错误离得最远，为正确答案。

### 2. 正确答案：B

题干所反驳的观点的结论是：到21世纪，和发达国家相比，发展中国家将有更多的人死于艾滋病；其根据是：艾滋病毒感染者人数在发达国家趋于稳定或略有下降，在发展中国家却持续快速上升。

题干对此所作的反驳实际上指出：上述观点把"死于艾滋病的人数"和"感染艾滋病毒的人数"这两个相近的概念错误地当作同一概念使用；艾滋病毒感染者人数在发达国家虽低于发展中国家，但由于发达国家的艾滋病毒感染者从感染到发病，以及从发病到死亡的平均时间要大大短于发展中国家，因此，其实际死于艾滋病的人数仍可能多于发展中国家。因此，B项恰当地概括了题干中的反驳所使用的方法。

其他的选项均不是反驳者使用的方法。

### 3. 正确答案：C

题干论证混淆了"平均体重增长"与"平均体重"这两个概念。

如果C项为真，则说明：虽然上述婴儿在3个月时体重低于平均水平，但由于出生时的体重低于平均水平，因此，期间他（她）的体重增长不一定低于平均水平。这就指出了上述论证存在的漏洞。其余各项均不能说明题干的论证存在漏洞。

### 4. 正确答案：A

张教授认为，爱迪生只受过几个月的正式教育，因此，接受正式教育对于在技术发展中作出杰出贡献并不是必要的。

李研究员的反驳理由是：在当代要想对技术发展作出杰出贡献，即使接受当时的正式教育也是远远不够的。

可见，"技术发展"这个关键概念的内涵，在张教授的陈述和李研究员的反驳中是不完全一致的。张教授所指的是"一般意义上的技术发展"，而李研究员所指的是"当代的技术发展"。这样，即使李研究员的断定成立，也不能说明张教授的断定不成立。A项恰当地指出了李研究员的反驳中存在的漏洞。

张教授和李研究员指的都是"当时的正式教育"（即爱迪生时代的正式教育），因此，B不对。C、D、E为明显无关选项。

### 5. 正确答案：D

题干的论证形式貌似三段论，但存在偷换概念谬误，第一个"北极熊"是非集合概念，第二个是"集合"概念。

各选项中，除D外，都存在这一谬误。

### 6. 正确答案：C

普通人的观点是，人类或许迎来了"定制宝宝"的时代。

而所谓的"定制宝宝"，应该是按照某种意愿来确定遗传基因，从而"制造"下一代。

C项若为真，表明全球首例经新一代基因测序技术筛查后的试管婴儿，虽然降生了，但其所用的筛查基因技术主要是避免生殖缺陷，并不具有普通人所认为的"定制宝宝"所具有的功能。这就有力地反驳了普通人的观点。

A项陈述了基因筛查也会有漏洞，并不能有力地否定普通人的观点，削弱力度不足。其余选项均不能起到反驳作用。

## 1.3 定义判断

定义就是以简短的形式揭示语词、概念、命题的内涵和外延，使人们明确它们的意义及其使用范围的逻辑方法。通过定义，从而明确这个概念所反映的对象的特点和本质。

定义的一般结构是：被定义项X具有与定义项Y相同的意义。

定义判断题考查的是应试者运用标准进行判断的能力。解答这类试题时，应从题目所给的定义本身入手进行分析和判断，不要凭借自己已有的定义概念去衡量，特别是当试题的定义与自己头脑中的定义之间存在差异时，应以题目中的定义为准。然后再把选项依次和定义对照，判断选项是否符合定义的规定与要求，最后区分出哪些选项符合、哪些选项不符合题目所给定义。

**1  2001GRK-41**

在生活中有时候可以看到一些人会反复地洗手，反复对餐具高温消毒，反复地检查门锁等，重复这类无意义的动作并使自己感到十分烦恼和苦闷，这就是神经症中的一种，称为强迫症。王强每天洗手的次数超过普通人的20倍，看来王强是得了强迫症。

以下哪项如果为真，将对上述结论构成最有力的质疑？

A. 王强在洗手时并没有感到任何的烦恼和苦闷。
B. 王强的工作性质是需要洁净卫生的。
C. 王强的家里人的洗手次数都比普通人高。
D. 王强并没有检查门锁的习惯，甚至有一次还忘记了锁家门，结果被盗。
E. 王强的同事也都经常洗手，比较起来，王强并不是洗手次数最多的人。

**2  2002MBA-56**

如果一个用电单位的日均耗电量超过所在地区80%用电单位的水平，则称其为该地区的用电超标单位。近三年来，湖州地区的用电超标单位的数量逐年明显增加。

如果以上断定为真，并且湖州地区的非单位用电忽略不计，则以下哪项断定也必定为真？

Ⅰ. 近三年来，湖州地区不超标的用电单位的数量逐年明显增加。
Ⅱ. 近三年来，湖州地区日均耗电量逐年明显增加。
Ⅲ. 今年湖州地区任一用电超标单位的日均耗电量都高于全地区的日均耗电量。

A. 只有Ⅰ。　　　　　　　　　B. 只有Ⅱ。
C. 只有Ⅲ。　　　　　　　　　D. 只有Ⅱ和Ⅲ。
E. Ⅰ、Ⅱ和Ⅲ。

**3  2010MBA-42**

在某次思维训练课上，张老师提出"尚左数"这一概念的定义：在连续排列的一组数字中，如果一个数字左边的数字都比其大（或无数字），且其右边的数字都比其小（或无数字），则称这个数字为尚左数。

根据张老师的定义，在8、9、7、6、4、5、3、2这列数字中，以下哪项包含了该列数字中所有的尚左数？

A. 4、5、7和9。　　　　　　B. 2、3、6和7。
C. 3、6、7和8。　　　　　　D. 5、6、7和8。
E. 2、3、6和8。

**4  2017MBA-48**

"自我陶醉人格"，是以过分重视自己为主要特点的人格障碍。他有多种具体特征：过高估计自己的重要性，夸大自己的成就；对批评反应强烈，希望他人注意自己和羡慕自己；经常沉溺于幻想中，把自己看成是特殊的人；人际关系不稳定，嫉妒他人，损人利己。

以下各项自我陈述中，除了哪项均能体现上述"自我陶醉人格"的特征？

A. 我是这个团队的灵魂，一旦我离开了这个团队，他们将一事无成。
B. 他有什么资格批评我？大家看看，他的能力连我的一半都不到。
C. 我的家庭条件不好，但不愿意被别人看不起，所以我借钱买了一部智能手机。
D. 这么重要的活动竟然没有邀请我参加，组织者的人品肯定有问题，不值得跟这样的人交往。

E. 我刚接手别人很多年没有做成的事情，我跟他们完全不在一个层次，相信很快就会将事情搞定。

## 答案与解析

**1. 正确答案：A**

题干中所陈述的强迫症有两个基本特征：第一，重复一类无意义的动作；第二，在此过程中感到烦恼和苦闷。

题干断定王强是得了强迫症，其根据是他具有上述第一个特征。A 项指出，王强不具有强迫症的第二个特征，因此，如果 A 项为真，将对题干的结论构成有力的质疑。

B 项，王强的工作性质是需要洁净卫生的，这当然可能需要多洗手，但也不必要每天洗手的次数超过普通人的 20 倍，因此，B 虽然可能有点削弱的意味，但是一种或然性削弱，而 A 是必然性削弱，相比而言，A 为正确答案。

**2. 正确答案：A**

由题干，湖州地区用电单位中，超标单位占 20%，不超标单位占 80%。又近三年来，湖州地区的用电超标单位的数量逐年明显增加，因此，显然可以得出结论：近三年来，湖州地区不超标的用电单位的数量逐年明显增加。所以复选项Ⅰ一定为真。

复选项Ⅱ不一定为真。因为由题干，一个单位是否为用电超标单位，不取决于自己的绝对用电量，而取决于和其他单位比较的相对用电量。因此，用电超标单位的数量的增加，并不一定导致实际用电量的增加。

复选项Ⅲ不一定为真。例如，假设该地区共有 10 个用电单位，其中 8 个不超标单位分别日均耗电 1 个单位，2 个超标单位中，一个日均耗电 2 个单位，另一个日均耗电 30 个单位。这个假设完全符合题干的条件，但日均耗电 2 个单位的超标单位，其日均耗电量并不高于全地区的日均耗电量（8+2+30)/10＝4 个单位。

**3. 正确答案：B**

根据尚左数的定义，在 8、9、7、6、4、5、3、2 这列数字中，显然可看出：

8 不是尚左数，因为其右边的 9 比其大。

9 不是尚左数，因为其左边的 8 比其小。

7 是尚左数，因为其左边的数字都比其大，且其右边的数字都比其小。

6 是尚左数，因为其左边的数字都比其大，且其右边的数字都比其小。

4 不是尚左数，因为其右边的 5 比其大。

5 不是尚左数，因为其左边的 4 比其小。

3 是尚左数，因为其左边的数字都比其大，且其右边的 2 比其小。

2 是尚左数，因为其左边的数字都比其大，且其右边无数字。

因此，B 项为正确答案。

**4. 正确答案：C**

根据题干中"自我陶醉人格"的具体特征，依次判断各选项：

A 项符合"过高估计自己的重要性，夸大自己的成就"；

B 项符合"对批评反应强烈"；

D 项符合"人际关系不稳定"；

E 项符合"经常沉溺于幻想中，把自己看成是特殊的人"。

只有 C 项没有体现上述"自我陶醉人格"的特征。

## 第 2 章 直言推理

直言命题（也叫性质命题）是断定对象具有或不具有某种性质的简单判断。本章所谓直言推理是指直言直接推理，就是根据一个直言命题推出一个新的直言命题的推理。

## 2.1 对当关系

直言命题从质分，有肯定和否定两种；从量分，有全称、特称和单称三种。直言命题可分为六种基本类型（表 1-2-1）：

表 1-2-1

|  | 逻辑意义 | 逻辑形式 | 简称 |
| --- | --- | --- | --- |
| （1）全称肯定判断 | 所有 S 都是 P | SAP | "A" 判断 |
| （2）全称否定判断 | 所有 S 都不是 P | SEP | "E" 判断 |
| （3）特称肯定判断 | 有 S 是 P | SIP | "I" 判断 |
| （4）特称否定判断 | 有 S 不是 P | SOP | "O" 判断 |
| （5）单称肯定判断 | 某个 S 是 P | SaP | "a" 判断 |
| （6）单称否定判断 | 某个 S 不是 P | SeP | "e" 判断 |

### 一、直言命题对当关系推理

对当关系就是具有同一素材的 A、E、I、O 四种判断之间的真假关系。逻辑学把单称命题作为一种特殊的全称命题处理。根据对当关系，我们可以从一个判断的真假，推断出同一素材的其他判断的真假（图 1-2-1）。

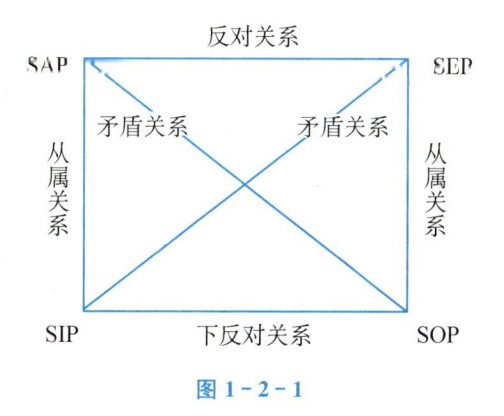

图 1-2-1

直言命题的对当关系可归纳为以下几种：

(1) 矛盾关系。这是 A 和 O、E 和 I 之间存在的不能同真、不能同假的关系。
(2) 从属关系（又称差等关系）。这是 A 和 I、E 和 O 之间的关系。
如果全称判断真，则特称判断真；如果特称判断假，则全称判断假。
如果全称判断假，则特称判断真假不定；如果特称判断真，则全称判断真假不定。
(3) 反对关系。这是 A 和 E 之间不能同真、可以同假的关系。
(4) 下反对关系。这是 I 和 O 之间可以同真，但不能同假的关系。

### 二、直言命题负命题等值推理

直言命题的负命题实质上即为对当关系中的相应矛盾命题。
(1) SAP 的负命题是 SOP。
(2) SOP 的负命题是 SAP。
(3) SEP 的负命题是 SIP。
(4) SIP 的负命题是 SEP。

### 三、直言推理的解题方法

解直言推理题型，关键是要从题干给出的内容出发，从中抽象出同属于对当关系的逻辑形式，根据对当关系来分析判断。
(1) 要把非标准的日常语言转为标准的逻辑语言。
(2) 看清问题的条件和要求。
(3) 根据题干直言命题的真假来确定其他直言命题的真假，然后与选项对照。
(4) 对于题干所给判断存在真假情况的题目，可用假设代入法进行推理。

**1　2000GRK－27**

通过调查得知，并非所有的个体商贩都有偷税、逃税行为。
如果上述调查的结论是真实的，则以下哪项一定为真？
A. 所有的个体商贩都没有偷税、逃税行为。
B. 多数个体商贩都有偷税、逃税行为。
C. 并非有的个体商贩没有偷税、逃税行为。
D. 并非有的个体商贩有偷税、逃税行为。
E. 有的个体商贩确实没有偷税、逃税行为。

**2　2006MBA－38**

在一次对全省小煤矿的安全检查后，甲、乙、丙三个安检人员有如下结论：
甲：有小煤矿存在安全隐患。
乙：有小煤矿不存在安全隐患。
丙：大运和宏通两个小煤矿不存在安全隐患。
如果上述三个结论只有一个正确，则以下哪项一定为真？
A. 大运和宏通煤矿都不存在安全隐患。
B. 大运和宏通煤矿都存在安全隐患。
C. 大运存在安全隐患，但宏通不存在安全隐患。
D. 大运不存在安全隐患，但宏通存在安全隐患。
E. 上述断定都不一定为真。

### 3  2008GRK-56

在中唐公司的中层干部中，王宜获得了由董事会颁发的特别奖。

如果上述断定为真，则以下哪项断定不能确定真假？

Ⅰ. 中唐公司的中层干部都获得了特别奖。
Ⅱ. 中唐公司的中层干部都没有获得特别奖。
Ⅲ. 中唐公司的中层干部中，有人获得了特别奖。
Ⅳ. 中唐公司的中层干部中，有人没获得特别奖。

A. 只有Ⅰ。  B. 只有Ⅲ和Ⅳ。
C. 只有Ⅱ和Ⅲ。  D. 只有Ⅰ和Ⅳ。
E. Ⅰ、Ⅱ和Ⅲ。

### 4  2009MBA-39

关于甲班体育达标测试，三位老师有如下预测：

张老师说："不会所有人都不及格。"
李老师说："有人会不及格。"
王老师说："班长和学习委员都能及格。"

如果三位老师中只有一人的预测正确，则以下哪项一定为真？

A. 班长和学习委员都没及格。
B. 班长和学习委员都及格了。
C. 班长及格，但学习委员没及格。
D. 班长没及格，但学习委员及格了。
E. 以上各项都不一定为真。

### 5  2009MBA-53

违法必究，但几乎看不到违反道德的行为受到惩治，如果这成为一种常规，那么，民众就会失去道德约束。道德失控对社会稳定的威胁并不亚于法律失控。因此，为了维护社会的稳定，任何违反道德的行为都不能不受惩治。

以下哪项对上述论证的评价最为恰当？

A. 上述论证是成立的。
B. 上述论证有漏洞，它忽略了：有些违法行为并未受到追究。
C. 上述论证有漏洞，它忽略了：由违法必究，推不出缺德必究。
D. 上述论证有漏洞，它夸大了：违反道德行为的社会危害性。
E. 上述论证有漏洞，它忽略了：由否定"违反道德的行为都不受惩治"，推不出"违反道德的行为都要受惩治"。

### 6  2009GRK-28

一批人报考电影学院，其中：

（1）有些考生通过了初试。
（2）有些考生没有通过初试。
（3）何梅与方宁没有通过初试。

如果上述三个断定中只有一个为真，以下哪项关于这批考生的断定一定为真？

A. 所有考生都通过了初试。
B. 所有考生都没有通过初试。
C. 何梅通过了初试，但方宁没通过。

D. 方宁通过了初试，但何梅没有通过。
E. 以上各选项都不一定为真。

#### 7  2012GRK-30

蝴蝶是一种非常美丽的昆虫，大约有 14 000 种，大部分分布在美洲，尤其在亚马逊河流域品种最多，在世界其他地区除了南北极寒冷地带以外都有分布。在亚洲，中国台湾也以蝴蝶品种繁多著名。蝴蝶翅膀一般色彩鲜艳，翅膀和身体有各种花斑，头部有一对棒状或锤状触角。最大的蝴蝶翅展可达 24 厘米，最小的只有 1.6 厘米。

根据以上陈述，可以得出以下哪项？

A. 蝴蝶的首领是昆虫的首领之一。
B. 最大的蝴蝶是最大的昆虫。
C. 蝴蝶品种繁多，所以各类昆虫的品种繁多。
D. 有的昆虫翅膀色彩鲜艳。
E. 最小的蝴蝶比最小的昆虫大。

## 答案与解析

#### 1. 正确答案：E

SAP 的负命题是 SOP。"并非所有的个体商贩都有偷税、逃税行为"等价于"有的个体商贩确实没有偷税、逃税行为"，因此，E 为正确答案。

#### 2. 正确答案：B

条件是，三人的断定只有一真。假设丙说的是真，则乙真，因为三个结论只有一个正确，故不可能。

因此，丙假，则大运或宏通存在安全隐患，则甲真，因为三个结论只有一个正确，因此，乙假，从而推出：所有煤矿存在安全隐患；当然大运和宏通煤矿都存在安全隐患。

#### 3. 正确答案：D

题干断定：中唐公司的中层干部王宜获得特别奖。

Ⅰ项，中唐公司的中层干部都获得了特别奖。这超出题干断定范围，不能确定真假。

Ⅱ项，中唐公司的中层干部都没有获得特别奖。既然王宜获得了，因此，此项必假。

Ⅲ项，中唐公司的中层干部中，有人获得了特别奖。既然王宜获得了，因此，此项必真。

Ⅳ项，中唐公司的中层干部中，有人没获得特别奖。这超出题干断定范围，不能确定真假。

#### 4. 正确答案：A

张老师的话"不会所有人都不及格"＝"有人考试及格了"

用假设反证法。如果王老师的话"班长和学习委员都能及格"为真，则张老师的话必为真，这与题干"三位老师中只有一人的预测正确"矛盾，故王老师的话为假，即：班长和学习委员至少有一人不及格，从而推出李老师的话"有人会不及格"为真。这样，可知张老师的话为假，从而推出：所有人都不及格。

既然所有人都不及格，那么，班长和学习委员都没及格。即 A 项正确。

#### 5. 正确答案：E

根据题干前提：违反道德的行为几乎都不受到惩治，从而引起道德失控，威胁社会稳定。因此，为了维护社会的稳定，应该得出的结论是：不应该"违反道德的行为都不受到惩治"，也即，有些违反道德的行为应该受到惩治。

14

而题干论述的结论为：任何违反道德的行为都不能不受惩治。

可见，题干论证漏洞在于忽略了：由否定"违反道德的行为都不受惩治"，推不出"违反道德的行为都要受惩治"。因此，E项正确。

### 6. 正确答案：A

若（3）真，则（2）真，违反了三个断定中只有一个为真的条件，因此，（3）必然为假。由此得，何梅或方宁至少有一个通过初试，则（1）真。所以，（2）只能为假，推出：所有考生都通过了初试。

### 7. 正确答案：D

题干断定：第一，蝴蝶是一种昆虫；第二，蝴蝶翅膀一般色彩鲜艳。

从而可推出：有的昆虫（比如某些蝴蝶）翅膀色彩鲜艳。

## 2.2 变形推理

直言命题变形推理是通过改变直言命题的形式而得到一个新的直言命题的推理。

### 一、直言命题变形推理的种类

直言命题 A、E、I、O 四种命题的变形推理，可概括如下（"→"表示推出关系）：

（1）换质法。即改变直言命题的质（肯定变否定，否定变肯定）的方法。

SAP→SE¬P

SEP→SA¬P

SIP→SO¬P

SOP→SI¬P

（2）换位法。即把直言命题的主项与谓项的位置加以更换的方法。

SAP→PIS

SEP→PES

SIP→PIS

SOP→不能换位

（3）换质位法。即把换质法和换位法结合起来连续交互运用的直言命题变形方法。

SAP→SE¬P→¬PES→¬PA¬S→¬SI¬P→¬SOP

SAP→PIS→PO¬S

SEP→SA¬P→¬PIS→¬PO¬S

SEP→PES→PA¬S→¬SIP→¬SO¬P

SIP→SO¬P（先换质，就不能得到换质位命题）

SIP→PIS→PO¬S

SOP→SI¬P→¬PIS→¬PO¬S

SOP→（不能先换位）

### 二、直言命题变形推理的解题方法

直言命题变形推理的解题方法主要有以下三种：

（1）公式法。即利用上述直言命题变形推理的公式来推导。

（2）作图法。用前述概念间的关系来作图，作为辅助推理的手段。
（3）语感法。用对日常语言的语感来排除选项，寻找答案。

### 1  2008MBA-52

"有些好货不便宜，因此，便宜不都是好货。"

与以下哪项推理作类比，可以说明以上推理不成立？

A. 湖南人不都爱吃辣椒，因此，有些爱吃辣椒的不是湖南人。
B. 有些人不自私，因此，人并不自私。
C. 好的动机不一定有好的效果，因此，好的效果不一定都产生于好的动机。
D. 金属都导电，因此，导电的都是金属。
E. 有些南方人不是广东人，因此，广东人不都是南方人。

### 2  2014GRK-38

所有免试进入北京大学攻读硕士学位的本科生，都已经获得所在学校的推荐资格。

以下哪项的意思和以上断言完全一样？

A. 没有获得所在学校推荐资格的本科生，不能免试去北京大学攻读硕士学位。
B. 免试去南洋大学攻读硕士学位的本科生，可能没有获得所在学校的推荐资格。
C. 获得了所在学校推荐资格的本科生，并不一定能进入大学攻读硕士学位。
D. 除了北京大学，本科生还可以免试去其他学校攻读硕士学位。
E. 提前毕业的本科生，也有可能进入北京大学攻读硕士学位。

## 答案与解析

### 1. 正确答案：E

题干"有些好货不便宜，因此，便宜不都是好货"，这一推理实际上是把 SOP 换位为 POS。

E 项与题干犯了同样的逻辑错误，明显都是前提真，结论假。

由直言命题换位推理知，特称否定命题都不能换位，即 SOP 不能换位为 POS。否则，就犯了不当扩大外延的错误（因为原命题中不周延的主项在换位后的命题中变得周延了）。

### 2. 正确答案：A

直言命题的变形推理：SAP＝¬PES。

所有免试进入北京大学攻读硕士学位的本科生，都已经获得所在学校的推荐资格
＝没有获得所在学校推荐资格的本科生，不能免试去北京大学攻读硕士学位。

因此，A 项为正确答案。

# 第 3 章　三段论

直言三段论是由包含一个共同的项的两个直言命题推出一个新的直言命题的推理。由于直言命题又叫性质命题，所以直言三段论又叫性质三段论。

## 3.1　结构比较

三段论结构比较题解题基本思路是，着重考虑从具体的、有内容的思维过程的论述中抽象出一般形式结构，即用命题变项表示其中的单个命题，或用词项变项表示直言命题中的词项，每一个推理中相同的命题或词项用相同的变项表示，不同的命题或词项用不同的变项表示。做这类题型只考虑抽象出推理结构和形式，而不考虑其叙述内容的对错。

### 一、写出三段论形式结构的步骤

给出一个三段论，要能准确地分析出它的标准形式结构。方法步骤是：
(1) 确定 S、P。先确定结论，然后确定 S、P；结论的主项为 S，谓项为 P。
(2) 确定 M。剩下的两句话为大、小前提，其共有的项即为中项 M。
(3) 最后分别确定大前提、小前提和结论的 AEIO 判断类型，并写出它们的标准形式。
注意：
(1) 大、小前提的顺序不影响三段论结构。
(2) 如果三段论不是三个概念，其中出现相反的概念，把它们转化为三个概念，化为标准形式。
(3) 在三段论中，单称判断近似作全称处理。

### 二、三段论推理结构比较题的解题方法

解这类题的最终判断标准是写出三段论格式的标准形式结构，但这需要有个熟练过程。把题干和选项都写出这样的形式结构花费的时间较多，所以不主张正式考试时用这种方法，我们建议不写形式结构，优先用对应法和排除法，就可解决绝大部分的题。

1. 快速解题方法一：对应法

(1) 根据语感，定位疑似答案。
(2) 写三段论结构或一一对应进行验证。
注意大小前提和结论的先后顺序不影响结构。

2. 快速解题方法二：排除法

(1) 先排除不是三段论的选项。
(2) 根据结论的肯定/否定排除。

(3) 根据中项 M 的位置排除。
(4) 根据前提的肯定/否定排除。
(5) 单称近似看作全称，但不等于全称。

### 1 2001GRK-33

所有名词是实词，动词不是名词，所以动词不是实词。
以下哪项推理与上述推理在结构上最为相似？
A. 凡细粮都不是高产作物。因为凡薯类都是高产作物，所以凡细粮都不是薯类。
B. 先进学生都是遵守纪律的，有些先进学生是大学生，所以大学生都是遵守纪律的。
C. 铝是金属，又因为金属都是导电的，因此铝是导电的。
D. 虚词不能独立充当句子成分，介词是虚词，所以介词不能独立充当句子成分。
E. 实词能独立充当句子成分，连词不能独立充当句子成分，所以连词不是实词。

### 2 2003MBA-43

科学不是宗教，宗教都主张信仰，所以主张信仰都不科学。
以下哪项最能说明上述推理不成立？
A. 所有渴望成功的人都必须努力工作，我不渴望成功，所以我不必努力工作。
B. 商品都有使用价值，空气当然有使用价值，所以空气当然是商品。
C. 不刻苦学习的人都成不了技术骨干，小张是刻苦学习的人，所以小张能成为技术骨干。
D. 台湾人不是北京人，北京人都说汉语，所以，说汉语的人都不是台湾人。
E. 犯罪行为都是违法行为，违法行为都应受到社会的谴责，所以应受到社会谴责的行为都是犯罪行为。

### 3 2006GRK-49

姜昆是相声演员，姜昆是曲艺演员。所以，相声演员都是曲艺演员。
以下哪项推理明显说明上述论证不成立？
A. 人都有思想，狗不是人，所以，狗没有思想。
B. 商品都有价值，商品都是劳动产品，所以，劳动产品都有价值。
C. 所有技术骨干都刻苦学习，小张不是技术骨干，所以，小张不是刻苦学习的人。
D. 犯罪行为都是违法行为，犯罪行为都应受到社会的谴责，所以，违法行为都应受到社会谴责。
E. 黄金是金属，黄金是货币，所以，金属都是货币。

### 4 2013GRK-40

所有景观房都可以看到山水景致，但是李文秉家看不到山水景致，因此，李文秉家不是景观房。
以下哪项和上述论证方式最为类似？
A. 善良的人都会得到村民的尊重，乐善好施的成公得到了村民的尊重，因此，成公是善良的人。
B. 东墩市场的蔬菜都非常便宜，这篮蔬菜不是在东墩市场买的，因此，这篮蔬菜不便宜。
C. 九天公司的员工都会说英语，林英瑞是九天公司的员工，因此，林英瑞会说英语。
D. 达到基本条件的人都可以申请小额贷款，孙雯没有申请小额贷款，因此，孙雯没有达到基本条件。
E. 进入复试的考生笔试成绩都在 160 分以上，王离芬的笔试成绩没有达到 160 分，因此，王离芬没有进入复试。

# 答案与解析

### 1. 正确答案：A

题干的推理结构是：MAP，SEM，所以，SEP。

A项：MAP，SEM，所以，SEP（"凡细粮都不是高产作物"是结论，S：细粮；P：高产作物；M：薯类）。

B项：MAP，MIS，所以，SAP。

C项：SAM，MAP，所以，SAP。

D项：MEP，SAM，所以，SEP。

E项：PAM，SEM，所以，SEP。

可见，诸选项中，只有A项和题干有相同的推理结构，注意"凡细粮都不是高产作物"是结论。

### 2. 正确答案：D

题干的推理结构是：PEM，MAS，所以，SEP。

A项的推理结构是：MAP，SeM，所以，SeP。

B项的推理结构是：PAM，SAM，所以，SAP。

C项的推理结构是：MEP，SAM，所以，SAP。

D项的推理结构是：PEM，MAS，所以，SEP。

E项的推理结构是：PAM，MAS，所以，SAP。

可见，诸选项中，只有D项具有和题干相同的推理结构，同时，D项的推理明显地前提真而结论假。因此，D项最能说明题干的推理不成立。

也可以用排除法，先根据结论否定排除B、C、E，再根据前提肯定否定排除A。

### 3. 正确答案：E

题干的推理结构为：MaS，MaP，所以，SAP。

（其中S、M、P分别表示相声演员、姜昆、曲艺演员）

A项的推理结构为：MAP，SeM，所以，SeP。

B项的推理结构为：MAP，MAS，所以，SAP。

C项的推理结构为：MAP，SeM，所以，SeP。

D项的推理结构为：MAS，MAP，所以，SAP。

E项的推理结构为：MaS，MaP，所以，SAP。

可见，只有E项与题干推理完全一致，明显前提真而结论假，这说明该推理形式不正确，因此说明题十的论证不成立。

也可以用排除法。根据结论肯定排除A、C。根据B、D是全称，排除，因为题干是单称。

### 4. 正确答案：E

题干论证形式是：所有M都是P，S不是P，所以，S不是M。

诸选项中，只有E项论证方式与题干类似。其余选项都不类似，比如D项是干扰项，"可以申请"与"没有申请"不是矛盾关系。

## 3.2 推出结论

直言间接推理就是前提中有两个或两个以上的直言命题，并推出一个新的直言命题的推理。其中，直言三段论是由两个直言命题推出一个新的直言命题结论的推理。

## 一、直言三段论的推理规则

（1）在一个三段论中，必须有而且只能有三个不同的概念。
（2）中项在前提中至少必须周延一次。
（3）大项或小项如果在前提中不周延，那么在结论中也不得周延。
（4）两个否定前提不能推出结论。
（5）前提之一是否定的，结论也应当是否定的；结论是否定的，前提之一必须是否定的。
（6）两个特称前提不能得出结论。
（7）前提之一是特称的，结论必然是特称的。

## 二、直言三段论推理的解题方法

（1）推理法。即利用直言三段论的推理规则来推出结论。
（2）作图法。即用前述的图解法来帮助解题。这是最简洁直观的办法，根据题干提供的条件画出集合示意图，题目即可迎刃而解。但要注意，用画图法来处理，可以用画图来排除错误的选项，但一般不要用画图直接去验证某个选项是否一定正确，这往往是验证不了的，因为图示有时不能表示所有的情况。所以，画图法只是解集合题的有效辅助手段，而不是全部。

### 1  2000MBA-65~66题基于以下题干：

所有安徽来京打工人员，都办理了暂住证；所有办理了暂住证的人员，都获得了就业许可证；有些安徽来京打工人员当上了门卫；有些业余武术学校的学员也当上了门卫；所有的业余武术学校的学员都未获得就业许可证。

65. 如果上述断定都是真的，则除了以下哪项，其余的断定也必定是真的？
A. 所有安徽来京打工人员都获得了就业许可证。
B. 没有一个业余武术学校的学员办理了暂住证。
C. 有些安徽来京打工人员是业余武术学校的学员。
D. 有些门卫没有就业许可证。
E. 有些门卫有就业许可证。

66. 以下哪个人的身份，不可能符合上述题干所做的断定？
A. 一个获得了就业许可证的人，但并非业余武术学校的学员。
B. 一个获得了就业许可证的人，但没有办理暂住证。
C. 一个办理了暂住证的人，但并非安徽来京打工人员。
D. 一个办理了暂住证的业余武术学校的学员。
E. 一个门卫，既没有办理暂住证，又不是业余武术学校的学员。

### 2  2001MBA-62~63题基于以下题干：

以下是某市体委对该市业余体育运动爱好者一项调查中的若干结论：
所有的桥牌爱好者都爱好围棋；有围棋爱好者爱好武术；所有的武术爱好者都不爱好健身操；有桥牌爱好者同时爱好健身操。

62. 如果上述结论都是真实的，则以下哪项不可能为真？
A. 所有的围棋爱好者也都爱好桥牌。
B. 有的桥牌爱好者爱好武术。
C. 健身操爱好者都爱好围棋。

D. 有桥牌爱好者不爱好健身操。

E. 围棋爱好者都爱好健身操。

63. 如果在题干中再增加一个结论：每个围棋爱好者爱好武术或者健身操，则以下哪个人的业余体育爱好与题干断定的条件矛盾？

A. 一个桥牌爱好者，既不爱好武术，也不爱好健身操。

B. 一个健身操爱好者，既不爱好围棋，也不爱好桥牌。

C. 一个武术爱好者，爱好围棋，但不爱好桥牌。

D. 一个武术爱好者，既不爱好围棋，也不爱好桥牌。

E. 一个围棋爱好者，爱好武术，但不爱好桥牌。

## 3  2005MBA-33

人应对自己的正常行为负责，这种负责甚至包括因行为触犯法律而承受制裁。但是，人不应该对自己不可控制的行为负责。

以下哪项能从上述断定中推出？

Ⅰ. 人的有些正常行为会导致触犯法律。

Ⅱ. 人对自己的正常行为有控制力。

Ⅲ. 不可控制的行为不可能触犯法律。

A. 只有Ⅰ。　　　　　　　　　B. 只有Ⅱ。

C. 只有Ⅲ。　　　　　　　　　D. 只有Ⅰ和Ⅱ。

E. Ⅰ、Ⅱ和Ⅲ。

## 4  2005MBA-47

去年4月，股市出现了强劲反弹，某证券部通过对该部股民持仓品种的调查发现，大多数经验丰富的股民都买了小盘绩优股，而所有年轻的股民都选择了大盘蓝筹股，而所有买了小盘绩优股的股民都没买大盘蓝筹股。

如果上述情况为真，则以下哪项关于该证券部股民的调查结果也必定为真？

Ⅰ. 有些年轻的股民是经验丰富的股民。

Ⅱ. 有些经验丰富的股民没买大盘蓝筹股。

Ⅲ. 年轻的股民都没买小盘绩优股。

A. 只有Ⅱ。　　　　　　　　　B. 只有Ⅰ和Ⅱ。

C. 只有Ⅱ和Ⅲ。　　　　　　　D. 只有Ⅰ和Ⅲ。

E. Ⅰ、Ⅱ和Ⅲ。

## 5  2006MBA-27

我想说的都是真话，但真话我未必都说。

如果上述断定为真，则以下各项都可能为真，除了

A. 我有时也说假话。

B. 我不是想啥说啥。

C. 有时说某些善意的假话并不违背我的意愿。

D. 我说的都是我想说的话。

E. 我说的都是真话。

## 6  2006MBA-32

除了吃川菜，张涛不吃其他菜肴。所有林村人都爱吃川菜。川菜的特点为麻辣香，其中有大量的干鲜辣椒、花椒、大蒜、姜、葱、香菜等调料。大部分吃川菜的人都喜好一边吃川菜，

一边喝四川特有的盖碗茶。

如果上述断定为真，则以下哪项一定为真？

A. 所有林村人都爱吃麻辣香的食物。　　B. 所有林村人都爱喝四川出产的茶。

C. 大部分林村人喝盖碗茶。　　D. 张涛喝盖碗茶。

E. 张涛是四川人。

### 7　2006MBA-50

大多数独生子女都有以自我为中心的倾向，有些非独生子女同样有以自我为中心的倾向，以自我为中心倾向的产生有各种原因，但一个共同原因是缺乏父母的正确引导。

如果上述断定为真，则以下哪项一定为真？

A. 每个缺乏父母正确引导的家庭都有独生子女。

B. 有些缺乏父母正确引导的家庭有不止一个子女。

C. 有些家庭虽然缺乏父母正确引导，但子女并不以自我为中心。

D. 大多数缺乏父母正确引导的家庭都有独生子女。

E. 缺乏父母正确引导的多子女家庭，少于缺乏父母正确引导的独生子女家庭。

### 8　2006GRK-31

超过20年使用期限的汽车都应当报废。某些超过20年使用期限的汽车存在不同程度的设计缺陷。在应当报废的汽车中有一些不是H国进口车。所有H国进口车都不存在设计缺陷。

如果上述断定为真，则以下哪项一定为真？

A. 有些H国进口车不应当报废。

B. 有些H国进口车应当报废。

C. 有些存在设计缺陷的汽车应当报废。

D. 所有应当报废的汽车的使用期限都超过20年。

E. 有些超过20年使用期限的汽车不应当报废。

### 9　2007MBA-51

所有校学生会委员都参加了大学生电影评论协会。张珊、李斯和王武都是校学生会委员，大学生电影评论协会不吸收大学一年级学生参加。

如果上述断定为真，则以下哪项一定为真？

Ⅰ. 张珊、李斯和王武都不是大学一年级学生。

Ⅱ. 所有校学生会委员都不是大学一年级学生。

Ⅲ. 有些大学生电影评论协会的成员不是校学生会委员。

A. 只有Ⅰ。　　B. 只有Ⅱ。

C. 只有Ⅲ。　　D. 只有Ⅰ和Ⅱ。

E. Ⅰ、Ⅱ和Ⅲ。

### 10　2008GRK-48

捐助希望工程的动机，大都是社会责任，但也有的是个人功利，当然，出于社会责任的行为，并不一定都不考虑个人功利。对希望工程的每一项捐款，都是利国利民的善举。

如果上述断定为真，以下哪项不可能为真？

A. 有的行为出于社会责任，但不是利国利民的善举。

B. 所有考虑个人功利的行为，都不是利国利民的善举。

C. 有的出于社会责任的行为是善举。

D. 有的行为虽然不是出于社会责任，但却是善举。

E. 对希望工程的有些捐助，既不是出于社会责任，也不是出于个人功利，而是有其他原因，例如服从某种摊派。

### 11  2008GRK-57

有些具有良好效果的护肤化妆品是诺亚公司生产的。所有诺亚公司生产的护肤化妆品都价格昂贵，而价格昂贵的护肤化妆品无一例外地得到女士们的青睐。

以下各项都能从题干的断定中推出，除了

A. 有些具有良好效果的护肤化妆品得到女士们的青睐。
B. 得到女士们青睐的护肤化妆品中，有些实际效果并不好。
C. 所有诺亚公司生产的护肤化妆品都得到女士们的青睐。
D. 有些价格昂贵的护肤化妆品是具有良好效果的。
E. 所有不被女士们青睐的护肤化妆品价格都便宜。

### 12  2013GRK-52

某科研单位2013年新招聘的研究人员，或者是具有副高以上职称的"引进人才"，或者是具有北京户籍的应届毕业的博士研究生。应届毕业的博士研究生都居住在博士后公寓中，"引进人才"都居住在"牡丹园"小区。

关于该单位2013年新招聘的研究人员，以下哪项判断是正确的？

A. 居住在博士后公寓的都没有副高以上职称。
B. 具有博士学位的都是具有北京户籍的。
C. 居住在"牡丹园"小区的都没有博士学位。
D. 非应届毕业的博士研究生都居住在"牡丹园"小区。
E. 有些具有副高以上职称的"引进人才"也具有博士学位。

### 13  2017MBA-26

倪教授认为，我国工程技术领域可以考虑与国外先进技术合作，但任何涉及核心技术的项目决不能受制于人；我国许多网络安全建设项目涉及信息核心技术，如果全盘引进国外先进技术而不努力自主创新，我国的网络安全将会受到严重威胁。

根据倪教授的陈述，可以得出以下哪项？

A. 我国有些网络安全建设项目不能受制于人。
B. 我国工程技术领域的所有项目都不能受制于人。
C. 如果能做到自主创新，我国的网络安全就不会受到严重威胁。
D. 我国许多网络安全建设项目不能与国外先进技术合作。
E. 只要不是全盘引进国外先进技术，我国的网络安全就不会受到严重威胁。

### 14  2017MBA-27

任何结果都不可能凭空出现，它们的背后都是有原因的；任何背后有原因的事物都可以被人认识，而可以被人认识的事物都必然不是毫无规律的。

根据以上陈述，以下哪项为假？

A. 任何结果都可以被人认识。
B. 任何结果出现的背后都是有原因的。
C. 有些结果的出现可能毫无规律。
D. 那些可以被人认识的事物必然有规律。
E. 人有可能认识所有事物。

## 15  2018MBA-52

所有值得拥有专利的产品或设计方案都是创新，但并不是每一项创新都值得拥有专利；所有的模仿都不是创新，但并非每一个模仿都应该受到惩罚。

根据以上陈述，以下哪项是不可能的？

A. 有些创新者可能受到惩罚。

B. 有些值得拥有专利的产品是模仿。

C. 所有的模仿者都受到了惩罚。

D. 没有模仿值得拥有专利。

E. 有些值得拥有专利的创新产品并没有申请专利。

## 16  2023MBA-34

某单位采购了一批图书，包括科学和人文两大类。具体情况如下：

(1) 哲学类图书都是英文版的；

(2) 部分文学类图书不是英文版的；

(3) 历史类图书都是中文版的；

(4) 没有一本书是中英双语版的；

(5) 科学类图书既有中文版的，也有英文版的；

(6) 人文类图书既有哲学类的，也有文学类的，还有历史类的。

根据以上信息，关于该单位采购的这批图书可以得出以下哪项？

A. 有些文学类图书是中文版的。

B. 有些历史类图书不属于哲学类。

C. 英文版图书比中文版图书数量多。

D. 有些图书既属于哲学类，也属于科学类。

E. 有些图书既属于文学类，也属于历史类。

# 答案与解析

**1. 正确答案：65. C**

根据"所有安徽来京打工人员，都办理了暂住证；所有办理了暂住证的人员，都获得了就业许可证"，可推出：所有安徽来京打工人员都获得了就业许可证。又"所有的业余武术学校的学员都未获得就业许可证"，因此，不可能有安徽来京打工人员是业余武术学校的学员，C项必定是假的。其余各项都是真的（图1-3-1）。

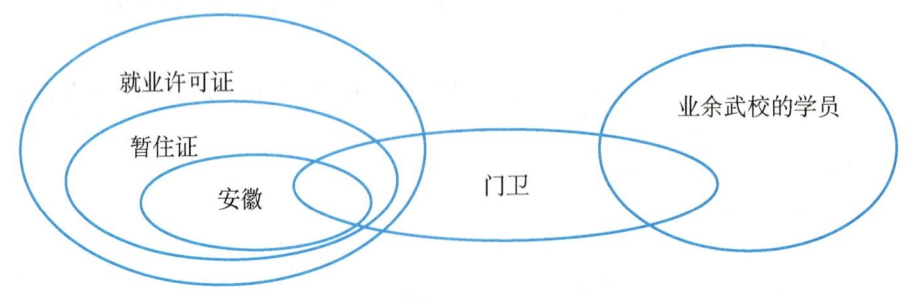

图1-3-1

**66. D**

由题干"所有办理了暂住证的人员，都获得了就业许可证；……所有的业余武术学校的学员都未获得就业许可证",可推出:不可能有业余武术学校的学员办理了暂住证,即 D 项不可能符合题干的断定。其余各项都可能符合题干的断定。

### 2. 正确答案:62. E

由条件,有围棋爱好者爱好武术,又所有的武术爱好者都不爱好健身操,因此,有围棋爱好者不爱好健身操。所以,E 项的断定不可能为真(图 1-3-2)。

其余各项都可能为真。比如,当围棋和桥牌为同一关系时,A 为真。

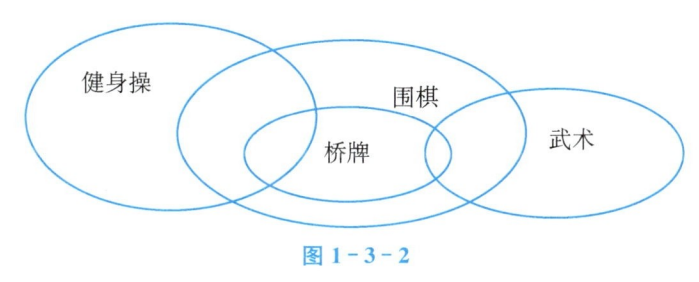

图 1-3-2

#### 63. A

由条件,所有的桥牌爱好者都爱好围棋,又每个围棋爱好者爱好武术或者健身操,所以每个桥牌爱好者爱好武术或者健身操,即不存在桥牌爱好者既不爱好武术也不爱好健身操。因此,A 项和题干断定的条件矛盾(图 1-3-3)。

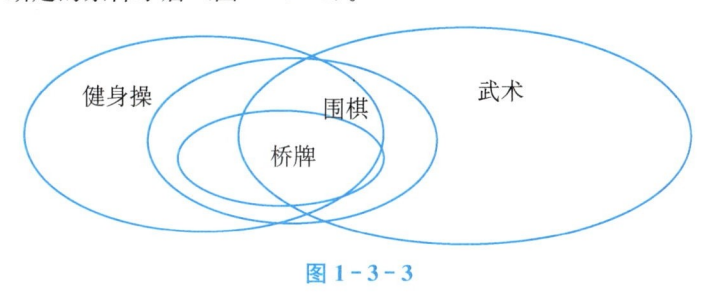

图 1-3-3

### 3. 正确答案:D

Ⅰ可以从题干的前两句话推出来。因为,人应对自己的正常行为负责,这种负责甚至包括因行为触犯法律而承受制裁,所以,人的有些正常行为会导致触犯法律。

Ⅱ可以从题干中推出来。从题干当中的已知条件"不应该对不可控制的行为负责",可以推出"负责的行为都是可以控制的"。再加上题干中的第一句话"正常的行为应该负责",我们就可以推出"人对自己的正常行为有控制力"。

Ⅲ从题干中推不出来。因为题干的已知条件"触犯法律的行为"是不周延的,而Ⅲ中该触犯法律的行为是周延的。

因此,正确答案是 D(图 1-3-4)。

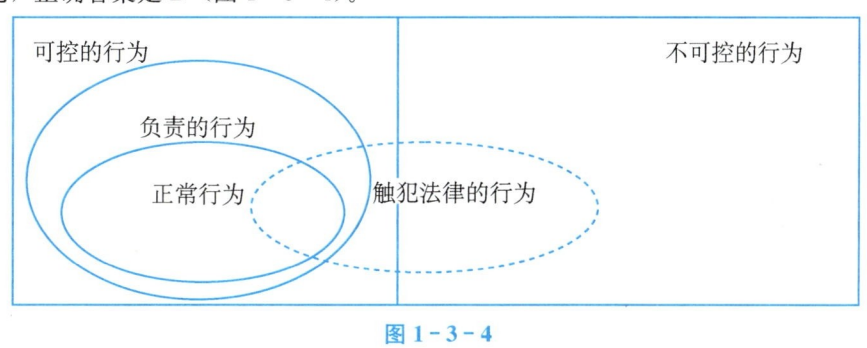

图 1-3-4

## 4. 正确答案：C

所有年轻的股民都不是经验丰富的股民并不违背题干的条件。因此，Ⅰ不一定为真。

由题干"大多数经验丰富的股民都买了小盘绩优股""而所有买了小盘绩优股的股民都没买大盘蓝筹股"必然可以推出"大多数经验丰富的股民没买大盘蓝筹股"，从中进一步推出Ⅱ必然为真。

由题干"所有年轻的股民都选择了大盘蓝筹股，而所有买了小盘绩优股的股民都没买大盘蓝筹股"必然可以推出"年轻的股民都没买小盘绩优股"。因此，Ⅲ必然为真。

本题可用画图的方法辅助推理（图1-3-5）。

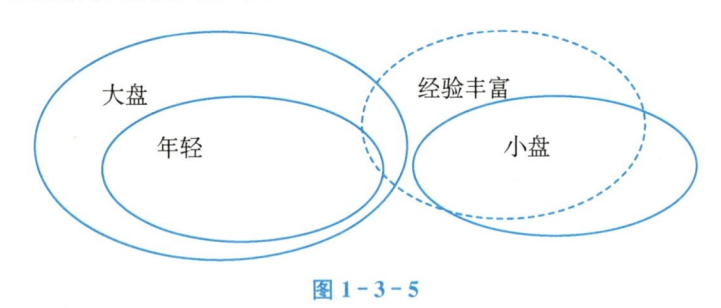

**图1-3-5**

## 5. 正确答案：C

"我想说的都是真话"表示"只要是我想说的话，都是真话"，并不表示"只要是我说的话，都是真话"，也就是"我有时也可能说假话"，即A项可能为真。

由于"只要是我想说的话，都是真话"，同时，"真话我未必都说"，从而可知"我不是想啥说啥"，即B项为真。

由于"只要是我想说的话，都是真话"，则"假话并不是我想说的"，故C项必然是错误的。

D项说"我说的都是我想说的话"，再加上题干里的第一句话"我想说的都是真话"，就可以推出"我说的都是真话"，这和题干的第二句话"真话我未必都说"并不矛盾，因此D项是有可能为真的，所以把它排除掉。

E项与题干也并不矛盾，是有可能为真的。

也可用画图法解决，"想说的话"被包含于"真话"，"我说的话"和"我想说的话"关系不确定（1-3-6）。

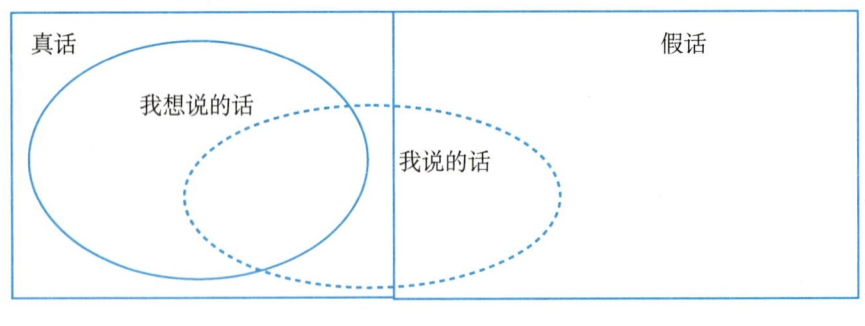

**图1-3-6**

## 6. 正确答案：A

由"所有林村人都爱吃川菜。川菜的特点为麻辣香"可知，"所有林村人都爱吃麻辣香的食物"，即A项为真。其余选项都不必然为真（图1-3-7）。

上篇　演绎推理

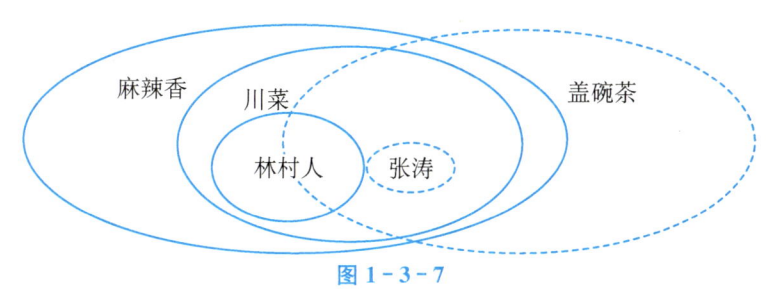

图 1 - 3 - 7

**7. 正确答案：B**

根据题干，可以画出如下集合图（图 1 - 3 - 8）：

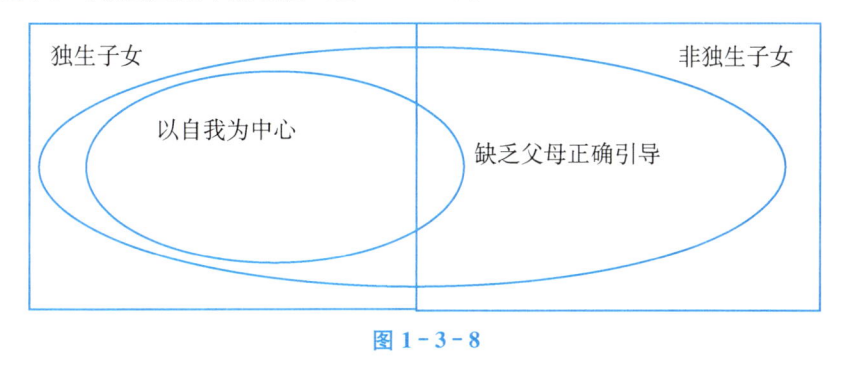

图 1 - 3 - 8

　　题干断定：有些非独生子女同样有以自我为中心的倾向，以自我为中心倾向的产生有一个共同原因是缺乏父母的正确引导。

　　从中可推出：有些非独生子女也缺乏父母正确引导，即 B 项一定为真。

　　C 项并不必然为真，题干只意味着"以自我为中心一定是缺乏父母的正确引导"，并不排除"缺乏父母的正确引导一定是以自我为中心"这种情况的可能性，也就是"以自我为中心"与"缺乏父母的正确引导"有可能是同一的，在这种情况下，C 项就不成立了。

　　其余选项都不一定为真。

**8. 正确答案：C**

前提一：超过 20 年使用期限的汽车都应当报废。

前提二：某些超过 20 年使用期限的汽车存在不同程度的设计缺陷。

从中必然推出：有些存在设计缺陷的汽车应当报废。

其余选项都不一定为真（图 1 - 3 - 9）。

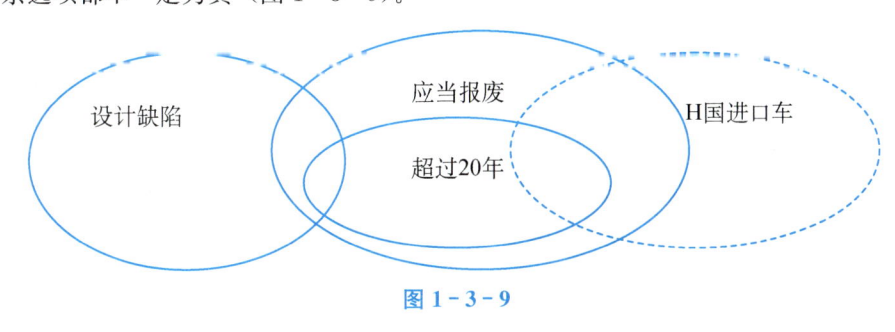

图 1 - 3 - 9

**9. 正确答案：D**

　　由"所有校学生会委员都参加了大学生电影评论协会"和"大学生电影评论协会不吸收大学一年级学生参加"可以推出"所有校学生会委员都不是大学一年级学生"。因此，

27

Ⅱ为真。

再加上"张珊、李斯和王武都是校学生会委员",可推出"张珊、李斯和王武都不是大学一年级学生"。因此,Ⅰ为真。

至于Ⅲ"有些大学生电影评论协会的成员不是校学生会委员"有可能假,因为"所有大学生电影评论协会的成员都是校学生会委员"也满足题干条件,即存在"电影评论协会的成员"和"校学生会委员"是同一关系的可能(图1-3-10)。

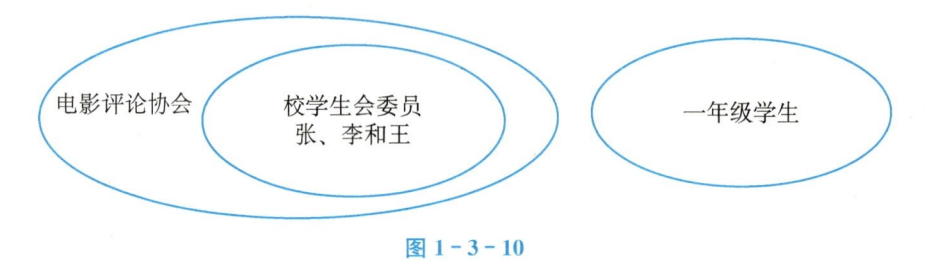

图1-3-10

### 10. 正确答案:B

题干断定:捐助希望工程的动机有的是个人功利。

对希望工程的每一项捐款,都是利国利民的善举。

从而推出:有的个人功利行为是利国利民的善举。

这一结论和B项矛盾(图1-3-11)。

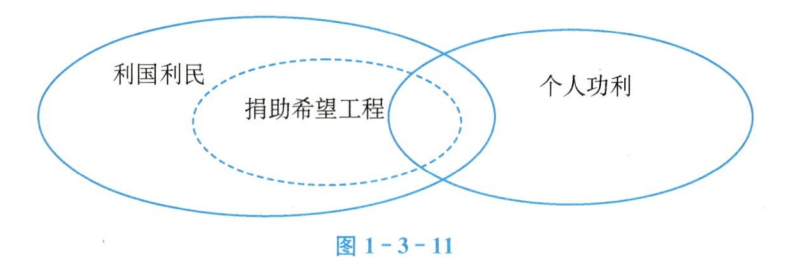

图1-3-11

### 11. 正确答案:B

根据题干,受女士青睐的护肤化妆品、价格昂贵的护肤化妆品和诺亚公司生产的护肤化妆品的包含关系如图1-3-12:

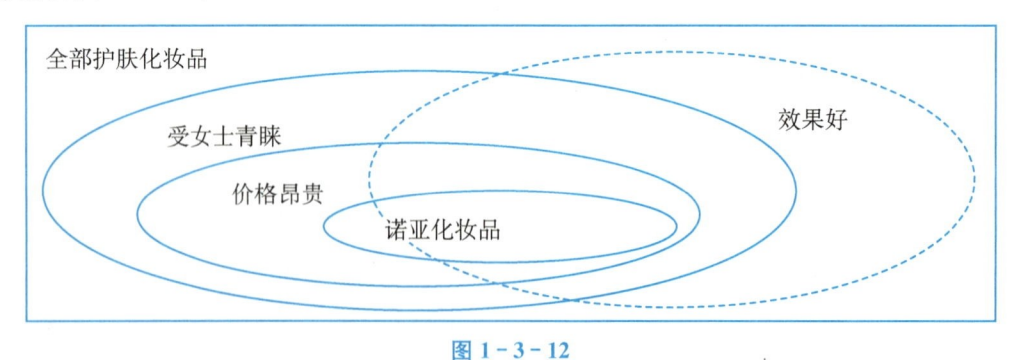

图1-3-12

而具有良好效果的护肤化妆品的范围如何,由题干不能确定(根据题干只知,具有良好效果的护肤化妆品至少包含部分诺亚公司生产的护肤化妆品)。

由题干可推出"有些具有良好效果的护肤化妆品得到女士们的青睐",但由此推不出"得到女士们青睐的护肤化妆品中,有些实际效果并不好"。因此,B项不能从题干推出。

具有良好效果的护肤化妆品至少包含部分诺亚公司生产的护肤化妆品，再由上图可以推出A、D。

由上图可直观推出 C、E。

### 12. 正确答案：D

题干断定新招聘的研究人员：或者是具有副高以上职称的"引进人才"，或者是具有北京户籍的应届毕业的博士研究生。

可见，非应届毕业的博士研究生一定是具有副高以上职称的"引进人才"。

题干又断定，"引进人才"都居住在"牡丹园"小区。

因此，非应届毕业的博士研究生都居住在"牡丹园"小区。所以，D 项正确。

其余选项都不能必然被推出。比如 A 项，题干只断定应届毕业的博士研究生都居住在博士后公寓，但应届博士研究生也有可能是具有副高以上职称。

### 13. 正确答案：A

题干中倪教授陈述：

第一，任何涉及核心技术的项目决不能受制于人。

第二，我国许多网络安全建设项目涉及信息核心技术。

由此必然可以推出：我国有些网络安全建设项目不能受制于人。即 A 项正确。

其余选项都不能从倪教授的陈述中必然被推出。

B 项，不涉及核心技术的项目未必不能受制于人。

C 项，从题干"如果全盘引进国外先进技术而不努力自主创新，我国的网络安全将会受到严重威胁"推不出"如果能做到自主创新，我国的网络安全就不会受到严重威胁"。

D 项，即使是涉及信息核心技术的网络安全建设项目，也可以与国外先进技术合作，只要不全盘引进国外先进技术。

E 项，从题干"如果全盘引进国外先进技术而不努力自主创新，我国的网络安全将会受到严重威胁"推不出"只要不是全盘引进国外先进技术，我国的网络安全就不会受到严重威胁"（图 1-3-13）。

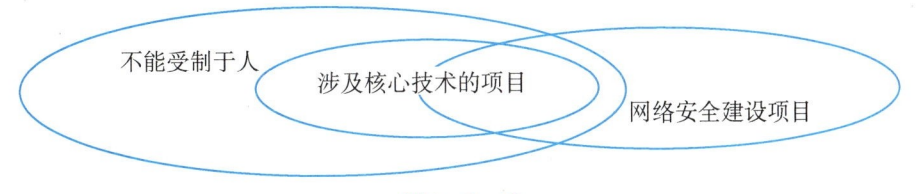

图 1-3-13

### 14. 正确答案：C

题干断定：

(1) 任何结果都不可能凭空出现。

(2) 它们的背后都是有原因的。

(3) 任何背后有原因的事物都可以被人认识。

(4) 可以被人认识的事物都必然不是毫无规律的。

由 (2)(3) 必然推出 A 项。

由 (2) 必然推出 B 项。

由 (2)(3)(4) 必然推出，任何结果的出现都不是毫无规律的，因此，C 项必假。

由 (4) 不能必然推出，可以被人认识的事物必然有规律，因此，D 项真假不确定。

从题干，显然不能确定 E 项为假。

总之，只有 C 项一定为假，所以是正确答案（图 1-3-14）。

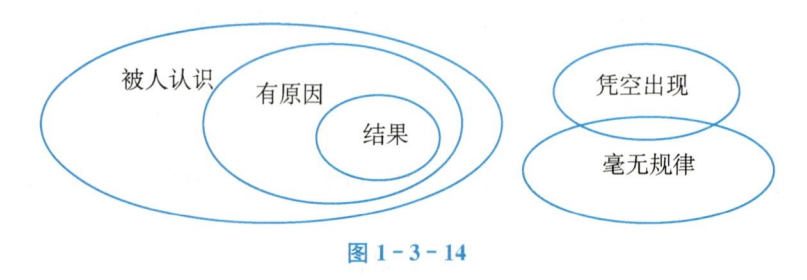

图 1-3-14

**15. 正确答案：B**

题干断定：

所有值得拥有专利的产品或设计方案都是创新。

所有的模仿都不是创新。

由此可知：所有值得拥有专利的产品或设计方案都不是模仿。

因此，"有些值得拥有专利的产品是模仿"是不可能的（图1-3-15）。

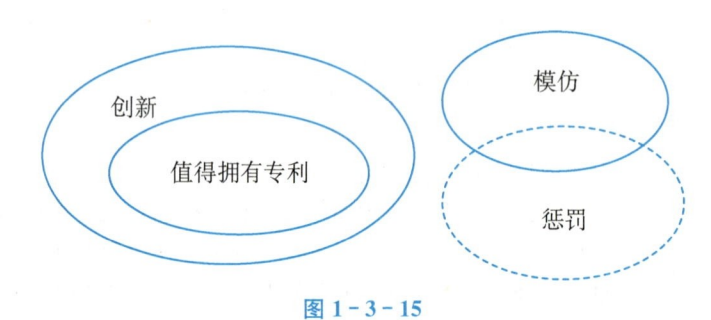

图 1-3-15

**16. 正确答案：B**

根据"（1）哲学类图书都是英文版的""（3）历史类图书都是中文版的""（4）没有一本书是中英双语版的"可以推出，所有历史类图书都不属于哲学类。从而得出：有些历史类图书不属于哲学类。因此，B项为正确答案（图1-3-16）。

A项：根据（2）和（4），不能得出"有些文学类图书是中文版的"的真假，排除。

C项：根据题干信息得不出"英文版图书比中文版图书数量多"，排除。

D项：根据题干信息得不出"有些图书既属于哲学类，也属于科学类"，排除。

E项：根据题干信息得不出"有些图书既属于文学类，也属于历史类"，排除。

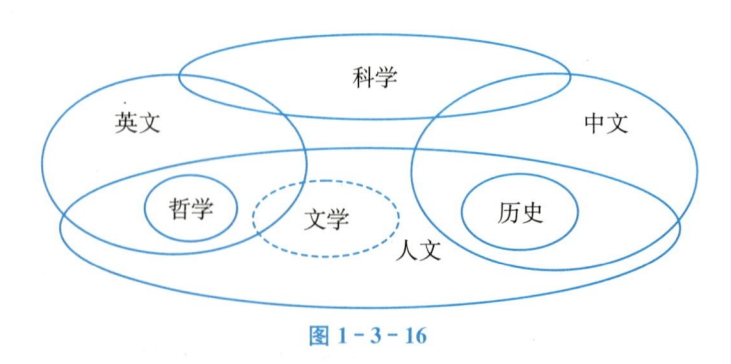

图 1-3-16

## 3.3 补充前提

省略直言三段论是省去一个前提或结论的直言三段论。这里的补充前提型题目指的是省略前提的直言三段论。

### 一、恢复省略前提三段论的方法

（1）查看省略三段论省略的是前提还是结论，若确定该省略三段论省略的前提，那就确定结论，从而确定大项和小项。

（2）进一步确定省略的是大前提还是小前提：当大项没有在省略式中的前提中出现，表明省略的是大前提。当小项在省略式中的前提中没有出现，说明省略的是小前提。

如果省略的是大前提，把结论的谓项（大项）与中项相联结，得到大前提。

如果省略的是小前提，则把结论的主项（小项）与中项相联结，得到小前提。

（3）最后，把省略的部分补充进去，并作适当的整理，就得到了省略三段论的完整形式。在做了这些工作之后，来看被省略的前提是否真实，推理过程是否正确。

### 二、解题步骤

#### 1. 抓住结论和前提

阅读题干，确定题干论证的前提和结论。

#### 2. 揭示省略前提

查看已知前提与结论中没有重合的两个项，将其联结起来。依据合理性原则，凭语感揭示出被省略的前提。

#### 3. 检验推理的有效性

把省略的前提补充进去，并作适当的整理，将推理恢复成标准形式，根据三段论的演绎推理规则，检验上述推理是否有效。验证选项时，相对便捷的办法是借助作图法判断。

**1　2003GRK-48**

大山中学所有骑自行车上学的学生都回家吃午饭，因此，有些家在郊区的大山中学的学生不骑自行车上学。

为使上述论证成立，以下哪项关于大山中学的断定是必须假设的？

A. 骑自行车上学的学生家都不在郊区。
B. 回家吃午饭的学生都骑自行车上学。
C. 家在郊区的学生都不回家吃午饭。
D. 有些家在郊区的学生不回家吃午饭。
E. 有些不回家吃午饭的学生家不在郊区。

**2　2004MBA-32**

所有物质实体都是可见的，而任何可见的东西都没有神秘感，因此，精神世界不是物质实体。

以下哪项最可能是上述论证所假设的？

A. 精神世界是不可见的。
B. 有神秘感的东西都是不可见的。

C. 可见的东西都是物质实体。
D. 精神世界有时也是可见的。
E. 精神世界具有神秘感。

### 3  2011GRK-26

有些低碳经济是绿色经济，因此，低碳经济都是高技术经济。
以下哪项如果为真，最能反驳上述论证？
A. 绿色经济有些是高技术经济。
B. 绿色经济都不是高技术经济。
C. 有些低碳经济不是绿色经济。
D. 有些绿色经济不是低碳经济。
E. 低碳经济就是绿色经济。

### 4  2014GRK-55

有些高校教师具有海外博士学位，所以，有些海外博士具有很高的水平。
以下哪项能够保证上述论断的准确？
A. 所有高校教师都具有很高的水平。
B. 并非所有的高校教师都具有很高的水平。
C. 有些高校教师具有很高的水平。
D. 所有水平高的教师都具有海外博士学位。
E. 有些高校教师没有海外博士学位。

### 5  2015MBA-40

有些阔叶树是常绿植物，因此，阔叶树都不生长在寒带地区。
以下哪项如果为真，最能反驳上述结论？
A. 有些阔叶树不生长在寒带地区。
B. 常绿植物都生长在寒带地区。
C. 寒带的某些地区不生长常绿植物。
D. 常绿植物都不生长在寒带地区。
E. 常绿植物不都是阔叶树。

## 答案与解析

**1. 正确答案：D**

题干是个省略三段论，补充省略前提后构成一个有效的三段论推理：
题干前提：大山中学所有骑自行车上学的学生都回家吃午饭。
补充D项：有些家在郊区的学生不回家吃午饭。
得出结论：有些家在郊区的大山中学的学生不骑自行车上学（图1-3-17）。

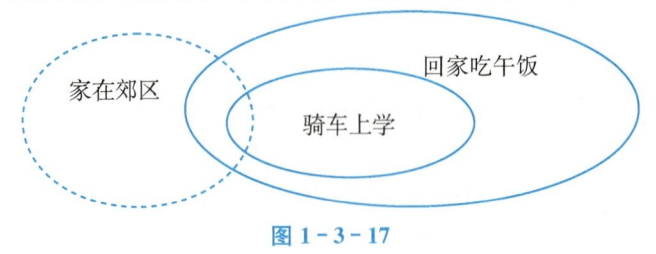

图1-3-17

其余选项均不是题干论证必须假设的。比如，将 C 项代入题干与题干前提结合推不出题干结论，推出的结论是：家在郊区的大山中学的学生"都"不骑自行车上学，而不是"有些"。

**2. 正确答案：E**

题干是个省略三段论，补充省略前提后构成一个有效的三段论推理：

题干前提一：所有物质实体都是可见的。

题干前提二：任何可见的东西都没有神秘感。

推出结论：所有物质实体都没有神秘感。

补充 E 项：精神世界具有神秘感。

得出结论：精神世界不是物质实体（图 1-3-18）。

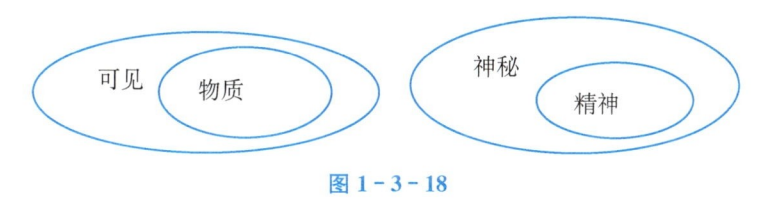

图 1-3-18

A 项补充进题干论证：所有物质实体都是可见的，而任何可见的东西都没有神秘感，精神世界是不可见的，因此，精神世界不是物质实体。这样，第 1、3、4 句话构成一个标准的三段论，能够合理推出结论，但是第 2 句话（任何可见的东西都没有神秘感）就显得多余，因此，不如 E 项合适。

其余选项补充入题干，均不能使题干论证成立。

**3. 正确答案：B**

题干为一个省略三段论，注意本题是要反驳论证。负命题最能反驳，题干结论"低碳经济都是高技术经济"的负命题是"有些低碳经济不是高技术经济"。补充省略前提后的论证过程如下：

题干前提：有些低碳经济是绿色经济。

补充 B 项：绿色经济都不是高技术经济。

得出结论：有些低碳经济不是高技术经济。

因此就否定了题干所述的"低碳经济都是高技术经济"这一结论（图 1-3-19）。

图 1-3-19

**4. 正确答案：A**

题干是个省略三段论，补充省略前提后构成一个有效的三段论推理：

题干前提：有些高校教师具有海外博士学位。

补充 A 项：所有高校教师都具有很高的水平。

得出结论：有些海外博士具有很高的水平（图 1-3-20）。

图 1 - 3 - 20

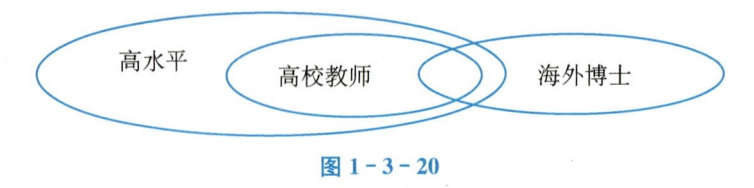

**5. 正确答案：B**

题干为一个省略三段论，注意本题是要反驳题干结论。负命题最能反驳，题干结论"阔叶树都不生长在寒带地区"的负命题是"有些阔叶树生长在寒带地区"。补充省略前提后的推理过程如下：

题干前提：有些阔叶树是常绿植物。

补充 B 项：常绿植物都生长在寒带地区。

得出结论：有些阔叶树生长在寒带地区。

因此就否定了题干所述的"阔叶树都不生长在寒带地区"这一结论（图 1 - 3 - 21）。

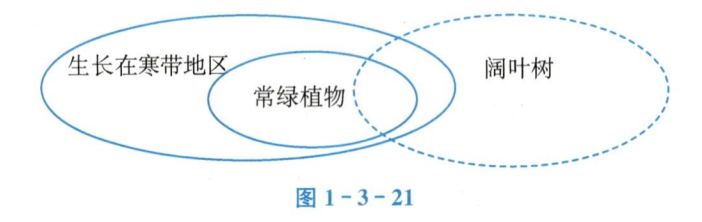

图 1 - 3 - 21

# 第 4 章 复合推理

复合命题是包含了其他命题的一种命题,一般来说,它是由若干个(至少一个)简单命题通过一定的逻辑连结词组合而成的。包含联言、选言、假言等基本复合命题的推理叫复合推理。

## 4.1 联言推理

联言命题是由"并且"这类连词连接两个支命题形成的复合命题,是断定事物的若干种情况同时存在的命题。

其标准形式是"P 且 Q"。

逻辑上表示为:P∧Q(读作 P 合取 Q)。

其逻辑含义是在多个联言支存在的情况下,只要有一个联言支是假的,整个联言命题都将是假的。

**1 2008MBA - 57**

北方人不都爱吃面食,但南方人都不爱吃面食。

如果已知上述第一个断定真,第二个断定假,则以下哪项据此不能确定真假?

Ⅰ. 北方人都爱吃面食,有的南方人也爱吃面食。

Ⅱ. 有的北方人爱吃面食,有的南方人不爱吃面食。

Ⅲ. 北方人都不爱吃面食,南方人都爱吃面食。

A. 只有Ⅰ。　　　　　　　　　B. 只有Ⅱ。

C. 只有Ⅲ。　　　　　　　　　D. 只有Ⅱ和Ⅲ。

E. Ⅰ、Ⅱ和Ⅲ。

**2 2009MBA - 54**

张珊喜欢喝绿茶,也喜欢喝咖啡。她的朋友中没有人既喜欢喝绿茶,又喜欢喝咖啡,但她的所有朋友都喜欢喝红茶。

如果上述断定为真,则以下哪项不可能为真?

A. 张珊喜欢喝红茶。

B. 张珊的所有朋友都喜欢喝咖啡。

C. 张珊的所有朋友喜欢喝的茶在种类上完全一样。

D. 张珊有一个朋友既不喜欢喝绿茶,也不喜欢喝咖啡。

E. 张珊喜欢喝的饮料,她有一个朋友也喜欢喝。

# 答案与解析

### 1. 正确答案：D

直言命题的对当关系。本题存在两个直言命题的推理。

题干第一个断定"北方人不都爱吃面食"为真，等同于"有的北方人不爱吃面食"，根据直言命题的推理，可知"北方人都爱吃面食"为假，不能确定"有的北方人爱吃面食"与"北方人都不爱吃面食"的真假。

题干第二个断定"南方人都不爱吃面食"为假，可推出"有的南方人爱吃面食"为真，不能确定"有的南方人不爱吃面食"与"南方人都爱吃面食"的真假。

Ⅰ是一个联言命题，其中"北方人都爱吃面食"为假，整个复合命题为假。

Ⅱ作为一个联言命题，两个联言支命题都真假不定，因此，整个联言命题不能确定真假。

Ⅲ同理不能确定真假。

### 2. 正确答案：E

题干断定：

第一，张珊既喜欢喝绿茶，又喜欢喝咖啡。

第二，她的朋友中没有人既喜欢喝绿茶，又喜欢喝咖啡。

由此可推出，她不存在与她一样既喜欢喝绿茶又喜欢喝咖啡的朋友，也即 E 项不可能为真。

## 4.2 选言推理

选言命题是断定事物若干种可能情况的命题。具体分为两种：

### 一、相容选言命题及其推理

相容选言命题是断定事物若干种可能情况中至少有一种情况存在的命题。其标准形式是"P 或者 Q"。

逻辑上表示为：$P \vee Q$（读作"P 析取 Q"）。

由于相容选言命题的各个支所断定的情况是可以并存的，因此，在相容选言判断中，可以不止有一个选言支是真的。但是，只有至少有一个选言支是真的，该选言命题才是真的，否则，就是假的。

相容选言推理的规则：

(1) 否定一部分选言支，就要肯定另一部分选言支。

(2) 肯定一部分选言支，不能否定另一部分选言支。

### 二、不相容选言命题及其推理

不相容选言命题是断定事物若干种可能情况中有而且只有一种情况存在的命题。其标准形式是"要么 P，要么 Q，二者必居其一"。

逻辑上表示为：$P \dot{\vee} Q$（读作"P 强析取 Q"）。

由于不相容选言命题断定了事物若干种可能情况中，有而且只有一种情况存在，这样，一个不相容选言命题为真,当且仅当恰好有一个选言支为真。当所有的选言支都为假或不止一个选言支为真时,整个不相容选言命题便为假。

不相容选言推理的规则:

(1) 否定一个选言支以外的选言支,就要肯定未被否定的那个选言支。
(2) 肯定一个选言支,就要否定其余的选言支。

### 1  2005MBA-37

一桩投毒谋杀案,作案者要么是甲,要么是乙,二者必有其一;所用毒药或者是毒鼠强,或者是乐果,二者至少其一。

如果上述断定为真,则以下哪项推断一定成立?

Ⅰ. 该投毒案不是甲投毒鼠强所为,因此一定是乙投乐果所为。
Ⅱ. 在该案侦破中发现甲投了毒鼠强,因此案中的毒药不可能是乐果。
Ⅲ. 该投毒案的作案者不是甲,并且所投毒药不是毒鼠强,因此一定是乙投乐果所为。

A. 只有Ⅰ。　　　　　　　　　　B. 只有Ⅱ。
C. 只有Ⅲ。　　　　　　　　　　D. 只有Ⅰ和Ⅲ。
E. Ⅰ、Ⅱ和Ⅲ。

### 2  2010GRK-38

某山区发生了较大面积的森林病虫害。在讨论农药的使用时,老许提出:"要么使用甲胺磷等化学农药,要么使用生物农药。前者过去曾用过,价钱便宜,杀虫效果好,但毒性大;后者未曾使用过,效果不确定,价钱贵。"

从老许的提议中,不可能推出的结论是哪一项?

A. 如果使用化学农药,那么就不使用生物农药。
B. 或者使用化学农药,或者使用生物农药,两者必居其一。
C. 如果不使用化学农药,那么就使用生物农药。
D. 化学农药比生物农药好,应该优先考虑使用。
E. 化学农药和生物农药是两类不同的农药,两类农药不要同时使用。

### 3  2014GRK-35

李丽和王佳是好朋友,同在一家公司上班,常常在一起喝下午茶,她们发现常去喝下午茶的人或者喜欢红茶,或者喜欢花茶,或者喜欢绿茶,李丽喜欢绿茶,王佳不喜欢花茶。

根据以上陈述,以下哪项必定为真?

Ⅰ. 王佳如果喜欢红茶,就不喜欢绿茶。
Ⅱ. 王佳如果不喜欢绿茶,就一定喜欢红茶。
Ⅲ. 常去喝下午茶的人如果不喜欢红茶,就一定喜欢绿茶或花茶。
Ⅳ. 常去喝下午茶的人如果不喜欢绿茶,就一定喜欢红茶和花茶。

A. 仅Ⅱ和Ⅳ。　　　　　　　　　B. 仅Ⅱ、Ⅲ和Ⅳ。
C. 仅Ⅲ。　　　　　　　　　　　D. 仅Ⅰ。
E. 仅Ⅱ和Ⅲ。

### 4  2019MBA-40

下面6张卡片,一面印的是汉字(动物或者花卉),一面印的是数字(奇数或者偶数)。

对于上述6张卡片,如果要验证"每张至少有一面印的是偶数或者花卉",至少需要翻看几张卡片?

| 虎 | 6 | 菊 | 7 | 鹰 | 8 |

A. 2。 B. 3。
C. 4。 D. 5。
E. 6。

## 答案与解析

**1. 正确答案：C**

由题干条件可知：

Ⅰ不成立。不是甲投毒鼠强，也可能是甲投乐果，或者乙投毒鼠强。

Ⅱ不成立。题干断定，所用毒药或者是毒鼠强，或者是乐果，二者至少其一。因此，可以同时用这两种毒药。发现了毒鼠强，毒药中也不能排除乐果。

Ⅲ成立。不是甲投毒，那必然是乙；毒药不是毒鼠强，那必然是乐果。也即一定是乙投乐果所为。

**2. 正确答案：D**

根据题干断定，要么使用甲胺磷等化学农药，要么使用生物农药。必然可推出 A、B、C 项。

题干断定了这两类农药各有优缺点，D 项意思与此相悖，因此，不能从题干的断定中推出。

E 项与题干断定并不矛盾，也很可能成立。

**3. 正确答案：E**

题干断定：

（1）红茶∨花茶∨绿茶

（2）李丽：绿茶

（3）王佳：¬花茶

现分析如下：

Ⅰ. 因为王佳不喜欢花茶，所以她喜欢红茶或绿茶，如果她喜欢红茶，推不出她是否喜欢绿茶。所以，该项不必定真。

Ⅱ. 因为王佳不喜欢花茶，所以她喜欢红茶或绿茶，如果她不喜欢绿茶，就一定喜欢红茶。所以，该项必定真。

Ⅲ. 如果不喜欢红茶，根据条件（1）推出，就一定喜欢绿茶或花茶。所以，该项必定真。

Ⅳ. 如果不喜欢绿茶，根据条件（1）只能推出，就一定喜欢红茶或花茶，但推不出就一定喜欢红茶和花茶。所以，该项不必定真。

因此，E 项为正确答案。

**4. 正确答案：B**

要验证"每张至少有一面印的是偶数或者花卉"，其中的"6""菊""8"三张就已经满足条件了，其余三张均需要验证。因此，B 项正确。

## 4.3 假言推理

假言命题是断定事物情况之间条件关系的命题，所以又称条件命题。假言命题中，表示条件的支命题称为假言命题的前件，表示依赖该条件而成立的命题称为假言命题的后件。

## 一、充分条件假言命题及其推理

充分条件假言命题是指前件是后件的充分条件的假言命题。所谓前件是后件的充分条件是指：只要存在前件所断定的事物情况，就一定会出现后件所断定的事物情况。其标准形式是"如果P，那么Q"。

逻辑上则表示为：P→Q（读作"P蕴涵Q"）。

一个充分条件假言命题，只有当它的前件真、后件假时，该假言命题才是假的。在其他情况下，充分条件假言命题都是真的。

充分条件假言推理的规则：

（1）肯定前件就要肯定后件，否定后件就要否定前件。

（2）否定前件不能否定后件，肯定后件不能肯定前件。

## 二、必要条件假言命题及其推理

必要条件假言命题是指前件是后件的必要条件的假言命题。所谓前件是后件的必要条件是指：如果不存在前件所断定的事物情况，就不会有后件所断定的事物情况。其标准形式是"只有P，才Q"。

逻辑上则表示为：P←Q（读作"P反蕴涵Q"）。

一个必要条件假言命题，只有当它的前件假、后件真时，该假言命题才是假的。在其他情况下，必要条件假言命题都是真的。

必要条件假言推理的规则：

（1）否定前件就要否定后件，肯定后件就要肯定前件。

（2）肯定前件不能肯定后件，否定后件不能否定前件。

## 三、充要条件假言命题及其推理

充要条件假言命题是指前件是后件的充分且必要条件的假言命题。所谓前件是后件的充分且必要条件是指：只要存在前件所断定的事物情况，就一定会出现后件所断定的事物情况；同时，如果不存在前件所断定的事物情况，就不会有后件所断定的事物情况。其标准形式是"当且仅当P，则Q"。

逻辑上则表示为：P↔Q（读作"P等值于Q"）。

一个充要条件假言命题为真，当且仅当等值符"↔"所联结的支命题（前件与后件）同真同假。

充要条件假言推理有两条规则：

（1）肯定前件就要肯定后件，肯定后件也要肯定前件。

（2）否定前件就要否定后件，否定后件也要否定前件。

另外，对充要条件的理解还要注意以下两条：

（1）唯一条件就是充要条件。

（2）所有的必要条件合起来是充要条件。

## 四、假言直接推理

（1）假言易位推理。

如果 P，那么 Q。

所以，只有 Q，才 P。

（2）假言换质推理。

如果 P，那么 Q。

所以，只有非 P，才非 Q。

（3）假言易位换质推理。

如果 P，那么 Q。

所以，如果非 Q，那么非 P。

### 1  2002MBA-11

如果你的笔记本计算机是 1999 年以后制造的，那么它就带有调制解调器。

上述断定可由以下哪个选项得出？

A. 只有 1999 年以后制造的笔记本计算机才带有调制解调器。

B. 所有 1999 年以后制造的笔记本计算机都带有调制解调器。

C. 有些 1999 年以前制造的笔记本计算机也带有调制解调器。

D. 所有 1999 年以前制造的笔记本计算机都不带有调制解调器。

E. 笔记本计算机的调制解调器技术是在 1999 年以后才发展起来的。

### 2  2003GRK-36

在中国，只有富士山连锁店经营日式快餐。

如果上述断定为真，以下哪项不可能为真？

Ⅰ. 苏州的富士山连锁店不经营日式快餐。

Ⅱ. 杭州的樱花连锁店经营日式快餐。

Ⅲ. 温州的富士山连锁店经营韩式快餐。

A. 只有Ⅰ。　　　　　　　　B. 只有Ⅱ。

C. 只有Ⅲ。　　　　　　　　D. 只有Ⅰ和Ⅱ。

E. Ⅰ、Ⅱ和Ⅲ。

### 3  2007MBA-28

除非不把理论当作教条，否则就会束缚思想。

以下各项都表达了与题干相同的含义，除了

A. 如果不把理论当作教条，就不会束缚思想。

B. 如果把理论当作教条，就会束缚思想。

C. 只有束缚思想，才会把理论当作教条。

D. 只有不把理论当作教条，才不会束缚思想。

E. 除非束缚思想，否则不会把理论当作教条。

### 4  2007MBA-47

帕累托最优，指这样一种社会状态：对于任何一个人来说，如果不使其他某个（或某些）人情况变坏，他的情况就不可能变好。如果一种变革能使至少有一个人的情况变好，同时没有其他人情况因此变坏，则称这一变革为帕累托变革。

以下各项都符合题干的断定，除了

A. 对于任何一个人来说，只要他的情况可能变好，就会有其他人的情况变坏，这样的社会，处于帕累托最优状态。

B. 如果某个帕累托变革可行，则说明社会并非处于帕累托最优状态。

C. 如果没有任何帕累托变革的余地，则社会处于帕累托最优状态。

D. 对于任何一个人来说，只有使其他某个（或某些）人情况变坏，他的情况才可能变好，这样的社会，处于帕累托最优状态。

E. 对于任何一个人来说，只要使其他人情况变坏，他的情况就可能变好，这样的社会，处于帕累托最优状态。

**5  2008MBA-55**

小林因未戴游泳帽被拒绝进入深水池。小林出示深水合格证说：根据规矩我可以进入深水池。游泳池的规定是：未戴游泳帽者不得进入游泳池，只有持有深水合格证，才能进入深水池。

小林最有可能把游泳池的规定理解为：

A. 除非持有深水合格证，否则不能进入深水池。

B. 只有持有深水合格证的人，才不需要戴游泳帽。

C. 如果持有深水合格证，就能进入深水池。

D. 准许进入游泳池的，不一定准许进入深水池。

E. 有了深水合格证，就不需要戴泳帽。

**6  2008GRK-31**

除非调查，否则就没有发言权。

以下各项都符合题干的断定，除了

A. 如果调查，就一定有发言权。

B. 只有调查，才有发言权。

C. 没有调查，就没有发言权。

D. 如果有发言权，则一定作过调查。

E. 或者调查，或者没有发言权。

**7  2008GRK-55**

生活节俭应当成为选拔国家干部的标准。一个不懂得节俭的人，怎么能尽职地为百姓当家理财呢？

以下各项都符合题干的断定，除了

A. 一个生活节俭的人，一定能成为称职的国家干部。

B. 只有生活节俭，才能尽职地为社会服务。

C. 一个称职的国家干部，一定是一个生活节俭的人。

D. 除非生活节俭，否则不能成为称职的国家干部。

E. 不存在生活不节俭却又合格的国家干部。

**8  2009GRK-27**

林斌一周工作5天，除非这周内有法定休假日。上周林斌工作了6天。

如果上述断定为真，以下哪项一定为真？

A. 上周一定有法定休假日。

B. 上周一定没有法定休假日。

C. 上周可能有也可能没有法定休假日。

D. 上周林斌至少有一天在法定工作日工作。

E. 以上各项都不一定为真。

**9** 2011GRK-33

如果欧洲部分国家的财政危机可以平稳度过，世界经济今年就会走出低谷。

以下哪项最准确地表达了上述断定？

Ⅰ. 如果世界经济今年走出低谷，则西方国家的财政危机可以平稳度过。

Ⅱ. 如果世界经济今年未走出低谷，则有的西方国家的财政危机没能平稳度过。

A. 只有Ⅰ。
B. 只有Ⅱ。
C. Ⅰ和Ⅱ。
D. Ⅰ或Ⅱ。
E. Ⅰ和Ⅱ都不对。

**10** 2011GRK-51

2009年年底，我国卫生部的调查结果显示，整体具备健康素质的群众只占6.48%，其中具备慢性疾病预防素养的人只占4.66%。这说明国民对疾病的认识还非常匮乏。只有国民素质得到根本性的提高，李一、张悟本的谬论才不会有那么多人盲从。

由以上陈述可以得出以下哪项结论？

A. 对疾病缺乏认识是国民素质有待根本提高的表现之一。
B. 如果国民素质不能得到根本性的提高，李一等人的谬论还会有许多人盲从。
C. 国民缺乏基本的医学知识是江湖医生屡屡得逞的根本原因。
D. 只有国民提高对疾病的认识，国民的健康才能得到保障。
E. 国民医学知识的缺乏是由某些部门的功能缺位造成的。

**11** 2015MBA-50

有关数据显示，2011年全球新增870万结核病患者，同时有140万患者死亡。因为结核病对抗生素有耐药性，所以对结核病的治疗一直都进展缓慢。如果不能在近几年消除结核病，那么还会有数百万人死于结核病。如果要控制这种流行病，就要有安全、廉价的疫苗。目前有12种新疫苗正在测试之中。

根据以上信息，可以得出以下哪项？

A. 2011年结核病患者死亡率已达16.1%。
B. 有了安全、廉价的疫苗，我们就能控制结核病。
C. 如果解决了抗生素的耐药性问题，结核病治疗将会获得突破性进展。
D. 只有在近几年消除结核病，才能避免数百万人死于这种疾病。
E. 新疫苗一旦应用于临床，将有效控制结核病的传播。

**12** 2018MBA-26

人民既是历史的创造者，也是历史的见证者；既是历史的"剧中人"，也是历史的"剧作者"。离开人民，文艺就会变成无根的浮萍、无病的呻吟、无魂的躯壳，关注人民的生活、命运、情感，表达人民的心愿、心情、心声，我们的作品才会在人民中传之久远。

根据以上陈述，可以得出以下哪项？

A. 只有不离开人民，文艺才不会变成无根的浮萍、无病的呻吟、无魂的躯壳。
B. 历史的创造者都不是历史的"剧中人"。
C. 历史的创造者都是历史的见证者。
D. 历史的"剧中人"都是历史的"剧作者"。
E. 我们的作品只要表达人民的心愿、心情、心声，就会在人民中传之久远。

### 13  2018MBA-37

张教授：利益并非只是物质利益，应该把信用、声誉、情感甚至某种喜好等都归入利益的范畴。根据这种对"利益"的广义理解，如果每一个个体在不损害他人利益的前提下，尽可能满足其自身的利益需求，那么由这些个体组成的社会就是一个良善的社会。

根据张教授的观点，可以得出以下哪项？

A. 如果一个社会不是良善的，那么其中肯定存在个体损害他人利益，或自身利益需求没有尽可能得到满足的情况。
B. 尽可能满足每一个个体的利益需求，就会损害社会的整体利益。
C. 只有尽可能满足每一个个体的利益需求，社会才可能是良善的。
D. 如果有些个体通过损害他人利益来满足自身的利益需求，那么社会就不是良善的。
E. 如果某些个体的利益需求没有尽可能得到满足，那么社会就不是良善的。

### 14  2018MBA-43

若要人不知，除非己莫为；若要人不闻，除非己莫言。为之而欲人不知，言之而欲人不闻，此犹捕雀而掩目，盗钟而掩耳者。

根据以上陈述，可以得出以下哪项？

A. 若己不言，则人不闻。
B. 若己为，则人会知；若己言，则人会闻。
C. 若能做到盗钟而掩耳，则可言之而人不闻。
D. 若己不为，则人不知。
E. 若能做到捕雀而掩目，则可为之而不知。

## 答案与解析

### 1. 正确答案：B

题干断定：对于笔记本计算机来说，1999年以后制造，是它带有调制解调器的充分条件（图1-4-1）。

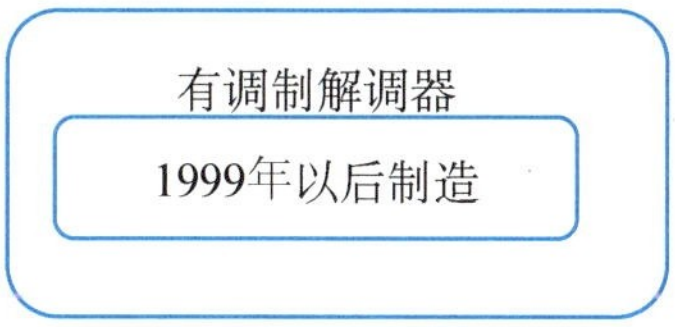

图 1-4-1

那么，如果B项成立，即事实上所有1999年以后制造的笔记本计算机都带有调制解调器，那么，题干断定就必然成立。

其余各项显然推不出题干成立。

### 2. 正确答案：B

题干推理关系为：富士山←日式快餐。

"富士山连锁店"是"经营日式快餐"的必要条件，而不是充分条件，因此，各地的富士山连锁店可以经营、也可以不经营日式快餐，而不是富士山连锁店则不可能经营日式快餐。

即Ⅰ、Ⅲ有可能为真；Ⅱ必然为假。因此，B项为正确答案。

43

3. 正确答案：A

除非不 P，否则 Q，可表示为"P→Q"，因此，题干推理可表示为：

把理论当作教条→会束缚思想。

即："把理论当作教条"是"会束缚思想"的充分条件。

选项 A，"把理论当作教条"是"会束缚思想"的必要条件，这与题干的意思是不同的，所以是正确答案。

其余选项都与题干的意思完全一致。

4. 正确答案：E

题干断定：帕累托最优时，"如果不使其他某个（或某些）人情况变坏，他的情况就不可能变好"，实际上是指"其他人情况变坏"是"他的情况变好"的必要条件。

E 项断定："其他人情况变坏"是"他的情况变好"的充分条件。因此，E 项不符合题干断定，为正确答案。

其余选项都符合题干意思。

5. 正确答案：C

游泳池的规定是：只有持有深水合格证，才能进入深水池。

即：持有深水合格证，是进入深水池的必要条件。

而小林认为出示深水合格证就可进入深水池，可见小林理解为：持有深水合格证，是进入深水池的充分条件。C 项正确。

6. 正确答案：A

题干条件关系为：¬调查→¬发言权。

即"调查"是"发言权"的必要条件。

而 A 项断定"调查"是"发言权"的充分条件，不符合题意，为正确答案。

其余选项都符合题干断定。

7. 正确答案：A

题干论述所表明的意思是："生活节俭"是"称职的国家干部"的必要条件。

而 A 项把"生活节俭"看成是"称职的国家干部"的充分条件，因此，不符合题干的断定。

其余选项都符合题干断定。

8. 正确答案：A

题干断定：如果这周没有法定休假日，则林斌工作 5 天。

而上周林斌工作了 6 天，可推出：上周一定有法定休假日。

9. 正确答案：B

题干论述："欧洲部分国家的财政危机可以平稳度过"是"世界经济今年就会走出低谷"的充分条件。

Ⅰ项断定"走出低谷"是"平稳度过"的充分条件，这显然不符合题意。

Ⅱ项断定"走出低谷"是"平稳度过"的必要条件，这显然符合题意。

因此，B 项为正确答案。

10. 正确答案：B

只有国民素质得到根本性的提高，李一、张悟本的谬论才不会有那么多人盲从
＝如果国民素质不能得到根本性的提高，李一等人的谬论还会有许多人盲从。

因此，B 项为正确答案。

11. 正确答案：D

题干断定：如果不能在近几年消除结核病，那么还会有数百万人死于结核病。

即：¬在近几年消除结核病→会有数百万人死于结核病。

等价于：在近几年消除结核病←不会有数百万人死于结核病。

意思就是：只有在近几年消除结核病，才能避免数百万人死于这种疾病。

因此，D项为正确答案。

### 12. 正确答案：A

题干断定：离开人民→文艺就会变成无根的浮萍、无病的呻吟、无魂的躯壳。

其等价于：不离开人民←文艺不会变成无根的浮萍、无病的呻吟、无魂的躯壳。

即：只有不离开人民，文艺才不会变成无根的浮萍、无病的呻吟、无魂的躯壳。

### 13. 正确答案：A

题干断定：如果每一个个体在不损害他人利益的前提下，尽可能满足其自身的利益需求，那么由这些个体组成的社会就是一个良善的社会。

其等价的逆否命题为：如果一个社会不是良善的，那么其中肯定存在个体损害他人利益，或自身利益需求没有尽可能得到满足的情况。即A项正确。

B项：题干没有涉及个体利益与整体利益之间的关系，排除。

C、D、E项：与题干的逻辑关系不一致，不符合推理规则，排除。

### 14. 正确答案：B

（1）若要人不知，除非己莫为

＝人不知→己莫为

＝人知←己为

＝若己为，则人会知。

（2）若要人不闻，除非己莫言

＝人不闻→己莫言

＝人闻←己言

＝若己言，则人会闻。

## 4.4 推出结论

### 一、假言三段论

（1）充分条件假言三段论。

肯定前件式：(P→Q) ∧P→Q。

否定后件式：(P→Q) ∧¬Q→¬P。

（2）必要条件假言三段论。

否定前件式：(P←Q) ∧¬P→¬Q。

肯定后件式：(P←Q) ∧Q→P。

### 二、解题步骤

（1）先写出原命题。

首先将自然语言形式化，根据题意写出原命题的条件关系式。

（2）再写出逆否命题。

原命题与逆否命题为等价命题，如果一个命题正确，那么它的逆否命题也一定正确。

P→Q 等价于 ¬P←¬Q。

P←Q 等价于 ¬P→¬Q。

（3）然后按蕴含方向进行推理。

顺着原命题和逆否命题这两个条件关系式箭头方向推出的结果是正确的。

### 1  2002GRK-32

当在微波炉中加热时，不含食盐的食物，其内部可以达到很高的、足以把所有引起食物中毒的细菌杀死的温度；但是含有食盐的食物的内部则达不到这样高的温度。

假设以下提及的微波炉都性能正常，则上述断定可推出以下所有的结论，除了

A. 食盐可以有效地阻止微波加热食物的内部。

B. 当用微波炉烹调含盐食物时，其原有的杀菌功能大大减弱。

C. 经过微波炉加热的食物如果引起食物中毒，则其中一定含盐。

D. 如果不向就要放进微波炉中加热的食物中加盐，则由此引起食物中毒的危险就会减少。

E. 食用经微波炉充分加热的不含盐食品，肯定不会引起食物中毒。

### 2  2005GRK-31

对当代学生来说，德育比智育更重要。学校的课程设计如果不注重培养学生的完美人格，那么，即使用高薪聘请著名的专家教授，也不能使学生在面临道德伦理、价值观念挑战的 21 世纪脱颖而出。

以下各项关于当代学生的断定都符合上述断定的原意，除了

A. 学校的课程设计只有注重培养学生的完美人格，才能使当代学生取得成就。

B. 如果当代学生在 21 世纪脱颖而出，那一定是对他们注重了完美的人格的教育。

C. 不能设想学生在面临道德伦理、价值观念挑战的 21 世纪脱颖而出，而他的人格却不完善。

D. 除非注重完美的人格培养，否则 21 世纪的学生难以脱颖而出。

E. 即使不能用高薪聘请著名的专家教授，学校的课程设计只要注重培养学生的完美人格，当代的学生就能在 21 世纪脱颖而出。

### 3  2015MBA-47

如果把一杯酒倒入一桶污水中，你得到的是一桶污水；如果把一杯污水倒入一桶酒中，你得到的依然是一桶污水。在任何组织中，都可能存在几个难缠人物。他们存在的目的似乎就是把事情搞糟。如果一个组织不加强内部管理，一个正直能干的人进入某低效的部门就会被吞没。而一个无德无才者就能将一个高效的部门变成一盘散沙。

根据上述信息，可以得出以下哪项？

A. 如果不将一杯污水倒进一桶酒中，你就不会得到一桶污水。

B. 如果一个正直能干的人进入组织，就会使组织变得更为高效。

C. 如果组织中存在几个难缠人物，很快就会把组织变成一盘散沙。

D. 如果一个正直能干的人在低效部门没有被吞没，则该部门加强了内部管理。

E. 如果一个无德无才的人把组织变成一盘散沙，则该组织没有加强内部管理。

### 4  2022MBA-26

百年党史充分揭示了中国共产党为什么能、马克思主义为什么行、中国特色社会主义为什么好的历史逻辑、理论逻辑、实践逻辑。面对百年未有之大变局，如果信念不坚定，就会陷入停滞彷徨的思想迷雾，就无法应对前进道路上的各种挑战风险，只有坚持中国特色社会主义道

路自信、理论自信、制度自信、文化自信,才能把中国的事情办好,把中国特色社会主义事业发展好。

根据以上陈述,可以得出以下哪项?
A. 如果坚持"四个自信",就能把中国的事情办好。
B. 只要信念坚定,就不会陷入停滞彷徨的思想迷雾。
C. 只有信念坚定,才能应对前进道路上的各种挑战风险。
D. 只有充分理解百年党史揭示的历史逻辑,才能将中国特色社会主义事业发展好。
E. 如果不能理解百年党史揭示的历史逻辑,就无法遵循百年党史揭示的实践逻辑。

### 5 2022MBA-36

H市医保局发出如下公告:自即日起本市将新增医保电子凭证就医结算,社保卡将不再作为就医结算的唯一凭证。本市所有定点医疗机构均已实现医保电子凭证的实时结算,本市参保人员可凭医保电子凭证就医结算,但只有将医保电子凭证激活后才能扫码使用。

以下哪项最符合上述H市医保局的公告内容?
A. H市非定点医疗机构没有实现医保电子凭证的实时结算。
B. 可使用医保电子凭证结算的医院不一定都是H市的定点医疗机构。
C. 凡持有社保卡的外地参保人员均可在H市定点医疗机构就医结算。
D. 凡已激活医保电子凭证的外地参保人员,均可在H市定点医疗机构使用医保电子凭证扫码就医。
E. 凡未激活医保电子凭证的本地参保人员,均不能在H市定点医疗机构使用医保电子凭证扫码结算。

## 答案与解析

### 1. 正确答案:C

由题干可得出结论:经过微波炉充分加热的食物如果引起食物中毒,则其中一定含盐。

C项没有断定"充分加热"这个条件,因而不能从题干推出。事实上,根据题干的条件,完全可能存在这样一种食物,它不含盐,也经过微波炉加热,但由于未充分加热而造成了食物中毒。

其余各项均能从题干推出。

### 2. 正确答案:E

题干断定,注重培养学生的完美人格,是他们在21世纪脱颖而出的必要条件。

E项断定前者是后者的充分条件,不符合题干。其余各项均符合题干。

### 3. 正确答案:D

题干断定:如果一个组织不加强内部管理,一个正直能干的人进入某低效的部门就会被吞没。

其等价的逆否命题是:如果一个正直能干的人在低效部门没有被吞没,则该部门加强了内部管理。因此,D项为正确答案。

### 4. 正确答案:C

题干断定:
(1) ¬信念坚定→¬应对风险。
(2) 坚持"四个自信"←中国特色社会主义事业发展好。

其中(1)等价于C项,即:

如果信念不坚定，就无法应对前进道路上的各种挑战风险
＝只有信念坚定，才能应对前进道路上的各种挑战风险

因此，C 项正确。其余选项均不符合推理规则，其中：

A 项：根据条件（2），由坚持"四个自信"无法推出有效信息。

B 项：根据条件（1），由"信念坚定"无法推出有效信息。

D 项："历史逻辑"与"中国特色社会主义事业发展好"之间不存在逻辑推理关系。

E 项："历史逻辑"与"实践逻辑"之间不存在逻辑推理关系。

**5. 正确答案：E**

题干断定：

(1) 本市所有定点医疗机构→已实现医保电子凭证的实时结算。

(2) 本市参保人员→可凭医保电子凭证就医结算。

(3) 医保电子凭证激活←扫码使用。

E 项为上述条件（3）的等价逆否命题，必为真，完全符合 H 市医保局的公告内容，因此，该项为正确答案。

其余选项均不妥，其中：

A 项：为（1）的否命题，无法推出，排除。

B 项：可为真，但并不最符合公告内容，排除。

C 项：不符合推理规则，无法由（2）推出，排除。

D 项：无法推出，排除。

## 4.5　省略假言

假言推理的省略形式是省略了某个推理步骤的假言推理，这里指的是省去一个前提的假言三段论推理。

补充假言三段论省略前提的步骤如下：

### 1. 明确结论和前提

按原文的顺序陈述依次对前提和结论作出准确的理解，列出条件关系式。

### 2. 揭示省略前提

依据合理性原则，凭语感揭示出被省略的前提。

### 3. 检验推理的有效性

把省略的前提补充进去，并作适当的整理，将推理恢复成标准形式，根据假言推理的演绎推理规则，检验上述推理是否有效。

**1　2011GRK－47**

在两座"甲"字形大墓与圆形夯土台基之间，集中发现了 5 座马坑和一座长方形的车马坑。其中 2 座马坑各葬 6 匹马。1 座坑内马骨架分南北两侧两排摆放整齐，前排 2 匹，后排 4 匹，由西向东依序摆放；另 1 座坑内马骨架摆放方式比较特殊，6 匹马两两成对或相背放置，头向不一。比较特殊的现象是在马坑的中间还放置了一个牛角，据此推测该马坑可能和祭祀有关。

以下哪项如果为真，最能支持上述推测？

A. 牛角是古代祭祀时的重要物件。

B. 祭祀时殉葬的马匹必须头向一致。

C. 6匹马是古代王公祭祀时的一种基本形制。
D. 只有在祭祀时，才在马坑放置牛角。
E. 如果马骨摆放得比较杂乱，那一定是由祭祀时混乱的场面造成的。

### 2 2011GRK-48

土卫二是太阳系中迄今观测到存在地质喷发活动的3个星体之一，也是天体生物学最重要的研究对象之一。德国科学家借助卡西尼号土星探测器上的分析仪器发现，土卫二喷发的微粒中含有钠盐。据此可以推测，土卫二上存在液态水，甚至可能存在"地下海"。

以下哪项如果为真，最能支持上述推测？

A. 只有存在"地下海"，才可能存在地质喷发活动。
B. 在土卫二上液态水不可能单独存在，只能以"地下海"的方式存在。
C. 如果没有地质喷发活动，就不可能发现钠盐。
D. 土星探测器上的分析仪器得出的数据是确切可信的。
E. 只有存在液态水，才可能存在钠盐微粒。

### 3 2021MBA-38

艺术活动是人类标志性的创造性劳动。在艺术家的心灵世界里，审美需求和情感表达是创造性劳动不可或缺的重要引擎；而人工智能没有自我意识，人工智能艺术作品的本质是模仿。因此，人工智能永远不能取代艺术家的创造性劳动。

以下哪项最可能是以上论述的假设？

A. 没有艺术家的创作，就不可能有人工智能艺术品。
B. 大多数人工智能作品缺乏创造性。
C. 只有具备自我意识，才能具有审美需求和情感表达。
D. 人工智能可以作为艺术创作的辅助工具。
E. 模仿的作品很少能表达情感。

## 答案与解析

**1. 正确答案：D**

题干陈述：在马坑的中间放置了一个牛角。
补充D项：只有在祭祀时，才在马坑放置牛角。
得出结论：该马坑和祭祀有关。

**2. 正确答案：E**

题干陈述：土卫二喷发的微粒中含有钠盐。
补充E项：只有存在液态水，才可能存在钠盐微粒。
得出结论：土卫二上存在液态水。

**3. 正确答案：C**

题干前提1：人工智能没有自我意识。
补充C项：只有具备自我意识，才能具有审美需求和情感表达。
得出结论1：人工智能不具有审美需求和情感表达。
题干前提2：审美需求和情感表达是创造性劳动不可或缺的。
最终结论：人工智能永远不能取代艺术家的创造性劳动。

其余选项不妥。其中，A、B项与论证无关；D项，题干论证未涉及"辅助工具"；E项，与题干论述的"审美需求和情感表达"不一致。

# 第 5 章　多重推理

多重推理指包含多重复合命题的推理。多重复合命题是相对于基本复合命题而言的，是指支命题包含两个或两个以上命题连结词的复合命题，即支命题为复合命题的复合命题。

## 5.1　摩根定律

各种复合命题都有其负命题，可以得到这些负命题的等值推理。摩根定律概括的就是复合命题的负命题公式。

### 一、复合命题的负命题公式

#### 1. 联言命题的负命题

"并非：P 并且 Q"等值于"非 P 或者非 Q"。

$\neg(P \wedge Q) \leftrightarrow \neg P \vee \neg Q$

#### 2. 相容选言命题的负命题

"并非：P 或者 Q"等值于"非 P 并且非 Q"。

$\neg(P \vee Q) \leftrightarrow \neg P \wedge \neg Q$

#### 3. 不相容选言命题的负命题

"并非：要么 P，要么 Q"等值于"P 并且 Q，或者，非 P 并且非 Q"。

$\neg(P \dot\vee Q) \leftrightarrow (P \wedge Q) \vee (\neg P \wedge \neg Q)$

#### 4. 充分条件假言命题的负命题

"并非：如果 P，那么 Q"等值于"P 并且非 Q"。

$\neg(P \rightarrow Q) \leftrightarrow P \wedge \neg Q$

#### 5. 必要条件假言命题的负命题

"并非：只有 P，才 Q"等值于"非 P 并且 Q"。

$\neg(P \leftarrow Q) \leftrightarrow \neg P \wedge Q$

#### 6. 充要条件假言命题的负命题

"并非：当且仅当 P，才 Q"等值于"P 并且非 Q，或者，非 P 并且 Q"。

$\neg(P \leftrightarrow Q) \leftrightarrow (P \wedge \neg Q) \vee (\neg P \wedge Q)$

### 二、条件误解

在质疑对方时，往往容易产生"条件误解"的逻辑错误，即把对方表述的充分条件误解为必要条件，或者把对方表述的必要条件误解为充分条件，从而导致无效质疑。

### 1  2001GRK-21

正是因为有了第二味觉，哺乳动物才能够边吃边呼吸。很明显，边吃边呼吸对保持哺乳动物高效率的新陈代谢是必要的。

以下哪种哺乳动物的发现，最能削弱以上的断言？

A. 有高效率的新陈代谢和边吃边呼吸的能力的哺乳动物。
B. 有低效率的新陈代谢和边吃边呼吸的能力的哺乳动物。
C. 有低效率的新陈代谢但没有边吃边呼吸的能力的哺乳动物。
D. 有高效率的新陈代谢但没有第二味觉的哺乳动物。
E. 有低效率的新陈代谢和第二味觉的哺乳动物。

### 2  2002MBA-48

总经理：我主张小王和小孙两人中至少提拔一人。
董事长：我不同意。

以下哪项，最为准确地表述了董事长实际上同意的意思？

A. 小王和小孙两人都得提拔。
B. 小王和小孙两人都不提拔。
C. 小王和小孙两人中至多提拔一人。
D. 如果提拔小王，则不提拔小孙。
E. 如果不提拔小王，则提拔小孙。

### 3  2002GRK-37

总经理：我主张小王和小孙两人中至多提拔一人。
董事长：我不同意。

以下哪项，最为准确地表达了董事长实际上同意的意思？

A. 小王、小孙都得提拔。
B. 小王、小孙都不能提拔。
C. 小王和小孙两人中至少提拔一人。
D. 如果提拔小王，则也得提拔小孙。
E. 如果不提拔小王，则也不得提拔小孙。

### 4  2002GRK-13

小陈并非既懂英语又懂法语。

如果上述断定为真，那么下述哪项断定必定为真？

A. 小陈懂英语但不懂法语。
B. 小陈懂法语但不懂英语。
C. 小陈既不懂英语也不懂法语。
D. 如果小陈懂英语，那么他一定不懂法语。
E. 如果小陈不懂法语，那么他一定懂英语。

### 5  2003MBA-53

总经理：根据本公司目前的实力，我主张环岛绿地和宏达小区这两项工程至少上马一个，但清河桥改造工程不能上马。
董事长：我不同意。

以下哪项，最为准确地表达了董事长实际上同意的意思？

A. 环岛绿地、宏达小区和清河桥改造这三个工程都上马。
B. 环岛绿地、宏达小区和清河桥改造这三个工程都不上马。
C. 环岛绿地和宏达小区两个工程中至多上马一个，但清河桥改造工程要上马。
D. 环岛绿地和宏达小区两个工程至多上马一个，如果这点做不到，那也要保证清河桥改造工程上马。
E. 环岛绿地和宏达小区两个工程都不上马，如果这点做不到，那也要保证清河桥改造工程上马。

### 6  2003MBA-59

欧几里德几何系统的第五条公理判定：在同一平面上，过直线外一点可以并且只可以作一条直线与该直线平行。在数学发展史上，有许多数学家对这条公理是否具有无可争议的真理性表示怀疑和担心。

要使数学家的上述怀疑成立，以下哪项必须成立？

Ⅰ. 在同一平面上，过直线外一点可能无法作一条直线与该直线平行。
Ⅱ. 在同一平面上，过直线外一点作多条直线与该直线平行是可能的。
Ⅲ. 在同一平面上，如果过直线外一点不可能作多条直线与该直线平行，那么，也可能无法只作一条直线与该直线平行。

A. 只有Ⅰ。  B. 只有Ⅱ。
C. 只有Ⅲ。  D. 只有Ⅰ和Ⅱ。
E. Ⅰ、Ⅱ和Ⅲ。

### 7  2004MBA-45

只有具备足够的资金投入和技术人才，一个企业的产品才能拥有高科技含量。而这种高科技含量，对于一个产品长期稳定地占领市场是必不可少的。

以下哪种情况如果存在，最能削弱以上断定？

A. 苹果牌电脑拥有高科技含量，并长期稳定地占领着市场。
B. 西子洗衣机没能长期稳定地占领市场，但该产品并不缺乏高科技含量。
C. 长江电视机没能长期稳定地占领市场，因为该产品缺乏高科技含量。
D. 清河空调长期稳定地占领着市场，但该产品的厂家缺乏足够的资金投入。
E. 开开电冰箱没能长期稳定地占领市场，但该产品的厂家有足够的资金投入和技术人才。

### 8  2005MBA-42

对所有产品都进行了检查，并没有发现假冒伪劣产品。

如果上述断定为假，则以下哪项为真？

Ⅰ. 有的产品尚未经检查，但发现了假冒伪劣产品。
Ⅱ. 或者有的产品尚未经过检查，或者发现了假冒伪劣产品。
Ⅲ. 如果对所有产品都进行了检查，则发现了假冒伪劣产品。

A. 只有Ⅰ。  B. 只有Ⅱ。
C. 只有Ⅲ。  D. 只有Ⅰ和Ⅱ。
E. 只有Ⅱ和Ⅲ。

### 9  2006MBA-26

小张承诺：如果天不下雨，我一定去听音乐会。

以下哪项为真，说明小张没有兑现承诺？

Ⅰ. 天没下雨，小张没去听音乐会。

Ⅱ. 天下雨，小张去听了音乐会。

Ⅲ. 天下雨，小张没去听音乐会。

A. 仅Ⅰ。 B. 仅Ⅱ。
C. 仅Ⅲ。 D. 仅Ⅰ和Ⅱ。
E. Ⅰ、Ⅱ和Ⅲ。

### 10  2006GRK-26

麦老师：只有博士生导师才能担任学校"高级职称评定委员会"评委。

宋老师：不对。董老师是博士生导师，但不是"高级职称评定委员会"评委。

宋老师的回答说明他将麦老师的话错误地理解为：

A. 有的"高级职称评定委员会"评委是博士生导师。

B. 董老师应该是"高级职称评定委员会"评委。

C. 只要是博士生导师，就是"高级职称评定委员会"评委。

D. 并非所有的博士生导师都是"高级职称评定委员会"评委。

E. 董老师不是学科带头人，但他是博士生导师。

### 11  2006GRK-27

并非蔡经理负责研发或者负责销售工作。

如果上述陈述为真，以下哪项陈述一定为真？

A. 蔡经理既不负责研发也不负责销售。

B. 蔡经理负责销售但不负责研发。

C. 蔡经理负责研发但不负责销售。

D. 如果蔡经理不负责销售，那么他负责研发。

E. 如果蔡经理负责销售，那么他不负责研发。

### 12  2008MBA-44

根据一个心理学理论，一个人想要快乐就必须和周围的人保持亲密的关系，但是世界上伟大的画家往往是在孤独中度过了他们的大部分时光，并且没有亲密的人际关系。所以，这种心理学理论的上述结论是不成立的。

以下哪项最可能是上述论证所必须假设的？

A. 该心理学理论是为了揭示内心体验与艺术成就的关系。

B. 有亲密人际关系的人几乎没有孤独的时候。

C. 孤独对于伟大的绘画艺术家来说是必需的。

D. 有些著名画家有亲密的人际关系。

E. 获得伟大成就的艺术家不可能不快乐。

### 13  2008MBA-50

| A | B | 4 | 7 |

如果以上是四张卡片，一面是大写英文字母，另一面是阿拉伯数字。

主持人断定，如果一面是A，则另一面是4。

如果试图推翻主持人的断定，但只允许翻动以上卡片中的两张卡片，正确的选择是

A. 翻动A和4。 B. 翻动A和7。

C. 翻动 A 和 B。　　　　　　　　　D. 翻动 B 和 7。
E. 翻动 B 和 4。

**14　2009MBA-34**

对本届奥运会所有奖牌获得者进行了尿样化验，没有发现兴奋剂使用者。

如果以上陈述为假，则以下哪项一定为真？

Ⅰ．或者有的奖牌获得者没有化检尿样，或者在奖牌获得者中发现了兴奋剂使用者。
Ⅱ．虽然有的奖牌获得者没有化检尿样，但还是发现了兴奋剂使用者。
Ⅲ．如果对所有的奖牌获得者进行了尿样化验，则一定发现了兴奋剂使用者。

A. 只有Ⅰ。　　　　　　　　　　　B. 只有Ⅱ。
C. 只有Ⅲ。　　　　　　　　　　　D. 只有Ⅰ和Ⅲ。
E. 只有Ⅱ和Ⅲ。

**15　2009MBA-38**

一些人类学家认为，如果不具备应付各种自然环境的能力，人类在史前年代不可能幸存下来，然而相当多的证据表明，阿法种南猿，一种与早期人类有关的史前物种，在各种自然环境中顽强生存的能力并不亚于史前人类，但最终灭绝了。因此，人类学家的上述观点是错误的。

上述推理的漏洞也类似地出现在以下哪项中？

A. 大张认识到赌博是有害的，但就是改不掉。因此，"不认识错误就不能改正错误"这一断定是不成立的。
B. 已经找到了证明造成艾克矿难是操作失误的证据。因此，关于艾克矿难起因于设备老化、年久失修的猜测是不成立的。
C. 大李图便宜，买了双旅游鞋，穿不了几天就坏了。因此，怀疑"便宜无好货"是没有道理的。
D. 既然不怀疑小赵可能考上大学，那就没有理由担心小赵可能考不上大学。
E. 既然怀疑小赵一定能考上大学，那就没有理由怀疑小赵一定考不上大学。

**16　2009MBA-47**

在潮湿的气候中仙人掌很难成活；在寒冷的气候中柑橘很难生长。在某省的大部分地区，仙人掌和柑橘至少有一种不难成活生长。

如果上述断定为真，则以下哪项一定为假？

A. 该省的一半地区，既潮湿又寒冷。
B. 该省的大部分地区炎热。
C. 该省的大部分地区潮湿。
D. 该省的某些地区既不寒冷也不潮湿。
E. 柑橘在该省的所有地区都无法生长。

**17　2009GRK-35**

贾女士：在英国，根据长子继承权的法律，男人的第一个妻子生的第一个儿子有首先继承家庭财产的权利。

陈先生：你说得不对。布朗公爵夫人就合法地继承了她父亲的全部财产。

以下哪项对陈先生所作断定的评价最为恰当？

A. 陈先生的断定是对贾女士的反驳，因为他举出了一个反例。
B. 陈先生的断定是对贾女士的反驳，因为他揭示了长子继承权性别歧视的实质。
C. 陈先生的断定不能构成对贾女士的反驳，因为他对布朗夫人继承父产的合法性并未给予论证。
D. 陈先生的断定不能构成对贾女士的反驳，因为任何法律都不可能得到完全的实施。
E. 陈先生的断定不能构成对贾女士的反驳，因为他把贾女士的话误解为只有儿子才有权继承财产。

### 18　2009GRK-40

在报考研究生的应届生中，除非学习成绩名列前三位，并且有两位教授推荐，否则不能成为免试推荐生。

以下哪项如果为真，说明上述决定没有得到贯彻？

Ⅰ．余涌学习成绩名列第一，并且有两位教授推荐，但未能成为免试推荐生。
Ⅱ．方宁成为免试推荐生，但只有一位教授推荐。
Ⅲ．王宜成为免试推荐生，但学习成绩不在前三名。

A. 只有Ⅰ。　　　　　　　　　　B. 只有Ⅰ和Ⅱ。
C. 只有Ⅱ和Ⅲ。　　　　　　　　D. Ⅰ、Ⅱ和Ⅲ。
E. 以上都不是。

### 19　2009GRK-53

小张承诺：如果天不下雨，我一定去看足球赛。

以下哪项如果为真，说明小张没有兑现承诺？

Ⅰ．天没下雨，小张没去看足球赛。
Ⅱ．天下雨，小张去看了足球赛。
Ⅲ．天下雨，小张没去看足球赛。

A. 仅Ⅰ。　　　　　　　　　　　B. 仅Ⅱ。
C. 仅Ⅲ。　　　　　　　　　　　D. 仅Ⅰ和Ⅱ。
E. Ⅰ、Ⅱ和Ⅲ。

### 20　2009GRK-54

并非本届世界服装节既成功又节俭。

如果上述判断是真的，则以下哪项一定为真？

A. 本届世界服装节成功但不节俭。
B. 本届世界服装节节俭但不成功。
C. 本届世界服装节既不节俭也不成功。
D. 如果本届世界服装节不节俭，则一定成功。
E. 如果本届世界服装节节俭，则一定不成功。

### 21　2010MBA-39

大小行星悬浮在太阳系边缘，极易受附近星体引力作用的影响。据研究人员计算，有时这些力量会将彗星从奥尔特星云拖出。这样，它们更有可能靠近太阳。两位研究人员据此分别作出了以下两种有所不同的断定：一、木星的引力作用要么将它们推至更小的轨道，要么将它们逐出太阳系；二、木星的引力作用或者将它们推至更小的轨道，或者将它们逐出太阳系。

如果上述两种断定只有一种为真，可以推出以下哪项结论？

A. 木星的引力作用将它们推至更小的轨道，并且将它们逐出太阳系。
B. 木星的引力作用没有将它们推至更小的轨道，但是将它们逐出太阳系。
C. 木星的引力作用将它们推至更小的轨道，但是没有将它们逐出太阳系。
D. 木星的引力作用既没有将它们推至更小的轨道，也没有将它们逐出太阳系。

E. 木星的引力作用如果将它们推至更小的轨道，就不会将它们逐出太阳系。

**22** 2014GRK－29

在乌克兰局势协调小组明斯克会谈前夕，"顿涅茨克人民共和国"和"卢甘斯克人民共和国"发言人宣布了自己的谈判立场：如果乌克兰当局不承认其领土和俄语的特殊地位，并且不停止其在东南部的军事行动，就无法解决冲突。此外两个"共和国"还坚持要求赦免所有民兵武装参与者和政治犯。有乌克兰观察人士评论说：难道我们承认了这两个所谓"共和国"领土和俄语的特殊地位，赦免了民兵武装，就能够解决冲突吗？

乌克兰观察人士的评论最适合用来反驳以下哪项？

A. 即使乌克兰当局承认两个"共和国"领土和俄语的特殊地位，并且赦免所有民兵武装参与者和政治犯，也可能还是无法解决冲突。

B. 即使解决了冲突，也不一定是因为乌克兰当局承认两个"共和国"领土和俄语的特殊地位。

C. 如果要解决冲突，乌克兰当局就必须承认两个"共和国"领土和俄语的特殊地位，并且赦免所有民兵武装参与者和政治犯。

D. 只要乌克兰当局承认两个"共和国"领土和俄语的特殊地位，并且赦免所有民兵武装参与者和政治犯，就能够解决冲突。

E. 只有乌克兰当局承认两个"共和国"领土和俄语的特殊地位，并且赦免所有民兵武装参与者和政治犯，才能够解决冲突。

**23** 2014GRK－53

在今年夏天的足球运动员转会市场上，只有在世界杯期间表现出色并且在俱乐部也有优异表现的人，才能获得众多俱乐部的青睐和追逐。

如果以上陈述为真，以下哪项不可能为真？

A. 老将克洛泽在世界杯上以16球打破了罗纳尔多15球的世界杯进球记录，但是仍然没有获得众多俱乐部的青睐。

B. J罗获得了世界杯金靴，他同时凭借着俱乐部的优异表现在众多俱乐部追逐的情况下，成功转会皇家马德里。

C. 罗伊斯因伤未能代表德国队参加巴西世界杯，但是他在德甲俱乐部赛场上有着优异表现，在转会市场上得到了皇家马德里、巴塞罗那等顶级豪门的青睐。

D. 多特蒙德头号射手莱万多夫斯基成功转会到拜仁慕尼黑。

E. 克罗斯没有获得金靴，但因为表现突出，同样成功转会皇家马德里。

**24** 2020MBA－36

表1-5-1显示了某城市过去一周的天气情况：

表1-5-1

| 星期一 | 星期二 | 星期三 | 星期四 | 星期五 | 星期六 | 星期日 |
| --- | --- | --- | --- | --- | --- | --- |
| 东南风1～2级 小雨 | 南风4～5级 晴 | 无风 小雪 | 北风1～2级 阵雨 | 无风 晴 | 西风3～4级 阴 | 东风2～3级 中雨 |

以下哪项对该城市这一周天气情况的概括最为准确？

A. 每日或者刮风，或者下雨。

B. 每日或者刮风，或者晴天。

C. 每日或者无风，或者无雨。

D. 若有风且风力超过 3 级，则该日是晴天。

E. 若有风且风力不超过 3 级，则该日不是晴天。

# 答案与解析

1. 正确答案：D

在题干中，"第二味觉"是"边吃边呼吸"的必要条件，而"边吃边呼吸"又是"高效率的新陈代谢"的必要条件，因此，"第二味觉"是"高效率的新陈代谢"的必要条件。即题干推理是：

第二味觉（P）←边吃边呼吸←高效率的新陈代谢（Q）

"P←Q"，那么"非 P 且 Q"是它的负命题，这正是选项 D 所断定的，该项所举的哺乳动物不具备"第二味觉"这一必要条件，又有"高效率的新陈代谢"的特征，是题干中断言的反例，严重地削弱了题干中的断言。

A 符合题干的断言；B 与题干不矛盾，因题干说的"边吃边呼吸"是"高效率的新陈代谢"的必要条件，不一定是充分条件，因此，有 B 中所说的动物存在并不违反题干中的断言；C 所举的例证与题干中第二句的断言相符；E 不削弱题干的断言，因为按题干"第二味觉"是"高效率的新陈代谢"的必要条件，不一定是充分条件。

2. 正确答案：B

总经理的意思可表示为：王∨孙。

董事长对此否定，董事长的意思可表示为：¬（王∨孙）＝¬王∧¬孙

因此，董事长的意思是：小王和小孙两人都不提拔。

其余各项都不能准确表达董事长的意思。

3. 正确答案：A

总经理的意见是：小王和小孙两人中至多提拔一人，意思是小王和小孙不可能都提拔，也即小王和小孙至少有一个不提拔，可表示为：

¬（王∧孙）＝¬王∨¬孙

董事长不同意总经理的意见，可表示为：

¬（¬王∨¬孙）＝王∧孙

即董事长实际上同意小王和小孙两人都得提拔。

因此，答案是 A。

4. 正确答案：D

题干断定．¬（英∧法）＝¬英∨¬法＝英→¬法

即"并非既懂英语又懂法语"等价于"不懂英文或者不懂法语"，又等价于"如果懂英文，则一定不懂法语"。因此，答案是 D。

A、B 和 C 三项都可能是真的，但不必定是真的。

E 项也不必定是真的，因为可能小陈既不懂法语，也不懂英语。

5. 正确答案：E

令 P 表示"环岛绿地工程上马"；Q 表示"宏达小区工程上马"；R 表示"清河桥改造工程上马"。

总经理的意见是：(P∨Q)∧(¬R)。

董事长的意见是：¬((P∨Q)∧(¬R))＝¬(P∨Q)∨¬(¬R)
　　　　　　　　　　　　　　　　　＝(¬P∧¬Q)∨R
　　　　　　　　　　　　　　　　　＝¬(¬P∧¬Q)→R

这就是 E 项所断定的。

### 6. 正确答案：C

令 P 表示"过直线外一点可以作一条直线与该直线平行"。

Q 表示"过直线外一点只可以作一条直线与该直线平行"。

第五条公理是断定"P∧Q"。

数学家的怀疑就是上述命题的负命题，即"¬P∨¬Q"，意思是：过直线外一点无法作一条直线与该直线平行，或者，可作多条直线与该直线平行。

问题是"要使数学家的上述怀疑成立，以下哪项必须成立？"，意思就是"如果以下哪项不成立，数学家的怀疑就不成立"。

选项Ⅰ即是¬P。否定Ⅰ，即 P 成立，并不能否定"¬P∨¬Q"；因此，要使数学家的上述怀疑成立，Ⅰ项不必须成立。

选项Ⅱ即是¬Q。否定Ⅱ，即 Q 成立，并不能否定"¬P∨¬Q"，因此，要使数学家的上述怀疑成立，Ⅱ项不必须成立。

选项Ⅲ即是 Q→¬P。否定Ⅲ，即¬(Q→¬P)，也即 Q∧P 成立，此时，"¬P∨¬Q"肯定不成立，因此，要是数学家的上述怀疑成立，Ⅲ项必须成立。

### 7. 正确答案：D

题干断定：足够的资金投入和技术人才是产品拥有高科技含量的必要条件，而高科技含量是产品长期稳定地占领市场的必要条件。

可表示为：资金投入∧技术人才←产品拥有高科技含量←长期稳定地占领市场。

逆否命题：¬资金投入∨¬技术人才→¬产品拥有高科技含量→¬长期稳定地占领市场。

因此，没有足够的资金投入，则一定也不能长期稳定地占领市场。D 项，没有足够的资金投入也能长期稳定地占领市场，是一个反例，严重地削弱了题干，为正确答案。

其余选项不能削弱题干。其中，A 是明显支持项；高科技含量只是占领市场的必要条件，而不是充分条件，B 的情况在题干论述的条件下是可能出现的，排除；高科技含量是长期稳定地占领市场的必要条件，C 的情况在题干论述的条件下也是能出现的，排除；足够的资金投入和技术人才是产品拥有高科技含量的必要条件而不是充分条件，E 与题干不矛盾，排除。

### 8. 正确答案：E

设 P：对所有产品都进行了检查；Q：没有发现假冒伪劣产品

上述断定为假，即：¬(P∧Q) = ¬P∨¬Q=P→¬Q。

因此，

"对所有产品都进行了检查，并没有发现假冒伪劣产品"为假

＝"或者有的产品尚未经过检查，或者发现了假冒伪劣产品"（这就是选项Ⅱ）

＝"如果对所有产品都进行了检查，则发现了假冒伪劣产品"（这就是选项Ⅲ）

选项Ⅰ为：¬P∧¬Q，不必然真。

选项Ⅱ为：¬P∨¬Q，必然真。

选项Ⅲ为：P→¬Q，这等价于"¬P∨¬Q"，必然真。

因此，E 为正确答案。

### 9. 正确答案：A

P 表示"不下雨"，Q 表示"听音乐会"，则题干可表示为 P→Q

"小张没有兑现承诺"，也就是¬(P→Q)＝P∧¬Q

Ⅰ可表示为 P∧¬Q

Ⅱ可表示为¬P∧Q

Ⅲ可表示为¬P∧¬Q

则若Ⅰ为真，说明小张没有兑现承诺。故选 A。

## 10. 正确答案：C

题干两位老师的推理如下：

麦老师：博导←评委

宋老师：博导∧¬评委

而宋老师的推理并非麦老师的推理的负命题（即宋老师的回答与麦老师的话并不矛盾），宋老师的推理是下列推理的负命题：

博导→评委

也就是说，宋老师的回答说明他将麦老师的话错误地理解为：博导是评委的充分条件。因此，本题正确答案为 C。

## 11. 正确答案：A

¬（研发∨销售）＝¬研发∧¬销售

也就是说，"并非蔡经理负责研发或者负责销售工作"等价于"蔡经理既不负责研发也不负责销售"，即 A 为正确答案。

## 12. 正确答案：E

心理学理论：要想快乐→有亲密的人际关系

要说明这个理论不成立，就要找其反例，即找上述推理的负命题：

快乐∧没有亲密的人际关系

由选项 E，伟大的画家是快乐的，加上题干所说，伟大的画家并没有亲密的人际关系；因此，心理学理论的负命题成立，即这种心理学理论一定是错误的。可见，E 项是题干推理所必须假设的。

## 13. 正确答案：B

主持人的断定：如果一面是 A→另一面是 4

其负命题为：一面是 A 而另一面不是 4。

为此，翻 A，如果另一面不是 4，则说明主持人的断定假。

同理，翻 7，如果另一面是 A，则说明主持人的断定假。

翻动 B，不能推翻主持人的断定，因为前件假（不是 A），整个充分条件假言命题真。

翻动 4，不能推翻主持人的断定，因为后件真（是 4），整个假言命题真。

## 14. 正确答案：D

由于 ¬(P∧Q)＝¬P∨¬Q＝P→¬Q

按照小题问题要求，作如下推理：

并非"所有奖牌获得者进行了尿样化验，没有发现兴奋剂使用者"

＝或者有的奖牌获得者没有化检尿样，或者在奖牌获得者中发现了兴奋剂使用者

＝如果对所有的奖牌获得者进行了尿样化验，则一定发现了兴奋剂使用者

因此，Ⅰ和Ⅲ项正确。答案为 D。

## 15. 正确答案：A

人类学家认为：史前人类具备应付各种自然环境的能力←幸存下来

作者质疑：阿法种南猿具备应付各种自然环境的能力∧¬幸存下来

作者的质疑是下列命题的负命题：

史前人类具备应付各种自然环境的能力→幸存下来

也就是作者把人类学家的陈述"具备应付各种自然环境的能力"是"幸存下来"的必要条

件误解为充分条件。

同样，A项"不认识错误就不能改正错误"表明，"认识错误"是"改正错误"的必要条件，而其反驳的例子"大张认识到赌博是有害的，但就是改不掉"，实际上反驳了"认识错误"是"改正错误"的充分条件。

**16. 正确答案：A**

题干断定：

(1) 在潮湿的气候中→仙人掌很难成活

(2) 在寒冷的气候中→柑橘很难生长

(3) 在某省的大部分地区：仙人掌不难成活 ∨ 柑橘不难生长

从而显然可推出：在某省的大部分地区，不潮湿或者不寒冷。

进一步可推出：在该省的少部分地区，既潮湿又寒冷。

因此，不可能"该省的一半地区，既潮湿又寒冷"，即A项一定为假。

**17. 正确答案：E**

贾女士：第一个儿子→首先继承权

陈先生：¬儿子 ∧ 继承权

可见，陈先生反驳的是"只有儿子才有权继承财产"，而没有反驳"第一个儿子有首先继承家庭财产的权利"。因此，E项为正确答案。

**18. 正确答案：C**

题干断定，要成为免试推荐生，"成绩名列前三位"和"有两位教授推荐"这两个必要条件必须同时满足。Ⅱ和Ⅲ项不能同时满足这两个必要条件却成了免试推荐生，说明上述决定没有得到贯彻。Ⅰ项不能说明这一点。

即题干断定条件为：前三位 ∧ 两位教授推荐 ← 成为免试推荐生。

没有得到贯彻就是求其负命题，即：¬（前三位 ∧ 两位教授推荐）∧ 成为免试推荐生

也就是要找满足"不是前三位或者没有达到两位教授推荐却成为免试推荐生"的选项。

**19. 正确答案：A**

小张承诺："天不下雨"是"去看足球赛"的充分条件。

根据充分条件的意义，这一承诺在且仅在"天没下雨，同时没去看足球赛"的情况下是假的。

**20. 正确答案：E**

并非既成功又节俭

＝不成功或不节俭

＝如果节俭，一定不成功

**21. 正确答案：A**

P表示"木星的引力作用将它们推至更小的轨道"，Q表示"木星的引力作用将它们逐出太阳系"，这样研究人员的断定可表示如下：

断定①：要么P，要么Q

断定②：或者P，或者Q

假设①真，则可推出②真，而两个断定中只有一真，因此，必然是①假②真。

由①假得：P、Q两者都真，或两者都假。

由②真得：P、Q两者至少一个真。（意味着，"P、Q两者都假"不成立）

从而可推出：只能是"P、Q两者都真"这一种情况成立。因此，A项正确。

**22. 正确答案：D**

乌克兰观察人士的评论是：承认了这两个所谓"共和国"领土和俄语的特殊地位，赦免了

民兵武装，也不能够解决冲突。

这一评论与下列命题互为负命题：只要乌克兰当局承认两个"共和国"领土和俄语的特殊地位，并且赦免所有民兵武装参与者和政治犯，就能够解决冲突。

因此，乌克兰观察人士的评论最适合用来反驳 D 项。

### 23. 正确答案：C

题干断定：在世界杯期间表现出色∧在俱乐部有优异表现←获得青睐

如果以上陈述为真，那不可能为真的一定是其负命题。

题干的负命题为：(¬在世界杯期间表现出色∨¬在俱乐部有优异表现)∧获得青睐

C 项表明，¬在世界杯期间表现出色∧获得青睐，这符合题干陈述的负命题，因此为正确答案。

### 24. 正确答案：E

根据题干提供的信息，分别判断如下：

A 项概括不准确，因为还有星期五，无风且不下雨的天气。

B 项概括不准确，因为还有星期三，无风且不是晴天的天气。

C 项概括不准确，因为还有星期一、星期四、星期日，有风且有雨的天气。

D 项概括不准确，因为还有星期六，风力超过 3 级且不是晴天的天气。

E 项概括得准确，有风且风力不超过 3 级的天气有星期一、星期四、星期日，均不是晴天。

## 5.2 等价转换

假言命题与选言命题可以互相进行等价转换，复合命题的等价命题如下：

1. **相容选言命题的等价命题**

P∨Q＝¬P→Q＝¬Q→P

2. **不相容选言命题的等价命题**

P∨̇Q＝¬P↔Q＝P↔¬Q

3. **充分条件假言命题的等价命题**

P→Q＝¬P∨Q＝¬Q→¬P

4. **必要条件假言命题的等价命题**

P←Q＝P∨¬Q＝¬P→¬Q

**1** 2009GRK-34

董事长：如果提拔小李，就不提拔小孙。

以下哪项符合董事长的意思？

A. 如果不提拔小孙，就要提拔小李。　　B. 不能小李和小孙都不提拔。
C. 不能小李和小孙都提拔。　　　　　　D. 除非提拔小李，否则不提拔小孙。
E. 只有提拔小孙，才能提拔小李。

**2** 2009GRK-47

任何国家，只有稳定，才能发展。

以下各项都符合题干的条件，除了

A. 任何国家，如果得到发展，则一定稳定。

61

B. 任何国家，不可能稳定但不发展。
C. 任何国家，除非稳定，否则不能发展。
D. 任何国家，或者稳定，或者不发展。
E. 任何国家，不可能发展但不稳定。

## 答案与解析

**1. 正确答案：C**

不能小李和小孙都提拔＝不提拔小李或者不提拔小孙＝如果提拔小李，就不提拔小孙

李→¬孙

＝¬李∨¬孙

＝¬(李∧孙)

**2. 正确答案：B**

题干断定，稳定是发展的必要条件。

而 B 项：

不可能稳定但不发展

＝不稳定或发展

＝若稳定则发展

这断定了稳定是发展的充分条件，不符合题干。

其余选项与题干条件等价。

## 5.3　假言连锁

假言连锁推理是由两个或两个以上同种条件关系的假言命题为前提，推出一个新的假言命题为结论的推理。这种推理的合理性是建立在条件关系的传递性基础上的。

### 1. 充分条件假言连锁推理

充分条件假言连锁推理是以充分条件命题为前提的假言连锁推理。

（1）肯定式。

如果 P，那么 Q

如果 Q，那么 R

所以，如果 P，那么 R

（2）否定式。

如果 P，那么 Q

如果 Q，那么 R

所以，如果非 R，那么非 P

### 2. 必要条件假言连锁推理

必要条件假言连锁推理是以必要条件命题为前提的假言连锁推理。

（1）肯定式。

只有 P，才 Q

只有 Q，才 R

所以，只有P，才R

（2）否定式。

只有P，才Q

只有Q，才R

所以，如果非P，那么非R

**1  2000MBA-71**

血液中的高浓度脂肪蛋白含量的增多，会增加人体阻止吸收过多的胆固醇的能力，从而降低血液中的胆固醇。有些人通过有规律的体育锻炼和减肥，能明显地增加血液中高浓度脂肪蛋白的含量。

以下哪项，作为结论从上述题干中推出最为恰当？

A. 有些人通过有规律的体育锻炼降低了血液中的胆固醇，则这些人一定是胖子。
B. 不经常进行体育锻炼的人，特别是胖子，随着年龄的增大，血液中出现高胆固醇的风险越来越大。
C. 体育锻炼和减肥是降低血液中高胆固醇的最有效的方法。
D. 有些人可以通过有规律的体育锻炼和减肥来降低血液中的胆固醇。
E. 标准体重的人只需要通过有规律的体育锻炼就能降低血液中的胆固醇。

**2  2000GRK-38**

青少年如果连续看书时间过长，眼睛近视几乎是不可避免的。菁华中学的学生个个努力学习。尽管大家都懂得要保护眼睛，但大多数的学生每天看书时间超过10小时，这不可避免地导致连续看书时间过长。其余的学生每天看书也有8小时。班主任老师表扬的都是每天看书时间超过10小时的学生。

以上的叙述如果为真，最能得出以下哪项结论？

A. 菁华中学的同学中没有一个同学的视力正常，大家都戴近视镜。
B. 每天看书时间不满10小时的学生学习不太用功。
C. 菁华中学的学生比其他学校的同学学习更刻苦。
D. 菁华中学的同学中近视眼的比例大于其他学校。
E. 得到班主任老师表扬的学生中大部分是近视眼。

**3  2004GRK-30**

随着心脏病成为人类的第一杀手，人体血液中的胆固醇含量越来越引起人们的重视。一个人血液中的胆固醇含量越高，患致命的心脏病的风险也就越大。至少有三个因素会影响人的血液中胆固醇的含量，它们是抽烟、饮酒和运动。

如果上述断定为真，则以下哪项一定为真？

Ⅰ. 某些生活方式的改变，会影响一个人患心脏病的风险。
Ⅱ. 如果一个人的血液中的胆固醇含量不高，那么他患致命的心脏病的风险也不高。
Ⅲ. 血液中的胆固醇高含量是造成当今人类死亡的主要原因。

A. 只有Ⅰ。　　　　　　　　　　B. 只有Ⅱ。
C. 只有Ⅲ。　　　　　　　　　　D. 只有Ⅰ和Ⅲ。
E. Ⅰ、Ⅱ和Ⅲ。

**4  2019MBA-48**

如果一个人只为自己劳动，他也许能够成为著名学者、大哲人、卓越诗人，然而他永远不能成为完美无瑕的伟大人物。如果我们选择了最能为人类福利而劳动的职业，那么，重担就不能把我们压倒，因为这是为大家而献身；那时我们所感到的就不是可怜的、有限的、自私的乐趣，我们的幸福将属于千百万人，我们的事业将默默地、但是永恒发挥作用地存在下去，而面对我们的骨灰，高尚的人们将洒下热泪。

根据以上陈述，可以得出以下哪项？

A. 如果我们只为自己劳动，我们的事业就不会默默地、但是永恒发挥作用地存在下去。
B. 如果我们为大家而献身，我们的幸福将属于千百万人，面对我们的骨灰，高尚的人们将洒下热泪。
C. 如果我们没有选择最能为人类福利而劳动的职业，我们所感到的就是可怜的、有限的、自私的乐趣。
D. 如果一个人只为自己劳动，不是为大家而献身，那么重担就能将他压倒。
E. 如果选择了最能为人类福利而劳动的职业，我们就不但能够成为著名学者、大哲人、卓越诗人，而且还能够成为完美无瑕的伟大人物。

## 答案与解析

### 1. 正确答案：D

题干断定：

第一，有些人通过有规律的体育锻炼和减肥，能增加血液中高浓度脂肪蛋白的含量。

第二，血液中的高浓度脂肪蛋白含量的增多，会降低血液中的胆固醇。

由此可以推出，有些人可以通过有规律的体育锻炼和减肥来降低血液中的胆固醇。因此，D项作为题干的推论是恰当的。

C项和D项类似，但其所做的断定过强，作为从题干推出的结论不恰当。其余各项均不恰当。

### 2. 正确答案：E

题干断定：

第一，青少年连续看书时间过长几乎都会导致眼睛近视。

第二，菁华中学大多数的学生每天看书时间超过10小时，导致连续看书时间过长。

第三，班主任老师表扬的都是每天看书时间超过10小时的学生。

联立以上条件，班主任老师表扬的都是每天看书时间超过10小时的学生；每天看书时间超过10小时，导致连续看书时间过长；连续看书时间过长几乎都会导致眼睛近视。这样可得出：得到班主任老师表扬的学生中大部分是近视眼。因此，E项正确。

选项A结论很强，从题干中无法得出；选项B与题干中所述"个个努力学习"矛盾；选项C、D超出了题干的信息，不得而知。

### 3. 正确答案：A

题干断定：

第一，某些生活方式（抽烟、饮酒和运动）会影响胆固醇含量。

第二，胆固醇含量越高，患心脏病的风险也就越大。

从而可以看出，某些生活方式的改变会影响一个人患心脏病的风险，因此，Ⅰ项成立。

Ⅱ项不一定为真，题干只是说胆固醇含量越高，患心脏病的风险也就越大；但其否命题并不成立，即并不可必然得出：如果一个人的血液中的胆固醇含量不高，那么他患致命的心脏病的风险也不高。

Ⅲ项超出了题干断定的范围，不一定为真。

**4. 正确答案：B**

根据题干陈述：

（1）只为自己劳动→¬伟大人物

（2）最能为人类福利而劳动的职业→为大家而献身→¬压倒→¬可怜的、有限的、自私的乐趣→幸福将属于千百万人，面对我们的骨灰，高尚的人们将洒下热泪。

B项符合条件（2），因此为正确答案。

其余选项不符合推理规则，均不能由题干陈述必然推出，排除。

## 5.4 二难推理

二难推理是由两个假言命题和一个有两个选言支的选言命题作前提构成的推理。因为这种推理有时反映左右为难的困境，故称二难推理，是假言选言推理的主要形式。

### 一、二难推理的四种形式

**1. 简单构成式**

如果 P，那么 R

如果 Q，那么 R

P 或 Q

所以，R

**2. 简单破坏式**

如果 P，那么 Q

如果 P，那么 R

非 Q 或非 R

所以，非 P

**3. 复杂构成式**

如果 P，那么 R

如果 Q，那么 S

P 或 Q

所以，R 或 S

**4. 复杂破坏式**

如果 P，那么 R

如果 Q，那么 S

非 R 或非 S

所以，非 P 或非 Q

### 二、解题关键

解题中最常用到的是二难推理简单构成式中的简约形式：

P→R

¬P→R

R

### 1  2002MBA–15

威尼斯面临的问题具有典型意义。一方面，为了解决市民的就业，增加城市的经济实力，必须保留和发展它的传统工业，这是旅游业所不能替代的经济发展的基础；另一方面，为了保护其独特的生态环境，必须杜绝工业污染，但是，发展工业将不可避免地导致工业污染。

以下哪项能作为结论从上述断定中推出？

A. 威尼斯将不可避免地面临经济发展的停滞或生态环境的破坏。

B. 威尼斯市政府的正确决策应是停止发展工业以保护生态环境。

C. 威尼斯市民的生活质量只依赖于经济和生态环境。

D. 旅游业是威尼斯经济收入的主要来源。

E. 如果有一天威尼斯的生态环境受到了破坏，这一定是它为发展经济所付出的代价。

### 2  2009GRK–30

小李考上了清华，或者小孙未考上北大；如果小张考上了北大，则小孙也考上了北大；如果小张未考上北大，则小李考上了清华。

如果上述断定为真，则以下哪项一定为真？

A. 小李考上了清华。

B. 小李未考上清华。

C. 小张考上了北大。

D. 小张未考上北大。

E. 以上断定都不一定为真。

## 答案与解析

1. 正确答案：A

题干断定了以下几个条件关系：

（1）促进经济→发展工业

（2）保护生态→杜绝污染

（3）发展工业→导致污染

因此：由（3），（2），发展工业→破坏生态

由（1），不发展工业→经济停滞

或者发展传统工业，或者不发展传统工业，对于威尼斯来说，二者必居其一；因此，可推出结论：威尼斯将不可避免地面临经济发展的停滞或生态环境的破坏，这正是A项所断定的。

其余各项均不能从题干推出。

2. 正确答案：A

题干断定：

（1）李∨¬孙

（2）张→孙

（3）¬张→李

由（1）得：孙→李　　　（4）

由（2）得：¬孙→¬张　（5）
由（5）（3）得：¬孙→李　（6）
由（4）（6）二难推理得：李必然考上了。
因此，A项为正确答案。

# 第 6 章　混合推理

复合命题的混合推理涉及对假言、联言和选言及负命题推理的综合运用。混合推理是逻辑测试的一个重点，是必考也是常考的知识点，其解题步骤如下：

第一步，通过自然语言的符号化写出条件关系式。

(1) 元素符号化，抽象思维。

(2) 汉语阅读理解，收敛思维，写出条件关系式。

注意日常语言连结词，可标志条件关系。

没有连结词的，从意义上理解条件关系。

第二步，通过条件关系式和逻辑运算推出答案。

(1) 有了条件关系式，就可以写出其等价的逆否命题。

P→Q1∨Q2 的逆否命题为 ¬Q1∧¬Q2→¬P

P→Q1∧Q2 的逆否命题为 ¬Q1∨¬Q2→¬P

Q1∨Q2→P 的逆否命题为 ¬P→¬Q1∧¬Q2

Q1∧Q2→P 的逆否命题为 ¬P→¬Q1∨¬Q2

(2) 题目若只有一个条件关系，往往只要结合原命题与逆否命题的理解即可找出答案。

注意：顺着原命题和逆否命题这两个条件关系式箭头方向推出的结果是必然正确的，逆着箭头方向推，推不出任何结果。

(3) 题目若有多个条件关系，则需要进行一定的逻辑命题演算，往往要串联多个条件关系式，从而推导出答案。

注意：要寻找解题突破口，找推理起点（或在原文，或在问题，或在选项），由起点列出推理链。要善于结合题干条件和选项来推理，从而尽快找到答案。比如：P→Q，R→¬Q，可得出 P→¬R。

(4) 熟练运用基本等价式，并善于进行命题转换。

比如，记住前述的命题转换关系：

P∨Q=¬P→Q

¬P∨¬Q=P→¬Q

P→Q=¬P∨Q

P←Q=P∨¬Q

## 6.1　单式推论

在推出结论型混合推理题中，如果根据题意，只能写出一个条件关系式，往往对原命题和逆否命题的条件理解即可选择答案。

### 1  2002GRK-50

如果小李报考 MBA，那么，小孙、小王和小张也都报考 MBA。
如果以上断定为真，以下哪项也一定为真？
A. 如果小王不报考 MBA，那么小孙也不报考 MBA。
B. 如果小张不报考 MBA，那么小李也不报考 MBA。
C. 如果小李和小孙报考 MBA，那么小王和小张不报考 MBA。
D. 如果小孙、小王和小张报考 MBA，那么小李也报考 MBA。
E. 如果小李不报考 MBA，那么小孙、小王和小张三人中至少有一人不报考 MBA。

### 2  2005MBA-38

一个产品要畅销，产品的质量和经销商的诚信缺一不可。
以下各项都符合题干的断定，除了
A. 一个产品滞销说明它或者质量不好，或者经销商缺乏诚信。
B. 一个产品只有质量高并且诚信经销才能畅销。
C. 一个产品畅销说明它质量高并有诚信的经销商。
D. 一个产品除非有高的质量和诚信的经销商品，否则不能畅销。
E. 一个质量好并且由诚信者经销的产品不一定畅销。

### 3  2006GRK-36

只要有足够的勇气和智慧，就没有办不成的事。
如果上述断定为真，则以下哪一项一定为真？
A. 如果有事办不成，说明既缺乏足够的勇气，又缺乏足够的智慧
B. 如果有事办不成，说明缺乏足够的勇气，或者缺乏足够的智慧。
C. 如果没有办不成的事，说明至少有足够的勇气。
D. 如果缺乏足够的勇气和智慧，那就办不成任何事。
E. 如果缺乏足够的勇气和智慧，就总有事办不成。

### 4  2008GRK-58

如果品学兼优，就能获得奖学金。
假设以下哪项，能依据上述断定得出结论：李桐学习欠优？
A. 李桐品行优秀，但未获得奖学金。
B. 李桐品行优秀，并且获得奖学金。
C. 李桐品行欠优，未获得奖学金。
D. 李桐品行欠优，但获得奖学金。
E. 李桐并非品学兼优。

### 5  2016MBA-31

在某届洲际杯足球大赛中，第一阶段某小组单循环赛共有 4 支队伍参加，每支队伍需要在这一阶段比赛三场。甲国足球队在该小组的前两轮比赛中一平一负。在第三轮比赛之前，甲国队主教练在新闻发布会上表示："只有我们在下一场比赛中取得胜利并且本组的另外一场比赛打成平局，我们才有可能从这个小组出线。"
如果甲国队主教练的陈述为真，以下哪项是不可能的？
A. 第三轮比赛该小组两场比赛都分出了胜负，甲国队从小组出线。
B. 甲国队第三轮比赛取得了胜利，但他们未能从小组出线。

C. 第三轮比赛该小组另外一场比赛打成了平局，甲国队从小组出线。

D. 第三轮比赛甲国队取得了胜利，该小组另一场比赛打成平局，甲国队未能从小组出线。

E. 第三轮比赛该小组两场比赛都打成了平局，甲国队未能从小组出线。

### 6 2020MBA-26

领导干部对于各种批评意见应采取有则改之、无则加勉的态度，营造言者无罪、闻者足戒的氛围。只有这样，人们才能知无不言、言无不尽。领导干部只有从谏如流并为说真话者撑腰，才能做到"兼听则明"或作出科学决策；只有乐于和善于听取各种不同意见，才能营造风清气正的政治生态。

根据以上信息，可以得出以下哪项？

A. 领导干部必须善待批评、从谏如流，为说真话者撑腰。

B. 大多数领导干部对于批评意见能够采取有则改之、无则加勉的态度。

C. 领导干部如果不能从谏如流，就不能作出科学决策。

D. 只有营造言者无罪、闻者足戒的氛围，才能形成风清气正的政治生态。

E. 领导干部只有乐于和善于听取不同意见，人们才能知无不言、言无不尽。

## 答案与解析

### 1. 正确答案：B

题干断定：李→孙∧王∧张

逆否命题：¬李←¬孙∨¬王∨¬张

即题干意味着：小孙、小王和小张中只要有一个以上不报考 MBA，那么，小李不报考 MBA。

因此，如果小张不报考 MBA，那么小李也不报考 MBA。这正是 B 项所断定的。

### 2. 正确答案：A

由题干可知质量和诚信是畅销的必要条件，即：

畅销→质量∧诚信

也就是说，如果畅销，一定有质量和诚信；但不畅销（滞销）怎么样，是否缺乏质量和诚信是不知道的，一个产品滞销的原因是有多种可能的，也许质量、诚信都没问题，而是其他原因造成的。因此，A 项不成立。

其余选项均符合题干。

### 3. 正确答案：B

题干逻辑关系为：勇气∧智慧→办成

其逆否命题为：¬勇气∨¬智慧←¬办成

其意思就是：如果有事办不成，说明缺乏足够的勇气，或者缺乏足够的智慧。

因此，B 项为正确答案。

### 4. 正确答案：A

题干断定：品行优秀∧学习优秀→获得奖学金

其等价的逆否命题是：品行欠优∨学习欠优←未获得奖学金

这意味着，如果李桐未获得奖学金，就必然可得：品行欠优或者学习欠优；那么如果他品行优秀，就必然可得出结论：李桐学习欠优。

因此，A 为正确答案。

### 5. 正确答案：A

根据甲国队主教练的陈述，列出如下条件关系式：

在下一场比赛中取得胜利∧本组的另外一场比赛打成平局←从这个小组出线

其逆否命题为：

¬在下一场比赛中取得胜利∨¬本组的另外一场比赛打成平局→¬从这个小组出线

A项，第三轮比赛该小组两场比赛都分出了胜负，意味着本组的另外一场比赛没有打成平局，甲国队就不可能从小组出线。因此，该项为正确答案。

其余选项均有可能成立。

### 6. 正确答案：C

题干条件关系式：

（1）营造言者无罪、闻者足戒的氛围←知无不言、言无不尽

（2）从谏如流∧为说真话者撑腰←"兼听则明"∨作出科学决策

（3）听取不同意见←营造风清气正的政治生态

其中，与（2）等价的逆否命题如下：

不能从谏如流∨不能为说真话者撑腰→不能做到"兼听则明"∧不能作出科学决策

意思是：领导干部如果不能从谏如流或者不能为说真话者撑腰，就不能做到"兼听则明"且不能作出科学决策。

从而可以得出：领导干部如果不能从谏如流，就不能作出科学决策。即C项为真。

其余选项均与题干逻辑关系不一致，排除。其中：

A项：领导干部→从谏如流∧撑腰，不能从题干得出。

B项：大多数领导干部如何，不能从题干得出。

D项：形成生态→营造氛围，不能从题干得出。

E项：知无不言、言无不尽→听取不同意见，不能从题干得出。

## 6.2 多式推论

在推出结论型混合推理题中，如果题干元素已经符号化了，可直接写出条件关系式。对于可列出多个条件关系式的题目，需要通过命题演算，推导出正确答案。

**1** 2010MBA—36

太阳风中的一部分带电粒子可以到达M星表面，将足够的能量传递给M星表面粒子，使后者脱离M星表面，逃逸到M星大气中。为了判定这些逃逸的粒子，科学家们通过三个实验获得了如下信息：

实验一：或者是x粒子，或者是y粒子。

实验二：或者不是y粒子，或者不是z粒子。

实验三：如果不是z粒子，就不是y粒子。

根据上述三个实验，以下哪项一定为真？

A. 这种粒子是x粒子。　　　　　　B. 这种粒子是y粒子。

C. 这种粒子是z粒子。　　　　　　D. 这种粒子不是x粒子。

E. 这种粒子不是z粒子。

71

**2** 2010MBA-50

在本年度篮球联赛中，长江队主教练发现，黄河队五名主力队员之间的上场配置有如下规律：

(1) 若甲上场，则乙也要上场；

(2) 只有甲不上场，丙才不上场；

(3) 要么丙不上场，要么乙和戊中有人不上场；

(4) 或者丁上场，或者乙上场。

若乙不上场，则以下哪项配置合乎上述规律？

A. 甲、丙、丁同时上场。　　　　　　B. 丙不上场，丁、戊同时上场。

C. 甲不上场，丙、丁都上场。　　　　D. 甲、丁都上场，戊不上场。

E. 甲、丁、戊都不上场。

**3** 2010MBA-55

某中药的药方有如下要求：(1) 如果有甲药材，那么也要有乙药材；(2) 如果没有丙药材，那么必须有丁药材；(3) 人参和天麻不能都有；(4) 如果没有甲药材而有丙药材，则需要有人参。如果含有天麻，则关于该配方的断定哪项为真？

A. 含有甲药材。　　　　　　　　　　B. 含有丙药材。

C. 没有丙药材。　　　　　　　　　　D. 没有乙药材和丁药材。

E. 含有乙药材或丁药材。

**4** 2011GRK-38

公司派张、王、李、赵4人到长沙参加某经济论坛，他们4人选了飞机、汽车、轮船和火车四种不同的出行方式，已知：

(1) 明天或者刮风或者下雨。

(2) 如果明天刮风，那么张就选择火车出行。

(3) 假设明天下雨，那么王就选择火车出行。

(4) 假设李、赵不选择火车出行，那么李、王也不会选择飞机或者汽车出行。

根据以上陈述，可以得出以下哪项结论？

A. 赵选择汽车出行。　　　　　　　　B. 赵不选择汽车出行。

C. 李选择轮船出行。　　　　　　　　D. 张选择飞机出行。

E. 王选择轮船出行。

**5** 2012GRK-37

某中药制剂中，人参或者党参至少必须有一种，同时还需满足以下条件：

(1) 如果有党参，就必须有白术。

(2) 白术、人参至多只能有一种。

(3) 若有人参，就必须有首乌。

(4) 有首乌，就必须有白术。

根据以上陈述，关于该中药制剂，可以得出以下哪项？

A. 没有党参。　　　　　　　　　　　B. 没有首乌。

C. 有白术。　　　　　　　　　　　　D. 没有白术。

E. 有人参。

**6** 2012GRK-39

某单位进行年终考评，经过民主投票，确定了甲、乙、丙、丁、戊五人作为一等奖的候选人。在五进四的选拔中,需要综合考虑如下三个因素:丙、丁至少有一人入选;如果戊入选,那么甲、乙也入选;甲、乙、丁三人至多有两人入选。

根据以上陈述,可以得出没有进四的是谁?

A. 甲。 B. 乙。
C. 丙。 D. 丁。
E. 戊。

### 7  2014GRK-51

经过多轮淘汰赛后,甲、乙、丙、丁四名选手争夺最后的排名,排名不设并列名次。分析家的预测是:

Ⅰ. 第一名或者是甲,或者乙。
Ⅱ. 如果丙不是第一名,丁也不是第一名。
Ⅲ. 甲不是第一名。

如果分析家的预测只有一句是对的,则第一名是谁?

A. 丙。 B. 乙。
C. 推不出。 D. 丁。
E. 甲。

### 8  2020MBA-42

某单位拟在椿树、枣树、楝树、雪松、银杏、桃树中选择4种栽种在庭院中。已知:
(1) 椿树、枣树至少种植一种;
(2) 如果种植椿树,则种植楝树但不种植雪松;
(3) 如果种植枣树,则种植雪松但不种植银杏。

如果庭院中种植银杏,则以下哪项是不可能的?

A. 种植椿树。 B. 种植楝树。
C. 不种植枣树。 D. 不种植雪松。
E. 不种植桃树。

### 9  2021MBA-34

黄瑞爱好书画收藏,他收藏的书画作品只有"真品""精品""名品""稀品""特品""完品",它们之间存在如下关系:
(1) 若是"完品"或"真品",则是"稀品";
(2) 若是"稀品"或"名品",则是"特品"。

现知道黄瑞收藏的一幅画不是"特品",则可以得出以下哪项?

A. 该画是"稀品"。 B. 该画是"精品"。
C. 该画是"完品"。 D. 该画是"名品"。
E. 该画是"真品"。

### 10  2021MBA-51

每篇优秀的论文都必须逻辑清晰且论据翔实,每篇经典的论文都必须主题鲜明且语言准确,实际上,如果论文论据翔实但主题不鲜明或论文语言准确而逻辑不清晰,则它们都不是优秀的论文。

根据以上信息,可以得出以下哪项?

A. 语言准确的经典论文逻辑清晰。 B. 论据不翔实的论文主题不鲜明。
C. 主题不鲜明的论文不是优秀的论文。 D. 逻辑不清晰的论文不是经典的论文。

E. 语言准确的优秀论文是经典的论文。

### 11  2022MBA-30

某小区 2 号楼 1 单元的住户都打了甲公司疫苗，小李家不是该小区 2 号楼 1 单元的住户，小赵家都打了甲公司的疫苗，而小陈家都没有打甲公司的疫苗。

根据以上陈述，可以得出以下哪项？

A. 小李家都没有打甲公司的疫苗。

B. 小陈家是该小区 2 号楼 1 单元的住户。

C. 小陈家是该小区的住户，但不是 2 号楼 1 单元的。

D. 小赵家是该小区 2 号楼的住户，但未必是 1 单元的。

E. 小陈家若是该小区 2 号楼的住户，则不是 1 单元的。

### 12  2022MBA-52

李佳、贾元、夏辛、丁东、吴悠 5 位大学生暑期结伴去皖南旅游，对于 5 人将要游览的地点，他们却有不同想法。

李佳：若去龙川，则也去呈坎；

贾元：龙川和徽州古城两个地方至少去一个；

夏辛：若去呈坎，则也去新安江山水画廊；

丁东：若去徽州古城，则也去新安江山水画廊；

吴悠：若去新安江山水画廊，则也去江村。

事后得知，5 人的想法都得到了实现。

根据以上信息，上述 5 人游览的地点，肯定有：

A. 龙川和呈坎。

B. 江村和新安江山水画廊。

C. 龙川和徽州古城。

D. 呈坎和新安江山水画廊。

E. 呈坎和徽州古城。

## 答案与解析

1. **正确答案：A**

实验二等价于：如果是 z 粒子，就不是 y 粒子。

这与实验三结合起来，得到：不管是不是 z 粒子，都推出，不是 y 粒子。

既然，不是 y 粒子，再结合实验一：或者是 x 粒子，或者是 y 粒子。

可得出一定是 x 粒子。因此，A 项正确。

2. **正确答案：C**

根据题干写出条件关系式：

(1) 甲→乙

(2) ¬甲 ← ¬丙

(3) ¬丙 ∨ (¬乙 ∨ ¬戊)

(4) 丁 ∨ 乙

(5) ¬乙

由 (1) 和 (5)，得结论 1：¬甲

由（3）和（5），得结论2：丙
由（4）和（5），得结论3：丁
由结论1，得A和D不成立。
由结论2，得B不成立。
由结论3，得E不成立。
只有C项与题干条件不矛盾。

### 3. 正确答案：E

根据题干条件，列出以下关系式：

①甲→乙

②¬丙→丁

③参→¬天

④¬甲∧丙→参

如果含有天麻，由条件③知，没有人参；

再由条件④知，有甲或没丙；

再由①②可推出：有乙或有丁。

因此，E项为正确答案。

### 4. 正确答案：C

根据题干陈述，对明天的天气和出行方式有如下条件关系：

（1）刮风∨下雨

（2）刮风→张选择火车

（3）下雨→王就选择火车

（4）李、赵不选择火车→李、王不选择飞机或者汽车

由题干条件（1）、（2）、（3）可知张选择火车或王选择火车。

再由4人出行方式不同，因此李、赵不能选择火车。

又结合（4），可知李和王不会选择飞机或汽车，所以李和王选择轮船或火车。

而火车已被张或王选择，所以李只能选择轮船。

因此，C项为正确答案。

### 5. 正确答案：C

题干：人参∨党参

（1）党参→白术

（2）白术→¬人参

（3）人参→首乌

（4）首乌→白术

假定该中药制剂中包含人参，由（3）推出，必包含首乌，再由（4）推出，必包含白术，这与条件（2）矛盾。所以，该药制剂中不可能包含人参。

根据题干陈述，人参或者党参至少必须有一种，从而推出该中药制剂中必包含党参。

再由条件（1）进一步推出，该中药制剂中必包含白术。

所以，C项为正确答案。

### 6. 正确答案：D

题干陈述，在五进四的选拔中，需满足下列三个条件：

（1）丙∨丁

（2）戊→甲∧乙

(3) 甲、乙、丁三人至多有两人入选

由于是五进四，由（3）推出，丙、戊入选。

再由戊入选，根据（2）推出，甲、乙入选。

由此得出，剩下的丁肯定没入选。

### 7. 正确答案：D

题干条件关系为：

Ⅰ. 甲∨乙

Ⅱ. ¬丙→¬丁

Ⅲ. ¬甲

首先确定Ⅰ和Ⅲ不同假。因为Ⅰ假说明甲和乙都不是第一名，Ⅲ假说明甲是第一名，这就存在了矛盾，故不可能。

既然Ⅰ和Ⅲ不同假，意味着必有一真，由于分析家的预测只有一句为真，那么，Ⅱ必假，推出，¬丙∧丁。因此，第一名是丁。

### 8. 正确答案：E

(1) 椿∨枣；

(2) 椿→楝∧¬松；

(3) 枣→松∧¬杏。

如果庭院中种植银杏，由（3），则不种植枣树；再由（1），则种植椿树；又根据（2），则种植楝树但不种植雪松。

由于要种 4 种树，因此，必然要种植桃树（表 1-6-1）。

表 1-6-1

| 椿树 | 枣树 | 楝树 | 雪松 | 银杏 | 桃树 |
|---|---|---|---|---|---|
| √ | × | √ | × | √ | √ |

所以，E 项是不可能的，故为正确答案。其余选项与已知信息一致，均为真，排除。

### 9. 正确答案：B

根据题干所给条件，列出关系式：

(1) 完品∨真品→稀品

(2) 稀品∨名品→特品

根据（2）可推出：¬特品→¬稀品∧¬名品

根据（1）可推出：¬稀品→¬完品∧¬真品

既然收藏的一幅画不是"特品"，那么由以上推理可知，该画也不是"稀品""名品""完品""真品"中的任何一种。

而他收藏的书画作品只有"真品""精品""名品""稀品""特品""完品"。

因此，该画只能是"精品"。

### 10. 正确答案：C

根据题干陈述，列出条件关系式：

(1) 优秀论文→逻辑清晰∧论据翔实

(2) 经典论文→主题鲜明∧语言准确

(3) (论据翔实∧¬主题鲜明)∨(语言准确∧¬逻辑清晰)→¬优秀论文

由（1）可推出：论据不翔实的论文，都不是优秀论文。

由（3）可推出：论据翔实但主题不鲜明的论文不是优秀论文。

综合上述两项，只要主题不鲜明，不管论据是否翔实，都不是优秀论文。即C项正确。

其余选项推不出，其中：

A、D项："经典论文"与"逻辑清晰"无关，排除。

B项：该选项没提及"经典论文""优秀论文"，无法推理，排除。

E项：不符合推理规则，由（2）无法推出"经典论文"，排除。

11. **正确答案：E**

题干断定：

(1) 该小区∧2号楼∧1单元→甲

(2) 李→¬（该小区∧2号楼∧1单元）

(3) 赵→甲

(4) 陈→¬甲

由（4）陈→¬甲，再由（1）的逆否命题可得：¬（2号楼∧1单元）=2号楼→¬1单元

即，小陈家没有打甲公司疫苗，则不是该小区2号楼1单元住户，从而推出，小陈家若是该小区2号楼的住户，则不是1单元。即E项正确。

其余选项不能必然得出。其中C项为干扰项，从题目中推不出"小陈家是该小区的住户"。

12. **正确答案：B**

根据题意，列条件关系式如下：

(1) 李：龙川→呈坎

(2) 贾：龙川∨徽州古城

(3) 夏：呈坎→新安江山水画廊

(4) 丁：徽州古城→新安江山水画廊

(5) 吴：新安江山水画廊→江村

由（1）（3）得：龙川→呈坎→新安江山水画廊

有（2）（4）得：¬龙川→徽州古城→新安江山水画廊

由上述两式二难推理，可得，不管是否去龙川，都要去新安江山水画廊。

再由（5）得，既然去新安江山水画廊，必然也去江村。

因此，B项为正确答案。

## 6.3 混合推论

在推出结论型混合推理题中，如果题干给出的陈述，其中的元素并没有明显的符号化，那么，首先必须对题干自然语言进行符号化，通过对题意的理解，挖掘出隐含着的逻辑条件关系，从而写出条件关系式；然后再通过逻辑运算和条件关系去找出答案。注意，这类题不能凭感觉来解题，因为感觉并不一定可靠，而只有符合形式逻辑的演绎规则才是真正有效的推理。

**1　2000MBA-63**

如果飞行员严格遵守操作规程，并且飞机在起飞前经过严格的例行技术检验，那么，飞机就不会失事，除非出现例如劫机这样的特殊意外。这架波音747在金沙岛上空失事。

如果上述断定是真的，则以下哪项也一定是真的？

A. 如果失事时无特殊意外发生，则飞行员一定没有严格遵守操作规程，并且飞机在起飞前没有经过严格的例行技术检验。

B. 如果失事时有特殊意外发生，则飞行员一定严格遵守了操作规程，并且飞机在起飞前

经过了严格的例行技术检验。
C. 如果飞行员没有严格遵守操作规程,并且飞机起飞前没有经过严格的例行技术检验,则失事时一定没有特殊意外发生。
D. 如果失事时没有特殊意外发生,则可得出结论:只要飞机失事的原因是飞行员没有严格遵守操作规程,那么飞机在起飞前一定经过了严格的例行技术检验。
E. 如果失事时没有特殊意外发生,则可得出结论:只要飞机失事的原因不是飞机在起飞前没有经过严格的例行技术检验,那么一定是飞行员没有严格遵守操作规程。

### 2  2001MBA-23

一个心理健康的人,必须保持自尊;一个人只有受到自己所尊敬的人的尊敬,才能保持自尊;而一个用"追星"方式来表达自己尊敬情感的人,不可能受到自己所尊敬的人的尊敬。

以下哪项结论可以从题干的断定中推出?

A. 一个心理健康的人,不可能用"追星"的方式来表达自己的尊敬情感。
B. 一个心理健康的人,不可能接受用"追星"的方式所表达的尊敬。
C. 一个人如果受到了自己所尊敬的人的尊敬,他(她)一定是个心理健康的人。
D. 没有一个保持自尊的人,会尊敬一个用"追星"方式表达尊敬情感的人。
E. 一个用"追星"方式表达自己尊敬情感的人,完全可以同时保持自尊。

### 3  2001MBA-45

以下是一个西方经济学家陈述的观点:一个国家如果能有效率地运作经济,就一定能创造财富而变得富有;而这样的一个国家想保持政治稳定,它所创造的财富必须得到公正的分配;而财富的公正分配将结束经济风险;但是,风险的存在正是经济有效率运作的不可或缺的先决条件。

从这个经济学家的上述观点,可以得出以下哪项结论?

A. 一个国家政治上的稳定和经济上的富有不可能并存。
B. 一个国家政治上的稳定和经济上的有效率运作不可能并存。
C. 一个富有国家的经济运作一定是有效率的。
D. 在一个经济运作无效率的国家中,财富一定得到了公正的分配。
E. 一个政治上稳定的国家,一定同时充满了经济风险。

### 4  2001MBA-59

只要天上有太阳并且气温在零度以下,街上总有很多人穿着皮夹克。只要天下着雨并且气温在零度以上,街上总有人穿着雨衣。有时,天上有太阳但却同时下着雨。

如果上述断定为真,则以下哪项一定为真?

A. 有时街上会有人在皮夹克外面套着雨衣。
B. 如果街上有很多人穿着皮夹克但天没下雨,则天上一定有太阳。
C. 如果气温在零度以下并且街上没有多少人穿着皮夹克,则天一定下着雨。
D. 如果气温在零度以上并且街上有人穿着雨衣,则天一定下着雨。
E. 如果气温在零度以上但街上没人穿雨衣,则天一定没下雨。

### 5  2001GRK-37

如果二氧化碳气体超量产生,就会在大气层中聚集,使全球气候出现令人讨厌的温室效应。在绿色植被覆盖的地方,特别是在森林中,通过光合作用,绿色植被吸收空气中的二氧化碳,放出氧气。因此,从这个意义上,对绿色植被特别是森林的破坏,就意味着在"生产"二氧化碳。工厂中对由植物生成的燃料的耗用产生了大量的二氧化碳气体。这些燃料包括木材、煤和石油。

上述断定最能支持以下哪项结论?

A. 如果地球上的绿色植被特别是森林受到严重破坏,将使全球气候不可避免地出现温室效应。
B. 只要有效地保护好地球上的绿色植被特别是森林,那么,即便工厂超量耗用由植物生成的燃料,也不会使全球气候出现温室效应。
C. 如果各国工厂耗用的由植物生成的燃料超过了一定的限度,那就不可避免地使全球气候出现温室效应,除非全球的绿色植被特别是森林得到足够良好的保护。
D. 只要各国工厂耗用的由植物生成的燃料控制在一定的限度内,就可使全球气候的温室效应避免出现。
E. 如果全球气候出现了温室效应,则说明或者是全球的绿色植被没得到有效的保护,或者各国的工厂耗用了超量的由植物生成的燃料。

### 6  2002MBA-28

一个社会是公正的,则以下两个条件必须满足:第一,有健全的法律;第二,贫富差异是允许的,但必须同时确保消灭绝对贫困和每个公民事实上都有公平竞争的机会。

根据题干的条件,最能够得出以下哪项结论?

A. S社会有健全的法律,同时又在消灭了绝对贫困的条件下,允许贫富差异的存在,并且绝大多数公民事实上都有公平竞争的机会,因此,S社会是公正的。
B. S社会有健全的法律,但这是以贫富差异为代价的,因此,S社会是不公正的。
C. S社会允许贫富差异,但所有人都由此获益,并且每个公民都事实上有公平竞争的权利,因此,S社会是公正的。
D. S社会虽然不存在贫富差异,但这是以法律不健全为代价的,因此,S社会是不公正的。
E. S社会法律健全,虽然存在贫富差异,但消灭了绝对贫困,因此,S社会是公正的。

### 7  2003MBA-52

家用电炉有三个部件:加热器、恒温器和安全器。加热器只有两个设置:开和关。在正常工作的情况下,如果将加热器设置为开,则电炉运作加热功能;设置为关,则停止这一功能。当温度达到恒温器的温度旋钮所设定的度数时,加热器自动关闭。电炉中只有恒温器具有这一功能。只要温度一超出温度旋钮的最高度数,安全器自动关闭加热器。同样,电炉中只有安全器具有这一功能。当电炉启动时,三个部件同时工作,除非发生故障。

以上判定最能支持以下哪项结论?

A. 一个电炉,如果它的恒温器和安全器都出现了故障,则它的温度一定会超出温度旋钮的最高度数。
B. 一个电炉,如果其加热的温度超出了温度旋钮的设定度数但加热器并没有关闭,则安全器出现了故障。
C. 一个电炉,如果加热器自动关闭,则恒温器一定工作正常。
D. 一个电炉,如果其加热的温度超出了温度旋钮的最高度数,则它的恒温器和安全器一定都出现了故障。
E. 一个电炉,如果其加热的温度超出了温度旋钮的最高度数,则它的恒温器和安全器不一定都出现了故障,但至少其中某一个出现了故障。

### 8  2004MBA-42

许多国家首脑在出任前并没有丰富的外交经验,但这并没有妨碍他们作出成功的外交决策。外交学院的教授告诉我们,丰富的外交经验对于成功的外交决策是不可缺少的。但事实上,一个人,只要有高度的政治敏感、准确的信息分析能力和果断的个人勇气,就能很快地学会如何作出成功的外交决策。对于一个缺少以上三种素养的外交决策者来说,丰富的外交经验没有什么价值。

如果上述断定为真,则以下哪项一定为真?

A. 外交学院的教授比出任前的国家首脑具有更多的外交经验。
B. 具有高度的政治敏感、准确的信息分析能力和果断的个人勇气,是一个国家首脑作出成功的外交决策的必要条件。
C. 丰富的外交经验,对于国家首脑作出成功的外交决策来说,既不是充分条件,也不是必要条件。
D. 丰富的外交经验,对于国家首脑作出成功的外交决策来说,是必要条件,但不是充分条件。
E. 在其他条件相同的情况下,外交经验越丰富,越有利于作出成功的外交决策。

**9** 2004GRK-41

语言在人类的交流中起重要的作用。如果一种语言是完全有效的,那么,其基本语音的每一种可能的组合都能够表达有独立意义和可以理解的词。但是,如果人类的听觉系统接受声音信号的功能有问题,那么,并非基本语音的每一种可能的组合都能够成为有独立意义和可以理解的词。

如果上述断定为真,则以下哪项一定为真?

A. 如果人类的听觉系统接受声音信号的功能正常,那么一种语言的基本语音的每一种可能的组合都能够成为有独立意义和可以理解的词。
B. 如果人类的听觉系统接受声音信号的功能有问题,那么语言就不可能完全有效。
C. 语言的有效性导致了人类交流的实用性。
D. 人体的听觉系统是人类交流最重要的部分。
E. 如果基本语音每一种可能的组合都能够成为有独立意义和可以理解的词,该语言完全有效。

**10** 2004GRK-44

如果鸿图公司的亏损进一步加大,那么是胡经理不称职;如果没有丝毫撤换胡经理的意向,那么胡经理就是称职的;如果公司的领导班子不能团结一心,那么是胡经理不称职。

如果上述断定为真,并且事实上胡经理不称职,那么以下哪项一定为真?

A. 公司的亏损进一步加大了。
B. 出现撤换胡经理的意向。
C. 公司领导班子不能团结一心。
D. 公司的亏损进一步加大,并且出现撤换胡经理的意向。
E. 公司领导班子不能团结一心,并且出现撤换胡经理的意向。

**11** 2005MBA-36

一个花匠正在配制插花。可供配制的花共有苍兰、玫瑰、百合、牡丹、海棠和秋菊6个品种,一件合格的插花必须至少由两种花组成,并同时满足以下条件:如果有苍兰或海棠,则不能有秋菊;如果有牡丹,则必须有秋菊;如果有玫瑰,则必须有海棠。

以下各项所列的两种花都可以单独或与其他花搭配,组成一件合格的插花,除了

A. 苍兰和玫瑰。　　　　　　B. 苍兰和海棠。
C. 玫瑰和百合。　　　　　　D. 玫瑰和牡丹。

E. 百合和秋菊。

### 12　2007MBA – 48

蓝星航线上所有货轮的长度都大于 100 米,该航线上所有客轮的长度都小于 100 米。蓝星航线上的大多数轮船都是 1990 年以前下水的。金星航线上的所有货轮和客轮都是 1990 年以后下水的,其长度都小于 100 米。大通港一号码头只对上述两条航线的轮船开放,该码头设施只适用于长度小于 100 米的轮船。捷运号是最近停靠在大通港一号码头的一艘货轮。

如果上述断定为真,则以下哪项一定为真?

A. 捷运号是 1990 年以后下水的。

B. 捷运号属于蓝星航线。

C. 大通港只适于长度小于 100 米的货轮。

D. 大通港不对其他航线开放。

E. 蓝星航线上的所有轮船都早于金星航线上的轮船下水。

### 13　2007GRK – 52

粤西酒店如果既有清蒸石斑,又有白灼花螺,则一定会有盐焗花蟹;酒店在月尾从不卖盐焗花蟹;只有当粤西酒店卖白灼花螺时,老王才会与朋友到粤西酒店吃海鲜。

如果上述断定为真,以下哪项一定为真?

A. 粤西酒店在月尾不会卖清蒸石斑。

B. 老王与朋友到粤西酒店不会既吃清蒸石斑,又吃白灼花螺。

C. 粤西酒店只有在月尾才不卖白灼花螺。

D. 老王不会在月尾与朋友到粤西酒店吃海鲜,因为那里没有盐焗花蟹。

E. 如果老王在月尾与朋友到粤西酒店吃海鲜,他们肯定吃不到清蒸石斑。

### 14　2008MBA – 49

某实验室一共有 A、B、C 三种类型的机器人,A 型能识别颜色,B 型能识别形状,C 型既不能识别颜色也不能识别形状。实验室用红球、蓝球、红方块和蓝方块对 1 号和 2 号机器人进行实验,命令它们拿起红球,但 1 号拿起了红方块,2 号拿起了蓝球。

根据上述实验,以下哪项断定一定为真?

A. 1 号和 2 号都是 C 型。

B. 1 号和 2 号中有且只有一个是 C 型。

C. 1 号是 A 型且 2 号是 B 型。

D. 1 号不是 B 型且 2 号不是 A 型。

E. 1 号可能不是 A、B、C 三种类型的任何一种。

### 15　2009MBA – 31

大李和小王是某报新闻部的编辑。该报总编计划从新闻部抽调人员到经济部。总编决定:未经大李和小王本人同意,将不调动两人。大李告诉总编:"我不同意调动,除非我知道小王是否调动。"小王说:"除非我知道大李是否调动,否则我不同意调动。"

如果上述三人坚持各自的决定,则可推出以下哪项结论?

A. 两人都不可能调动。

B. 两人都可能调动。

C. 两人至少有一人可能调动,但不可能两人都调动。

D. 要么两人都调动,要么两人都不调动。

E. 题干的条件推不出关于两人调动的确定结论。

81

## 16 2009MBA-50

中国要拥有一流的国家实力，必须有一流的教育。只有拥有一流的国家实力，中国才能作出应有的国际贡献。

以下各项都符合题干的意思，除了

A. 中国难以作出应有的国际贡献，除非拥有一流的教育。
B. 只要中国拥有一流的教育，就能作出应有的国际贡献。
C. 如果中国拥有一流的国家实力，就不会没有一流的教育。
D. 不能设想中国作出了应有的国际贡献，但缺乏一流的教育。
E. 中国面临选择：或者放弃应尽的国际义务，或者创造一流的教育。

## 17 2009MBA-55

一个善的行为，必须既有好的动机，又有好的效果。如果是有意伤害他人，或是无意伤害他人，但这种伤害的可能性是可以预见的，在这两种情况下，对他人造成伤害的行为都是恶的行为。

以下哪项叙述符合题干的断定？

A. P先生写了一封试图挑拨E先生与其女友之间关系的信。P的行为是恶的，尽管这封信起到了与他的动机截然相反的效果。
B. 为了在新任领导面前表现自己，争夺一个晋升名额，J先生利用业余时间解决积压的医疗索赔案件，J的行为是善的，因为S小姐的医疗索赔请求因此得到了及时的补偿。
C. 在上班途中，M女士把自己的早餐汉堡包给了街上的一个乞丐。乞丐由于急于吞咽而被意外地噎死了。所以，M女士无意中实施了一个恶的行为。
D. 大雪过后，T先生帮邻居铲除了门前的积雪，但不小心在台阶上留下了冰。他的邻居因此摔了一跤。因此，一个善的行为导致了一个坏的结果。
E. S女士义务帮邻居照看3岁的小孩。小孩在S女士不注意时跑到马路上结果被车撞了。尽管S女士无意伤害这个小孩，但她的行为还是恶的。

## 18 2010MBA-26

针对威胁人类健康的甲型H1N1流感，研究人员研制出了相应的疫苗，尽管这些疫苗是有效的，但某大学研究人员发现，阿司匹林、羟苯基乙酰胺等抑制某些酶的药物会影响疫苗的效果，这位研究人员指出："如果你服用了阿司匹林或者对乙酰氨基酚，那么你注射疫苗后就必然不会产生良好的抗体反应。"

如果小张注射疫苗后产生了良好的抗体反应，那么根据上述研究结果可以得出以下哪项结论？

A. 小张服用了阿司匹林，但没有服用对乙酰氨基酚。
B. 小张没有服用阿司匹林，但感染了H1N1流感病毒。
C. 小张服用了阿司匹林，没有感染H1N1流感病毒。
D. 小张没有服用阿司匹林，也没有服用对乙酰氨基酚。
E. 小张服用了对乙酰氨基酚，但没有服用羟苯基乙酰胺。

## 19 2010MBA-28

域控制器储存了域内的账户、密码和属于这个域的计算机三项信息。当计算机接入网络时，域控制器首先要鉴别这台计算机是否属于这个域，用户使用的登录账号是否存在，密码是否正确。如果三项信息均正确，则允许登录；如果以上信息有一项不正确，那么域控制器就会拒绝这个用户从这台计算机登录。小张的登录账号是正确的，但是域控制器拒绝小张的计算机登录。

基于以上陈述能得出以下哪项结论？

A. 小张输入的密码是错误的。

B. 小张的计算机不属于这个域。

C. 如果小张的计算机属于这个域，那么他输入的密码是错误的。

D. 只有小张输入的密码是正确的，它的计算机才属于这个域。

E. 如果小张输入的密码是正确的，那么它的计算机属于这个域。

**20** 2010MBA－33

蟋蟀是一种非常有趣的小动物，宁静的夏夜，草丛中传来阵阵清脆悦耳的鸣叫声，那是蟋蟀在歌唱。蟋蟀优美动听的歌声并不是出自它的好嗓子，而是来自它的翅膀。左右两翅一张一合，相互摩擦，就可以发出悦耳的声响了。蟋蟀还是建筑专家，与它那柔软的挖掘工具相比，蟋蟀的住宅真可以算得上是伟大的工程了。在其住宅门口，有一个收拾得非常舒适的平台。夏夜，除非下雨或者刮风，否则蟋蟀肯定会在这个平台上歌唱。

根据以上陈述，以下哪项是蟋蟀在无雨的夏夜所做的？

A. 修建住宅。　　　　　　　　B. 收拾平台。

C. 在平台上歌唱。　　　　　　D. 如果没有刮风，它就在抢修工程。

E. 如果没有刮风，它就在平台上歌唱。

**21** 2010GRK－29

如果面粉价格继续上涨，佳食面包店的面包成本必将大幅度增加。在这种情况下，佳食面包店将会考虑以扩大饮料的经营来弥补面包销售利润的下降。但是，佳食面包店只有保证面包销售利润不下降，才可避免整体收益明显减少。

以下哪项陈述可从上文符合逻辑地得出？

A. 如果佳食面包店的整体收益减少，它购买面粉的成本将继续增加。

B. 如果佳食面包店的整体收益减少，要么扩大饮料的经营，要么减少面包的销售。

C. 如果面粉的价格继续上涨，佳食面包店的整体收益将明显减少。

D. 即使佳食面包店的整体收益不减少，购买面粉的成本也不会降低。

E. 要么购买面粉的成本将继续增加，要么佳食面包店的面包销售量将增加。

**22** 2012GRK－27

信仰乃道德之本，没有信仰的道德，是无源之水、无本之木。没有信仰的人是没有道德底线的；而一个人一旦没有了道德底线，那么法律对于他也是没有约束力的。法律、道德、信仰是社会和谐运行的基本保障，而信仰是社会和谐运行的基石。

根据以上陈述，可以得出以下哪项？

A. 道德是社会和谐运行的基石之一。

B. 如果一个人有信仰，法律就能对他产生约束力。

C. 只有社会和谐运行，才能产生道德和信仰的基础。

D. 法律只对有信仰的人具有约束力。

E. 没有道德也就没有信仰。

**23** 2012GRK－29

尊重他人是一种高尚的美德，是个人内在修养的外在表现；受人尊重是一种享受，更是一种幸福。人都渴望得到他人的尊重，但只有尊重他人才能赢得他人的尊重。

根据以上陈述，可以得出以下哪项？

A. 只有具有高尚的美德才能赢得幸福。
B. 只有加强内在修养才能赢得他人的尊重。
C. 不具备任何高尚的美德就不能赢得他人的尊重。
D. 尊重总是双方的，单方面的尊重是不存在的。
E. 如果你不尊重他人，就不可能得到幸福。

### 24  2012GRK-31

只有不明智的人才在董嘉面前说东山郡人的坏话，董嘉的朋友施飞在董嘉面前说席佳的坏话，可是令人疑惑的是，董嘉的朋友都是非常明智的人。

根据以上陈述，可以得出以下哪项？

A. 施飞是不明智的。
B. 施飞不是东山郡人。
C. 席佳是董嘉的朋友。
D. 席佳不是董嘉的朋友。
E. 席佳不是东山郡人。

### 25  2014GRK-27

教育制度有两个方面，一是义务教育，二是高等教育。一种合理的教育制度，要求每个人都享有义务教育的权利并且有通过公平竞争获得高等教育的机会。

以下哪项是上述题干的推论？

A. 一种不能使每个人都能上大学的教育制度是不合理的。
B. 一种保证每个人都享有义务教育的教育制度是合理的。
C. 一种不能使每个人都享有义务教育权利的教育制度是不合理的。
D. 合理的教育制度还应该有更多的要求。
E. 一种能使每个人都有公平机会上大学的教育制度是合理的。

### 26  2014GRK-54

近年来，欧美等海外留学市场持续升温，越来越多的国人把自己的孩子送出去。与此同时，部分学成归国人员又陷入了求职困境之中，成为"海待"一族。有权威人士指出："作为一名拥有海外学位的求职者，如果你具有真才实学和基本的社交能力，并且能够在择业过程中准确定位的话，那么你不可能成为'海待'。"大田是在英国取得硕士学位的归国人员，他还没有找到工作。

根据以上论述能够推出以下哪项结论？

A. 大田具有真才实学和基本社交能力，但是定位不准。
B. 大田或者不具有真才实学，或者缺乏基本的社交能力，或者没有能在择业过程中准确定位。
C. 大田不具有真才实学和基本社交能力，但是定位准确。
D. 大田不具有真才实学和基本社交能力，并且没有准确定位。
E. 大田虽然不具有真才实学，但是他的社交能力很强，而且定位很准确。

### 27  2015MBA-30

为进一步加强对不遵守交通信号灯违法行为的执法管理，规范执法程序，确保执法公正，某市交警支队要求：凡属交通信号指示不一致、有证据证明救助危难等情形，一律不得录入道路交通违法信息系统；对已录入信息系统的交通违法记录，必须完善异议受理、核查和处理等工作规范，最大限度减少执法争议。

根据上述交警支队的要求，可以得出以下哪项？

A. 有些因救助危难而违法的情形，如果仅有当事人说辞但缺乏当时现场的录音录像证明，就应录入道路交通违法信息系统。
B. 对已录入系统的交通违法记录，只有倾听群众异议，加强群众监督，才能最大限度减少执法争议。
C. 如果汽车使用了行车记录仪，就可以提供现场实时证据，大大减少被录入道路交通违法信息系统的可能性。
D. 因信号灯相位设置和配时不合理等造成交通信号不一致而引发的交通违法情形，可以不录入道路交通违法信息系统。
E. 只要对录入系统的交通违法记录进行异议受理、核查和处理，就能最大限度减少执法争议。

### 28  2015MBA-34

张云、李华、王涛都收到了明年 2 月赴北京开会的通知。他们可以选择乘坐飞机、高铁与大巴等交通工具进京。他们对这次进京方式有如下考虑：
（1）张云不喜欢坐飞机，如果有李华同行，他就选择乘坐大巴。
（2）李华不计较方式，如果高铁票价比飞机便宜，他就选择乘坐高铁。
（3）王涛不在乎价格，除非预报 2 月初北京有雨雪天气，否则他就选择乘坐飞机。
（4）李华和王涛家相隔很近，如果航班时间合适，他们将同行乘坐飞机。
如果上述 3 人愿望得到满足，则可以得出以下哪项？
A. 如果李华没有选择乘坐高铁和飞机，则他肯定选择和张云一起乘坐大巴进京。
B. 如果王涛和李华乘坐飞机进京，则 2 月初北京没有雨雪天气。
C. 如果张云和王涛乘坐高铁，则 2 月初北京有雨雪天气。
D. 如果 3 人都乘坐飞机，则飞机票价要比高铁便宜。
E. 如果 3 人都乘坐大巴进京，则预报 2 月初北京有雨雪天气。

### 29  2015MBA-37

10 月 6 日晚上，张强要么去电影院看电影，要么去拜访朋友秦玲。如果那天晚上张强开车回家，他就没去电影院看电影，只有张强事先与秦玲约定，张强才能拜访她，事实上，张强不可能事先约定。
根据上述陈述，可以得出以下哪项？
A. 那天晚上张强没有开车回家。
B. 那天晚上张强拜访了他的朋友秦玲。
C. 那天晚上张强没有去电影院看电影。
D. 那天晚上张强与秦玲一起去电影院看电影。
E. 那天晚上张强开车去电影院看电影。

### 30  2015MBA-43

为防御电脑受病毒侵袭，研究人员开发了防御病毒、查杀病毒的程序，前者启动后能使程序运行免受病毒侵袭，后者启动后能迅速查杀电脑中可能存在的病毒。某台电脑上现装有甲、乙、丙三种程序。已知：
（1）甲程序能查杀目前已知所有病毒；
（2）若乙程序不能防御已知的一号病毒，则丙程序也不能查杀该病毒；
（3）只有丙程序能防御已知的一号病毒，电脑才能查杀目前已知的所有病毒；
（4）只有启动甲程序，才能启动丙程序。
根据上述信息可以得出以下哪项？

A. 只有启动丙程序，才能防御并查杀一号病毒。
B. 只有启动乙程序，才能防御并查杀一号病毒。
C. 如果启动了丙程序，就能防御并查杀一号病毒。
D. 如果启动了乙程序，那么不必启动丙程序也能查杀一号病毒。
E. 如果启动了甲程序，那么不必启动乙程序也能查杀所有病毒。

**31  2015MBA－45**

张教授指出，明清时期科举考试分为四级，即院试、乡试、会试、殿试。院试在县府举行，考中者称"生员"。乡试每三年在各省省城举行一次，生员才有资格参加，考中者为"举人"，举人第一名称"解元"。会试于乡试后第二年在京城礼部举行，举人才有资格参加，考中者称为"贡士"，贡士第一名称"会元"。殿试在会试当年举行，由皇帝主持，贡士才有资格参加，录取分为三甲，一甲三名，二甲三甲各若干名，统称为"进士"，一甲第一名称"状元"。

根据张教授的陈述，以下哪项是不可能的？

A. 中举者不曾中进士。
B. 中状元者曾为生员和举人。
C. 中会元者不曾中举。
D. 可有连中三元者（解元、会元、状元）。
E. 未中解元者，不曾中会元。

**32  2015MBA－51**

一个人如果没有崇高的信仰，就不可能守住道德的底线；而一个人只有不断加强理论学习，才能始终保持崇高的信仰。

根据以上信息，可以得出以下哪项？

A. 一个人只有不断加强理论学习，才能守住道德的底线。
B. 一个人如果不能守住道德的底线，就不可能保持崇高的信仰。
C. 一个人只要有崇高的信仰，就能守住道德的底线。
D. 一个人只要不断加强理论学习，就能守住道德的底线。
E. 一个人没能守住道德的底线，是因为他首先丧失了崇高的信仰。

**33  2016MBA－26**

企业要建设科技创新中心，就要推进与高校、科研院所的合作，这样才能激发自主创新的活力。一个企业只有搭建服务科技创新发展的战略平台、科技创新与经济发展对接的平台以及聚集创新人才的平台，才能催生重大科技成果。

根据上述信息，可以得出以下哪项？

A. 如果企业搭建了科技创新与经济发展对接的平台，就能激发其自主创新的活力。
B. 如果企业搭建了服务科技创新发展战略的平台，就能催生重大科技成果。
C. 能否推进与高校、科研院所的合作决定企业是否具有自主创新的活力。
D. 如果企业没有搭建聚集创新人才的平台，就无法催生重大科技成果。
E. 如果企业推进与高校、科研院所的合作，就能激发其自主创新的活力。

**34  2016MBA－27**

生态文明建设事关社会发展方式和人民福祉。只有实行最严格的制度、最严密的法治，才能为生态文明建设提供可靠保障；如果要实行最严格的制度、最严密的法治，就要建立责任追究制度，对那些不顾生态环境盲目决策并造成严重后果者，追究其相应的责任。

根据上述信息，可以得出以下哪项？

A. 如果对那些不顾生态环境盲目决策并造成严重后果者追究相应责任，就能为生态文明建设提供可靠保障。

B. 实行最严格的制度和最严密的法治是生态文明建设的重要目标。
C. 如果不建立责任追究制度，就不能为生态文明建设提供可靠保障。
D. 只有筑牢生态环境的制度防护墙，才能造福于民。
E. 如果要建立责任追究制度，就要实行最严格的制度、最严密的法治。

### 35　2016MBA-35

某县县委关于下周一几位领导的工作安排如下：
（1）如果李副书记在县城值班，那么他就要参加宣传工作例会；
（2）如果张副书记在县城值班，那么他就要做信访接待工作；
（3）如果王书记下乡调研，那么张副书记或李副书记就需在县城值班；
（4）只有参加宣传工作例会或做信访接待工作，王书记才不下乡调研；
（5）宣传工作例会只需分管宣传的副书记参加，信访接待工作也只需一名副书记参加。
根据上述工作安排，可以得出以下哪项？
A. 张副书记做信访接待工作。　　B. 王书记下乡调研。
C. 李副书记参加宣传工作例会。　　D. 李副书记做信访接待工作。
E. 张副书记参加宣传工作例会。

### 36　2017MBA-31

张立是一位单身白领，工作5年积累了一笔存款，由于该笔存款金额尚不足以购房，考虑将其暂时分散投资到股票、黄金、基金、国债和外汇5个方面。该笔存款的投资需要满足如下条件：
（1）如果黄金投资比例高于1/2，则剩余部分投入国债和股票；
（2）如果股票投资比例低于1/3，则剩余部分不能投入外汇或国债；
（3）如果外汇投资比例低于1/3，则剩余部分投入基金或黄金；
（4）国债投资比例不能低于1/6。
根据上述信息，可以得出以下哪项？
A. 国债投资比例高于1/2。　　B. 外汇投资比例不低于1/3。
C. 股票投资比例不低于1/3。　　D. 黄金投资比例不低于1/5。
E. 基金投资比例低于1/6。

### 37　2017MBA-41

颜子、曾寅、孟申、荀辰申请一个中国传统文化建设项目。根据规定，该项目的主持人只能有一名，且在上述4位申请者中产生；包括主持人在内，项目组成员不能超过2位。另外，各位申请者在申请答辩时作出如下陈述：
（1）颜子：如果我成为主持人，将邀请曾寅或荀辰作为项目组成员；
（2）曾寅：如果我成为主持人，将邀请颜子或孟申作为项目组成员；
（3）荀辰：只有颜子成为项目组成员，我才能成为主持人；
（4）孟申：只有荀辰或颜子成为项目组成员，我才能成为主持人。
假定4人的陈述都为真，关于项目组成员的组合，以下哪项是不可能的？
A. 孟申、曾寅。　　B. 荀辰、孟申。
C. 曾寅、荀辰。　　D. 颜子、孟申。
E. 颜子、荀辰。

### 38　2018MBA-46

某次学术会议的主办方发出会议通知：只有论文通过审核才能收到会议主办方发出的邀请

函，本次学术会议只欢迎持有主办方邀请函的科研院所的学者参加。

根据以上通知，可以得出以下哪项？

A. 本次学术会议不欢迎论文没有通过审核的学者参加。
B. 论文通过审核的学者都可以参加本次学术会议。
C. 论文通过审核并持有主办方邀请函的学者，本次学术会议都欢迎其参加。
D. 有些论文通过审核并持有主办方邀请函的学者，本次学术会议欢迎其参加。
E. 论文通过审核的学者有些不能参加本次学术会议。

### 39  2018MBA-50

最终审定的项目或者意义重大或者关注度高，凡意义重大的项目均涉及民生问题，但是有些最终审定的项目并不涉及民生问题。

根据以上陈述，可以得出以下哪项？

A. 意义重大的项目比较容易引起关注。
B. 有些项目意义重大但是关注度不高。
C. 涉及民生问题的项目有些没有引起关注。
D. 有些项目尽管关注度高但并非意义重大。
E. 有些不涉及民生问题的项目意义也非常重大。

### 40  2019MBA-26

新常态下，消费需求发生深刻变化，消费拉开档次，个性化、多样化消费渐成主流。在相当一部分消费者那里，对产品质量的追求压倒了对价格的考虑。供给侧结构性改革，说到底是满足需求。低质量的产能必然会过剩，而顺应市场需求不断更新换代的产能不会过剩。

根据以上陈述，可以得出以下哪项？

A. 只有质优价高的产品才能满足需求。
B. 顺应市场需求不断更新换代的产能不是低质量的产能。
C. 低质量的产能不能满足个性化需求。
D. 只有不断更新换代的产品才能满足个性化、多样化消费的需求。
E. 新常态下，必须进行供给侧结构性改革。

### 41  2019MBA-28

李诗、王悦、杜舒、刘默是唐诗宋词的爱好者，在唐朝诗人李白、杜甫、王维、刘禹锡中4人各喜爱其中一位，且每人喜爱的唐诗作者不与自己同姓。关于他们4人，已知：

（1）如果爱好王维的诗，那么也爱好辛弃疾的词；
（2）如果爱好刘禹锡的诗，那么也爱好岳飞的词；
（3）如果爱好杜甫的诗，那么也爱好苏轼的词。

如果李诗不爱好苏轼和辛弃疾的词，则可以得出以下哪项？

A. 杜舒爱好辛弃疾的词。　　　　　B. 王悦爱好苏轼的词。
C. 刘默爱好苏轼的词。　　　　　　D. 李诗爱好岳飞的词。
E. 杜舒爱好岳飞的词。

### 42  2020MBA-39

因业务需要，某公司欲将甲、乙、丙、丁、戊、己、庚7个部门，合并到丑、寅、卯3个子公司，已知：

（1）一个部门只能合并到一个子公司；
（2）若丁和丙中至少有一个未合并到丑公司，则戊和甲均合并到丑公司；

(3) 若甲、己、庚中至少有一个未合并到卯公司，则戊合并到寅公司且丙合并到卯公司。

根据上述信息，可以得出以下哪项？

A. 甲、丁均合并到丑公司。　　　B. 乙、戊均合并到寅公司。
C. 乙、丙均合并到寅公司。　　　D. 丁、丙均合并到丑公司。
E. 庚、戊均合并到卯公司。

### 43　2020MBA-51

某街道的综合部、建设部、平安部和民生部四个部门，需要负责街道的秩序、安全、环境和协调四项工作。每个部门只负责其中的一项工作，且各部门负责的工作各不相同。

已知：

(1) 如果建设部负责环境或秩序，则综合部负责协调或秩序；
(2) 如果平安部负责环境或协调，则民生部负责协调或秩序。

根据以上信息，以下哪项工作安排是可能的？

A. 建设部负责环境，平安部负责协调。　　　B. 建设部负责秩序，民生部负责协调。
C. 综合部负责安全，民生部负责协调。　　　D. 民生部负责安全，综合部负责秩序。
E. 平安部负责安全，建设部负责秩序。

### 44　2022MBA-40

幸福是一种主观愉悦的心理体验，还是一种认知和创造美好生活的能力。在日常生活中，每个人如果能发现当下的不足，能确立前进的目标，并通过实际行动改进不足去实现目标，就能始终保持对生活的乐观精神。而有了对生活的乐观精神，就会拥有幸福感。生活中大多数人都拥有幸福感，遗憾的是，也有一些人能发现当下的不足，并通过实际行动去改进，但他们却没有幸福感。

根据上述陈述，可以得出下列哪项？

A. 生活中大多数人都有对生活的乐观精神。
B. 个体的心理体验也是个体的一种行为能力。
C. 如果能发现当下的不足并努力改进，就能拥有幸福感。
D. 那些没有幸福感的人即使发现当下的不足，也不愿通过行动去改变。
E. 确立前进的目标并通过实际行动实现目标，生活中有些人没有做到这一点。

### 45　2022MBA-43

习俗因传承而深入人心，文化因赓续而繁荣兴盛。传统节日带给人们的不只是快乐和喜庆，还塑造着影响至深的文化自信。不忘历史才能开辟未来，善于继承才能善于创新。传统节日只有不断融入现代生活，其中的文化才能得以赓续而繁荣兴盛，才能为人们提供更多心灵滋养与精神力量。

根据以上信息，可以得出以下哪项？

A. 只有为人们提供更多心灵滋养与精神力量，传统文化才能得以赓续而繁荣兴盛。
B. 若传统节日更好地融入现代生活，就能为人们提供更多心灵滋养与精神力量。
C. 有些带给人们欢乐和喜庆的节日塑造着人们的文化自信。
D. 带有厚重历史文化的传统将引领人们开辟未来。
E. 深入人心的习俗将在不断创新中被传承。

### 46　2023MBA-26

爱因斯坦思想深刻、思维创新。他不仅是一位伟大的科学家，还是一位思想家和人道主义者，同时也是一位充满个性的有趣人物。他一生的经历表明，只有拥有诙谐幽默、充满个性的独立人格，才能做到思想深刻、思维创新。

根据以上陈述，可以得出以下哪项？

A. 有的思想家不是人道主义者。

B. 有些伟大的科学家拥有诙谐幽默、充满个性的独立人格。

C. 科学家一旦诙谐幽默、充满个性，就能做到思想深刻、思维创新。

D. 有些人道主义者诙谐幽默、充满个性，但做不到思想深刻、思维创新。

E. 有的思想家做不到诙谐幽默、充满个性，但能做到思想深刻、思维创新。

### 47　2023MBA-41

张先生欲花 5 万元购置橱柜、卫浴或供暖设备。已知：

(1) 如果买橱柜，就不买卫浴，也不买供暖设备；

(2) 如果不买橱柜，就买卫浴；

(3) 如果卫浴、橱柜至少有一种不买，则买供暖设备。

根据以上陈述，关于张先生的购买打算，可以得出以下哪项？

A. 买橱柜和卫浴。　　　　　　　　　B. 买橱柜和供暖设备。

C. 买橱柜，但不买卫浴。　　　　　　D. 买卫浴和供暖设备。

E. 买卫浴，但不买供暖设备。

### 48　2023MBA-51

通过第三方招聘进入甲公司从事销售工作的职员均具有会计学专业背景。孔某的高中同学均没有会计学专业背景，甲公司销售部经理孟某是孔某的高中同学，而孔某是通过第三方招聘进入甲公司的。

根据以上信息，可以得出以下哪项？

A. 孔某具有会计学专业背景。　　　　B. 孟某不是通过第三方招聘进入甲公司的。

C. 孟某曾经自学了会计学专业知识。　D. 孔某在甲公司做销售工作。

E. 孔某和孟某在大学阶段不是同学。

# 答案与解析

### 1. 正确答案：E

题干的条件关系式为：遵守操作规程∧检验∧不出现意外→不会失事

其等价的逆否命题为：没有遵守操作规程∨没有检验∨出现意外←失事

现在又断定飞机失事了。由此可推出：飞机失事的原因是，飞行员没有严格遵守操作规程，或者飞机在起飞前没有经过严格的例行技术检验，或者出现了特殊意外。这三个原因，依次简记为 P、Q 和 R。从题干的条件可知，这三个原因中，至少有一个存在，也可能都存在。

可见，飞机失事的三个原因是相容的选言关系，因此，只能采取先否定后肯定的推理方法。

A 项不成立。因为由 R 不是原因，不能断定 P 和 Q 同时都是原因，而只能断定其中至少有一个是原因。

B 项不成立。因为由 R 是原因，不能断定 P 和 Q 都不是原因。

C 项不成立。因为由 P 和 Q 都是原因，不能断定 R 一定不是原因。

D 项不成立。因为由 R 不是原因，不能断定：只要 P 是原因，Q 就一定不是原因。

E 项成立。因为 R 不是原因，可以断定：只要 Q 不是原因，P 就一定是原因。

2. 正确答案：A

题干的断定可整理为：

(1) 心理健康→保持自尊

(2) 受到尊敬←保持自尊

(3) 追星→不会受到尊敬。其等价于：不会追星←受到尊敬

从（1）出发推理，联立以上条件关系式，得到：

心理健康→保持自尊→受到尊敬→不会追星

即：一个心理健康的人，不可能用"追星"的方式来表达自己的尊敬情感。因此，A项正确。

其余各项都不能从题干推出。

3. 正确答案：B

题干条件关系可整理为：

(1) 有效率→富有

(2) 稳定→公正

(3) 公正→无风险

(4) 风险←效率。其等价于：无风险→无效率

由（2）、（3）和（4）可推出：稳定→无效率。

这说明，一个国家政治上的稳定和经济上的有效率运作不可能并存。因此，B项正确。

4. 正确答案：E

题干断定：

(1) 太阳∧零下→皮夹克

(2) 下雨∧零上→雨衣

由（2）的逆否命题可推出：街上没人穿雨衣 →没下雨∨不在零上。

因此，由"街上没人穿雨衣"和"气温在零度以上"，推出："天没下雨"。所以，E项成立。

其余各项都不成立。比如，由"街上没有多少人穿着皮夹克"和"气温在零度以下"，可推出"天上没出太阳"；但由"天上没出太阳"推不出"天一定下着雨"，因此，C项不成立。

5. 正确答案：C

题干中作出了三个断定：

第一，工厂对由植物生成的燃料的耗用产生二氧化碳；

第二，绿色植被特别是森林吸收二氧化碳；

第二，如果二氧化碳超量产生，则全球气候会出现温室效应。

从上述三个断定可以得出结论：如果工厂产生的二氧化碳超过了一定的限度，并且没有足够的绿色植被特别是森林吸收二氧化碳，那么二氧化碳就会超量，就会不可避免地使全球气候出现温室效应。这正是C项所断定的。

其余各项均不能从题干推出。比如E项，如果出现了温室效应，不一定是植被破坏或工厂耗用燃料造成的，可能是由别的因素引起的（比如火山爆发等）。

6. 正确答案：D

题干断定，法律健全和存在贫富差异是社会公正的必要条件。

D项断定，S社会法律不健全，不存在贫富差异，因此，可推出S社会不公正。

其余各项均不能由题干的条件得出。例如，A项断定S社会满足题干所提及的一个公正社会的所有必要条件，但并不能依此就断定S社会是公正的。B项，虽然存在贫富差异，但如果

消灭了绝对贫困或者有公平竞争，社会还可能是公正的，因此，也推不出。

**7. 正确答案：D**

题干条件关系可表示为：

（1）当温度达到恒温器的温度旋钮所设定的度数时↔恒温器自动关闭加热器。

（2）温度一超出温度旋钮的最高度数↔安全器自动关闭加热器。

根据题干的条件，一个电炉，如果其加热的温度超出了温度旋钮的最高度数，加热器并未自动关闭，即安全器出现了故障。而且温度旋钮的最高度数一定超过了恒温器所设定的度数，而加热器并未自动关闭，说明恒温器也出现了故障。因此，D项作为题干的结论成立。

可见，E项不成立。

A项显然不成立。例如在加热器不工作的情况下，恒温器和安全器即使都出现故障，电炉的温度也不会超出温度旋钮的最高度数。

B项不成立。因为一个电炉，如果其加热的温度超出了温度旋钮的设定度数但加热器未关闭，只能说明恒温器出现故障，不能说明安全器出现故障。

C项不成立。因为一个电炉的加热器自动关闭，可能是恒温器出现故障，但安全器工作正常。

**8. 正确答案：C**

题干断定：

第一，许多国家首脑在出任前并没有丰富的外交经验，但这并没有妨碍他们作出成功的外交决策。这表明：没有丰富的外交经验，不妨碍作出成功的外交决策。即：丰富的外交经验，不是作出成功的外交决策的必要条件。

第二，对于一个缺少高度的政治敏感、准确的信息分析能力和果断的个人勇气的外交决策者来说，丰富的外交经验没有什么价值。即：丰富的外交经验，不是作出成功的外交决策的充分条件。

因此，丰富的外交经验，既不是作出成功的外交决策的充分条件，也不是必要条件，C项为正确答案。

A项引入无关比较，排除。

根据题干断定：一个人，只要有高度的政治敏感、准确的信息分析能力和果断的个人勇气，就能很快地学会如何作出成功的外交决策。这表明：这三种素养是一个国家首脑作出成功的外交决策的充分条件，但没有断定它们是必要条件。因此，B项不一定为真。

没有丰富的外交经验，不妨碍作出成功的外交决策，就是说丰富的外交经验不是作出成功的外交决策的必要条件，D项排除。

题干断定：对于一个缺少高度的政治敏感等三种素养的外交决策者来说，丰富的外交经验没有什么价值。但是，如果具备这三种素养，丰富的外交经验有什么价值，题干没做任何断定。因此，E项不一定为真。

**9. 正确答案：B**

题干包含了两个推理关系：

（1）一种语言是完全有效的→其基本语音的每一种可能的组合都能够表达有独立意义和可以理解的词。

（2）人类的听觉系统接受声音信号的功能有问题→并非基本语音每一种可能的组合都能够成为有独立意义和可以理解的词。

如果人类的听觉系统接受声音信号的功能有问题，由（2）知，并非基本语音每一种可能的组合都能够成为有独立意义和可以理解的词；再由（1）可推出：一种语言不可能完全有效。

因此，选项 B 为正确答案。

### 10. 正确答案：B
题干的推理关系是：
(1) 亏损→胡经理不称职
(2) 没有撤换意向→胡经理称职
(3) 领导班子不团结→胡经理不称职

而事实上胡经理不称职，(1) 和 (3) 都推不回去，而对 (2) 作个逆否命题，可以推出有撤换意向，因此 B 项正确。

### 11. 正确答案：D
选项 D 不可能搭配在一起组成一件合格的插花，因为由条件，如果有玫瑰，则必须有海棠；如果有海棠，则不能有秋菊；而没有秋菊，就不会有牡丹。

### 12. 正确答案：A
根据题干信息，列出如下条件关系：
①蓝星航线上货轮→长度都大于 100 米
②蓝星航线上客轮→长度都小于 100 米
③金星航线上货轮和客轮→1990 年以后下水的 ∧ 长度都小于 100 米
④大通港一号码头→只对上述两条航线的轮船开放
⑤大通港一号码头→长度小于 100 米的轮船

由于捷运号是最近停靠在大通港一号码头的一艘货轮，由⑤知，捷运号是长度小于 100 米的货轮。再由①得，捷运号不可能是蓝星航线上的。又由④知，捷运号只能是金星航线上的。最后由③推得：捷运号是 1990 年以后下水的。因此，A 项一定为真，是正确答案。

其余选项都不必然为真。

### 13. 正确答案：E
题干条件关系为：
(1) 酒店：斑 ∧ 螺→蟹
(2) 酒店在月尾→¬蟹
(3) 酒店：螺←老王与朋友吃海鲜

从中可作如下推理：
由 (2)(3)，如果老王在月尾与朋友到粤西酒店吃海鲜，则粤西酒店卖螺，但不卖蟹。(5)

由 (1)，粤西酒店不卖蟹，可得粤西酒店不卖斑，或者不卖螺。(6)

由 (5)(6) 可得粤西酒店不卖斑。

所以，如果老王在月尾与朋友到粤西酒店吃海鲜，他们肯定吃不到清蒸石斑。

### 14. 正确答案：D
题干断定：
①A 型能识别颜色，说明 A 型是识别颜色的充分条件，即：A 型→识别颜色
意味着：不能识别颜色一定不是 A 型，能识别颜色不能确定为 A 型。
②B 型能识别形状，说明 B 型是识别形状的充分条件，即：B 型→识别形状
意味着：不能识别形状一定不是 B 型，能识别形状不能确定为 B 型。
实验结果：命令它们拿起红球，结果是 1 号拿起了红方块，2 号拿起了蓝球。

既然 1 号拿起了红方块，说明 1 号不能识别形状，由②，说明 1 号肯定不是 B 型；但不足以说明它能识别颜色（因为 C 型也有可能拿红方块），即使它能识别颜色，也不能确定它是

A 型。

2 号拿起了蓝球，说明 2 号不能识别颜色，由①，说明 2 号肯定不是 A 型；但不足以说明它能识别形状（因为 C 型也有可能拿蓝球），即使它能识别形状，也不能确定它是 B 型。

因此，答案选 D。

### 15. 正确答案：A

总编决定：未经大李和小王本人同意，将不调动两人。可表示为：

(1) 调动李→李同意调动

(2) 调动王→王同意调动

大李告诉总编："我不同意调动，除非我知道小王是否调动。"小王说："除非我知道大李是否调动，否则我不同意调动。"分别可表示为：

(3) 李同意调动→李知道是否调动王

(4) 王同意调动→王知道是否调动李

由此可推出：

(5) 调动李→李知道是否调动王

(6) 调动王→王知道是否调动李

即，调动大李的前提是大李知道小王是否调动，同样调动小王的前提是小王知道大李是否调动。也即，双方调动的前提是一方知道另一方是否调动。

而从题干的论述中，无法客观地得知另一方的是否调动，因此，双方都不可能调动。

### 16. 正确答案：B

题干断定，对中国来说：

(1) 拥有一流的国家实力→拥有一流的教育

(2) 拥有一流的国家实力←作出应有的国际贡献

由此，可推出：作出应有的国际贡献→拥有一流的教育（3）

可见，"拥有一流的教育"是"作出应有的国际贡献"的必要条件。

而 B 项断定"拥有一流的教育"是"作出应有的国际贡献"的充分条件，不符合题干意思。

其余选项均符合题干意思。

### 17. 正确答案：E

题干断定的条件可表达如下：

(1) 善的行为→好动机∧好效果

(2) 有意伤害他人∧对他人造成伤害→恶的行为

(3)（无意伤害他人∧这种伤害的可能性可以预见）∧对他人造成伤害→恶的行为

E 项：S 女士对小孩的伤害虽然是无意的，但这种伤害是可预见的，根据题干断定（3）可推出，她的行为还是恶的。因此，该项符合题干的断定。

其余各项均不符合题干的断定，其中：

A 项：P 先生的所为尽管有伤害他人的动机，但事实上并没造成伤害，根据题干断定（2）和（3），不能推出其所为是恶的。

B 项：J 先生的行为虽然有好的效果，但根据题干断定（1），不能必然推出是善的行为。

C 项：M 女士无意伤害他人，而且这种伤害（吃汉堡被意外地噎死）的可能性不可以预见，不符合题干断定（3），不能认为 M 女士实施了恶的行为。

D 项：T 先生的行为虽然有好的动机，但没好的效果，根据题干断定（1），不能推出是善的行为。

18. 正确答案：D

题干断定：如果服用了阿司匹林或者对乙酰氨基酚，那么注射疫苗后就必然不会产生良好的抗体反应。

阿∨乙→¬良

¬阿∧¬乙←良

因此，如果小张注射疫苗后产生了良好的抗体反应，那么，小张没有服用阿司匹林，也没有服用对乙酰氨基酚。即 D 项正确。

19. 正确答案：C

题干断定：如果域归属正确，并且账号正确、密码正确，则允许登录。

属∧账∧密→允

¬允→¬属∨¬账∨¬密

既然小张的登录账号是正确的，但是域控制器拒绝小张的计算机登录，这就可推出：小张的计算机不属于这个域，或者，他输入的密码是错误的。

从而可进一步推出：如果小张的计算机属于这个域，那么他输入的密码是错误的。即 C 项正确。

20. 正确答案：E

题干断定："夏夜，除非下雨或者刮风，否则蟋蟀肯定会在这个平台上歌唱"，即只要是不下雨并且不刮风的夏夜，蟋蟀就一定会在这个平台上歌唱。

因此，在无雨的夏夜，如果没有刮风，蟋蟀就在平台上歌唱。E 项正确。

21. 正确答案：C

题干断定：

（1）如果面粉涨价，则面包销售利润下降；

（2）如果面包销售利润下降，则将会考虑扩大饮料的经营；

（3）只有保证面包销售利润不下降，才可避免整体收益明显减少。

其中条件（3）等价于：如果面包销售利润下降，则整体收益减少。

这与条件（1）结合，可得：如果面粉涨价，则整体收益减少。

因此，C 项为正确答案。其余选项从题干不能必然地推出。

22. 正确答案：D

题干断定：

（1）没有信仰的人是没有道德底线的。

（2）没有了道德底线，那么法律对于他也是没有约束力。

由（2）推出，法律对人要有约束力，人就要有道德底线；再由（1）推出，有道德底线的人一定是有信仰的。

因此，法律只对有信仰的人具有约束力。

23. 正确答案：C

题干断定：

（1）尊重他人是一种高尚的美德。

（2）只有尊重他人才能赢得他人的尊重。

由（1）推出，不具备任何高尚的美德的人一定不尊重他人；再由（2）推出，不尊重他人就不能赢得他人的尊重。

因此，不具备任何高尚的美德就不能赢得他人的尊重。

**24. 正确答案：E**

题干断定：第一，只有不明智的人才在董嘉面前说东山郡人的坏话；第二，董嘉的朋友都是非常明智的人。

从而推出：董嘉的朋友不会在董嘉面前说东山郡人的坏话。

而题干又断定：董嘉的朋友施飞在董嘉面前说席佳的坏话。

这意味着，席佳不是东山郡人。

**25. 正确答案：C**

题干断定：一种合理的教育制度→每个人都享有义务教育的权利∧每个人都有通过公平竞争获得高等教育的机会。

其等价于：不合理的教育制度←不能使每个人都享有义务教育的权利∨不能使每个人有通过公平竞争获得高等教育的机会。

即可以推出：一种不能使每个人都享有义务教育权利的教育制度是不合理的。因此，C项为正确答案。

**26. 正确答案：B**

题干论述，对拥有海外学位的求职者来说：

具有真才实学∧基本的社交能力∧准确定位→找到工作

其等价的逆否命题是：¬具有真才实学∨¬基本的社交能力∨¬准确定位←¬找到工作

可见，既然大田是拥有海外学位的求职者，他没有找到工作，那么，他一定是或者不具有真才实学，或者缺乏基本的社交能力，或者没有能在择业过程中准确定位。因此，B项为正确答案。

**27. 正确答案：D**

交警支队要求：

（1）交通信号指示不一致∨有证据证明救助危难等情形→不得录入系统

（2）已录入系统→完善异议受理、核查和处理等工作规范，最大限度减少执法争议

D项，交通信号不一致，由条件（1）可推出，不得录入系统，因此，为正确答案。

其余选项均推不出。其中，A项，缺乏证据证明救助危难的情形，由条件（1）推不出是否应录入系统。B、E项，条件（2）并没有涉及"异议受理、核查和处理等工作规范"与"最大限度减少执法争议"的关系，均超出了题干范围。C项，题干也无涉及。

**28. 正确答案：E**

题干断定：

（1）张云：李华同行→大巴

（2）李华：高铁票价比飞机便宜→高铁

（3）王涛：¬预报雨雪→飞机

（4）李华和王涛：航班合适→飞机

根据这些条件，考察各个选项：

A项，李华没有坐高铁和飞机，就只能坐大巴，但由（1）推不出是否与张云同行。

B项，王涛和李华乘坐飞机，由（3）推不出2月初北京是否有雨雪天气。

C项，张云和王涛乘坐高铁，则王涛没坐飞机，由（3）推出，预报2月初北京有雨雪天气，这只是"预报"并不是一定有雨雪天气，故该项不必然为真。

D项，3人都乘坐飞机，则李华没坐高铁，由（2）推出，飞机票价比高铁便宜或者一样价格，故该项不必然为真。

E项，3人都乘坐大巴，则王涛没坐飞机，由（3）推出，预报2月初北京有雨雪天气。因

96

此，为正确答案。

### 29. 正确答案：A

题干断定，对张强来说，存在如下条件关系：

(1) 看电影∨拜访秦玲

(2) 开车回家→¬看电影

(3) 约定←拜访秦玲

(4) ¬约定

由上述（4）（3）（1）（2）先后串联推得：¬约定→¬拜访秦玲→看电影→¬开车回家。

即，那天晚上张强没有开车回家。因此，A项为正确答案。

### 30. 正确答案：C

题干断定：

(1) 甲能查杀已知所有病毒

(2) ¬乙防御一号病毒→¬丙查杀一号病毒

(3) 丙防御一号病毒←查杀已知的所有病毒

(4) 启动甲←启动丙

C项，如果启动丙程序，由（4）可推出，启动丙→启动甲；又由（1）可知，能查杀已知的所有病毒，即可以查杀已知的一号病毒；再由（3）知，丙可以防御一号病毒，故得出：能防御并查杀一号病毒。因此，该项为正确答案。

其余选项都不能必然得出。比如E项，启动了甲程序，就可以查杀目前已知的所有病毒，并不意味着能查杀所有病毒，因为未知病毒是否能查杀是不知道的。

### 31. 正确答案：C

根据题意：中生员，才能中举人；中举人，才能中贡士；中贡士，才能中进士。

即：进士→贡士→举人→生员。

C项不可能为真，贡士第一名为"会元"，中会元者，必然是贡士，就必然曾中举。

其余选项都有可能真（表1-6-2）。

表1-6-2

|  |  | 考中者 | 第一名 |
| --- | --- | --- | --- |
| 院试 | 在县府举行 | 生员 |  |
| 乡试 | 每三年在各省省城举行一次 | 举人 | 解元 |
| 会试 | 乡试后第二年在京城礼部举行 | 贡士 | 会元 |
| 殿试 | 在会试当年举行，由皇帝主持 | 进士 | 状元 |

### 32. 正确答案：A

题干断定：

(1) ¬信仰→¬道德底线

(2) 理论学习←信仰

由此推得：

道德底线→信仰→理论学习

＝¬理论学习→¬信仰→¬道德底线

即，"理论学习"是"道德底线"的必要条件，因此，A项为正确答案。

### 33. 正确答案：D

根据题干论述，列出以下条件关系式：

（1）推进与高校、科研院所的合作←激发自主创新的活力

（2）服务科技创新发展的战略平台∧科技创新与经济发展对接的平台∧聚集创新人才的平台←催生重大科技成果

上述条件（2）的逆否命题为：¬服务科技创新发展的战略平台∨¬科技创新与经济发展对接的平台∨¬聚集创新人才的平台→¬催生重大科技成果。从中可以得出：如果企业没有搭建聚集创新人才的平台，就无法催生重大科技成果。因此，D项为正确答案。

其余选项均不妥。其中，A项，从题干条件推不出。B项，不符合条件（2）。C项，不符合条件（1）。E项，不符合条件（1）。

### 34. 正确答案：C

根据题干论述，列出以下条件关系式：

（1）实行法治←提供保障

（2）实行法治→建立制度∧追究责任

由上述条件，得出（3）提供保障→实行法治→建立制度∧追究责任

如果不建立责任追究制度，由（3）的逆否命题得出，不能为生态文明建设提供可靠保障。因此，C项为正确答案。

其余选项均从题干条件推不出。其中：

A项：追究责任→提供保障，不符合题干信息，排除。

B项：没有出现逻辑联结词，无逻辑关系，排除。

D项：防护墙←造福人民，超出题干断定范围，排除。

E项：建立制度→实行法治，不符合条件（2），排除。

### 35. 正确答案：B

由条件（5）可知，王书记不参加宣传也不参加信访接待；再结合条件（4）即可推出，王书记下乡调研。因此，B为正确答案。其余选项都推不出。

### 36. 正确答案：C

根据条件（4）可知，国债有投资，再由（2）推出，股票投资比例不低于1/3。

因此，C项为正确答案。其余选项不能必然得出。

### 37. 正确答案：C

题干条件为：

（1）颜为主持→曾为成员∨荀为成员

（2）曾为主持→颜为成员∨孟为成员

（3）颜为成员←荀为主持

（4）荀为成员∨颜为成员←孟为主持

曾寅、荀辰这一组合不可能为真，因为项目组成员不能超过2位，若曾寅是主持人，荀辰是组成员，则与条件（2）矛盾；若荀辰是主持人，曾寅是组成员，则与条件（3）矛盾。因此，C项为正确答案。

其余选项所列的组合均不与题干信息矛盾，都可能为真，比如，D项：由（4）可知，若孟申是主持人，那么颜子可能成为项目组成员，符合题干信息。

### 38. 正确答案：A

题干断定：

①论文通过审核←邀请函（只有论文通过审核才能收到会议主办方发出的邀请函）

②邀请函←欢迎参加（本次学术会议只欢迎持有主办方邀请函的科研院所的学者参加）

由此可得：论文没通过审核→没邀请函→不欢迎参加

因此，必然可以得出 A 项。

### 39. 正确答案：D
题干条件：
①最终审定的项目→意义重大∨关注度高
②意义重大→涉及民生
③有些最终审定的项目→不涉及民生
整理①②③可得：有些最终审定的项目→不涉及民生→不意义重大→关注度高
即，有些最终审定的项目关注度高但意义不重大。
由此可知，D 项正确。

### 40. 正确答案：B
根据题干断定的最后一句，可列出以下两个条件关系式：
（1）低质量产能→过剩
（2）顺应市场需求不断更新换代的产能→不会过剩
与（1）等价的逆否命题为：不会过剩→不是低质量产能
结合（2）可得：顺应市场需求不断更新换代的产能→不会过剩→不是低质量产能
可见，顺应市场需求不断更新换代的产能不是低质量的产能。因此，B 项为正确答案。
其余选项从题干不能必然得出。其中：
A 项：质优价高←满足需求。与题干信息不符，排除。
C 项：低质量→¬满足需求。与题干信息不符，排除。
D 项：不断更新换代的产品←满足需求。与题干信息不符，排除。
E 项：新常态→改革。与题干信息不符，排除。

### 41. 正确答案：D
根据题干断定，列出以下条件关系式：
（1）爱好王维的诗→爱好辛弃疾的词
（2）爱好刘禹锡的诗→爱好岳飞的词
（3）爱好杜甫的诗→爱好苏轼的词
（4）李诗不爱好苏轼的词∧李诗不爱好辛弃疾的词
（5）李白、杜甫、王维、刘禹锡中 4 人各喜爱其中一位
（6）每人喜爱的唐诗作者不与自己同姓
由条件（1）（4），可推出：李诗不爱好王维的诗；
由条件（3）（4），可推出：李诗不爱好杜甫的诗；
由条件（6）可推出：李诗不爱好李白的诗；
再由条件（5）可推出：李诗爱好刘禹锡的诗；
再由条件（2）可推出：李诗爱好岳飞的词。

### 42. 正确答案：D
假设丁、丙中至少有一个未合并到丑公司，根据条件（2）推出，戊和甲均合并到丑公司；
再由条件（1），一个部门只能合并到一个子公司，推出，当戊合并到丑公司时，则戊未合并到寅公司；
然后根据条件（3）的逆否命题推出，甲、己、庚都合并到卯公司，这与前面推出的甲合并到丑公司相冲突，所以，原假设不能成立。
既然假设不成立，由此可进一步推出：丁、丙均合并到丑公司。

99

43. 正确答案：E

根据题干条件，对选项进行逐一分析：

A项：建设部负责环境，平安部负责协调。建设部负责环境，根据条件（1）得，综合部负责秩序；平安部负责协调，根据条件（2）得，民生部负责秩序。这样有两个部门负责秩序，与题干条件矛盾，排除。

B项：建设部负责秩序，根据条件（1）得，综合部负责协调，与民生部负责协调矛盾，排除。

C项：综合部负责安全，根据条件（1）的逆否命题得，建设部既不负责环境，也不负责秩序；而民生部负责协调，此时建设部不存在可以负责的内容，排除。

D项：民生部负责安全，根据条件（2）的逆否命题得，平安部既不负责环境，也不负责协调；而综合部负责秩序，此时平安部不存在可以负责的内容，排除。

E项：平安部负责安全，建设部负责秩序。根据条件（1）得，综合部负责协调，这样，民生部就负责环境，符合题干条件要求。因此，该项工作安排是可能的。

44. 正确答案：E

题干断定：

(1) 发现当下不足∧确立前进的目标∧通过实际行动改进不足去实现目标→保持对生活的乐观精神

(2) 保持对生活的乐观精神→拥有幸福感

(3) 有一些人能发现当下的不足，并通过实际行动去改进，但他们却没有幸福感

由（3）知，生活中有人没有幸福感，由（2）的逆否命题推知，不能保持对生活的乐观精神；再由（1）的逆否命题推知：没能发现当下不足，或者没有确立前进的目标，或者没有通过实际行动改进不足去实现目标。又由（3），有一些人能发现当下的不足，并通过实际行动去改进。因此，有些人没有确立前进的目标。所以，E项必然成立。

其余选项不能从题干陈述中得出。

45. 正确答案：C

题干断定：

(1) 传统节日→带给人们快乐和喜庆∧塑造着影响至深的文化自信

(2) 传统节日不断融入现代生活←文化得以赓续而繁荣兴盛←为人们提供更多心灵滋养与精神力量

由（1）显然可以得出，有些节日即传统节日，带给人们欢乐和喜庆，又塑造着人们的文化自信，因此，C项为真。

其余选项得不出，其中，A、B项为（2）的逆命题，与原命题不等价；D、E项为无关项，无法从题干信息推出。

46. 正确答案：B

题干断定：

(1) 爱因斯坦→思想深刻、思维创新

(2) 爱因斯坦→伟大的科学家∧思想家∧人道主义者∧充满个性的有趣人物

(3) 诙谐幽默、充满个性←思想深刻、思维创新

由（1）（3）推得，爱因斯坦→诙谐幽默、充满个性，结合（2）爱因斯坦→伟大的科学家，可推出：有些伟大的科学家拥有诙谐幽默、充满个性的独立人格。因此，B项为正确答案。

A项：从"爱因斯坦是一位思想家和人道主义者"，只能推出"有的思想家是人道主义

者",而推不出"有的思想家不是人道主义者",排除。

C项：不能从（3）推出，排除。

D项：不能从（2）（3）推出，排除。

E项：由（3）可知，做不到诙谐幽默、充满个性，就不能做到思想深刻、思维创新。可见，该项错误，排除。

### 47. 正确答案：D

（1）橱柜→¬卫浴∧¬供暖设备

（2）¬橱柜→卫浴

（3）¬卫浴∨¬橱柜→供暖设备

假设买橱柜，由（1）（3）得：橱柜→¬卫浴∧¬供暖设备→供暖设备，矛盾！

因此，一定不买橱柜，由（2）得，¬橱柜→卫浴；

又由（3）得，¬橱柜→供暖设备。

可知，买卫浴和供暖设备，因此，D项正确。

### 48. 正确答案：B

题干断定：

（1）第三方招聘进入甲公司从事销售→会计学

（2）孔的高中同学→¬会计学

（3）甲公司销售部经理孟是孔的高中同学

（4）孔→第三方招聘进入甲公司

由（3）得：孟是孔的高中同学

再由（2）得：孟是孔的高中同学→¬会计学

结合（1）的逆否命题得：孟→¬会计学→¬第三方招聘进入甲公司从事销售

即，孟某不是通过第三方招聘进入甲公司的。因此，B项为正确答案。

A项：因不知孔某是否从事销售，所以由（4）（1）推不出孔某具有会计学专业背景。排除。

C、D项：超出了题干断定范围，推不出，排除。

E项：孔某和孟某是高中同学，但从题干推理不出他们是不是大学同学，排除。

## 6.4 推论复选

在推出结论型混合推理题中，加大考题难度的一种方式就是复选题。复选题的特征是题干存在Ⅰ、Ⅱ、Ⅲ等几个结论，其本质上就是多选题。要做对复选题，就需要对题干所给出的Ⅰ、Ⅱ、Ⅲ都有准确的把握。

**1  2000GRK-26**

只有在广江市的人才能够不理睬通货膨胀的影响；住在广江市的每一个人都要付税；每一个付税的人都发牢骚。

根据上面的这些句子，下列哪项一定是真的？

Ⅰ．每一个不理睬通货膨胀影响的人都要付税。

Ⅱ．不发牢骚的人中没有一个能够不理睬通货膨胀的影响。

Ⅲ．每一个发牢骚的人都能够不理睬通货膨胀的影响。

A．仅Ⅰ。　　　　　　　　　　　　　　B．仅Ⅰ和Ⅱ。

C. 仅Ⅱ。 D. 仅Ⅱ和Ⅲ。
E. Ⅰ、Ⅱ和Ⅲ。

## 2  2000GRK-58

如果新产品打开了销路，则本企业今年就能实现转亏为盈。

只有引进新的生产线或者对现有设备实行有效的改造，新产品才能打开销路。

本企业今年没能实现转亏为盈。

如果上述断定是真的，则以下哪项也一定是真的？

Ⅰ. 新产品没能打开销路。

Ⅱ. 没引进新的生产线。

Ⅲ. 对现有设备没实行有效的改造。

A. 只有Ⅰ。 B. 只有Ⅱ。
C. 只有Ⅲ。 D. Ⅰ、Ⅱ和Ⅲ。
E. Ⅰ、Ⅱ和Ⅲ都不必定是真的。

## 3  2001MBA-58

大嘴鲈鱼只在有鲦鱼出现的河中长有浮藻的水域里生活。漠亚河中没有大嘴鲈鱼。

从上述断定能得出以下哪项结论？

Ⅰ. 鲦鱼只在长有浮藻的河中才能发现。

Ⅱ. 漠亚河中既没有浮藻，又发现不了鲦鱼。

Ⅲ. 如果在漠亚河中发现了鲦鱼，则其中肯定不会有浮藻。

A. 只有Ⅰ。 B. 只有Ⅱ。
C. 只有Ⅲ。 D. 只有Ⅰ和Ⅱ。
E. Ⅰ、Ⅱ和Ⅲ都不是。

## 4  2001MBA-64

林园小区有住户家中发现了白蚁。除非小区中有住户家中发现白蚁，否则任何小区都不能免费领取高效杀蚁灵。静园小区可以免费领取高效杀蚁灵。

如果上述断定都真，则以下哪项据此不能断定真假？

Ⅰ. 林园小区有的住户家中没有发现白蚁。

Ⅱ. 林园小区能免费领取高效杀蚁灵。

Ⅲ. 静园小区的住户家中都发现了白蚁。

A. 只有Ⅰ。 B. 只有Ⅱ。
C. 只有Ⅲ。 D. 只有Ⅱ和Ⅲ。
E. Ⅰ、Ⅱ和Ⅲ。

## 5  2002MBA-16

在微波炉清洁剂中加入漂白剂，就会释放出氯气；在浴盆清洁剂中加入漂白剂，也会释放出氯气；在排烟机清洁剂中加入漂白剂，没有释放出任何气体。现有一种未知类型的清洁剂，加入漂白剂后，没有释放出氯气。

根据上述实验，以下哪项关于这种未知类型的清洁剂的断定一定为真？

Ⅰ. 它是排烟机清洁剂。

Ⅱ. 它既不是微波炉清洁剂，也不是浴盆清洁剂。

Ⅲ. 它要么是排烟机清洁剂，要么是微波炉清洁剂或浴盆清洁剂。

A. 仅Ⅰ。 B. 仅Ⅱ。

C. 仅Ⅲ。 D. 仅Ⅰ和Ⅱ。
E. Ⅰ、Ⅱ和Ⅲ。

### 6  2002MBA-52

一本小说要畅销，必须有可读性；一本小说，只有深刻触及社会的敏感点，才能有可读性；而一个作者如果不深入生活，他的作品就不可能深刻触及社会的敏感点。

以下哪项结论可以从题干的断定中推出？

Ⅰ. 一个畅销小说作者，不可能不深入生活。
Ⅱ. 一本不触及社会敏感点的小说，不可能畅销。
Ⅲ. 一本不具有可读性的小说的作者，一定没有深入生活。

A. 只有Ⅰ。 B. 只有Ⅱ。
C. 只有Ⅲ。 D. 只有Ⅰ和Ⅱ。
E. Ⅰ、Ⅱ和Ⅲ。

### 7  2002GRK-42

法官：原告提出的所有证据，不足以说明被告的行为已构成犯罪。

如果法官的上述断定为真，则以下哪项相关断定也一定为真？

Ⅰ. 原告提出的证据中，至少没包括这样一个证据，有了它，足以断定被告有罪。
Ⅱ. 原告提出的证据中，至少没包括这样一个证据，没有它，不足以断定被告有罪。
Ⅲ. 原告提出的证据中，至少有一个与事实不符。

A. 只有Ⅰ。 B. 只有Ⅱ。
C. 只有Ⅲ。 D. 只有Ⅰ、Ⅱ。
E. Ⅰ、Ⅱ和Ⅲ。

### 8  2003MBA-41

宏达汽车公司生产的小轿车都安装了驾驶员安全气囊。在安装驾驶员安全气囊的小轿车中，有50%的安装了乘客安全气囊。只有安装乘客安全气囊的小轿车才会同时安装减轻冲击力的安全杠和防碎玻璃。

如果上述判定为真，并且事实上李先生从宏达汽车公司购进一辆小轿车中装有防碎玻璃，则以下哪项一定为真？

Ⅰ. 这辆车一定装有安全杠。
Ⅱ. 这辆车一定装有乘客安全气囊。
Ⅲ. 这辆车一定装有驾驶员安全气囊。

A. 只有Ⅰ。 B. 只有Ⅱ。
C. 只有Ⅲ。 D. 只有Ⅰ和Ⅱ。
E. Ⅰ、Ⅱ和Ⅲ。

### 9  2003GRK-44

一项产品要成功占领市场，必须既有合格的质量，又有必要的包装；一项产品，不具备足够的技术投入，合格的质量和必要的包装难以两全；而只有足够的资金投入，才能保证足够的技术投入。

以下哪项结论可以从题干的断定中推出？

Ⅰ. 一项成功占领市场的产品，其中不可能不包含足够的技术投入。
Ⅱ. 一项资金投入不足但质量合格的产品，一定缺少必要的包装。
Ⅲ. 一项产品，只要既有合格的质量，又有必要的包装，就一定能成功占领市场。

A. 只有Ⅰ。 B. 只有Ⅱ。
C. 只有Ⅲ。 D. 只有Ⅰ和Ⅱ。
E. Ⅰ、Ⅱ和Ⅲ。

### 10  2003GRK-57

在20世纪30年代，人们已经发现了一种有绿色和褐色纤维的棉花。但是，直到最近培育出此种棉花的长纤维品种后，它们才具备了机纺的条件，才具有了商业价值。由于此种棉花不需要染色，加工企业就省去了染色的开销，并且避免了由染色工艺流程带来的环境污染。

从题干可以推出以下哪个结论？

Ⅰ. 只能手纺的绿色或褐色纤维棉花不具有商业价值。
Ⅱ. 短纤维的绿色或褐色纤维棉花只能手纺。
Ⅲ. 在棉花加工中如果省去了染色就可以避免造成环境污染。

A. 只有Ⅰ。 B. 只有Ⅱ。
C. 只有Ⅰ和Ⅱ。 D. 只有Ⅰ和Ⅲ。
E. Ⅰ、Ⅱ和Ⅲ。

### 11  2004MBA-43

环宇公司规定，其所属的各营业分公司，如果年营业额超过800万元的，其职员可获得优秀奖；只有年营业额超过600万元的，其职员才能获得激励奖。年终统计显示，该公司所属的12个分公司中，6个年营业额超过了1 000万元，其余的则不足600万元。

如果上述断定为真，则以下哪项关于该公司今年获奖情况的断定一定为真？

Ⅰ. 获得激励奖的职员，一定获得优秀奖。
Ⅱ. 获得优秀奖的职员，一定获得激励奖。
Ⅲ. 半数职员获得了优秀奖。

A. 仅Ⅰ。 B. 仅Ⅱ。
C. 仅Ⅲ。 D. 仅Ⅰ和Ⅱ。
E. Ⅰ、Ⅱ和Ⅲ。

### 12  2005MBA-49

19世纪前，技术、科学发展相对独立。而19世纪的电气革命，是建立在科学基础上的技术创新，它不可避免地导致了两者的结合与发展，而这又使人类不可避免地面对尖锐的伦理道德问题和资源环境问题。

以下哪项符合题干的断定？

Ⅰ. 产生当今尖锐的伦理道德问题和资源环境问题的一个重要根源是电气革命。
Ⅱ. 如果没有电气革命，则不会产生当今尖锐的伦理道德问题和资源环境问题。
Ⅲ. 如果没有科学与技术的结合，就不会有电气革命。

A. 只有Ⅰ。 B. 只有Ⅱ。
C. 只有Ⅲ。 D. 只有Ⅰ和Ⅲ。
E. Ⅰ、Ⅱ和Ⅲ。

### 13  2008MBA-36

东山市威达建材广场每家商场的门边都设有垃圾桶。这些垃圾桶的颜色是绿色或红色。

如果上述断定为真，则以下哪项一定为真？

Ⅰ. 东山市有一些垃圾桶是绿色的。
Ⅱ. 如果东山市的一家商店门边没有垃圾桶，那么这家商店不在威达建材广场。

Ⅲ．如果东山市的一家商店门边有一个红色垃圾桶，那么这家商店是在威达建材广场。
   A．只有Ⅰ。　　　　　　　　　　　　B．只有Ⅱ。
   C．只有Ⅰ和Ⅱ。　　　　　　　　　　D．只有Ⅰ和Ⅲ。
   E．Ⅰ、Ⅱ和Ⅲ。

### 14　2009MBA-28

除非年龄在50岁以下，并且能持续游泳三千米以上，否则不能参加下个月举行的花样横渡长江活动。同时，高血压和心脏病患者不能参加。老黄能持续游泳三千米以上，但没被批准参加这项活动。

以上断定能推出以下哪项结论？

Ⅰ．老黄的年龄至少50岁。
Ⅱ．老黄患有高血压。
Ⅲ．老黄患有心脏病。
   A．只有Ⅰ。　　　　　　　　　　　　B．只有Ⅱ。
   C．只有Ⅲ。　　　　　　　　　　　　D．Ⅰ、Ⅱ和Ⅲ至少一个。
   E．Ⅰ、Ⅱ、Ⅲ都不能从题干推出。

### 15　2009MBA-42

如果一个学校的大多数学生都具备足够的文学欣赏水平和道德自律意识，那么，像《红粉梦》和《演艺十八钗》这样的出版物就不可能成为在该校学生中销售最多的书。去年在H学院的学生中，《演艺十八钗》的销售量仅次于《红粉梦》。

如果上述断定为真，则以下哪项一定为真？

Ⅰ．去年H学院的大多数学生都购买了《红粉梦》或《演艺十八钗》。
Ⅱ．H学院的大多数学生既不具备足够的文学欣赏水平，也不具备足够的道德自律意识。
Ⅲ．H学院至少有些学生不具备足够的文学欣赏水平，或者不具备足够的道德自律意识。
   A．只有Ⅰ。　　　　　　　　　　　　B．只有Ⅱ。
   C．只有Ⅲ。　　　　　　　　　　　　D．只有Ⅱ和Ⅲ。
   E．Ⅰ、Ⅱ和Ⅲ。

### 16　2009GRK-33

在欧洲历史中封建主义这一概念在出现时首先假设了贵族阶级的存在。但是除非贵族的封号和世袭地位受到法律的确认，否则，严格意义上的贵族阶级就不可能存在。虽然欧洲的封建主义早在8世纪就存在，但是，直到12世纪，贵族世袭才开始受到法律确认。而到了12世纪，不少欧洲国家的封建制度已走向衰弱。

如果上述断定为真，则以下哪项一定为真？

Ⅰ．在欧洲历史上，封建主义这一概念存在不同定义。
Ⅱ．如果一个国家通过法律确认贵族的封号和世袭地位，则这个国家一定存在严格意义上的贵族阶级。
Ⅲ．封建国家中可能不存在严格意义上的贵族阶级。
   A．只有Ⅰ。
   B．只有Ⅱ。
   C．只有Ⅲ。
   D．只有Ⅰ和Ⅲ。
   E．Ⅰ、Ⅱ和Ⅲ。

## 答案与解析

### 1. 正确答案：B

题干条件关系式为：

(1) 广←非理睬

(2) 广→付

(3) 付→发

每一个不理睬通货膨胀影响的人，根据（1）式，那么肯定是住在广江市的人；再由（2）式，住在广江市的人都要付税，所以每一个不理睬通货膨胀影响的人都要付税。所以Ⅰ项为真。

根据（3）式，不发牢骚的人，那么肯定是不付税的人；再由（2）式，不付税的人肯定没有住在广江市；再由（1）式，没有住在广江市，那么根据题干，一定不能够不理睬通货膨胀的影响。所以Ⅱ项为真。

根据（3）式，每一个发牢骚的人是否要付税，是不知道的；根据题干条件关系式，逆推是推不出的，因此，Ⅲ项不一定为真。

### 2. 正确答案：A

题干条件关系式为：

(1) 新产品打开了销路→转亏为盈

(2) 引进新的生产线∨对现有设备实行有效的改造←新产品才能打开销路

既然题干断定，本企业今年没能实现转亏为盈，由条件（1）的逆否命题，可以必然推出：新产品没能打开销路。因此Ⅰ项一定真。

根据"新产品没能打开销路"，由条件（2），不能确定是否"引进新的生产线"，也不能确定是否"对现有设备实行有效的改造"，因此，Ⅱ和Ⅲ不一定是真的。

### 3. 正确答案：E

题干断定：大嘴鲈鱼→鲦鱼∧浮藻

有鲦鱼出现和长有浮藻是大嘴鲈鱼出现的必要条件，由此推不出：（河中）长有浮藻是鲦鱼出现的必要条件。因此，Ⅰ不能由题干推出。

据题干断定的条件关系，由漠亚河中有大嘴鲈鱼，可推出漠亚河中既有浮藻，又有鲦鱼；但由漠亚河中没有大嘴鲈鱼，不能推出漠亚河中既没有浮藻，又发现不了鲦鱼。因此，Ⅱ不能从题干推出。

根据题干推理，鲦鱼和浮藻的关系是得不到的，Ⅲ显然不能从题干推出。

### 4. 正确答案：E

题干作出了三个断定：

断定一：林园小区有住户家中发现了白蚁。

断定二：小区中有住户家中发现白蚁←该小区免费领取高效杀蚁灵。

断定三：静园小区可以免费领取高效杀蚁灵。

断定一是Ⅰ判断，由Ⅰ判断为真不能确定O判断的真假，因此，不能断定Ⅰ的真假。

因为断定二断定的是必要条件关系，由断定一和断定二这两个断定的真，不能断定Ⅱ的真假。

由断定二和断定三，可推出"静园小区有住户家中发现白蚁"真，但由Ⅰ判断为真不能确定A判断的真假，因此，不能确定Ⅲ的真假。

### 5. 正确答案：B

题干断定了四个条件：

(1) 在微波炉清洁剂中加入漂白剂，会释放出氯气；

(2) 在浴盆清洁剂中加入漂白剂，会释放出氯气；

(3) 在排烟机清洁剂中加入漂白剂，没有释放出任何气体；

(4) 一种未知类型的清洁剂，加入漂白剂后，没有释放出氯气。

由（1）和（4），可推出该清洁剂不是微波炉清洁剂。

由（2）和（4），可推出该清洁剂不是浴盆清洁剂。

因此，由题干可推出：该清洁剂既不是微波炉清洁剂，也不是浴盆清洁剂。这正是Ⅱ所断定的。Ⅰ、Ⅲ均不一定为真。

### 6. 正确答案：D

题干作出了如下的断定：

(1) 畅销→有可读性；

(2) 触及敏感点←有可读性；

(3) ¬深入生活→¬触及敏感点。

由上述三式可得：畅销→有可读性→触及敏感点→深入生活

即：如果一本小说畅销，那么其作者一定深入生活。因此Ⅰ能从题干推出。

由（1）（2）作逆否命题可得：¬触及敏感点→¬有可读性→¬畅销

即：如果一本小说不触及社会敏感点，那么它不可能畅销。因此Ⅱ能从题干推出。

Ⅲ不能由题干推出。

### 7. 正确答案：A

法官的意思是，原告提出的所有证据不是断定被告犯罪的充分条件。

假设Ⅰ项为假，即原告提出的证据中，包括这样一个证据，有了它，足以断定被告有罪，则法官的断定就不成立。这说明，如果法官的断定为真，则Ⅰ项一定为真。

假设Ⅱ项为假，即原告提出的论据中，包括这样一个证据，没有它，不足以断定被告有罪，但有了它，并不足以断定被告有罪。在这种假设下，Ⅱ项为假，但法官的断定仍然成立。这说明，如果法官的断定为真，Ⅱ项不一定为真。

Ⅲ项也不一定为真。因为原告提出的所有证据完全可能都符合事实，但不足以说明被告的行为已构成犯罪。

### 8. 正确答案：C

题干断定两个条件：

条件一：宏达公司生产的小轿车→安装了驾驶员安全气囊。

条件二：安装乘客安全气囊的小轿车←同时安装安全杠和防碎玻璃。

转换条件二可得，同时安装安全杠和防碎玻璃的小轿车，一定安装了乘客安全气囊。

事实：李先生从宏达汽车公司购进一辆小轿车中装有防碎玻璃。

由条件一，我们可以得出：一定安装了驾驶员安全气囊。

由条件二，我们不能肯定得出安装安全杠。

因此，C为正确答案。

### 9. 正确答案：D

题干论述：既有合格的质量，又有必要的包装是占领市场的必要条件；足够的技术投入是合格的质量和必要的包装同时出现的必要条件；足够的资金投入是足够的技术投入的必要条件。从而列出以下条件关系式：

（1）占→质且包
（2）非技→非（质且包）　　等价于：技←质且包
（3）资←技　　　　　　　　等价于：非资→非技

由（1）（2）可得到：一项成功占领市场的产品，一定包含足够的技术投入，Ⅰ正确。

由（2）（3）可得到：非资→非技→非（质且包），就是说在资金投入不足的情况下合格的质量和必要的包装不能同时出现，现在没有了足够的资金投入而有合格的质量，那么必要的包装一定不会出现，Ⅱ正确。

由（1），其逆命题不一定成立，Ⅲ未必为真。

因此，正确答案为 D。

**10. 正确答案：C**

题干断定：第一，长纤维是棉花能机纺的必要条件；第二，能机纺是棉花具有商业价值的必要条件。

根据第二个必要条件可推出：只能手纺（不能机纺）的棉花没有商业价值，Ⅰ正确。

根据第一个必要条件可推出：短纤维（不是长纤维）的棉花只能手纺（不能机纺），Ⅱ正确。

不染色可以避免染色工艺流程带来的环境污染，但未必能避免棉花加工造成的所有的环境污染，Ⅲ的说法过于绝对，不能从题干推出。

**11. 正确答案：A**

题干推理关系为：

（1）超过 800 万元→优秀奖（如果年营业额超过 800 万元的，其职员可获得优秀奖）。

（2）超过 600 万元←激励奖（只有年营业额超过 600 万元的，其职员才能获得激励奖）。

（3）超过 600 万元↔超过 800 万元（该公司所属的 12 个分公司中，6 个超过 1 000 万元，其余的不足 600 万元，说明"超过 600 万元的公司"与"超过 800 万元的公司"是等同的）。

得到激励奖的，由（2）知，一定是超过 600 万元的；再由（3）知，也一定超过 800 万元；进一步由（1）得到，一定获得优秀奖；所以，获得激励奖的职员一定获得优秀奖，Ⅰ正确。

由上述三个条件关系式联立，得到："优秀奖←激励奖"，获得优秀奖是获得激励奖的必要条件而不是充分条件，所以获得优秀奖的职员未必获得激励奖，Ⅱ不一定正确。

分公司数量的半数和职员数量的半数不是同一个概念，Ⅲ不一定正确。

**12. 正确答案：D**

题干的推理是：

电气革命→科学与技术的结合与发展→尖锐的伦理道德问题和资源环境问题。

从题干可知，电气革命是尖锐的伦理道德问题和资源环境问题的充分条件，因此，产生当今尖锐的伦理道德问题和资源环境问题的一个重要根源是电气革命，即Ⅰ项成立。

由题干知，"电气革命"是"尖锐的伦理道德问题和资源环境问题"的充分条件，但并不是必要条件，因此，Ⅱ项不能从题干推出。

由题干知，"电气革命"是"科学与技术的结合"的充分条件，即"科学与技术的结合"是"电气革命"的必要条件，因此，Ⅲ项成立。

**13. 正确答案：B**

题干条件关系为：

（1）东山市威达建材广场的商场→门边设有垃圾桶

（2）东山市威达建材广场每家商场门边的垃圾桶→绿色∨红色

由"p 或者 q"真，既推不出 p 真，也推不出 q 真；所以由（2）式知，Ⅰ不能确定其真假。如果东山市所有垃圾桶都是红色的，并不违反题干的条件。

由（1）式的逆否命题，可知Ⅱ一定真。

由于充分条件假言推理肯定后件式是无效的，所以由（2）式不能确定Ⅲ的真假。

### 14. 正确答案：E

根据题干断定，可知：

(1) 年龄50岁以下∧能持续游三千米以上←能参加横渡长江活动

(2) ¬高血压患者∧¬心脏病患者←能参加横渡长江活动

题干给出了"能参加横渡长江活动"的一些必要条件，现在由"不能参加横渡长江活动"，推不出有关必要条件的信息。

因此，Ⅰ、Ⅱ、Ⅲ项都不能确定，正确答案为E。

### 15. 正确答案：C

题干断定：

(1) 学校的大多数学生都具备足够的文学欣赏水平和道德自律意识→《红粉梦》和《演艺十八钗》不可能成为在该校学生中销售最多的书。

(2) 在H学院《演艺十八钗》的销量仅次于《红粉梦》的销量。

根据题干断定（2），推不出Ⅰ项。

根据题干两个断定，可推出结论：

并非"H学院的大多数学生都具备足够的文学欣赏水平和道德自律意识"

＝H学院至少有些学生不具备足够的文学欣赏水平，或者不具备足够的道德自律意识

即Ⅲ项成立，Ⅱ项不成立。因此，C为正确答案。

### 16. 正确答案：D

题干断定：

(1) 封建主义最初的概念→贵族阶级存在

(2) ¬贵族世袭受到法律确认→¬贵族阶级存在

(3) 欧洲在8世纪的封建主义：¬贵族世袭受到法律确认

由上述三个条件联立，可得：欧洲在8世纪的封建主义不是封建主义最初的概念。因此，Ⅰ项一定为真。

由（2）（3）联立，可得：欧洲在8世纪的封建主义国家贵族阶级不存在，因此，封建国家中可能不存在严格意义上的贵族阶级。即Ⅲ项一定为真。

题干第（2）个条件表明："法律确认贵族的封号和世袭地位"是"存在严格意义上的贵族阶级"的必要条件而非充分条件，因此，Ⅱ项从题干推不出。

## 6.5 补充前提

在日常论证中，前提时常被省略，省略的前提就是隐含的假设。要对论证的有效性作出评估，必须揭示出被省略的前提，即隐含的假设。

揭示复合命题演绎推理的隐含假设（省略前提）的主要步骤如下：

### 1. 抓住结论和前提

按原文的顺序陈述依次对前提和结论作出准确的理解，分别列出条件关系式。

### 2. 揭示省略前提

依据合理性原则，凭语感揭示出被省略的前提。

### 3. 检验推理的有效性

把省略的前提补充进去，并作适当的整理，将推理恢复成标准形式，根据复合命题的演绎推理规则检验上述推理是否有效。当省略的前提条件为真时，结论就必然会被推出。

备注：

补充前提型题属于自下而上的推理题，主要是指假设题，也包括少量的支持题和削弱题。

（1）支持题（加强题型）的特点是，从题干前提得不出结论，所以需要补充前提来支持结论。解题关键是要抓住结论，再补充一个省略的前提。这类题往往是大前提把充分或必要条件搞反了。

（2）削弱题。解题关键是直接针对结论，正确选项就是结论的负命题。

**1  2001GRK－42**

所有切实关心教员福利的校长，都被证明是管理得法的校长；而切实关心教员福利的校长，都首先把注意力放在解决中青年教员的住房上。因此，那些不首先把注意力放在解决中青年教员住房上的校长，都不是管理得法的校长。

为使上述论证成立，以下哪项必须为真？

A. 中青年教员的住房问题，是教员的福利中最为突出的问题。

B. 所有管理得法的校长，都是关心教员福利的校长。

C. 中青年教员的比例，近年来普遍有了大的增长。

D. 所有首先把注意力放在解决中青年教员住房上的校长，都是管理得法的校长。

E. 老年教员普遍对自己的住房比较满意。

**2  2003MBA－35**

一个足球教练这样教导他的队员："足球比赛从来是以结果论英雄。在足球比赛中，你不是赢家就是输家；在球迷的眼里，你要么是勇敢者，要么是懦弱者。由于所有的赢家在球迷眼里都是勇敢者，所以每个输家在球迷眼里都是懦弱者。"

为使上述足球教练的论证成立，以下哪项是必须假设的？

A. 在球迷们看来，球场上勇敢者必胜。

B. 球迷具有区分勇敢和懦弱的准确判断力。

C. 球迷眼中的勇敢者，不一定是真正的勇敢者。

D. 即使在球场上，输赢也不是区别勇敢者和懦弱者的唯一标准。

E. 在足球比赛中，赢家一定是勇敢者。

**3  2005MBA－53**

要杜绝令人深恶痛绝的"黑哨"，必须对其课以罚款，或者永久性地取消"黑哨"的裁判资格，或者直至追究其刑事责任。事实证明，罚款的手段在这里难以完全奏效，因为在一些大型赛事中，高额的贿金往往足以抵消罚款的损失。因此，如果不永久性地取消"黑哨"的裁判资格，就不可能杜绝令人深恶痛绝的"黑哨"现象。

以下哪项是上述论证最可能的假设？

A. 一个被追究刑事责任的"黑哨"必定被永久性地取消裁判资格。

B. 大型赛事中对裁判的贿金没有上限。

C. "黑哨"是一种职务犯罪，本身已触犯法律。

D. 对"黑哨"的罚金不可能没有上限。

E. "黑哨"现象只出现在大型赛事中。

**4** 2007GRK-45

以一般读者为对象的评价建筑作品的著作，应当包括对建筑作品两方面的评价，一是实用价值，二是审美价值，否则就是有缺陷的。摩顿评价意大利巴洛克宫殿的专著，详细地分析评价了这些宫殿的实用功能，但是没能指出，这些宫殿，特别是它们的极具特色的拱顶，是西方艺术的杰作。

假设以下哪项，能从上述断定得出结论：摩顿的上述专著是有缺陷的？

A. 摩顿对巴洛克宫殿实用功能的评价比较客观。
B. 除了实用价值和审美价值以外，摩顿的上述专著没有从其他方面对巴洛克宫殿作出评价。
C. 摩顿的上述专著以一般读者为对象。
D. 摩顿的上述专著是他的主要代表作。
E. 有些读者只关心建筑作品的审美价值，不关心其实用价值。

**5** 2009MBA-45

肖群一周工作五天，除非这周内有法定休假日。除了周五在志愿者协会，其余四天肖群都在大平保险公司上班。上周没有法定休假日。因此，上周的周一、周二、周三和周四肖群一定在大平保险公司上班。

以下哪项是上述论证所假设的？

A. 一周内不可能出现两天以上的法定休假日。
B. 大平保险公司实行每周四天工作日制度。
C. 上周的周六和周日肖群没有上班。
D. 肖群在志愿者协会的工作与保险业有关。
E. 肖群是个称职的雇员。

**6** 2014GRK-32

如果马来西亚航空公司的客机没有发生故障，也没有被恐怖组织劫持，那就一定是被导弹击落了。如果客机被导弹击落，一定会被卫星发现。如果卫星发现客机被导弹击落，一定会向媒体公布。

如果要得到"飞机被恐怖组织劫持了"这一结论，需要补充以下哪项？

A. 客机没有被导弹击落。
B. 没有导弹击落客机的报道，客机也没有发生故障。
C. 客机没有发生故障。
D. 客机发生了故障，没有导弹击落客机。
E. 客机没有发生故障，卫星发现客机被导弹击落。

**7** 2014GRK-50

只要这个社会中继续有骗子存在并且某些人心中有贪念，那么就一定有人会被骗。因此，如果社会进步到了没有一个人被骗，那么在该社会中的人们必定普遍地消除了贪念。

以下哪项最能支持上述论证？

A. 贪念越大越容易被骗。
B. 社会进步了，骗子也就不复存在了。
C. 随着社会的进步，人的素质将普遍提高，贪念也将逐渐被消除。
D. 不管在什么社会，骗子总是存在的。
E. 骗子的骗术就在于巧妙地利用了人们的贪念。

### 8  2018MBA-38

某学期学校新开设 4 门课程："《诗经》鉴赏""老子研究""唐诗鉴赏""宋词选读"。李晓明、陈文静、赵珊珊和庄志达 4 人各选修了其中一门课程。已知：
（1）他们 4 人选修的课程各不相同。
（2）喜爱诗词的赵珊珊选修的是诗词类课程。
（3）李晓明选修的不是"《诗经》鉴赏"就是"唐诗鉴赏"。

以下哪项如果为真，就能确定赵珊珊选修的是"宋词选读"？
A. 庄志达选修的不是"宋词选读"。
B. 庄志达选修的是"老子研究"。
C. 庄志达选修的不是"老子研究"。
D. 庄志达选修的是"《诗经》鉴赏"。
E. 庄志达选修的不是"《诗经》鉴赏"。

# 答案与解析

1. **正确答案：B**

题干推理关系如下：
前提一：关心教员福利的校长→管理得法的校长
前提二：关心教员福利的校长→解决中青年教员的住房
结　论：¬解决中青年教员的住房→¬管理得法的校长
由前提二作逆否命题，得：¬解决中青年教员的住房→¬关心教员福利的校长
再由前提一推不出结论。要使结论成立，必须满足：
¬关心教员福利的校长→¬管理得法的校长
等价于：管理得法的校长→关心教员福利的校长
即：所有管理得法的校长，都是关心教员福利的校长。
因此，为使上述论证成立，B 项必须为真。

2. **正确答案：A**

题干条件为：赢→勇
结论为：¬赢（输）→¬勇（懦）
所以从题干条件得不出结论，要使题干结论成立，必须假设条件：勇→赢，故选 A。
足球教练的结论是"每个输家在球迷眼里都是懦弱者"。根据足球教练的论证所依据的条件，这一结论的成立不依赖于球迷判断力的准确性，也不依赖于赢家或输家事实上是否为勇敢者或懦弱者，因此，其余各项均不是必须假设的。

3. **正确答案：A**

题干前提一：要杜绝黑哨，必须课以罚款，或者永久性地取消其裁判资格，或者追究其刑事责任。
可表示为：杜→罚∨取∨刑
其等价的逆否命题为：¬罚∧¬取∧¬刑→¬杜　　（1）
即：如果不罚款，不取消其裁判资格，并且不追究其刑事责任，就不能杜绝黑哨。
题干前提二：罚款难以完全奏效。
可表示为：罚∧¬取∧¬刑→¬杜　　（2）
意思是，如果只罚款，而不取消其裁判资格，并且不追究刑事责任，就不能杜绝黑哨。

由上述两个前提可得：¬取∧¬刑→¬杜 （3）

意思是，不管罚不罚款，如果不取消其裁判资格，并且不追究刑事责任，就不能杜绝黑哨。

题干的结论是：如果不永久性地取消黑哨的裁判资格，就不能杜绝黑哨。

可表示为：¬取→¬杜 （4）

综合以上分析，题干论证就是，由（3）式为前提得出（4）式这一结论。

要保证这一论证成立，必须增加附加条件：¬取→¬刑

等价于：一个被追究刑事责任的"黑哨"必定被永久性地取消裁判资格。即是 A 项，依据这一条件，可得：如果不永久性地取消其裁判资格，就不可能追究其刑事责任，因此，就不能杜绝黑哨。

从题干看出，本题存在条件关系，其假设必然要联结前提的条件关系式与结论的条件关系式，而其余选项都起不到这个作用，均为无关项。

### 4. 正确答案：C

题干陈述的意思是：

第一，对以一般读者为对象的评价建筑作品的著作来说，如果没有同时评价实用价值与审美价值，那么就是有缺陷的。

第二，摩顿的专著评价了意大利巴洛克宫殿的实用价值，但没有评价其审美价值。

可用条件关系表达如下：

前提之一：(以一般读者为对象∧评价建筑作品) ∧没有同时评价实用价值与审美价值→有缺陷。

前提之二：评价建筑作品∧没有评价审美价值→有缺陷。

补充 C 项：摩顿的上述专著以一般读者为对象。

得出结论：摩顿的上述专著是有缺陷的。

### 5. 正确答案：C

前提之一：肖群一周工作五天，除非这周内有法定休假日。

前提之二：上周没有法定休假日。

由此推出：肖群上周工作五天。

前提之三：除了周五在志愿者协会，其余四天肖群都在大平保险公司上班。

从而推出：上周除了周五外，另有四天肖群都在大平保险公司上班。

补充 C 项：上周的周六和周日肖群没有上班。

得出结论：上周的周一、周二、周三和周四肖群一定在大平保险公司上班。

### 6. 正确答案：B

题干断定：

(1) 没有发生故障∧没有被恐怖组织劫持→被导弹击落

(2) 被导弹击落→卫星发现

(3) 卫星发现→媒体公布（报道）

先后联立（3）（2）（1）式，得：

¬报道→¬卫星发现→¬被导弹击落→发生故障∨被恐怖组织劫持

整理出题干条件：¬报道→发生故障∨被恐怖组织劫持

补充 B 项：¬报道∧¬发生故障

推出结论：被恐怖组织劫持。

**7. 正确答案：D**

题干断定：骗子∧贪念→被骗

其等价的逆否命题是：¬骗子∨¬贪念←¬被骗

增加前提：¬被骗

推出结论：¬骗子∨¬贪念

补充 D 项：骗子

得出结论：¬贪念

**8. 正确答案：D**

若 D 项为真，即庄志达选修"《诗经》鉴赏"。

结合（3），李晓明就要选"唐诗鉴赏"。

根据（2），赵珊珊选的是诗词类的课程，再结合题干，诗词类课程包括"《诗经》鉴赏""唐诗鉴赏""宋词选读"。再结合（1），他们选修的课程各不相同。

那么，赵珊珊选修的只能是"宋词选读"。

## 6.6　结构比较

复合命题推理的结构比较题指的是推理形式上的相似比较，该类题型主要从形式结构上比较题干和选项之间的相同或不同。解题思路如下：

（1）抽象思维。从具体的、有内容的陈述中抽象出命题逻辑的形式结构。

（2）忽略内容。做这类题型时无须关注题干推理结构是否正确以及内容是否真实，关键是要找到一个类似结构的选项。

（3）相似比较。比较诸选项的形式结构，根据问题要求，找出形式结构上与题干中类似或不类似的选项。

### 1  2000MBA-67

法制的健全或者执政者强有力的社会控制能力，是维持一个国家社会稳定的必不可少的条件。Y 国社会稳定但法制尚不健全。因此，Y 国的执政者具有强有力的社会控制能力。

以下哪项论证方式和题干的最为类似？

A. 一个影视作品，要想有高的收视率或票房价值，作品本身的质量和必要的包装宣传缺一不可。电影《青楼月》上映以来票房价值不佳但实际上质量堪称上乘。因此，看来它缺少必要的广告宣传和媒介炒作。

B. 必须有超常业绩或者 30 年以上服务于本公司的工龄的雇员，才有资格获得 X 公司本年度的特殊津贴。黄先生获得了本年度的特殊津贴但在本公司仅供职 5 年，因此他一定有超常业绩。

C. 如果既经营无方又铺张浪费，则一个公司将严重亏损。Z 公司虽经营无方但并没有严重亏损，这说明它至少没有铺张浪费。

D. 一个罪犯要实施犯罪，必须既有作案动机，又有作案时间。在某案中，W 先生有作案动机但无作案时间。因此，W 先生不是该案的作案者。

E. 一个论证不能成立，当且仅当，或者它的论据虚假，或者它的推理错误。J 女士在科学年会上关于她的发现之科学价值的论证尽管逻辑严密，推理无误，但还是被认定不能成立。因此，她的论证中至少有部分论据虚假。

上篇　演绎推理

### 2　2000GRK-50

对冲基金每年提供给它的投资者的回报从来都不少于25%。因此，如果这个基金每年最多只能给我们20%的回报，它就一定不是一个对冲基金。

以下哪项的推理方法与上文相同？

A. 好的演员从来都不会因为自己的一点进步而沾沾自喜，谦虚的黄升一直注意不以点滴的成功而自傲，看来，黄升就是个好演员。

B. 移动电话的话费一般比普通电话贵。如果移动电话和普通电话都在身边时，我们选择了普通电话，那就体现了节约的美德。

C. 如果一个公司在遇到像亚洲金融危机这样的挑战的时候还能够保持良好的增长势头，那么在危机过后就会更红火。秉东电信公司今年在金融危机中没有退步，所以明年会更旺。

D. 一个成熟的学校在一批老教授离开自己的工作岗位后，应当有一批年轻的学术人才脱颖而出，勇挑大梁。华成大学去年一批教授退休后，大批年轻骨干纷纷外流，一时间群龙无首，看来华成大学还算不上是一个成熟的学校。

E. 练习武功有恒心的人一定会每天早上五点起床，练上半小时。今天武钢早上五点起床后，一口气练了一个小时，我看武钢是个练武功有恒心的好小伙子。

### 3　2001MBA-65

一个产品要想稳固地占领市场，产品本身的质量和产品的售后服务二者缺一不可。空谷牌冰箱质量不错，但售后服务跟不上，因此，很难长期稳固地占领市场。

以下哪项推理的结构和题干的最为类似？

A. 德才兼备是一个领导干部敬职胜任的必要条件。李主任富于才干但疏于品德，因此，他难以敬职胜任。

B. 如果天气晴朗并且风速在三级之下，跳伞训练场将对外开放。今天的天气晴朗但风速在三级以上，所以跳伞训练场不会对外开放。

C. 必须有超常业绩或者教龄在30年以上，才有资格获得教育部颁发的特殊津贴。张教授获得了教育部颁发的特殊津贴但教龄只有15年，因此，他一定有超常业绩。

D. 如果不深入研究广告制作的规律，则所制作的广告知名度和信任度不可兼得。空谷牌冰箱的广告既有知名度又有信任度，因此，这一广告的制作者肯定深入研究了广告制作的规律。

E. 一个罪犯要作案，必须既有作案动机又有作案时间。李某既有作案动机又有作案时间，因此，李某肯定是作案的罪犯。

### 4　2002MBA-51

要选修数理逻辑课，必须已修普通逻辑课，并对数学感兴趣。有些学生虽然对数学感兴趣，但并没修过普通逻辑课，因此，有些对数学感兴趣的学生不能选修数理逻辑课。

以下哪项的逻辑结构与题干的最为类似？

A. 据学校规定，要获得本年度的特设奖学金，必须来自贫困地区，并且成绩优秀。有些本年度特设奖学金的获得者成绩优秀，但并非来自贫困地区，因此，学校评选本年度奖学金的规定并没有得到很好的执行。

B. 一本书要畅销，必须既有可读性，又经过精心的包装。有些畅销书可读性并不大，因此，有些畅销书主要是靠包装。

C. 任何缺乏经常保养的汽车使用了几年之后都需要维修，有些汽车用了很长时间以后还

115

不需要维修,因此,有些汽车经常得到保养。

D. 高级写字楼要值得投资,必须设计新颖,或者能提供大量办公用地。有些新写字楼虽然设计新颖,但不能提供大量的办公用地,因此,有些新写字楼不值得投资。

E. 为初学的骑手训练的马必须强健而且温驯,有些马强健但并不温驯,因此,有些强健的马并不适合于初学的骑手。

**5  2007MBA-41**

在印度发现了一些不平常的陨石,它们的构成元素表明,它们只可能来自水星、金星和火星。由于水星靠太阳最近,它的物质可能被太阳吸引而不可能落到地球上;这些陨石也不可能来自金星,因为金星表面的任何物质都不可能摆脱它和太阳的引力而落到地球上。因此,这些陨石很可能是某次巨大的碰撞后从火星落到地球上的。

上述论证方式和以下哪项最为类似?

A. 这起谋杀或是劫杀,或是仇杀,或是情杀。但作案现场并无财物丢失;死者家庭和睦,夫妻恩爱,并无情人。因此,最大的可能是仇杀。

B. 如果张甲是作案者,那必有作案动机和作案时间。张甲确有作案动机,但没有作案时间。因此,张甲不可能是作案者。

C. 此次飞机失事的原因,或是人为破坏,或是设备故障,或是操作失误。被发现的黑匣子显示,事故原因确实是设备故障。因此,可以排除人为破坏和操作失误。

D. 所有的自然数或是奇数,或是偶数。有的自然数不是奇数,因此,有的自然数是偶数。

E. 任一三角形或是直角三角形,或是钝角三角形,或是锐角三角形。这个三角形有两个内角之和小于 90 度。因此,这个三角形是钝角三角形。

**6  2007GRK-44**

如果在鱼缸里装有电动通风器,鱼缸的水中就有适度的氧气。因此,由于张文的鱼缸中没有安装电动通风器,他的鱼缸的水中一定没有适度的氧气。没有适度的氧气,鱼就不能生存,因此,张文的鱼缸中的鱼不能生存。

上述推理中存在的错误也类似地出现在以下哪项中?

A. 如果把明矾放进泡菜的卤水中,就能去掉泡菜中多余的水分。因此,由于余涌没有把明矾放进泡菜的卤水中,他腌制的泡菜一定有多余的水分。除非去掉多余的水分,否则泡菜就不能保持鲜脆。因此,余涌腌制的泡菜不能保持鲜脆。

B. 如果把胶质放进果酱,就能制成果冻。果酱中如果没有胶质成分,就不能制成果冻。因此,为了制成果冻,王宜必须在果酱中加大胶质成分。

C. 如果贮藏的土豆不接触乙烯,就不会发芽。甜菜不会散发乙烯。因此,如果方宁把土豆和甜菜一起贮藏,他的土豆就不会发芽。

D. 如果存放胡萝卜的地窖做好覆盖,胡萝卜就能在地窖安全过冬。否则,地窖里的胡萝卜就会被冻坏。因此,因为朱勇过冬前对存放胡萝卜的地窖做好了覆盖,所以他的胡萝卜能安全过冬。

E. 如果西红柿不放入冰箱就可能腐烂,腐烂的西红柿不能食用。因此,因为陈波没有把西红柿放入冰箱,他的一些西红柿可能没法食用。

**7  2017MBA-40**

甲:己所不欲,勿施于人。

乙:我反对。己所欲,则施于人。

以下哪项与上述对话方式最为相似?

A. 甲：人非草木，孰能无情？
   乙：我反对。草木无情，但人有情。
B. 甲：人无远虑，必有近忧。
   乙：我反对。人有远虑，亦有近忧。
C. 甲：不入虎穴，焉得虎子？
   乙：我反对。如得虎子，必入虎穴。
D. 甲：人不犯我，我不犯人。
   乙：我反对。人若犯我，我就犯人。
E. 甲：不在其位，不谋其政。
   乙：我反对。在其位，则行其政。

## 8 2018MBA-34

刀不磨要生锈，人不学要落后。所以，如果你不想落后，就应该多磨刀。
以下哪项与上述论证方式最为相似？
A. 金无足赤，人无完人。所以，如果你想做完人，应该有真金。
B. 有志不在年高，无志空活百岁。所以，如果你不想空活百岁，就应该立志。
C. 妆未梳成不见客，不到火候不揭锅。所以，如果揭了锅，就应该是到了火候。
D. 兵在精而不在多，将在谋而不在勇。所以，如果想获胜，就应该兵精将勇。
E. 马无夜草不肥，人无横财不富。所以，如果你想富，就应该让马多吃夜草。

## 9 2020MBA-30

考生若考试通过并且体检合格，则将被录取。因此，如果李铭考试通过，但未被录取，那么他一定体检不合格。
以下哪项与以上论证方式最为相似？
A. 若明天是节假日并且天气晴朗，则小吴将去爬山。因此，如果小吴未去爬山，那么第二天一定不是节假日或者天气不好。
B. 一个数若能被3整除且能被5整除，则这个数能被15整除。因此，一个数若能被3整除，但不能被5整除，则这个数一定不能被15整除。
C. 甲单位员工若去广州出差并且是单人前往，则均乘坐高铁。因此，甲单位员工小吴如果去广州出差，但未乘坐高铁，那么他一定不是单人前往。
D. 若现在是春天并且雨水充沛，则这里野草丰美。因此，如果这里野草丰美，但雨水不充沛，那么现在一定不是春天。
E. 一壶茶若水质良好且温度适中，则一定茶香四溢。因此，如果这壶茶水质良好且茶香四溢，那么一定温度适中。

## 答案与解析

### 1. 正确答案：B

用P代表"法制的健全"，Q代表"执政者强有力的社会控制能力"，R代表"维持一个国家的社稳"。则题干的论证结构为：只有P或者Q，才R。R并且非P。因此，Q。
A项的结构是：只有P并且Q，才R。非R并且P。因此，非Q。
B项的结构是：只有P或者Q，才R。R并且非Q。因此，P。
C项的结构是：如果P并且Q，则R。P并且非R。因此，非Q。

D 项的结构是：只有 P 并且 Q，才 R。P 并且非 Q。因此，非 R。

E 项的结构是：R，当且仅当 P 或者 Q。非 Q 并且 R。因此，P。

显然，在各选项中，B 项和题干的结构最为类似。

### 2. 正确答案：D

题干断定：如果是对冲基金，那么它每年提供给它的投资者的回报不少于 25%；这个基金每年给它的投资者的回报少于 25%，所以，它就不是一个对冲基金。

这是一个充分条件假言推理的否定后件式，可用符号表示为：如果 p，那么 q；非 q，所以非 p。

选项 D 的推理过程为：如果一个大学是成熟的学校，那么它的年轻骨干就不会外流；华成大学的年轻骨干纷纷外流，所以该大学不是一个成熟的学校。

这与题干的推理结构相同。因此，D 为正确答案。

其余选项都与题干推理方法不同，其中：选项 B 不是假言推理；A、C、E 都是充分条件假言推理的肯定后件式，即：如果 p，那么 q；q，所以 p。

### 3. 正确答案：A

题干的推理结构可整理为：

R（占领市场）→P（质量）∧Q（服务），P∧¬Q；因此，¬R。

在诸选项中，只有 A 项具有和题干相同的推理结构。

其余选项都与题干推理结构不同，比如：

B 项推理结构为：P（晴朗）∧Q（风速在三级之下）→R（训练场开放），P∧¬Q；因此，¬R。

可见，天气晴朗并且风速在三级之下是跳伞训练场对外开放的充分条件，而未必是必要条件，与题干推理不吻合。

### 4. 正确答案：E

题干的结构是：如果 p，则（q 并且 r）；r 并且非 q；因此，r 并且非 p。

各选项中，E 项的结构和题干的最为类似。前提是"只有强健而且温驯的马才适合初学的骑手"，这和题干中一样；同样，它通过否定一个联言支：有些马并不温驯，来否定前件，进而否定后件：有些强健的马并不适合于初学的骑手。所以逻辑结构完全一致。

### 5. 正确答案：A

题干论证形式为：或者 P，或者 Q，或者 R；非 P，非 Q；所以 R。

这实际上是我们所用的排除法。其方法是列出各种可能情况构成一选言命题，然后根据所给信息，运用"否定肯定式"排除其他可能，最后得出确定的结论。

各选项中只有 A 项与题干论证形式一致。因此，A 为正确答案。

其余选项与题干论证形式均不同。

### 6. 正确答案：A

题干的错误推理式是：如果 P，那么 Q。因此，如果非 P，那么非 Q。

A 项的推理也犯了与题干同样的错误。

### 7. 正确答案：D

题干推理形式为：甲：¬P（己所不欲）→¬Q（不施于人）；乙：P（己所欲）→Q（施于人）。

D 项推理形式为：甲：¬P（人不犯我）→¬Q（我不犯人）；乙：P（人犯我）→Q（我犯人）。

其余选项都与题干推理形式不相似。其中：

A、B项："但""亦"是"∧"的逻辑关系，与题干的"→"关系不一致，排除。

C项：甲：¬P（不虎穴）→¬Q（不虎子）；乙：Q（虎子）→P（虎穴）。与题干对话形式不一致，排除。

E项："谋其政"与"行其政"概念不一致，排除。

8. **正确答案：E**

题干结构：不P就Q；不R就S。所以，如果不S，就P。

诸选项中，只有E项与题干论证方式最相似（可把"不肥"看成一个整体的概念）。

其他选项均不相似，其中：

A项：金无足赤，人无完人，不包含假言命题推理关系，排除。

B项："有志"和"无志"的对比，与题干论证方式不相似，排除。

C项：不P就Q；不R就S。所以，如果不S，就R。与题干论证方式不相似，排除。

D项：兵在精而不在多，将在谋而不在勇，不包含假言命题推理关系，排除。

9. **正确答案：C**

题干论证方式为反三段论，推理结构为：P（考试通过）∧Q（体检合格）→R（被录取），因此，P（考试通过）∧¬R（未被录取）→¬Q（体检不合格）。

诸选项中，只有C项与题干论证方式一致：P（出差）∧Q（单人）→R（坐高铁），因此，P（出差）∧¬R（未坐高铁），那么，¬Q（不是单人）。

其余选项均与题干论证方式不相似，均予排除。

A项：P∧Q→R，因此，如果¬R，那么，¬P∨¬Q。

B项：P∧Q→R，因此，若P∧¬Q，则¬R。

D项：P∧Q→R，因此，如果R∧¬Q，则¬P。

E项：P∧Q→R，因此，如果P∧R，那么Q。

## 6.7 评价描述

评价描述题主要是要求评价推理是否正确，需要用逻辑的语言来描述给出的推理过程或逻辑错误，或者分析评价选项是否符合题目所给条件。针对命题逻辑的评价描述主要考查两个方面：一是在假言推理中充分条件和必要条件是否运用正确；二是复合命题推理是否有效，即是否符合复合命题的演绎推理规则。

**1 2007GRK-42**

有些被公众认为是坏的行为往往有好的效果。只有产生好的效果，一个行为才是好的行为。因此，有些被公众认为是坏的行为其实是好的行为。

以下哪项最为恰当地概括了上述推理中存在的错误？

A. 不当地假设：如果a是b的必要条件，则a也是b的充分条件。

B. 不当地假设：如果a不是b的必要条件，则a是b的充分条件。

C. 不当地假设：如果a是b的必要条件，则a不是b的充分条件。

D. 不当地假设：任何两个断定之间都存在条件关系。

E. 不当地假设：任何两个断定之间都不存在条件关系。

**2 2008GRK-44**

许多人不了解自己，也不设法去了解自己。这样的人可能想了解别人，但此种愿望肯定是要落空的，因为连自己都不了解的人不可能了解别人。由此可以得出结论：你要了解别人，首先要了解自己。

以下哪项对上述论证的评价最为恰当？

A. 上述论证所运用的推理是成立的。

B. 上述论证有漏洞，因为它把得出某种结果的必要条件当作充分条件。

C. 上述论证有漏洞，因为它不当地假设：每个人都可以了解自己。

D. 上述论证有漏洞，因为它忽视了这种可能性：了解自己比了解别人更困难。

E. 上述论证有漏洞，因为它基于个别性的事实轻率概括出一般性的结论。

### 3  2008GRK－52

临近本科毕业，李明所有已修课程的成绩均是优秀。按照学校规定，如果最后一学期他的课程成绩也都是优秀，就一定可以免试就读研究生。李明最后一学期有一门功课成绩未获得优秀，因此他不能免试就读研究生了。

以下哪项对上述论证的评价最为恰当？

A. 上述论证是成立的。

B. 上述论证有漏洞，因为它忽视了：课程成绩只是衡量学生素质的一个方面。

C. 上述论证有漏洞，因为它忽视了：所陈述的规定有漏洞，会导致理解的歧义。

D. 上述论证有漏洞，因为它把题干所陈述的规定错误地理解为：只要所有学期课程成绩均是优秀，就一定可以免试就读研究生。

E. 上述论证有漏洞，因为它把题干所陈述的规定错误地理解为：只有所有学期课程成绩均是优秀，才可以免试就读研究生。

### 4  2006GRK－38

陈经理今天将乘飞机赶回公司参加上午10点的重要会议。秘书小张告诉王经理：如果陈经理乘坐的飞机航班被取消，那么他就不能按时到达会场。但事实上该航班正点运行，因此，小张得出结论：陈经理能按时到达会场。王经理回答小张："你的前提没错，但推理有缺陷；我的结论是：陈经理最终将不能按时到达会场。"

以下哪项对上述断定的评价最恰当？

A. 王经理对小张的评论是正确的，王经理的结论也由此被强化。

B. 虽然王经理的结论根据不足，但他对小张的评论是正确的。

C. 王经理对小张的评论有缺陷，王经理的结论也由此被弱化。

D. 王经理对小张的评论是正确的，但王经理的结论是错误的。

E. 王经理对小张的评论有偏见，并且王经理的结论根据不足。

# 答案与解析

### 1. 正确答案：A

题干推理为：有些被公众认为是坏的行为往往有好的效果。因此，有些被公众认为是坏的行为其实是好的行为。

在题干的推理中，要从前提得出结论，必须假设：好的效果是好的行为的充分条件。但题干仅断定：好的效果是好的行为的必要条件。

因此，题干推理的错误在于不当地假设：如果 a 是 b 的必要条件，则 a 也是 b 的充分条件。

### 2. 正确答案：A

题干前提为：连自己都不了解的人不可能了解别人。这意味着，"了解自己"是"了解别人"的必要条件。

题干结论为：你要了解别人，首先要了解自己。这意味着，"了解别人"是"了解自己"的充分条件。这与题干前提是等价的。

因此，题干推理是正确的。即 A 项为正确答案。

### 3. 正确答案：E

学校的规定是："最后一学期他的课程成绩也都是优秀"是"可以免试就读研究生"的充分条件。

那么根据"李明最后一学期课程成绩并不都是优秀"，推不出结论：他不能免试就读研究生了。

实际上题干论证的漏洞在于把题干所陈述的规定错误地理解为："最后一学期他的课程成绩都是优秀"是"可以免试就读研究生"的必要条件。因此，E 项正确。

### 4. 正确答案：B

前提一：陈经理的航班被取消→他就不能按时到达会场

前提二：该航班正点运行（即航班没被取消）

充分假言的否定前件式，后件不一定成立，即：陈经理是否能按时到达会场是不一定的。

因此，小张得出"陈经理能按时到达会场"的结论，这个推理是有缺陷的，同时，王经理得出"陈经理最终将不能按时到达会场"的结论，同样是有缺陷的。可见，答案选 B。

D 项是干扰项，不能说王经理的结论一定错误，只能说可能错误，也有可能正确。

## 6.8 推理题组

有关命题逻辑的推理题组就是两到三个题（一般为两个题）基于同一个题干这样的考题。实际上是对题干逻辑关系从不同角度同时考查，能更有效地考查考生是否具备熟练运用命题逻辑的演绎推理能力。

**1** **2004MBA－34～35 题基于以下题干：**

某花店只有从花农那里购得低于正常价格的花，才能以低于市场的价格卖花而获利；除非该花店的销售量很大，否则，不能从花农那里购得低于正常价格的花；要想有大的销售量，该花店就要满足消费者个人兴趣或者拥有特定品种的独家销售权。

34. 如果上述断定为真，则以下哪项必定为真？

A. 如果该花店从花农那里购得低于正常价格的花，那么就会以低于市场的价格卖花而获利。

B. 如果该花店没有以低于市场的价格卖花而获利，则一定没有从花农那里购得低于正常价格的花。

C. 该花店不仅满足了消费者的个人兴趣，而且拥有特定品种的独家销售权，但仍然不能以低于市场的价格卖花而获利。

D. 如果该花店广泛满足了消费者的个人兴趣或者拥有特定品种的独家销售权，那么就会有大的销售量。

E. 如果该花店以低于市场的价格卖花而获利，那么一定是从花农那里购得了低于正常价格的花。

35. 如果上述断定为真，并且事实上该花店没有满足广大消费者的个人兴趣，则以下哪项不可能为真？

A. 如果该花店不拥有特定品种的独家销售权，就不能从花农那里购得低于正常价格的花。

B. 即使该花店拥有特定品种的独家销售权，也不能从花农那里购得低于正常价格的花。
C. 该花店虽然没有拥有特定品种的独家销售权，但仍以低于市场的价格卖花而获利。
D. 该花店通过广告促销的方法获利。
E. 花店以低于市场的价格卖花获利是花市普遍现象。

### 2  2008MBA－31～32题基于以下题干：

只要不起雾，飞机就按时起飞。

31. 以下哪项正确地表达了上述断定？
   Ⅰ. 如果飞机按时起飞，则一定没有起雾。
   Ⅱ. 如果飞机不按时起飞，则一定起雾。
   Ⅲ. 除非起雾，否则飞机按时起飞。
   A. 只有Ⅰ。
   B. 只有Ⅱ。
   C. 只有Ⅲ。
   D. 只有Ⅱ和Ⅲ。
   E. Ⅰ、Ⅱ和Ⅲ。

32. 以下哪项如果为真，说明上述断定不成立？
   Ⅰ. 没起雾，但飞机没按时起飞。
   Ⅱ. 起雾，但飞机仍然按时起飞。
   Ⅲ. 起雾，飞机航班延期。
   A. 只有Ⅰ。
   B. 只有Ⅱ。
   C. 只有Ⅲ。
   D. 只有Ⅱ和Ⅲ。
   E. Ⅰ、Ⅱ和Ⅲ。

### 3  2018MBA－30～31题基于以下题干：

某工厂有一员工宿舍住了甲、乙、丙、丁、戊、己、庚7个人，每人每周需轮流值日一天，且每天仅安排一人值日。他们值日的安排还需满足以下条件：
（1）乙周二或周六值日；
（2）如果甲周一值日，那么丙周三值日且戊周五值日；
（3）如果甲周一不值日，那么己周四值日且庚周五值日；
（4）如果乙周二值日，那么己周六值日。

30. 根据以上条件，如果丙周日值日，则可以得出以下哪项？
   A. 甲周一值日。
   B. 乙周六值日。
   C. 丁周二值日。
   D. 戊周三值日。
   E. 己周五值日。

31. 如果庚周四值日，那么以下哪项一定为假？
   A. 甲周一值日。
   B. 乙周六值日。
   C. 丙周三值日。
   D. 戊周日值日。
   E. 己周二值日。

### 4  2018MBA－47～48题基于以下题干：

一江南园林拟建松、竹、梅、兰、菊5个园子，该园林拟设东、南、北3个门分别位于其中3个园子。这5个园子的布局满足如下条件：
（1）如果东门位于松园或菊园，那么南门不位于竹园；
（2）如果南门不位于竹园，那么北门不位于兰园；
（3）如果菊园在园林的中心，那么它与兰园不相邻；

(4) 兰园与菊园相邻，中间连着一座美丽的廊桥。

47. 根据以上信息，可以得出以下哪项？

A. 兰园不在园林的中心。　　　B. 菊园不在园林的中心。
C. 兰园在园林的中心。　　　　D. 菊园在园林的中心。
E. 梅园不在园林的中心。

48. 如果北门位于兰园，则可以得出以下哪项？

A. 南门位于菊园。　　　　　　B. 东门位于竹园。
C. 东门位于梅园。　　　　　　D. 东门位于松园。
E. 南门位于梅园。

## 5　2021MBA-40～41题基于以下题干：

冬奥组委会官网开通全球招募系统，正式招募冬奥志愿者，张明、刘伟、庄敏、孙兰、李梅5人在一起讨论报名事宜，他们商量的结果如下：

(1) 如果张明报名，则刘伟也报名；
(2) 如果庄敏报名，则孙兰也报名；
(3) 只要刘伟和孙兰两人中至少有1人报名，则李梅也报名。

后来得知，他们5人中恰有3人报名了。

40. 根据以上信息，可以得出以下哪项？

A. 张明报名了。　　　　　　　B. 刘伟报名了。
C. 庄敏报名了。　　　　　　　D. 孙兰报名了。
E. 李梅报名了。

41. 如果增加条件"若刘伟报名，则庄敏也报名"，那么可以得出以下哪项？

A. 张明和刘伟都报名了。　　　B. 刘伟和庄敏都报名了。
C. 庄敏和孙兰都报名了。　　　D. 张明和孙兰都报名了。
E. 刘伟和李梅都报名了。

## 6　2023MBA-54～55题基于以下题干：

某机关甲、乙、丙、丁4人参加本年度综合考评。在德、能、勤、绩、廉5个方面的单项考评中，他们之中都恰有3人被评为"优秀"，但没有人5个单项均被评为"优秀"。已知：

(1) 若甲和乙在德方面均被评为"优秀"，则他们在廉方面也均被评为"优秀"；
(2) 若乙和丙在德方面均被评为"优秀"，则他们在绩方面也均被评为"优秀"；
(3) 若甲在廉方面被评为"优秀"，则甲和丁在绩方面均被评为"优秀"。

54. 根据上述信息，可以得出以下哪项？

A. 甲在廉方面被评为"优秀"。　　　B. 丙在绩方面被评为"优秀"。
C. 丙在能方面被评为"优秀"。　　　D. 丁在勤方面被评为"优秀"。
E. 丁在德方面被评为"优秀"。

55. 若甲在绩方面未被评为"优秀"且丁在能方面未被评为"优秀"，则可以得出以下哪项？

A. 甲在勤方面未被评为"优秀"。
B. 甲在能方面未被评为"优秀"。
C. 乙在德方面未被评为"优秀"。
D. 丙在廉方面未被评为"优秀"。
E. 丁在廉方面未被评为"优秀"。

## 答案与解析

**1. 正确答案：34. E**

题干条件关系式为：

(1) 购得低于正常价格的花←以低于市场的价格卖花而获利

(2) 销售量大←购得低于正常价格的花

(3) 销售量大→满足消费者个人兴趣∨拥有独家销售权

E项与（1）式表达的意思完全一致，能从题干必然推出，为正确答案。

其余选项均不能从题干推出。

**35. C**

由（3）式的逆否命题可得：¬满足消费者个人兴趣∧¬拥有独家销售权→¬销售量大

由（2）式的逆否命题可得：¬销售量大→¬购得低于正常价格的花

由（1）式的逆否命题可得：¬购得低于正常价格的花→¬以低于市场的价格卖花而获利

联立此三式得：¬满足消费者个人兴趣∧¬拥有独家销售权→¬以低于市场的价格卖花而获利

即：如果该花店没有满足广大消费者的个人兴趣，并且，该花店没有拥有特定品种的独家销售权，那么，就不可能以低于市场的价格卖花而获利。因此，C项不可能成立。

**2. 正确答案：31. D**

题干的条件关系式为：不起雾→起飞

等价的逆否命题为：起雾←不起飞

Ⅰ表示的是"飞机起飞"是"不起雾"的充分条件，与题干所表示的条件关系不同。

Ⅱ表示的是"飞机不起飞"是"起雾"的充分条件，与题干的意义相同。

Ⅲ表示的是"只有起雾，飞机才不能起飞"，与题干的意义相同。

**32. A**

对于一个充分条件假言命题"如果p，那么q"来说，其负命题为"p并且非q"，

由于题干条件关系式为：不起雾→起飞

因此，题干的负命题为"没起雾，且没起飞"，即Ⅰ是对题干假言命题的否定。

而Ⅱ、Ⅲ不能构成对题干假言命题的否定。

所以，答案为A。

**3. 正确答案：30. B**

题干条件关系式为：

(1) 乙2∨乙6

(2) 甲1→丙3∧戊5

(3) ¬甲1→己4∧庚5

(4) 乙2→己6

由丙周日值日，结合（2），根据"否后必否前"可得：¬甲1

再结合（3），可得：己4且庚5

由己4，结合（4），根据"否后必否前"可得：¬乙2

再由¬乙2，结合（1），根据选言推理规则可得：乙6。即乙周六值班。

**31. D**

由庚周四值日，结合（3）根据"否后必否前"可得：甲1

又由（2）可得：丙3∧戊5

即，戊一定是周五值日，故不可能戊周日值日。D项一定为假。

**4. 正确答案：47. B**

根据（4）可知：兰和菊相邻；

再根据（3）可得：菊园不在园林的中心。

**48. C**

由北门位于兰园，根据（2）可得：南门位于竹园；

再根据（1）可得：东门不位于松园且不位于菊园；

由于只有五个园子，可推知：东门只能位于梅园。

**5. 正确答案：40. E**

题干条件为：

(1) 张→刘

(2) 庄→孙

(3) 刘∨孙→李

假设刘报名，由（3）推知，李报名。

假设刘不报名，由（1）推知，张不报名。这样，剩下的3人，庄、孙、李均要报名。

总之，不管刘是否报名，李必定报名了。

**41. C**

增加条件（4）刘→庄

若刘报名，则庄也报名。又由（2）知，孙报名了。再由（3），李报名了。这样有4人报名了，与题干条件矛盾。因此，刘没报名。

既然刘没报名，由（1）知，张没报名。因此，剩下的庄、孙、李均报名了。

**6. 正确答案：54. E**

(1) 甲德∧乙德→甲廉∧乙廉

(2) 乙德∧丙德→乙绩∧丙绩

(3) 甲廉→甲绩∧丁绩

假设甲在廉方面"优秀"，由（3）知，甲和丁在绩方面均被评为"优秀"。由于绩只能3人"优秀"，因此乙、丙中在绩方面只能1人"优秀"，1人不"优秀"。再由（2）的逆否命题推知，乙和丙在德方面不能都"优秀"。而德有3人"优秀"，因此，甲和丁在德方面均被评为"优秀"。

假设甲在廉方面不"优秀"，由（1）的逆否命题推知，甲和乙在德方面不能都"优秀"，而德有3人"优秀"，因此，丙和丁在德方面均被评为"优秀"。

综上，根据二难推理，不管甲在廉方面是否"优秀"，都能得出，丁在德方面被评为"优秀"。

**55. C**

甲在绩方面未被评为"优秀"，而绩有3人"优秀"，因此，乙、丙、丁在绩方面均为"优秀"。

丁在能方面未被评为"优秀"，而能有3人"优秀"，因此，甲、乙、丙在能方面均为"优秀"。

甲在绩方面未被评为"优秀"，由（3）的逆否命题推知，甲在廉方面不"优秀"，则乙、丙、丁在廉方面均为"优秀"。

既然甲在廉方面不"优秀"，由（1）的逆否命题推知，甲、乙在德方面不能都"优秀"，因此，丙、丁在德方面被评为"优秀"。

这样，丙在德、能、绩、廉 4 个方面"优秀"，由于没有人 5 个单项均被评为"优秀"，因此，丙在勤方面不"优秀"，则甲、乙、丁在勤方面"优秀"。

由于乙在能、勤、绩、廉 4 个方面"优秀"，因此，乙在德方面不"优秀"，而甲在德方面"优秀"。

结果整理如表 1-6-3：

表 1-6-3

|   | 德 | 能 | 勤 | 绩 | 廉 |
|---|---|---|---|---|---|
| 甲 | ＋ | ＋ | ＋ | － | － |
| 乙 | － | ＋ | ＋ | ＋ | ＋ |
| 丙 | ＋ | ＋ | － | ＋ | ＋ |
| 丁 | ＋ | － | ＋ | ＋ | ＋ |

因此，C 项为正确答案。

# 第 7 章 模态推理

模态推理是由模态命题构成的一种演绎推理。模态命题主要是反映事物情况存在或发展的必然性或可能性的命题。在逻辑中,"必然""可能""不可能"等叫作"模态词",包含"模态词"的命题叫作"模态命题"。

## 7.1 模态命题

在逻辑中,用"◇"表示"可能"模态词,"□"表示"必然"模态词。模态命题有多种形式,对模态命题可以从它所包含的模态词或质两个不同的角度进行分类。其基本形式有四种:

(1) 必然肯定模态命题,□P,断定某件事情的发生是必然的。
(2) 必然否定模态命题,□¬P,断定某件事情的不发生是必然的。
(3) 可能肯定模态命题,◇P,断定某件事情的发生是可能的。
(4) 可能否定模态命题,◇¬P,断定某件事情的不发生是可能的。

在同素材的四种模态命题之间也存在着真假上的相互制约关系。这种关系与四种直言命题间的对当关系类似,故又称模态命题的对当关系(图 1-7-1)。

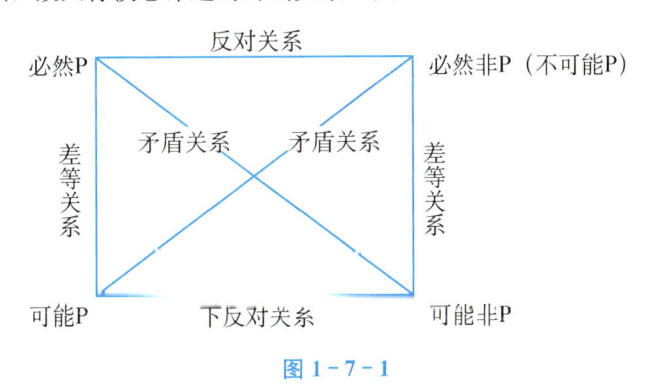

图 1-7-1

根据四种模态命题之间的逻辑关系(真假关系),便可构成一系列简单的模态命题的直接推理。在逻辑考试中一般只是考查模态命题的矛盾关系,即模态命题的负命题及其等值推理。公式如下:

1. ¬□p ↔ ◇¬p

- 并非必然 p,推出可能非 p
- 可能非 p,推出并非必然 p

2. ¬□¬p ↔ ◇p
- 并非必然非 p，推出可能 p
- 可能 p，推出并非必然非 p

3. ¬◇p ↔ □¬p
- 并非可能 p，推出必然非 p
- 必然非 p，推出并非可能 p

4. ¬◇¬p ↔ □p
- 并非可能非 p，推出必然 p
- 必然 p，推出并非可能非 p

### 1  2002GRK-54

据卫星提供的最新气象资料表明，原先预报的明年北方地区的持续干旱不一定出现。

以下哪项最接近于上文中气象资料所表明的含义？

A. 明年北方地区的持续干旱一定不出现。
B. 明年北方地区的持续干旱可能出现。
C. 明年北方地区的持续干旱可能不出现。
D. 明年北方地区的持续干旱出现的可能性比不出现大。
E. 明年北方地区的持续干旱不可能出现。

### 2  2018MBA-32

唐代韩愈在《师说》中指出："孔子曰：三人行，则必有我师，是故弟子不必不如师，师不必贤于弟子，闻道有先后，术业有专攻，如是而已。"

根据上述韩愈的观点，可以得出以下哪项？

A. 有的弟子必然不如师。
B. 有的弟子可能不如师。
C. 有的师不可能贤于弟子。
D. 有的弟子不可能贤于师。
E. 有的师可能不贤于弟子。

## 答案与解析

1. 正确答案：C

根据模态推理，不一定 p＝不必然 p＝可能非 p。

因此，明年北方地区的持续干旱不一定出现＝明年北方地区的持续干旱可能不出现。

2. 正确答案：E

根据模态推理规则：不必然＝可能不。由此：

弟子不必不如师＝弟子可能如师。即有的弟子可能如师。

师不必贤于弟子＝师可能不贤于弟子。即有的师可能不贤于弟子。

因此，E 项正确。

## 7.2 模态复合

模态复合推理包括直言命题的模态推理、复合命题的模态推理以及相应的负命题。

### 一、直言命题的模态推理

根据直言模态命题间的矛盾关系,可以进行下列推理:

(1) ¬◇SAP ↔ □SOP
(2) ¬◇SEP ↔ □SIP
(3) ¬◇SIP ↔ □SEP
(4) ¬◇SOP ↔ □SAP
(5) ¬□SAP ↔ ◇SOP
(6) ¬□SEP ↔ ◇SIP
(7) ¬□SIP ↔ ◇SEP
(8) ¬□SOP ↔ ◇SAP

### 二、复合命题的模态推理

**1. 联言命题的模态推理**

(1) □(P∧Q) ↔ (□P∧□Q)
(2) ◇(P∧Q) → (◇P∧◇Q)

**2. 选言命题的模态推理**

(1) ◇(P∨Q) ↔ (◇P∨◇Q)
(2) (□P∨□Q) → □(P∨Q)

**3. 假言命题的模态推理**

(1) ¬◇(P→Q) = □¬(P→Q) = □(P∧¬Q)
(2) ¬□(P→Q) = ◇¬(P→Q) = ◇(P∧¬Q)

### 三、求否定规则

需掌握如下否定变化口诀:
- 肯定变否定,否定变肯定。
- 可能变必然,必然变可能。
- 所有变有的,有的变所有。
- 并且变或者,或者变并且。

注意事项:
(1) 找否定词,把否定词后面的所有相关信息按以上口诀简单变化就可以了。
(2) 根据问题来求否定。
(3) 根据语气否定变化口诀求否定后,要整理语序,再找答案。

**1** 2003MBA-49

不必然任何经济发展都导致生态恶化,但不可能有不阻碍经济发展的生态恶化。

以下哪项最为准确地表达了题干的含义？

A. 任何经济发展都不必然导致生态恶化，但任何生态恶化都必然阻碍经济发展。
B. 有的经济发展可能导致生态恶化，而任何生态恶化都可能阻碍经济发展。
C. 有的经济发展可能不导致生态恶化，但任何生态恶化都可能阻碍经济发展。
D. 有的经济发展可能不导致生态恶化，但任何生态恶化都必然阻碍经济发展。
E. 任何经济发展都可能不导致生态恶化，但有的生态恶化必然阻碍经济发展。

### 2 2004MBA－31

不可能宏达公司和亚鹏公司都没有中标。

以下哪项最为准确地表达了上述断定的意思？

A. 宏达公司和亚鹏公司可能都中标。
B. 宏达公司和亚鹏公司至少有一个可能中标。
C. 宏达公司和亚鹏公司必然都中标。
D. 宏达公司和亚鹏公司至少有一个必然中标。
E. 如果宏达公司中标，那么亚鹏公司不可能中标。

### 3 2005MBA－39

一方面确定法律面前人人平等，同时又允许有人触犯法律而不受制裁，这是不可能的。

以下哪项最符合题干的断定？

A. 或者允许有人凌驾于法律之上，或者任何人触犯法律要受到制裁，这是必然的。
B. 任何人触犯法律要受到制裁，这是必然的。
C. 有人凌驾于法律之上，触犯法律而不受制裁，这是可能的。
D. 如果不允许有人触犯法律而可以不受制裁，那么法律面前人人平等是可能的。
E. 一方面允许有人凌驾于法律之上，同时又声称任何人触犯法律要受到制裁，这是可能的。

### 4 2006MBA－46

一把钥匙能打开天下所有的锁。这样的万能钥匙是不可能存在的。

以下哪项最符合题干的断定？

A. 任何钥匙都必然有它打不开的锁。
B. 至少有一把钥匙必然打不开天下所有的锁。
C. 至少有一把锁天下所有的钥匙都必然打不开。
D. 任何钥匙都可能有它打不开的锁。
E. 至少有一把钥匙可能打不开天下所有的锁。

### 5 2006MBA－47

在一次歌唱竞赛中，每一名参赛选手都有评委投了优秀票。

如果上述断定为真，则以下哪项不可能为真？

Ⅰ. 有的评委投了所有参赛选手优秀票。
Ⅱ. 有的评委没有给任何参赛选手投优秀票。
Ⅲ. 有的参赛选手没有得到一张优秀票。

A. 只有Ⅰ。   B. 只有Ⅱ。
C. 只有Ⅲ。   D. 只有Ⅰ和Ⅱ。
E. 只有Ⅰ和Ⅲ。

## 6  2007MBA-46

有球迷喜欢所有参赛球队。

如果上述断定为真，则以下哪项不可能为真？

A. 所有参赛球队都有球迷喜欢。

B. 有球迷不喜欢所有参赛球队。

C. 所有球迷都不喜欢某个参赛球队。

D. 有球迷不喜欢某个参赛球队。

E. 每个参赛球队都有球迷不喜欢。

## 7  2008MBA-58

人都不可能不犯错误，不一定所有人都会犯严重错误。

如果上述断定为真，则以下哪项一定为真？

A. 人都可能会犯错误，但有的人可能不犯严重错误。

B. 人都可能会犯错误，但所有的人都可能不犯严重错误。

C. 人都一定会犯错误，但有的人可能不犯严重错误。

D. 人都一定会犯错误，但所有的人都可能不犯严重错误。

E. 人都可能会犯错误，但有的人一定不犯严重错误。

## 8  2009GRK-38

所有错误决策都不可能不付出代价，但有的错误决策可能不造成严重后果。

如果上述断定为真，则以下哪项一定为真？

A. 有的正确决策也可能付出代价，但所有的正确决策都不可能造成严重后果。

B. 有的错误决策必然要付出代价，但所有的错误决策都不一定造成严重后果。

C. 所有的正确决策都不可能付出代价，但有的正确决策也可能造成严重后果。

D. 有的错误决策必然要付出代价，但所有的错误决策都可能不造成严重后果。

E. 所有的错误决策都必然要付出代价，但有的错误决策不一定造成严重后果。

# 答案与解析

1. 正确答案：D

不"必然任何经济发展都导致生态恶化"＝可能有的经济发展不导致生态恶化；

不"可能有不阻碍经济发展的生态恶化"＝必然所有的生态恶化都阻碍经济发展。

因此，选项D为正确答案。

2. 正确答案：D

不可能（非A且非B）＝必然非（非A且非B）＝必然（A或B）。

不可能宏达公司和亚鹏公司都没有中标，就意味着：必然宏达公司中标或者亚鹏公司中标，也就是宏达公司和亚鹏公司至少有一个必然中标。因此，D项正确。

3. 正确答案：A

不可能"P且Q"＝必然"非P或非Q"。因此，A项与题干断定等价。

4. 正确答案：A

不可能"一把钥匙能打开天下所有的锁"

＝必然非"一把钥匙能打开天下所有的锁"

＝任何钥匙都必然有它打不开的锁。

5. 正确答案：C

本题实际上就是要求"每一名参赛选手都有评委投了优秀票"的负命题。推理过程如下：

并非"每一名参赛选手都有评委投了优秀票"

＝并非"所有参赛选手都得到了有的评委的优秀票"

＝有的参赛选手没有得到任何评委的优秀票

＝有的参赛选手没有得到一张优秀票

所以，Ⅲ不可能为真。

"每一名参赛选手都有评委投了优秀票"并不能确定"有的评委投了所有参赛选手优秀票""有的评委没有给任何参赛选手投优秀票"为假，所以Ⅰ、Ⅱ是有可能为真的。

6. 正确答案：C

不可能"有球迷喜欢所有参赛球队"

＝必然"所有球迷都不喜欢有的参赛球队"

可见，C项与题干为矛盾关系。

因此，如果题干为真，C项不可能为真。

7. 正确答案：C

不可能＝必然非；因此，人都不可能不犯错误＝人都一定会犯错误。

不一定A＝可能非A＝可能O；因此，不一定所有人都会犯严重错误＝可能有的人不犯严重错误。

因此，答案为C。

8. 正确答案：E

所有错误决策都不可能不付出代价＝所有的错误决策都必然要付出代价

有的错误决策可能不造成严重后果＝有的错误决策不一定造成严重后果

# 第8章 关系推理

关系推理是根据前提至少有一个是关系命题，并按其关系的逻辑性质而进行推演的演绎推理。关系命题是断定事物与事物之间关系的命题。根据关系命题的关系的逻辑性质，可以概括出对称性关系、传递性关系两种关系。

## 8.1 排序推理

排序推理题型一般在题干给出相关元素或元素组合的传递性关系，要求从中推出具体元素之间的确定性排序。解这类题型的主要思路是要把题干所给条件抽象成不等式关系，然后进行不等式推理。

**1　2001GRK–52**

李昌和王平的期终考试课程共五门。他们两个的成绩除了历史课相同外，其他的都不同。他们两个的各门考试都及格了，即每门成绩都在 60 分与 100 分之间。

以下哪项关于上述考试的断定如果为真，使你能结合题干的信息，确定李昌五门课程的平均成绩高于王平？

Ⅰ．李昌的最低分高于王平的最高分。
Ⅱ．至少有四门课程，李昌的平均分高于王平的平均分。
Ⅲ．至少有一门课程，李昌的成绩分别高于王平各门课程的成绩。
　A. 只有Ⅰ。　　　　　　　　　B. 只有Ⅱ。
　C. 只有Ⅲ。　　　　　　　　　D. 只有Ⅰ和Ⅲ。
　E. Ⅰ、Ⅱ和Ⅲ。

**2　2002MBA–55**

甘蓝比菠菜更有营养。但是，因为绿芥兰比莴苣更有营养，所以甘蓝比莴苣更有营养。

以下各项，作为新的前提分别加入到题干的前提中，都能使题干的推理成立，除了
　A. 甘蓝与绿芥兰同样有营养。
　B. 菠菜比莴苣更有营养。
　C. 菠菜比绿芥兰更有营养。
　D. 菠菜与绿芥兰同样有营养。
　E. 绿芥兰比甘蓝更有营养。

**3　2003GRK–56**

在超市购物后，张林把七件商品放在超市的传送带上，肉松后面紧跟着蛋糕，酸奶后面接着放的是饼干，可口可乐汽水紧跟在水果汁后面，方便面后面紧跟着酸奶，肉松和饼干之间有两件商品，方便面和水果汁之间有两件商品，最后放上去的是一只蛋糕。

如果上述陈述为真，那么，以下哪项也为真？

Ⅰ. 水果汁在倒数第三位置上。
Ⅱ. 酸奶放在第二。
Ⅲ. 可口可乐汽水放在中间。

A. 只有Ⅰ。
B. 只有Ⅱ。
C. 只有Ⅰ和Ⅱ。
D. 只有Ⅰ和Ⅲ。
E. Ⅰ、Ⅱ和Ⅲ都不对。

### 4  2007MBA-30

王园获得的奖金比梁振杰的高。得知魏国庆的奖金比苗晓琴的高后，可知王园的奖金也比苗晓琴的高。

以下各项假设均能使上述推断成立，除了

A. 魏国庆的奖金比王园的高。
B. 梁振杰的奖金比苗晓琴的高。
C. 梁振杰的奖金比魏国庆的高。
D. 梁振杰的奖金和魏国庆的一样。
E. 王园的奖金和魏国庆的一样。

### 5  2007GRK-36

李惠个子比胡戈高；张凤元个子比邓元高；邓元个子比陈小曼矮；胡戈和陈小曼的身高相同。

如果上述断定为真，以下哪项也一定为真？

A. 胡戈比邓元矮。
B. 张凤元比李惠高。
C. 张凤元比陈小曼高。
D. 李惠比邓元高。
E. 胡戈比张凤元矮。

### 6  2008MBA-48

张珊获得的奖金比李思的高，得知王武的奖金比苗晓琴的高后，可知张珊的奖金也比苗晓琴的高。

以下各项假设均能使上述推断成立，除了

A. 王武的奖金比李思的高。
B. 李思的奖金比苗晓琴的高。
C. 李思的奖金比王武的高。
D. 李思的奖金和王武的一样高。
E. 张珊的奖金不比王武的低。

### 7  2012GRK-28

百花山公园是市内最大的市民免费公园，园内种植着奇花异卉以及品种繁多的特色树。其中，有花植物占大多数。由于地处温带，园内的阔叶树种超过了半数；各种珍稀树种也超过了一般树种。一到春夏之交，鲜花满园；秋收季节，果满枝头。

根据以上陈述，可以得出以下哪项？

A. 园内珍稀阔叶树种超过了一般非阔叶树种。
B. 园内阔叶有花植物超过了非阔叶无花植物。
C. 园内珍稀挂果树种超过了不挂果的一般树种。
D. 百花山公园的果实市民可以免费采摘。

E. 园内珍稀有花树种超过了半数。

## 答案与解析

1. **正确答案：A**

   Ⅰ满足不等式的传递性，可确定李昌五门课程的平均成绩高于王平。

   （但这与题干的历史课成绩相冲突，因此，本题有误。）

   Ⅱ可以举出反例：设他们的历史成绩都为60分。

   李昌五科依次为：60，62，62，62，62；王平五科依次为：60，61，61，61，69。

   很明显李昌前四科的成绩满足平均分高于王平的前四科，但李昌的平均成绩比王平低，故不成立。

   Ⅲ也可以举出反例：设他们的历史成绩都为60分。

   李昌五科依次为：60，60，69，60，60；王平五科依次为：60，65，65，65，65。

   李昌的69分高于王平所有的单科成绩，但平均成绩低于王平，故也不成立。

   所以选A。

2. **正确答案：E**

   题干根据：甘蓝＞菠菜，绿芥兰＞莴苣；从而推出结论：甘蓝＞莴苣。

   E项断定：绿芥兰比甘蓝更有营养。由这个断定和前提显然不能推出"甘蓝比莴苣更有营养"。

   其余各项，作为新的前提分别加入到题干的前提中，都能使题干的推理成立。

3. **正确答案：B**

   按题目给出的条件排序，从前到后的顺序为：方便面、酸奶、饼干、水果汁、可口可乐汽水、肉松、蛋糕。明显看出，只有Ⅱ的说法正确。

4. **正确答案：A**

   题干条件是：王＞梁，魏＞苗

   题干结论是：王＞苗

   A项：魏＞王，与题干条件一起，显然不能得出题干的结论，因此A为正确答案。

   B、C、D、E项与题干条件一起，均能得出题干的结论。

5. **正确答案：D**

   题干条件为：李＞胡；张＞邓；陈＞邓；胡＝陈

   由此可得：李＞胡＝陈＞邓；张＞邓

   只有D项是必然正确的选项。

6. **正确答案：A**

   题干推理为：张＞李；王＞苗 → 张＞苗

   显然，如果B、C、D、E为真，都能使题干推理必然成立。

   只有选项A即使为真，题干结论也不一定成立，因此A为正确答案。

7. **正确答案：A**

   由题意可知：

   （1）珍稀阔叶 ＋ 一般阔叶 ＞ 珍稀非阔叶 ＋ 一般非阔叶

   （2）珍稀阔叶 ＋ 珍稀非阔叶 ＞ 一般阔叶 ＋ 一般非阔叶

   两式相加，得出：

   珍稀阔叶 ＞ 一般非阔叶

所以，答案选 A。

## 8.2 关系推演

推演是指推论、推理和演绎，泛指从一个思想推移或过渡到另一个思想的逻辑活动。关系推演题型要求根据题干所给出的不同对象之间的关系，进行有效的推理和分析，从中推出明确的结论。

**1  2000GRK-63**

在黑、蓝、黄、白四种由深至浅排列的涂料中，一种涂料只能被它自身或者比它颜色更深的涂料所覆盖。

若上述断定为真，则以下哪项确切地概括了能被蓝色覆盖的颜色？

Ⅰ. 这种颜色不是蓝色。
Ⅱ. 这种颜色不是黑色。
Ⅲ. 这种颜色不如蓝色深。

A. 只有Ⅰ。　　　　　　　　　　B. 只有Ⅱ。
C. 只有Ⅲ。　　　　　　　　　　D. 只有Ⅰ和Ⅱ。
E. Ⅰ、Ⅱ和Ⅲ。

**2  2002GRK-34**

在 LH 公司，从董事长、总经理、总会计师到每个员工，没有人信任所有的人。董事长信任总经理；总会计师不信任董事长；总经理信任所有信任董事长的人。

如果上述断定为真，则以下哪项不可能为真？

Ⅰ. 总经理不信任董事长。
Ⅱ. 总经理信任总会计师。
Ⅲ. 所有的人都信任董事长。

A. 只有Ⅰ。　　　　　　　　　　B. 只有Ⅱ。
C. 只有Ⅲ。　　　　　　　　　　D. 只有Ⅱ、Ⅲ。
E. Ⅰ、Ⅱ和Ⅲ。

**3  2010MBA-46**

相互尊重是相互理解的基础，相互理解是相互信任的前提。在人与人的相互交往中，自重、自信也是非常重要的。没有一个人尊重不自重的人，没有一个人信任他所不尊重的人。

以上陈述可以推出以下哪项结论？

A. 不自重的人也不被任何人信任。
B. 相互信任才能相互尊重。
C. 不自信的人也不自重。
D. 不自信的人也不被任何人信任。
E. 不自信的人也不受任何人尊重。

**4  2011GRK-41**

某登山旅游小组成员互相帮助，建立了深厚的友谊，后加入的李佳已经获得了其他成员的多次救助，但是她尚未救助过任何人，救助过李佳的人均曾被王玥救助过，赵欣救助过小组的所有成员，王玥救助过的人也曾被陈蕃救助过。

根据以上陈述，可以得出以下哪项结论？

A. 陈蕃救助过赵欣。
B. 王玥救助过李佳。
C. 王玥救助过陈蕃。
D. 陈蕃救助过李佳。
E. 王玥没有救助过李佳。

**5** 2011GRK-29

赵元的同事都是球迷，赵元在软件园工作的同学都不是球迷，李雅既是赵元的同学又是他的同事，王伟是赵元的同学但不在软件园工作，张明是赵元的同学但不是球迷。

根据以上陈述，可以得出以下哪项？

A. 王伟是球迷。
B. 赵元不是球迷。
C. 李雅不在软件园工作。
D. 张明在软件园工作。
E. 赵元在软件园工作。

## 答案与解析

1. 正确答案：B

Ⅰ项，这种颜色不是蓝色，那有可能是黑色，不能被蓝色覆盖。
Ⅱ项，这种颜色不是黑色，那就包括蓝、黄、白，所有这些颜色都能被蓝色覆盖。
Ⅲ项，这种颜色不如蓝色深，那就没有包含蓝色本身，那就没有概括能被蓝色覆盖的所有颜色。
因此，只有Ⅱ项符合问题要求，答案选B。

2. 正确答案：C

Ⅰ项可能为真。总经理信任所有信任董事长的人，但可能不信任董事长本人。
Ⅱ项可能为真。虽然总经理信任所有信任董事长的人，不等于"总经理不信任所有不信任董事长的人"，也即总经理有可能信任某些不信任董事长的人，即使总会计师不信任董事长，总经理也有可能信任总会计师。
Ⅲ项不可能为真。因为由题干，总会计师不信任董事长，因此，不可能所有的人都信任董事长。

3. 正确答案：A

题干断定：
第一，没有一个人尊重不自重的人。这意味着：不自重的人都不受人尊重。
第二，没有一个人信任他所不尊重的人。这意味着：不受人尊重的人也不被人信任。
由此可推出：不自重的人也不被人信任。因此，A项正确。

4. 正确答案：A

根据题干条件，赵欣救助过小组的所有成员，可知赵欣救助过李佳。救助过李佳的人均曾被王玥救助过，可知赵欣被王玥救助过。由于王玥救助过的人也曾被陈蕃救助过，可得赵欣被陈蕃救助过。因此，A项正确。

5. 正确答案：C

根据题干条件，李雅是赵元的同事，赵元的同事都是球迷，可推出：李雅是球迷。
而赵元在软件园工作的同学都不是球迷，因此，李雅不是赵元在软件园工作的同学。
所以，C项正确。

137

# 第 9 章  分析推理

分析推理也叫逻辑分析，这类题型通常是题干给出若干条件，要求以这些条件为前提，逻辑地推出某种确定性的结论。解答这类问题，首先要从所给的条件中厘清各部分之间的关系，然后依靠演绎思维进行分析和推理，排除一些不可能的情况，逐步推出结果。正确答案一定能从题干所给条件中必然得出。

## 9.1  数学运算

数学作为一种严密的逻辑演绎系统，其内容是以逻辑意义相关联的。数学推理能力是逻辑思维能力的一个重要表现。逻辑考试中出现的数学推理题包括数学运算、数学思维和数学推演。

数学运算题虽然只涉及初等数学中的计算、数论分析等，但要在短时间内答题就需要一定的数学运算和数学分析的解题技巧。

**1  2000MBA-34**

最近南方某保健医院进行为期 10 周的减肥实验，参加者平均减肥 9 公斤。男性参加者平均减肥 13 公斤，女性参加者平均减肥 7 公斤。医生将男女减肥差异归结为男性参加者减肥前体重比女性参加者重。

从上文可推出以下哪个结论？

A. 女性参加者减肥前体重都比男性参加者轻。
B. 所有参加者体重均下降。
C. 女性参加者比男性参加者多。
D. 男性参加者比女性参加者多。
E. 男性参加者减肥后体重都比女性参加者轻。

**2  2000MBA-68**

在国庆 50 周年仪仗队的训练营地，某连队一百多个战士在练习不同队形的转换。如果他们排成五列人数相等的横队，只剩下连长在队伍前面喊口令；如果他们排成七列这样的横队，只有连长仍然可以在前面领队；如果他们排成八列，就可以有两人作为领队了。在全营排练时，营长要求他们排成三列横队。

以下哪项是最可能出现的情况？

A. 该连队官兵正好排成三列横队。
B. 除了连长外，正好排成三列横队。
C. 排成了整齐的三列横队，另有两人作为全营的领队。
D. 排成了整齐的三列横队，其中有一人是其他连队的。
E. 排成了三列横队，连长在队外喊口令，但营长临时排在队中。

**3** 2003MBA-39

有人养了一些兔子。别人问他有多少只雌兔,多少只雄兔,他答:在他所养的兔子中,每一只雄兔的雌性同伴比它的雄性同伴少一只;而每一只雌兔的雄性同伴比它的雌性同伴的两倍少两只。

根据上述回答,可以判断他养了多少只雌兔?多少只雄兔?

A. 8 只雄兔,6 只雌兔。
B. 10 只雄兔,8 只雌兔。
C. 12 只雄兔,10 只雌兔。
D. 14 只雄兔,8 只雌兔。
E. 14 只雄兔,12 只雌兔。

**4** 2008MBA-53

某校以年级为单位,把学生的成绩分为优、良、中、差四等。在一学年中,各门考试成绩前 10% 的为优,后 30% 的为差,其余的为良和中。在上一学年中,高二年级成绩为优的学生多于高一年级成绩为优的学生。

如果上述所述为真,则以下哪项一定为真?

A. 高二年级成绩为差的学生少于高一年级成绩为差的学生。
B. 高二年级成绩为差的学生多于高一年级成绩为差的学生。
C. 高二年级成绩为优的学生少于高一年级成绩为良的学生。
D. 高二年级成绩为优的学生少于高一年级成绩为良的学生。
E. 高二年级成绩为差的学生多于高一年级成绩为中的学生。

**5** 2010MBA-53

参加某国际学术研讨会的 60 名学者中,亚裔学者 31 人,博士 33 人,非亚裔学者中无博士学位的 4 人。

根据上述陈述,参加此次国际研讨会的亚裔博士有几人?

A. 1 人。
B. 2 人。
C. 4 人。
D. 7 人。
E. 8 人。

**6** 2011GRK-30

某市为了减少交通堵塞,采取如下限行措施:周一至周五的工作日,非商用车按尾号 0、5,1、6,2、7,3、8,4、9 分五组顺序分别限行一天,双休日和法定假日不限行,对违反规定者要罚款。

关于市民出行的以下描述中,除哪项外,都可能不违反限行规定?

A. 赵一开着一辆尾数为 1 的商用车,每天都在路上跑。
B. 钱二有两辆私家车,尾号不相同,每天都有车开。
C. 张三与邻居共有三辆车,尾号都不相同,他们合作每天有两辆车可开。
D. 李四与邻居共有五辆私家车,尾号都不相同,他们合作每天有四辆车可开。
E. 王五与邻居共有六辆私家车,尾号都不相同,他们合作每天有五辆车可开。

**7** 2011GRK-37

某市优化投资环境,2010 年累计招商引资 10 亿元。其中外资 5.7 亿元,投资第三产业 4.6 亿元,投资非第三产业 5.4 亿元。

根据以上陈述,可以得出以下哪项结论?

A. 投资第三产业的外资大于投资非第三产业的内资。

B. 投资第三产业的外资小于投资非第三产业的内资。

C. 投资第三产业的外资等于投资非第三产业的内资。

D. 投资第三产业的外资和投资非第三产业的内资是无法比较大小的。

E. 投资第三产业的外资为4.3亿元。

### 8  2020MBA-34

某市2018年的人口发展报告显示，该市常住人口1 170万，其中常住外来人口440万，户籍人口730万。从区级人口分布情况来看，该市G区常住人口240万，居各区之首；H区常住人口200万，位居第二；同时，这两个区也是吸纳外来人口较多的区域，两个区常住外来人口200万，占全市常住外来人口的45%以上。

根据以上陈述，可以得出以下哪项？

A. 该市G区的户籍人口比H区的常住外来人口多。

B. 该市H区的户籍人口比G区的常住外来人口多。

C. 该市H区的户籍人口比H区的常住外来人口多。

D. 该市G区的户籍人口比G区的常住外来人口多。

E. 该市其他各区的常住外来人口都没有G区或H区的多。

## 答案与解析

### 1. 正确答案：C

可用数学推理。令男性减肥人数为 $a$，女性减肥人数为 $b$，则由题意：$13a+7b=9(a+b)$。从中推出 $2a=b$，即女性参加者是男性参加者的2倍。只有选项C符合。

### 2. 正确答案：B

设连队的人数是 $x$。由题干，显然 $100<x<200$。题干给出了下列条件：

条件一：$x$ 除以5，余数是1。条件二：$x$ 除以7，余数是1。条件三：$x$ 除以8，余数是2。

5和7的公倍数，满足大于100且小于200的，有105，140和175。因此，同时满足条件一和条件二的 $x$ 的取值，可以是106，141或176，在这三个数字中，可以满足条件三的只有 $x$ 取值106。因此，同时满足三个条件的 $x$ 的唯一取值是106。

这样，A项不能成立，因为106不能被3整除。B项能成立，因为106除以3，余数是1。C项不成立，因为106除以3，余数不是2。D项不成立，因为106+1，不能被3整除。E项不成立，因为106-1+1，不能被3整除。

### 3. 正确答案：A

设雄兔的数量为 $x$，雌兔的数量为 $y$，则由条件，每一只雄兔的雌性同伴比它的雄性同伴少一只。

即：$(x-1)-y=1$　　(1)

每一只雌兔的雄性同伴比它的雌性同伴的两倍少两只。

即：$2(y-1)-x=2$　　(2)

由 (1) 式和 (2) 式，解得：$x=8$；$y=6$。

### 4. 正确答案：B

设高一学生总人数为 $X$，高二学生总人数为 $Y$。则由题干：

$10\%Y>10\%X$，可得：$Y>X$

因此，$30\%Y>30\%X$，即高二年级成绩为差的学生多于高一年级成绩为差的学生。

140

**5. 正确答案：E**

设 $x$ 为亚裔博士人数，$y$ 为亚裔非博士人数，$z$ 为非亚裔的博士人数（图 1-9-1）。

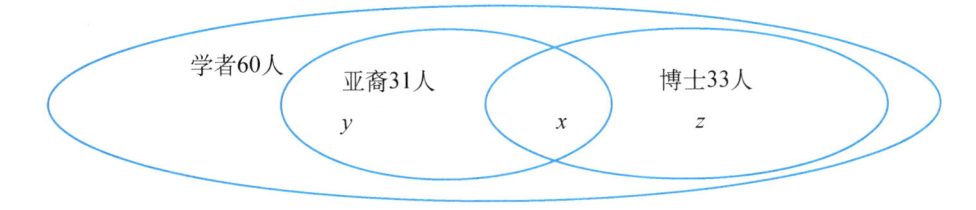

图 1-9-1

从而列出如下方程：

① $x+y+z+4=60$
② $x+y=31$
③ $x+z=33$

②+③-①，可推出 $x=8$。

**6. 正确答案：E**

E 项违反限行规定，六辆车尾号都不同，而 10 个号码分五组，说明 6 个号码中至少有 2 个是一组，即有一天限行了两辆车，所以，有一天最多是四辆车可开，不可能每天有五辆车可开。

**7. 正确答案：A**

设投资第三产业的外资为 $x$ 亿元，根据题干条件，可推出表 1-9-1：

表 1-9-1

|  | 第三产业 4.6 | 非第三产业 5.4 |
| --- | --- | --- |
| 外资 5.7 | $x$ | $5.7-x$ |
| 内资 4.3 | $4.6-x$ | $4.3-(4.6-x)=x-0.3$ |

从而得：投资非第三产业的内资为 $x-0.3$。

因此必然可得：投资第三产业的外资大于投资非第三产业的内资。A 项为正确答案。

**8. 正确答案：A**

设 G 区常住外来人口为 $P$，则 G 区户籍人口为 $240-P$。

由于两个区常住外来人口 200 万，则 H 区的常住外来人口为 $200-P$，如表 1-9-2：

表 1-9-2

|  | 常住人口 | 常住外来人口 | 户籍人口 |
| --- | --- | --- | --- |
| 全市 | 1 170 万 | 440 万 | 730 万 |
| G 区 | 240 万 | $P$ | $240-P$ |
| H 区 | 200 万 | $200-P$ |  |

显然，$240-P>200-P$

即该市 G 区的户籍人口比 H 区的常住外来人口多。

## 9.2 数学思维

数学思维类题目一般是指并不涉及数字计算或用数学关系式运算的题目，但要快速有效地解答这类题目需要必要的数学思维来进行推理。

### 1　2000MBA－55

根据韩国当地媒体 10 月 9 日的报道：用于市场主流的 PC100 规格的 64MBDRAM 的 8M×8 内存元件，10 月 8 日在美国现货市场的交易价格已跌至 15.99 美元～17.30 美元，但前一个交易日的交易价格为 16.99 美元～18.38 美元，一天内跌幅近 1 美元；而与台湾地震发生后曾经达到的最高价格 21.46 美元相比，已经下跌约 4 美元。

以下哪项与题干内容有矛盾？

A. 台湾是生产这类元件的重要地区。
B. 美国是该元件的重要交易市场。
C. 若两人购买的数量相同，10 月 8 日的购买者一定比 10 月 7 日的购买者省钱。
D. 韩国很可能是该元件的重要输出国或输入国，所以特关心该元件的国际市场价格。
E. 该元件是计算机中的重要器件，供应商对市场的行情是很敏感的。

### 2　2000GRK－22

作为市电视台的摄像师，最近国内电池市场的突然变化让我非常头疼。进口电池缺货，我只能用国产电池来代替作为摄像机的主要电源。尽管每单位的国产电池要比进口电池价格便宜，但我估计如果持续用国产电池替代进口电池来提供同样的电源供应的话，我在能源上的支付将会提高。

说这番话的人在上面这段话中隐含了以下哪项假设？

A. 以每单位电池提供的电能来计算，国产电池要比进口电池提供得少。
B. 每单位的进口电池要比国产电池价格贵。
C. 生产国产电池要比生产进口电池成本低。
D. 持续使用国产电池，摄像的质量将无法得到保障。
E. 国产电池的价格会超过进口电池，厂家将大大盈利。

### 3　2000GRK－51

以下诸项结论都是东方理工学院学生处根据各个系收到的 1997—1998 学年度奖助学金申请表综合得出的。在此项综合统计作出后，因为落实灾区政策，有的系又收到了一些学生补交上来的申请表。

以下哪项结论最不可能被补交奖助学金申请表的新事实所推翻？

A. 汽车系仅有 14 名学生交申请表，总申请金额至少有 5 700 元。
B. 物理系最多有 7 名学生交申请表，总申请金额为 2 800 元。
C. 数学系共有 8 名学生交申请表，总申请金额等于 3 000 元。
D. 化学系至少有 5 名学生交申请表，总申请金额多于 2 000 元。
E. 生物系至少有 7 名学生交申请表，总申请金额不会多于汽车系。

### 4　2001MBA－69

1998 年度的统计显示，对中国人的健康威胁最大的三种慢性病，按其在总人口中的发病率排列，依次是乙型肝炎、关节炎和高血压。其中，关节炎和高血压的发病率随着年龄的增长而增加，而乙型肝炎在各个年龄段的发病率没有明显的不同。中国人口的平均年龄，在 1998 年至 2010 年之间，将呈明显上升态势而逐步进入老人社会。

依据题干提供的信息，推出以下哪项结论最为恰当？

A. 到 2010 年，发病率最高的将是关节炎。
B. 到 2010 年，发病率最高的将仍是乙型肝炎。
C. 在 1998 年至 2010 年之间，乙型肝炎患者的平均年龄将增大。

D. 到 2010 年，乙型肝炎患者的数量将少于 1998 年。
E. 到 2010 年，乙型肝炎的老年患者将多于非老年患者。

### 5　2002MBA-13

第一个事实：电视广告的效果越来越差。一项跟踪调查显示，在电视广告所推出的各种商品中，观众能够记住其品牌名称的商品的百分比逐年降低。

第二个事实：在一段连续插播的电视广告中，观众印象较深的是第一个和最后一个，而中间播出的广告留给观众的印象，一般地说要浅得多。

以下哪项如果为真，最能使得第二个事实成为对第一个事实的一个合理解释？
A. 在从电视广告里见过的商品中，一般电视观众能记住其品牌名称的大约还不到一半。
B. 近年来，被允许在电视节目中连续插播广告的平均时间逐渐缩短。
C. 近年来，人们花在看电视上的平均时间逐渐缩短。
D. 近年来，一段连续播出的电视广告所占用的平均时间逐渐增加。
E. 近年来，一段连续播出的电视广告中所出现的广告的平均数量逐渐增加。

### 6　2002MBA-32

一群在海滩边嬉戏的孩子的口袋中，共装有 25 块卵石。他们的老师对此说了以下两句话：
第一句话："至多有 5 个孩子口袋里装有卵石。"
第二句话："每个孩子的口袋中，或者没有卵石，或者至少有 5 块卵石。"
如果上述断定为真，则以下哪项关于老师两句话关系的断定一定成立？
Ⅰ. 如果第一句话为真，则第二句话为真。
Ⅱ. 如果第二句话为真，则第一句话为真。
Ⅲ. 两句话可以都是真的，但不会都是假的。

A. 仅Ⅰ。　　　　　　　　　　　　B. 仅Ⅱ。
C. 仅Ⅲ。　　　　　　　　　　　　D. 仅Ⅰ和Ⅱ。
E. 仅Ⅱ和Ⅲ。

### 7　2002MBA-34

一项关于 21 世纪初我国就业情况的报告预测，在 2002 年至 2007 年之间，首次就业人员数量增加最多的是低收入的行业。但是，在整个就业人口中，低收入行业所占的比例并不会增加，有所增加的是高收入的行业所占的比例。

从以上预测所作的断定中，最可能得出以下哪项结论？
A. 在 2002 年，低收入行业的就业人员要多于高收入行业。
B. 到 2007 年，高收入行业的就业人员要多于低收入行业。
C. 到 2007 年，中等收入行业的就业人员在整个就业人员中所占的比例将有所减少。
D. 相当数量的 2002 年在低收入行业就业的人员，到 2007 年将进入高收入行业。
E. 在 2002 年至 2007 年之间，低收入行业的经营实体的增长率，将大于此期间整个就业
　 人口的增长率。

### 8　2002GRK-16

近十年来，海达冰箱厂通过不断引进先进设备和技术，使得劳动生产率大为提高，即在单位时间里，较少的工人生产了较多的产品。

以下哪项如果为真，一定能支持上述结论？
Ⅰ. 和 1991 年相比，2000 年海达冰箱厂的年利润增加了一倍，工人增加了 10%。
Ⅱ. 和 1991 年相比，2000 年海达冰箱厂的年产量增加了一倍，工人增加了 100 人。

Ⅲ．和 1991 年相比，2000 年海达冰箱厂的年产量增加了一倍，工人增加了 10%。

A．只有Ⅰ。　　　　　　　　　　　　B．只有Ⅱ。
C．只有Ⅲ。　　　　　　　　　　　　D．只有Ⅰ和Ⅲ。
E．Ⅰ、Ⅱ和Ⅲ。

### 9  2002GRK-17

某本科专业按如下原则选拔特别奖学金的候选人：

将本专业的同学按德育情况排列名次，均分为上、中、下三个等级（即三个等级的人数相等，下同），候选人在德育方面的表现必须为上等；

将本专业的同学按学习成绩排列名次，均分为优、良、中、差四个等级，候选人的学习成绩必须为优；

将本专业的同学按身体状况排列名次，均分为好与差两个等级，候选人的身体状况必须为好。

假设该专业共有 36 名本科学生，则除了以下哪项外，其余都可能是这次选拔的结果？

A．恰好有 4 个学生被选为候选人。
B．只有 2 个学生被选为候选人。
C．没有学生被选为候选人。
D．候选人数多于本专业学生的 1/4。
E．候选人数少于本专业学生的 1/3。

### 10  2002GRK-22

为了增加收入，新桥机场决定调整计时停车场的收费标准。对每一辆在此停靠的车辆，新标准规定：在第一个 4 小时或不到 4 小时期间收取 4 元，之后每小时收取 1 元；而旧标准为：第一个 2 小时或不到 2 小时期间收取 2 元，之后每小时收取 1 元。

以下哪项如果为真，最能说明上述调整有利于增加收入？

A．把车停在机场停车场做短途旅游的人较前有很大的增长。
B．机场停车场经过扩充，容量较前大有增加。
C．机场停车场自投入使用以来，每年的收入都低于运营成本。
D．大多数车辆在机场的停靠时间不超过 2 小时。
E．把车停在机场停车场做短途旅游的人，通常把车停在按天计费而非按小时计费的停车场内。

### 11  2002GRK-53

美国授予发明者的专利数量，由 1971 年的 56 000 项下降到 1978 年的 45 000 项。美国在研究和开发方面的投入，在 1964 年到达其顶峰——占 GNP 的 3%；而在 1978 年只是 2.2%，在这期间，研究和开发费用占 GNP 的比重一直在下降。同一时期，西德和日本却增加了它们 GNP 中研究和开发费用的比重，分别增长到 3.2% 和 1.6%。

上述信息最能支持以下哪个结论？

A．一个国家的 GNP 和发明数量之间有直接的关系。
B．日本和西德在 1978 年比美国在研究和开发方面花费的钱多。
C．一个国家花在研究和开发上的钱的数量，直接决定该国产生的专利数量。
D．1964—1978 年间，美国研究和开发费用占 GNP 的比重一直高于日本。
E．西德和日本都将很快在专利数量方面超过美国。

## 12  2003MBA - 48

建筑历史学家丹尼斯教授对欧洲19世纪早期铺有木地板的房子进行了研究，结果发现较大的房间铺设的木板条比较小房间的木板条窄得多。丹尼斯教授认为，既然大房子的主人一般都比小房子的主人富有，那么，用窄木条铺地板很可能是当时有地位的象征，用以表明房主的富有。

以下哪项如果为真，最能加强丹尼斯教授的观点？
A. 欧洲19世纪晚期的大多数房子所铺设的木地板的宽度大致相同。
B. 丹尼斯教授的学术地位得到了国际建筑历史学界的公认。
C. 欧洲19世纪早期，木地板条的价格是以长度为标准计算的。
D. 欧洲19世纪早期，有些大房子铺设的是比木地板昂贵得多的大理石。
E. 在以欧洲19世纪市民生活为背景的小说《雾都十三夜》中，富商查理的别墅中铺设的就是有别于民间的细条胡桃木地板。

## 13  2003GRK - 41

某机关精简机构，计划减员25%，撤销三个机构，这三个机构的人数正好占全机关的25%。计划实施后，上述三个机构被撤销，全机关实际减员15%。此过程中，机关内部人员有所调动，但全机关只有减员，没有增员。

如果上述断定为真，以下哪项一定为真？
Ⅰ. 上述计划实施后，有的机构调入新成员。
Ⅱ. 上述计划实施后，没有一个机构，调入的新成员的总数，超出机关原总人数的10%。
Ⅲ. 上述计划实施后，被撤销机构中的留任人员，不超过机关原总人数的10%。

A. 只有Ⅰ。                 B. 只有Ⅱ。
C. 只有Ⅲ。                 D. 只有Ⅰ和Ⅱ。
E. Ⅰ、Ⅱ和Ⅲ。

## 14  2003GRK - 49

飞驰汽车制造公司同时推出飞鸟和锐进两款春季小型轿车。两款轿车以其新颖的造型受到购车族的欢迎。两款轿车销售时都带有轿车安全性能和出现一般问题时的处理说明书以及使用轿车一年后的情况反馈表。飞鸟轿车购车族的56%同时购买了轿车保险，锐进轿车购车族的82%同时购买了轿车保险。一年后，锐进轿车出现问题的反馈表是飞鸟轿车出现问题的反馈表的四倍。由此可见，锐进轿车的质量比飞鸟轿车的质量差，锐进轿车的购车者同时购买轿车保险的数量比飞鸟轿车多是有一定的道理的。

下面哪一项，如果为真，最有助于加强上述论述？
A. 飞鸟轿车购车族的平均年龄比锐进轿车购车族的平均年龄低。
B. 飞鸟轿车的情况反馈表比锐进轿车的情况反馈表更完善，需要花费更多的时间完成表格的填写。
C. 飞驰汽车制造公司收到的飞鸟轿车投诉信数量是锐进轿车的两倍。
D. 购买飞鸟轿车的客户数量是购买锐进轿车的两倍。
E. 飞鸟轿车的广告是锐进轿车的两倍，其良好的质量广为人知。

## 15  2006GRK - 28

2000年，宏发投资基金的基金总值的40%用于债券的购买。近几年来，由于股市比较低迷，该投资基金更加重视投资债券，在2004年，其投资基金的60%用于购买债券。因此，认为该投资基金购买债券比过去减少的观点是站不住脚的。

以下哪项如果为真，最能削弱上述论证？

A. 2004年宏发投资基金的总额比2000年少。

B. 宏发投资基金的领导层关于基金的投资取向一直存在不同的看法和争论。

C. 宏发投资基金经营部有许多信赖的员工，对该基金的投资决策情况并不了解。

D. 宏发投资基金面临的竞争压力越来越大，无论怎样调整投资结构，经营风险都在增加。

E. 宏发投资基金2004年投资股票的比例比2000年要低。

### 16  2006GRK-51

某国H省为农业大省，94%的面积为农村地区；H省也是城市人口最集中的大省，70%的人口为城市居民。就城市人口占全省人口的比例而言，H省是全国最高的。

上述断定最能支持以下哪项结论？

A. H省人口密度在全国所有省份中最高。

B. 全国没有其他省份比H省有如此少的地区用于城市居民居住。

C. 近年来，H省的城市人口增长率明显高于农村人口增长率。

D. H省农村人口占全省总人口的比例在全国是最低的。

E. H省大部分土地都不适合城市居民居住。

### 17  2009MBA-35

某地区过去三年日常生活必需品平均价格增长了30%。在同一时期，购买日常生活必需品的开支占家庭平均月收入的比例并未发生变化。因此，过去三年中家庭平均收入一定也增长了30%。

以下哪项最可能是上述论证所假设的？

A. 在过去三年中，平均每个家庭购买的日常生活必需品的数量和质量没有变化。

B. 在过去三年中，除生活必需品外，其他商品平均价格的增长低于30%。

C. 在过去三年中，该地区家庭的数量增加了30%。

D. 在过去三年中，家庭用于购买高档消费品的平均开支明显减少。

E. 在过去三年中，家庭平均生活水平下降了。

### 18  2009GRK-32

大投资的所谓巨片的票房收入，一般是影片制作与商业宣传总成本的2～3倍。但是电影产业的年收入大部分来自中小投资的影片。

以下哪项如果为真，最能解释题干的现象？

A. 票房收入不是评价影片质量的主要标准。

B. 大投资的巨片中确实不乏精品。

C. 大投资巨片的票价明显高于中小投资影片。

D. 对观众的调查显示，大投资巨片的平均受欢迎程度并不高于中小投资影片。

E. 投入市场的影片中，大部分是中小投资的影片。

### 19  2011GRK-28

今年上半年的统计数字表明：甲省CPI在三个月环比上涨1.8%以后，又连续三个月下降1.7%，同期乙省CPI连续三个月环比下降1.7%之后，又连续三个月上涨1.8%。

假若去年12月甲、乙两省的CPI相同，则以下哪项判断不真？

A. 今年2月份甲省比乙省的CPI高。

B. 今年3月份甲省比乙省的CPI高。

C. 今年4月份甲省比乙省的CPI高。

D. 今年5月份甲省比乙省的CPI高。

E. 今年6月份甲省比乙省的CPI高。

### 20  2014GRK-36

在过去的五年中，W市的食品价格平均上涨了25%。与此同时，居民购买食品的支出占该市家庭月收入的比例却仅仅上涨了约8%。因此，过去五年间W市家庭的平均收入上涨了。

以下哪项最有可能是上述论证的假设？

A. 在过去五年中，W市的家庭生活水平普遍有所提高。
B. 在过去五年中，W市除了食品外，其他商品平均价格上涨了25%。
C. 在过去五年中，W市居民购买食品的数量增加了8%。
D. 在过去五年中，W市每个家庭年购买的食品数量没有变化。
E. 在过去五年中，W市每个家庭年购买的食品数量减少了。

### 21  2018MBA-44

中国是全球最大的卷烟生产国和消费国，但近年来政府通过出台禁烟令、提高卷烟消费税等一系列公共政策努力改变这一现象。一项权威调查数据显示，在2014年同比上升2.4%之后，中国卷烟消费量在2015年同比下降了2.4%，这是1995年以来首次下降，尽管如此，2015年中国卷烟消费量仍占全球的45%，但这一下降对全球卷烟总消费量产生巨大影响，使其同时下降了2.1%。

根据以上信息，可以得出以下哪项？

A. 2015年世界其他国家卷烟消费量同比下降比率低于中国。
B. 2015年中国卷烟消费量恰好等于2013年。
C. 2015年世界其他国家卷烟消费量同比下降比率高于中国。
D. 2015年中国卷烟消费量大于2013年。
E. 2015年发达国家卷烟消费量同比下降比率高于发展中国家。

## 答案与解析

### 1. 正确答案：C

选项C断定的情况与题干有矛盾，因为由题干，完全可能存在两个购买者，他们购买的数量相同，10月8日的购买者以17.30美元的价格成交，10月7日的购买者以16.99美元的价格成交，因此不可能得到：10月8日的购买者一定比10月7日的购买者省钱。

其余各项均不与题干矛盾。

### 2. 正确答案：A

要使题干中摄像师的断定成立，A项是必须假设的，否则，如果以每单位电池提供的电能来计算，国产电池不比进口电池提供得少；而且由于每单位的国产电池要比进口电池价格便宜，那么，用国产电池替代进口电池后的费用肯定会降低，这和摄像师的估计相矛盾。

其余各项都不是题干所要假设的。

### 3. 正确答案：D

不可能被补交申请表这一新的事实所推翻的选项必定是没有上限的选项，选项D完全是低限断言，完全不受补交申请表的影响。

有上限的断言最容易被补交申请表的情况所推翻，而有上限的断言是：选项B、E。

其次是数量准确的断言容易被补交申请表的情况所推翻，即选项A、C。

### 4. 正确答案：C

由题干，乙型肝炎在各个年龄段的发病率没有明显的不同；又，中国人口的平均年龄，在

1998年至2010年之间，将呈明显上升态势。因此，一个显然恰当的推论是：在1998年至2010年之间，乙型肝炎患者的平均年龄将增大。这正是C项所断定的。其余各项均不能从题干中恰当地推出。

**5. 正确答案：E**

题干的事实二断定，在一段连续插播的电视广告中，观众印象较深的是第一个和最后一个，其余的则印象较浅；而E项断定，一个广告段中所包含的电视广告的平均数目增加了。由这两个条件可推知，近年来，在观众所看到的电视广告中，印象较深的所占的比例逐渐减少，这就从一个角度合理地解释了，为什么在电视广告所推出的各种商品中，观众能够记住其品牌名称的商品的比重在下降。

其余各项都不能起到上述作用。其中，B和C项有利于说明，近年来人们看到的电视广告的数量逐渐减少，但不能说明，在人们所看过的电视广告中，为什么能记住的百分比逐年降低。D项断定，近年来，一段连续播出的电视广告所占用的平均时间逐渐增加，由此不能推出，一段连续播出的电视广告中所出现的广告的平均数量逐渐增加，因为完全可能少数几个广告所占的时间增加了，而人们在所看过的广告中能记住的百分比并不会降低。

**6. 正确答案：B**

选项Ⅰ不一定成立。例如，当只有两个孩子装有卵石，其中一个装有24块，另一个装有1块时，第一句话为真，而第二句话为假。

选项Ⅱ一定成立。因为如果每个孩子的口袋中，或者没有卵石，或者至少有5块卵石，那么装有卵石的孩子的数目不可能超过5个，否则卵石的总数就会超出25块。

选项Ⅲ不一定成立。例如，当有25个孩子，每人装有1块卵石时，两句话都是假的。

**7. 正确答案：D**

题干断定一：在2002年至2007年之间，首次就业人员数量增加最多的是低收入的行业。

题干断定二：此期间，在整个就业人口中，低收入行业所占的比例并不会增加，有所增加的是高收入的行业所占的比例。

根据题干断定一，如果原就业人员的就业状况基本不变，那么在整个就业人口中，低收入行业所占的比例应有明显增加。这与题干断定二相矛盾。对此一个合理的推论是：相当数量的2002年在低收入行业就业的人员，到2007年将进入高收入行业。这正是D项所断定的。

**8. 正确答案：C**

题干断定：海达冰箱厂在单位时间里，较少的工人生产了较多的产品。

Ⅰ项不一定能支持题干，因为利润的增加并不一定意味着产品数量的增加。

Ⅱ项不一定能支持题干，因为无从确定近十年来该厂工人增加的比例。

Ⅲ项如果为真，则说明近十年来，该厂产量上升的比例大于工人增加的比例，即在单位时间里，较少的工人生产了较多的产品，这就支持了题干的结论。

**9. 正确答案：D**

由题干，选拔特别奖学金的候选人的标准之一是：将本专业的同学按学习成绩排列名次，均分为优、良、中、差四个等级，候选人的学习成绩必须为优。由于每个等级的人数相等，这说明，候选人数不能多于本专业学生1/4。因此，D项不可能是上述选拔的结果。

其余各项都可能是选拔的结果。

**10. 正确答案：D**

如果D项为真，则大多数在机场停车场停靠的车辆，按旧标准每次只需交2元停车费，按新标准则需交4元停车费。这就有力地说明，上述调整有利于增加收入。

其余都是明显无关选项,可直接排除。

**11. 正确答案:D**

由题干,1964—1978年间,美国研究和开发费用占GNP的比重一直在下降;也就是说,1964年的3%是最高值,1978年的2.2%是最低值。而此期间,日本的最高值是1.6%。因此,1964—1978年间,美国研究和开发费用占GNP的比重一直高于日本。这正是D项断定的。

**12. 正确答案:C**

题干根据:大房间铺设的木板条比小房间窄得多;大房子的主人一般都比小房子的主人富有。得出结论:窄木板条铺地,表明房主的富有。

如果C项为真,则由于当时木地板条的价格是以长度为标准计算的,因此,铺设相同面积的房间地面,窄木板条要比宽木板条昂贵,显示出房主的富有。这就有力地加强了丹尼斯的观点。假设C项不成立,即如果当时木地板条的价格不是以长度为标准计算的,而例如是以面积为标准计算的,那么,铺设相同面积的房间地面,窄木条并不比宽木条昂贵,这就无从显示房主的富有,丹尼斯的观点就难以成立。

假设其余各选项不成立,丹尼斯的观点仍然可以成立。因此,其余各项或者不加强丹尼斯的观点,或者对丹尼斯的观点有所加强,但力度不如C项。比如E项,是个例证,支持力度不大。

**13. 正确答案:A**

题干断定:计划实施后实际减员15%,而撤销的三个机构的人数为总人数的25%。

由题干可知,被撤销的三个机构中,至少有占全机关人数10%的成员被保留在机关,也就是调入别的机构。因此,Ⅰ项一定为真。

Ⅱ项不一定为真。因为题干所说的人员调动,不一定局限于被撤销机构的人员调入被保留的机构,也可能包括被保留机构人员的互相调动。

Ⅲ项不一定为真。因为完全可能被撤销的三个机构的人员全部留任,而被保留机构的成员被减员。

**14. 正确答案:D**

题干根据,锐进轿车出现问题的反馈表是飞鸟轿车的四倍,得出结论:锐进轿车的质量比飞鸟轿车的质量差。

题干论证所隐含的假设就是购买锐进轿车的客户数量不多于飞鸟轿车的四倍,飞鸟轿车的客户数越多,题干论证越有说服力。按照D项的说法,购买飞鸟轿车的客户数量远高于购买锐进轿车的客户数量,而飞鸟轿车的问题反馈表却大大少于锐进轿车的,更加说明飞鸟轿车的故障率低、质量好,有力地加强了题干论证。

A、E项为明显无关选项;B项暗示有可能飞鸟轿车的保险程序较麻烦,所以买飞鸟轿车保险的人少,有用另有他因的方法削弱题干的意思;C项说飞鸟轿车的投诉信远高于锐进轿车,当然可以得出飞鸟轿车的质量更差,削弱题干论述。

**15. 正确答案:A**

题干由2004年购买债券所占投资基金的比例高于2000年,得出该投资基金购买债券比过去减少的观点是错误的。

要求选择削弱这一论证的选项。即需要说明,虽然比例提高了,但实际数额却可能降低了。A项最能削弱上述论证,因为如果A项为真,则事实上2004年宏发投资基金的总额比2000年少,那么即使2004年购买债券所占基金总额的比例增加了,也有可能该投资基金购买债券的绝对金额比过去减少。

其余选项均为无关项。

**16. 正确答案：D**

由 H 省城市人口占全省人口的比例是全国最高的，对比推理可知，H 省农村人口占全省总人口的比例，在全国是最低的。因此 D 为正确答案。

如果 D 项不成立，则至少存在一个省，其农村人口的比例低于 30%，因而其城市人口的比例高于 70%，这样，题干关于 H 省城市人口比例全国最高的断定就不成立。

A 项中的人口密度为新概念；B 项中的信息题干没有提到；C 项中的人口增长率为新概念；E 项所述事实也和题干无关，因此，都应排除。

**17. 正确答案：A**

题干所隐含的数学关系为：

购买日常生活必需品的开支占家庭平均月收入的比例＝（日常生活必需品的平均价格×平均每个家庭购买的日常生活必需品的数量）/家庭平均月收入

因此，要使题干论证成立，A 项是必须假设的。否则，如果在过去三年中，平均每个家庭购买的日常生活必需品的数量和质量发生了变化，那么，题干的论证就不成立了。

**18. 正确答案：E**

本题需要解释的是，为什么巨片的利润高，但巨片在电影产业的年收入中所占的比例并不高。

如果 E 项为真，即投入市场的影片中，大部分是中小投资的影片。这就合理地解释了电影产业的年收入大部分来自中小投资的影片这一现象。

**19. 正确答案：E**

根据题干条件进行计算，甲省和乙省六个月后的 CPI 应该相等，都应该是去年 12 月份的 $(1+1.8\%)^3(1-1.7\%)^3$ 倍，所以 E 为假。

另一种思考方法是，首先排除 A、B 项，因为今年前 3 个月甲涨、乙降，所以一定是甲比乙高。假设 E 项也真，即 6 月份甲比乙高，由于后 3 个月甲降、乙涨，则 4、5 月份也应该是甲比乙高。这样选项都真，没有正确答案了，所以，假设不成立，则 E 项必为假，为正确答案。

**20. 正确答案：D**

题干前提一：食品价格平均上涨了 25%。

补充 D 项：每个家庭购买的食品数量没有变化。

推出结论：每个家庭食品支出平均上涨了 25%。

题干前提二：食品支出占家庭月收入的比例仅上涨了约 8%。

得出题干结论：家庭的平均收入上涨了。

**21. 正确答案：A**

题干断定：中国卷烟消费量在 2015 年同比下降了 2.4%，而全球卷烟总消费量下降了 2.1%。

由此显然可知：2015 年世界其他国家卷烟消费量同比下降比率低于中国。因此，A 项正确。

B 项：2015 年中国卷烟消费量应该是 2013 年的 $1\times(1+2.4\%)\times(1-2.4\%)=0.9994$，不可能相等。

C 项：由前面推理可知，该项错误。

D 项：见 B 项分析。

E 项：题干没有将发达国家与发展中国家进行比较。

## 9.3 数学推演

数学推演类题目特指具有一定难度的数学推理题，一般需要列出多个数学方程或需要分析较为复杂的数学关系。

**1  2001MBA-70**

某研究所对该所上年度研究成果的统计显示：在该所所有的研究人员中，没有两个人发表的论文的数量完全相同；没有人恰好发表了10篇论文；没有人发表的论文的数量等于或超过全所研究人员的数量。

如果上述统计是真实的，则以下哪项断定也一定是真实的？

Ⅰ．该所研究人员中，有人上年度没有发表1篇论文。

Ⅱ．该所研究人员的数量，不少于3人。

Ⅲ．该所研究人员的数量，不多于10人。

A．只有Ⅰ和Ⅱ。　　　　　　　　　B．只有Ⅰ和Ⅲ。
C．只有Ⅰ。　　　　　　　　　　　D．Ⅰ、Ⅱ和Ⅲ。
E．Ⅰ、Ⅱ和Ⅲ都不一定是真实的。

**2  2002MBA-41**

在2000年，世界范围的造纸业所用的鲜纸浆（即直接从植物纤维制成的纸浆）是回收纸浆（从废纸制成的纸浆）的2倍。造纸业的分析人员指出，到2010年，世界造纸业所用的回收纸浆将不少于鲜纸浆，而鲜纸浆的使用量也将比2000年有持续上升。

如果上面提供的信息均为真，并且分析人员的预测也是正确的，那么可以得出以下哪个结论？

Ⅰ．在2010年，造纸业所用的回收纸浆至少是2000年的2倍。

Ⅱ．在2010年，造纸业所用的总的纸浆至少是2000年的2倍。

Ⅲ．造纸业在2010年造的只含鲜纸浆的纸将会比2000年少。

A．仅Ⅰ。　　　　　　　　　　　　B．仅Ⅱ。
C．仅Ⅲ。　　　　　　　　　　　　D．仅Ⅰ和Ⅱ。
E．Ⅰ、Ⅱ和Ⅲ。

**3  2002GRK-25**

在H国2000年的人口普查中，婚姻状况分为四种：未婚、已婚、离婚和丧偶。其中，已婚分为正常婚姻和分居；分居分为合法分居和非法分居；非法分居指分居者与无婚姻关系的异性非法同居。普查显示，分居者中，女性比男性多100万。

以下哪项如果为真，有助于解释上述普查结果？

Ⅰ．分居者中的男性非法分居者多于女性非法同分者。

Ⅱ．未在上述普查中登记的分居男性多于分居女性。

Ⅲ．离开H国移居他国的分居男性多于分居女性。

A．只有Ⅰ。　　　　　　　　　　　B．只有Ⅱ。
C．只有Ⅲ。　　　　　　　　　　　D．只有Ⅱ和Ⅲ。
E．Ⅰ、Ⅱ和Ⅲ。

### 4  2004GRK-50

如果比较全日制学生的数量，东江大学的学生数量是西海大学学生数量的 70%。如果比较学生总数量（全日制学生加上成人教育学生），则东江大学的是西海大学的 120%。

由上文最能推出以下哪项结论？

A. 东江大学比西海大学更注重质量。
B. 东江大学成人教育学生数量所占总学生数的比例比西海大学的高。
C. 西海大学的成人教育学生比全日制学生多。
D. 东江大学的成人教育学生比全日制学生少。
E. 东江大学的全日制学生比成人教育学生多。

### 5  2005GRK-24

我国博士研究生中女生的比例近年来有显著的增长。说明这一结论的一组数据是：2000 年，报考博士生的女性考生的录取比例是 30%；而 2004 年这一比例上升为 45%。另外，这两年报考博士生的考生中男女的比例基本不变。

为了评价上述论证，对 2000 年和 2004 年的以下哪项数据进行比较最为重要？

A. 报考博士生的男性考生的录取比例。
B. 报考博士生的考生的总数。
C. 报考博士生的女性考生的总数。
D. 报考博士生的男性考生的总数。
E. 报考博士生的考生中理工科的比例。

### 6  2006MBA-55

在丈夫或妻子至少有一个是中国人的夫妻中，中国女性比中国男性多 2 万。

如果上述断定为真，则以下哪项一定为真？

Ⅰ. 恰有 2 万中国女性嫁给了外国人。
Ⅱ. 在和中国人结婚的外国人中，男性多于女性。
Ⅲ. 在和中国人结婚的人中，男性多于女性。

A. 只有Ⅰ。　　　　　　　　　B. 只有Ⅱ。
C. 只有Ⅲ。　　　　　　　　　D. 只有Ⅱ和Ⅲ。
E. Ⅰ、Ⅱ和Ⅲ。

### 7  2008GRK-33

A 地区与 B 地区相邻。如果基于耕种地和休耕地的总面积计算最近 12 年的平均亩产，A 地区是 B 地区的 120%；如果仅基于耕种地的面积，A 地区是 B 地区的 70%。

如果上述陈述为真，最可能推断出以下哪项？

A. A 地区生产的谷物比 B 地区多。
B. A 地区休耕地比 B 地区耕种地少。
C. A 地区少量休耕地是可利用的农田。
D. 耕种地占总农田的比例，A 地区比 B 地区高。
E. B 地区休耕地面积比 A 地区耕种地面积多。

### 8  2009MBA-33

某综合性大学只有理科与文科，理科学生多于文科学生，女生多于男生。

如果上述断定为真，则以下哪项关于该大学学生的断定也一定为真？

Ⅰ. 文科的女生多于文科的男生。

Ⅱ. 理科的男生多于文科的男生。

Ⅲ. 理科的女生多于文科的男生。

A. 只有Ⅰ和Ⅱ。
B. 只有Ⅲ。
C. 只有Ⅱ和Ⅲ。
D. Ⅰ、Ⅱ和Ⅲ。
E. Ⅰ、Ⅱ和Ⅲ都不一定是真的。

**9** 2016MBA-29

古人以干支纪年。甲乙丙丁戊己庚辛壬癸为十干，也称天干。子丑寅卯辰巳午未申酉戌亥为十二支，也称地支。顺次以天干配地支，如甲子、乙丑、丙寅……癸酉、甲戌、乙亥、丙子等，六十年重复一次，俗称六十花甲子。根据干支纪年，公元2014年为甲午年，公元2015年为乙未年。

根据以上陈述，可以得出以下哪项？

A. 21世纪会有甲丑年。

B. 现代人已不用干支纪年。

C. 干支纪年有利于农事。

D. 根据干支纪年，公元2087年为丁未年。

E. 根据干支纪年，公元2024年为甲寅年。

**10** 2023MBA-29

某部门抽检了肉制品、白酒、乳制品、干果、蔬菜、水产品、饮料7类商品共521种样品，发现其中合格样品515种，不合格样品6种，已知：

(1) 蔬菜、白酒中有2种不合格样品；

(2) 肉制品、白酒、蔬菜、水产品中有5种不合格样品；

(3) 蔬菜、乳制品、干果中有3种不合格样品。

根据上述信息，可以得出以下哪项？

A. 乳制品中没有不合格样品。

B. 肉制品中没有不合格样品。

C. 蔬菜中没有不合格样品。

D. 白酒中没有不合格样品。

E. 水产品中没有不合格样品。

## 答案与解析

### 1. 正确答案：B

题干的统计结论有三个：

结论一：没有两个人发表的论文的数量完全相同；

结论二：没有人恰好发表了10篇论文；

结论三：没有人发表的论文的数量等于或超过全所研究人员的数量。

选项Ⅰ成立。设全所人员的数量为 $n$，则由结论一和结论三，可推出：全所人员发表论文的数量必定分别为 $0, 1, 2, \cdots, n-1$。

选项Ⅱ不成立。例如，该所只有2人，其中一人发表0篇，另一人发表了1篇，题干的三个结论可同时满足。

选项Ⅲ成立。假定该所研究人员的数量多于10人，则有人发表的论文多于或等于10篇，则有人恰好发表了10篇论文（例如，该所有11人，根据结论一和结论三可知，全所人员发表论文的数量必定分别为0，1，2，…，9，10），这和结论二矛盾。因此，该所研究人员的数量，不多于10人。

2. 正确答案：A

令2000年鲜纸浆、回收纸浆的使用量分别为$X_1$、$H_1$；

2010年鲜纸浆、回收纸浆的使用量分别为$X_2$、$H_2$。

本题隐含三个数学式：

(1) $X_1 = 2H_1$ （2000年：回收纸浆量×2＝鲜纸浆量）

(2) $H_2 \geqslant X_2$ （2010年：回收纸浆量≥鲜纸浆量）

(3) $X_2 > X_1$ （2010年的鲜纸浆量＞2000年的鲜纸浆量）

选项Ⅰ可表示为：$H_2 \geqslant 2H_1$。由于联立以上三式可得到$H_2 \geqslant X_2 > X_1 = 2H_1$，显然可以推出：在2010年，造纸业所用的回收纸浆至少是2000年的2倍。所以Ⅰ成立。

选项Ⅱ可表示为：$X_2 + H_2 \geqslant 2(X_1 + H_1)$。而此式未必成立。例如，假设2000年鲜纸浆的用量$X_1$是2个单位，回收纸浆的用量$H_1$是1个单位；到2010年，鲜纸浆的用量$X_2$是2.1个单位，回收纸浆的用量$H_2$是2.2个单位。这一假设符合题干的所有条件，但2010年纸浆总用量少于2000年的2倍。

选项Ⅲ超出了题干范围，题干只告诉我们2010年的鲜纸浆用量比2000年的鲜纸浆用量多，当然得不出：造纸业在2010年造的只含鲜纸浆的纸将会比2000年少。

综合前面的分析，可知A是正确答案。

3. 正确答案：D

在一夫一妻制的通常情况下，分居者中两性的数量应当是相等的。题干中的普查显示，分居者中，女性比男性多100万，这一定是由某些非正常情况产生的。Ⅱ和Ⅲ项就断定了这样的非正常情况，如果为真，显然有助于解释上述普查结果。Ⅰ项显然无助于解释题干。

4. 正确答案：B

设：东江大学全日制学生数为$X_1$，东江大学成人教育学生数为$X_2$；

西海大学全日制学生数为$Y_1$，西海大学成人教育学生数为$Y_2$。

由题干可得：$X_1/Y_1 = 70\%$

$(X_1 + X_2)/(Y_1 + Y_2) = 120\%$

从上两式可推出$X_2/(X_1 + X_2) > Y_2/(Y_1 + Y_2)$

即B项成立。

5. 正确答案：A

为评价题干论证，对2000年和2004年报考博士生的男性考生的录取比例进行比较最为重要。如果这一比例持平或下降，则支持题干论证；如果这一比例同样明显上升，则削弱题干论证。

可以数学方式思考，列表1-9-3分析如下：

表1-9-3

|  | 2000年 |  | 2004年 |  |
| --- | --- | --- | --- | --- |
|  | 男 | 女 | 男 | 女 |
| 录取人数 | $P_1$ | $30\%S_1$ | $P_2$ | $45\%S_2$ |
| 报考人数 | $R_1$ | $S_1$ | $R_2$ | $S_2$ |

$R_1/S_1=R_2/S_2$，即 $S_1/S_2=R_1/R_2$

需要评价的是 $45\%S_2/(P_2+45\%S_2)>30\%S_1/(P_1+30\%S_1)$

即需要评价 $1.5P_1/P_2>S_1/S_2=R_1/R_2$

那么，如果我们知道2000年和2004年报考博士生的男性考生的录取比例，即知道 $P_1/R_1$ 和 $P_2/R_2$ 的数据，就可对上式的正确与否进行评价。

### 6. 正确答案：D

丈夫或妻子至少有一个是中国人的夫妻有三种情况，列表1-9-4：

表1-9-4

| 丈夫（男性） | 中国人 $P$ | 中国人 $Q$ | 外国人 $R$ |
|---|---|---|---|
| 妻子（女性） | 中国人 $P$ | 外国人 $Q$ | 中国人 $R$ |

题干可表示为 $(P+R)-(P+Q)=2$；即 $R-Q=2$

Ⅰ可表示为 $R=2$；这从题干推不出来。

Ⅱ可表示为 $R>Q$；这可以从题干必然推出。

Ⅲ可表示为 $P+R>P+Q$；这可以从题干必然推出。

### 7. 正确答案：D

题干断定：基于耕种地和休耕地的总面积计算的平均亩产，A比B多；而仅基于耕种地的面积计算的平均亩产，A比B少。从中显然可直观地看出来A比B的耕种地占总农田的比例高，即答案为D。

### 8. 正确答案：B

数学思维题。

设理科男生数为 $X_1$，理科女生数为 $X_2$；文科男生数为 $Y_1$，文科女生数为 $Y_2$。则根据题干条件，列式如下：

(1) $X_1+X_2>Y_1+Y_2$

(2) $X_2+Y_2>X_1+Y_1$

两式相加可得：$X_2>Y_1$

意味着：理科的女生多于文科的男生，即Ⅲ项必然正确。

其余Ⅰ和Ⅱ项都推不出。例如，假设全校学生400名，理科学生共300名且都是女性，文科学生共100名且都是男性，则题干条件成立，但此时Ⅰ和Ⅱ项都不成立。

因此，答案为B。

### 9. 正确答案：D

根据干支纪年方法，六十年重复一次，所以，2075年为乙未年，所以12年之后的2087年为丁未年。因此，D项为正确答案。

A项：根据天干和地支的奇偶性相同的特点，甲是奇数，丑是偶数，不可能相配，所以不可能出现甲丑年，排除。

B项：题干只陈述了古人以干支纪年，没有明确现代人是否使用，所以无法推出，排除。

C项：超出题干断定范围，因为题干没有提及"农事"方面的信息，排除。

E项：2014为甲午年，天干每10年一个周期，故2024年天干也为甲，地支按顺序推算应为辰，所以2024年为甲辰年，不是甲寅年，排除。

### 10. 正确答案：D

题干断定：

(1) 蔬菜、白酒中有2种不合格样品；

(2) 肉制品、白酒、蔬菜、水产品中有 5 种不合格样品；

(3) 蔬菜、乳制品、干果中有 3 种不合格样品；

(4) 肉制品、白酒、乳制品、干果、蔬菜、水产品、饮料 7 类商品中不合格样品有 6 种。

列表 1-9-5：

表 1-9-5

| 条件 | 不合格样品种数 | 肉制品 | 白酒 | 乳制品 | 干果 | 蔬菜 | 水产品 | 饮料 |
|---|---|---|---|---|---|---|---|---|
| (1) | 2 |  | √ |  |  | √ |  |  |
| (2) | 5 | √ | √ |  |  | √ | √ |  |
| (3) | 3 |  |  | √ | √ | √ |  |  |
| (4) | 6 | √ | √ | √ | √ | √ | √ | √ |

由（2）−（1）推出（5）：肉制品、水产品中含不合格样品为 5−2＝3 种。

再由（4）−（3）−（5）得出：白酒、饮料中含不合格样品为 6−3−3＝0 种。

因此，白酒和饮料中都没有不合格样品，D 项为正确答案。

## 9.4 演绎推论

推理能力与语言能力既有区别，又有联系。不具备一定的语言能力，谈不上推理能力。演绎推论指的是根据题干给出的信息直接推出确定性的结论。这类题目的特点，一是类似于阅读理解，二是一种必然性推理，正确答案一定在题干所给的信息中推出。

**1 2006MBA-52**

思考是人的大脑才具有的机能。计算机所做的事（如深蓝与国际象棋大师对弈）更接近于思考，而不同于动物（指人以外的动物，下同）的任何一种行为。但计算机不具有意志力，而有些动物具有意志力。

如果上述断定为真，则以下哪项一定为真？

Ⅰ. 具备意志力不一定要经过思考。

Ⅱ. 动物的行为中不包括思考。

Ⅲ. 思考不一定要具备意志力。

A. 只有Ⅰ。　　　　　　　　　　B. 只有Ⅱ。

C. 只有Ⅲ。　　　　　　　　　　D. 只有Ⅰ和Ⅱ。

E. Ⅰ、Ⅱ和Ⅲ。

**2 2007MBA-42**

某公司一批优秀的中层干部竞选总经理职位。所有的竞选者除了李女士自身外，没有人能同时具备她的所有优点。

从以上断定能合乎逻辑地得出以下哪项结论？

A. 在所有竞选者中，李女士最具备条件当选总经理。

B. 李女士具有其他竞选者都不具备的某些优点。

C. 李女士具有其他竞选者的所有优点。

D. 李女士的任一优点都有竞选者不具备。

E. 任一其他竞选者都有不及李女士之处。

### 3  2010GRK-50

昨天是小红的生日,后天是小伟的生日。他俩的生日距星期天同样远。

如果上述断定为真,那么,今天是星期几?

A. 今天是星期五。　　　　　　　B. 今天是星期一。
C. 今天是星期二。　　　　　　　D. 今天是星期三。
E. 今天是星期四。

### 4  2010GRK-35

一项研究发现:吸食过毒品(例如摇头丸)的女孩比没有这种行为的女孩患抑郁症的可能性高出2至3倍;酗酒的男孩比不喝酒的男孩患抑郁症的可能性高出5倍。另外,抑郁会使没有不良行为的孩子减少犯错误的冲动,却会让有过上述不良行为的孩子更加行为出格。

如果上述断定为真,则以下哪项一定为真?

A. 行为出格的孩子容易抑郁,进而加重他们的出格行为。
B. 酗酒的男孩比食用摇头丸的女孩患抑郁症的可能性高。
C. 抑郁会让人失去生活的乐趣并导致行为出格。
D. 没有坏习惯的孩子大多是家庭和谐快乐的。
E. 患有抑郁症的孩子都伴随有不良的行为出格。

### 5  2014GRK-46

社区组织的活动有两种类型:养生型和休闲型。组织者对所有参加者的统计发现:社区老人有的参加了所有养生型的活动,有的参加了所有休闲型的活动。

按这个统计以下哪项一定为真?

A. 社区组织的有些活动没有社区老人参加。
B. 有些社区老人没有参加社区组织的任何活动。
C. 社区组织的任何活动都有社区老人参加。
D. 社区的中年人也参加了社区组织的活动。
E. 有些社区老人参加了社区组织的所有活动。

### 6  2017MBA-37

很多成年人对于儿时熟悉的《唐诗三百首》中的许多名诗,常常仅记得几句名句,而不知诗作者或诗名。甲校中文系硕士生只有三个年级,每个年级人数相等。统计发现,一年级学生都能把该书中的名句与诗名及其作者对应起来;二年级2/3的学生能把该书中的名句和作者对应起来;三年级1/3的学生不能把该书中的名句与诗名对应起来。

根据上述信息,关于该校中文系硕士生,可以得出以下哪项?

A. 1/3以上的一、二年级学生不能把该书中的名句和作者对应起来。
B. 1/3以上的硕士生不能将该书中的名句与诗名或作者对应起来。
C. 大部分硕士生能将该书中的名句与诗名及其作者对应起来。
D. 2/3以上的一、三年级学生能把该书中的名句与诗名对应起来。
E. 2/3以上的一、二年级学生不能把该书中的名句与诗名对应起来。

### 7  2021MBA-27

M大学社会学学院的老师都曾经对甲县某些乡镇进行家庭收支情况调研,N大学历史学院的老师都曾经到甲县的所有乡镇进行历史考察。赵若兮曾经对甲县所有乡镇家庭收支情况进行调研,但未曾到项郭镇进行历史考察;陈北鱼曾经到梅河乡进行历史考察,但从未对甲县家庭收支情况进行调研。

根据以上信息,可以得出以下哪项?

A. 陈北鱼是M大学社会学学院的老师,且梅河乡是甲县的。

B. 若赵若兮是N大学历史学院的老师,则项郢镇不是甲县的。

C. 对甲县的家庭收支情况调研,也会涉及相关的历史考察。

D. 陈北鱼是N大学的老师。

E. 赵若兮是M大学的老师。

## 答案与解析

### 1. 正确答案:D

题干断定一:思考是人的大脑才具有的机能。这说明计算机和动物都不能思考。

题干断定二:计算机不具有意志力,而有些动物具有意志力(表1-9-6)。

表1-9-6

|  | 人 | 计算机 | 动物 |
| --- | --- | --- | --- |
| 思考 | √ | × | × |
| 意志力 |  | × | √ |

有的动物具有意志力,但动物都不能思考,显然Ⅰ是成立的。

思考是人的大脑才具有的机能,所以动物不能思考,即动物的行为中不包含思考,显然Ⅱ成立。

由题干,由于计算机所做的事只是接近于思考,而不是真正的思考,因此,不能根据计算机不具备意志力,就得出结论:思考不一定要具备意志力,所以,Ⅲ不能由题干推出。

### 2. 正确答案:E

题干的断定:不存在其他竞选者同时具备李女士的所有优点。

这等于断定,对任一其他竞选者,都存在不具备李女士的某个优点的情况。也就是说,任一其他竞选者都有不及李女士之处。因此,E项正确。

其余选项都超出了题干断定范围。例如,D项不能从题干推出,因为完全有可能李女士的任一优点都有竞选者具备,但没有竞选者能同时具备她的所有优点。

比如李有A、B、C三个优点,王有A、B、D、E四个优点,张有B、C、F、G四个优点(图1-9-2)。

这说明李的优点并不最多,而且不一定符合总经理所需的优点,所以A项不对。B项和C项也显然得不到。

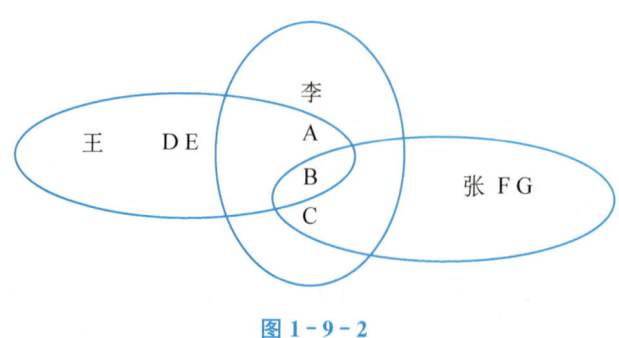

图1-9-2

上篇 演绎推理

**3. 正确答案：D**

由题干条件推得：小红的生日是星期二，与上周日相隔一天；小伟的生日是星期五，与下周日相隔一天。这样就符合题干"他俩的生日距星期天同样远"的条件。因此，D项为正确答案。

其余选项都不符合题干条件，排除（表1-9-7）。

表1-9-7

|   | 日 | 一 | 二 | 三 | 四 | 五 | 六 | 日 | 一 | 二 |
|---|---|---|---|---|---|---|---|---|---|---|
| A |   |   |   |   | 小红 | 今天 |   | 小伟 |   |   |
| B | 小红 | 今天 |   | 小伟 |   |   |   |   |   |   |
| C |   | 小红 | 今天 |   | 小伟 |   |   |   |   |   |
| D |   |   | 小红 | 今天 |   | 小伟 |   |   |   |   |
| E |   |   |   | 小红 | 今天 |   | 小伟 |   |   |   |

**4. 正确答案：A**

题干断定吸毒和酗酒这些出格行为易导致抑郁，又断定抑郁会使有不良行为的孩子更加行为出格。由此可必然推出，行为出格的孩子容易抑郁，进而加重他们的出格行为。因此，A项正确。

其余选项都不能从题干必然推出。

**5. 正确答案：C**

题干断定一：社区组织的活动有两种类型：养生型和休闲型。

题干断定二：所有养生型的活动都有社区老人参加，所有休闲型的活动都有社区老人参加。

必推出结论：社区组织的所有活动都有社区老人参加。

因此，C项为正确答案。

**6. 正确答案：D**

将题干所陈述的对甲校中文系硕士生的统计，列表1-9-8：

表1-9-8

|   | 名句和作者对应起来 || 名句与诗名对应起来 ||
|---|---|---|---|---|
|   | 能 | 不能 | 能 | 不能 |
| 一年级学生 | 1 | 0 | 1 | 0 |
| 二年级学生 | 2/3 | 1/3 |   |   |
| 三年级学生 |   |   | 2/3 | 1/3 |

由此可见，2/3以上的一、三年级学生能把该书中的名句与诗名对应起来。因此，D项正确。

其余选项都不能必然得出。其中：

A项：只能得出1/3以下的一、二年级学生不能把该书中的名句和作者对应起来，排除。

B项：由于缺乏二年级学生把该书中的名句与诗名对应起来的比例，所以无法确定该项是否正确，排除。

C项：由于缺乏二、三年级学生能把该书中的名句与诗名及其作者对应起来的比例，所以无法确定该项是否正确，排除。

E项：由于缺乏二年级学生把该书中的名句与诗名对应起来的比例，所以无法确定该项是否正确，排除。

159

## 7. 正确答案：B

题干断定：

（1）M大学社会学学院的老师→对甲县某些乡镇进行收支调研
（2）N大学历史学院的老师→到甲县所有乡镇进行历史考察
（3）赵→对甲县所有乡镇收支调研
（4）赵→¬项郢镇历史考察
（5）陈→梅河乡历史考察
（6）陈→¬甲县收支调研

若赵是N大学历史学院的老师，由（2）知，则赵到甲县所有乡镇进行历史考察；又由（4），赵未曾到项郢镇进行历史考察，可推出，项郢镇不是甲县的。因此，B项正确。

其余选项不能必然得出。比如，A项，由"陈"结合（5），无法根据推理规则推出有效信息，排除。

## 9.5 演绎分析

演绎分析题的解题方法主要有两种。

### 一、直接推理法

首先，阅读并对题干所给出的条件作出准确的理解。
其次，对题干给出的多种因素间的条件关系进行逻辑分析，寻找其内在关系。
再次，综合各个条件逐步进行分析与推理，直至推出必然性的答案。
最后，在推理的同时，可结合排除法，根据题目条件排除其中不可能的选项。

### 二、间接推理法

#### 1. 假设代入的两种方法

（1）归谬法：假设一个命题为真，推导出逻辑矛盾，那么该命题必定是假的。
（2）反证法：假设一个命题为假，推导出逻辑矛盾，那么该命题必定是真的。

#### 2. 假设代入的两种方式

包括对题干条件的假设代入和对选项的假设代入，一般优先使用对选项的假设代入。
（1）对题干条件的假设代入。
①假设题干某个条件为真，若推出逻辑矛盾，则该条件为假，从中可推出某个结果。
②假设题干某个条件为假，若推出逻辑矛盾，则该条件为真，从中可推出某个结果。
（2）对选项的假设代入。
①假设某个选项为真，若推出逻辑矛盾，则该选项为假，应予以排除。
②假设某个选项为假，若推出逻辑矛盾，则该选项为真，该选项为正确答案。

### 1  2010MBA-48

李赫、张岚、林宏、何柏、邱辉五位同事近日各自买了一辆不同品牌小轿车，分别为雪铁龙、奥迪、宝马、奔驰、桑塔纳。这五辆车的颜色分别与五人名字最后一个字谐音的颜色不同。已知李赫买的是蓝色的雪铁龙。

以下哪项排列可能依次对应张岚、林宏、何柏、邱辉所买的车？
A. 灰色的奥迪，白色的宝马，灰色的奔驰，红色的桑塔纳。
B. 黑色的奥迪，红色的宝马，灰色的奔驰，白色的桑塔纳。
C. 红色的奥迪，灰色的宝马，白色的奔驰，黑色的桑塔纳。
D. 白色的奥迪，黑色的宝马，红色的奔驰，灰色的桑塔纳。
E. 黑色的奥迪，灰色的宝马，白色的奔驰，红色的桑塔纳。

### 2 2016MBA-48

在编号是1、2、3、4的四个盒子中装绿茶、红茶、花茶和白茶四种茶。每个盒子只装一种茶，每种茶只装在一个盒子。已知：
(1) 装绿茶和红茶的盒子在1、2、3号范围之内。
(2) 装红茶和花茶的盒子在2、3、4号范围之内。
(3) 装白茶的盒子在1、3号范围之内。
根据上述条件，可以得出以下哪项？
A. 绿茶在3号。　　　　　　　　B. 花茶在4号。
C. 白茶在3号。　　　　　　　　D. 红茶在2号。
E. 绿茶在1号。

### 3 2017MBA-29

某剧组招募群众演员。为配合剧情，需要招4类角色：外国游客1到2名，购物者2到3名，商贩2名，路人若干。甲、乙、丙、丁、戊、己6人可供选择，且每个人在同一场景中只能出演一个角色。已知：
(1) 只有甲、乙才能出演外国游客；
(2) 上述4类角色在每个场景中至少有3类同时出现；
(3) 每一场景中，若乙或丁出演商贩，则甲和丙出演购物者；
(4) 购物者和路人的数量之和在每个场景中不超过2。
根据上述信息，可以得出以下哪项？
A. 同一场景中，如果戊和己出演路人，那么甲只能出演外国游客。
B. 甲、乙、丙、丁不会出现在同一场景。
C. 至少有2人需要在不同场景中出演不同的角色。
D. 在同一场景中，若乙出演外国游客，则甲只可能出演商贩。
E. 在同一场景中，如果丁和戊出演购物者，则乙只可能出演外国游客。

### 4 2017MBA-53

某民乐小组拟购买几种乐器，购买要求如下：
(1) 二胡、箫至多购买一种；
(2) 笛子、二胡和古筝至少购买一种；
(3) 箫、古筝、唢呐至少购买两种；
(4) 如果购买箫，则不购买笛子。
根据以上要求，可以得出以下哪项？
A. 至多购买了三种乐器。　　　　B. 箫、笛子至少购买了一种。
C. 至少要购买三种乐器。　　　　D. 古筝、二胡至少购买一种。
E. 一定要购买唢呐。

### 5  2018MBA-33

"二十四节气"是我国在农耕社会生产生活的时间活动指南，反映了从春到冬一年四季的气温、降水、物候的周期性变化规律。已知各节气的名称具有如下特点：

(1) 凡含"春""夏""秋""冬"字的节气各属春、夏、秋、冬季；

(2) 凡含"雨""露""雪"字的节气各属春、秋、冬季；

(3) 如果"清明"不在春季，则"霜降"不在秋季；

(4) 如果"雨水"在春季，则"霜降"在秋季。

根据以上信息，如果从春至冬每季仅列两个节气，则以下哪项是不可能的？

A. 雨水、惊蛰、夏至、小暑、白露、霜降、大雪、冬至。

B. 惊蛰、春分、立夏、小满、白露、寒露、立冬、小雪。

C. 清明、谷雨、芒种、夏至、秋分、寒露、小雪、大寒。

D. 立春、清明、立夏、夏至、立秋、寒露、小雪、大寒。

E. 立春、谷雨、清明、夏至、处暑、白露、立冬、小雪。

### 6  2018MBA-35

某市已开通运营一、二、三、四号地铁线路，各条地铁线每一站运行加停靠所需时间均彼此相同。小张、小王、小李3人是同一单位的职工，单位附近有北口地铁站。某天早晨，3人同时都在常青站乘一号线上班，但3人关于乘车路线的想法不尽相同。已知：

(1) 如果一号线拥挤，小张就坐2站后转三号线，再坐3站到北口站；如果一号线不拥挤，小张就坐3站后转二号线，再坐4站到北口站。

(2) 只有一号线拥挤，小王才坐2站后转三号线，再坐3站到北口站。

(3) 如果一号线不拥挤，小李就坐4站后转四号线，坐3站后再转三号线，坐1站到达北口站。

(4) 该天早晨地铁一号线不拥挤。

假定三人换乘及步行总时间相同，则以下哪项最可能与上述信息不一致？

A. 小王和小李同时到达单位。　　　　B. 小张和小王同时到达单位。

C. 小王比小李先到达单位。　　　　　D. 小李比小张先到达单位。

E. 小张比小王先到达单位。

### 7  2018MBA-53

某国拟在甲、乙、丙、丁、戊、己6种农作物中进口几种，用于该国庞大的动物饲料产业。考虑到一些农作物可能含有违禁成分，以及它们之间存在的互补或可替代因素，该国对这些农作物有如下要求：

(1) 它们当中不含违禁成分的都进口。

(2) 如果甲或乙含有违禁成分，就进口戊和己。

(3) 如果丙含有违禁成分，那么丁就不进口了。

(4) 如果进口戊，就进口乙和丁。

(5) 如果不进口丁，就进口丙；如果进口丙，就不进口丁。

根据上述要求，以下哪项所列的农作物是该国可以进口的？

A. 丙、戊、己。　　　　　　　　　　B. 乙、丙、丁。

C. 甲、乙、丙。　　　　　　　　　　D. 甲、丁、己。

E. 甲、戊、己。

### 8  2019MBA-35

本保险柜密码是由 4 个阿拉伯数字和 4 个英文字母组成。已知：

(1) 若 4 个英文字母不连续排列，则密码组合中的数字之和大于 15。
(2) 若 4 个英文字母连续排列，则密码组合中的数字之和等于 15。
(3) 密码组合中的数字之和或者等于 18，或者小于 15。

根据上述信息，以下哪项是可能的密码组合？

A. 1adbe356。  
B. 37ab26dc。  
C. 2acgf716。  
D. 58bcde32。  
E. 18ac42de。

### 9  2019MBA-36

有一 6×6 的方阵，它所含的每个小方格中可填入一个汉字，已有部分汉字填入（表 1-9-9）。现要求该方阵中的每行、每列均含有礼、乐、射、御、书、数 6 个汉字，不能重复，也不能遗漏。

根据上述要求，以下哪项是方阵底行 5 个空格中从左至右依次应填入的汉字？

表 1-9-9

|   | 乐 |   |   | 御 | 书 |
|---|---|---|---|---|---|
|   |   |   | 乐 |   |   |
| 射 | 御 | 书 |   | 礼 |   |
|   | 射 |   |   | 数 | 礼 |
| 御 |   | 数 |   |   | 射 |
|   |   |   |   |   | 书 |

A. 数、礼、乐、射、御。  
B. 乐、数、御、射、礼。  
C. 数、礼、乐、御、射。  
D. 乐、礼、射、数、御。  
E. 数、御、乐、射、礼。

### 10  2019MBA-37

某市青年节设立了流行、民谣、摇滚、民族、电音、说唱、爵士这 7 大类的奖项评选。在入围提名中，已知：

(1) 至少有 6 类入围；
(2) 流行、民谣、摇滚中至多有 2 类入围；
(3) 如果摇滚和民族类都入围，则电音和说唱中至少有一类没有入围。

根据上述信息，可以得出以下哪项？

A. 流行类没有入围。  
B. 民谣类没有入围。  
C. 摇滚类没有入围。  
D. 爵士类没有入围。  
E. 电音类没有入围。

### 11  2019MBA-47

某大学读书会开展"一月一书"活动。读书会成员甲、乙、丙、丁、戊 5 人在《论语》《史记》《唐诗三百首》《奥德赛》《资本论》中各选一种阅读，互不重复。已知：

(1) 甲爱读历史，会在《史记》和《奥德赛》中挑一本；
(2) 乙和丁只爱读中国古代经典，但现在都没有读诗的心情；
(3) 如果乙选《论语》，则戊选《史记》。

事实上，每个人都选了自己喜爱的书目。

163

根据上述信息，可以得出以下哪项？

A. 甲选《史记》。　　　　　　　　B. 乙选《奥德赛》。
C. 丙选《唐诗三百首》。　　　　　D. 丁选《论语》。
E. 戊选《资本论》。

**12  2020MBA-41**

某语言学爱好者欲基于无涵义语词、有涵义语词构造合法的语句，已知：
（1）无涵义语词有 a、b、c、d、e、f，有涵义语词有 W、Z、X；
（2）如果两个无涵义语词通过一个有涵义语词连接，则它们构成一个有涵义语词；
（3）如果两个有涵义语词直接连接，则它们构成一个有涵义语词；
（4）如果两个有涵义语词通过一个无涵义语词连接，则它们构成一个合法的语句。

根据上述信息，以下哪项是合法的语句？

A. aWbcdXeZ。　　　　　　　　B. aWbcdaZe。
C. fXaZbZWb。　　　　　　　　D. aZdacdfX。
E. XWbaZdWc。

**13  2021MBA-31**

某俱乐部共有甲、乙、丙、丁、戊、己、庚、辛、壬、癸 10 名职业运动员，来自 5 个不同的国家（不存在双重国籍的情况）。已知：
（1）该俱乐部的外援刚好占一半，他们是乙、戊、丁、庚、辛；
（2）乙、丁、辛 3 人来自 2 个国家。

根据以上信息，可以得出以下哪项？

A. 甲、丙来自不同国家。　　　　B. 乙、辛来自不同国家。
C. 乙、庚来自不同国家。　　　　D. 丁、辛来自相同国家。
E. 戊、庚来自相同国家。

**14  2021MBA-33**

某电影节设有"最佳故事片""最佳男主角""最佳女主角""最佳编剧""最佳导演"等多个奖项。颁奖前，有专业人士预测如下：
（1）若甲或乙获得"最佳导演"，则"最佳女主角"和"最佳编剧"将在丙和丁中产生；
（2）只有影片 P 或者影片 Q 获得"最佳故事片"，其中的主角才能获得"最佳男主角"或"最佳女主角"；
（3）"最佳导演"和"最佳故事片"不会来自同一部影片。

以下哪项颁奖结果与上述预测不一致？

A. 乙没有获得"最佳导演"，"最佳男主角"来自影片 Q。
B. 丙获得"最佳女主角"，"最佳编剧"来自影片 P。
C. 丁获得"最佳编剧"，"最佳女主角"来自影片 P。
D. "最佳女主角""最佳导演"都来自影片 P。
E. 甲获得"最佳导演"，"最佳编剧"来自影片 Q。

**15  2021MBA-35**

王、陆、田 3 人拟到甲、乙、丙、丁、戊、己 6 景点结伴游览，关于游览顺序，3 人意见如下：
（1）王：①甲、②丁、③己、④乙、⑤戊、⑥丙；
（2）陆：①丁、②己、③戊、④甲、⑤乙、⑥丙；
（3）田：①己、②乙、③丙、④甲、⑤戊、⑥丁。

实际游览时,个人意见中都恰有一半的景点序号是正确的。

根据以上信息,他们实际游览的前三个景点分别是

A. 己、丁、丙。　　　　B. 丁、乙、己。　　　　C. 甲、乙、己。
D. 乙、己、丙。　　　　E. 丙、丁、己。

**16** **2021MBA-45**

下面(图1-9-3)有一5×5的方阵,它所含的每个小方格中可填入一个词(已有部分词填入)。现要求该方阵中的每行、每列及每个粗线条围住的五个小方格组成的区域中均含有"道路""制度""理论""文化""自信"5个词,不能重复也不能遗漏。

根据上述要求,以下哪项是方阵①②③④空格中从左至右依次应填入的词?

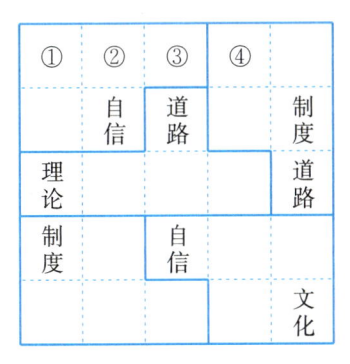

|①|②|③|④| |
|---|---|---|---|---|
| |自信|道路| |制度|
|理论| | | |道路|
|制度| |自信| | |
| | | | |文化|

图1-9-3

A. 道路、理论、制度、文化。　　　　B. 道路、文化、制度、理论。
C. 文化、理论、制度、自信。　　　　D. 理论、自信、文化、道路。
E. 制度、理论、道路、文化。

**17** **2021MBA-52**

除冰剂是冬季北方城市用于道路去冰的常见产品。表1-9-10显示了五种除冰剂的各项特征:

表1-9-10

| 除冰剂类型 | 融冰速度 | 破坏道路设施的可能风险 | 污染土壤的可能风险 | 污染水体的可能风险 |
|---|---|---|---|---|
| Ⅰ | 快 | 高 | 高 | 高 |
| Ⅱ | 中等 | 中 | 低 | 中 |
| Ⅲ | 较慢 | 低 | 低 | 中 |
| Ⅳ | 快 | 中 | 中 | 低 |
| Ⅴ | 较慢 | 低 | 低 | 低 |

以下哪项对上述五种除冰剂特征的概括最为准确?

A. 融冰速度较慢的除冰剂在污染土壤和污染水体方面的风险都低。
B. 没有一种融冰速度快的除冰剂三个方面风险都高。
C. 若某种除冰剂至少两个方面风险低,则其融冰速度一定较慢。
D. 若某种除冰剂三方面风险都不高,则其融冰速度一定也不快。
E. 若某种除冰剂在破坏道路设施和污染土壤方面的风险都不高,则其融冰速度一定较慢。

### 18  2022MBA-28

退休在家的老王今晚在"焦点访谈""国家记忆""自然传奇""人物故事""纵横中国"这5个节目中选择了3个节目观看,老王对观看的节目有如下要求:

(1) 如果观看"焦点访谈",就不观看"人物故事";

(2) 如果观看"国家记忆",就不观看"自然传奇"。

根据上述信息,老王一定观看了如下哪个节目?

A. "纵横中国"。　　　　　　　　　B. "国家记忆"。

C. "自然传奇"。　　　　　　　　　D. "人物故事"。

E. "焦点访谈"。

### 19  2022MBA-32

关于张、李、宋、孔4人参加植树活动的情况如下:

(1) 张、李、孔至少有2人参加;

(2) 李、宋、孔至多有2人参加;

(3) 如果李参加,那么张、宋两人要么都参加,要么都不参加。

根据以上陈述,以下哪项是不可能的?

A. 宋、孔都参加。　　　　　　　　B. 宋、孔都不参加。

C. 李、宋都参加。　　　　　　　　D. 李、宋都不参加。

E. 李参加,宋不参加。

### 20  2022MBA-39

节日将至,某单位拟为职工发放福利品,每人可在甲、乙、丙、丁、戊、己、庚7种商品中选择其中的4种进行组合,且每种组合还要满足如下要求:

(1) 若选甲,则丁、戊、庚3种中至多选其一;

(2) 若丙、己2种至少选1种,则必选乙但不能选戊。

以下哪项组合符合上述要求?

A. 甲、丁、戊、己。　　　　　　　B. 乙、丙、丁、戊。

C. 甲、乙、戊、庚。　　　　　　　D. 乙、丁、戊、庚。

E. 甲、丙、丁、己。

### 21  2023MBA-40

小陈与几位朋友商定利用假期到某地旅游,他们在桃花坞、第一山、古生物博物馆、新四军军部旧址、琉璃泉、望江阁6个景点中选择了4个游览。已知:

(1) 如果选择桃花坞,则不选择古生物博物馆而选择望江阁;

(2) 如果选择望江阁,则不选择第一山而选择新四军军部旧址。

根据以上信息,可以得出以下哪项?

A. 他们选择了桃花坞。　　　　　　B. 他们没有选择望江阁。

C. 他们选择了新四军军部旧址。　　D. 他们没有选择第一山。

E. 他们没有选择古生物博物馆。

### 22  2023MBA-42

某台电脑的登录密码由0~9中的6个数字组成,每个数字最多出现一次。关于该6位密码,已知:

(1) 741605中,共有4个数字正确,其中3个位置正确,1个位置不正确;

(2) 320968 中，恰有 3 个数字正确且位置正确；

(3) 417280 中，共有 4 个数字不正确。

根据上述信息，可以得出该登录密码的前两位是：

A. 71。　　　　　　　　　　　　B. 42。

C. 72。　　　　　　　　　　　　D. 31。

E. 34。

### 23  2023MBA－52

入冬以来，天气渐渐变冷。11 月 30 日，某地气象台的天气预报显示：未来 5 天每天的最高气温从 4℃ 开始逐日下降至 －1℃；每天的最低气温不低于 －6℃；最低气温 －6℃ 只出现在其中一天。预报还包含如下信息：

(1) 未来 5 天中的最高气温和最低气温不会出现在同一天，每天的最高气温和最低气温均为整数；

(2) 若 5 号的最低气温是未来 5 天中最低的，则 2 号的最低气温比 4 号的高 4℃；

(3) 2 号和 4 号每天的最高气温与最低气温之差均为 5℃。

根据以上预报信息，可以得出以下哪项？

A. 1 号的最低气温比 2 号的高 2℃。　　　　B. 3 号的最高气温比 4 号的高 1℃。

C. 4 号的最高气温比 5 号的高 1℃。　　　　D. 3 号的最低气温为 －6℃。

E. 2 号的最低气温为 －3℃。

## 答案与解析

### 1. 正确答案：A

题干条件是，这五辆车的颜色分别与五人名字最后一个字谐音的颜色不同。

可用排除法解：B 项中，林宏买红色的宝马。C 项中，何柏买白色的奔驰。D 项中，邱辉买灰色的桑塔纳。E 项中，何柏买白色的奔驰。这些均违反了题干条件，均予以排除。

只有 A 项没有违反题干条件，所以，选 A。

### 2. 正确答案：B

根据条件 (1) 可知，绿茶和红茶都不在 4 号，由条件 (3) 可知白茶也不在 4 号，从而推出，4 号盒中装的只能是花茶，因此，B 项为正确答案（表 1－9－11）。

表 1－9－11

|   | 1 | 2 | 3 | 4 |
|---|---|---|---|---|
| 绿茶 |   |   |   | × |
| 红茶 | × |   |   | × |
| 花茶 | × |   |   |   |
| 白茶 |   | × |   | × |

### 3. 正确答案：E

题干条件，表达如下：

(1) 甲∨乙←外

(2) (外、购、商、路)≥3

(3) 每个场景中，乙∨丁（商）→甲∧丙（购）

(4) 购＋路≤2

现进行逐项考察：

A 项不必然为真，因为在同一场景中，如果戊和己出演路人，那么甲出演商贩，乙出演外国游客，也符合题干条件。

B 项错误，因为甲、乙、丙、丁可以出现在同一场景，比如甲、乙、丙、丁分别出演外国游客、购物者、商贩、路人，这是符合题干条件的。

C 项不必然为真，比如在仅有两个场景的演出中，只有 1 人出演不同角色，其他人演同样的角色，这是符合题干条件的。

D 项错误，根据条件（3），若乙出演外国游客，则甲也可能出演购物者，排除。

E 项必然为真，因为若丁和戊出演购物者，则根据条件（4），没有路人，又由（2），则一定有商贩和外国游客。若乙出演商贩，根据条件（3），则甲和丙出演购物者，那么，甲、乙都不出演外国游客，与条件（1）矛盾。所以，乙不能出演商贩，只能出演外国游客。因此，该项为正确答案。

4. 正确答案：D

假设购买箫，由（1）（4）可得，不购买笛子，不购买二胡；再由（2）可得，购买古筝，对于唢呐无法判断。

假设不购买箫，由（3）可得，则购买古筝、唢呐。

由此可见，不管买不买箫，一定要购买古筝。

既然一定要购买古筝，那么"古筝、二胡至少购买一种"必真，即 D 项为正确答案。

5. 正确答案：E

根据（2）"雨"都在春季，说明"雨水"在春季；

结合（4）得到，"霜降"在秋季；

再结合（3）得到，"清明"在春季。

而 E 选项"清明"是第三个，属于夏季，这是不可能的。

其余选项都有可能成立。比如，A 项，由（4）"霜降"在秋季，则"雨水"在春季，但题目只列了两个节气，并没有列出全部，所以，A 项并非不可能。

6. 正确答案：D

由条件 1 和条件 4 可得：小张先坐一号线（3 站），转两号线（4 站），到达。即坐了 7 站，转乘一次。

由条件 3 和条件 4 可得：小李先坐一号线（4 站），转四号线（3 站），再转三号线（1 站），到达。即坐了 8 站，转乘两次。

由于"各条地铁线每一站运行加停靠所需时间均彼此相同"且"换乘及步行总时间相同"，所以小李一定要比小张晚到单位，选项 D 不可能为真。

由条件 2 和条件 4 可得：小王不会"坐 2 站后转三号线，再坐 3 站到北口站"，具体情况未知。因此，包含小王的选项均应予以排除。

7. 正确答案：C

排除法解决。根据（5），排除 B 项。

根据（4），排除 A、E 项。

考察 D 项：进口丁，根据（3），丙没有违禁成分，再根据（1），丙也得进口，故该项排除。

因此，只有 C 项与题干条件不矛盾。

8. 正确答案：B

A 项：密码组合中的数字之和等于 15，违背条件（3）。

B项：4个英文字母不连续排列，数字之和为18，符合上述条件，正确。
C项：密码组合中的数字之和等于16，违背条件（3）。
D项：4个英文字母连续排列，密码组合中的数字之和等于18，违背条件（2）。
E项：4个英文字母不连续排列，密码组合中的数字之和等于15，违背条件（1）。
因此，B项是可能的密码组合。

9. 正确答案：A
首先看第三行，只有两个空格，应分别填"数"和"乐"，如表1-9-12：

表1-9-12

|   | 乐 |   | 御 | 书 |   |
|---|---|---|---|---|---|
|   |   |   | 乐 |   |   |
| 射 | 御 | 书 | （数） | 礼 | （乐） |
|   | 射 |   |   | 数 | 礼 |
| 御 |   | 数 |   |   | 射 |
|   |   |   |   |   | 书 |

根据题干，该6行、6列方阵，每行、每列均含6个汉字，不能重复，也不能遗漏。
那么，第2列不能有乐、御、射，排除E项；
第4列不能有御、乐、数，排除C、D项；
第5列不能有书、礼、数，排除B、E项。
这样，只剩下A项，即为正确答案。

10. 正确答案：C
根据题干，有7大类奖项评选，由条件（1）（2）可推出：
民族、电音、说唱、爵士这4大类都入围（4）
结合条件（3）摇滚∧民族→¬电音∨¬说唱
其等价的逆否命题为：¬摇滚∨¬民族←电音∧说唱（5）
由（4）（5），既然电音、说唱入围，则推出：摇滚或民族至少有一个没入围。
又由（4），既然民族已入围，则摇滚一定没入围。因此，C项正确。

11. 正确答案：D
根据题干陈述和条件（2）推知，乙和丁选的是《论语》《史记》。
如果乙选《论语》，根据条件（3），则戊选《史记》。这和上述推理矛盾。
因此，乙不能选《论语》，只能选《史记》，这样，丁选的是《论语》。
所以，D项正确。

12. 正确答案：A
根据题干给出的四条信息，来逐一分析，只有A项是合法的语句，解析如下：
根据（2），aWb、dXe均为有涵义语词，然后根据（3），dXeZ为有涵义语词，最后根据（4），aWbcdXeZ为合法语句。
其余选项均不能构成合法语句，其中：
B项："aWb""aZe"两个有涵义语词通过"cd"两个无涵义语词连接，不符合条件（4），排除。
C、D、E项：整体均不符合条件（4），排除。

13. 正确答案：C
职业运动员来自5个国家，外援占一半，因此，乙、戊、丁、庚、辛5个外援来自4个国家。

既然乙、丁、辛来自2个国家,因此,戊、庚来自另外2个国家。

将各个选项逐一结合题干条件进行判断:

A项:甲、丙来自不同国家。错误,甲、丙不是外援,均来自本国。

B项:乙、辛来自不同国家。不能确定,有可能来自相同国家。

C项:乙、庚来自不同国家。正确,乙来自的2个国家和庚来自的2个国家一定不同。

D项:丁、辛来自相同国家。不能确定,有可能来自不同国家。

E项:戊、庚来自相同国家。错误,戊、庚一定来自2个不同的国家。

### 14. 正确答案:D

将各个选项逐一代入题干,结合条件进行判断:

分析D项,"最佳女主角""最佳导演"都来自影片P。

根据条件(3):"最佳导演"和"最佳故事片"不会来自同一部影片。因此,影片P不可能获"最佳故事片"。

再根据条件(2):只有影片P或者影片Q获得"最佳故事片",其中的主角才能获得"最佳男主角"或"最佳女主角";

既然影片P不可能获"最佳故事片",那么,其中的主角就不可能获得"最佳女主角"。

因此,D项颁奖结果与上述预测不一致。其余选项均没有违背题干条件,都有可能成立。

### 15. 正确答案:B

题干3人意见如表1-9-13:

表1-9-13

|   | ① | ② | ③ | ④ | ⑤ | ⑥ |
|---|---|---|---|---|---|---|
| 王 | 甲 | 丁 | 己 | 乙 | 戊 | 丙 |
| 陆 | 丁 | 己 | 戊 | 甲 | 乙 | 丙 |
| 田 | 己 | 乙 | 丙 | 甲 | 戊 | 丁 |

将各个选项逐一结合题干条件进行判断。他们实际游览的前三个景点分别是:

A项:己、丁、丙。则(2)陆的意见:①丁、②己、③戊、⑥丙,这4项均错误。

C项:甲、乙、己。则(2)陆的意见:①丁、②己、③戊、④甲、⑤乙,这5项均错误。

D项:乙、己、丙。则(1)王的意见:①甲、②丁、③己、④乙、⑥丙,这5项均错误。

E项:丙、丁、己。则(2)陆的意见:①丁、②己、③戊、⑥丙,这4项均错误。

上述四个选项均违背了个人意见中都恰有一半的景点序号是正确的这一条件。

只有B项:丁、乙、己。这3人意见的前三个景点都有一个正确,可以满足题干条件。

### 16. 正确答案:A

首先看第二行,只有两个空格,应分别填"文化"和"理论",如表1-9-14:

表1-9-14

| ① | ② | ③ | ④ |   |
|---|---|---|---|---|
| (文化) | 自信 | 道路 | (理论) | 制度 |
| 理论 |   |   |   | 道路 |
| 制度 |   | 自信 |   |   |
|   |   |   |   | 文化 |

根据题干,该5行5列方阵,每行、每列均含5个词,不能重复也不能遗漏。那么,第1列不能有"文化""理论""制度",排除C、D、E项。第4列不能有"理论",排除B项。这

样只剩下 A 项，为正确答案。填表后，验证如表 1-9-15：

表 1-9-15

| 道路 | 理论 | 制度 | 文化 | （自信） |
| --- | --- | --- | --- | --- |
| （文化） | 自信 | 道路 | （理论） | 制度 |
| 理论 | （制度） | （文化） | （自信） | 道路 |
| 制度 | （文化） | 自信 | （道路） | （理论） |
| （自信） | （道路） | （理论） | （制度） | 文化 |

### 17. 正确答案：C

将各个选项逐一结合题干条件进行判断。

A 项：不准确。因为Ⅲ的融冰速度较慢，但污染水体方面的风险为中。

B 项：不准确。Ⅰ的融冰速度快，但三个方面风险都高。

C 项：准确。至少两个方面风险低的除冰剂只有Ⅲ和Ⅴ，其融冰速度都较慢。

D 项：不准确。Ⅳ的三方面风险都不高，但其融冰速度快。

E 项：不准确。Ⅱ和Ⅳ在破坏道路设施和污染土壤方面的风险都不高，但其融冰速度并不慢。

### 18. 正确答案：A

按题意，5 个节目选 3 个。

由（1）知："焦点访谈"和"人物故事"必选 1 个。

由（2）知："国家记忆"和"自然传奇"必选 1 个。

因此，剩下的 1 个必然是"纵横中国"（表 1-9-16）。

表 1-9-16

|  | 1 | 2 | 3 |
| --- | --- | --- | --- |
| 观看的节目 | 焦点访谈/人物故事 | 国家记忆/自然传奇 | 纵横中国 |

### 19. 正确答案：B

题干断定，张、李、宋、孔 4 人满足如下条件关系式：

(1) 张、李、孔至少有 2 人参加

(2) ¬（李∧宋∧孔）

(3) 李→（张∧宋）∨（¬张∧¬宋）

假设 B 项为真，即宋、孔都不参加，由（1）可知，张、李都参加。既然李参加，再由（3）推出，张、宋都参加或都不参加；而张是参加的，因此，宋也参加。这与假设矛盾！所以，B 项不可能成立。

其余选项都不与题干矛盾，均有可能为真。把选项逐项代入表 1-9-17 验证：

表 1-9-17

|  | 张 | 李 | 宋 | 孔 |  |
| --- | --- | --- | --- | --- | --- |
| A. 宋、孔都参加 | ＋ | － | ＋ | ＋ | 可能真 |
| B. 宋、孔都不参加 | － | － | － | － | 不可能 |
| C. 李、宋都参加 | ＋ | ＋ | ＋ | － | 可能真 |
| D. 李、宋都不参加 | ＋ | － | － | ＋ | 可能真 |
| E. 李参加，宋不参加 | － | ＋ | － | ＋ | 可能真 |

171

**20. 正确答案：D**

将选项逐一代入，排除与题干信息矛盾的选项即可。

A. 甲、丁、戊、己，与条件（1）矛盾，选了甲但出现了丁、戊2种，排除。
B. 乙、丙、丁、戊，与条件（2）矛盾，有丙但还有戊，排除。
C. 甲、乙、戊、庚，与条件（1）矛盾，选了甲但出现了戊、庚2种，排除。
D. 乙、丁、戊、庚，没有矛盾。
E. 甲、丙、丁、己，与条件（2）矛盾，有丙、己但没有乙，排除。

因此，只有D项符合要求。

**21. 正确答案：C**

由（1），桃花坞和古生物博物馆中至少有1个不选。

由（2），望江阁和第一山中至少有1个不选。

既然题干断定，6个景点中选择4个。

那么，剩下的2个景点新四军军部旧址、琉璃泉必然都入选。

因此，C项为正确答案。

**22. 正确答案：E**

（1）741605中，有3个数字正确且位置正确；

（2）320968中，有3个数字正确且位置正确。

这两个数字完全不同，因此，这两个数字中，加起来一共6个数字正确，且位置互斥。所以，第一个数字不是7就是3，B项排除。

第二个数字不是4就是2，A、D项排除。所以，正确答案只能从C项和E项中产生。

假设前两位是72，则由（3），417280中，正确的是72，不正确的是4180。这样，741605中，410不正确，与共有4个数字正确矛盾！因此，假设前两位是72不成立，排除C项。

因此，剩下的E项为正确答案。

**23. 正确答案：D**

根据未来5天每天的最高气温从4℃开始逐日下降至−1℃，可知未来1到5天的最高气温分别是3℃、2℃、1℃、0℃、−1℃。

由（3），2号和4号每天的最高气温与最低气温之差均为5℃。可知，2号和4号每天的最低气温分别为−3℃和−5℃。这样，就否定了（2）的后件，得出，5号的最低气温不是未来5天中最低的。

又由（1），未来5天中的最高气温和最低气温不会出现在同一天，最低气温−6℃不可能出现在1号。由此知道，最低气温−6℃只能出现在3号。因此，D项正确（表1-9-18）。

表1-9-18

| 未来（天） | 1 | 2 | 3 | 4 | 5 |
|---|---|---|---|---|---|
| 最高气温（℃） | 3 | 2 | 1 | 0 | −1 |
| 最低气温（℃） |  | −3 |  | −5 |  |

## 9.6 匹配对应

匹配对应题型有三个特征：第一，给出一组对象两种或者两种以上的元素；第二，给出了不同对象之间相关元素的判断；第三，问题要求推出确定的结论，即要求在不同对象的元素之间进行匹配、对应或排列。

根据难度的不同，匹配对应题可分为简单的匹配或排列和复杂的匹配或排列。这类题目的解题方法是演绎分析、图表分析以及假设代入法的综合使用。

### 1  2000GRK－45～46题基于以下题干：

李浩、王鸣和张翔是同班同学，住在同一宿舍。其中，一个是湖南人，一个是重庆人，一个是辽宁人。李浩和重庆人不同岁，张翔的年龄比辽宁人小，重庆人比王鸣年龄大。

45．根据题干所述，可以推出以下哪项结论？
  A. 李浩是湖南人，王鸣是重庆人，张翔是辽宁人。
  B. 李浩是重庆人，王鸣是湖南人，张翔是辽宁人。
  C. 李浩是重庆人，王鸣是辽宁人，张翔是湖南人。
  D. 李浩是辽宁人，王鸣是湖南人，张翔是重庆人。
  E. 李浩是辽宁人，王鸣是重庆人，张翔是湖南人。

46．根据题干所述，以下哪项是关于他们三人的年龄次序（由大到小）的正确表述？
  A. 李浩、王鸣、张翔。　　　　　B. 李浩、张翔、王鸣。
  C. 王鸣、李浩、张翔。　　　　　D. 张翔、李浩、王鸣。
  E. 张翔、王鸣、李浩。

### 2  2007GRK－51

大学新生张强、史宏和黎明同住一个宿舍，他们分别来自东北三省。其中，张强不比来自黑龙江的同学个子矮，史宏比来自辽宁的同学个子高，黎明的个子和来自辽宁的同学一样高。

如果上述为真，则以下哪项也为真？
  A. 张强来自辽宁，史宏来自黑龙江，黎明来自吉林。
  B. 张强来自辽宁，史宏来自吉林，黎明来自黑龙江。
  C. 张强来自黑龙江，史宏来自辽宁，黎明来自吉林。
  D. 张强来自吉林，史宏来自黑龙江，黎明来自辽宁。
  E. 张强来自黑龙江，史宏来自吉林，黎明来自辽宁。

### 3  2012GRK－32

在某公司的招聘会上，公司行政部、人力资源部和办公室拟各招聘一名工作人员，来自中文系、历史系和哲学系的三名毕业生前来应聘这三个不同的职位。招聘信息显示，历史系毕业生比应聘办公室的年龄大，哲学系毕业生和应聘人力资源部的着装颜色相近，应聘人力资源部的比中文系毕业生年龄小。

根据以上陈述，可以得出以下哪项？
  A. 哲学系毕业生比历史系毕业生年龄大。
  B. 中文系毕业生比哲学系毕业生年龄大。
  C. 历史系毕业生应聘行政部。
  D. 中文系毕业生应聘办公室。
  E. 应聘办公室的比应聘行政部的年龄大。

### 4  2012GRK－35

某乡镇进行新区规划，决定以市民公园为中心，在东南西北分别建设一个特色社区。这四个社区分别定位为：文化区、休闲区、商业区和行政服务区。已知，行政服务区在文化区的西南方向，文化区在休闲区的东南方向。

根据以上陈述,可以得出以下哪项?

A. 市民公园在行政服务区的北面。
B. 休闲区在文化区的西南方向。
C. 文化区在商业区的东北方向。
D. 商业区在休闲区的东南方向。
E. 行政服务区在市民公园的西南方向。

### 5 2012GRK-36

公司派三位年轻的工作人员乘动车到南方出差,他们三人恰好坐在一排。坐在 24 岁右边的两人中至少有一人是 20 岁,坐在 20 岁左边的两人中也恰好有一人是 20 岁;坐在会计左边的两人中至少有一人是销售员,坐在销售员右边的两人中也恰好有一人是销售员。

根据以上陈述,可以得出三位出差的年轻人是:

A. 20 岁的会计、20 岁的销售员、24 岁的销售员。
B. 20 岁的会计、24 岁的销售员、24 岁的销售员。
C. 24 岁的会计、20 岁的销售员、20 岁的销售员。
D. 20 岁的会计、20 岁的会计、24 岁的销售员。
E. 24 岁的会计、20 岁的会计、20 岁的销售员。

### 6 2012GRK-40

张明、李英、王佳和陈蕊四人在一个班组工作,他们来自江苏、安徽、福建和山东四个省,每个人只会说原籍的一种方言。现已知福建人会说闽南方言,山东人学历最高且会说中原官话,王佳比福建人的学历低,李英会说徽州话并且和来自江苏的同事是同学,陈蕊不懂闽南方言。

根据以上陈述,可以得出以下哪项?

A. 陈蕊不会说中原官话。
B. 张明会说闽南方言。
C. 李英是山东人。
D. 王佳会说徽州话。
E. 陈蕊是安徽人。

### 7 2012GRK-50

在某科室公开选拔副科长的招录考试中,共有甲、乙、丙、丁、戊、已、庚 7 人报名。根据统计,7 人的最高学历分别是本科和博士,其中博士毕业的有 3 人;女性 3 人。已知,甲、乙、丙的学历层次相同,已、庚的学历层次不同;戊、已、庚的性别相同,甲、丁的性别不同。最终录用的是一名女博士。

根据以上陈述,可以得出以下哪项?

A. 甲是男博士。
B. 已是女博士。
C. 庚不是男博士。
D. 丙是男博士。
E. 丁是女博士。

### 8 2015MBA-28

甲、乙、丙、丁、戊、已 6 人围坐在一张正六边形的小桌前,每边各坐一人。已知:
(1) 甲与乙正面相对;
(2) 丙与丁不相邻,也不正面相对。
如果已与乙不相邻,则以下哪项一定为真?

A. 如果甲与戊相邻,则丁与已正面相对。
B. 甲与丁相邻。
C. 戊与已相邻。
D. 如果丙与戊不相邻,则丙与已相邻。

E. 已与乙正面相对。

### 9　2017MBA-47

某著名风景区有"妙笔生花""猴子观海""仙人晒靴""美人梳妆""阳关三叠""禅心向天"6个景点。为方便游人，景区提示如下：
(1) 只有先游"猴子观海"，才能游"妙笔生花"；
(2) 只有先游"阳关三叠"，才能游"仙人晒靴"；
(3) 如果游"美人梳妆"，就要先游"妙笔生花"；
(4) "禅心向天"应第四个游览，之后才可以游览"仙人晒靴"。

张先生按照上述提示，顺利游览了上述6个景点。

根据上述信息，关于张先生的游览顺序，以下哪项不可能为真？

A. 第一个游览"猴子观海"。　　B. 第二个游览"阳关三叠"。
C. 第三个游览"美人梳妆"。　　D. 第五个游览"妙笔生花"。
E. 第六个游览"仙人晒靴"。

### 10　2019MBA-41

某地人才市场招聘保洁、物业、网管、销售4种岗位的从业者，有甲、乙、丙、丁4位年轻人前来应聘。事后得知，每人只能选择一种岗位应聘，且每种岗位都有其中一人应聘。另外，还知道：
(1) 如果丁应聘网管，那么甲应聘物业；
(2) 如果乙不应聘保洁，那么甲应聘保洁且丙应聘销售；
(3) 如果乙应聘保洁，那么丙应聘销售，丁也应聘保洁。

根据以上陈述，可以得出以下哪项？

A. 甲应聘网管岗位。　　B. 丙应聘保洁岗位。
C. 甲应聘物业岗位。　　D. 乙应聘网管岗位。
E. 丁应聘销售岗位。

### 11　2019MBA-46

我国天山是垂直地带性的典范。已知天山的植被形态分布具有如下特点：
(1) 从低到高有荒漠、森林带、冰雪带等；
(2) 只有经过山地草原，荒漠才能演变成森林带；
(3) 如果不经过森林带，山地草原就不会过渡到山地草甸；
(4) 山地草甸的海拔不比山地草甸草原的低，也不比高寒草甸的高。

根据以上信息，关于天山植被形态，按照由低到高排列，以下哪项是不可能的？

A. 荒漠、山地草原、山地草甸草原、森林带、山地草甸、高寒草甸、冰雪带。
B. 荒漠、山地草原、山地草甸草原、高寒草甸、森林带、山地草甸、冰雪带。
C. 荒漠、山地草甸草原、山地草原、森林带、山地草甸、高寒草甸、冰雪带。
D. 荒漠、山地草原、山地草甸草原、森林带、山地草甸、冰雪带、高寒草甸。
E. 荒漠、山地草原、森林带、山地草甸草原、山地草甸、高寒草甸、冰雪带。

### 12　2020MBA-29

某公司为员工免费提供菊花、绿茶、红茶、咖啡和大麦茶5种饮品。现有甲、乙、丙、丁、戊5位员工，他们每人都只喜欢其中的2种饮品，且每种饮品只有2人喜欢。已知：
(1) 甲和乙喜欢菊花，且分别喜欢绿茶和红茶中的一种；
(2) 丙和戊分别喜欢咖啡和大麦茶中的一种。

根据上述信息,可以得出以下哪项?

A. 甲喜欢菊花和绿茶。
B. 乙喜欢菊花和红茶。
C. 丙喜欢红茶和咖啡。
D. 丁喜欢咖啡和大麦茶。
E. 戊喜欢绿茶和大麦茶。

### 13  2021MBA－36

"冈萨雷斯""埃尔南德斯""施米特""墨菲"这4个姓氏是且仅是卢森堡、阿根廷、墨西哥、爱尔兰四国中其中一国常见的姓氏,已知:

(1)"施米特"是阿根廷或卢森堡常见姓氏;

(2)若"施米特"是阿根廷常见姓氏,则"冈萨雷斯"是爱尔兰常见姓氏;

(3)若"埃尔南德斯"或"墨菲"是卢森堡常见姓氏,则"冈萨雷斯"是墨西哥常见姓氏。

根据以上信息,可以得出以下哪项?

A."施米特"是卢森堡常见姓氏。
B."埃尔南德斯"是卢森堡常见姓氏。
C."冈萨雷斯"是爱尔兰常见姓氏。
D."墨菲"是卢森堡常见姓氏。
E."墨菲"是阿根廷常见姓氏。

### 14  2021MBA－37

甲、乙、丙、丁、戊5人是某校美学专业2019级研究生,第一学期结束后,他们在张、陆、陈3位教授中选择导师,每人只选择1人作为导师,每位导师都有1至2人选择,并且得知:

(1)选择陆老师的研究生比选择张老师的多;

(2)若丙、丁中至少有1人选择张老师,则乙选择陈老师;

(3)若甲、丙、丁中至少有1人选择陆老师,则只有戊选择陈老师。

根据以上信息,可以得出以下哪项?

A. 甲选择陆老师。
B. 乙选择张老师。
C. 丁、戊选择陆老师。
D. 乙、丙选择陈老师。
E. 丙、丁选择陈老师。

### 15  2022MBA－37

宋、李、王、吴4人均订阅了《人民日报》《光明日报》《参考消息》《文汇报》中的两种,每种报纸均有两人订阅,且各人订阅的均不完全相同,另外,还知道:

(1)如果吴至少订阅了《光明日报》《参考消息》中的一种,则李订阅了《人民日报》,而王未订阅《光明日报》;

(2)如果李、王两人中至多有一人订阅了《文汇报》,则宋、吴均订阅了《人民日报》。

如果李订阅了《人民日报》,则可以得出以下哪项?

A. 宋订阅了《文汇报》。
B. 宋订阅了《人民日报》。
C. 王订阅了《参考消息》。
D. 吴订阅了《参考消息》。
E. 吴订阅了《人民日报》。

上篇 演绎推理

# 答案与解析

**1. 正确答案：45. D**

由"李浩和重庆人不同岁，重庆人比王鸣年龄大"可知张翔是重庆人。立刻得出 D 为正确答案。

**46. B**

根据题干，得：

（李浩） ＞ 张翔 ＝ 王鸣
辽宁　　　重庆　　（湖南）

马上可以得出结论，年龄最大的是李浩（因为：张翔的年龄比辽宁人小，重庆人比王鸣年龄大）。再根据上题答案，重庆人比王鸣年龄大，重庆人就是张翔，故张翔比王鸣年龄大，B 为正确答案。

**2. 正确答案：B**

由"史宏比来自辽宁的同学个子高，黎明的个子和来自辽宁的同学一样高"，可知：史宏和黎明均不来自辽宁。由此可得：张强来自辽宁。

　史　＞　张　＝（黎）
（吉）　　辽　　　黑

因为史宏比来自辽宁的同学（张强）个子高，又张强不比来自黑龙江的同学个子矮，所以，史宏不来自黑龙江。由此可得：史宏来自吉林，黎明来自黑龙江。

**3. 正确答案：B**

题干陈述：哲学系毕业生和应聘人力资源部的着装颜色相近，应聘人力资源部的比中文系毕业生年龄小。这意味着，人力资源部招聘的工作人员不可能是哲学系毕业生，也不可能是中文系毕业生，那只能是历史系毕业生。

再根据题干条件，历史系毕业生比应聘办公室的年龄大，应聘人力资源部的比中文系毕业生年龄小。得：

（行政） ＞ 人力 ＞ 办公室
中文　　　历史　　（哲学）

从而可以得出：中文系毕业生比哲学系毕业生年龄大。

**4. 正确答案：A**

根据题干条件，显然可得出图 1-9-4：

　　　　　　　　北
　　　　　　┌──────┐
　　　　　　│ 休闲区 │
　┌──────┼──────┼──────┐
西│ 商业区 │市民公园│ 文化区 │东
　└──────┼──────┼──────┘
　　　　　　│行政服务区│
　　　　　　└──────┘
　　　　　　　　南

图 1-9-4

可见，市民公园在行政服务区的北面。

**5. 正确答案：A**

设从左到右分别为 1、2、3 号位。

根据题干陈述，坐在 24 岁右边的两人中至少有一人是 20 岁，坐在 20 岁左边的两人中也恰好有一人是 20 岁，则意味着 1、2、3 号位分别为 24 岁、20 岁、20 岁。

177

再根据题干陈述，坐在会计左边的两人中至少有一人是销售员，坐在销售员右边的两人中也恰好有一人是销售员，则意味着 1、2、3 号位分别为销售员、销售员、会计。

列表 1-9-19：

表 1-9-19

| 位置 | 1 | 2 | 3 |
| --- | --- | --- | --- |
| 年龄 | 24 岁 | 20 岁 | 20 岁 |
| 职业 | 销售员 | 销售员 | 会计 |

从而得出三位出差的年轻人分别是：20 岁的会计、20 岁的销售员、24 岁的销售员。

### 6. 正确答案：B

根据题干条件，4 个人分别来自 4 个省。

由福建人会说闽南方言，陈蕊不懂闽南方言，推出，陈蕊不是福建人。

再由王佳比福建人的学历低，推出，王佳不是福建人。

又由，每个人只会说原籍的一种方言，李英会说徽州话，推出，李英不是福建人。

所以，福建人只能是张明，他会说闽南方言。

上述推理可列表 1-9-20：

表 1-9-20

|  | 江苏人 | 安徽人 | 福建人 | 山东人 |
| --- | --- | --- | --- | --- |
|  |  |  | 闽南方言 | 中原官话 |
| 张明 |  |  | √ |  |
| 李英 | × |  | × |  |
| 王佳 |  |  | × | × |
| 陈蕊 |  |  | × |  |

### 7. 正确答案：E

根据题干断定，7 人的最高学历分别是本科和博士，这说明，已、庚的学历一个是本科，一个是博士；再加上，甲、乙、丙的学历层次相同，意味着甲、乙、丙，再加上已、庚中的某一人，这 4 人的学历层次相同；题干又断定，博士毕业的有 3 人；从而推出：甲、乙、丙必然是本科，丁、戊是博士。

再根据题干断定，7 人中女性 3 人。戊、已、庚的性别相同，甲、丁的性别不同。意味着甲、丁为一男一女，戊、已、庚必为男性，剩下的乙、丙为女性。

又根据题干断定，最终录用的是一名女博士。从学历上排除了甲、乙、丙，从性别上排除了戊、已、庚，因此，女博士只能是丁。

上述推理可列表 1-9-21：

表 1-9-21

|  | 甲 | 乙 | 丙 | 丁 | 戊 | 已 | 庚 |
| --- | --- | --- | --- | --- | --- | --- | --- |
| 学历 | 本科 | 本科 | 本科 | 博士 | 博士 |  |  |
| 性别 |  | 女 | 女 |  | 男 | 男 | 男 |

### 8. 正确答案：D

根据题意，做示意图。由（1）可得图 1-9-5：

由（2）知，丙、丁只可能是：1 和 2，3 和 4。

再由已与乙不相邻可知，已只能在 1 或 2；故丙、丁只能在 3 和 4，如图 1-9-6：

上篇 演绎推理

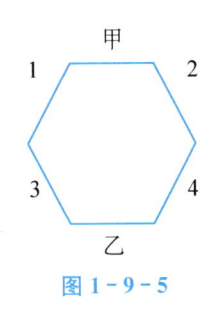

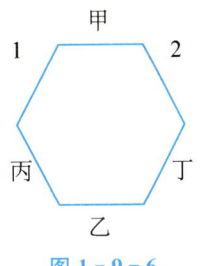

```
      甲                          甲
   1 ╱──╲ 2                    1 ╱──╲ 2
    │    │                      │    │
   3 ╲──╱ 4                    丙╲──╱丁
      乙                          乙
    图1-9-5                      图1-9-6
```

由以上分析可排除 B、C、E 三项。

A 项，若甲与戊相邻，则已与丁可能正面相对，也可能不正面相对，故应排除该项。

D 项，若丙与戊不相邻，则戊只能在丙的对面，则已与丙相邻，正确。

### 9. 正确答案：D

题干信息整理如下（表1-9-22）：

(1) 猴<妙；
(2) 阳<仙；
(3) 妙<美；
(4) 禅=4<仙。

表1-9-22

| 1 | 2 | 3 | 4 | 5 | 6 |
|---|---|---|---|---|---|
|   |   |   | "禅心向天" |   |   |

根据条件（4）可知，5 和 6 中必然有一个是"仙人晒靴"。

D 项，第五个游览"妙笔生花"，由条件（3），第 6 个位置必然是"美人梳妆"，则和上述信息矛盾，故 D 项不可能为真。

### 10. 正确答案：D

根据题意，列出以下关系式：

(1) 丁网管→甲物业；
(2) ¬乙保洁→甲保洁∧丙销售；
(3) 乙保洁→丙销售∧丁保洁。

由（2）（3）推知，不管乙是否应聘保洁，都能推出：丙应聘销售。

再分析（3）可知，如果乙应聘保洁，则丁也应聘保洁，这与每种岗位都有一人应聘矛盾。所以，乙一定不应聘保洁。

再由（2）推知：甲应聘保洁。

由此可知，甲不应聘物业，再由（1）的逆否命题推出：丁不应聘网管。

既然网管不是甲、丙、丁去应聘，那只能是乙应聘网管（表1-9-23）。

表1-9-23

|   | 保洁 | 物业 | 网管 | 销售 |
|---|---|---|---|---|
| 甲 | √ |   |   | × |
| 乙 | × |   | √ | × |
| 丙 | × |   |   | √ |
| 丁 | × | √ | × | × |

179

## 11. 正确答案：B

根据题意，天山植被形态，由低到高排列如下：
(1) 荒漠＜森林带＜冰雪带
(2) 荒漠＜山地草原＜森林带
(3) 山地草原＜森林带＜山地草甸
(4) 山地草甸草原≤山地草甸≤高寒草甸

B项：高寒草甸比山地草甸低，这违背条件（4），因此是不可能的。

其余选项都是可能的排列。

从左到右由低到高排列，可确定的顺序如表1-9-24：

表1-9-24

| 荒漠 | 森林带、冰雪带 | |
|---|---|---|
| | 山地草原、森林带 | 山地草甸、高寒草甸 |
| 山地草甸草原 | | |

## 12. 正确答案：D

根据题干所述条件，进行简要推理后，列表1-9-25：

表1-9-25

| | 菊花 | 绿茶 | 红茶 | 咖啡 | 大麦茶 |
|---|---|---|---|---|---|
| 甲 | √ | (√) | (√) | × | × |
| 乙 | √ | (√) | (√) | × | × |
| 丙 | × | | | (√) | (√) |
| 丁 | | × | | | |
| 戊 | | × | | (√) | (√) |

上表中，√表示一定喜欢，(√)表示可能喜欢，×表示一定不喜欢。
根据条件（1），甲、乙一定不喜欢咖啡和大麦茶；
根据条件（2），丙和戊分别喜欢咖啡和大麦茶中的一种。
题干又断定，每种饮品只有2人喜欢。由此可以得出：丁喜欢咖啡和大麦茶。
因此，D项正确。其余选项均可能为真，但不必然为真。

## 13. 正确答案：A

根据条件（1），假设"施米特"是阿根廷常见姓氏，则由（2）推知，"冈萨雷斯"是爱尔兰常见姓氏，即"冈萨雷斯"不是墨西哥常见姓氏，再由（3）推知，"埃尔南德斯"和"墨菲"均不是卢森堡常见姓氏（表1-9-26）。

表1-9-26

| | 冈萨雷斯 | 埃尔南德斯 | 施米特 | 墨菲 |
|---|---|---|---|---|
| 卢森堡 | － | － | － | － |
| 阿根廷 | | | ＋ | － |
| 墨西哥 | － | | | |
| 爱尔兰 | ＋ | － | | － |

上篇　演绎推理

这样导致这 4 个姓氏均不是卢森堡常见的姓氏，违背了题干所述这 4 个姓氏是且仅是四国中其中一国常见的姓氏这一条件。

因此，上述假设错误，即"施米特"不是阿根廷常见姓氏，则由条件（1）可推知，"施米特"是卢森堡常见姓氏。

### 14. 正确答案：E

若选择张老师的研究生为 2 人，则由条件（1），选择陆老师的为 3 人，这与题干条件每位导师都有 1 至 2 人选择相矛盾。因此，选择张老师的研究生为 1 人，选择陆老师的为 2 人，选择陈老师的也是 2 人。

由此，只有戊选择陈老师不成立。根据条件（3）的逆否命题可推知，甲、丙、丁均不能选择陆老师。因此，乙、戊均选择陆老师。

由此，乙选择陈老师不成立。根据条件（2）的逆否命题可推知，丙、丁均没有选择张老师。因此，甲选择了张老师。这样，甲、乙、戊均没有选择陈老师，因此，丙、丁选择陈老师（表 1 - 9 - 27）。

表 1 - 9 - 27

|  | 甲 | 乙 | 丙 | 丁 | 戊 |
| --- | --- | --- | --- | --- | --- |
| 张 1 | ＋ | － | － | － | － |
| 陆 2 | － | ＋ | － | － | ＋ |
| 陈 2 | － | － | ＋ | ＋ | － |

### 15. 正确答案：C

既然李订阅了《人民日报》，则宋、吴均订阅了《人民日报》就不可能。

由（2）的逆否命题推知，李、王两人都订阅了《文汇报》，则宋、吴都没订阅《文汇报》。进一步推出，李没订阅《光明日报》《参考消息》。

既然吴没订阅《文汇报》，则吴至少订阅了《光明日报》《参考消息》中的一种，由（1）推知，王未订阅《光明日报》。进一步推知，宋、吴订阅了《光明日报》。

因为各人订阅的均不完全相同，李、王要有所不同，那只能是王订阅了《参考消息》。

剩下的宋、吴可以一人订阅《人民日报》，另一人订阅《参考消息》（表 1 - 9 - 28）。

表 1 - 9 - 28

|  | 《人民日报》 | 《光明日报》 | 《参考消息》 | 《文汇报》 |
| --- | --- | --- | --- | --- |
| 宋 |  | ＋ |  | － |
| 李 | ＋ | － | － | ＋ |
| 王 | － | － | ｜ | ｜ |
| 吴 |  | ＋ |  | － |

由上述分析可知，王订阅了《参考消息》，即 C 项正确。

其余选项不妥，其中，A 项错误，B、D、E 项不确定为真。

## 9.7　真假话题

真假话题型的基本形式是题干给出若干陈述，并明确了其中真假的数量，要求考生从中推出结论。真假话题型的解答方法主要分成三种：

181

### 1. 矛盾突破法

矛盾突破法，解题突破口是在题干所给出的陈述中，找出互相矛盾的判断，从而必知其一真一假。互相矛盾的命题主要有以下三种：

（1）直言命题的矛盾关系。根据直言命题对当关系，找出一对矛盾关系的直言命题。

（2）复合命题的矛盾关系。根据复合命题的负命题，找出一对矛盾关系的复合命题。

（3）模态命题的矛盾关系。根据模态命题对当关系，找出一对矛盾关系的直言命题。

常用的解题步骤：

第一步，确定矛盾。找出一对矛盾关系的命题，从而必知其一真一假。

第二步，绕开矛盾。根据已知条件从而知道剩余说法的真假。

第三步，推出答案。

### 2. 反对突破法

反对突破法和矛盾突破法类似，若确定了题干陈述中有反对关系或下反对关系，就知道了它们不同真或不同假，从而找到解题突破口。

### 3. 假设代入法

对一些不能用矛盾突破法或反对突破法的题目，或者一些推理难度较高的真假话题，可以用假设代入法来进行间接推理，或者分情况进行分析，从而推出结果。

**1  2000MBA－39**

学校在为失学儿童义捐活动中收到两笔没有署真名的捐款，经过多方查找，可以断定是周、吴、郑、王中的某两位捐的。经询问，周说："不是我捐的"；吴说："是王捐的"；郑说："是吴捐的"；王说："我肯定没有捐"。

最后经过详细调查证实四个人中只有两个人说的是真话。

根据已知条件，请你判断下列哪项可能为真？

A. 是吴和王捐的。　　　　　　　　B. 是周和王捐的。
C. 是郑和王捐的。　　　　　　　　D. 是郑和吴捐的。
E. 是郑和周捐的。

**2  2000MBA－57**

红星中学的四位老师在高考前对某理科毕业班学生的前景进行推测，他们特别关注班里的两个尖子生。

张老师说："如果余涌能考上清华，那么方宁也能考上清华。"

李老师说："依我看这个班没有人能考上清华。"

王老师说："不管方宁能否考上清华，余涌考不上清华。"

赵老师说："我看方宁考不上清华，但余涌能考上清华。"

高考的结果证明，四位老师中只有一人的推测成立。

如果上述断定是真的，则以下哪项也一定是真的？

A. 李老师的推测成立。

B. 王老师的推测成立。

C. 赵老师的推测成立。

D. 如果方宁考上了清华大学，则张老师的推测成立。

E. 如果方宁考不上清华大学，则张老师的推测成立。

### 3  2000GRK-43

甲、乙、丙、丁四人在一起议论本班同学申请建行学生贷款的情况。

甲说:"我班所有同学都已申请了贷款。"

乙说:"如果班长申请了贷款,那么学习委员就没申请。"

丙说:"班长申请了贷款。"

丁说:"我班有人没有申请贷款。"

已知四人中只有一人说假话,则可推出以下哪项结论?

A. 甲说假话,班长没申请。　　B. 乙说假话,学习委员没申请。
C. 丙说假话,班长没申请。　　D. 丁说假话,学习委员申请了。
E. 甲说假话,学习委员没申请。

### 4  2001MBA-25

某仓库失窃,四个保管员因涉嫌而被传讯。四人的供述如下:

甲:我们四人都没作案。

乙:我们中有人作案。

丙:乙和丁至少有一人没作案。

丁:我没作案。

如果四人中有两人说的是真话,有两人说的是假话,则以下哪项断定成立?

A. 说真话的是甲和丙。　　　B. 说真话的是甲和丁。
C. 说真话的是乙和丙。　　　D. 说真话的是乙和丁。
E. 说真话的是丙和丁。

### 5  2002MBA-46

某矿山发生了一起严重的安全事故。关于事故原因,甲、乙、丙、丁四位负责人有如下断定:

甲:如果造成事故的直接原因是设备故障,那么肯定有人违反操作规程。

乙:确实有人违反操作规程,但造成事故的直接原因不是设备故障。

丙:造成事故的直接原因确实是设备故障,但并没有人违反操作规章。

丁:造成事故的直接原因是设备故障。

如果上述断定中只有一个人的断定为真,则以下断定都不可能为真,除了

A. 甲的断定为真,有人违反了操作规程。
B. 甲的断定为真,但没有人违反操作规程。
C. 乙的断定为真。
D. 丙的断定为真。
E. 丁的断定为真。

### 6  2002GRK-35

某商店失窃,四名职工涉嫌被拘审。

甲:只有乙作案,丙才会作案。

乙:甲和丙两人中至少有一人作案。

丙:乙没作案,作案的是我。

丁:是乙作的案。

如果四人中只有一个说假话,可推出以下哪项成立?

A. 甲说假话,丙作案。　　　B. 乙说假话,乙作案。

C. 丙说假话，乙作案。　　　　　　D. 丁说假话，丙作案。
E. 丙说假话，丙没作案。

### 7　2004GRK-48

某商场失窃，员工甲、乙、丙、丁涉嫌被拘审。

甲说："是丙作的案。"

乙说："我和甲、丁三人中至少有一个作案。"

丙说："我没有作案。"

丁说："我们四人都没作案。"

如果四人中只有一个说真话，则可推出以下哪项结论？

A. 甲说真话，作案的是丙。　　　　B. 乙说真话，作案的是乙。
C. 丙说真话，作案的是甲。　　　　D. 丙说真话，作案的是丁。
E. 丁说真话，四人中无人作案。

### 8　2006GRK-47

甲班考试结束后，几位老师在一起议论。

张老师说："班长和学习委员都能得优秀。"

李老师说："除非生活委员得优秀，否则体育委员不能得优秀。"

陈老师说："我看班长和学习委员两人中至少有一人不能得优秀。"

郭老师说："我看生活委员不能得优秀，但体育委员可得优秀。"

基于以上断定，可推出以下哪项为真？

A. 四位老师中有且只有一位的判断为真。

B. 四位老师中有且只有两位的判断为真。

C. 四位老师的判断都可能为真。

D. 四位老师的判断都可能为假。

E. 题干的条件不足以推出确定的结论。

### 9　2007MBA-36

小王参加了某公司招工面试，不久，他得知以下消息：

(1) 公司已决定，他与小陈至少录用一人。

(2) 公司可能不录用他。

(3) 公司一定录用他。

(4) 公司已录用小陈。

其中两条消息为真，两条消息为假。

如果上述断定为真，则以下哪项为真？

A. 公司已录用小王，未录用小陈。　　B. 公司未录用小王，已录用小陈。
C. 公司既录用小王，又录用小陈。　　D. 公司既未录用小王，也未录用小陈。
E. 不能确定录取结果。

### 10　2007GRK-35

在宏达杯足球联赛前，四个球迷有如下预测：

甲：红队必然不能夺冠。

乙：红队可能夺冠。

丙：如果蓝队夺冠，那么黄队是第三名。

丁：冠军是蓝队。

如果四人的断定中只有一个为假，可推出以下哪项结论？
A. 冠军是红队。
B. 甲的断定为假。
C. 乙的断定为真。
D. 黄队是第三名。
E. 丁的断定为假。

## 11  2007GRK-50

以下是关于某中学甲班同学参加夏令营的三个断定：
（1）甲班有学生参加了夏令营。
（2）甲班所有学生都没有参加夏令营。
（3）甲班的蔡明没有参加夏令营。
如果这三个断定中只有一个为真，则以下哪项一定为真？
A. 甲班同学并非都参加了夏令营。
B. 甲班同学并非都没有参加夏令营。
C. 甲班参加夏令营的学生超过半数。
D. 甲班仅蔡明没有参加夏令营。
E. 甲班仅蔡明参加了夏令营。

## 12  2010MBA-44

小东在玩"勇士大战"游戏，进入第二关时，界面出现四个选项。第一个选项是"选择任意选项都需支付游戏币"，第二个选项是"选择本项后可以得到额外游戏奖励"，第三个选项是"选择本项后游戏不会进行下去"，第四个选项是"选择某个选项不需支付游戏币"。
如果四个选项中的陈述只有一句为真，则以下哪项一定为真？
A. 选择任意选项都需支付游戏币。
B. 选择任意选项都无须支付游戏币。
C. 选择任意选项都不能得到额外游戏奖励。
D. 选择第二个选项后可以得到额外游戏奖励。
E. 选择第三个选项后游戏能继续进行下去。

## 13  2010GRK-30

张、王、李、赵四人进入乒乓球赛的半决赛。甲、乙、丙、丁四位教练对半决赛结果有如下预测：
甲：小张未进决赛，除非小李进决赛。
乙：小张进决赛，小李未进决赛。
丙：如果小王进决赛，则小赵未进决赛。
丁：小王和小李都未进决赛。
如果四位教练的预测只有一个不对，则以下哪项一定为真？
A. 甲的预测错，小张进决赛。
B. 乙的预测对，小李未进决赛。
C. 丙的预测对，小王未进决赛。
D. 丁的预测错，小王进决赛。
E. 甲和乙的预测都对，小李未进决赛。

## 14  2016MBA-37

郝大爷过马路时不幸摔倒昏迷，所幸有小伙子及时将他送往医院救治。郝大爷病情稳定后，有4位陌生的小伙子陈安、李康、张幸、汪福来医院看望他。郝大爷问他们究竟是谁送他来医院的，他们的回答如下：
陈安：我们4人都没有送您来医院。
李康：我们4人有人送您来医院。
张幸：李康和汪福至少有一人没有送您来医院。

汪福：送您来医院的不是我。

后来证实上述4人有两人说真话，两人说假话。

根据以上信息，可以得出以下哪项？

A. 说真话的是李康和张幸。
B. 说真话的是陈安和张幸。
C. 说真话的是李康和汪福。
D. 说真话的是张幸和汪福。
E. 说真话的是陈安和汪福。

# 答案与解析

### 1. 正确答案：C

吴和王的断定是互相矛盾的，因此，其中必有一真，且只有一真。又由题干，只有两人说的是真话，因此，周和郑两人中有且只有一个人说真话。

这样可以分为四种情况讨论：

(1) 吴真王假，并且周真郑假。可推出王和郑捐了。

(2) 吴真王假，并且郑真周假。由吴真和郑真可以推出，款是王、吴所捐，因为只有两笔捐款，因此，周没有捐；而周讲的话是假话，因此，周捐了。所以周既没捐，又捐了，出现矛盾。故这种情况不存在。

(3) 吴假王真，并且周真郑假。由王真和周真推出王、周都没捐；因为有两笔捐款，所以，吴、郑都捐了；而由郑假可推出吴没捐，这样吴既捐了，又没捐，出现矛盾。故这种情况不存在。

(4) 吴假王真，并且郑真周假。由郑真可以推出吴捐了，由周假可以推出周捐了。

由此，根据题干的条件，有且只有两种情况可能为真：第一，吴和周捐的款，第二，郑和王捐的款。其余的情况一定为假。

因此，A、B、D、E项不可能为真，C项可能为真。

### 2. 正确答案：D

题干中张老师和赵老师的推测形式分别是"如果P则Q"和"P并且非Q"，互相矛盾，根据矛盾律和排中律，其中必有一个推测成立且只有一个成立，另一个不成立。

又由条件，四人中只有一人的推测成立，因此，李老师和王老师的推测均不成立，即事实上余涌考上了清华。

因此，如果方宁考上了清华，则张老师的推测成立，即D项为真。

### 3. 正确答案：E

确定矛盾：甲、丁的话相互矛盾。

已知条件：四人中只有一人说假话，即说假话的一定在甲、丁之中。

绕过矛盾：乙、丙说的为真话，即班长申请了贷款，学习委员没有申请。

推出结果：学习委员没有申请，所以甲为假。

### 4. 正确答案：C

找出一对矛盾的直言命题：甲和乙，其中必然一真一假。

绕开矛盾：四人中两人说真话，两人说假话，因此，丙和丁两人的断定亦必有一真一假。

若丁真，则丙真，这不可能。

因此，丁假，即丁作了案，所以甲为假。

则甲、丁说假话。据此可推知说真话的是乙和丙。所以选C。

### 5. 正确答案：B

甲：设→违

乙：违∧¬设

丙：设∧¬违

丁：设

甲和丙的断定互相矛盾，其中必有一真一假。

又只有一人的断定为真，因此，乙和丁的断定为假。

由丁的断定假，可知：造成事故的直接原因不是设备故障。

由乙的断定假，可推知：或者没有人违反操作规程，或者造成事故的直接原因是设备故障。

由上述两个推断，¬设∧（¬违∨设），可推知：没有人违反操作规程。

这样，可得出结论：

第一，事实上造成事故的直接原因不是设备故障。

第二，事实上没有人违反操作规程。

因此，丙的断定为假，因而甲的断定为真。

所以，B项为真。其余各项均不可能为真。

6. 正确答案：C

甲和丙的断定是互相矛盾的，因此，其中必有一人说假话。又由题干，四人中只有一人说假话，因此，乙和丁说真话。由丁说真话可推出事实上乙作案。因此，说假话的是丙，所以C项成立。

7. 正确答案：A

由题干可知，甲和丙的话互相矛盾，必有一真一假。而四人中只有一个说真话，可见乙、丁都说假话。由乙说假话，可知甲、乙、丁都没作案。再由丁说假话，可知四人中有人作案，因此只能丙作案，甲说真话。

8. 正确答案：B

把四位老师的话整理成如下条件关系式：

张：班长∧学习委员

李：生活委员←体育委员

陈：¬班长∨¬学习委员

郭：¬生活委员∧体育委员

从而发现：张和陈，李与郭这两对老师的说法互为矛盾命题。

由矛盾律和排中律可知：张和陈必为一真一假，李与郭也必为一真一假。

因此，四位老师中有且只有两位的判断为真。即B项为正确答案。

9. 正确答案：A

首先找矛盾。根据模态命题，我们发现：（2）与（3）矛盾，必然一真一假。

由于其中两条消息为真，两条消息为假。因此，剩下的（1）与（4），也必为一真一假。

若（4）真，那么可推出（1）也真，这是不可能的。

由此推出，（4）为假，（1）为真。

（4）为假推出：公司没录用小陈。

加上（1）为真，即：小王与小陈至少录用一人。

从而推出公司已录用小王，所以，A项为正确答案。

10. 正确答案：D

根据模态命题的对当关系知，甲和乙的断定互相矛盾，必一真一假。由条件，只有一个断定为假，因此，丙与丁的断定为真。由此可推出：冠军是蓝队，黄队是第三名。

187

## 11. 正确答案：B

由直言命题的对当关系知，（1）和（2）互相矛盾，必有一真一假。因为三个断定中只有一真，因此（3）假。由（3）假，可得：甲班的蔡明参加了夏令营，继而可得：甲班同学并非都没有参加夏令营。因此，B项正确。

## 12. 正确答案：E

首先发现，第一个和第四个选项中的陈述互相矛盾，因此，必然是一真一假。

由于四个选项中的陈述只有一句为真，因此，第二个和第三个选项中的陈述就必然为假。

根据第三个选项"选择本项后游戏不会进行下去"为假，推出：选择第三个选项后游戏能继续进行下去。即E项为正确答案。

## 13. 正确答案：C

题干条件关系式为：

甲：¬李→¬张

乙：张∧¬李

丙：王→¬赵

丁：¬王∧¬李

甲和乙互相矛盾，必有一错。

由于只有一人错，因此，丙和丁都对。

由丁对，得小王未进决赛。因此，C项成立。

## 14. 正确答案：A

题干条件如下：

陈：E判断

李：I判断

张：¬李∨¬汪

汪：¬汪

陈、李二人的话显然矛盾，必有一真，必有一假。

因为四个人中两人说真话，两人说假话，所以，张、汪二人的话也必有一真，必有一假。

如果汪为真，则张也为真，不符合题干条件，所以得出，汪假、张真。

由汪假，得到送老人来医院的是汪，由此可知李也真。因此，A为正确答案。

# 9.8 逻辑推演

逻辑推演题是指难度较高的逻辑分析题，俗称智力推理。通常是给出一组前提条件，通过比较复杂的推理步骤，得到某个确定的结果。解这类考题时，所用的推理步骤往往较多，常需要运用假设代入法，逐步进行深入的逻辑分析和推理。

**1** 2000MBA-70

甲、乙、丙三人一起参加了物理和化学两门考试。三个人中，只有一个人在考试中发挥正常。

考试前，甲说：

如果我在考试中发挥不正常，我将不能通过物理考试。

如果我在考试中发挥正常，我将能通过化学考试。

乙说：

如果我在考试中发挥不正常，我将不能通过化学考试。
如果我在考试中发挥正常，我将能通过物理考试。
丙说：
如果我在考试中发挥不正常，我将不能通过物理考试。
如果我在考试中发挥正常，我将能通过物理考试。
考试结束后，证明这三个人说的都是真话，并且：
发挥正常的人是三人中唯一的一个通过这两门科目中某门考试的人；
发挥正常的人也是三人中唯一的一个没有通过另一门考试的人。
从上述断定能推出以下哪项结论？

A. 甲是发挥正常的人。
B. 乙是发挥正常的人。
C. 丙是发挥正常的人。
D. 题干中缺乏足够的条件来确定谁是发挥正常的人。
E. 题干中包含互相矛盾的信息。

### 2　2000GRK-49

某市的红光大厦工程建设任务进行招标，有四个建筑公司投标，为简便起见，称它们为公司甲、乙、丙、丁。在标底公布以前，各公司经理分别作出猜测。甲公司经理说："我们公司最有可能中标，其他公司不可能。"乙公司经理说："中标的公司一定出自乙和丙两个公司之中。"丙公司经理说："中标的若不是甲公司就是我们公司。"丁公司经理说："如果四个公司中必有一个中标，那就非我们莫属了！"

当标底公布后发现，四人中只有一个人的预测成真了。

以下哪项判断最可能为真？

A. 甲公司经理猜对了，甲公司中标了。
B. 乙公司经理猜对了，丙公司中标了。
C. 甲公司和乙公司的经理都说错了。
D. 乙公司和丁公司的经理都说错了。
E. 甲公司和丁公司的经理都说错了。

### 3　2003MBA-56

一对夫妻带着他们的一个孩子在路上碰到一个朋友。朋友问孩子："你是男孩还是女孩？"朋友没听清孩子的回答。孩子的父母中某一个说，我孩子回答的是"我是男孩"，另一个接着说："这孩子撒谎，她是女孩。"这家人中男性从不说谎，而女性从来不连续说两句真话，也不连续说两句假话。

如果上述陈述为真，那么，以下哪项一定为真？

Ⅰ. 父母中第一个说话的是母亲。
Ⅱ. 父母中第一个说话的是父亲。
Ⅲ. 孩子是男孩。

A. 只有Ⅰ。　　　　　　　　B. 只有Ⅱ。
C. 只有Ⅰ和Ⅲ。　　　　　　D. 只有Ⅱ和Ⅲ。
E. 不能确定。

### 4　2009MBA-27

甲、乙、丙和丁进入某围棋邀请赛半决赛，最后要决出一名冠军。张、王和李三人对结果作了如下预测：

张：冠军不是丙。

王：冠军是乙。

李：冠军是甲。

已知张、王、李三人中恰有一人的预测正确，以下哪项为真？

A. 冠军是甲。 B. 冠军是乙。
C. 冠军是丙。 D. 冠军是丁。
E. 无法确定冠军是谁。

### 5 2012GRK-42

有五支球队参加比赛，对于比赛结果，观众有如下议论：

(1) 冠军队不是山南队，就是江北队；

(2) 冠军队既不是山北队，也不是江南队；

(3) 冠军队只能是江南队；

(4) 冠军队不是山南队。

比赛结果显示，只有一条议论是正确的。那么获得冠军队的是

A. 山南队。 B. 江南队。
C. 山北队。 D. 江北队。
E. 江东队。

### 6 2016MBA-49

在某项目招标过程中，赵嘉、钱宜、孙斌、李汀、周武、吴纪6人作为各自公司代表参与投标，有且只有一人中标。关于究竟谁是中标者，招标小组中有3位成员各自谈了自己的看法：

(1) 中标者不是赵嘉就是钱宜；

(2) 中标者不是孙斌；

(3) 周武和吴纪都没有中标。

经过深入调查，发现上述3人中只有一人的看法是正确的。

根据以上信息，以下哪项中的3人都可以确定没有中标？

A. 赵嘉、孙斌、李汀。 B. 赵嘉、钱宜、李汀。
C. 孙斌、周武、吴纪。 D. 赵嘉、周武、吴纪。
E. 钱宜、孙斌、周武。

### 7 2019MBA-38

某大学有位女教师默默资助一位偏远山区的贫困家庭长达15年，记者多方打听，发现做好事者是该大学传媒学院甲、乙、丙、丁、戊5位教师中的一位。在接受采访时，5位老师都很谦虚。她们是这么对记者说的：

甲：这件事是乙做的。

乙：我没有做，是丙做了这件事。

丙：我并没有做这件事。

丁：我也没有做这件事，是甲做的。

戊：如果甲没有做，则丁也不会做。

记者后来得知，上述5位老师中只有一人说的话符合真实情况。

根据以上信息，可以得出做这件好事的人是哪一位？

A. 甲。 B. 乙。

C. 丙。
D. 丁。
E. 戊。

**8** 2022MBA-35

某单位有甲、乙、丙、丁、戊、己、庚、辛、壬、癸 10 名新进员工,他们所学专业是哲学、数学、化学、金融和会计 5 个专业之一,每人只学其中一个专业,已知:
(1) 若甲、丙、壬、癸中至多有 3 人是数学专业,则丁、庚、辛 3 人都是化学专业;
(2) 若乙、戊、己中至多有 2 人是哲学专业,则甲、丙、庚、辛 4 人专业各不相同。
根据上述信息,所学专业相同的新员工是:

A. 乙、戊、己。
B. 甲、壬、癸。
C. 丙、丁、癸。
D. 丙、戊、己。
E. 丁、庚、辛。

## 答案与解析

### 1. 正确答案:B

题干断定:
①三个人中,只有一个人在考试中发挥正常。
②发挥正常的人是三人中唯一的一个通过这两门科目中某门考试的人。
③发挥正常的人也是三人中唯一的一个没有通过另一门考试的人。

解此题的思路是用假设法。即逐个假设甲、乙、丙是发挥正常的人,如果导致矛盾,则假设不成立。

假设甲发挥正常,则甲通过化学考试。由条件①知,丙发挥不正常,物理考试通不过;由条件③知,丙通过物理考试。这就出现了矛盾,因此,甲发挥不正常。

假设乙发挥正常,则乙通过了物理考试。由条件①知,甲、丙发挥不正常,都没通过物理考试。由条件②知,甲和丙都没通过物理考试。由条件③知,乙没有通过化学考试,甲和丙都通过了化学考试。这里没有矛盾。

假设丙发挥正常,则丙通过物理考试,但没通过化学考试。由条件①知,乙发挥不正常,没通过化学考试;由条件③知,乙通过化学考试。这就出现了矛盾,因此,丙发挥不正常。

因为三个人中,只有一个人在考试中发挥正常,由于甲、丙发挥不正常,因此,只能是乙发挥正常。所以,答案应选 B。

### 2. 正确答案:C

注意题干问的是"以下哪项判断最可能为真",最可能为真并不等于一定为真,可以用排除法做,只要推出其他选项与题干有矛盾,就要排除掉,剩下一个没矛盾的选项就是正确答案。

我们可以对题干中几个公司的预言进行归纳,列表 1-9-29:

表 1-9-29

|  | 言中 | 说错 |
| --- | --- | --- |
| 甲:甲∨E | 甲中标或四家都没有中标 | 中标者出自乙、丙、丁 |
| 乙:乙∨丙 | 乙或丙中标 | 中标者出自甲或丁或四家都没中标 |
| 丙:¬甲→丙 | 甲或丙中标 | 中标者出自乙、丁或四家都没中标 |
| 丁:丁∨E | 丁中标或四家都没中标 | 中标者出自甲、乙、丙 |

若选项 A 为真，甲中标了，可推出甲、丙都说对了，与题设只有一个人的预测成真矛盾。

若选项 B 为真，丙中标了，则乙和丙都猜对了，也不符合题干假设。

若选项 C 为真，由于甲和乙都说错了，可以得出丁中标了。由此可知，丙说错了，只有丁说对了。因此，与题干假设没矛盾，即选项 C 与题干叙述完全符合。

若选项 D 为真，乙和丁都说错了，则可以推出甲中标了，从而甲、丙都猜对了，与题干不符。

若选项 E 为真，甲和丁都说错了。可以推出乙或丙中标了。因为乙猜的是乙或丙中标，预测一定为真。但丙猜的是甲或丙中标，可能错（若乙中标），也可能对（若丙中标）。因此，若假设选项 E 为真，可能推出与题干假设矛盾的结论。

因此，A、B、D 首先排除，比较 C 和 E，选 C 更好。

### 3. 正确答案：A

假设父母中第一个说话的是父亲，则第二个说话的是母亲。由于这家人中男性从不说谎，因此，由父亲说的话可推知，孩子的回答确实是"我是男孩"。如果孩子是男孩，则母亲连续说了两句假话；如果孩子是女孩，则母亲连续说了两句真话。可见，母亲的两句话要么都真，要么都假，这与题干的断定矛盾。

因此，假设不成立，即父母中第一个说话的不是父亲，而是母亲，即Ⅰ项为真，Ⅱ项为假。因为父母中第二个说话的是父亲，又男性都说真话，因此事实上孩子是女孩，即Ⅲ项为假。

### 4. 正确答案：D

假设王预测正确，即冠军是乙，那么张的预测也成立，这与"恰有一人的预测正确"的条件矛盾，因此，王预测错误，即冠军不是乙。

同理，假设李预测正确，即冠军是甲，那么张的预测也成立，这与"恰有一人的预测正确"的条件矛盾，因此，李预测错误，即冠军不是甲。

这样，只有张预测正确，即冠军不是丙。

由于甲、乙、丙和丁中必有一名冠军，因此，冠军只能是丁。

### 5. 正确答案：C

根据题干陈述，列出如下关系式：

（1）山南∨江北

（2）¬山北∧¬江南

（3）江南

（4）¬山南

若冠军是山南队，则（1）（2）均为真，由于只有一条议论正确，所以，这种情况不成立，即冠军不是山南队。

然后，依次假设冠军是江南队、山北队、江北队、江东队。

冠军是江南队、江北队、江东队时，均有 2 条以上议论为真，排除。

冠军是山北队时，只有 1 条议论为真，满足题干条件，因此，C 项正确。

### 6. 正确答案：B

根据题干条件，假设如下：

如果赵中标，则上述 3 人的看法都正确，不符合题干条件，所以，赵没中标。

如果钱中标，则上述 3 人的看法都正确，不符合题干条件，所以，钱没中标。

如果李中标，则（2）（3）正确，即上述 2 人的看法都正确，不符合题干条件，所以，李没中标。

综上，可以确定没有中标的是赵、钱、李。因此，B 为正确答案。

### 7. 正确答案：D

根据 5 位老师的陈述，列出条件关系式：

甲：乙

乙：¬乙∧丙

丙：¬丙

丁：¬丁∧甲

戊：¬甲→¬丁

假设是乙做的好事，因为只有一个人做了好事，则甲和丙说的话都为真，由于只有一人说真话，因此，这个假设不成立，所以，不是乙做的。

既然不是乙做的，那么，乙、丙说的话必然是一真一假。这样，其他人说的话都是假话。

再由戊说的话为假，可推出：¬（¬甲→¬丁）＝¬甲∧丁

所以，做好事的人一定是丁。

### 8. 正确答案：A

假设乙、戊、己中至多有 2 人是哲学专业为真，则由（2）知，甲、丙、庚、辛 4 人专业各不相同。

既然庚、辛专业不相同，则丁、庚、辛 3 人都是化学专业为假。

再由（1）知，甲、丙、壬、癸中至多有 3 人是数学专业为假，即甲、丙、壬、癸 4 人都为数学专业，这与甲、丙、庚、辛 4 人专业各不相同相矛盾！

因此，乙、戊、己中至多有 2 人是哲学专业这一假设错误，可推知，乙、戊、己均为哲学专业。

## 9.9 分析题组

分析题组是指一个题干包括两个以上小题的分析类题目。分析题组特别强调考查考生整体和全面分析问题的能力。考生在解题过程中，首先需要理解并运用一组问题所给出的所有条件，其次需要密切结合每一个具体小题的具体条件来求解。

**1** 2002MBA－29～30 题基于以下题干：

三位高中生赵、钱、孙和三位初中生张、王、李参加一个课外学习小组。可选修的课程有：文学、经济、历史和物理。

赵选修的是文学或经济。

王选修物理。

如果一门课程没有任何一个高中生选修，那么任何一个初中生也不能选修该课程；如果一门课程没有任何一个初中生选修，那么任何一个高中生也不能选修该课程；一个学生只能选修一门课程。

29. 如果上述断定为真，且钱选修历史，以下哪项一定为真？

A. 孙选修物理。　　　　　　　　B. 赵选修文学。
C. 张选修经济。　　　　　　　　D. 李选修历史。
E. 赵选修经济。

30. 如果题干的断定为真，且有人选修经济，则选修经济的学生中不可能同时包含

A. 赵和钱。　　　　　　　　　　B. 钱和孙。

C. 孙和张。  D. 孙和李。
E. 张和李。

### 2　2002GRK-39~40题基于以下题干：

在一个古代的部落社会，每个人都属于某个家族，每个家族只崇拜以下五个图腾之一：熊、狼、鹿、鸟、鱼。这个社会的婚姻关系遵守以下法则：

崇拜同一图腾的男女可以结婚。
崇拜狼的男子可以娶崇拜鹿或鸟的女子。
崇拜狼的女子可以嫁崇拜鸟或鱼的男子。
崇拜鸟的男子可以娶崇拜鱼的女子。
父亲与儿子的图腾崇拜相同。
母亲与女儿的图腾崇拜相同。

39. 崇拜以下哪项图腾的男子一定可以娶崇拜鱼的女子？
A. 狼或鸟。  B. 鸟或鹿。
C. 鱼或鹿。  D. 鸟或鱼。
E. 狼或鱼。

40. 如果某男子崇拜的图腾是狼，则他妹妹崇拜的图腾最可能是
A. 狼、鱼或鹿。  B. 狼、鱼或鸟。
C. 狼、鹿或熊。  D. 狼、熊或鸟。
E. 狼、鹿或鸟。

### 3　2008MBA-59~60题基于以下题干：

某公司有F、G、H、I、M和P六位总经理助理，三个部门。每一部门恰好由三个总经理助理分管。每个总经理助理至少分管一个部门。以下条件必须满足：

(1) 有且只有一位总经理助理同时分管三个部门。
(2) F和G不分管同一部门。
(3) H和I不分管同一部门。

59. 以下哪项一定为真？
A. 有的总经理助理恰好分管两个部门。  B. 任一部门由F或G分管。
C. M或P只分管一个部门。  D. 没有部门由F、M和P分管。
E. P分管的部门M都分管。

60. 如果F和M不分管同一部门，则以下哪项一定为真？
A. F和H分管同一部门。  B. F和I分管同一部门。
C. I和P分管同一部门。  D. M和G分管同一部门。
E. M和P不分管同一部门。

### 4　2008GRK-59~60题基于以下题干：

F、G、J、K、L和M六人应聘某个职位。只有被面试才能被聘用。以下条件必须满足：

如果面试G，则面试J。
如果面试J，则面试L。
F被面试。
除非面试K，否则不聘用F。
除非面试M，否则不聘用K。

59. 以下哪项可能为真？

A. 只有 F、J 和 M 被面试。
B. 只有 F、J 和 K 被面试。
C. 只有 G 和另外一位应聘者被面试。
D. 只有 G 和另外两位应聘者被面试。
E. 只有 G 和另外三位应聘者被面试。

60. 如果 M 未被面试，则以下哪项一定为真？
   A. K 未被面试。
   B. K 被面试但未被聘用。
   C. F 被面试，但 K 未被聘用。
   D. F 被聘用，但 K 未被聘用。
   E. F 被聘用。

### 5  2012GRK－51～55题基于以下题干：

沿江高铁某段由西向东设置了五个站点，已知：
（1）扶夷站在灏韵站之东、胡瑶站之西，并与胡瑶站相邻；
（2）韭上站与银岭站相邻。

51. 根据以上信息，关于五个站点由西向东的排列顺序，以下哪项是可能的？
   A. 银岭站、灏韵站、韭上站、扶夷站、胡瑶站。
   B. 扶夷站、胡瑶站、韭上站、银岭站、灏韵站。
   C. 灏韵站、银岭站、韭上站、扶夷站、胡瑶站。
   D. 灏韵站、胡瑶站、扶夷站、银岭站、韭上站。
   E. 扶夷站、银岭站、灏韵站、韭上站、胡瑶站。

52. 如果韭上站与灏韵站相邻并且在灏韵站之东，则可以得出
   A. 胡瑶站在最东面。      B. 扶夷站在最西面。
   C. 银岭站在最东面。      D. 韭上站在最西面。
   E. 灏韵站在中间。

53. 如果灏韵站在韭上站之东，则可以得出
   A. 银岭站与灏韵站相邻并且在灏韵站之西。
   B. 灏韵站与扶夷站相邻并且在扶夷站之西。
   C. 韭上站与灏韵站相邻并且在灏韵站之西。
   D. 银岭站与扶夷站相邻并且在扶夷站之西。
   E. 银岭站与胡瑶站在五个站的东西两端。

54. 如果灏韵站与银岭站相邻，则可以得出
   A. 银岭站在灏韵站之西。   B. 扶夷站在韭上站之西。
   C. 灏韵站在银岭站之西。   D. 韭上站在银岭站之西。
   E. 韭上站在扶夷站之西。

55. 假如灏韵站位于最西面，则这五个站点可能的排列顺序有
   A. 3 种。                B. 4 种。
   C. 5 种。                D. 6 种。
   E. 8 种。

### 6  2013GRK－30～31题基于以下题干：

某机构对我国东部地区甲、乙、丙三个城市的三类居民住房（按价格从高到低分别是别墅、普通商用房和经济适用房）的平均房价做了调研，公布的信息中有如下内容：按别墅售价，从高到低是甲城、乙城、丙城；按普通商用房售价，从高到低是甲城、丙城、乙城；按经

195

济适用房售价,从高到低是乙城、甲城、丙城。

30. 关于以上三个城市的居民住房整体平均价格,以下哪项判断是错误的?

A. 甲城的居民住房整体平均价格最高。

B. 乙城的居民住房整体平均价格居中。

C. 丙城的居民住房整体平均价格最低。

D. 甲城的居民住房整体平均价格最低。

E. 乙城的居民住房整体平均价格高于丙城。

31. 要能断定甲城的居民住房整体平均价格最高,仅需要增加以下哪项假定?

Ⅰ. 三个城市在售的经济适用房面积都小于各自总在售居民住房面积的10%。

Ⅱ. 三个城市在售的别墅房、普通商用房、经济适用房面积之比都相同。

Ⅲ. 在售的经济适用房价格是前两名城市的价格差价小于其他类型住房价格前两名城市的住房差价。

A. Ⅰ。 B. Ⅰ和Ⅱ。

C. Ⅰ和Ⅲ。 D. Ⅱ和Ⅲ。

E. Ⅰ、Ⅱ、Ⅲ。

### 7  2013GRK-35~38题基于以下题干:

某班打算从方如芬、郭嫣然、何之莲这三名女生中选拔两人,从彭友文、裘志节、任向阳、宋文凯、唐晓华这五名男生中选拔三人,组成大学生五人支教小组到山区义务支教。

要求:

(1) 郭嫣然和唐晓华不同时入选;

(2) 彭友文和宋文凯不同时入选;

(3) 裘志节和唐晓华不同时入选。

35. 下列哪位一定入选?

A. 方如芬。 B. 郭嫣然。

C. 宋文凯。 D. 何之莲。

E. 任向阳。

36. 如果郭嫣然入选,则下列哪位也一定入选?

A. 方如芬。 B. 何之莲。

C. 彭友文。 D. 裘志节。

E. 宋文凯。

37. 若何之莲未入选,则下列哪一位也未入选?

A. 唐晓华。 B. 彭友文。

C. 裘志节。 D. 宋文凯。

E. 方如芬。

38. 若唐晓华入选,则下列哪两位一定入选?

A. 方如芬和郭嫣然。 B. 郭嫣然和何之莲。

C. 彭友文和何之莲。 D. 任向阳和宋文凯。

E. 方如芬和何之莲。

### 8  2013GRK-43~47题基于以下题干:

某一公司有一栋6层的办公楼,公司的财务部、企划部、行政部、销售部、人力资源部、研发部6个部门在此办公,每个部门占据其中的一层。已知:

(1) 人力资源部、销售部两个部门所在的楼层不相邻；
(2) 财务部在企划部下一层；
(3) 行政部所在的楼层在企划部的上面，但是在人力资源部的下面。

43. 按照从下到上的顺序，以下哪项符合上述楼层的分布？
A. 财务部、企划部、行政部、人力资源部、研发部、销售部。
B. 财务部、企划部、行政部、人力资源部、销售部、研发部。
C. 企划部、财务部、销售部、研发部、行政部、人力资源部。
D. 销售部、财务部、企划部、研发部、人力资源部、行政部。
E. 财务部、企划部、研发部、人力资源部、销售部、行政部。

44. 如果人力资源部不在行政部的上一层，那么下列哪项可能是正确的？
A. 销售部在研发部的上一层。
B. 销售部在行政部的上一层。
C. 销售部在企划部的下一层。
D. 销售部在第二层。
E. 研发部在第二层。

45. 如果人力资源部不在最上层，那么研发部可能在的楼层是
A. 3、4、6。
B. 3、4、5。
C. 4、5。
D. 5、6。
E. 4、6。

46. 如果财务部在第三层，下列哪项可能是正确的？
A. 研发部在第五层。
B. 研发部在销售部的上一层。
C. 行政部不在企划部的上一层。
D. 销售部在企划部的上面某层。
E. 研发部在企划部的上面某层。

47. 以下哪项可能分别是第一层、第二层所在的两个部门？
A. 财务部、销售部。
B. 企划部、销售部。
C. 研发部、销售部。
D. 销售部、企划部。
E. 研发部、行政部。

**9** 2014GRK-42~45题基于以下题干：

某大学文学院语言学专业 2014 年毕业的 5 名研究生张、王、李、赵、刘分别被三家用人单位天枢、天机、天璇中的一家录用，并且各单位至少录用了其中的一名。已知：
(1) 李被天枢录用；
(2) 李和赵没有被同一家单位录用；
(3) 刘和赵被同一家单位录用；
(4) 如果张被天璇录用，那么王也被天璇录用。

42. 以下哪项可能是正确的？
A. 李和刘被同一单位录用。
B. 王、赵、刘都被天机录用。
C. 只有刘被天璇录用。
D. 只有王被天璇录用。
E. 天枢录用了其中的 3 个人。

43. 以下哪项一定是正确的？
A. 张和王被同一单位录用。
B. 王和刘被不同的单位录用。
C. 天枢至多录用了两人。
D. 王没有被天枢录用。
E. 天枢和天璇录用的人数相同。

44. 下列哪项正确，则可以确定每个毕业生的录用单位？
A. 李被天枢录用。
B. 张被天璇录用。

C. 张被天枢录用。　　　　　　　　D. 刘被天机录用。

E. 王被天机录用。

45. 如果刘被天璇录用，则以下哪项一定是错误的？

A. 天璇录用了 3 人。　　　　　　B. 录用李的单位只录用了他一人。

C. 王被天璇录用。　　　　　　　　D. 天机只录用了其中的一人。

E. 张被天璇录用。

### 10　2015MBA-31~32 题基于以下题干：

某次讨论会共有 18 名参与者，已知：

（1）至少有 5 名青年教师是女性；

（2）至少有 6 名女教师年过中年；

（3）至少有 7 名女青年是教师。

31. 根据上述信息，关于参会人员可以得出以下哪项？

A. 有些青年教师不是女性。　　　　B. 有些女青年不是教师。

C. 青年教师至少有 11 名。　　　　D. 女教师至少有 13 名。

E. 女教师至少有 11 名。

32. 如果上述三句话两真一假，那么关于参会人员可以得出以下哪项？

A. 女青年都是教师。　　　　　　　B. 青年教师都是女性。

C. 青年教师至少 5 名。　　　　　　D. 男教师至多 10 名。

E. 女青年至少 7 名。

### 11　2015MBA-38~39 题基于以下题干：

天南大学准备派 2 名研究生、3 名本科生到山村小学支教。经过个人报名和民主决议，最终人选将在研究生赵婷、唐玲、殷倩 3 人和本科生周艳、李环、文琴、徐昂、朱敏 5 人中产生。按规定同一学院或者同一社团至多选派一人。已知：

（1）唐玲和朱敏均来自数学学院；

（2）周艳和徐昂均来自文学院；

（3）李环和朱敏均来自辩论协会。

38. 根据上述条件，以下必定入选的是

A. 文琴。　　　　　　　　　　　　B. 唐玲。

C. 殷倩。　　　　　　　　　　　　D. 周艳。

E. 赵婷。

39. 如果唐玲入选，以下必定入选的是

A. 赵婷。　　　　　　　　　　　　B. 殷倩。

C. 周艳。　　　　　　　　　　　　D. 李环。

E. 徐昂。

### 12　2015MBA-41~42 题基于以下题干：

某大学运动会即将召开，经管学院拟组建一支 12 人的代表队参赛，参赛队员将从该院 4 个年级学生中选拔。每个年级须在长跑、短跑、跳高、跳远、铅球 5 个项目中选 1 到 2 项比赛，其余项目可任意选择；一个年级如果选择长跑，就不能选短跑或跳高；一个年级如果选跳远，就不能选长跑或铅球；每名队员只参加一项比赛。已知该院：

（1）每个年级均有队员被选拔进入代表队；

（2）每个年级被选拔进入代表队的人数各不相同；

(3) 有两个年级的队员人数相乘等于另一个年级的队员人数。

41. 根据以上信息，一个年级最多可选拔

A. 8 人。 B. 7 人。

C. 6 人。 D. 5 人。

E. 4 人。

42. 如果某年级队员人数不是最少的，且选择了长跑，那么对于该年级来说，以下哪项是不可能的？

A. 选择铅球或跳远。 B. 选择短跑或铅球。

C. 选择短跑或跳远。 D. 选择长跑或跳高。

E. 选择铅球或跳高。

### 13  2015MBA－54～55题基于以下题干：

某高校数学、物理、化学、管理、文秘、法学6个专业毕业生要就业，现有风云、怡和、宏宇三家公司前来学校招聘。已知每家公司只招聘该校2至3个专业若干毕业生，且需要满足以下条件：

(1) 招聘化学专业也招聘数学专业。

(2) 怡和公司招聘的专业，风云公司也招聘。

(3) 只有一家公司招聘文秘专业，且该公司没有招聘物理专业。

(4) 如果怡和公司招聘管理专业，那么也招聘文秘专业。

(5) 如果宏宇公司没有招聘文秘专业，那么怡和公司招聘文秘专业。

54. 如果只有一家公司招聘物理专业，那么可以得出以下哪项？

A. 风云公司招聘化学专业。 B. 怡和公司招聘管理专业。

C. 宏宇公司招聘数学专业。 D. 风云公司招聘物理专业。

E. 怡和公司招聘物理专业。

55. 如果三家公司都招聘了三个专业若干毕业生，那么可以得出以下哪项？

A. 风云公司招聘化学专业。 B. 怡和公司招聘法学专业。

C. 宏宇公司招聘化学专业。 D. 风云公司招聘数学专业。

E. 怡和公司招聘物理专业。

### 14  2016MBA－43～44题基于以下题干：

某皇家园林依中轴线布局，从前到后依次排列着七个庭院。这七个庭院分别以汉字"日""月""金""木""水""火""土"来命名。已知：

(1) "日"字庭院不是最前面的那个庭院；

(2) "火"字庭院和"土"字庭院相邻；

(3) "金""月"两庭院间隔的庭院数与"木""水"两庭院间隔的庭院数相同。

43. 根据上述信息，下列哪个庭院可能是"日"字庭院？

A. 第一个庭院。 B. 第二个庭院。

C. 第四个庭院。 D. 第五个庭院。

E. 第六个庭院。

44. 如果第二个庭院是"土"字庭院，可以得出以下哪项？

A. 第七个庭院是"水"字庭院。 B. 第五个庭院是"木"字庭院。

C. 第四个庭院是"金"字庭院。 D. 第三个庭院是"月"字庭院。

E. 第一个庭院是"火"字庭院。

### 15　2016MBA-54～55题基于以下题干：

江海大学的校园美食节开幕了，某女生宿舍有 5 人积极报名参加此次活动，她们的姓名分别为金粲、木心、水仙、火珊、土润。举办方要求，每位报名者只做一道菜品参加评比，但需自备食材。限于条件，该宿舍所备食材仅有 5 种：金针菇、木耳、水蜜桃、火腿和土豆。要求每种食材只能有 2 人选用。每人又只能选用 2 种食材，并且每人所选食材名称的第一个字与自己的姓氏均不相同。已知：

(1) 如果金粲选水蜜桃，则水仙不选金针菇；
(2) 如果木心选金针菇或土豆，则她也须选木耳；
(3) 如果火珊选水蜜桃，则她也须选木耳和土豆；
(4) 如果木心选火腿，则火珊不选金针菇。

54. 根据上述信息，可以得出以下哪项？
A. 木心选用水蜜桃、土豆。　　B. 水仙选用金针菇、火腿。
C. 土润选用金针菇、水蜜桃。　　D. 火珊选用木耳、水蜜桃。
E. 金粲选用木耳、土豆。

55. 如果水仙选用土豆，则可以得出以下哪项？
A. 木心选用金针菇、水蜜桃。　　B. 金粲选用木耳、火腿。
C. 火珊选用金针菇、土豆。　　D. 水仙选用木耳、土豆。
E. 土润选用水蜜桃、火腿。

### 16　2017MBA-33～34题基于以下题干：

丰收公司邢经理需要在下个月赴湖北、湖南、安徽、江西、江苏、浙江、福建 7 省进行市场需求调研，各省均调研一次，他的行程需满足如下条件：

(1) 第一个或最后一个调研江西省；
(2) 调研安徽省的时间早于浙江省，在这两省的调研之间调研除了福建省的另外两省；
(3) 调研福建省的时间安排在调研浙江省之前或刚好调研完浙江省之后；
(4) 第三个调研江苏省。

33. 如果邢经理首先赴安徽省调研，则关于他的行程，可以确定以下哪项？
A. 第二个调研湖北省。　　B. 第二个调研湖南省。
C. 第五个调研福建省。　　D. 第五个调研湖北省。
E. 第五个调研浙江省。

34. 如果安徽省是邢经理第二个调研的省份，则关于他的行程，可以确定以下哪项？
A. 第一个调研江西省。　　B. 第四个调研湖北省。
C. 第五个调研浙江省。　　D. 第五个调研湖南省。
E. 第六个调研福建省。

### 17　2017MBA-51～52题基于以下题干：

六一节快到了，幼儿园老师为班上的小明、小雷、小刚、小芳、小花五位小朋友准备了红、橙、黄、绿、青、蓝、紫 7 份礼物。已知所有礼物都送了出去，每份礼物只能由一人获得，每人最多获得 2 份礼物。另外，礼物派送还需要满足如下要求：

(1) 如果小明收到橙色礼物，则小芳会收到蓝色礼物；
(2) 如果小雷没有收到红色礼物，则小芳不会收到蓝色礼物；
(3) 如果小刚没有收到黄色礼物，则小花不会收到紫色礼物；
(4) 没有人既能收到黄色礼物，又能收到绿色礼物；

(5) 小明只收到橙色礼物，而小花只收到紫色礼物。

51. 根据上述信息，以下哪项可能为真？
   A. 小明和小芳都收到2份礼物。　　B. 小雷和小刚都收到2份礼物。
   C. 小刚和小花都收到2份礼物。　　D. 小芳和小花都收到2份礼物。
   E. 小明和小雷都收到2份礼物。

52. 根据上述信息，如果小刚收到2份礼物，则可以得出以下哪项？
   A. 小雷收到红色和绿色2份礼物。　　B. 小刚收到黄色和蓝色2份礼物。
   C. 小芳收到绿色和蓝色2份礼物。　　D. 小刚收到黄色和青色2份礼物。
   E. 小芳收到青色和蓝色2份礼物。

### 18　2017MBA-54～55题基于以下题干：

某影城将在"十一"黄金周7天（周一至周日）放映14部电影，其中有5部科幻片、3部警匪片、3部武侠片、2部战争片、1部爱情片。限于条件，影城每天放映2部电影。已知：
(1) 除科幻片安排在周四外，其余6天每天放映的2部电影都属于不同的类型；
(2) 爱情片安排在周日；
(3) 科幻片与武侠片没有安排在同一天；
(4) 警匪片和战争片没有安排在同一天。

54. 根据以上信息，以下哪项2部电影不可能安排在同一天放映？
   A. 警匪片和爱情片。　　B. 科幻片和警匪片。
   C. 武侠片和战争片。　　D. 武侠片和警匪片。
   E. 科幻片和战争片。

55. 根据以上信息，如果同类影片放映日期连续，则周六可以放映的电影是哪项？
   A. 科幻片和警匪片。　　B. 武侠片和警匪片。
   C. 科幻片和战争片。　　D. 科幻片和武侠片。
   E. 警匪片和战争片。

### 19　2018MBA-40～41题基于以下题干：

某海军部队有甲、乙、丙、丁、戊、己、庚7艘舰艇，拟组成两个编队出航。第一编队编列3艘舰艇，第二编队编列4艘舰艇。编列需满足以下条件：
(1) 己必须编列在第二编队；
(2) 戊和丙至多有一艘编列在第一编队；
(3) 甲和丙不在同一编队；
(4) 如果乙编列在第 编队，则丁也必须编列在第一编队。

40. 如果甲在第二编队，则下列哪项中的舰艇一定也在第二编队？
   A. 乙。　　B. 丙。
   C. 丁。　　D. 戊。
   E. 庚。

41. 如果丁和庚在同一编队，则可以得出以下哪项？
   A. 甲在第一编队。　　B. 乙在第一编队。
   C. 丙在第一编队。　　D. 戊在第二编队。
   E. 庚在第二编队。

### 20　2018MBA-54～55题基于以下题干：

某校四位女生施琳、张芳、王玉、杨虹与四位男生范勇、吕伟、赵虎、李龙进行中国象棋比赛，他们被安排在四张桌上，每桌一男一女对弈，四张桌从左到右分别记为1、2、3、4

号，每桌选手需要进行四局比赛。比赛规定：选手每胜一局得 2 分，和一局得 1 分，负一局得 0 分。前三局结束时，按分差大小排列，四对选手的总积分分别是 6∶0、5∶1、4∶2、3∶3。已知：

(1) 张芳和吕伟对弈，杨虹在 4 号桌比赛，王玉的比赛桌在李龙的比赛桌的右边；
(2) 1 号桌的比赛至少有一局是和局，4 号桌双方的总积分不是 4∶2；
(3) 赵虎前三局总积分并不领先他的对手，他们并没有下过和局；
(4) 李龙已连输三局，范勇在前三局总积分上领先他的对手。

54. 根据上述信息，前三局比赛结束时谁的总积分最高？
    A. 杨虹。 B. 施琳。
    C. 范勇。 D. 王玉。
    E. 张芳。

55. 如果下列有位选手前三局均与对手下成和局，那么他（她）是谁？
    A. 施琳。 B. 杨虹。
    C. 张芳。 D. 范勇。
    E. 王玉。

**21** **2019MBA－30～31 题基于以下题干：**

某单位拟派遣 3 名德才兼备的干部到西部山区进行精准扶贫。报名者踊跃，经过考察，最终确定了陈甲、傅乙、赵丙、邓丁、刘戊、张己 6 名候选人。根据工作需要，派遣还需要满足以下条件：

(1) 若派遣陈甲，则派遣邓丁，但不派遣张己；
(2) 若傅乙、赵丙至少派遣 1 人，则不派遣刘戊。

30. 以下哪项的派遣人选和上述条件不矛盾？
    A. 赵丙、邓丁、刘戊。 B. 陈甲、傅乙、赵丙。
    C. 傅乙、邓丁、刘戊。 D. 邓丁、刘戊、张己。
    E. 陈甲、赵丙、刘戊。

31. 如果陈甲、刘戊至少派遣 1 人，则可以得出以下哪项？
    A. 派遣刘戊。 B. 派遣赵丙。
    C. 派遣陈甲。 D. 派遣傅乙。
    E. 派遣邓丁。

**22** **2019MBA－49～50 题基于以下题干：**

某食堂采购 4 类（各种蔬菜名称的后一个字相同，即为一类）共 12 种蔬菜：芹菜、菠菜、韭菜、青椒、红椒、黄椒、黄瓜、冬瓜、丝瓜、扁豆、毛豆、豇豆，并根据若干条件将其分成 3 组，准备在早、中、晚三餐中分别使用。已知条件如下：

(1) 同一类别的蔬菜不在一组；
(2) 芹菜不能在黄椒一组，冬瓜不能在扁豆一组；
(3) 毛豆必须与红椒或韭菜同一组；
(4) 黄椒必须与豇豆同一组。

49. 根据以上信息，可以得出以下哪项？
    A. 芹菜与豇豆不在同一组。 B. 芹菜与毛豆不在同一组。
    C. 菠菜与扁豆不在同一组。 D. 冬瓜与青椒不在同一组。
    E. 丝瓜与韭菜不在同一组。

202

50. 如果韭菜、青椒与黄瓜在同一组，则可得出以下哪项？
A. 芹菜、红椒与扁豆在同一组。
B. 菠菜、黄椒与豇豆在同一组。
C. 韭菜、黄瓜与毛豆在同一组。
D. 菠菜、冬瓜与豇豆在同一组。
E. 芹菜、红椒与丝瓜在同一组。

### 23　2019MBA－54～55题基于以下题干：

某园艺公司打算在花圃中栽种玫瑰、兰花、菊花三个品种的花卉，该花圃的形状如下（图1-9-7）所示：

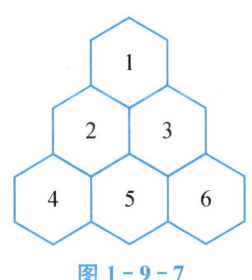

图1-9-7

拟栽种的玫瑰有紫、红、白三种颜色，兰花有红、白、黄三种颜色，菊花有白、黄、蓝三种颜色，栽种需满足如下要求：
(1) 每个六边形格子中仅栽种一个品种、一个颜色的花；
(2) 每个品种只栽种两种颜色的花；
(3) 相邻格子的花，其品种与颜色均不相同。

54. 若格子5中是红色的花，则以下哪项是不可能的？
A. 格子2中是紫色的玫瑰。
B. 格子1中是白色的兰花。
C. 格子1中是白色的菊花。
D. 格子4中是白色的兰花。
E. 格子6中是蓝色的菊花。

55. 若格子5中是红色的玫瑰，且格子3中是黄色的花，则可以得出以下哪项？
A. 格子1中是紫色的玫瑰。
B. 格子4中是白色的菊花。
C. 格子2中是白色的菊花。
D. 格子4中是白色的兰花。
E. 格子6中是蓝色的菊花。

### 24　2020MBA－31～32题基于以下题干：

"立春""春分""立夏""夏至""立秋""秋分""立冬""冬至"是我国二十四节气中的八个节气。"凉风""广莫风""明庶风""条风""清明风""景风""阊阖风""不周风"是八种节风。上述八个节气与八种节风之间　　对应。已知：
(1) "立秋"对应"凉风"；
(2) "冬至"对应"不周风""广莫风"之一；
(3) 若"立夏"对应"清明风"，则"夏至"对应"条风"或者"立冬"对应"不周风"；
(4) 若"立夏"不对应"清明风"或者"立春"不对应"条风"，则"冬至"对应"明庶风"。

31. 根据上述信息，可以得出以下哪项？
A. "秋分"不对应"明庶风"。
B. "立冬"不对应"广莫风"。
C. "夏至"不对应"景风"。
D. "立夏"不对应"清明风"。
E. "春分"不对应"阊阖风"。

32. 若"春分"和"秋分"两节气对应的节风在"明庶风"和"阊阖风"之中，则可以得出以下哪项？

A. "春分"对应"闾阖风"。  B. "秋分"对应"明庶风"。
C. "立春"对应"清明风"。  D. "冬至"对应"不周风"。
E. "夏至"对应"景风"。

### 25  2020MBA-37~38题基于以下题干：

放假3天，小李夫妇除安排一天休息之外，其他2天准备做6件事：①购物（这件事编号为①，其他依次类推）；②看望双方父母；③郊游；④带孩子去游乐场；⑤去市内公园；⑥去影院看电影。他们商定：

(1) 每件事均做一次，且在1天内做完，每天至少做2件事。
(2) ④和⑤安排在同一天完成。
(3) ②在③之前1天完成。

37. 如果③和④安排在假期的第2天，则以下哪项是可能的？
A. ①安排在第2天。  B. ②安排在第2天。
C. 休息安排在第1天。  D. ⑥安排在最后1天。
E. ⑤安排在第1天。

38. 如果假期第2天只做⑥等3件事，则可以得出以下哪项？
A. ②安排在①的前1天。  B. ①安排在休息一天之后。
C. ①和⑥安排在同一天。  D. ②和④安排在同一天。
E. ③和④安排在同一天。

### 26  2020MBA-46~47题基于以下题干：

某公司甲、乙、丙、丁、戊5人爱好出国旅游。去年，在日本、韩国、英国和法国4国中，他们每人都去了其中的2个国家旅游，且每个国家总有他们中的2~3人去旅游，已知：

(1) 如果甲去韩国，则丁不去英国；
(2) 丙与戊去年总是结伴出国旅游；
(3) 丁和乙只去欧洲国家旅游。

46. 根据以上信息，可以得出以下哪项？
A. 甲去了韩国和日本。  B. 乙去了英国和日本。
C. 丙去了韩国和英国。  D. 丁去了日本和法国。
E. 戊去了韩国和日本。

47. 如果5人去欧洲国家旅游的总人次与去亚洲国家的一样多，则可以得出以下哪项？
A. 甲去了日本。  B. 甲去了英国。
C. 甲去了法国。  D. 戊去了英国。
E. 戊去了法国。

### 27  2020MBA-54~55题基于以下题干：

某项测试共有4道题，每道题给出A、B、C、D四个选项，其中只有一项是正确答案，现有张、王、赵、李4人参加了测试，他们的答题情况和测试结果如下（表1-9-30）：

表1-9-30

| 答题者 | 第一题 | 第二题 | 第三题 | 第四题 | 测试结果 |
|---|---|---|---|---|---|
| 张 | A | B | A | B | 均不正确 |
| 王 | B | D | B | C | 只答对1题 |
| 赵 | D | A | A | B | 均不正确 |
| 李 | C | C | B | D | 只答对1题 |

54. 根据以上信息，可以得出以下哪项？
   A. 第一题的正确答案是 C。
   B. 第二题的正确答案是 D。
   C. 第三题的正确答案是 D。
   D. 第四题的正确答案是 A。
   E. 第四题的正确答案是 D。

55. 如果每道题的正确答案各不相同，则可以得出以下哪项？
   A. 第一题的正确答案是 B。
   B. 第一题的正确答案是 C。
   C. 第二题的正确答案是 D。
   D. 第二题的正确答案是 A。
   E. 第三题的正确答案是 C。

**28** **2021MBA－47～48题基于以下题干：**

某剧团拟将历史故事"鸿门宴"搬上舞台，该剧有项王、沛公、项伯、张良、项庄、樊哙、范增 7 个主要角色，甲、乙、丙、丁、戊、己、庚 7 名演员每人只能扮演其中一个，且每个角色只能由其中一人扮演。根据各演员的特点，角色安排如下：

（1）如果甲不扮演沛公，则乙扮演项王。
（2）如果丙或己扮演张良，则丁扮演范增。
（3）如果乙不扮演项王，则丙扮演张良。
（4）如果丁不扮演樊哙，则庚或戊扮演沛公。

47. 根据上述信息，可以得出以下哪项？
   A. 甲扮演沛公。
   B. 乙扮演项王。
   C. 丙扮演张良。
   D. 丁扮演范增。
   E. 戊扮演樊哙。

48. 若甲扮演沛公而庚扮演项庄，则可以得出以下哪项？
   A. 丙扮演项伯。
   B. 丙扮演范增。
   C. 丁扮演项伯。
   D. 戊扮演张良。
   E. 戊扮演樊哙。

**29** **2021MBA－54～55题基于以下题干：**

某高铁线路设有"东沟""西山""南镇""北阳""中丘"5 座高铁站。该线路有甲、乙、丙、丁、戊 5 趟车运行。这 5 座高铁站中，每站恰好有 3 趟车停靠，且甲车和乙车停靠的站均不相同，已知：

（1）若乙车或丙车至少有一车在"北阳"停靠，则它们均在"东沟"停靠；
（2）若丁车在"北阳"停靠，则丙、丁和戊车均在"中丘"停靠；
（3）若甲、乙和丙车中至少有 2 趟车在"东沟"停靠，则这 3 趟车均在"西山"停靠。

54. 根据上述信息，可以得出以下哪项？
   A. 甲车不在"中丘"停靠。
   B. 乙车不在"西山"停靠。
   C. 丙车不在"东沟"停靠。
   D. 丁车不在"北阳"停靠。
   E. 戊车不在"南镇"停靠。

55. 若没有车在每站都停靠，则可以得出以下哪项？
   A. 甲车在"南镇"停靠。
   B. 乙车在"东沟"停靠。
   C. 丙车在"西山"停靠。
   D. 丁车在"南镇"停靠。
   E. 戊车在"西山"停靠。

## 30. 2022MBA－41～42题基于以下题干：

本科生小刘拟在 4 个学年中选修甲、乙、丙、丁、戊、己、庚、辛 8 门课程，每个学年选修其中的 1～3 门课程，每门课程均在其中的一个学年修完。同时还满足：

（1）后 3 个学年选修的课程数量均不同；

（2）丙、己和辛课程安排在一个学年，丁课程安排在紧接其后的一个学年；

（3）若第四学年至少选修甲、丙、丁中的 1 门课程，则第一学年仅选修戊、辛 2 门课程。

41. 如果乙在丁之前的学年选修，则可以得出以下哪项？

A. 乙在第一学年选修。 B. 乙在第二学年选修。
C. 丁在第二学年选修。 D. 丁在第四学年选修。
E. 戊在第一学年选修。

42. 如果甲、庚均在乙之后的学年选修，则可以得出以下哪项？

A. 戊在第一学年选修。 B. 戊在第三学年选修。
C. 庚在甲之前的学年选修。 D. 甲在戊之前的学年选修。
E. 庚在戊之前的学年选修。

## 31. 2022MBA－45～46题基于以下题干：

某电影院制定未来一周的排片计划。他们决定，周二至周日（周一休息）每天放映动作片、悬疑片、科幻片、纪录片、战争片、历史片 6 种类型中的一种，各不重复。已知排片还有如下要求：

（1）如果周二或周五放映悬疑片，则周三放映科幻片。

（2）如果周四或周六放映悬疑片，则周五放映战争片。

（3）战争片必须在周三放映。

45. 根据以上信息，可以得出以下哪项？

A. 周六放映科幻片。 B. 周日放映悬疑片。
C. 周五放映动作片。 D. 周二放映纪录片。
E. 周四放映历史片。

46. 如果历史片的放映日期，既与纪录片相邻，又与科幻片相邻，则可得出以下哪项？

A. 周二放映纪录片。 B. 周四放映纪录片。
C. 周二放映动作片。 D. 周四放映科幻片。
E. 周五放映动作片。

## 32. 2022MBA－49～50题基于以下题干：

某校文学社王、李、周、丁 4 人，每人只爱好诗歌、散文、戏剧、小说 4 种文学形式中的一种，且各不相同。他们每个人只创作了上述 4 种形式中的一种作品，且形式各不相同；他们创作的作品形式与各自的文学爱好均不相同。已知：

（1）若王没有创作诗歌，则李爱好小说；

（2）若王没有创作诗歌，则李创作小说；

（3）若王创作诗歌，则李爱好小说且周爱好散文。

49. 根据上述信息，可以得出以下哪项？

A. 王爱好散文。 B. 李爱好戏剧。
C. 周爱好小说。 D. 丁爱好诗歌。
E. 周爱好戏剧。

50. 如果丁创作散文，则可得出以下哪项？

A. 周创作小说。  
B. 李创作诗歌。  
C. 李创作小说。  
D. 周创作戏剧。  
E. 王创作小说。

### 33  2022MBA－54～55 题基于以下题干：

某特色建筑项目评选活动设有纪念建筑、观演建筑、会堂建筑、商业建筑、工业建筑 5 个门类的奖项，甲、乙、丙、丁、戊、己 6 位建筑师均有 2 个项目入选上述不同门类的奖项，且每个门类有上述 6 人的 2～3 个项目入选，已知：

（1）若甲或乙至少有一个项目入选观演建筑或工业建筑，则乙、丙入选的项目均是观演建筑和工业建筑；

（2）若乙或丁至少有一个项目入选观演建筑或会堂建筑，则乙、丁、戊入选的项目均是纪念建筑和工业建筑；

（3）若丁至少有一个项目入选纪念建筑或商业建筑，则甲、己入选的项目均在纪念建筑、观演建筑和商业建筑之中。

54. 根据上述信息，可以得出以下哪项？  
A. 甲有项目入选观演建筑。  
B. 丙有项目入选工业建筑。  
C. 丁有项目入选商业建筑。  
D. 戊有项目入选会堂建筑。  
E. 己有项目入选纪念建筑。

55. 若己有项目入选商业建筑，则可以得出以下哪项？  
A. 己有项目入选观演建筑。  
B. 戊有项目入选工业建筑。  
C. 丁有项目入选商业建筑。  
D. 丙有项目入选观演建筑。  
E. 乙有项目入选工业建筑。

### 34  2023MBA－31～32 题基于以下题干：

某中学举行田径运动会，高二（3）班甲、乙、丙、丁、戊、己 6 人报名参赛。在跳远、跳高和铅球 3 项比赛中，他们每人都报名 1～2 项，其中 2 人报名跳远，3 人报名跳高，3 人报名铅球。另外还知道：

（1）如果甲、乙至少有 1 人报名铅球，则丙也报名铅球；

（2）如果己报名跳高，则乙和己均报名跳远；

（3）如果丙、戊至少有 1 人报名铅球，则己报名跳高。

31. 根据以上信息，可以得出以下哪项？  
A. 甲报名铅球，乙报名跳远。  
B. 乙报名跳远，丙报名铅球。  
C. 丙报名跳高，丁报名铅球。  
D. 丁报名跳远，戊报名跳高。  
E. 戊报名跳远，己报名跳高。

32. 如果甲、乙均报名跳高，则可以得出以下哪项？  
A. 丁、戊均报名铅球。  
B. 乙、丁均报名铅球。  
C. 甲、戊均报名铅球。  
D. 乙、戊均报名铅球。  
E. 甲、丁均报名铅球。

### 35  2023MBA－37～38 题基于以下题干：

某研究所甲、乙、丙、丁、戊 5 人拟定去我国四大佛教名山普陀山、九华山、五台山、峨眉山考察，他们每人去了上述两座名山，且每座名山均有其中的 2～3 人前往，丙与丁结伴考察。已知：

（1）如果甲去五台山，则乙和丁都去五台山；

(2) 如果甲去峨眉山，则丙和戊都去峨眉山；
(3) 如果甲去九华山，则戊去九华山和普陀山。

37. 根据以上信息，可以得出以下哪项？
A. 甲去五台山和普陀山。
B. 乙去五台山和峨眉山。
C. 丙去九华山和五台山。
D. 戊去普陀山和峨眉山。
E. 丁去峨眉山和五台山。

38. 如果乙去普陀山和九华山，则5人去四大名山（按题干所列顺序）的人次之比是
A. 3∶3∶2∶2。
B. 2∶3∶3∶2。
C. 2∶2∶3∶3。
D. 3∶2∶2∶3。
E. 3∶2∶3∶2。

### 36 2023MBA－46～47题基于以下题干：

单位购买了《尚书》《周易》《诗经》《论语》《老子》《孟子》各1本，分发给甲、乙、丙、丁、戊5个部门，每个部门至少1本，已知：
(1) 若《周易》《老子》《孟子》至少有1本分发给甲或乙部门，则《尚书》分发给丁部门且《论语》分发给戊部门；
(2) 若《诗经》《论语》至少有1本分发给甲或乙部门，则《周易》分发给丙部门且《老子》分发给戊部门。

46. 若《尚书》分发给丙部门，则可以得出以下哪项？
A. 《诗经》分发给甲部门。
B. 《论语》分发给乙部门。
C. 《老子》分发给丙部门。
D. 《孟子》分发给丁部门。
E. 《周易》分发给戊部门。

47. 若《老子》分发给丁部门，则以下哪项是不可能的？
A. 《周易》分发给甲部门。
B. 《周易》分发给乙部门。
C. 《诗经》分发给丙部门。
D. 《尚书》分发给丁部门。
E. 《诗经》分发给戊部门。

# 答案与解析

## 1. 正确答案：29. A

由题干，如果有一个初中生选修某门课程，那么就有一个高中生也选修该课程；反之亦然。已知初中生王选修物理，所以有一个高中生也选修物理，即赵、钱或孙选修物理。

又因为一个学生只能选修一门课程，已知钱选修历史，所以钱不选修物理；赵选修文学或经济，所以赵不选修物理。因此，可推出孙选修物理（图1-9-8）。

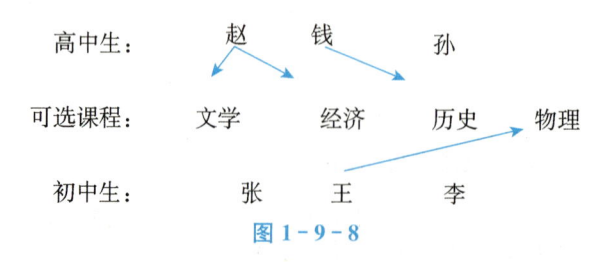

图1-9-8

### 30. B

根据题干条件可知，钱和孙必有一个选修物理，因此钱和孙不可能同时选修经济，其他人

208

都有可能同时选修经济（图1-9-9）。

高中生：　　　赵　　　钱　　　孙

可选课程：　文学　　经济　　历史　　物理

初中生：　　　张　　　王　　　李

图1-9-9

### 2. 正确答案：39. D

由题干条件"崇拜同一图腾的男女可以结婚"，因此崇拜鱼的男子可以娶崇拜鱼的女子。

再由题干条件"崇拜鸟的男子可以娶崇拜鱼的女子"，因此，崇拜鸟或鱼的男子可以娶崇拜鱼的女子。所以，D项成立。其余各项均不成立。

### 40. E

如果某男子崇拜的图腾是狼，则他父亲崇拜的图腾也是狼。由条件，崇拜同一图腾的男女可以结婚，并且崇拜狼的男子可以娶崇拜鹿或鸟的女子，因此，他母亲崇拜狼、鹿或鸟。又由条件，母亲与女儿的图腾崇拜相同，因此，他妹妹崇拜狼、鹿或鸟。

### 3. 正确答案：59. A

三个部门，每一部门恰好由三个总经理助理分管，计有九个职位。有且只有一位总经理助理同时分管三个部门，那么剩下六个职位将由五人担任。又由于每个总经理助理至少分管一个部门，因此，一定有的总经理助理恰好分管两个部门。

### 60. C

有且只有一位总经理助理同时分管三个部门，因此，F、G、H、I、M均不可能同时分管三个部门，否则就会和"F和G不分管同一部门，H和I不分管同一部门，F和M不分管同一部门"这些条件相矛盾。

这样，P同时分管三个部门，由于每个总经理助理至少分管一个部门，因此，剩下的五位均与P分管同一部门。

### 4. 正确答案：59. E

用排除法解。

由题干条件：如果面试J，则面试L；可排除A、B项。

又由条件：如果面试G，则面试J。如果面试J，则面试L。这样，如果G被面试，则J、L被面试。加上，F被面试。则G至少和J、L、F三位被面试。因此，可排除C、D项。

只有E项可能为真。

### 60. C

根据题干条件：除非面试M，否则不聘用K。那么，M未被面试，则K未被聘用。

加上题干条件，F被面试。因此，C项一定为真。

### 5. 正确答案：51. C

设由西向东分别为1到5号站，扶夷站、灏韵站、胡瑶站、韭上站与银岭站分别用F、HA、HU、J、Y表示。根据题干，列出如下关系式：

(1) HA<F、HU

(2) (J, Y)

首先确定HA只能是1号位或3号位。因为若HA在4号位或5号位，不符合条件（1）；若HA在2号位，不能同时满足条件（1）和（2）。

若HA在1号位，可分成F、HU在2、3号位和4、5号位两种情况，这样，符合题干条件的排列情况可列表如下（表1-9-31）：

表1-9-31

|  | 1 | 2 | 3 | 4 | 5 |
|---|---|---|---|---|---|
| 情况一 | HA | F | HU | J/Y | Y/J |
| 情况二 | HA | J/Y | Y/J | F | HU |
| 情况三 | J/Y | Y/J | HA | F | HU |

选项中，只有C项满足上表中的情况二。

52. A

如果韭上站与灏韵站相邻并且在灏韵站之东，这属于表格中的情况二，其排列确定如下（表1-9-32）：

表1-9-32

|  | 1 | 2 | 3 | 4 | 5 |
|---|---|---|---|---|---|
| 情况二 | HA | J | Y | F | HU |

从中可得出，胡瑶站在最东面。

53. B

如果灏韵站在韭上站之东，这属于表格中的情况三，其排列如下（表1-9-33）：

表1-9-33

|  | 1 | 2 | 3 | 4 | 5 |
|---|---|---|---|---|---|
| 情况三 | J/Y | Y/J | HA | F | HU |

此时，可得出：灏韵站与扶夷站相邻并且在扶夷站之西。

54. E

如果灏韵站与银岭站相邻，这属于表格中情况二和情况三，其排列如下（表1-9-34）：

表1-9-34

|  | 1 | 2 | 3 | 4 | 5 |
|---|---|---|---|---|---|
| 情况二 | HA | Y | J | F | HU |
| 情况三 | J | Y | HA | F | HU |

此时，可以得出：韭上站在扶夷站之西。

55. B

假如灏韵站位于最西面，这属于表格中的情况一和情况二，而这两种情况J与Y都可对调，则这五个站点可能的排列顺序有2×2＝4种（表1-9-35）。

表1-9-35

|  | 1 | 2 | 3 | 4 | 5 |
|---|---|---|---|---|---|
| 情况一 | HA | F | HU | J/Y | Y/J |
| 情况二 | HA | J/Y | Y/J | F | HU |

**6. 正确答案：30. D**

根据题意，把不同房价列表1-9-36：

表 1-9-36

|  | 甲 | 乙 | 丙 |
|---|---|---|---|
| 别墅 | 高 | 中 | 低 |
| 普通商用房 | 高 | 低 | 中 |
| 经济适用房 | 中 | 高 | 低 |

由于丙在三类房价上都低于甲，因此，丙城的居民住房整体平均价格一定低于甲城，所以，D项判断错误。

31. D

由上题知，甲城的居民住房整体平均价格一定高于丙城，因此，要能断定甲城的居民住房整体平均价格最高，只需断定：甲城的居民住房整体平均价格一定高于乙城。

如果Ⅱ和Ⅲ均成立，那么就能断定甲城的居民住房整体平均价格一定高于乙城。所以，选D项。

**7. 正确答案：35. E**

根据题目条件，分唐入选和唐未入选两种情况，列表 1-9-37：

表 1-9-37

|  | 男（5选3） | 女（3选2） |
|---|---|---|
|  | 彭、裴、任、宋、唐 | 方、郭、何 |
| 第一种情况：唐入选 | 彭/宋、任、唐 | 方、何 |
| 第二种情况：唐未入选 | 彭/宋、裴、任 |  |

可见，任向阳一定入选。

36. D

根据表格，如果郭嫣然入选，则属于表格中的第二种情况，这种情况下，裴志节一定入选。

37. A

根据表格，若何之莲未入选，则属于表格中的第二种情况，这种情况下，唐晓华也未入选。

38. E

根据表格，若唐晓华入选，则属于表格中的第一种情况，这种情况下，方如芬和何之莲一定入选。

**8. 正确答案：43. A**

根据题干条件（2）（3），可推出自低到高的排序是：财务、企划…行政…人力。

A项与题干条件不矛盾，符合上述楼层的分布。

B项违反条件（1）。C项违反条件（2）。D、E项违反条件（3）。

44. B

如果人力不在行政的上一层，那么，人力与行政之间至少隔了一层。

由于（1）人力、销售不相邻，所以，只能是研发与人力相邻，且在人力的下一层。

综合分析，只能是研发在第5层，人力在第6层（表 1-9-38）。

表 1-9-38

| 1 | 2 | 3 | 4 | 5 | 6 |
|---|---|---|---|---|---|
|  |  |  |  | 研发 | 人力 |

这样，A、E项明显错误，排除。C项违反条件（2）。D项不符合前面所述的自低到高的排序：财务、企划…行政。只有B项可能是正确的。

**45. D**

由于人力下面至少是三层，如果人力不在最上层，那人力只能在4或5层（表1-9-39）。

表1-9-39

|  | 1 | 2 | 3 | 4 | 5 | 6 |
| --- | --- | --- | --- | --- | --- | --- |
| 人力=4 | 财务 | 企划 | 行政 | 人力 | 研发 | 销售 |
| 人力=5且销售=1 | 销售 | 财务 | 企划 | 行政 | 人力 | 研发 |
| 人力=5且销售=2 |  | 销售 |  |  | 人力 |  |
| 人力=5且销售=3 | 财务 | 企划 | 销售 | 行政 | 人力 | 研发 |

如果人力在第4层，那1、2、3层只能是财务、企划、行政；由于（1）人力、销售不相邻，所以，研发只能在第5层。

如果人力在第5层，那销售不能在4或6层，只能在1到3层。在这种情况下：

若销售在1层，那财务、企划、行政分别在2、3、4层；那研发就只能在第6层。

若销售在2层，那财务、企划、行政在1、3、4层没法满足题目条件，这种情况不存在。

若销售在3层，那财务、企划分别在1、2层，行政在4层；那研发就只能在第6层。

综合而得，研发部可能在的楼层是5、6。

**46. B**

如果财务部在第三层，根据题目条件，企划、行政、人力就分别在4、5、6层（表1-9-40）。

表1-9-40

| 1 | 2 | 3 | 4 | 5 | 6 |
| --- | --- | --- | --- | --- | --- |
|  |  | 财务 | 企划 | 行政 | 人力 |

此时，A、C、D、E项都明显错误，排除。

只有B项可能正确。

**47. C**

A、B、D项违反条件（2），排除。

E项不可能真，因为行政下面至少有财务、企划，所以，行政不可能在第二层。

只有C项不违反条件，可以成立。

**9. 正确答案：42. D**

根据题干条件，列表1-9-41：

表1-9-41

|  | 张 | 王 | 李 | 赵 | 刘 |
| --- | --- | --- | --- | --- | --- |
| 天枢 |  |  | √（1） | ×（2） | ×（3） |
| 天玑 |  |  | ×（1） |  |  |
| 天璇 |  |  | ×（1） |  |  |

A项，根据表格，显然李和刘不被同一单位录用，排除。

B项，如果王被天玑录用，由（4），那么张不被天璇录用。而从王、赵、刘都被天玑录用，推出，张一定被天璇录用。这就存在了矛盾，排除。

C项，根据条件（3）排除。

E项，如果天枢录用了3人，只能是张、王、李，那么根据条件（3），刘和赵要么同为天机录用，要么同为天璇录用，不符合题干各单位至少录用了其中的一名的条件，所以排除。

只有 D 项与题干条件不矛盾，为正确答案。

43. C

上题分析了如果天枢录用了 3 人，只能是张、王、李，那么根据条件（3），刘和赵要么同为天机录用，要么同为天璇录用，不符合题干各单位至少录用了其中的一名的条件，所以，天枢不可能录用 3 人，那就至多录用了两人。因此，C 项为正确答案。

44. B

根据条件（4），如果张被天璇录用，那么王也被天璇录用。再根据题意，各单位至少录用了其中的一名，所以，赵和刘一定是被天机录用。因此，B 项为正确答案（表 1-9-42）。

表 1-9-42

|  | 张 | 王 | 李 | 赵 | 刘 |
|---|---|---|---|---|---|
| 天枢 |  |  | √（1） | ×（2） | ×（3） |
| 天机 |  |  | ×（1） |  |  |
| 天璇 | √ | √ | ×（1） |  |  |

45. E

刘被天璇录用，则根据条件（3），赵也被天璇录用。

而这时候，如果张被天璇录用，由（4），那么王也被天璇录用（表 1-9-43）。

表 1-9-43

|  | 张 | 王 | 李 | 赵 | 刘 |
|---|---|---|---|---|---|
| 天枢 |  |  | √（1） | ×（2） | ×（3） |
| 天机 |  |  | ×（1） |  |  |
| 天璇 | √ | √ | ×（1） | √ | √ |

这种情况下，没有人被天机录用，这与题干条件矛盾，所以，E 项一定错误。

**10. 正确答案：31. D**

由（2）知，至少有 6 名年过中年的女教师，由（3）知，至少有 7 名青年女教师，因此女教师至少有 13 名。

32. C

三句话两真一假，若（1）假，则（3）假，这不可能，所以，（1）必然是真话，青年女教师人数都至少有 5 人，故青年教师至少有 5 人，C 项为真。

**11. 正确答案：38. A**

因为周、李、文、徐、朱 5 人当中要选 3 人，根据（2）推出，周、徐两人当中选一个，根据（3）推出，李、朱两人当中选一个，这样，本科生中的文一定入选，因此，A 项为正确答案（表 1-9-44）。

表 1-9-44

| 研究生，选 2 人 | 赵、唐、殷 |
|---|---|
| 本科生，选 3 人 | 周、李、文、徐、朱 |

39. D

唐入选，根据（1）推出，朱不能入选，那只能在周、李、文、徐当中选 3 人；再根据（2），周和徐不能都选，所以要保证选 3 人，李和文一定入选。因此，D 项为正确答案。

## 12. 正确答案：41. C
根据题干条件分析：

A项，若一个年级有8人，则另外三个年级一共有4人，只能分别为1人、1人、2人。这与（2）矛盾，不成立。

B项，若一个年级有7人，则另外三个年级一共有5人，只能分别为1人、1人、3人，或者1人、2人、2人。这与（2）矛盾，不成立。

C项，若一个年级有6人，则另外三个年级一共有6人，可以分别为1人、2人、3人，满足（1）（2）（3）三个条件，成立。因此，C项为正确答案。

### 42. C
题干断定：

① 长跑→¬（短跑∨跳高）＝长跑→¬短跑∧¬跳高

② 跳远→¬（长跑∨铅球）＝长跑∨铅球→¬跳远

该年级队员选择了长跑，由①知，就不能选择短跑、跳高；再由②知，就不能选择跳远。

即该年级队员不能选择短跑、跳高、跳远。因此，C项为正确答案。

## 13. 正确答案：54. D
题干断定的条件关系如下：

（1）化学→数学

（2）怡和→风云

（3）仅一家公司：文秘∧¬物理

（4）怡和管理→怡和文秘

（5）¬宏宇文秘→怡和文秘

假设怡和招聘物理，由（2）知，则风云也招聘物理，这与只有一家公司招聘物理矛盾，因此，怡和没招聘物理。

假设怡和招聘文秘，由（2）知，则风云也招聘文秘，这与（3）断定的只有一家公司招聘文秘这一条件矛盾，故怡和没招聘文秘；再由（5）得：¬怡和文秘→宏宇文秘；既然宏宇招聘文秘，由（3）知，宏宇没招聘物理。

所以，招聘物理的只能是风云公司。

### 55. D
由上题的分析知，怡和没招聘文秘。

由（4）知，¬怡和文秘→¬怡和管理。因此，怡和没招聘管理。

由（1）知：¬数学→¬化学，因此，如果怡和没招数学，则怡和也没招化学，这样的话，怡和公司有4个专业没招，与招3个专业矛盾，故怡和一定招了数学。

再由（2）知，怡和招了数学，则风云也招了数学。

## 14. 正确答案：43. D
题干条件表达如下：

（1）日≠1；

（2）（火、土）；

（3）（金一月）＝（木一水）。

本题采用排除法。

A项，与条件（1）冲突，排除。

B项，若"日"字庭院是第二个庭院，当条件（2）满足时，则条件（3）不能满足，排除。

C项，若"日"字庭院是第四个庭院，当条件（2）满足时，则条件（3）不能满足，排除。

D项，若"日"字庭院是第五个庭院，当"火"和"土"处在第六、七庭院时；则有多种可能性满足条件（3）。因此，D项为正确答案。

E项，若"日"字庭院是第六个庭院，当条件（2）满足时，则条件（3）不能满足，排除。

44. E

由条件（2）"火"和"土"相邻，由题干如果第二个是"土"，则"火"有两种可能性，处于第一或处于第三。若"火"处于第三，则当满足条件（1）"日"字庭院不是最前面的那个庭院时，条件（3）不能满足，所以"火"只能处于第一。因此，E项为正确答案。

根据题干信息，庭院排序可为"火土日月金水木"，此时，A、B、C、D项均不一定为真。

### 15. 正确答案：54. C

题干条件罗列如下：

（题设）每种食材只能有2人选用。每人又只能选用2种食材，并且每人所选食材名称的第一个字与自己的姓氏均不相同。

（1）金粲（水蜜桃）→水仙（¬金针菇）

（2）木心（金针菇∨土豆）→木心（木耳）

（3）火珊（水蜜桃）→火珊（木耳∧土豆）

（4）木心（火腿）→火珊（¬金针菇）

根据（2），因为木心不能选木耳，则木心不选金针菇和土豆，所以，木心选水蜜桃、火腿。

又由（3），火珊不能选水蜜桃，否则她选了至少三种。

再由（4），由上已知，木心选火腿，所以，火珊不选金针菇，从而推知，火珊选木耳、土豆（表1-9-45）。

表1-9-45

|  | 金针菇 | 木耳 | 水蜜桃 | 火腿 | 土豆 |
|---|---|---|---|---|---|
| 金粲 | ×（题设） |  | ×（1） |  |  |
| 木心 | ×（2） | ×（题设） | √（2） | √（2） | ×（2） |
| 水仙 | √ |  | ×（题设） |  |  |
| 火珊 | ×（4） | √（4） | ×（3） | ×（题设） | √（4） |
| 土润 | √ | × | √ | × | ×（题设） |

再考虑，对金针菇而言，金粲、木心、火珊都没选用，因此，必然是水仙、土润选用。

水仙选金针菇，又由（1）推出，金粲不选水蜜桃。

对水蜜桃而言，除木心选用外，剩下选用的一人一定是土润。

从而可以必然推出C项，土润选用金针菇、水蜜桃。

### 55. B

如果水仙选用土豆，则土豆已有两人选，金粲就不能选。由于金粲不选金针菇、水蜜桃、土豆，因此，金粲选用木耳、火腿，即可得出B项（表1-9-46）。

表1-9-46

|  | 金针菇 | 木耳 | 水蜜桃 | 火腿 | 土豆 |
|---|---|---|---|---|---|
| 金粲 | ×（题设） |  | ×（1） |  |  |
| 木心 | ×（2） | ×（题设） | √（2） | √（2） | ×（2） |
| 水仙 | √ | × | ×（题设） | × | √ |
| 火珊 | ×（4） | √（4） | ×（3） | ×（题设） | √（4） |
| 土润 | √ | × | √ | × | ×（题设） |

215

### 16. 正确答案：33. C

根据题目条件，按调研顺序从1到7排列，可列条件如下：

(1) 江西＝1/7

(2) 安徽＋3＝浙江，（福建＜安徽）∨（福建＞浙江）

(3) （福建＜浙江）∨（福建＝浙江＋1）

(4) 江苏＝3

首先赴安徽省调研，即安徽在1号；由条件（4），江苏在3号；再由条件（1），江西只能在7号。既然安徽在1号，由条件（2），浙江就在4号，而且福建不能在2号。再由条件（3），福建只能在5号，因此，C项为正确答案（表1-9-47）。

表1-9-47

| 1 | 2 | 3 | 4 | 5 | 6 | 7 |
|---|---|---|---|---|---|---|
| 安徽 |  | 江苏 | 浙江 | 福建 |  | 江西 |

### 34. C

安徽是第二个调研的省份，由条件（2），浙江就在5号，因此，C项为正确答案（表1-9-48）。

表1-9-48

| 1 | 2 | 3 | 4 | 5 | 6 | 7 |
|---|---|---|---|---|---|---|
|  | 安徽 | 江苏 |  | 浙江 |  |  |

### 17. 正确答案：51. B

根据条件（5），说明小明和小花只能收到1份礼物，不可能收到2份礼物，所以，A、C、D、E项均排除。只有B项可能为真。

### 52. D

由（5），小明只收到橙色，小花只收到紫色。

又由（1），小芳收到蓝色。

再由（2），小雷收到红色。

由（5）（3）（4），小刚收到黄色，且没有收到绿色。

列表1-9-49：

表1-9-49

|  | 小明 | 小芳 | 小雷 | 小刚 | 小花 |
|---|---|---|---|---|---|
| 礼物份数 | 1 |  |  |  | 1 |
| 礼物颜色 | 橙色 | 蓝色 | 红色 | 黄色，非绿色 | 紫色 |

如果小刚收到2份礼物，那只能是黄色和青色。因此，D项为正确答案。

### 18. 正确答案：54. A

根据题干信息列表1-9-50：

表1-9-50

| 时间 | 1 | 2 | 3 | 4 | 5 | 6 | 7 |
|---|---|---|---|---|---|---|---|
| 影片 |  |  |  | 科幻 |  |  | 爱情 |
|  |  |  |  | 科幻 |  |  |  |

这样还剩下3部科幻片、3部武侠片、3部警匪片、2部战争片。

而根据（3）科幻片与武侠片没有安排在同一天，可推出，1～3以及5～7这6天，必然要选择科幻片和武侠片中的一部来放映。由此可见，周日不能放映警匪片，即警匪片不可能和爱情片在一起。因此，A项为正确答案。

55. C

如果同类影片连续放映，则5～7必然要么是科幻、要么是武侠连续放映。

所以，3部警匪片只能在1～3连续放映，则5～6必然连续放映战争片（表1-9-51）。

表1-9-51

| 时间 | 1 | 2 | 3 | 4 | 5 | 6 | 7 |
|---|---|---|---|---|---|---|---|
| 影片 | 警匪 | 警匪 | 警匪 | 科幻<br>科幻 | 战争 | 战争 | 爱情 |

由此可见，周六可以放映的电影是"科幻片和战争片"或者"武侠片和战争片"。

因此，C项为正确答案。

### 19. 正确答案：40. D

甲在第二编队。根据（3）可得：丙在第一编队。

再根据（2）可得：戊在第二编队。

41. D

已知丁和庚在同一编队。

假设丁和庚都在第二编队，根据（4）可得：乙在第二编队；再根据（1）可知：己在第二编队。到此可知在第二编队的有：丁、庚、己、乙。根据题干"第二编队有4艘舰艇"可知，第二编队已经满员。但又由（3），甲和丙不能在同一编队，那么二者必有一个在第二编队，这就出现了矛盾，因此，假设不成立。

由此可知，丁和庚都在第一编队，甲、丙必有一艘在第一编队，第一编队到此满员。其他舰艇乙、戊、己只能全部在第二编队（表1-9-52）。

表1-9-52

| 第一编队编列3艘舰艇 | 甲/丙 |
|---|---|
| 第二编队编列4艘舰艇 | 己；丙/甲 |

### 20. 正确答案：54. B

由题干信息"四对选手的总积分分别是6∶0、5∶1、4∶2、3∶3"可知，总积分最高的是得6分的选手。根据（4）可知：与李龙对弈的人得6分，是最高分，只能来自女生行列。

由（1）可知：李龙的对手不是张芳、王玉。假设杨虹和李龙在4号桌比赛，这和（1）中"王玉在李龙的右边"相冲突，假设不成立。因此，李龙的对手不是张芳、王玉，也不是杨虹，那就只能是施琳。

55. C

三局都是和局，那结果就是3∶3。

根据上题的分析，先排除A项。再根据（4），排除D项。

根据得分规则可知：6∶0是3胜；5∶1是2胜1和；4∶2是1胜2和或2胜1负；3∶3是3和。

先由（3）赵虎没有下过和局，不可能是3∶3和5∶1，只能是6∶0或4∶2。

又由（4）李龙已连输三局，为6∶0。因此，赵虎的局只能为4∶2。

再由（4）范勇在前三局总积分上领先他的对手。因此，范勇的局不可能是3∶3；所以，

217

范勇的局只能是 5∶1。

由此，男选手中只有吕伟的局是 3∶3。再由（1）知，他的对手是张芳。因此，C 项正确。

## 21. 正确答案：30. D

根据题干断定，列出以下条件关系式：

(1) 甲→丁∧¬己

(2) 乙∨丙→¬戊

(3) 甲、乙、丙、丁、戊、己（6 选 3）

A 项：违背条件（2），因为有丙，则应该没戊；

B 项：由条件（1）有甲则有丁，这样至少派了 4 人，违背条件（3）；

C 项：违背条件（2），因为有乙，则应该没戊；

D 项：和上述条件不矛盾；

E 项：违背条件（2），因为有丙，则应该没戊。

### 31. E

本题的前提是，甲、戊至少派遣 1 人。则分两种情况：

第一种情况，派甲（不管是否派戊），则由（1）推出，必派丁。

第二种，不派甲但派戊，则由（2）的逆否命题推出，既不派乙也不派丙。这样，甲、乙、丙都不派，再由条件（3），则必派丁、戊、己。

可见，不管哪种情况，丁是必派的。因此，E 项为正确答案。

## 22. 正确答案：49. A

根据（2）芹菜不能在黄椒一组，和（4）黄椒必须与豇豆同一组，可推知：芹菜与豇豆不在同一组。因此，A 项正确。

### 50. B

由（2）芹菜不能在黄椒一组，结合（4）黄椒必须与豇豆同一组；那么，必然是菠菜或韭菜与黄椒、豇豆同一组。

既然本题断定，韭菜、青椒与黄瓜在同一组，那么，只能是菠菜与黄椒、豇豆同一组。因此，B 项正确。

## 23. 正确答案：54. C

题干条件如表 1-9-53 所示。

表 1-9-53

|  | 紫 | 红 | 白 | 黄 | 蓝 |
|---|---|---|---|---|---|
| 玫瑰 | √ | √ | √ |  |  |
| 兰花 |  | √ | √ | √ |  |
| 菊花 |  |  | √ | √ | √ |

若格子 1 中是白色的菊花，那么，格子 2 和格子 3 要排除白花和菊花，只可能是以下四种花（表 1-9-54）。

表 1-9-54

|  | 紫 | 红 | 白 | 黄 | 蓝 |
|---|---|---|---|---|---|
| 玫瑰 | √ | √ |  |  |  |
| 兰花 |  | √ |  | √ |  |
| 菊花 |  |  |  |  |  |

本题条件是格子 5 中是红色的花，只能是红玫瑰或红兰花。

假定格子 5 中是红玫瑰，由（3），在格子 2 和格子 3 中均不可能是紫玫瑰和红兰花，那只剩下一种黄兰花，不可能占这两个格子。

假定格子 5 中是红兰花，由（3），在格子 2 和格子 3 中均不可能是黄兰花和红玫瑰，那只剩下一种紫玫瑰，也不可能占这两个格子。

综上分析，格子 1 中是白色的菊花是不可能成立的，因此，C 项正确。

**55. D**

格子 5 中是红色的玫瑰，则格子 5 周边的格子 2、3、4、6 就要排除红花和玫瑰，可能的情况如表 1-9-55：

表 1-9-55

|  | 紫 | 红 | 白 | 黄 | 蓝 |
| --- | --- | --- | --- | --- | --- |
| 玫瑰 |  |  |  |  |  |
| 兰花 |  |  | √ | √ |  |
| 菊花 |  |  | √ | √ | √ |

由"格子 3 中是黄色的花"，可知格子 3 中是黄色的菊花或黄色的兰花。

若格子 3 中是黄色的菊花，则格子 3 周边的格子 2、6 就要排除黄花和菊花，只剩白兰花。2 个格子只有 1 种花，这是不可能成立的，因此，格子 3 中是黄色的兰花。

由"格子 3 中是黄色的兰花"可知，格子 4 也是兰花，而且不能是红色和黄色，所以，格子 4 中是白色的兰花。因此，D 为正确答案。

**24. 正确答案：31. B**

根据条件（1）（2），列表 1-9-56：

表 1-9-56

| 立春 | 春分 | 立夏 | 夏至 | 立秋 | 秋分 | 立冬 | 冬至 |
| --- | --- | --- | --- | --- | --- | --- | --- |
|  |  |  |  | 凉风 |  |  | 不周风/广莫风 |

由条件（2），则"冬至"不对应"明庶风"，再由条件（4）推出，"立夏"对应"清明风"且"立春"对应"条风"（表 1-9-57）。

表 1-9-57

| 立春 | 春分 | 立夏 | 夏至 | 立秋 | 秋分 | 立冬 | 冬至 |
| --- | --- | --- | --- | --- | --- | --- | --- |
| 条风 |  | 清明风 |  | 凉风 |  |  | 不周风/广莫风 |

又由条件（3）推出，"夏至"对应"条风"或者"立冬"对应"不周风"；由于根据前面推导已知，"立春"对应"条风"，那么，"夏至"不对应"条风"，从而推出，"立冬"对应"不周风"。

再根据条件（2）推出，"冬至"对应"广莫风"（表 1-9-58）。

表 1-9-58

| 立春 | 春分 | 立夏 | 夏至 | 立秋 | 秋分 | 立冬 | 冬至 |
| --- | --- | --- | --- | --- | --- | --- | --- |
| 条风 |  | 清明风 |  | 凉风 |  | 不周风 | 广莫风 |

由此可推出，B 项必然正确。

其余选项不能得出，其中，A、C、E 项不能确定，D 项必然错误。

**32. E**

若"春分"和"秋分"两节气对应的节风在"明庶风"和"阊阖风"之中，则剩下的"景风"只能在"夏至"（表1-9-59）。

表1-9-59

| 立春 | 春分 | 立夏 | 夏至 | 立秋 | 秋分 | 立冬 | 冬至 |
|---|---|---|---|---|---|---|---|
| 条风 | 明庶风/阊阖风 | 清明风 | 景风 | 凉风 | 明庶风/阊阖风 | 不周风 | 广莫风 |

**25. 正确答案：37. A**

根据题干，③和④安排在假期的第2天，再由条件（2），③④⑤安排在第2天完成。

结合条件（3），②在③之前1天完成，因此，②一定安排在第1天。所以，第3天休息。列表1-9-60：

表1-9-60

| 日期 | 第1天 | 第2天 | 第3天 |
|---|---|---|---|
| 事情安排 | ② | ③④⑤ | 休息 |

分别判定各个选项，A项，①安排在第2天，与题干条件无矛盾，是可能的。
其余选项均不符合题干条件，均排除。

**38. C**

如果假期第2天只做3件事，那么有两种情况：第一种情况：第一天3件事并且第二天3件事，第二种情况：第二天3件事并且第三天3件事（表1-9-61）。

表1-9-61

| 日期 | 第1天 | 第2天 | 第3天 |
|---|---|---|---|
| 情况一：事情安排 | 3件事 | ⑥等3件事 | 休息 |
| 情况二：事情安排 | 休息 | ⑥等3件事 | 3件事 |

假设是第一种情况，根据题目条件可推出，第一天做②④⑤，第二天做①③⑥，此时B、E均不符合题意（表1-9-62）。

表1-9-62

| 日期 | 第1天 | 第2天 | 第3天 |
|---|---|---|---|
| 情况一：事情安排 | ②④⑤ | ①③⑥ | 休息 |
| 情况二：事情安排 | 休息 | ①②⑥ | ③④⑤ |

假设是第二种情况，按照题目条件可推出，第二天做①②⑥，第三天做③④⑤，此时A、D均不符合题意。

总之，只有C项可以得出。

**26. 正确答案：46. E**

根据题干信息，推导如下：

第一步：由条件（3），丁和乙只去欧洲国家，结合题干条件，每人去了2个国家，推出，丁和乙只去了英国和法国。排除了B、D项。

第二步：由条件（2），丙与戊总是结伴出国旅游，则可推知，丙与戊不可能去英国或法国，否则，英国或法国就有4个人去旅游了，与题干条件矛盾！因此，丙与戊一定去了日本和韩国旅游。排除C项。

第三步：由于丁去了英国，根据条件（1）可知甲没有去韩国，排除A项（表1-9-63）。

220

上篇　演绎推理

表 1-9-63

|  | 甲 | 乙 | 丙 | 丁 | 戊 |
|---|---|---|---|---|---|
| 日本 |  | × | √ | × | √ |
| 韩国 | × | × | √ | × | √ |
| 英国 |  | √ | × | √ | × |
| 法国 |  | √ | × | √ | × |

因此，只有 E 项可以从题干推出。

**47. A**

根据上面推理，乙和丁只去英国和法国，丙和戊只去日本和韩国，则这 4 人去欧洲国家旅游的总人次与去亚洲国家的一样多。

那么，剩下的甲，由于只能去两个国家，那一定是一个欧洲国家，一个亚洲国家。根据上题推知甲没有去韩国，所以甲肯定去了日本。

**27. 正确答案：54. D**

根据张、赵答案全错可知，第一题的答案是 B 或 C，第二题的答案是 C 或 D，第三题的答案是 B 或 C 或 D，第四题的答案是 A 或 C 或 D（表 1-9-64）。

表 1-9-64

| 答题者 | 第一题 | 第二题 | 第三题 | 第四题 | 测试结果 |
|---|---|---|---|---|---|
| 王 | B | D | B | C | 只答对 1 题 |
| 李 | C | C | B | D | 只答对 1 题 |
| 正确答案 | B 或 C | C 或 D | B 或 C 或 D | A 或 C 或 D |  |

由于王、李只答对一题，因此，第三题答案不可能为 B，否则，第三题两人都答对，而且第一题和第二题不管是哪个答案，王、李中至少有一人答对，因此，第三题答案只能是 C 或 D（表 1-9-65）。

表 1-9-65

| 答题者 | 第一题 | 第二题 | 第三题 | 第四题 | 测试结果 |
|---|---|---|---|---|---|
| 王 | B | D | B | C | 只答对 1 题 |
| 李 | C | C | B | D | 只答对 1 题 |
| 正确答案 | B 或 C | C 或 D | C 或 D | A |  |

由于第一题和第二题不管是哪个答案，王、李中至少有一人答对，因此，第四题正确答案只能是 A，否则，王、李中至少有一人答对第四题，这样至少有一人答对两题，与题目条件矛盾。

综上所述，D 选项为本题答案。

**55. A**

由于每道题的正确答案各不相同，根据上面分析可知，第一题答案不能为 C，否则，第二题和第三题答案就均为 D，矛盾！因此，第一题答案只能为 B（表 1-9-66）。

表 1-9-66

| 答题者 | 第一题 | 第二题 | 第三题 | 第四题 | 测试结果 |
|---|---|---|---|---|---|
| 王 | B | D | B | C | 只答对 1 题 |
| 李 | C | C | B | D | 只答对 1 题 |
| 正确答案 | B | C 或 D | C 或 D | A |  |

综上所述，A 选项为本题答案。

221

## 28. 正确答案：47. B

假设乙不扮演项王，则由（3）推知，丙扮演张良；

再由（2）推出，丁扮演范增；

即丁不扮演樊哙，由（4）推出，庚或戊扮演沛公；

即甲不扮演沛公，由（1）推出，乙扮演项王。

这样，就导致了逻辑矛盾！

因此，"乙不扮演项王"这一假设不成立，因此必然得出，乙扮演项王。

### 48. D

甲扮演沛公，则庚或戊不扮演沛公；

由（4）推出，丁扮演樊哙；

即丁不扮演范增，由（2）推出，丙和己不扮演张良；

再由（3）推出，乙扮演项王；

这样，甲、乙、丙、丁、己、庚均不扮演张良，只能由剩下的戊扮演张良（表1-9-67）。

表 1-9-67

|   | 项王 | 沛公 | 项伯 | 张良 | 项庄 | 樊哙 | 范增 |
|---|---|---|---|---|---|---|---|
| 甲 | − | + | − | − | − | − | − |
| 乙 | + | − | − | − | − | − | − |
| 丙 | − | − |   | − |   | − |   |
| 丁 | − | − | − | − | − | + | − |
| 戊 | − | − |   | (+) | − | − |   |
| 己 | − | − |   | − |   | − |   |
| 庚 | − | − |   | − |   | + | − |

## 29. 正确答案：54. A

根据题干陈述条件，可以得出以下另外两个条件：

(4) 每站恰好有3趟车停靠；

(5) 甲车和乙车停靠的站均不相同（表1-9-68）。

表 1-9-68

|   | 东沟 | 西山 | 南镇 | 北阳 | 中丘 |
|---|---|---|---|---|---|
| 甲 |   |   |   | + | − |
| 乙 |   |   |   | − | − |
| 丙 |   |   |   | − | + |
| 丁 | + |   |   | + | + |
| 戊 | + |   |   | + | + |

由（5）可知，不可能甲、乙和丙3趟车均在"西山"停靠。

由（3）推出：

(6) 甲、乙和丙车中最多有1趟车在"东沟"停靠。

由（4），则丁、戊车必定在"东沟"停靠。

由（6），乙、丙车不可能均在"东沟"停靠。

由（1）推出，乙、丙车都不在"北阳"停靠。

再由（4）可知，甲、丁、戊车都在"北阳"停靠。

再由（2）推出，丙、丁和戊车均在"中丘"停靠。

因此，甲、乙车都不在"中丘"停靠。

55. C

由（4），西山和南镇需要6趟车停靠。而丁、戊车最多分别出现1次（因为没有车在每站都停靠）。

又由（5），西山和南镇两个站，甲、乙车也最多分别出现1次。因此，丙车肯定要出现2次。所以，C项正确（表1-9-69）。

表1-9-69

|   | 东沟 | 西山 | 南镇 | 北阳 | 中丘 |
|---|---|---|---|---|---|
| 甲 |   |   |   | ＋ | － |
| 乙 |   |   |   | － | － |
| 丙 |   | （＋） | （＋） | － | ＋ |
| 丁 | ＋ |   |   | ＋ | ＋ |
| 戊 | ＋ |   |   | ＋ | ＋ |

**30. 正确答案：41. A**

每个学年选修其中的1~3门课程，后3个学年选修的课程数量均不同，则第一学年只能选2门。

若丙、己和辛在第三学年，再由（2），则丁在第四学年；又由（3），则第一学年仅选修戊、辛2门。这样，辛既在第三学年，又在第一学年，矛盾！

因此，丙、己和辛只能在第二学年，丁在第三学年。列表1-9-70：

表1-9-70

|   | 第一学年 | 第二学年 | 第三学年 | 第四学年 |
|---|---|---|---|---|
| 课程数量 | 2 | 3 | 1 | 2 |
| 课程名称 |   | 丙、己和辛 | 丁 |   |

如果乙在丁之前的学年选修，那么乙只能在第一学年选修。因此，A为正确答案。

42. A

甲、庚均在乙之后的学年选修，那就只能在第四学年选修。

这样，剩下的乙、戊只能在第一学年选修（表1-9-71）。因此，A为正确答案。

表1-9-71

|   | 第一学年 | 第二学年 | 第三学年 | 第四学年 |
|---|---|---|---|---|
| 课程数量 | 2 | 3 | 1 | 2 |
| 课程名称 | 乙、戊 | 丙、己和辛 | 丁 | 甲、庚 |

**31. 正确答案：45. B**

由（3）战争片必须在周三放映，则周三不放映科幻片，再由（1）推知，周二和周五都不放映悬疑片。

又由（3）战争片必须在周三放映，则周五不放映战争片，再由（2）推知，周四和周六都不放映悬疑片。

因此，悬疑片只能在周日放映（表1-9-72）。

表1-9-72

| 周二 | 周三 | 周四 | 周五 | 周六 | 周日 |
|---|---|---|---|---|---|
|  | 战争 |  |  |  | 悬疑 |

46. C

根据上述推理，加上历史片与纪录片、科幻片均相邻，那么历史片只能在周五；这样，纪录片和科幻片在周四或周六，剩下的周二只能放映动作片（表1-9-73）。

表1-9-73

| 周二 | 周三 | 周四 | 周五 | 周六 | 周日 |
|---|---|---|---|---|---|
| 动作 | 战争 | 纪录/科幻 | 历史 | 科幻/纪录 | 悬疑 |

**32. 正确答案：49. D**

题干断定：

(1) 王没有创作诗歌→李爱好小说

(2) 王没有创作诗歌→李创作小说

(3) 王创作诗歌→李爱好小说∧周爱好散文

由(1)(3)作二难推理，可得：李爱好小说。

由于创作与爱好均不相同，可知：李没创作小说。

由(2)的逆否命题，推知：王创作诗歌。

再由(3)推得：李爱好小说且周爱好散文。

既然王创作诗歌，则王不爱好诗歌；而李爱好小说，周爱好散文。

因此，丁爱好诗歌，王爱好戏剧（表1-9-74）。

表1-9-74

|  | 王 | 李 | 周 | 丁 |
|---|---|---|---|---|
| 创作形式 | 诗歌 |  |  |  |
| 文学爱好 | 戏剧 | 小说 | 散文 | 诗歌 |

50. A

丁创作散文，王创作诗歌，则李、周只能创作戏剧或小说。

而李爱好小说，就不能创作小说；因此，李创作戏剧。

所以，周只能创作小说（表1-9-75）。

表1-9-75

|  | 王 | 李 | 周 | 丁 |
|---|---|---|---|---|
| 创作形式 | 诗歌 | 戏剧 | 小说 | 散文 |
| 文学爱好 | 戏剧 | 小说 | 散文 | 诗歌 |

**33. 正确答案：54. D**

根据(2)，若乙至少有一个项目入选观演建筑或会堂建筑，则乙入选的项目是纪念建筑和工业建筑；这与题干中每个建筑师均有2个项目入选相矛盾，则可以得知乙没有入选观演建筑和会堂建筑。

由此可知，乙、丙入选的项目均是观演建筑和工业建筑这一断定不成立，由（1）的逆否命题可推知，甲和乙均不入选观演建筑或工业建筑。

由于每个建筑师均有2个项目入选，这样，乙入选的项目只能是纪念建筑和商业建筑。

这样，乙、丁、戊入选的项目均是纪念建筑和工业建筑这一断定也不成立，由（2）的逆否命题推知，丁也不入选观演建筑或会堂建筑。

由此，丁至少有一个项目入选纪念建筑或商业建筑。再由（3）得，甲、己入选的项目均在纪念建筑、观演建筑和商业建筑之中。

这样，甲入选的项目只能是纪念建筑和商业建筑；而己入选的项目在纪念建筑、观演建筑和商业建筑之中。所以己入选的项目不是会堂建筑和工业建筑，则丙和戊必须入选会堂建筑。因此，D项为正确答案（表1-9-76）。

表1-9-76

|   | 纪念 | 观演 | 会堂 | 商业 | 工业 |
|---|---|---|---|---|---|
| 甲 | ＋ | － | － | ＋ | － |
| 乙 | ＋ | － | － | ＋ | － |
| 丙 |   |   | ＋ |   |   |
| 丁 |   | － | － |   |   |
| 戊 |   |   | ＋ |   |   |
| 己 |   |   | － |   |   |

55. A

增加条件己有项目入选商业建筑，则商业建筑已经满足3个人入选，则丙、丁、戊不会入选商业建筑。

由于丁没有入选观演建筑、会堂建筑和商业建筑，丁只能入选纪念建筑和工业建筑。

这样，纪念建筑满足3个入选，则丙、戊、己不能入选纪念建筑。

因此，己必须入选观演建筑，A项为正确答案（表1-9-77）。

表1-9-77

|   | 纪念 | 观演 | 会堂 | 商业 | 工业 |
|---|---|---|---|---|---|
| 甲 | ＋ | － | － | ＋ | － |
| 乙 | ＋ | － | － | ＋ | － |
| 丙 | － |   | ＋ | － |   |
| 丁 | ＋ | － | － | － | ＋ |
| 戊 | － |   | ＋ |   |   |
| 己 | － | ＋ | － | ＋ |   |

34. 正确答案：31. B

假设己不报名跳高，则由（3）得出，丙、戊均不报名铅球；再由（1），则甲、乙也均不报名铅球，这样，就不满足3人报名铅球的条件。因此，己报名跳高。根据（2），乙和己均报名跳远。由于己报名跳高、跳远2项，那么，己不会报名铅球。

假设丙不报名铅球，则由（1）得出，甲、乙均不报名铅球，则甲、乙、丙、己都不报名铅球，不满足3人报名铅球的条件。因此，丙一定报名铅球。即B项为正确答案（表1-9-78）。

表 1-9-78

|  | 甲 | 乙 | 丙 | 丁 | 戊 | 己 |
|---|---|---|---|---|---|---|
| 跳远（2人） |  | ＋ |  |  |  | ＋ |
| 跳高（3人） |  |  |  |  |  | ＋ |
| 铅球（3人） |  |  | ＋ |  |  | － |

**32. A**

乙、己均报名跳远，则跳远2人已报满，则丁、戊不会报名跳远。

甲、乙均报名跳高，则跳高3人已报满，则丁、戊不会报名跳高。

由于每人都报名1~2项，则丁、戊均一定报名铅球。因此，A项为正确答案（表1-9-79）。

表 1-9-79

|  | 甲 | 乙 | 丙 | 丁 | 戊 | 己 |
|---|---|---|---|---|---|---|
| 跳远（2人） | － | ＋ | － | － | － | ＋ |
| 跳高（3人） | ＋ | ＋ |  |  |  | ＋ |
| 铅球（3人） | － | － | ＋ | ＋ | ＋ | － |

**35. 正确答案：37. E**

由（1）如果甲去五台山，则乙和丁都去五台山；又由丙与丁结伴，因此甲、乙、丙、丁4人都去了五台山，这与每座名山均有其中的2~3人前往相矛盾。因此，甲没去五台山。

同理，由（2）如果甲去峨眉山，则丙和戊都去峨眉山；又由丙与丁结伴，因此甲、丙、丁、戊4人都去了峨眉山，这与每座名山均有其中的2~3人前往相矛盾。因此，甲没去峨眉山。

所以，甲去了普陀山、九华山。再由（3）推得，戊去了九华山和普陀山。又由每人去了上述两座名山，因此，戊没去五台山、峨眉山。

再由丙与丁结伴考察，那么他俩一定都去了五台山、峨眉山。因此，E项为正确答案（表1-9-80）。

表 1-9-80

|  | 甲 | 乙 | 丙 | 丁 | 戊 |
|---|---|---|---|---|---|
| 普陀山 | ＋ |  | － | － | ＋ |
| 九华山 | ＋ |  | － | － | ＋ |
| 五台山 | － |  | ＋ | ＋ | － |
| 峨眉山 | － |  | ＋ | ＋ | － |

**38. A**

根据上题分析，丙、丁均没去普陀山、九华山。再由乙去普陀山和九华山，可列表1-9-81：

表 1-9-81

|  | 甲 | 乙 | 丙 | 丁 | 戊 |
|---|---|---|---|---|---|
| 普陀山 | ＋ | ＋ | － | － | ＋ |
| 九华山 | ＋ | ＋ | － | － | ＋ |
| 五台山 | － |  | ＋ | ＋ | － |
| 峨眉山 | － | － | ＋ | ＋ | － |

上篇 演绎推理

由此可知：甲、乙、戊去普陀山、九华山；丙、丁去五台山、峨眉山。

可见，5人去四大名山的人次之比是3∶3∶2∶2，因此，A项为正确答案。

**36. 正确答案：** 46. D

《尚书》分发给丙部门，即《尚书》没有分发给甲、乙、丁、戊部门。既然《尚书》没有分发给丁部门，由（1）的逆否命题推知，《周易》《老子》《孟子》都没有分发给甲和乙部门。

因此，《诗经》《论语》至少有1本分发给甲或乙部门。由（2）推得，《周易》分发给丙部门且《老子》分发给戊部门。

这样，《孟子》不能给甲、乙部门，也不可能给丙、戊部门，只能给丁部门。因此，D项正确（表1-9-82）。

表 1-9-82

|   | 《尚书》 | 《周易》 | 《诗经》 | 《论语》 | 《老子》 | 《孟子》 |
|---|---|---|---|---|---|---|
| 甲 | — | — |   |   | — | — |
| 乙 | — | — |   |   | — | — |
| 丙 | + | + |   |   | — | — |
| 丁 | — | — |   |   | — | + |
| 戊 | — | — |   |   | + |   |

47. E

《老子》分发给丁部门，即《老子》没给戊部门，则由（2），《诗经》《论语》都没有分发给甲或乙部门。这样，《周易》《老子》《孟子》至少有1本分发给甲或乙部门，又由（1）知，《尚书》分发给丁部门且《论语》分发给戊部门。进一步推出，《诗经》不可能给丁、戊部门，只能给丙部门。因此，E项不可能，为正确答案（表1-9-83）。

表 1-9-83

|   | 《尚书》 | 《周易》 | 《诗经》 | 《论语》 | 《老子》 | 《孟子》 |
|---|---|---|---|---|---|---|
| 甲 | — |   | — | — |   |   |
| 乙 | — |   | — | — |   |   |
| 丙 | — |   | + | — | — |   |
| 丁 | + |   | — | — | + |   |
| 戊 | — |   | — | + | — |   |

227

# 中篇 归纳推理

2023年MBA、MPA、MPAcc、MEM
管理类联考综合能力逻辑历年真题分类精解

　　非形式推理是非演绎的推理，属于或然性的推理，在本书中包括中篇归纳推理与下篇论证推理。这类题目注重的是前提和结论之间、题干和选项之间的意义关联和思维关联，主要是凭日常逻辑思维和批判性思维来解题。

　　归纳推理是根据一类事物的部分对象具有某种性质，推出这类事物的所有对象都具有这种性质的推理。归纳推理的结论所断定的知识范围超出了前提所断定的知识范围，因此，归纳推理的前提与结论之间的联系不是必然性的，而是或然性的。

# 第1章 逻辑归纳

归纳法是指经验科学以及日常思维中非演绎论证类型的推理方法。现代归纳逻辑则主要研究归纳推理和统计推理。统计推理是从样本过渡到总体的推理，即由样本具有某种属性的单位频率或百分比，推出总体具有某种属性的概率或可能性的推理。

## 1.1 归纳概括

归纳概括是指利用不完全归纳推理，来得出一个虽然并非必然但要相对合理的结论。评估概括推理的批判性问题有：
（1）前提是否真实？
（2）前提和结论是否相关？
（3）结论是什么？结论的范围是否受到适当限制？
（4）有没有发现反例？
（5）所举的例子的数量是否足够大？或样本容量是否足够大？
（6）所举的例子是否多样化？样本的个体之间差异是否足够大？
（7）所举的例子或样本是否具有代表性？观察到的事物和属性有什么关系？

所谓归纳不当是违背简单枚举推理准则所犯的错误，其实质是严重忽视了与样本属性相反的事例存在，常见的表现形式是轻率概括，即对被考察对象并未作细致的考察，便轻率地作出某种结论，这种结论显然容易出现逻辑错误。

**1** 2000MBA-76

据对一批企业的调查显示，这些企业总经理的平均年龄是 57 岁，而在 20 年前，同样的这些企业的总经理的平均年龄大约是 49 岁。这说明，目前企业中总经理的年龄呈老化趋势。

以下哪项，对题干的论证提出的质疑最为有力？

A. 题干中没有说明，20 年前这些企业关于总经理人选是否有年龄限制。
B. 题干中没有说明，这些总经理任职的平均年数。
C. 题干中的信息，仅仅基于有 20 年以上历史的企业。
D. 20 年前这些企业的总经理的平均年龄，仅是个近似数字。
E. 题干中没有说明被调查企业的规模。

**2** 2001GRK-38

妇女适合当警察的想法是荒唐的。妇女毕竟比男子平均矮 15 公分，轻 15 公斤。很明显在遇到暴力事件时，妇女没有男子有效。

以下哪项如果为真，最能削弱以上命题？

A. 有些申请不当警察的妇女比在职的男警察长得高大。

B. 警察必须经过 18 个月的强化训练。
C. 在许多情况下，罪犯或受害者是妇女。
D. 警察要求携带和使用枪支，而妇女通常胆小怕枪。
E. 有许多警察部门的办公室职位妇女可做。

### 3  2007MBA－35

莫大伟到吉安公司上班的第一天，就被公司职工自由散漫的表现所震惊，莫大伟由此得出结论：吉安公司是一个管理失效的公司，吉安公司的员工都缺乏工作积极性和责任心。

以下哪项如果为真，最能削弱上述结论？

A. 当领导不在时，公司的员工会表现出自由散漫。
B. 吉安公司的员工超过 2 万，遍布该省十多个城市。
C. 莫大伟大学刚毕业就到吉安公司，对校门外的生活不适应。
D. 吉安公司的员工和领导的表现完全不一样。
E. 莫大伟上班这一天刚好是节假日后的第一个工作日。

### 4  2007MBA－40

一项时间跨度为半个世纪的专项调查研究得出肯定结论：饮用常规量的咖啡对人的心脏无害。因此，咖啡的饮用者完全可以放心地享用，只要不过量。

以下哪项最为恰当地指出了上述论证的漏洞？

A. 咖啡的常规饮用量可能因人而异。
B. 心脏健康不等同于身体健康。
C. 咖啡饮用者可能在喝咖啡时吃对心脏有害的食物。
D. 喝茶，特别是喝绿茶比喝咖啡有利于心脏的保健。
E. 有的人从不喝咖啡但心脏仍然健康。

### 5  2007MBA－45

社会成员的幸福感是可以运用现代手段精确量化的。衡量一项社会改革措施是否成功，要看社会成员的幸福感总量是否增加。S 市最近推出的福利改革明显增加了公务员的幸福感总量，因此，这项改革措施是成功的。

以下哪项如果为真，最能削弱上述论证？

A. 上述改革措施并没有增加 S 市所有公务员的幸福感。
B. S 市公务员只占全市社会成员很小的比例。
C. 上述改革措施在增加公务员幸福感总量的同时，减少了 S 市民营企业人员的幸福感总量。
D. 上述改革措施在增加公务员幸福感总量的同时，减少了 S 市全体社会成员的幸福感总量。
E. 上述改革措施已经引起 S 市市民的广泛争议。

### 6  2007GRK－37

老林被誉为"股票神算家"。他曾经成功地预测了 1994 年 8 月"井喷式"上升行情和 1996 年下半年的股市暴跌，这仅是他准确预测股市行情的两个实例。

回答以下哪个问题对评价以上陈述最有帮助？

A. 老林准确预测股市行情的成功率是多少？
B. 老林是否准确地预测了 2002 年 6 月 13 日的股市大跌？
C. 老林准确预测股市行情的方法是什么？
D. 老林的最高学历和所学专业是什么？
E. 有多少人相信老林对股市行情的预测？

中篇　归纳推理

**7　2008GRK-32**

周清打算请一个钟点工，于是上周末她来到惠明家政公司，但公司工作人员粗鲁的接待方式使她得出结论：这家公司的员工缺乏教养，不适合家政服务。

以下哪项如果为真，最能削弱上述论证？

　A. 惠明家政公司员工通过有个性的服务展现其与众不同之处。
　B. 惠明家政公司员工有近千人，绝大多数为外勤人员。
　C. 周清是一个爱挑剔的人，她习惯于否定他人。
　D. 教养对家政公司而言并不是最主要的。
　E. 周清对家政公司员工的态度既傲慢又无礼。

**8　2008MBA-39**

临床实验显示，对偶尔食用一定量的牛肉干的人而言，大多数品牌牛肉干的添加剂并不会导致动脉硬化。因此，人们可以放心食用牛肉干而无须担心对健康的影响。

以下哪项如果为真，最能削弱上述论证？

　A. 食用大量牛肉干不利于动脉健康。
　B. 动脉健康不等同于身体健康。
　C. 肉类都含有对人体有害的物质。
　D. 喜欢吃牛肉干的人往往也喜欢食用其他对动脉健康有损害的食品。
　E. 题干所述临床实验大都是由医学院的实习生在医师指导下完成的。

**9　2013GRK-42**

通过分析物体的原子释放或者吸收的光可以测量物体是在远离地球还是在接近地球。当物体远离地球时，这些光的频率会移向光谱上的红色端（低频），简称"红移"，反之，则称"蓝移"。原子释放出的这种独特的光也被组成原子的基本粒子尤其是电子的质量所影响。如果某一原子的质量增加，其释放的光子的能量也会变得更高，因此，释放和吸收频率将会蓝移。相反，如果粒子变得越来越轻，频率将会红移。天文观察发现，大多数星系都有红移现象，而且，星系距离地球越远，红移越大。据此，许多科学家认为宇宙一定在不断膨胀。

以下哪项如果为真，最能反驳上述科学家的观点？

　A. 在遥远的宇宙中，也发现了个别蓝移的天体。
　B. 地球并非处于宇宙的中心区域。
　C. 人们所能观察的星体可能不足真实宇宙的百分之一。
　D. 从宇宙中其他天体的视角看，红移也是占绝对优势的现象。
　E. 根据现代科学观察，宇宙中粒子的质量没有大的变化。

**10　2018MBA-27**

盛夏时节的某一天，某市早报刊载了由该市专业气象台提供的全国部分城市当天天气预报，择其内容列表2-1-1：

表2-1-1

| 天津 | 阴 | 上海 | 雷阵雨 | 昆明 | 小雨 |
| 呼和浩特 | 阵雨 | 哈尔滨 | 少云 | 乌鲁木齐 | 晴 |
| 西安 | 中雨 | 南昌 | 大雨 | 香港 | 多云 |
| 南京 | 雷阵雨 | 拉萨 | 阵雨 | 福州 | 阴 |

根据上述信息，以下哪项作出的论断最为准确？

233

A. 由于所列城市盛夏天气变化频繁，所以上面所列的 9 类天气一定就是所有的天气类型。
B. 由于所列城市并非我国的所有城市，所以上面所列的 9 类天气一定不是所有的天气类型。
C. 由于所列城市在同一天不一定展示所有的天气类型，所以上面所列的 9 类天气可能不是所有的天气类型。
D. 由于所列城市在同一天可能展示所有的天气类型，所以上面所列的 9 类天气一定就是所有的天气类型。
E. 由于所列城市分别处在我国的东南西北中，所以上面所列的 9 类天气一定就是所有的天气类型。

## 答案与解析

### 1. 正确答案：C

题干根据受调查的企业总经理年龄增大，得出结论：目前企业中总经理的年龄呈老化趋势。

本题论证的错误属于样本不具有代表性，只基于对具有 20 年以上历史的企业的抽样调查便得出目前企业中总经理有年龄偏大趋势的结论。

C 项指出，题干的论据，仅仅基于有 20 年以上历史的老企业。而题干的结论，却是对包括新老企业在内的目前各种企业的一般性评价。因此，C 项是对题干的有力质疑。

其余各项均不能构成对题干的质疑。

### 2. 正确答案：E

题干推理是：因为遇到暴力事件时，妇女没有男子有效，所以，妇女不适合当警察。

如果 E 项为真，由于妇女可在警察部门的办公室职位，说明许多女警察可以不用对付暴力事件，这就有力地削弱了题干的论证。

### 3. 正确答案：B

题干结论是：吉安公司是一个管理失效的公司，其员工都缺乏工作积极性和责任心。

理由是：莫大伟到吉安公司上班的第一天，发现该公司职工自由散漫。

B 项指出，吉安公司的员工超过 2 万，遍布该省十多个城市，这意味着莫大伟仅就他见到的员工的状况不能轻率概括出整个吉安公司的员工的状况，有力地削弱了题干结论。

E 项为干扰项，因为题目并没说明节假日后的第一个工作日一般不容易进入上班状态，即使节假日后的第一个工作日的工作状态不佳，也不至于自由散漫。其余选项为无关项。

### 4. 正确答案：B

题干根据对心脏无害推出对身体无害。B 项指出，心脏健康不等同于身体健康，即使饮用常规量的咖啡对心脏无害，也不等于对身体健康无害，因此，不一定能放心地享用。

### 5. 正确答案：D

题干结论是：福利改革增加了公务员的幸福感总量，因此，这项改革措施是成功的。

理由是：社会改革措施是否成功的衡量标准要看社会成员的幸福感总量是否增加。

D 项如果为真，则说明上述改革措施减少了全体社会成员的幸福感总量，因此，是不成功的。

A、E 项不能削弱；B、C 项也能起到削弱作用，但削弱力度不如 D 项。

### 6. 正确答案：A

题干结论是：老林被誉为"股票神算家"。

根据是：他准确预测了股市行情的两个实例。

可见，题干仅根据两个个案，就归纳出一般性的结论，这样的结论是缺乏说服力的。

因此，为了评价题干的结论，显然应当知道，老林准确预测股市行情的成功率是多少。

7. 正确答案：B

周清根据公司的接待人员粗鲁，得出结论：这家公司的员工缺乏教养，不适合家政服务。显然她的推理是特例归纳，容易犯以偏概全的逻辑错误。

B项表明，公司员工有近千人，绝大多数为外勤人员，这意味着，不能根据个别的内勤人员缺乏教养就推出所有外勤员工都缺乏教养。该项有力地削弱了题干论证，为正确答案。

8. 正确答案：B

题干论述：食用牛肉干不会导致动脉硬化，因此，可放心食用牛肉干而无须担心对健康的影响。

B项指出，动脉健康不等同于身体健康，即使食用牛肉干不会导致动脉硬化，也不等于不会影响身体健康，因此，不一定能放心食用。

A项也能削弱，但即使食用大量牛肉干不利于动脉健康，但如果食用适量，不影响结论"可以放心食用牛肉干而无须担心对健康的影响"的成立。所以，A项的削弱力度不足。

9. 正确答案：C

科学家的观点是，宇宙一定在不断膨胀。理由是，天文观察发现，大多数星系都有红移现象，而这一现象表明，物体是在远离地球。

C项表明，天文观察的星体的数量在宇宙中所占比例极小，意味着由天文观察而归纳出的观点不可靠，这就有力地反驳了科学家的观点。

选项 A、B 的削弱力度不足，选项 D、E 起到支持作用。

10. 正确答案：C

题干仅给出某一天的部分城市的天气情况，显然，这些并不能包含所有的天气情况。

所以，从题干不能得出"一定""一定不"之类必然性的结论，只能得到"可能""可能不"之类或然性的结论。

选项 A、D、E 断定了"一定就是所有的天气类型"，以偏概全，可以排除。

选项 B 断定了"一定不是所有的天气类型"，推断绝对化了，也应排除。

选项 C，"可能不是所有的天气类型"，这是可能性推断，为正确答案。

## 1.2 统计概括

统计推理也叫统计推断，是从总体中抽取部分样本，通过对抽取部分所得到的带有随机性的数据进行合理的分析，进而对总体作出合理的判断，它是伴随着一定概率的推测。

统计推理属于不完全归纳推理，其结论所断定的范围超出了前提所断定的范围，前提与结论之间的联系不是必然的，因而，它的结论是或然的，对其推理的可靠性需要进行必要的评估。评估统计推理的批判性问题有：

（1）明确结论问题：结论是什么？

（2）数据意义问题：统计数据有何含义？

（3）数据可信度问题：统计数据从何而来？

（4）样本代表性问题：样本是否能真正代表总体？

（5）反案例问题：有无不具有原样本属性的其他样本？

（6）数据应用问题：统计数据应用是否合理？

统计概括指的是针对统计推理而概括出结论。在进行统计推理和概括时，要尽量做到抽样要科学、数据应用要合理、概括出的结论要恰当。

以偏概全属于统计中的轻率概括，是根据部分具有的属性概括了整体的属性而导致的谬误，是由于忽视样本属性的异质性，或者根据有偏颇的样本所作出的概括。如果题干的推理出现这种逻辑错误，削弱该统计论证的主要方式就是拿出理由，指出样本是特殊的，不具有代表性。

以偏概全是从被归纳对象的量上来说的，是运用统计推理时容易出现的逻辑错误。它是仅以少部分对象具有或不具有某种性质，就推断出该类对象的全体都具有或不具有这种性质。这样的归纳，其结论的可靠程度当然不会高。

轻率概括和以偏概全这两类归纳不当谬误的共同特征是以不具有代表性的样本为根据，概括出一类对象的总体都具有的某种属性的结论。

### 1 2001GRK-22

为了估计当前人们对管理基本知识掌握的水平，《管理者》杂志为读者开展了一次管理知识有奖答卷活动。答卷评分后发现，60%的参加者对于管理基本知识掌握的水平很高，30%左右的参加者也表现出了一定的水平。《管理者》杂志因此得出结论，目前社会群众对于管理基本知识的掌握还是不错的。

以下哪项如果为真，则最能削弱以上结论？

A. 管理基本知识的范围很广，仅凭一次答卷得出结论未免过于草率。
B. 管理基本知识的掌握与管理水平的真正提高还有相当的差距。
C. 并非所有的《管理者》的读者都参加了此次答卷活动。
D. 从定价、发行渠道等方面看，《管理者》的读者主要集中在高等学历知识阶层。
E. 可能有几位杂志社的工作人员的亲戚也参加了此次答卷，并获了奖。

### 2 2000GRK-23

据调查，临海市有24%的家庭拥有电脑，但拥有电脑的家庭中的12%每周编写程序两小时以上，23%在一小时至两小时之间，其余的每周都不到一小时。可见，临海市大部分购买电脑的家庭并没有充分利用他们的家庭电脑。

以下哪项如果为真，则最能构成对上述结论的质疑？

A. 过多地使用电脑会对眼睛产生危害，对孕妇也会产生有害辐射。
B. 许多人购买电脑是为了进行文字处理，而不是编写程序。
C. 在许多调查中，不少补充调查的对象经常夸大他们的电脑知识。
D. 临海市电脑培训中心在提高家用电脑拥有者的编程能力方面起到了重要作用。
E. 家庭电脑的普及和充分利用需要一个过程，不可操之过急。

### 3 2002MBA-12

认为大学的附属医院比社区医院或私立医院要好，是一种误解。事实上，大学的附属医院抢救病人的成功率比其他医院要小。这说明大学的附属医院的医疗护理水平比其他医院要低。

以下哪项如果为真，最能驳斥上述论证？

A. 很多医生既在大学工作又在私立医院工作。
B. 大学，特别是医科大学的附属医院拥有其他医院所缺少的精密设备。
C. 大学附属医院的主要任务是科学研究，而不是治疗和护理病人。
D. 去大学附属医院就诊的病人的病情，通常比去私立医院或社区医院的病人的病情重。
E. 抢救病人的成功率只是评价医院的标准之一，而不是唯一的标准。

### 4 2003MBA-46

一个人从饮食中摄入的胆固醇和脂肪越多，他的血清胆固醇指标就越高。存在着一个界限，在这个界限内，二者成正比。超过了这个界限，即使摄入的胆固醇和脂肪急剧增加，血清胆固醇指标也只会缓慢地有所提高。这个界限，对于每个人种是一样的，中国人大约是欧洲人的人均胆固醇和脂肪摄入量的1/4。

上述判定最能支持以下哪项结论？

A. 中国人的人均胆固醇和脂肪摄入量是欧洲人的1/2，但中国人的人均血清胆固醇指标不一定等于欧洲人的1/2。
B. 上述界限可以通过减少胆固醇和脂肪摄入量得到降低。
C. 3/4的欧洲人的血清胆固醇含量超出正常指标。
D. 如果把胆固醇和脂肪摄入量控制在上述界限内，就能确保血清胆固醇指标的正常。
E. 血清胆固醇的含量只受饮食的影响，不受其他因素，例如运动、吸烟等生活方式的影响。

**5** 2010MBA-27

为了调查当前人们的识字水平，其实验者列举了20个词语，请30位文化人士识读，这些人的文化程度都在大专以上。识读结果显示，多数人只读对3到5个词语，极少数人读对15个以上，甚至有人全部读错。其中，"蹒跚"的辨识率最高，30人中有19人读对；"呱呱坠地"所有人都读错。20个词语的整体误读率接近80%。该实验者由此得出，当前人们的识字水平并没有提高，甚至有所下降。

以下哪项如果为真，最能对该实验者的结论构成质疑？

A. 实验者选取的20个词语不具有代表性。
B. 实验者选取的30位识读者均没有博士学位。
C. 实验者选取的20个词语在网络流行语言中不常用。
D. "呱呱坠地"这个词的读音有些大学老师也经常读错。
E. 实验者选取的30位识读者中约有50%人学习成绩不佳。

**6** 2010GRK-51

《花与美》杂志受A市花鸟协会委托，就A市评选市花一事对杂志读者群进行了民意调查，结果60%以上的读者将荷花选为市花，于是编辑部宣布，A市大部分市民赞成将荷花定为市花。

以下哪项如果属实，最能削弱该编辑部的结论？

A. 有些《花与美》读者并不喜欢荷花。
B. 《花与美》杂志的读者主要来自A市一部分收入较高的女性市民。
C. 《花与美》杂志的有些读者并未在调查中发表意见。
D. 市花评选的最后决定权是A市政府而非花鸟协会。
E. 《花与美》杂志的调查问卷将荷花放在十种候选花的首位。

**7** 2012GRK-47

一份研究报告显示，北大干部子女的比例从上世纪80年代的20%以上增至1997年的近40%，超过工人、农民和专业技术人员子女，成为最大的学生来源。有媒体据此认为，北大学生中干部子女比例20年来不断攀升，远超其他阶层。

以下哪项如果为真，最能质疑上述媒体的观点？

A. 近20年统计中的干部许多是企业干部，以前只包括政府机关的干部。
B. 相较于国外，中国教育为工农子女提供了更多受教育及社会流动的机会。
C. 新中国成立后，越来越多的工农子女入大学。
D. 统计中部分工人子女可能是以前的农民子女。

E. 事实上进入美国精英大学的社会下层子女也越来越少。

### 8  2013GRK-54

某网络论坛将最近一年与5年前网友曾经发布的有关社会问题的帖子进行了统计比较，发现：像拾金不昧、扶贫救难、见义勇为这样的帖子增加了50%。而与为非作歹、作恶逃匿、杀人越货有关的帖子却增加了90%。由此可见，社会风气正在迅速恶化。

以下哪项如果为真，最能削弱上述论证？

A. "好事不出门，坏事传千里"。古往今来，都是如此。
B. 最近5年上网的用户翻了两番。
C. 最近几年，有些人在网上用造谣的方式达到营利的目的。
D. 最近一年，通过网络举报清查出一批贪污腐败分子。
E. 该网络论坛是一个法制论坛。

### 9  2014GRK-48

某博主宣称："我的这篇关于房价未来走势的分析文章得到了1 000余个网民的跟帖，我统计了一下，其中85%的跟帖是赞同我的观点的。这说明大部分民众是赞同我的观点的。"

以下哪项最能质疑该博主的结论？

A. 有些人虽然赞同他的观点，但是不赞同他的分析。
B. 该博主其他得到比较高支持率的文章后来被证实其观点是错误的。
C. 有些支持反对意见的跟帖理由更充分。
D. 博主文章的观点迎合了大多数人的喜好。
E. 关注该博主文章的大部分人是其忠实粉丝。

## 答案与解析

**1. 正确答案：D**

题干根据《管理者》杂志的读者管理知识水平高，得出结论：社会群众对于管理基本知识的掌握得不错。

要削弱这个推理，就要说明这两者之间是有差异的，即《管理者》杂志的读者不是社会群众的代表，题干推理犯了以偏概全的错误。如果D项为真，则由于事实上《管理者》的读者主要是高学历者和实际的经营管理者，因此就不能因为他们在答卷中表现出较高的管理知识水平，就得出目前社会群众对于管理基本知识掌握得不错的结论。

选项B与题干结论无关，选项A、C、E对题干结论构成轻度质疑，C、E在质疑抽样数据的可靠性与可信性，但比较而言，D项的质疑最根本。

**2. 正确答案：B**

结论是"临海市大部分购买电脑的家庭并没有充分利用他们的家庭电脑"，因为"拥有电脑的家庭中每周编写程序一小时以上"的很少。要反驳这个推断，就要说明用"每周编写程序的时间来衡量是否充分电脑"是不对的，选项B正说明了这一点。

选项A、C、D、E与结论或推断的关系都非常弱，均排除。

**3. 正确答案：D**

本题推理是由一个统计事实"大学的附属医院抢救病人的成功率比其他医院要小"，而得出一个结论"大学的附属医院的医疗护理水平比其他医院要低"。

这个结论是建立在将两个具有不同内容的数字进行不恰当比较的基础上的。要削弱这个论证，就要指出样本（质）不同。D项断定，去大学附属医院就诊的病人的病情，通常比去私立医院或社区医院的病人的病情重，因此，显然不能根据大学的附属医院抢救病人的成功率比其他医院要小，就得出大学的附属医院的医疗护理水平比其他医院要低的结论，这就有力地驳斥了题干的论证。

A、B、C和E项或为无关项，或都对题干削弱程度较低。

4. 正确答案：A

如果一个人摄入的胆固醇及脂肪和他的血清胆固醇指标无条件成正比，那么，如果中国人的人均胆固醇和脂肪摄入量是欧洲人的1/2，则其人均血清胆固醇指标也等于欧洲人的1/2。但题干断定，以欧洲人的人均胆固醇和脂肪摄入量的1/4为界限，在该界限内，上述二者成正比；超过这个界限，则不成正比。因此，可以得出结论：中国人的人均胆固醇和脂肪摄入量是欧洲人的1/2，但中国人的人均血清胆固醇指标不一定等于欧洲人的1/2，即A项成立。

5. 正确答案：A

题干根据30位文化人士对20个词语识读结果不佳的实验，得出结论：当前人们的识字水平没有提高，甚至有所下降。

这一实验的问题在于，这20个词语是否具有代表性，如果这20个词语是易读错的词语，题干结论就不可靠。A选项指出了这一点，对实验结论构成了质疑。

6. 正确答案：B

若B项为真，说明所取的调查样本不具有代表性，即样本不当。因此，编辑部根据该调查得出的大部分市民赞成将荷花定为市花的结论受到了严重的削弱。

7. 正确答案：A

媒体依据一份研究报告：北大干部子女的比例从上世纪80年代的20%以上增至1997年的近40%，从而得出这样的观点：北大学生中干部子女比例20年来不断攀升。

若A项为真，即近20年统计中的干部许多是企业干部，以前只包括政府机关的干部，意味着很可能是统计口径扩大才造成统计中北大学生中干部子女比例的增加，这就有力地质疑了媒体的观点。

8. 正确答案：E

题干结论是，社会风气正在迅速恶化。其依据的理由是对某网络论坛统计发现：拾金不昧、扶贫救难、见义勇为这样的帖子增加的幅度远小于与为非作歹、作恶逃匿、杀人越货有关的帖子。

拾金不昧、扶贫救难、见义勇为等涉及的是道德，而非法律；为非作歹、作恶逃匿、杀人越货等涉及的是法律。E项，该网络论坛是一个法制论坛，这意味着论坛上的帖子自然更多地涉及法律问题，说明题干论证不可靠，有力地削弱了题干论证。

A、C项对题干论证也起削弱作用，但力度不足。B、D均为无关项。

9. 正确答案：E

该博主的论证是：大部分的跟帖赞同我的观点，这说明大部分民众是赞同我的观点的。

E项指出，关注该博主文章的大部分人是其忠实粉丝，意味着跟帖的人几乎都是该博主的忠实粉丝，不代表民众，这就有力地质疑了其结论。

# 第 2 章　统 计 数 据

统计数据主要是指统计工作活动过程中所取得的反映经济和社会现象的数字资料。统计数据包括平均数、百分比、相对数量与绝对数量、比率、概率及其他样本数据。

数据应用就是对数据进行分析、处理，从中获取有价值的信息。在应用统计数据的过程中，如果忽视统计数据的相对性、交叉性、相关性和可比性等将会导致数据的误用谬误。一旦在所使用的统计数据方面产生谬误，就会动摇论证的基础。

## 2.1　平均数据

平均数一般指的是算术平均数，其特点是拉长补短，以大补小，以最终求得的结果代表对象总体的某种一般水平。最常见的平均数谬误是指不恰当地使用算术平均数，从而基于平均数假象而引申出一般性结论的谬误。

**1　2011MBA－33**

受多元文化和价值观的冲击，甲国居民的离婚率明显上升。最近一项调查表明，甲国的平均婚姻存续时间为 8 年。张先生为此感慨，现在像钻石婚、金婚、白头偕老这样的美丽故事已经很难得，人们淳朴的爱情婚姻观一去不复返了。

以下哪项如果为真，最可能表明张先生的理解不确切？

A. 现在有不少闪婚一族，他们经常在很短的时间里结婚又离婚。
B. 婚姻存续时间长并不意味着婚姻的质量高。
C. 过去的婚姻主要由父母包办，现在主要是自由恋爱。
D. 尽管婚姻存续时间短，但年轻人谈恋爱的时间比以前增加很多。
E. 婚姻是爱情的坟墓，美丽感人的故事更多体现在恋爱中。

**2　2014GRK－40**

一家评价机构，为评价图书的受欢迎程度进行了社会调查。结果表明：生活类图书的销售量超过科技类图书的销售量，因此生活类图书的受欢迎程度要高于科技类图书。

以下哪项最能反驳上述论证？

A. 销售量只能部分地反映图书的受欢迎程度。
B. 购买科技类图书的人往往都受过高等教育。
C. 生活类图书的种类远远超过科技类图书的种类。
D. 销售的图书可能有一些没有被阅读。
E. 有些生活类图书可能不在书店里销售。

## 答案与解析

**1. 正确答案：A**

张先生得出"人们淳朴的爱情婚姻观一去不复返了"的观点是基于对"平均婚姻存续时间为 8 年"这一统计数据的理解。

而这一理解可能是不确切的，如果 A 项为真，说明闪婚现象导致了平均婚姻存续时间降低，但这并不说明家庭从总体上不稳定。比如，少部分家庭是闪婚，在短时间内不断地结了离，离了结，结了又离，离了再结，这样就大大降低了总体上平均婚姻的存续时间，但不能说明大部分家庭不稳定。

其余选项均不得要领。比如 B 项，最多只能说明张先生的感慨不确切，但不能说明他对统计数据理解的不确切。

**2. 正确答案：C**

题干论证：生活类图书的销售量超过科技类图书，因此，生活类图书的受欢迎程度要高于科技类图书。

C 项指出，生活类图书的种类远远超过科技类图书的种类，意味着，就一种图书的平均销售量来说，很有可能生活类图书不如科技类图书，那就表明，生活类图书的受欢迎程度可能低于科技类图书，这就有力地反驳了题干论证。

## 2.2 相对数据

数据的相对性主要指的是百分比、基数与绝对量三者的相对关系，数据的相对性谬误就是指忽视三者的相对变化而导致对数据的滥用。

### 1. 百分比陷阱

百分比只是一个相对数字，它不能反映对象的绝对总量。评估百分比数据的批判性问题有：

(1) 该百分比所依据的基础数据是什么？
(2) 百分比所表示的绝对总量是多大？

### 2. 绝对数陷阱

绝对数难以反映对象的相对变化，一般来讲，绝对数与相对比例相结合才能有效地说明问题，而仅仅用绝对数往往容易误导受众。

**1  2001MBA-29**

针对当时建筑施工中工伤事故频发的严峻形势，国家有关部门颁布了《建筑业安全生产实施细则》。但是，在细则颁布实施两年间，覆盖全国的统计显示，在建筑施工中伤亡职工的数量每年仍有增加。这说明，细则并没有得到有效实施。

以下哪项如果为真，最能削弱上述论证？

A. 在细则颁布后的两年中，施工中的建筑项目的数量有了大的增长。
B. 严格实施细则，将不可避免地提高建筑业的生产成本。
C. 在题干所提及的统计结果中，在事故中死亡职工的数量较细则颁布前有所下降。
D. 细则实施后，对工伤职工的补偿金和抚恤金的标准较前有所提高。

E. 在细则颁布后的两年中，在建筑业施工的职工数量有了很大的增长。

### 2  2002GRK-43

和上一个十年相比，近十年吸烟者中肺癌患者的比例下降了10%。据分析，这种结果有两个明显的原因：第一，近十年中高档品牌的香烟都带有过滤嘴，这有效地阻止了香烟中有害物质的吸入；第二，和上一个十年相比，近十年吸烟人数大约下降了10%。

以下哪项对上述分析的评价最为恰当？

A. 上述分析不存在逻辑漏洞。

B. 上述分析依据的数据有误，因为吸烟者中肺癌患者下降的比例，不可能正好等于吸烟人数下降的比例。

C. 上述分析缺乏说服力，因为显然存在吸过滤嘴香烟的肺癌患者。

D. 上述分析存在漏洞，这种漏洞和以下分析中的类似：和去年相比，今年京都大学录取的来自西部新生的比例上升了10%。据分析，这有两个原因：第一，西部地区的中等教育水平逐年提高；第二，今年西部地区的考生比去年增加了10%。

E. 上述分析存在漏洞，这种漏洞和以下分析中的类似：人们对航空的恐惧完全是一种心理障碍。统计说明，空难死亡率不到机动车事故死亡率的1%。随着机动车数量的大幅度上升，航空旅行相对地将变得更为安全。

### 3  2003MBA-40

某出版社近年来出版物的错字率较前几年有明显的增加，引起了读者的不满和有关部门的批评，这主要是由于该出版社大量引进非专业编辑所致。当然，近年来该出版社出版物的大量增加也是一个重要原因。

上述议论中的漏洞，也类似地出现在以下哪项中？

Ⅰ. 美国航空公司近两年来的投诉率比前几年有明显下降。这主要是由于该航空公司在裁员整顿的基础上，有效地提高了服务质量。当然，9.11事件后航班乘客数量的锐减也是一个重要原因。

Ⅱ. 统计数字表明：近年来我国心血管病的死亡率，即由心血管病导致的死亡人数在整个死亡人数中的比例，较前有明显增加，这主要是由于随着经济的发展，我国民众的饮食结构和生活方式发生了容易诱发心血管病的不良变化。当然，由于心血管病主要是老年病，因此，我国人口中的老年人比例的增大也是一个重要原因。

Ⅲ. S市今年的高考录取率比去年增加了15%，这主要是由于各中学狠抓了教育质量。当然，另一个重要原因是，该市今年参加高考的人数比去年增加了20%。

A. 只有Ⅰ。　　　　　　　　　　B. 只有Ⅱ。

C. 只有Ⅲ。　　　　　　　　　　D. 只有Ⅰ和Ⅲ。

E. Ⅰ、Ⅱ和Ⅲ。

### 4  2003GRK-43

塑料垃圾因为难以被自然分解一直令人类感到头疼。近年来，许多易于被自然分解的塑料代用品纷纷问世，这是人类为减少塑料垃圾的一种努力。但是，这种努力几乎没有成效，因为据全球范围内大多数垃圾处理公司统计，近年来，它们每年填埋的垃圾中塑料垃圾的比例，不但没有减少，反而有所增加。

以下哪项如果为真，最能削弱上述论证？

A. 近年来，由于实行了垃圾分类，越来越多过去被填埋的垃圾被回收利用了。

B. 塑料代用品利润很低，生产商缺乏投资的积极性。

C. 近年来，原来用塑料包装的商品的品种有了很大的增长，但其中一部分改用塑料代用品包装。

D. 上述垃圾处理公司绝大多数属于发达或中等发达国家。

E. 由于燃烧时会产生有毒污染物，塑料垃圾只适合填埋地下。

### 5　2007MBA-38

郑兵的孩子即将上高中，郑兵发现，在当地中学，学生与老师的比例低的学校，学生的高考成绩普遍都比较好，郑兵因此决定，让他的孩子选择学生总人数最少的学校就读。

以下哪项最为恰当地指出了郑兵上述决定的漏洞？

A. 忽略了学校教学质量既和学生与老师的比例有关，也和生源质量有关。

B. 仅注重高考成绩，忽略了孩子的全面发展。

C. 不当地假设：学生总人数少就意味着学生与老师的比例低。

D. 在考虑孩子的教育时忽略了孩子本人的愿望。

E. 忽略了学校教学质量主要与教师的素质而不是数量有关。

### 6　2007GRK-31

在"非典"期间，某地区共有7名参与"非典"治疗工作的医务人员死亡，同时也有10名未参与"非典"治疗工作的医务人员死亡。这说明参与"非典"治疗工作并不比日常医务工作危险。

以下哪项相关断定如果为真，最能削弱上述结论？

A. 因参与"非典"治疗工作死亡的医务人员的平均年龄，略低于未参与"非典"治疗工作而死亡的医务人员。

B. 参与"非典"治疗工作的医务人员的体质，一般高于其他医务人员。

C. 个别参与"非典"治疗工作死亡的医务人员的死因，并非感染"非典"病毒。

D. 医务人员中只有一小部分参与了"非典"治疗工作。

E. 经过治疗的"非典"患者死亡人数，远低于未经治疗的"非典"患者死亡人数。

### 7　2008MBA-35

通常认为左撇子比右撇子更容易出事故。这是一种误解。事实上，大多数家务事故，大到火灾、烫伤，小到切破手指，都出自右撇子。

以上哪项最为恰当地概括了上述论证中的漏洞？

A. 对两类没有实质性区别的对象作实质性的区分。

B. 在两类不具有可比性的对象之间进行类比。

C. 未考虑家务事故在整个操作事故中所占的比例。

D. 未考虑左撇子在所有人中所占的比例。

E. 忽视了这种可能性：一些家务事故是由多个人造成的。

### 8　2018MBA-36

最近的一项调研发现，某国30岁至45岁人群中，去医院治疗冠心病、骨质疏松等病症的人越来越多，而原来患有这些病症的大多是老年人。调研者由此认为，该国年轻人中"老年病"发病率有不断增加的趋势。

以下哪项如果为真，最能质疑上述调研结论？

A. 由于国家医疗保障水平的提高，相比以往，该国民众更有条件关注自己的身体健康。

B. "老年人"的最低年龄比以前提高了，"老年病"的患者范围也有所变化。

C. 近年来，由于大量移民涌入，该国45岁以下年轻人的数量急剧增加。

D. 尽管冠心病、骨质疏松等病症是常见的"老年病"，老年人患的病未必都是"老年病"。

E. 近几十年来，该国人口老龄化严重，但健康老龄人口的比重在不断增大。

# 答案与解析

**1. 正确答案：E**

题干根据细则颁布后伤亡人数仍增加，得出结论：细则并没有得到有效实施。

衡量细则是否有效的标准，不是伤亡职工绝对数量的增减，而是伤亡职工比例的增减。E项断定：在细则颁布后的两年中，在建筑业施工的职工数量有很大的增长。如果这一断定为真，则虽然在这两年中，在建筑施工中伤亡职工的数量每年仍有增加，但完全可能伤亡职工在所有建筑业职工中所占的比例下降了，这说明细则的实施取得了成效。这就削弱了题干的论证。

A项断定：在细则颁布后的两年中，施工中的建筑项目的数量有了大的增长。项目数量的增长，有可能造成职工人数的增长（这使得A项对题干有所削弱），但不一定造成职工人数的增长。项目有大小之分，完全可能项目数量增加了，但职工人数反而减少了。因此，A项对题干削弱的力度不如E项。

C项对题干有所削弱，但力度显然不如E项。其余各项均不能削弱题干。

**2. 正确答案：E**

吸烟者中肺癌患者的比例的变化，一般地说，和吸烟者人数的变化之间没有确定的关系。题干把吸烟者人数的变化作为分析吸烟者中肺癌患者的比例变化的一个根据，是一个漏洞。

E项和题干一样，犯了错断因果的错误。该项断定：随着机动车数量的大幅度上升，机动车事故死亡率也会随之上升，航空旅行相对地将变得更为安全，这一分析存在着和题干类似的漏洞。因为实际上机动车事故死亡率的变化和机动车数量的变化之间没有确定的因果关系（机动车数量增加会导致机动车事故死亡人数增加，但一般并不导致机动车事故死亡率增加，机动车事故死亡率＝机动车事故死亡人数/机动车载人数量）。

**3. 正确答案：D**

理解此题题干的目的，是要准确快速地确定其中存在的逻辑漏洞。要做到这一点，"错字率"就是一个必须抓住的关键性概念。错字率是单位数量的文字中出现错字的比例，一般地说，它和文字的总量没有确定关系。题干把近年来上述出版社出版物的大量增加，解释为该社近年来出版物的错字率明显增加的重要原因，是一个漏洞。

类似地，航空公司的投诉率，是单位数量航班乘客中投诉者的比例，一般地说，它和乘客的总量没有确定关系。Ⅰ把9.11事件后航班乘客数量的锐减，解释为美国航空公司投诉率有明显下降的重要原因，是一个类似于题干的漏洞。

显然，类似的漏洞也出现在Ⅲ的议论中，高考录取率是高考录取人数与参加高考人数的比例，与参加高考的人数没有确定关系。

Ⅱ的议论是成立的，其中没有出现类似题干的漏洞。

**4. 正确答案：A**

题干根据塑料垃圾在填埋的垃圾中所占的比例增加，得出结论：减少塑料垃圾的努力失败了。

这则统计论证涉及比例的相对变化与绝对值之间的关系。"塑料垃圾在垃圾中所占的比例"是一个相对量，"塑料垃圾的总量"则是一个绝对量。相对量增加，绝对量不一定增加。选项A指出，越来越多过去被填埋的垃圾被回收利用了，这表明虽然塑料垃圾在垃圾中所占的比例有所上升，但塑料垃圾总量却可能明显减少，有力地削弱了题干。

选项 B 说塑料的替代有难度，但是有难度不意味着不能替代。选项 C 的"其中一部分"改用塑料代用品包装。"一部分"有多大不能确定，对题干的影响也就不能确定。选项 D 为明显无关选项。选项 E 暗示可能其他的垃圾被烧掉了，导致塑料垃圾所占比例增加，有削弱的意思，但是现在被烧掉的垃圾以前很有可能也是被烧掉，不能确定总量的变化如何，选项 E 的削弱力度不足。

5. 正确答案：C

郑兵的想法是选择学生与老师的比例低的学校，可是当他选择学校的时候只选择学生总人数最少的学校。

可见，郑兵是把相对比例（学生与老师之比）和绝对数（学生人数）弄混淆了，也就是他的决定忽略了：一个学生总人数少的学校，如果老师人数也相应少，则学生与老师的比例不一定低。选项 C 恰当地指出了这一点，因此，为正确答案。

6. 正确答案：D

要说明参与"非典"治疗工作是否比日常医务工作危险，关键不是医务人员死亡人数的比较，而是死亡率的比较。

如果事实上医务人员中只有一小部分参与了"非典"治疗工作，可能参与"非典"治疗工作的医务人员的死亡率（7/参与"非典"治疗工作的医务人员人数）明显高于未参与"非典"治疗工作的医务人员的死亡率（10/未参与"非典"治疗工作的医务人员人数）。可见，D 项能有力地削弱题干的结论。

B 项在上述两部分人数量基本相当的情况下能削弱题干的结论。两部分人数量差别越大，削弱力度越小。常识是医务人员中只有一小部分参与了"非典"治疗工作。因此，B 项削弱力度不大。

7. 正确答案：D

题干只比较了右撇子出事故的人数比左撇子出事故的人数多，就确认左撇子不比右撇子更容易出事故，这个比较显然是不对的。

怎样来比较左撇子与右撇子哪个更容易出事故呢？关键是要比较，左撇子的事故率和右撇子的事故率。

左撇子的事故率＝左撇子出事故的人数/左撇子的总人数

右撇子的事故率＝右撇子出事故的人数/右撇子的总人数

只有考虑左撇子在所有人中所占的比例，才能确定左撇子和右撇子的总人数比，进而才能确定左撇子和右撇子哪个更容易出事故。

如果左撇子在所有人中所占的比例明显低于右撇子，那么就不能根据大多数家务事故都出自右撇子，就否定左撇子比右撇子更容易出事故。可见，D 项概括了上述论证中的漏洞。

8. 正确答案：C

题干根据该国年轻人去医院治疗"老年病"的人越来越多，得出结论：该国年轻人中"老年病"发病率有不断增加的趋势。

此漏洞在于根据"发病人数"增加推出"发病率"增加，混淆了绝对数与相对数。C 项表明，由于大量移民涌入，该国年轻人的数量急剧增加。这意味着，年轻人总人数在增加，那就意味着分子和分母都在增加，从而无从确定"发病率"是否增加。这显然有力地质疑了上述调研结论。

## 2.3 交叉数据

数据的交叉性也是常见的数字陷阱。运用统计推理时，需要注意的是统计数据所描述的不同对象的概念外延是否具有重合的可能性，即数据中是否有相容的计算值。

### 1 2000MBA-37

我国计算机网络事业发展很快。据中国互联网络中心（CNNIC）的一项统计显示，截至1999年6月30日，我国上网用户人数约为400万，其中使用专线上网的用户人数约为144万，使用拨号上网的用户人数约为324万。

根据以上统计数据，最可能推出以下哪项判断有误？

A. 考虑到我国有12亿多的人口，与先进国家相比，我国上网的人数还是少得可怜。

B. 专线上网与拨号上网的用户之和超过了上网用户的总数，这不能用四舍五入引起的误差来解释。

C. 用专线上网的用户中，多数也选用拨号上网，可能是从家里用拨号连网更方便。

D. 由于专线上网的设备能力不足，在使用拨号上网的用户中，仅有少数用户有使用专线上网的机会。

E. 从1994年到1999年的五年间，我国上网用户的平均年增长率在50%以上。

### 2 2002MBA-38

在产品检验中，误检包括两种情况：一是把不合格产品定为合格；二是把合格产品定为不合格。有甲、乙两个产品检验系统，它们依据的是不同的原理，但共同之处在于：第一，它们都能检测出所有送检的不合格产品；第二，都仍有恰好3%的误检率；第三，不存在一个产品，会被两个系统都误检。现在把这两个系统合并为一个系统，使得被该系统测定为不合格的产品，包括且只包括两个系统分别工作时都测定的不合格产品。可以得出结论：这样的产品检验系统的误检率为0。

以下哪项最为恰当地评价了上述推理？

A. 上述推理是必然性的，即如果前提真，则结论一定真。

B. 上述推理很强，但不是必然性的，即如果前提真，则为结论提供了很强的证据，但附加的信息仍可能削弱该论证。

C. 上述推理很弱，前提尽管与结论相关，但最多只为结论提供了不充分的根据。

D. 上述推理的前提中包含矛盾。

E. 该推理不能成立，因为它把某事件发生的必要条件的根据，当作充分条件的根据。

### 3 2002GRK-21

员工诚实的个人品质对于一个企业来说至关重要。一种新型的商用测谎器可以有效地帮助企业聘用诚实的员工。著名的QQQ公司在一次对300名应聘者面试时使用了测谎器，结果完全有理由让人相信它的有效功能。当被问及是否知道法国经济学家道尔时，有1/3的应聘者回答知道；当被问及是否知道比利时的卡达特公司时，有1/5的人回答知道。但事实上这个经济学家和公司都是不存在的。测试结果证明：该测谎器的准确率是100%。

如果上述断定为真，并且测谎测试的结果是：上述应聘者中撒谎的人数不多于160人，则以下哪项关于该项测试的断定一定为真？

Ⅰ. 应聘者只被问了上述两个问题。

Ⅱ. 没有一个应聘者在回答上述两个问题时都撒了谎。

Ⅲ. 测谎器测定的未撒谎的人数不多于200人。

A. 只有Ⅰ。　　　　　　　　　　B. 只有Ⅱ。

C. 只有Ⅲ。　　　　　　　　　　D. Ⅰ、Ⅱ和Ⅲ。

E. Ⅰ、Ⅱ和Ⅲ都不一定是真的。

### 4  2003MBA-54

以下是一份统计材料中的两个统计数据：

第一个数据：到1999年底为止，"希望之星工程"所收到捐款总额的82%，来自国内200家年纯盈利一亿元以上的大中型企业；

第二个数据：到1999年底为止，"希望之星工程"所收到捐款总额的25%来自民营企业，这些民营企业中，五分之四从事服装或餐饮业。

如果上述统计数据是准确的，则以下哪项一定是真的？

A. 上述统计中，"希望之星工程"所收到捐款总额不包括来自民间的私人捐款。
B. 上述200家年盈利一亿元以上的大中型企业中，不少于一家从事服装或餐饮业。
C. 在捐助"希望之星工程"的企业中，非民营企业的数量要大于民营企业。
D. 民营企业的主要经营项目是服装或餐饮。
E. 有的向"希望之星工程"捐款的民营企业的年纯盈利在一亿元以上。

### 5  2011GRK-45

2010年，某国学校为教师提供培训的具体情况为：38%的公立学校有1%~25%的教师参加，18%的公立学校有26%~50%的教师参加，13%的公立学校有51%~75%的教师参加，30%的公立学校有76%甚至更多的教师参加了这样的培训。与此相对照，37%的农村学校有1%~25%的教师参加，20%的农村学校有26%~50%的教师参加，12%的农村学校有51%~75%的教师参加，29%的农村学校有76%甚至更多的教师参加。这说明，该国农村学校教师和城市、市郊以及城镇的学校教师接受培训的几率相当。

以下哪项如果为真，最能反驳上述论证？

A. 教师培训的内容丰富多彩，各不相同。
B. 教师培训的条件差异性很大，效果也不相同。
C. 有些教师既在公立学校任职，也在农村学校兼职。
D. 教师培训的时间，一般公立学校较长，农村学校较短。
E. 农村也有许多公立学校，市郊也有许多农村学校。

## 答案与解析

1. **正确答案：C**

可把网民分为仅用专线、仅用拨号、既用专线又用拨号上网三种。由题干的统计数据可知：

仅用专线上网的人数为 400－324＝76 万；

仅用拨号上网的人数为 400－144＝256 万；

既使用专线又使用拨号上网的人数则为 400－76－256＝68 万。

因此，能够专线上网的144万用户中只有68万也选用拨号上网，达不到多数，所以C项的断定有误。其余各项均不能依据题干确定有误。

2. **正确答案：A**

由题干，对于甲、乙两个系统中的任一系统：

第一，测定为合格的产品实际上都是合格产品；

第二，合格产品中有3%测定为不合格，属误检；

第三，甲系统误检为不合格的产品，若经乙系统检验，则被测定为合格（同样，乙系统误检为不合格的产品，若经甲系统检验，则被测定为合格）。

247

因此，任意一批产品中，真正不合格的产品一定是分别经过甲、乙两个系统的检验并都测定为不合格的产品。也就是说，甲、乙两个系统所合并成的系统的误检率为0。

### 3. 正确答案：C

题干并没有说，只问了两个问题，因此，Ⅰ项显然不一定为真。

题干说的是"上述应聘者中撒谎的人数不多于160人"，表示可以少于160人，所以两部分撒谎的人可以是重复的。在回答上述两个问题时都撒了谎的应聘者当然有可能存在，因此Ⅱ项显然不一定为真。

根据题干推出，当回答知道法国经济学家道尔时，有100名应聘者撒谎；当回答知道比利时的卡达特公司时，有60名应聘者撒谎；又因为测谎器的准确率是100%，所以在上述面试中撒谎的不少于100人，即未撒谎的不多于200人，即Ⅲ项一定为真。

### 4. 正确答案：E

题干断定："希望之星工程"所收到捐款总额的82%，来自国内年纯盈利一亿元以上的大中型企业，25%来自民营企业。这两个数据合计超过100%，说明这两类企业有重合之处，因此，可推出：有的向"希望之星工程"捐款的民营企业的年纯盈利在一亿元以上。即E项正确。

其余各项均不一定是真的。

### 5. 正确答案：E

题干中通过农村学校与公立学校的教师接受培训的几率相当，推出农村学校教师和城市、市郊以及城镇的学校教师接受培训的几率相当。

这一论证要成立，必须假设农村学校都是非公立学校，城市、市郊以及城镇的学校都是公立学校。E项说明了这一假设不成立，有力地反驳了上述论证。

## 2.4 相关数据

数据相关性是指应用统计数据推出结论时，数据必须与结论相关。如果把不相关的统计数据误认为密切相关而作出错误的统计论证，就会产生数据与结论不相关的谬误。典型的数据与结论不相关的谬误是对概率的误解。

**1　2004GRK-51**

一种检测假币的仪器在检测到假币时会灯亮，制造商称该仪器将真币误认为是假币的可能性只有0.1%。因此，该仪器在一千次亮起红灯时有九百九十九次会发现假币。

上述论证的推理是错误的，因为

A. 忽略了在假币出现时红灯不亮的可能性。

B. 基于一个可能有偏差的事例概括出一个普遍的结论。

C. 忽略了仪器在检测假币时操作人员可能发生的人为错误。

D. 在讨论百分比时偷换了数据概念。

E. 没有说明该仪器是否对所有的假币都同样敏感。

**2　2009GRK-39**

研究表明，严重失眠者中90%爱喝浓茶。老张爱喝浓茶，因此，他很可能严重失眠。

以下哪项最为恰当地指出了上述论证的漏洞？

A. 它忽视了这种可能性：老张属于喝浓茶中10%不严重失眠的那部分人。

B. 它忽视了引起严重失眠的其他原因。

C. 它依赖的论据并不涉及爱喝浓茶的人中严重失眠者的比例。
D. 它忽视了喝浓茶还可能引起其他不良后果。
E. 它低估了严重失眠对健康的危害。

## 答案与解析

**1. 正确答案：D**

题干在讨论百分比时实际偷换了数据概念，该仪器将真币误认为是假币的可能性只有0.1%，是指"在检测一千次真币时红灯会亮一次"，而不是"在一千次亮起红灯时有九百九十九次会发现假币"。

**2. 正确答案：C**

题干论证是不当的，合理的论证应该是：爱喝浓茶者中90%严重失眠，老张爱喝浓茶，因此，他很可能严重失眠。可见，C项指出了题干论证的漏洞。

## 2.5 可比数据

数据的可比性是数据能够起到证据作用的必要条件。数据不可比的谬误指的是由于忽视统计对象和样本的实质差别而将本来不可比的对象、数据拿来强作比较而导致的错误。通过指出比较的根据或基础不正确，来说明某一组数据不能说明问题或两组数据不可比，这是削弱统计论证常用的方式。

### 1 2000MBA－36

在美国与西班牙作战期间，美国海军曾经广为散发海报，招募兵员。当时最有名的一个海军广告是这样说的：美国海军的死亡率比纽约市民还要低。海军的官员具体就这个广告解释说："根据统计，现在纽约市民的死亡率是每千人有16人，而尽管是战时，美国海军士兵的死亡率也不过每千人只有9人。"

如果以上资料为真，则以下哪项最能解释上述这种看起来很让人怀疑的结论？
A. 在战争期间，海军士兵的死亡率要低于陆军士兵。
B. 在纽约市民中包括生存能力较差的婴儿和老人。
C. 敌军打击美国海军的手段和途径没有打击普通市民的手段和途径来得多。
D. 美国海军的这种宣传主要是为了鼓动入伍，所以，要考虑其中夸张的成分。
E. 尽管是战时，纽约的犯罪仍然很猖獗，报纸的头条不时地有暴力和色情的报道。

### 2 2000MBA－50

尽管是航空业萧条的时期，各家航空公司也没有节省广告宣传的开支。翻开许多城市的晚报，最近一直都在连续刊登如下广告：飞机远比汽车安全！你不要被空难的夸张报道吓破了胆，根据航空业协会的统计，飞机每飞行1亿公里死1人，而汽车每走5 000万公里死1人。

汽车工业协会对这个广告大为恼火，他们通过电视公布了另外一个数字：飞机每20万飞行小时死1人，而汽车每200万行驶小时死1人。

如果以上资料均为真，则以下哪项最能解释上述这种看起来矛盾的结论？
A. 安全性只是人们在进行交通工具选择时所考虑问题的一个方面，便利性、舒适感以及某种特殊的体验都会影响消费者的选择。

B. 尽管飞机的驾驶员所受的专业训练远远超过汽车司机，但是，因为飞行高度的原因，飞机失事的生还率低于车祸。

C. 飞机的确比汽车安全，但是，空难事故所造成的新闻轰动要远远超过车祸，所以，给人们留下的印象也格外深刻。

D. 两种速度完全不同的交通工具，用运行的距离作单位来比较安全性是不全面的，用运行的时间来比较也会出偏差。

E. 媒体只关心能否提高收视率和发行量，根本不尊重事情的本来面目。

### 3  2001GRK－61

在过去几年中，高等教育中的女性比例正在逐渐升高。以下事实可以部分地说明这一点：在1959年，20到21岁之间的女性11%正在接受高等教育，而在1991年，在这个年龄段中的女性的30%在高校读书。

了解以下哪项，对评价上述论证至关重要？

A. 在该年龄段的女性中，没有接受高等教育的比例。
B. 在该年龄段的女性中，已完成高等教育的比例。
C. 完成高等教育的女性中，毕业后进入高薪阶层的比例。
D. 在该年龄段的男性中，接受高等教育的比例。
E. 在该年龄段的男性中，完成高等教育的比例。

### 4  2003MBA－50

一个美国议员提出，必须对本州不断上升的监狱费用采取措施。他的理由是，现在一个关在单人牢房的犯人所需的费用，平均每天高达132美元，即使在世界上开销最昂贵的城市里，也不难在最好的饭店找到每晚租金低于125美元的房间。

以下哪项如果为真，能构成对上述美国议员的观点及其论证的恰当驳斥？

Ⅰ. 据州司法部公布的数字，一个关在单人牢房的犯人所需的费用，平均每天125美元。
Ⅱ. 在世界上开销最昂贵的城市里，很难在最好的饭店里找到每晚租金低于125美元的房间。
Ⅲ. 监狱用于犯人的费用和饭店用于客人的费用，几乎用于完全不同的开支项目。

A. 只有Ⅰ。　　　　　　　　　　B. 只有Ⅱ。
C. 只有Ⅲ。　　　　　　　　　　D. 只有Ⅰ和Ⅱ。
E. Ⅰ、Ⅱ和Ⅲ。

# 答案与解析

### 1. 正确答案：B

这则统计论证隐含的结论是：到海军服役不比在后方城市中生活危险。

理由是：纽约市民的死亡率是16‰，海军士兵的死亡率是9‰。

这个结论是建立在将两个具有不同内容的数字进行不恰当比较的基础上的。这里，16‰和9‰是不可比的，因为样本（质）不同。纽约市民中有婴儿、老年人和各式各样的病人，而美国海军士兵都是通过体检选拔出来的身强体壮、生命力旺盛的年轻人，海军士兵正处于生存能力最佳状态的年龄段，造成他们死亡的几乎唯一的原因，是战争。如果处于后方的纽约市民具有和海军士兵相同的生存能力状态，其死亡率无疑要低得多。

可见令人怀疑的现象出现的原因是前后两个数据不可比，纽约市民包括老幼病残，而海军士兵则是精挑细选出来的身体素质比较好的人。如果要比，应该将纽约市民中身体素质和海军士兵一样的、年富力强的人的死亡率与海军士兵的死亡率进行比较。B项抓住了题干进行不恰当比较的实质，并为统计数据所显示的现象提供了一个合理的解释。

C项和E项断定的也是对纽约市民构成威胁的因素，但没有理由认为这些因素造成的威胁会大于直接的战争，因此如果不首先断定纽约市民和海军士兵处于不同的生存能力状态，C项和E项都不能对题干的统计数据提供解释。因为条件已假设题干提供的资料为真，所以，D项不成立。A项也不成立。

2. 正确答案：D

题干中的第一个统计数字似乎说明飞机比汽车安全，第二个统计数字似乎说明汽车比飞机安全，而题干又断定这两个统计数字都正确，这似乎存在矛盾。

因为飞机和汽车的速度明显不同，在不知道二者的速度或速度比的情况下，只以运行距离为单位，或者只以运行时间为单位，无法比较二者的安全性。D项正确地指明了这一点。

其余各项作为对题干的解释均不得要领。

3. 正确答案：D

题干由20到21岁女性入学比例的变化，推出在大学中女生所占比例上升。

这则论证涉及统计数据的误用。大学招收的20到21岁的女性占所有20到21岁女性的比例由11%增长到30%，并不意味着招收的女大学生占所有被招收大学生的比例也由11%增长到30%。

选项D是针对这一统计数据的误用提出的焦点问题。如果招收男生的比例足够高，那么女生占学生总数的比例未必上升；如果招收的男生比例足够低，那么可以推出招收女生的比例上升了。因此，这对评价题干的论证最为重要。

A讨论的是未被大学招收的女生比例，偏离了推理的关键对象；B、C、E讨论的都是毕业的情况，与上面的推理无关。

4. 正确答案：C

题干中议员的观点及其论证的实质性缺陷，在于把两个具有不同内容的数字进行不恰当的比较。Ⅲ指出题干中的两个数字具有不同的内容，这就点出了题干的症结，从而构成了对题干的恰当驳斥。

Ⅰ和Ⅱ实际上确认了这样的比较是成立的，问题只在于如何使进行比较的数字更为精确，这显然不得要领。因此，Ⅰ和Ⅱ并不能构成对题干的恰当驳斥。

## 2.6 独立数据

独立数据是脱离比较基础的数据，具体是没有设定供比较的对象，没有设定比较的根据或基础，它在论证中的证据效力是不能令人信服的。

**1  2000GRK-36**

在电影界也同样存在对女性的不公正。《好莱坞报道》评论说，在过去的十年中，妇女从事电影幕后工作的人数虽有增长，但"学院奖"的评选中，最佳制片、导演、编剧、剪辑、摄影等几项重要的奖项的男女获奖比例仅为8：1。

以下哪项如果为真，能对上述论断提出最有力的质疑？

A."学院奖"的评选完全是一个匿名投票的过程，很难说有什么偏向。

B. 是否获得"学院奖"并不是衡量电影成就的唯一标准。
C. 妇女从事制片、导演、编剧、剪辑、摄影这几项幕后工作的人数不到男性的十分之一。
D. 在电影表演、新闻媒介和服装设计等诸多领域中，女性尽管从业人数众多，但真正干得出色的还是男性。
E. "学院奖"的评委多数是男性。

## 2  2002MBA-33

自从《行政诉讼法》颁布以来，"民告官"的案件成为社会关注的热点。一种普遍的担心是，"官官相护"会成为公正审理此类案件的障碍。但据A省本年度的调查显示，凡正式立案审理的"民告官"案件，65%都是以原告胜诉结案。这说明，A省的法院在审理"民告官"的案件中，并没有出现社会舆论所担心的"官官相护"。

以下哪项如果为真，将最有力地削弱上述论证？
A. 由于新闻媒介的特殊关注，"民告官"案件的审理的透明度，要大大高于其他的案件。
B. 有关部门收到的关于司法审理有失公正的投诉，A省要多于周边省份。
C. 所谓"民告官"的案件，在法院受理的案件中，只占很小的比例。
D. 在"民告官"的案件审理中，司法公正不能简单理解为原告胜诉。
E. 在"民告官"的案件中，原告如果不掌握能胜诉的确凿证据，一般不会起诉。

## 3  2002MBA-54

有人对某位法官在性别歧视类案件审理中的公正性提出了质疑。这一质疑不能成立，因为有记录表明，该法官审理的这类案件中60%的获胜方为女性，这说明该法官并未在性别歧视类案件的审理中有失公正。

以下哪项如果为真，能对上述论证构成质疑？
Ⅰ. 在性别歧视案件中，女性原告如果没有确凿的理由和证据，一般不会起诉。
Ⅱ. 一个为人公正的法官在性别歧视案件的审理中保持公正也是件很困难的事情。
Ⅲ. 统计数据表明，如果不是因为遭到性别歧视，女性应该在60%以上的此类案件的诉讼中获胜。

A. 只有Ⅰ。 B. 只有Ⅱ。
C. 只有Ⅲ。 D. 只有Ⅰ和Ⅲ。
E. Ⅰ、Ⅱ和Ⅲ。

## 4  2002GRK-14

S市的公寓区近年来发生的入室盗窃案件，90%以上都发生在没有安装自动报警装置的住户。这说明，民用自动报警装置对于防止入室盗窃起到了有效的作用。

以下哪项如果为真，能削弱题干的论证？
Ⅰ. S市公寓区内的自动报警装置具有良好的功能：一方面，它反应准确而灵敏；另一方面，它不易被发现。
Ⅱ. S市公寓区内安装自动报警装置的住户不到10%。
Ⅲ. S市公寓区近年来接近10%的入室盗窃案件的破获，是依靠自动报警装置。

A. 只有Ⅰ。 B. 只有Ⅱ。
C. 只有Ⅲ。 D. 只有Ⅰ和Ⅱ。
E. Ⅰ、Ⅱ和Ⅲ。

## 5 2005MBA-40~41题基于以下题干：

某校的一项抽样调查显示：该校经常泡网吧的学生中家庭经济条件优越的占80%；学习成绩下降的也占80%，因此家庭条件优越是学生泡网吧的重要原因，泡网吧是学习成绩下降的重要原因。

40. 以下哪项如果为真，最能削弱上述论证？
A. 该校位于高档住宅区且学生9成以上家庭条件优越。
B. 经过清理整顿，该校周围网吧符合规范。
C. 有的家庭条件优越的学生并不泡网吧。
D. 家庭条件优越的家长并不赞成学生泡网吧。
E. 被抽样调查的学生占全校学生的30%。

41. 以下哪项如果为真，最能加强上述论证？
A. 该校是市重点学校，学生的成绩高于普通学校。
B. 该校狠抓教学质量，上学期半数以上学生的成绩都有明显提高。
C. 被抽样调查的学生多数能如实填写问卷。
D. 该校经常做这种形式的问卷调查。
E. 该项调查的结果已上报，受到了教育局的重视。

## 6 2009GRK-37

据某国卫生部门统计，2004年全国糖尿病患者中，年轻人不到10%，70%为肥胖者。这说明，肥胖将极大地增加患糖尿病的危险。

以下哪项如果为真，将严重削弱上述结论？
A. 医学已经证明，肥胖是心血管病的重要诱因。
B. 2004年，该国的肥胖者的人数比1994年增加了70%。
C. 2004年，肥胖者在该国中老年人中所占的比例超过60%。
D. 2004年，该国糖尿病的发病率比1994年降低了20%。
E. 2004年，该国年轻人中的肥胖者所占的比例，比1994年提高了30%。

## 7 2009GRK-42

H地区95%的海洛因成瘾者在尝试海洛因前曾吸过大麻。因此，该地区吸大麻的人数如果能减少一半，新的海洛因成瘾者将显著减少。

以下哪项如果为真，最能削弱上述论证？
A. 大麻和海洛因都是通过相同的非法渠道获得。
B. 长期吸食大麻可能导致海洛因成瘾。
C. 吸毒者可以通过积极治疗而戒毒。
D. H地区吸大麻的人成为海洛因成瘾者的比例很小。
E. 大麻吸食者的戒毒方法与海洛因成瘾者的戒毒方法是不同的。

## 答案与解析

### 1. 正确答案：C

题干根据女性获奖是男性获奖的1/8，得出结论，电影界存在对女性的不公正。

虽然妇女获奖比例仅是1/9，但是，在总人数的比较上，妇女不到男性的1/10，看起来，妇女的获奖比例还算高的呢（图2-2-1）。因此，C项最能削弱。

获奖者　　从业者

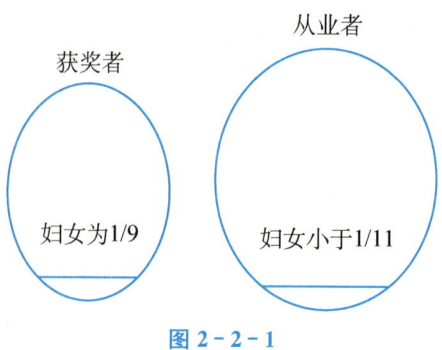

妇女为1/9　　妇女小于1/11

图 2-2-1

**2. 正确答案：E**

题干根据 65% 的"民告官"案件都是原告胜诉，得出结论：法院在审理"民告官"的案件中没有出现"官官相护"。

如果 E 项为真，说明在"民告官"的案件中，起诉的原告一般都掌握了能胜诉的确凿证据，因此，如果没有各种非正常因素，包括"官官相护"，那么，其胜诉率应该大大高于 65%。这就有力地削弱了题干的论证。

其余各项都不能削弱题干。由于题干结论是法院在审理"民告官"的案件中没有出现"官官相护"，因此 C 项对题干论证起不到削弱作用。

D 项看来削弱了题干，实际上没有。如同 D 项所指出的，题干中提及的 65% 以原告胜诉结案的案件，并不自然意味着司法公正，其中可能存在司法不公正，比如原告从公正角度本来不应胜诉而最后胜诉了，这样显然不可能是"官官相护"带来的，此时，D 项对题干反而起支持作用了，至少构不成削弱。

**3. 正确答案：D**

题干根据某法官审理的性别歧视类案件中 60% 的获胜方为女性，得出结论：该法官并未在性别歧视类案件的审理中有失公正。

要使上述论证成立，显然需要假设在公正的情况下，女性在此类案件的诉讼中获胜的概率不会超过 60%。

复选项Ⅲ否定了这一假设，显然对题干构成质疑。

复选项Ⅰ也能构成质疑。虽然该项表明了女性原告在公正的情况下应该大部分获胜，即使案件包括了原告和被告，该项也能说明 60% 的获胜方为女性并不能说明法官公正，如果法官公正的话，有可能获胜方为女性要超过 60%。

复选项Ⅱ不能对题干的论证构成质疑。因为一般地，某人做某件事有难度，不能对某人做成这件事的结果构成质疑。例如，登上珠穆朗玛峰很困难，这不能对中国人登上了珠穆朗玛峰构成质疑。

**4. 正确答案：D**

题干是根据 90% 以上的入室盗窃案都发生在没有安装自动报警装置的住户，得出民用自动报警装置对防止入室盗窃起到了有效的作用的结论。

Ⅱ项显然能削弱题干。如果 S 市公寓区内安装自动报警装置的住户不到 10%，也就是所有住户中没有安装自动报警装置的住户超过 90%，而一般而言，所有住户中绝大多数是没有发生盗窃案的，这意味着不安装自动报警装置也不发生盗窃，这对题干是个有因无果的削弱。因此，如果Ⅱ成立，就显然不能根据 90% 以上的入室盗窃案都发生在没有安装自动报警装置的住户，得出民用自动报警装置对防止入室盗窃起到了有效的作用的结论（图 2-2-2）。

所有住户

入室盗窃案

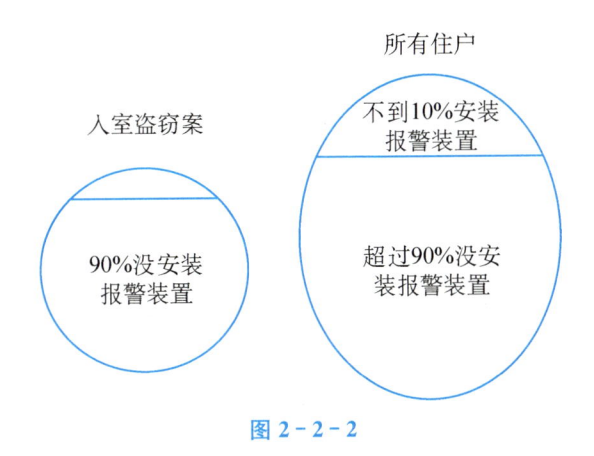

不到10%安装
报警装置

90%没安装
报警装置

超过90%没安
装报警装置

图 2-2-2

Ⅰ项有争议。自动报警装置对防止入室盗窃所起的作用，主要表现在：第一，通过公开明显的标识使盗窃者不敢入室作案；第二，盗窃过程中防盗装置发出报警声使偷盗者中止入室作案。如果Ⅰ项断定为真，即事实上民用报警装置不易被发现，即事实上入室盗窃者难以区分一个住户是否安装自动报警装置，则就不利于防盗，有削弱题干结论的作用。

Ⅲ项不能削弱题干。因为题干的结论是民用自动报警装置对于防止而不是对于破获入室盗窃起到了有效的作用。

5. 正确答案：40. A

题干的一个结论是：家庭条件优越是学生泡网吧的重要原因。理由是：该校经常泡网吧的学生中家庭经济条件优越的占80%。

而 A 项断定，该校学生 90% 以上家庭条件优越，这样就严重地削弱了题干论证（图2-2-3）。

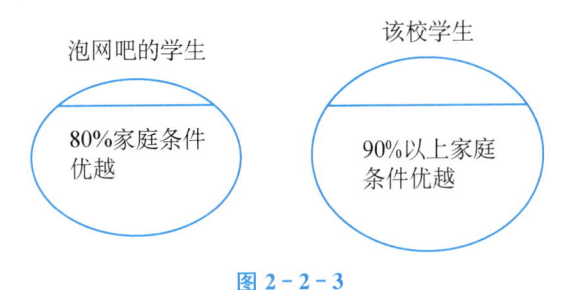

泡网吧的学生

该校学生

80%家庭条件
优越

90%以上家庭
条件优越

图 2-2-3

E 项实际上指的是样本占总体的比率。实际上统计推理的有效性主要看样本是否具有代表性，由于抽样调查结果的可靠性主要不取决于抽样的比例，因此，E 项实际上对题干起不到作用。

41. B

题干的一个结论是：泡网吧是学习成绩下降的重要原因。

这一结论的根据是：该校经常泡网吧的学生中，学习成绩下降的占80%。

B 项断定，该校狠抓教学质量，上学期半数以上学生的成绩都有明显提高，这显然有助于说明泡网吧是学习成绩下降的重要原因了，加强了上述论证。

6. 正确答案：C

题干断定：全国糖尿病患者中，年轻人不到10%，70%为肥胖者。由此可知，该年全国中老年糖尿病患者中，肥胖者约占 60%～70%。

C 表明，肥胖者在该国中老年人中所占的比例超过 60%，接近于肥胖的糖尿病患者在整个中老年糖尿病患者中的比例，这意味着，肥胖可能与糖尿病无关，有力地削弱了题干的论

255

证（图2-2-4）。

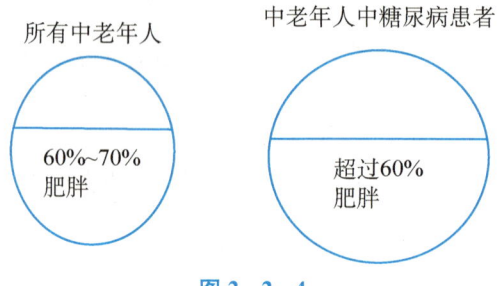

所有中老年人　　　中老年人中糖尿病患者

60%~70%肥胖　　　超过60%肥胖

图2-2-4

### 7. 正确答案：D

根据题干断定，95%的海洛因成瘾者在尝试海洛因前曾吸过大麻，说明吸大麻对海洛因成瘾有影响。但如果D为真，即吸大麻的人成为海洛因成瘾者的比例很小，这意味着，减少吸大麻的人数并不会对减少吸海洛因成瘾的人数有大的影响，削弱了题干论证（图2-2-5）。

注意：如果题干断定的是95%吸大麻的人都是海洛因成瘾者，那么题干结论是可以得出的。

海洛因　　大麻

图2-2-5

# 第3章 因果推理

因果联系是世界万物之间普遍联系的一个方面，科学研究的一个重要任务就是要把握事物之间的因果联系，以便掌握事物发生、发展的规律。

## 3.1 因果传递

三个以上因果关系中可能存在因果的链条，因果链条可能包含实质性的因果传递关系。实质性因果链条的形成关键在于这种因果关系能传递并直到最后仍然使因果关系得以保持。

但因果关系并不是一定能传递的，若因果链条不包含实质性的因果传递关系而断定其具有因果关系，那就会犯"诉诸远因"或"滑坡论证"的谬误。

### 1  2002MBA-35

在美国，近年来在电视卫星的发射和操作中事故不断，这使得不少保险公司不得不面临巨额赔偿，这不可避免地导致了电视卫星的保险金的猛涨，使得发射和操作电视卫星的费用变得更为昂贵。为了应付昂贵的成本，必须进一步开发电视卫星更多的尖端功能来提高电视卫星的售价。

以下哪项如果为真，和题干的断定一起，最能支持这样一个结论，即电视卫星的成本将继续上涨？

A. 承担电视卫星保险业风险的只有为数不多的几家大公司，这使得保险金必定很高。
B. 美国电视卫星业面临的问题，在西方发达国家带有普遍性。
C. 电视卫星目前具备的功能已能满足需要，用户并没有对此提出新的要求。
D. 卫星的故障大都发生在进入轨道以后，对这类故障的分析及排除变得十分困难。
E. 电视卫星具备的尖端功能越多，越容易出问题。

### 2  2006GRK-44

精制糖高含量的食物不会引起糖尿病的说法是不对的。因为精制糖高含量的食物会导致人的肥胖；而肥胖是引起糖尿病的一个重要诱因。

以下哪项论证在结构上和题干的最为类似？

A. 接触冷空气易引起感冒的说法是不对的。因为感冒是由病毒引起的，而病毒易于在人群拥挤的温暖空气中大量繁殖蔓延。
B. 没有从济南到张家界的航班的说法是对的。因为虽然有从济南到北京的航班，也有从北京到张家界的航班，但没有从济南到张家界的直飞航班。
C. 施肥过度是引发草坪病虫害的主要原因的说法是对的。因为过度施肥造成青草的疯长，而疯长的青草对于病虫害几乎没有抵抗力。

257

D. 劣质汽油不会引起非正常耗油的说法是不对的。因为劣质汽油会引起发动机阀门的非正常老化,而发动机阀门的非正常老化会引起非正常耗油。

E. 亚历山大是柏拉图的学生的说法是不对的。事实上,亚历山大是亚里士多德的学生,而亚里士多德是柏拉图的学生。

### 3  2013GRK－41

构成生命的基础——蛋白质的主要成分是氨基酸分子。它是一种有机分子,尽管人们还没有在宇宙太空中直接观测到氨基酸分子,但是科学家在实验室里用氢、水、氧、甲烷及甲醛等有机物,模拟太空的自然条件,已成功合成了几种氨基酸。而合成氨基酸所用的原材料,在星际分子中大量存在。不难想象,宇宙空间也一定存在氨基酸分子,只要有适当的环境,它们就有可能转变为蛋白质,进一步发展成为有机生命。据此推测,地球以外的其他星球也存在生命体,甚至可能是具有高等智慧的生命体。

以下哪项如果为真,最能反驳上述推测?

A. 从蛋白质发展成为有机生命的过程和从有机分子转变为蛋白质的过程存在巨大的差异。
B. 高等智慧不仅是一个物质进化的产物,更是一个不断社会化的产物。
C. 在自然环境中,由已经存在的星际分子合成氨基酸分子是一个小概率事件。
D. 有些星际分子是在地球环境中找不到的,而且至今在实验室中也无法得到。
E. 人们曾经认为火星上存在生命体,但是最近的火星探测基本上否定了这个猜测。

## 答案与解析

### 1. 正确答案:E

题干论述:电视卫星事故多,导致其保险金的猛涨,使其成本增加,因此,必须进一步开发电视卫星更多的尖端功能来提高其售价。

如果 E 项为真,则电视卫星具备的尖端功能越多,越容易出问题,因而又将导致保险金的新一轮上涨,使得电视卫星的成本继续上涨。

其余各项不足以说明电视卫星的成本将继续上涨。

因果链条:卫星事故→保险索赔增加→保险费提高→卫星更昂贵→开发更多的尖端功能来提高电视卫星的售价→卫星事故

问题要求是支持电视卫星成本将继续增加这个结论。由上面的因果链条可知,上述最后一个事件和第一个事件形成了闭合循环,达到了问题的要求。

### 2. 正确答案:D

题干是个因果关系论证,论证形式是:

P 是 Q 的原因,Q 是 R 的原因;因此,P 是 R 的原因(即 P 不是 R 的原因是不对的)。

选项中只有 D 项与题干论证类似。

### 3. 正确答案:A

题干推测:地球以外的其他星球存在生命体。

理由:

一是,在星际分子中大量存在合成氨基酸所用的原材料。

二是,生命的演化过程是,第一阶段,这些原材料可合成有机分子氨基酸;第二阶段,在适当环境下,有机分子转变为蛋白质;第三阶段,蛋白质发展成为有机生命。

A 项所述,说明第三阶段与第二阶段存在巨大差异,题干只是论述了前两个阶段的可能性,而没有论述第三个阶段,所以,该项有力地削弱了题干的推测。

其余选项不能有力地削弱，比如C项只是说明第一个阶段是个小概率事件，但并不能说明其不可能发生。

## 3.2 间接因果

逻辑试题中有一类考查的是间接原因或间接因果关系，这类题在结论里面往往带有某个因果关系的否定，实际上是犯了"错否因果"的谬误。这类谬误具体是指对表面上不相干或关系不紧密的两个现象，就断定其不存在因果关系，而其事实上存在因果关系的谬误。比如：

(1) A是B的原因，所以A就不是C的原因。

而事实是：B导致了C，从而A→B→C形成因果链条，所以，A是C的间接原因。

(2) A是C的原因，所以B就不是C的原因。

而事实是：B导致了A，从而B→A→C形成因果链条，所以，B是C的间接原因。

(3) A和B貌似不相关，所以，A不是B的原因。

而事实是：A导致了C，而C导致了B，从而A→C→B形成因果链条，所以，A是B的间接原因。

### 1  2000GRK-35

学生家长：这学期学生的视力普遍下降，这是由于学生的书面作业的负担太重。

校长：学生视力下降和书面作业的负担没有关系。经我们调查，学生视力下降的原因，是由于他们做作业时的姿势不正确。

以下哪项如果为真，最能削弱校长的解释？

A. 学生书面作业的负担过重容易使学生感到疲劳，同时，感到疲劳，学生又不容易保持正确的书写姿势。

B. 该校学生的书面作业的负担和其他学校相比确实较重。

C. 校方在纠正学生姿势以保护视力方面做了一些工作，但力度不够。

D. 学生视力下降是个普遍的社会问题，不唯该校然。

E. 该校学生的书面作业负担比上学年有所减轻。

### 2  2001MBA-32

近十年来，移居清河界森林周边地区生活的居民越来越多。环保组织的调查统计表明，清河界森林中的百灵鸟的数量近十年来呈明显下降的趋势。但是恐怕不能把这归咎于森林周边地区居民的增多，因为森林的面积并没有因为周边居民人口的增多而减少。

以下哪项如果为真，最能削弱题干的论证？

A. 警方每年都接到报案，来自全国各地的不法分子无视禁令，深入清河界森林捕猎。

B. 清河界森林的面积虽没减少，但主要由于几个大木材集团公司的滥砍滥伐，森林中树木的数量锐减。

C. 清河界森林周边居民丢弃的生活垃圾吸引了越来越多的乌鹃，这是一种专门觅食百灵鸟卵的鸟类。

D. 清河界森林周边的居民大都从事农业，只有少数经营商业。

E. 清河界森林中除百灵鸟的数量近十年来呈明显下降的趋势外，其余的野生动物生长态势良好。

### 3  2004MBA-40

由风险资本家融资的初创公司比通过其他渠道融资的公司的失败率要低。所以,与诸如企业家个人素质、战略规划质量或公司管理结构等因素相比,融资渠道对于初创公司的成功更为重要。

以下哪项如果为真,最能削弱上述论证?

A. 风险资本家在决定是否为初创公司提供资金时,把该公司的企业家个人素质、战略规划质量和管理结构等作为主要的考虑因素。
B. 作为取得成功的要素,初创公司的企业家个人素质比它的战略规划更为重要。
C. 初创公司的倒闭率近年逐步下降。
D. 一般来讲,初创公司的管理结构不如发展中的公司完整。
E. 风险资本家对初创公司的财务背景比其他融资渠道更为敏感。

### 4  2008MBA-56

北大西洋海域的鳕鱼数量锐减,但几乎同时海豹的数量却明显增加。有人说是海豹导致了鳕鱼的减少。这种说法难以成立,因为海豹很少以鳕鱼为食。

以下哪项如果为真,最能削弱上述论证?

A. 海水污染对鳕鱼造成的伤害比对海豹造成的伤害严重。
B. 尽管鳕鱼数量锐减,海豹数量明显增加,但在北大西洋海域,海豹的数量仍少于鳕鱼。
C. 在海豹的数量增加以前,北大西洋海域的鳕鱼数量就已经减少了。
D. 海豹生活在鳕鱼无法生存的冰冷海域。
E. 鳕鱼只吃毛鳞鱼,而毛鳞鱼也是海豹的主要食物。

## 答案与解析

**1. 正确答案:A**

家长认为:学生视力下降是由于作业负担太重。

校长认为:学生视力下降和作业负担没有关系,视力下降的原因是做作业时姿势不正确。

选项 A,作业负担重易使学生疲劳,而疲劳会使书写姿势不正确。这使得学生家长所指出的原因成为校长所指出的原因的深层次的原因,说明了学生视力下降还是由于作业负担太重所导致,这对校长的解释而言是很大的一个质疑。

因果链条:作业负担重→学生疲劳→书写姿势不正确→视力下降

选项 B 是支持学生家长的,但不能有力地削弱校长。C 项是无关项。选项 D、E 是支持校长的。

**2. 正确答案:C**

题干断定:百灵鸟的数量下降不能归咎于居民的增多。

如果 C 项的断定为真,则说明清河界森林周边居民的增多,造成了丢弃的生活垃圾的增多;丢弃垃圾的增多,造成了森林中乌鹏的增多;森林中乌鹏的增多,造成了对百灵鸟繁衍的破坏,因而造成了清河界森林中百灵鸟数量的减少。因此,虽然森林的面积没有减少,但清河界周边居民的增多,确实是百灵鸟减少的一个原因。这就有力地削弱了题干的论证。

因果链条:居民增多→生活垃圾增多→乌鹏增多→百灵鸟卵减少→百灵鸟的数量下降

其余各项均不能削弱题干的论证。

**3. 正确答案:A**

题干根据,与其他渠道融资相比,由风险资本家融资的初创公司成功的可能性高,得出结论：融资渠道比企业家个人素质等其他因素更重要。

A项指出企业家个人素质等是风险资本家考虑的关键因素，有力地削弱了题干结论，为正确答案。

因果链条：企业家个人素质→融资渠道→初创公司的成功

B项引入一个新的比较，与融资渠道没有直接联系，排除；C项明显为无关选项，排除；D项讨论初创公司的结构，与题干论证无关，排除；E项指出风险资本家对初创公司的财务背景更为敏感，题干没有涉及财务背景，排除。

### 4. 正确答案：E

题干论证：因为海豹很少以鳕鱼为食，所以，不可能是海豹数量的大量增加导致了鳕鱼数量的显著下降。

E项如果为真，鳕鱼和海豹的主要食物都是毛鳞鱼，这就说明了海豹数量的大量增加会导致毛鳞鱼数量的显著下降，从而使鳕鱼的食物短缺，影响了鳕鱼的生存，这就有力地削弱了上面的论证。

因果链条：海豹数量增加→毛鳞鱼数量下降→鳕鱼数量下降

A、B为明显无关选项。C暗示鳕鱼减少不是海豹影响的，支持题干。D意味着海豹生活的地方没有鳕鱼，那么海豹的数量当然不影响鳕鱼，有支持题干论述的意思。

## 3.3 从因到果

从因到果的推理是指：预见一个事件将出现，因为其原因已经出现。

论证形式如下：

一般情况下，因为事件A（因）发生，所以产生事件B（果）。

事件A已经发生了；

所以，事件B将要发生。

评估从因到果的批判性问题包括以下这些：

(1) 说明原因问题：先行事件在某一情况下确实发生了吗？

(2) 因果联系问题：前提中反映某因果联系的命题是否为真？

(3) 干扰因素问题：存在干预或抵销在此情形中产生那个结果的其他因素吗？

**1  2001MBA－43**

自1940年以来，全世界的离婚率不断上升。因此，目前世界上的单亲儿童，即只与生身父母中的某一位一起生活的儿童，在整个儿童中所占的比例，一定高于1940年。

以下哪项关于世界范围内相关情况的断定，如果为真，最能对上述推断提出质疑？

A. 1940年以来，特别是70年代以来，相对和平的环境和医疗技术的发展，使中青年已婚男女的死亡率极大地降低。

B. 1980年以来，离婚男女中的再婚率逐年提高，但其中的复婚率却极低。

C. 目前全世界儿童的总数，是1940年的两倍以上。

D. 1970年以来，初婚夫妇的平均年龄在逐年上升。

E. 目前每对夫妇所生子女的平均数，要低于1940年。

**2  2002MBA－36**

喜欢甜味的习性曾经对人类有益，因为它使人在健康食品和非健康食品之间选择前者。例如，成熟的水果是甜的，不成熟的水果则不甜，喜欢甜味的习性促使人类选择成熟的水果。但是，现在的食糖是经过精制的。因此，喜欢甜味不再是一种对人有益的习性，因为精制食糖不是健康食品。

以下哪项如果为真，最能加强上述论证？

A. 绝大多数人都喜欢甜味。

B. 许多食物虽然生吃有害健康，但经过烹饪则可成为极有营养的健康食品。

C. 有些喜欢甜味的人，在一道甜点心和一盘成熟的水果之间，更可能选择后者。

D. 喜欢甜味的人，在含食糖的食品和有甜味的自然食品（例如成熟的水果）之间，更可能选择前者。

E. 史前人类只有依赖味觉才能区分健康食品。

### 3  2006MBA-35

海拔越高，空气越稀薄。因为西宁的海拔高于西安，因此，西宁的空气比西安稀薄。

以下哪项中的推理与题干的最为类似？

A. 一个人的年龄越大，他就变得越成熟。老张的年龄比他的儿子大，因此，老张比他的儿子成熟。

B. 一棵树的年头越长，它的年轮越多。老张院子中槐树的年头比老李家的槐树年头长，因此，老张家的槐树比老李家的年轮多。

C. 今年马拉松冠军的成绩比前年好，张华是今年的马拉松冠军，因此，他今年的马拉松成绩比他前年的好。

D. 在激烈竞争的市场上，产品质量越高并且广告投入越多，产品需要就越大。甲公司投入的广告费比乙公司的多，因此，对甲公司产品的需求量比对乙公司的需求量大。

E. 一种语言的词汇量越大，越难学。英语比意大利语难学，因此，英语的词汇量比意大利语大。

### 4  2006MBA-39

研究发现，市面上X牌香烟的Y成分可以抑制EB病毒。实验证实，EB病毒是很强的致鼻咽癌的病原体，可以导致正常的鼻咽部细胞转化为癌细胞。因此，经常吸X牌香烟的人将减少患鼻咽癌的风险。

以下哪项如果为真，最能削弱上述论证？

A. 不同条件下的实验，可以得出类似的结论。

B. 已经患鼻咽癌的患者吸X牌香烟后并未发现病情好转。

C. Y成分可以抑制EB病毒，也可以对人的免疫系统产生负面作用。

D. 经常吸X牌香烟会加强Y成分对EB病毒的抑制作用。

E. Y成分的作用可以被X牌香烟的Z成分中和。

## 答案与解析

**1. 正确答案：A**

题干根据离婚率不断上升，得出结论：目前单亲儿童的比例将上升。

一般规则：离婚率不断上升，单亲儿童的比例将上升。

因：离婚率不断上升。

果：目前单亲儿童的比例将上升。

如果 A 项的断定为真，则 1940 年的离婚率虽然低于目前，但中青年已婚男女的死亡率却大大高于目前，也就是说，在 1940 年，世界上与生身父母中离异的某一位一起生活的单亲儿童的比例一定低于目前，但与生身父母中丧偶的某一位一起生活的单亲儿童的比例一定高于目前；这样就难以得出目前单亲儿童的比例将上升这一结论，这就对题干的推断提出了严重的质疑。其余各项均不能构成质疑。

2. 正确答案：D

题干的因果论证是，因为有甜味的精制食糖不是健康食品，所以，喜欢甜味不再是对人有益的习性。

显然这一因果联系的证据不足以证明因果关系的存在，当把 D 项补充上去，则说明人们会在含食糖的食品和健康食品间先选择含食糖的食品，即选择了不健康的食品，这样就有力地支持了题干的因果关系。

其余各项均不能加强题干，其中 C 项削弱了题干。

3. 正确答案：B

题干是个由因到果的论证：因为海拔高，所以空气稀薄；西宁的海拔高于西安，因此，西宁的空气比西安稀薄。

B 项和题干推理结构类似：一棵树的年头越长，它的年轮越多，就泛指年头越长的树年轮越多。

A 项是个干扰项，"一个人的年龄越大，他就变得越成熟"，注意，这里一个人的成熟是和自己比，并没有说"年龄大的人总比年龄小的人成熟"，因此，从"老张的年龄比他的儿子大"，推不出"老张比他的儿子成熟"。

C 项是个错误的推理："今年马拉松冠军的成绩比前年好，张华是今年的马拉松冠军"，只能推出，"张华比前年的马拉松冠军成绩好"，推不出"张华今年的马拉松成绩比他前年的好"。

4. 正确答案：E

题干根据研究发现，X 牌香烟的 Y 成分可以抑制致鼻咽癌的 EB 病毒，得出结论，经常吸 X 牌香烟的人将减少患鼻咽癌的风险。

如果"Y 成分的作用可以被 X 牌香烟的 Z 成分中和"，这样，Y 成分就不能抑制 EB 病毒了，那么，"经常吸 X 牌香烟的人将减少患鼻咽癌的风险"的结论就不成立了。因此，E 项有力地削弱了题干论证。

B 项不能削弱题干。因为题干只断定 Y 成分有利于阻止正常的鼻咽部细胞转化为癌细胞，并没有断定 Y 成分有利于抑制或消除已经形成的癌细胞。

C 项说明 Y 成分是有用的，前半句有支持作用；后半句说对免疫系统有负面作用，有削弱作用，但影响哪方面的免疫作用没说，因此，削弱力度不大。

## 3.4 从果到因

从果到因也叫溯因推理，就是从已知事实结果出发，根据一般的规律性知识，推测出事件发生的原因的推理方法。

论证形式：

一般情况下，因为事件 A（因）发生，所以产生事件 B（果）。

在某一具体情况下，B 发生了；

所以，在某一具体情况下 A 可能发生了。

评估从果到因的批判性问题包括以下这些：
(1) 说明结果问题：结果在某一情况下确实发生了吗？
(2) 因果联系问题：前提中反映某因果联系的命题是否为真？
(3) 其他原因问题：是否排除了其他原因的可能性？

### 1  2008MBA-43

H 国赤道雨林的面积每年以惊人的比例减少，引起了全球的关注。但是，卫星照片的数据显示，去年 H 国雨林面积的缩小比例明显低于往年。去年，H 国政府支出数百万美元用以制止滥砍滥伐和防止森林火灾。H 国政府宣称，上述卫星照片的数据说明，本国政府保护赤道雨林的努力取得了显著成效。

以下哪项如果为真，最能削弱 H 国政府的上述结论？

A. 去年 H 国用以保护赤道雨林的财政投入明显低于往年。

B. 与 H 国毗邻的 G 国的赤道雨林的面积并未缩小。

C. 去年 H 国的旱季出现了异乎寻常的大面积持续降雨。

D. H 国用于雨林保护的费用只占年度财政支出的很小比例。

E. 森林面积的萎缩是全球性的环保问题。

### 2  2011MBA-29

某教育专家认为："男孩危机"是指男孩调皮捣蛋、胆小怕事、学习成绩不如女孩好等现象。近些年，这种现象已经成为儿童教育专家关注的一个重要问题。这位专家在列出一系列统计数据后，提出了"今日男孩为什么从小学、中学到大学全面落后于同年龄段的女孩"的疑问，这无疑加剧了无数男孩家长的焦虑。该专家通过分析指出，恰恰是家庭和学校不适当的教育方法导致了"男孩危机"现象。

以下哪项如果为真，最能对该专家的观点提出质疑？

A. 家庭对独生子女的过度呵护，在很大程度上限制了男孩发散思维的拓展和冒险性格的养成。

B. 现在的男孩比以前的男孩在女孩面前更喜欢表现出"绅士"的一面。

C. 男孩在发展潜能方面要优于女孩，大学毕业后他们更容易在事业上有所成就。

D. 在家庭、学校教育中，女性充当了主要角色。

E. 现代社会游戏泛滥，男孩天性比女孩更喜欢游戏，这耗去了他们大量的精力。

### 3  2011GRK-50

英国科学家在 2010 年 11 月 11 日出版的《自然》杂志上撰文指出，他们在苏格兰的岩石中发现了一种可能生活在约 12 亿年前的细菌化石，这表明，地球上的氧气浓度增加到人类进化所需的程度这一重大事件发生在 12 亿年前，比科学家以前认为的要早 4 亿年。新研究有望让科学家重新理解地球大气以及依靠其为主的生命演化的时间表。

以下哪项是科学家上述发现所假设的？

A. 先前认为，人类进化发生在大约 8 亿年前。

B. 这种细菌在大约 12 亿年前就开始在化学反应中使用氧气，以便获取能量维持生存。

C. 氧气浓度的增加标志着统治地球的生物已经由简单有机物转变为复杂的多细胞有机物。

D. 只有大气中的氧气浓度增加到一个关键点，某些细菌才能生存。

E. 如果没有细胞，也就不可能存在人类这样的高级生命。

## 答案与解析

### 1. 正确答案：C

去年 H 国雨林面积的缩小比例明显低于往年。对这一结果的原因，H 国政府的解释是本国政府保护赤道雨林的努力取得了显著成效。

而 C 项指出，去年 H 国的旱季出现了异乎寻常的大面积持续降雨，这就有利于雨林的生长，是雨林面积的缩小比例降低的另一个解释，有效地削弱了 H 国政府的结论。

### 2. 正确答案：E

专家的观点是：男孩全面落后于同年龄段的女孩这一"男孩危机"现象的根源在于，家庭和学校不适当的教育方法。

果："男孩危机"现象。

因果关系：家庭和学校不适当的教育方法会导致"男孩危机"现象。

因：家庭和学校不适当的教育方法。

E 项表明，现代社会游戏泛滥，男孩天性比女孩更喜欢游戏，这耗去了他们大量的精力，这与家庭和学校的教育方法无关，从另有他因的角度，削弱了专家的观点。

A 项对题干有所支持，B、C、D 项与题干不相干。

### 3. 正确答案：D

题干陈述：发现了一种生活在约 12 亿年前的细菌化石。

补充 D 项：只有大气中的氧气浓度增加到一个关键点，某些细菌才能生存。

得出结论：地球上的氧气浓度增加到人类进化所需的程度这一重大事件发生在 12 亿年前。

## 3.5　因果推断

因果推断指的是从相关到因果的推理，就是根据两个事件之间存在时间关联或统计关联等相关性，进而推断出它们之间存在着因果关系。这种推断可能是正确的，即确实存在实质上的因果关系；也可能是错误的，即这两个事件的相关性纯属偶然的巧合，两者之间并不存在真正的因果关系。

### 1　2002GRK-56

一项实验显示，那些免疫系统功能较差的人，比起那些免疫系统功能一般或较强的人，在进行心理健康的测试时表现明显较差。因此，这项实验的设计和实施者得出结论，人的免疫系统，不仅保护人类抵御生理疾病，而且保护人类抵御心理疾病。

上述结论是基于以下哪项假设？

A. 免疫系统功能较强的人比功能一般的人更能抵御心理疾病。

B. 患有某种心理疾病的人，一定患有某种相关的生理疾病。

C. 具有较强的免疫系统功能的人不会患心理疾病。

D. 心理疾病不会引起免疫系统功能的降低。

E. 心理疾病不能依靠药物治疗，而只能依靠心理治疗。

### 2　2006GRK-35

服用深海鱼油胶囊能降低胆固醇。一项对 6 403 名深海鱼油胶囊定期服用者的调查显示，他们患心脏病的风险降低了三分之一。这项结果完全符合另一个研究结论：心脏病患者的胆固醇通常高于正常标准。因此上述调查说明，降低胆固醇减少了患心脏病的风险。

以下哪项最为恰当地指出了上述论证的漏洞？

A. 没有考虑到这种情况：深海鱼油胶囊减少了服用者患心脏病的风险，但不是降低胆固醇的结果。

B. 忽视了这种可能性：深海鱼油胶囊有副作用。

C. 由"心脏病患者的胆固醇通常高于正常标准"，可以直接得出"降低胆固醇能减少患心脏病的风险"。因此，以上调查结论作为论据是没有意义的。

D. 上述调查的结论是有关降低胆固醇对心脏病的影响，但应该揭示的是深海鱼油胶囊对胆固醇的作用。

E. 没有考虑普通人群服用深海鱼油胶囊的百分比。

### 3  2007GRK-47

对东江中学全校学生进行调查发现，拥有 MP3 播放器人数最多的班集体同时也是英语成绩最佳的班集体。由此可见，利用 MP3 播放器可以提高英语水平。

以下哪项如果为真，最能加强上述结论？

A. 拥有 MP3 播放器的同学英语学习热情比较高。

B. 喜欢使用 MP3 播放器的同学都是那些学习自觉性较高的学生。

C. 随着 MP3 播放器性能的提高，其提高英语水平的作用将更加明显。

D. 拥有 MP3 播放器人数最多的班级是最会利用 MP3 播放器的班级。

E. 拥有 MP3 播放器人数最多的班上的同学更多地利用 MP3 进行英语学习。

### 4  2010GRK-54

小陈经常因驾驶汽车超速收到交管局寄来的罚单。他调查发现同事中开小排量汽车的人超速的可能性低很多。为此，他决定将自己驾驶的大排量汽车卖掉，换购一辆小排量汽车，以此降低超速驾驶的可能性。

小陈的论证推理最容易受到以下哪项的批评？

A. 仅仅依据现象间有联系就推断出有因果关系。

B. 依据一个过于狭隘的范例得出一般结论。

C. 将获得结论的充分条件当作必要条件。

D. 将获得结论的必要条件当作充分条件。

E. 进行了一个不太可信的调查研究。

## 答案与解析

**1. 正确答案：D**

题干根据实验发现，免疫系统功能差的人心理健康也差，得出结论：免疫系统可以抵御心理疾病。

要使题干的结论有说服力，D 项是必须假设的。否则，如果心理疾病会引起免疫系统功能的降低，那么，免疫系统功能差很可能是心理疾病的结果，而不是其原因。这就会大大削弱题干结论的说服力。

A 项是题干结论的重复，不是题干结论的假设。

**2. 正确答案：A**

题干结论：降低胆固醇减少了患心脏病的风险。

理由：一是，服用深海鱼油胶囊能降低胆固醇；二是，服用深海鱼油胶囊降低了患心脏病的风险。

这一论证忽视了：并存或相继出现的两个现象，可能有因果联系，但不一定有因果联系。选项 A 指出了上述论证的漏洞，即深海鱼油胶囊减少了服用者患心脏病的风险，但不是降低胆固醇的结果。也就是说深海鱼油胶囊可能含一种物质，减少了患心脏病的风险，而不是降低胆固醇才导致减少患心脏病的风险，这就是一种另有他因的削弱。

因为一个结论可以依据不同的论证得出，不能因为其中一个论证成立，就断定其余的论证没有意义，因此，C 项不恰当。其余选项也均不恰当。

3. 正确答案：E

题干由"拥有 MP3 播放器人数最多"和"英语成绩最佳"这两个并存的现象，得出结论：MP3 播放器可以提高英语水平。

由于两个现象并存并不足以说明它们之间有因果关系，因此，要增加这两个现象之间有本质联系的证据，才能支持上述结论。在各选项中，E 项最能支持这两个现象存在因果关系。

A、B 项有利于说明上述两个现象为何统计相关，但不能说明两者有因果关系。

4. 正确答案：A

小陈根据他发现同事中开小排量汽车的人超速的可能性低很多，就认为开小排量汽车是超速驾驶可能性低的原因，这是仅根据现象间有联系就误认为具有因果关系，属于"强置因果"的谬误。因此，A 项为正确答案。

## 3.6　倒置因果

如果题干根据某两类现象 A 和 B 时间相关或者统计相关，得出"A 是导致 B 的原因"这样的结论，很可能是错把原因当结果，或者错把结果当原因，那么削弱这一论证的一种有效方式是，寻找一个选项来说明：A 不是导致 B 的原因，B 才是导致 A 的原因。

**1　2000GRK-56**

最近举行的一项调查表明，师大附中的学生对滚轴溜冰的着迷程度远远超过其他任何游戏，同时调查发现经常玩滚轴溜冰的学生的平均学习成绩相对其他学生更好一些。看来，玩滚轴溜冰可以提高学生的学习成绩。

以下哪项如果为真，最能削弱上面的推论？

A. 师大附中与学生家长订了协议，如果孩子的学习成绩的名次没有排在前二十名，双方共同禁止学生玩滚轴溜冰。
B. 玩滚轴溜冰能够锻炼身体，保证学习效率的提高。
C. 玩滚轴溜冰的同学受到了学校有效的指导，其中一部分同学才不至于因此荒废学业。
D. 玩滚轴溜冰有助于智力开发，从而提高学习成绩。
E. 玩滚轴溜冰很难，能够锻炼学生克服困难做好一件事情的毅力，这对学习是有帮助的。

**2　2000GRK-68**

新民住宅小区扩建后，新搬入的住户纷纷向房产承销公司投诉附近机场噪声太大令人难以忍受。然而，老住户们并没有声援说他们同样感到噪声巨大。尽管房产承销公司宣称不会置住户的健康于不顾，但还是决定对投诉不准备采取措施。他们认为机场的噪声并不大，因为老住户并没有投诉。

下列哪项如果为真，则最能表明房产承销公司对投诉不采取措施的做法是错误的？

A. 房产承销商们的住宅并不在该小区，所以不能体会噪声的巨大危害。

B. 有些老住户自己配备了耳塞来解决这个问题，他们觉得挺有效果的。

C. 老住户觉得自己并没有与房产承销商有什么联系，也没有太大的矛盾。

D. 老住户认为噪声并不巨大而没有声援投诉，是因为他们的听觉长期受噪声影响已经迟钝失灵。

E. 房产承销公司从来没有隐瞒过小区位于飞机场旁边这一事实。

### 3  2001GRK-63

一项调查统计显示，肥胖者参加体育锻炼的月平均量，只占正常体重者的不到一半，而肥胖者的食物摄入的月平均量，基本和正常体重者持平。专家由此得出结论，导致肥胖的主要原因是缺乏锻炼，而不是摄入过多的热量。

以下哪项如果为真，将严重削弱上述论证？

A. 肥胖者的食物摄入平均量总体上和正常体重者基本持平，但肥胖者中有人是在节食。

B. 肥胖者由于体重的负担，比正常体重者较为不乐意参加体育锻炼。

C. 某些肥胖者体育锻炼的平均量，要大于正常体重者。

D. 体育锻炼通常会刺激食欲，从而增加食物摄入量。

E. 通过节食减肥有损健康。

### 4  2005MBA-51

一项关于婚姻的调查显示，那些起居时间明显不同的夫妻之间，虽然每天相处的时间相对要少，但每月爆发激烈争吵的次数，比起那些起居时间基本相同的夫妻明显要多。因此，为了维护良好的夫妻关系，夫妻之间应当注意尽量保持基本相同的起居规律。

以下哪项如果为真，最能削弱上述论证？

A. 夫妻间不发生激烈争吵不一定关系就好。

B. 夫妻闹矛盾时，一方往往用不同起居的方式表示不满。

C. 个人的起居时间一般随季节变化。

D. 起居时间的明显变化会影响人的情绪和健康。

E. 起居时间的不同很少是夫妻间争吵的直接原因。

### 5  2005GRK-29

一项研究将一组有严重失眠的人与另一组未曾失眠的人进行比较，结果发现，有严重失眠的人出现了感觉障碍和肌肉痉挛，例如，皮肤过敏或不停的"眼跳"症状。研究人员的这一结果有力地支持了这样一个假设：失眠会导致周围神经系统功能障碍。

以下哪项如果为真，最能质疑上述假设？

A. 感觉障碍或肌肉痉挛是一般人常有的周围神经系统功能障碍。

B. 常人偶尔也会严重失眠。

C. 该项研究并非由权威人士组织实施。

D. 周围神经系统功能障碍的人常患有严重的失眠。

E. 参与研究的两组人员的性别与年龄构成并不完全相同。

### 6  2010GRK-48

某网络公司通过问卷对登录"心理医生之窗"网站寻求心理帮助的人群进行调查，结果显示：持续登录"心理医生之窗"网站6个月或更长时间的人群中，46%声称与"心理医生之窗"网站的沟通与交流使他们心情变得好多了。而持续登录不满 6 个月的人群中，20%声称他们心情变得好多了。因此，更长时间登录"心理医生之窗"网站比短期登录会更有效地改善人们的心理状态。

以下哪项如果为真，最能削弱上述论断？

A. 持续登录该网站 6 个月以上的人群中，10%的人反映登录后心情变得更糟了。
B. 持续登录该网站 6 个月以上的人比短期登录的人更愿意回答问卷调查的问题。
C. 对"心理医生之窗"网站不满意的人往往是那些没有耐性的人，他们对问卷调查往往持消极态度。
D. 登录网站获得良好心情的人会更积极地登录，而那些感觉没有效果的人往往会离开。
E. 登录"心理医生之窗"网站不足半年的人多于登录该网站 6 个月以上的人。

### 7  2020MBA－27

某教授组织了 120 名年轻的参试者，先让他们熟悉电脑上的一个虚拟城市，然后让他们以最快速度寻找由指定地点到达关键地标的最短路线，最后再让他们识别茴香、花椒等 40 种芳香植物的气味。结果发现，寻路任务中得分较高者其嗅觉也比较灵敏。该教授由此推测，一个人空间记忆力好、方向感强，就会使其嗅觉更为灵敏。

以下哪项如果为真，最能质疑该教授的推测？

A. 大多数动物主要靠嗅觉寻找食物、躲避天敌，其嗅觉进化有助于"导航"。
B. 有些参试者是美食家，经常被邀请到城市各处特色餐馆品尝美食。
C. 部分参试者是马拉松运动员，他们经常参加一些城市举办的马拉松比赛。
D. 在同样的测试中，该教授本人在嗅觉灵敏度和空间方向感方面都不如年轻人。
E. 有的年轻人喜欢玩方向感要求较高的电脑游戏，因过分投入而食不知味。

## 答案与解析

### 1. 正确答案：A

因果倒置型题目。选项 A 揭示了一个额外信息，说明经常玩滚轴溜冰的学生是被筛选过的，是因为成绩好才能玩，而不是因为玩才成绩好。

选项 B、D、E 都是支持题干推论的，排除；选项 C 虽然有一定的削弱作用，但是程度太弱。

### 2. 正确答案：D

不是因为"机场的噪声并不大"，所以"老住户"才"没有投诉"，而恰恰是因为机场的噪声影响老住户的听觉导致其迟钝失灵，所以已经感觉不到噪声了。

### 3. 正确答案：B

题干结论是：缺乏锻炼导致了肥胖。

如果 B 项为真，则有助于说明，对于肥胖者来说，是由于肥胖导致较少锻炼，而不是缺乏锻炼导致了肥胖。这就有力地削弱了题干的论证。

### 4. 正确答案：B

题干根据"起居时间不同"与"夫妻不和"这两个现象存在统计相关，得出结论：起居时间影响夫妻关系。

B 项恰恰指出了，并非起居时间影响夫妻关系，而是夫妻关系影响起居时间。这就有力地削弱了题干的论证。

E 项说起居时间的不同很少是夫妻间争吵的直接原因，但完全可以是间接原因。

### 5. 正确答案：D

如果 D 项为真，则有利于说明：不是失眠会导致周围神经系统功能障碍，而是周围神经系统功能障碍的人常患有严重的失眠。这就有力地削弱了题干的论证。

### 6. 正确答案：D

题干断定："登录"心理医生之窗"网站时间长短是原因，心情好坏是结果。

若 D 项为真，则有助于说明，上述断定倒置了因果关系。因此，严重地削弱了题干论断。

### 7. 正确答案：A

题干中，教授根据寻路任务中得分较高者其嗅觉也比较灵敏，推测出结论：一个人空间记忆力好、方向感强，就会使其嗅觉更为灵敏。

即其因果解释为：P（空间记忆力好、方向感强）与 Q（嗅觉灵敏）统计相关，是因为 P 导致 Q。

选项 A 表明，嗅觉进化有助于"导航"，即是因为 Q 导致 P。这就从因果倒置的角度，严重地质疑了教授的推测。

其余选项不妥。其中，B、C、E 项："有些""部分""有的"范围不明确，不能起到有效的削弱作用，均予排除。D 项：该教授本人的情况与题干论证对象不一致，为无关项，排除。

## 3.7 复合因果

复合因果包括复合原因和复合结果，是指根据现象 A 和现象 B 存在时间相关或者统计相关，就误认为现象 A 和现象 B 具有因果关系，而事实上可能存在以下情况：

（1）存在一个其他原因 C，与 A 结合导致了 B。或者，A 只是 B 的次要原因，C 才是导致 B 的主要原因。

（2）存在一个共同原因 C 导致了现象 A 和现象 B 两个结果同时出现。

### 1 2001GRK-39

据统计资料显示，美国的人均寿命是 73.9 岁，而在夏威夷出生的人的平均寿命是 77 岁，在路易斯安那州出生的人的平均寿命是 71.7 岁。因此，一对来自路易斯安那州的新婚夫妇，如果选择定居夏威夷，那么，他们的孩子的寿命可以指望比在路易斯安那州出生要长。

以下哪项如果为真，将最有力地削弱题干的结论？

A. 在路易斯安那州首府巴吞鲁日出生的人的平均寿命是 78 岁。

B. 路易斯安那州的居民中三分之一以上的是黑人，是美国黑人比例最高的州；美国黑人的平均寿命要低于白人三至五个百分点。

C. 美国人寿保险公司的专家并不认为移居夏威夷会使路易斯安那州人的平均寿命明显提高。

D. 夏威夷群岛的大部分岛屿的空气污染程度要大大低于全美的平均水平。

E. 和环境相比，遗传是人的寿命长短的更为重要的决定性因素。

### 2 2001GRK-46

1985 年，W 国国会降低了单身公民的收入税收比率，这对有两份收入的已婚夫妇十分不利，因为他们必须支付比分别保持单身更多的税。从 1985 年到 1995 年，未婚同居者的数量上升了 205%，因此，国会通过修改单身公民的收入税收比率，可使更多的未婚同居者结婚。

以下哪项如果为真，将最有力地削弱上述论证？

A. 从 1985 年至 1995 年，W 国的离婚率上升 185％，高离婚率对当事者特别是单亲子女造成的伤害，成为受到普遍关注特别是受到婚龄段青年人关注的社会问题。

B. 在 H 国，国会并未降低单身公民的收入税收比例，但在 1985 年至 1995 年期间，未婚同居者的数量也有上升。

C. W 国的税收率在相同发展水平的国家中并不算高。

D. 从 1985 年至 1995 年，W 国的未婚同居者的数量并不呈直线上升，而是在 1990 年有所回落。

E. W 国的未婚同居的现象，并不像在有些国家中那样受到道义上的指责。

### 3  2001GRK－70

据一项对几个大城市的统计显示，餐饮业的发展和瘦身健身业的发展呈密切正相关。从 1985 年到 1990 年，餐饮业的网点增加了 18％，同期在健身房正式注册参加瘦身健身的人数增加了 17.5％；从 1990 年到 1995 年，餐饮业的网点增加了 25％，同期参加瘦身健身的人数增加了 25.6％；从 1995 年到 2000 年，餐饮业的网点增加了 20％，同期参加瘦身健身的人数也正好增加了 20％。

如果上述统计真实无误，则以下哪项对上述统计事实的解释最可能成立？

A. 餐饮业的发展，扩大了肥胖人群体，从而刺激了瘦身健身业的发展。

B. 瘦身健身运动，刺激了参加者的食欲，从而刺激了餐饮业的发展。

C. 在上述几个大城市中，最近 15 年来，主要从事低收入重体力工作的外来人口的逐年上升，刺激了各消费行业的发展。

D. 在上述几个大城市中，最近 15 年来，城市人口的收入的逐年提高，刺激了包括餐饮业和健身业在内的各消费行业的发展。

E. 高收入阶层中，相当一批人既是餐桌上的常客，又是健身房内的常客。

### 4  2005GRK－37～38 题基于以下题干：

一种流行的说法是，多吃巧克力会引起皮肤特别是脸上长粉刺。确实，许多长粉刺的人都证实，他们皮肤上的粉刺都是在吃了大量巧克力以后出现的。但是，这种说法很可能是把结果当成了原因。最近一些科学研究指出，荷尔蒙的改变加上精神压力会引发粉刺，有证据表明，喜欢吃巧克力的人，在遇到精神压力时会吃更多的巧克力。

37. 以下哪项最为恰当地概括了题干所要表达的意思？

A. 发生在前的现象和发生在后的现象之间不一定有因果关系。

B. 精神压力引起多吃巧克力，多吃巧克力引发粉刺。对于长粉刺来说，多吃巧克力是表面原因，精神压力是内在原因。

C. 多吃巧克力是结果，长粉刺是原因。

D. 多吃巧克力不大可能引发粉刺，多吃巧克力和长粉刺二者很可能都是精神压力造成的结果。

E. 一个人巧克力吃得越多，越可能造成荷尔蒙的改变和精神压力的加重。

38. 以下哪项最为准确地概括了题干所运用的方法？

A. 引用反例，对所要反驳的观点之论据的准确性提出质疑。

B. 提出新的论据，对所要反驳的观点之论据作出不同的解释。

C. 运用科学权威的个人影响来破除人们对流行看法的盲从。

D. 提出所要反驳的观点会引伸出自相矛盾的结论。

E. 指出所要反驳的观点是基于小概率事件轻率概括出来的结论。

## 5  2010GRK-45

辩论吸烟问题时，正方认为：吸烟有利于减肥，因为戒烟后人们往往比戒烟前体重增加。反方驳斥道：吸烟不能导致减肥，因为吸烟的人常常在情绪紧张时试图通过吸烟缓解，但不可能从根本上解除紧张情绪，而紧张情绪导致身体消瘦。戒烟后人们可以通过其他更有效的方法解除紧张的情绪。

反方应用了以下哪项辩论策略？

A. 引用可以质疑正方证据精确性的论据。
B. 给出另一事实对正方的因果联系作出新的解释。
C. 依赖科学知识反驳易于使人混淆的谬论。
D. 揭示正方的论据与结论是因果倒置。
E. 常识并不都是正确的，要学会透过现象看本质。

# 答案与解析

### 1. 正确答案：E

题干据统计资料显示夏威夷出生的人比路易斯安那州出生的人的平均寿命高，因此，孩子在夏威夷出生会比在路易斯安那州出生的寿命长。

本题由一个事实得出一种结论，削弱结论多为"存在别的因素影响推论"。如果 E 项为真，说明和环境相比，遗传是人的寿命长短的更为重要的决定性因素，因此，一对来自路易斯安那州的新婚夫妇，如果选择定居夏威夷，对于他们的孩子来说，改变的只是环境，而不是遗传基因，因此，没有理由认为，孩子的寿命，可以比在路易斯安那州出生要长。这就有力地削弱了题干。所以选项 E 是正确的。

选项 A 不能说明这一点；选项 B，如果这对新婚夫妇是白人，可以削弱题干，但题干没有说明他们的肤色，所以不选；选项 C 只是个特例，不能有力地削弱结论；选项 D 进一步强调了环境的重要性，是对题干的支持。

### 2. 正确答案：A

题干结论是：通过修改相应税率，可使更多的未婚同居者结婚。

理由是：单身比结婚的人交较少的税是未婚同居者的数量大幅上升的原因。

如果 A 项的断定为真，则有理由认为，从 1985 年到 1995 年间，未婚同居者的数量大幅度上升的另外一个原因是，高离婚率所造成的伤害使得人们对结婚更为谨慎。因此，光通过修改相应税率，未必能使更多的未婚同居者结婚。这就有力地削弱了题干的论证。

### 3. 正确答案：D

题干统计事实是：餐饮业和瘦身健身业存在的正相关性。

两者之间有统计相关，可能存在因果关系，也可能不存在因果关系。本题作为解释题，应该用常识进行合理的解释。选项 D 说明，城市人口收入的逐年提高，是造成餐饮业和健身业以接近的增长百分比同步发展的原因。这是各选项中对题干的统计事实最合理的解释，因此，为正确答案。

其余选项解释程度不足。其中：

选项 A 和 B 也能说明，餐饮业和瘦身健身业的发展互相促进，似乎也能解释题干，但是不大容易说明，二者的增长百分比何以如此接近。

选项 C 说明，外来人口的上升刺激了各消费行业的发展，这对题干是一种解释，但解释的力度不大。因为外来人口主要从事低收入重体力工作，因此有理由认为，他们对餐饮业特别是瘦身健身业发展的刺激，是非常有限的。

选项 E 没有说比例为什么增加了，容易排除。

#### 4. 正确答案：37. D

题干观点：精神压力是原因，长粉刺和多吃巧克力是这一原因产生的结果。显然，D 项最为恰当地概括了题干的意思。

题干论述的目的就是确定精神压力与长粉刺和多吃巧克力的因果关系，因此，A 不恰当。其余选项均不符合题干的意思。

#### 38. B

题干所要反驳的观点：多吃巧克力会引起长粉刺。这一观点的根据是：许多长粉刺的人都证实，他们皮肤上的粉刺都是在吃了大量巧克力以后出现的。

题干提出的新论据是：最近一些科学研究指出，荷尔蒙的改变加上精神压力会引发粉刺，并且有证据表明，喜欢吃巧克力的人，在遇到精神压力时会吃更多的巧克力。

这一新的研究成果对所要反驳的观点之论据作出了不同的解释。所以，B 项准确地概括了题干所运用的方法。

#### 5. 正确答案：B

题干中正方认为吸烟是原因，减肥是结果。

反方认为，紧张是原因，消瘦是结果。紧张导致吸烟，紧张同时导致消瘦。这就对正方的因果联系作出了新的解释。

# 第 4 章  归纳方法

在科学归纳法中,为了探究事物现象之间的因果关系,往往通过在现象的比较中发现因果关系。具体包括求同法、求异法、求同求异法、共变法和剩余法等探求因果关系的五种方法,并称为排除归纳法,它们的原则可以简单归纳为:相同结果必然有相同原因;不同结果必然有不同原因;变化的结果必然有变化的原因;剩余的结果应当有剩余的原因。

与逻辑推理测试相关的方法是求同法、求异法、共变法,其中求异法是考试的重点。

## 4.1 求同推理

求同法又称契合法,是指被研究现象发生变化的若干场合中,如果只有一个情况是在这些场合中共有的,那么这个唯一的共同情况就是被研究现象的原因(结果)。

### 1. 求同法的推理

求同法可以用下面的形式来表示:

场合　　先行情况　　被研究现象
(1)　　A、B、C　　a
(2)　　A、D、E　　a
(3)　　A、F、G　　a
……　　……　　　 ……

所以,A 是 a 的原因(或结果)。

### 2. 批判性准则

针对运用求同法推出的因果主张,所提出的批判性问题包括:
(1) 考察的场合是否足够多?是否有反例存在?
(2) 不同场合中所具有的相同因素是不是唯一的?在所比较的两种现象之间是否存在其他相同的因素?
(3) 表面相同是否实质不同?表面不同是否实质相同?
(4) 相同点是导致某一现象产生的部分原因,还是全部的或唯一的原因?

### 3. 解题指导

(1) 求同强化。

强化求同论证的方法大致有三种:
① 增加论据。即增加一个事实论据,提供另一个有因有果的论据。
② 唯一因素。即从正面指出相同的因素对导致某个现象的出现是唯一的或关键的。
③ 没有他因。即从反面指出在所比较的两种现象之间不存在其他相同的因素,或指出没有反例的存在。

(2) 求同弱化。

弱化求同论证的方法大致有三种：

①反面论据。提出一个反例的事实论据，来弱化一个论证；或者提出一个削弱论证的理论论据。

②并非唯一。从正面指出在被讨论的现象出现的不同场合中某个相同的因素并不是唯一的。

③另有他因。从反面指出在所比较的两种现象之间存在其他相同的因素。

### 2000MBA-45

光线的照射，有助于缓解冬季抑郁症。研究人员曾对九名患者进行研究，他们均因冬季白天变短而患上了冬季抑郁症。研究人员让患者在清早和傍晚各受三小时伴有花香的强光照射。一周之内，七名患者完全摆脱了抑郁，另外两人也表现了显著的好转。由于光照会诱使身体误以为夏季已经来临，这样便治好了冬季抑郁症。

以下哪项如果为真，最能削弱上述论证的结论？

A. 研究人员在强光照射时有意使用花香伴随，对于改善患上冬季抑郁症的患者的适应性有不小的作用。

B. 九名患者中最先痊愈的三位均为女性，而对男性的治疗效果较为迟缓。

C. 该实验在北半球的温带气候中进行，无法区分南北半球的实验差异，也无法预先排除。

D. 强光照射对于皮肤的损害已经得到专门研究的证实，其中夏季比起冬季的危害性更大。

E. 每天六小时的非工作状态，改变了患者原来的生活环境，改善了他们的心态，这是对抑郁症患者的一种主要影响。

## 答案与解析

**正确答案：E**

本题开头"光线的照射，有助于缓解冬季抑郁症"就是观点（结论），后面是对其的论证。研究人员得出这个结论的方法就是求同法。即其他条件都不同，只有光照相同。

E项对题干的实验进行了另一种解释，如果这种解释成立，也就是说，如果事实上使患者痊愈或好转的原因，是每天六小时的非工作状态，改善了他们的心态（这种心态是导致抑郁的主因），那么，就可得出结论，光线照射增加和冬季抑郁症缓解这两者之间的联系只是一种表面的非实质性的联系。这就有力地削弱了题干的结论。

A项对题干的实验，也进行了另一种解释，也能起到削弱作用，但只是说"有不小的作用"，而E项说的是"主要影响"。因此，E项的削弱力度更大。

选项B、C、D与该结论不相干，均不能削弱题干。

## 4.2 求异强化

求异法也叫差异法，是指这样的一种方法：如果某一现象在一种场合下出现，而另一种场合下不出现，但在这两种场合里，其他条件都相同，只有一个条件不同（在某现象出现的场合里有这个条件，而在某现象不出现的那一种场合里则没有这个条件），那么，这唯一不同的条件，就是某现象产生的原因。

## 1. 求异法的推理

求异法可用下述公式来表示：

| 场合 | 先行情况 | 被研究现象 C |
|---|---|---|
| (1) | A、B、C | a |
| (2) | —、B、C | — |

所以，A 是 a 的原因（或结果）。

## 2. 批判性准则

针对运用求异法推出的因果主张，所提出的批判性问题包括：

(1) 有没有考察别的场合？是否有反例存在？

(2) 不同场合中所具有的差异因素是不是唯一的？在所比较的两种现象之间是否存在其他差异的因素？

(3) 背景是否一样？即其他条件是否都相同？

(4) 两个不同场合中所具有的差异因素是部分原因，还是全部原因？

(5) 是否还隐藏着其他原因？表面相同是否实质不同？表面不同是否实质相同？

## 3. 强化求异论证的方法

(1) 求异论证的强化方法第一种：关键差异。

从导致不同结果的原因方面指出差异因素是唯一的、关键的或必不可少的。即先行情况和被研究现象之间具有实质性的因果联系。

(2) 求异论证的强化方法第二种：正面证据。

通过一个对比观察或对比实验，提供一个符合求异法的对比事实作为正面证据。

(3) 求异论证的强化方法第三种：无因无果。

通过一个对比观察或对比实验，提供对比方的无因无果的事实作为正面证据。

(4) 求异论证的强化方法第四种：背景相同。

正面指出除这个差异因素之外，其他背景因素（先行条件）都是相同的。

(5) 求异论证的强化方法第五种：没有他因。

从导致不同结果的原因方面指出不存在其他方面的差异。

### 1  2001MBA－35

自从 20 世纪中叶化学工业在世界范围成为一个产业以来，人们一直担心，它所造成的污染将严重影响人类的健康。但统计数据表明，半个世纪以来，化学工业发达的工业化国家的人均寿命增长率，大大高于化学工业不发达的发展中国家。因此，人们关于化学工业危害人类健康的担心是多余的。

以下哪项是上述论证必须假设的？

A. 20 世纪中叶，发展中国家的人均寿命，低于发达国家。

B. 如果出现发达的化学工业，发展中国家的人均寿命增长率会因此更低。

C. 如果不出现发达的化学工业，发达国家的人均寿命增长率不会因此更高。

D. 化学工业带来的污染与它带给人类的巨大效益相比是微不足道的。

E. 发达国家在治理化学工业污染方面投入巨大，效果明显。

### 2  2001MBA－61

尽管计算机可以帮助人们进行沟通，计算机游戏却妨碍了青少年沟通能力的发展。他们把课余时间都花费在玩游戏上，而不是与人交流上。所以说，把课余时间花费在玩游戏上的青少年比其他孩子有较少的沟通能力。

以下哪项是上述议论最可能假设的？

A. 一些被动的活动，如看电视和听音乐，并不会阻碍孩子们的交流能力的发展。

B. 大多数孩子在玩电子游戏之外还有其他事情可做。

C. 在课余时间不玩电子游戏的孩子至少有一些时候是在与人交流。

D. 传统的教育体制对增强孩子们与人交流的能力没有帮助。

E. 由玩电子游戏带来的思维能力的增强对孩子们的智力开发并没有实质性的益处。

### 3  2002GRK-33

某个实验把一批吸烟者作为对象。实验对象分为两组：第一组是实验组；第二组是对照组。实验组的成员被强制戒烟，对照组的成员不戒烟。三个月后，实验组成员的平均体重增加了10%，而对照组成员的平均体重基本不变。实验结果说明，戒烟会导致吸烟者的体重增加。

以下哪项如果为真，最能加强上述实验结论的说服力？

A. 实验组和对照组成员的平均体重基本相同。

B. 实验组与对照组的人数相等。

C. 除戒烟外，对每个实验对象来说，可能影响体重变化的生存条件基本相同。

D. 除戒烟外，对每个实验对象来说，可能影响体重变化的生存条件基本保持不变。

E. 上述实验的设计者，是著名的保健专家。

### 4  2004GRK-37

在一项实验中，第一组被试验者摄取了大量的人造糖，第二组则没有吃糖。结果发现，吃糖的人比没有吃糖的人认知能力低。这一实验说明，人造糖中所含的某种成分会影响人的认知能力。

以下哪项如果为真，最支持上述结论？

A. 在上述实验中，第一组被试验者吃的糖大大超出日常生活中的摄入量。

B. 上述人造糖中所含的该种成分也存在于大多数日常食物中。

C. 第一组被试验者摄取的糖的数量没有超出卫生部门规定的安全范围。

D. 两组被试验者的认知能力在实验前是相当的。

E. 两组被试验者的人数相等。

### 5  2010MBA-40

鸽子走路时，头部并不是有规律地前后移动，而是一直在往前伸。行走时，鸽子脖子往前一探，然后，头部保持静止，等待着身体和爪子跟进。有学者曾就鸽子走路时伸脖子的现象作出假设：在等待身体跟进的时候，暂时静止的头部有利于鸽子获得稳定的视野，看清周围的食物。

以下哪项如果为真，最能支持上述假设？

A. 鸽子行走时如果不伸脖子，很难发现远处的食物。

B. 步伐大的鸟类，伸脖子的幅度远比步伐小的要大。

C. 鸽子行走速度的变化，刺激内耳控制平衡的器官，导致伸脖子。

D. 鸽子行走时一举翅一投足，都可能出现脖子和头部肌肉的自然反射，所以头部不断运动。

E. 如果雏鸽步态受到限制，功能发育不够完善，那么，成年后鸽子的步伐变小，脖子伸缩幅度则会随之降低。

### 6  2013GRK-29

在一项研究中，51名中学生志愿者被分成测试组和对照组，进行同样的数学能力培训。在为期5天的培训中，研究人员使用一种称为经颅随机噪声刺激的技术对25名测试组成员脑部被认为与运算能力有关的区域进行轻微的电击。此后的测试结果表明，测试组成员的数学运算能力明显高于对照组成员。而令他们惊讶的是，这一能力提高的效果至少可以持续半年时间。研究人员由此认为，脑部微电击可提高大脑运算能力。

以下哪项如果为真，最能支持上述研究人员的观点？

A. 这种非侵入式的刺激手段成本低廉，且不会给人体带来任何痛苦。
B. 对脑部轻微电击后，大脑神经元间的血液流动明显增强，但多次刺激后又恢复常态。
C. 在实验之前，两个组学生的数学成绩相差无几。
D. 脑部微电击的受试者更加在意自己的行为，测试时注意力更集中。
E. 测试组和对照组的成员数量基本相等。

### 7  2015MBA-52

研究人员安排了一次实验，将100名受试者分为两组：喝一小杯红酒的实验组和不喝酒的对照组。随后，让两组受试者计算某段视频中篮球队员相互传球的次数。结果发现，对照组的受试者都计算准确，而实验组中只有18%的人计算准确。经测试实验组受试者的血液中酒精浓度只有酒驾法定值的一半。由此专家指出，这项研究结果或许应该让立法者重新界定酒驾法定值。

以下哪项如果为真，最能支持上述专家的观点？

A. 酒驾法定值设置过低，可能会把许多未饮酒者界定为酒驾。
B. 即使血液中酒精浓度只有酒驾法定值的一半，也会影响视力和反应速度。
C. 只要血液中酒精浓度不超过酒驾法定值，就可以驾车上路。
D. 即使酒驾法定值设置较高，也不会将少量饮酒的驾车者排除在酒驾范围之外。
E. 饮酒过量不仅损害身体健康，而且影响驾车安全。

# 答案与解析

### 1. 正确答案：C

题干根据化学工业发达的国家人均寿命增长率高，得出结论：化学工业不会危害人类健康。

C项是题干的论证必须假设的，否则，如果没有发达的化学工业，发达国家的人均寿命增长率会因此更高，那么，就不能根据化学工业发达的工业化国家的人均寿命增长率大大高于化学工业不发达的发展中国家，就得出化学工业并不危害人类健康的结论（表2-4-1）。

其余各项都不是必须假设的，其中B项削弱题干。

表2-4-1

| 场合 | 先行情况 | 观察到的现象 | |
|---|---|---|---|
| 1. 发达国家 | 化学工业发达 | 人均寿命增长率高 | |
| 2. 发达国家 | 化学工业不发达 | 人均寿命增长率不高 | （无因无果的假设）|
| 3. 发展中国家 | 化学工业不发达 | 人均寿命增长率不高 | （无因无果的支持）|

### 2. 正确答案：C

题干的断定：把课余时间花费在玩游戏上的青少年不与人交流，所以，把课余时间花费在玩游戏上的青少年比其他孩子有较少的沟通能力。

题干：因（玩游戏）→果（不交流）

C项无因无果的假设：无因（不玩游戏）→无果（有交流）

C项是题干的议论必须假设的，否则，如果事实上在课余时间不玩电子游戏的孩子在任何时候都不与人交流，那么，就不能根据青少年在课余时间玩游戏而不是与人交流，就得出结论，把课余时间花费在玩游戏上的青少年比其他孩子缺少沟通能力（表2-4-2）。

其余各项均不是需要假设的。

表2-4-2

| 场合 | 先行情况 | 观察到的现象 |
| --- | --- | --- |
| 1. 题干 | 把课余时间花费在玩游戏上的青少年、其他背景相同 | 不与人交流 |
| 2. 选项 | 不把课余时间花费在玩游戏上的青少年、其他背景相同 | 与人交流 |
| 结论 | 把课余时间花费在玩游戏上导致了较少的沟通能力 | |

如果不把课余时间花费在玩游戏上的青少年也不与人交流，意味着，课余时间玩游戏不是导致缺乏沟通能力的原因，可能是家庭沟通情况或课堂沟通情况导致了沟通能力的差异。

3. **正确答案：D**

这是一道没有他因的支持题。在用求异法探求因果联系时，必须保证其他因素都是相同的，而D项正是这个意思。为了加强题干结论的说服力，D项是应当假设的。否则，如果除戒烟外，对每个实验对象来说，可能影响体重变化的生存条件有实质性的变化，那么，实验对象的体重变化很可能是这些生存条件的变化引起的，而不是由戒烟引起的，这就大大削弱了题干的实验结论的说服力。

注意：C项与D项意思是不一样的。

D项是指每个实验对象与自身来比，可能影响体重变化的生存条件基本保持不变，但每个实验对象之间比较，各自生存条件还是可以不同的。比如实验组内，胖人要吃多的食物保持体重不变，瘦人要吃少的食物保持体重不变。即每个实验对象吃的食物实验前与实验后与自己比是相同的。

而C项是指不同的实验对象之间来比较，可能影响体重变化的生存条件基本相同，即每个实验对象生存条件相同。不妨假设所有的实验对象每天摄入的食物相同，则这种食物摄入可能使一个胖人减少体重，而使另一个瘦人增加体重。这样，实验对象的体重变化很可能是由相同的食物摄入量，即由相同的生存条件引起的，而不是由戒烟引起的，这就大大削弱了题干结论的说服力。因此，C项不利于加强题干结论的说服力。

4. **正确答案：D**

本题是使用求异法作出的论证，先行情况中的差异因素是"吃糖"，比较的现象是"认知能力"，求异法的结论：差异因素（吃糖）是导致某种现象（认知能力低）产生的原因。要使这个论证成立，就必须指出除了"吃糖"这个差异因素外，其他先行情况必须是相同的（表2-4-3）（表中B、C指背景因素相同）。

D项"两组被试验者的认知能力在实验前是相当的"就表明了背景因素是相同的，支持了题干论证。

表2-4-3

| 场合 | 先行情况 | 观察到的现象 |
| --- | --- | --- |
| 1 | 吃糖、B、C | 认知能力低 |
| 2 | —、B、C | 认知能力正常 |
| 结论：人造糖会影响人的认知能力。 | | |
| 假设：背景一样 | | |

### 5. 正确答案：A

学者就鸽子走路时伸脖子的现象作出的假设是，暂时静止的头部有利于鸽子获得稳定的视野，看清周围的食物。

A 项表明，鸽子行走时如果不伸脖子，很难发现远处的食物。这与题干假设构成了求异法，从无因无果的角度有力地支持了题干假设。

E 项是从共变的角度来支持，但是力度不如 A 项。

### 6. 正确答案：C

题干结论：脑部微电击可提高大脑运算能力。论据：微电击后测试组成员的数学运算能力明显高于对照组成员。

这是用求异法得出的因果联系，所基于的对照实验必须保证除微电击这一差异因素外，两组学生在实验前的其他背景条件是相同的。可见，C 项是题干论证的假设，有力地支持了研究人员的观点，否则，如果在实验之前，测试组成员的数学运算能力就明显高于对照组成员，那么题干结论就不成立了。

其他选项不能有效地支持题干观点，比如 D 为削弱项，其余为无关项。

### 7. 正确答案：B

题干通过对照实验发现，喝一小杯红酒的人虽然血液中酒精浓度只有酒驾法定值的一半，但比不喝酒的人判断力要明显低，从而得出结论，应该重新界定酒驾法定值。

B 项表明，就算血液中酒精浓度只有酒驾法定值的一半，也会影响视力和反应速度。这就有力地支持了题干结论，因此，为正确答案。

## 4.3 求异弱化

弱化求异论证的方法大致也有五种：

（1）求异论证的弱化方法第一种：并非关键。

从导致不同结果的原因方面指出差异因素不是唯一的、关键的或必不可少的。

（2）求异论证的弱化方法第二种：反面证据。

通过一个对比观察或对比实验，提供一个违背求异法的对比事实作为反面证据。

（3）求异论证的弱化方法第三种：提供反例（无因有果、有因无果）。

通过一个对比观察或对比实验，提供对比方的因果不一致的事实作为反面证据。

（4）求异论证的弱化方法第四种：背景不同。

正面指出除这个差异因素之外，其他背景因素（先行条件）是不同的。

（5）求异论证的弱化方法第五种：另有他因。

从导致不同结果的原因方面指出存在其他方面的差异。

**1** 2000MBA－41

有些家长对学龄前的孩子束手无策，他们自愿参加了当地的一个为期六周的"家长培训"计划。家长们在参加该项计划前后，要在一份劣行调查表上为孩子评分，以表明孩子到底给他们带来了多少麻烦。家长们报告说，在参加该计划之后他们遇到的麻烦确实比参加之前要少。

以下哪项如果为真，最可能怀疑家长们所受到的这种培训的真正效果？

A. 这种训练计划所邀请的课程教授尚未结婚。

B. 参加这项训练计划的单亲家庭的家长比较多。

C. 家长们通常会在烦恼不堪、情绪落入低谷时才参加什么"家长培训"计划，而孩子们的捣乱和调皮有很强的周期性。
D. 填写劣行调查表对于这些家长来说不是一件容易的事情，尽管并不花费太多的时间。
E. 学龄前的孩子最需要父母亲的关心。起码，父母亲应当在每天都有和自己的孩子相处谈话的时间。专家建议，这个时间的低限是30分钟。

### 2 2000MBA－46

孩子出生后的第一年在托儿所度过，会引发孩子的紧张不安。在我们的研究中，有464名12～13岁的儿童接受了特异情景测试法的测验，该项测验意在测试儿童1岁时的状况与对母亲的依附心理之间的关系。其结果是：有41.5%曾在托儿所看护的儿童和25.7%曾在家看护的儿童被认为紧张不安，过于依附母亲。

以下哪项如果为真，最没有可能对上述研究的推断提出质疑？
A. 研究中所测验的孩子并不是从托儿所看护和在家看护两种情况下随机选取的。因此，这两组样本儿童的家庭很可能有系统的差异存在。
B. 这项研究的主持者被证实曾经在自己的幼儿时期受到过长时间来自托儿所阿姨的冷漠。
C. 针对孩子母亲的另一部分研究发现：由于孩子在家里表现出过度的依附心理，父母因此希望将其送入托儿所予以矫正。
D. 因为风俗的关系，在464名被测者中，在托儿所看护的大多数为女童，而在家看护的多数为男童。一般地说，女童比男童更易表现为紧张不安和依附母亲。
E. 出生后第一年在家看护的孩子多数是由祖父母或外祖父母看护的，并形成浓厚的亲情。

### 3 2000MBA－47

在美国，实行死刑的州，其犯罪率要比不实行死刑的州低。因此，死刑能够减少犯罪。
以下哪项如果为真，最可能质疑上述推断？
A. 犯罪的少年，较之守法的少年更多出自无父亲的家庭。因此，失去了父亲能够引发少年犯罪。
B. 美国的法律规定了在犯罪地起诉并按其法律裁决，许多罪犯因此经常流窜犯罪。
C. 在最近几年，美国民间呼吁废除死刑的力量在不断减弱，一些政治人物也已经不再像过去那样在竞选中承诺废除死刑了。
D. 经过长期的跟踪研究发现，监禁在某种程度上成为酝酿进一步犯罪的温室。
E. 调查结果表明：犯罪分子在犯罪时多数都曾经想过自己的行为可能会受到死刑或常年监禁的惩罚。

### 4 2000MBA－48

京华大学的30名学生近日答应参加一项旨在提高约会技巧的计划。在参加这项计划前一个月，他们平均已经有过一次约会。30名学生被分成两组：第一组与6名不同的志愿者进行6次"实习性"约会，并从约会对象得到对其外表和行为的看法的反馈；第二组仅为对照组。在进行实习性约会前，每一组都要分别填写社交忧惧调查表，并对其社交的技巧评定分数。进行实习性约会后，第一组需要再次填写调查表。结果表明：第一组较之对照组表现出更少的社交忧惧，在社交场合更加自信，以及更易进行约会。显然，实际进行约会，能够提高我们社会交际的水平。

以下哪项如果为真，最可能质疑上述推断？
A. 这种训练计划能否普遍开展，专家们对此有不同的看法。
B. 参加这项训练计划的学生并非随机抽取的，但是所有报名的学生并不知道实验计划将要包括的内容。

C. 对照组在事后一直抱怨他们并不知道计划已经开始，因此，他们所填写的调查表因对未来有期待而填得比较悲观。

D. 填写社交忧惧调查表时，学生需要对约会的情况进行一定的回忆，男学生普遍对约会对象评价得较为客观，而女学生则显得比较感性。

E. 约会对象是志愿者，他们在事先并不了解计划的全过程，也不认识约会的实验对象。

### 5  2004MBA-36

一项对 30 名年龄是 3 岁的独生孩子与 30 名同龄非独生的第一胎孩子的研究发现，这两组孩子日常行为能力非常相似，这种日常行为能力包括语言能力、对外界的反应能力以及和同龄人、他们的家长及其他大人相处的能力等等。因此，独生孩子与非独生孩子的社会能力发展几乎一致。

以下哪项如果为真，最能削弱上述结论？

A. 进行对比的两组孩子是不同地区的孩子。
B. 独生孩子与母亲的接触时间多于非独生孩子与母亲接触的时间。
C. 家长通常在第一胎孩子接近 3 岁时怀有他们的第二胎孩子。
D. 大部分参与此项目的研究者没有兄弟姐妹。
E. 独生孩子与非独生孩子与母亲的接触时间和与父亲接触的时间是各不相同的。

### 6  2008MBA-54

有 90 个病人，都患有难治病 T，服用过同样的常规药物。这些病人被分为人数相等的两组，第一组服用治疗 T 的试验药物 W 素，第二组服用不含 W 素的安慰剂。10 年后的统计显示，两组都有 44 人死亡。因此，这种药物是无效的。

以下哪项如果为真，最能削弱上述论证？

A. 在上述死亡病人中，第二组的平均死亡年份比第一组早两年。
B. 在上述死亡病人中，第二组的平均寿命比第一组小两岁。
C. 在上述活着病人中，第二组的比第一组病情更严重。
D. 在上述活着病人中，第二组的比第一组的更年长。
E. 在上述活着病人中，第二组的比第一组的更年轻。

### 7  2008GRK-34

在村庄东西两块玉米地中，东面的地施过磷酸钙单质肥料，西面的地则没有。结果，东面的地亩产玉米 300 公斤，西面的地亩产仅 150 公斤。因此，东面的地比西面的地产量高的原因是由于施用了过磷酸钙单质肥料。

以下哪项如果为真，最能削弱上述论证？

A. 给东面地施用的过磷酸钙是过期的肥料。
B. 北面的地施用过硫酸钾单质化肥，亩产玉米 220 公斤。
C. 每块地种植了不同种类的四种玉米。
D. 两块地的田间管理无明显不同。
E. 东面和西面两块地的土质不同。

### 8  2010MBA-34

一般认为，出生地间隔较远的夫妻所生子女的智商较高。有资料显示，夫妻均是本地人，其所生子女的平均智商为 102.45；夫妻是省内异地的，其所生子女的平均智商为 106.17；而隔省婚配的，其所生子女的智商则高达 109.35。因此，异地通婚可提高下一代智商水平。

以下哪项如果为真，最能削弱上述结论？

A. 统计孩子平均智商的样本数量不够多。
B. 不难发现，一些天才儿童的父母均是本地人。
C. 不难发现，一些低智商儿童父母的出生地间隔较远。
D. 能够异地通婚者的智商比较高，他们自身的高智商促成了异地通婚。
E. 一些情况下，夫妻双方出生地间隔很远，但他们的基因可能接近。

## 9  2012GRK-34

研究人员报告说，一项超过 1 万名 70 岁以上老人参与的调查显示，每天睡眠时间超过 9 小时或少于 5 小时的人，他们的平均认知水平低于每天睡眠时间为 7 小时左右的人。研究人员据此认为，要改善老年人的认知能力，必须使用相关工具检测他们的睡眠时间，并对睡眠进行干预，使其保持适当的睡眠时间。

以下哪项如果为真，最能质疑上述研究人员的观点？

A. 尚没有专业的医疗器具可以检测人的睡眠时间。
B. 每天睡眠时间为 7 小时左右的都是 70 岁以上的老人。
C. 每天睡眠时间超过 9 小时或少于 5 小时的都是 80 岁以上的老人。
D. 70 岁以上的老人一旦醒来就很难再睡着。
E. 70 岁以上的老人中，有一半以上失去了配偶。

## 10  2015MBA-33

当企业处于蓬勃上升时期，往往紧张而忙碌，没有时间和精力去设计和修建"琼楼玉宇"，当企业所有的重要工作都已经完成，其时间和精力就开始集中在修建办公大楼上。所以，如果一个企业的办公大楼设计得越完美，装饰得越豪华，则该企业离解体的时间就越近。当某个企业的大楼设计和建造趋向完美之际，它的存在就逐渐失去意义。这就是所谓的"办公大楼"法则。

以下哪项如果为真，最能质疑上述观点？

A. 一个企业如果将时间和精力都耗在修建办公大楼上，则对其他重要工作就投入不足了。
B. 某企业办公大楼修建得美轮美奂，入住后该企业的事业蒸蒸日上。
C. 建造豪华的办公大楼，往往会增加运营成本，损害其利益。
D. 企业的办公大楼越破旧，该企业就越有活力和生机。
E. 建造豪华办公大楼并不需要投入太多时间和精力。

## 11  2015MBA-46

有人认为，任何一个机构都包括不同的职位等级或层级，每个人都隶属于其中一个层次。如果某人在原来级别岗位上干得出色，就会被提拔，而被提拔者得到重用后却碌碌无为，这会造成机构效率低下，人浮于事。

以下哪项如果为真，最能质疑上述观点？

A. 个人晋升常常会在一定程度上影响所在机构的发展。
B. 不同岗位的工作方式不同，对新的岗位要有一个适应过程。
C. 王副教授教学科研都很强，而晋升正教授后却表现平平。
D. 李明的体育运动成绩并不理想，但他进入管理层后却干得得心应手。
E. 部门经理王先生业绩出众，被提拔为公司总经理后工作依然出色。

## 答案与解析

### 1. 正确答案：C

题干是一个求异法作出的论证，先行的差异因素是"是否参加家长培训"，被观察的现象是"遇到麻烦的情况"。因为家长们感到在参加该计划之后他们遇到的麻烦确实比参加之前要少，因此，该"家长培训"计划有效果。

选项 C 实际上指出存在其他差异因素，由该项可知家长们在参加"家长培训"计划前，正是他们遇到的麻烦最多的时候，此后，即使退出这项计划，他们遇到的麻烦也会较为减少，这样由参加该计划之后遇到的麻烦比参加之前要少，并不能说明这项计划有效果。因此，C 项将对题干中的培训效果构成严重质疑（表 2-4-4）（表中 B、C 指背景因素相同）。

其余各项均不能构成质疑。

表 2-4-4

| 场合 | 先行情况 | 观察到的现象 |
| --- | --- | --- |
| 1 | 没参加培训、B、C、T（情绪低谷） | 麻烦多 |
| 2 | 参加培训后、B、C、—（情绪好转） | 麻烦少 |

结论：培训不一定有效果

### 2. 正确答案：E

题干的结论是：孩子出生后的第一年在托儿所度过，会引发孩子的紧张不安。

其根据是：表现出紧张不安（过于依附母亲）的被测试儿童，在 1 岁时曾由托儿所看护的儿童中所占的比例，要高于 1 岁时曾在家中看护的儿童。

若 A 项为真，说明统计时的抽样可能不科学。因为如果两组进行比较的儿童本身可能存在系统性的差异，那么，他们是否较易紧张不安，完全可能由此种差异造成，而并非因为 1 岁时是否由托儿所看护。因此，能质疑题干推断。

若 B 项为真，可以怀疑题干中研究者的测验会带上研究者本人的个人偏向和主观色彩。因此，能质疑题干推断。

若 C 项为真，由此可以得出结论：至少有一部分孩子，不是由于去了托儿所才有了依附心理，恰恰相反，而是表现出了过度的依附心理才被送进托儿所。这是个因果倒置的削弱。

若 D 项为真，说明样本不科学，由此可以认为，表现出紧张不安和依附母亲的被测试儿童，在 1 岁时曾由托儿所看护的儿童中所占的比例较高，是因为该组样本中女童所占的比例较高，因此，不能认为是托儿所引发了孩子的紧张不安。因此，以另有他因的方式质疑了题干推断。

若 E 项为真，在家看护的孩子多数是由祖父母或外祖父母看护，并形成浓厚的亲情，进一步说明了在家看护不容易紧张，某种意义上支持了题干，因此，该项显然最不可能构成质疑（表 2-4-5）。

表 2-4-5

| 场合 | 先行情况 | 观察到的现象 |
| --- | --- | --- |
| 1 | 在托儿所的儿童 | 紧张不安的比例高 |
| 2 | 在家（不在托儿所）的儿童 | 紧张不安的比例低 |

结论：孩子出生后的第一年在托儿所度过，会引发孩子的紧张不安

### 3. 正确答案：B

题干根据实行死刑的州犯罪率比不实行死刑的州低，得出结论：死刑能够减少犯罪。

要削弱这个推断，就要说明存在别的因素影响这个推理。如果 B 项真，则可以认为，许多

罪犯，为了躲避死刑的风险，宁愿采取流窜作案的方式，选择不实行死刑的州作案。这样，虽然实行死刑的州犯罪率因此下降，但全美国的犯罪率并没有下降。所以不能由此得出一个普遍性的结论：死刑能够减少犯罪（表 2-4-6）（表中 B、C 指背景因素相同）。

其余各项均不能质疑题干的推断。

表 2-4-6

| 场合 | 先行情况 | 观察到的现象 |
| --- | --- | --- |
| 1 | 实行死刑、B、C　T（罪犯跑了） | 犯罪率低 |
| 2 | —、B、C　—（罪犯没跑） | 犯罪率高 |

结论：死刑不一定能减少犯罪

### 4. 正确答案：C

题干的结论是：实际进行约会，能够提高社交水平。其根据是：在所填写的调查表中，实习组比对照组更加自信。

如果 C 项为真，意思是，对照组不知道在实验，因此，表填得比正常情况要悲观，也即对照组实际上的社交水平与状态，比调查表中填写的要好，这样，作为题干根据的上述对比结果（即参加实习约会后表现出更加自信）就可能不成立，也就是，参加与不参加实习约会学生的社交水平是差不多的，这就对题干的推断提出了有力的质疑（表 2-4-7）（表中 B、C 指背景因素相同）。

其余各项均不能构成质疑。

表 2-4-7

| 场合 | 先行情况 | 观察到的现象 |
| --- | --- | --- |
| 1. 第一组 | 实习约会、B、C、T（正常填表） | 更加自信（社交水平提高） |
| 2. 第二组 | —、B、C、—（悲观填表） | — |

结论：实际进行约会不一定能够提高我们社会交际的水平

### 5. 正确答案：C

题干通过对 3 岁第一胎孩子的研究，发现独生孩子与非独生孩子的能力一致，由此得出结论：独生孩子与非独生孩子的社会能力发展几乎一致。

C 项指出，实际上参与调查的头胎非独生孩子在 3 岁以前没有弟弟或妹妹，也即无法区分独生孩子和非独生孩子，影响行为能力的生活环境，对于他们来说是一样的。所以调查的结果，不能反映独生孩子与非独生孩子之间的差异（如果再过几年研究，就有明显差异了），因此，该项有力地削弱了题干结论，为正确答案。

两组孩子所在地区不同而社会能力发展一致，并不一定表示两组孩子如果所在地区相同能力就会不一致，题干没有讨论地区问题，排除 A；无论与母亲的接触时间如何，都不影响研究的结果，排除 B；D、E 为无关项。

### 6. 正确答案：A

本题是使用求异法作出的论证，先行情况中的差异因素是"是否服用试验药物 W 素"，比较的现象是"寿命"。由于 10 年后每一组都有 44 位病人去世，从中得出结论：这种药物是无效的。

如果 A 项为真，则事实上，在上述死亡病人中，不服用试验药物 W 素的那一组的平均死亡年份比第一组早两年，则就有利于说明差异因素（服用试验药物 W 素）是导致某种现象

（寿命增加）产生的原因，这样，就说明服用治疗 T 的试验药物 W 素是有效的，有力地削弱了上述论证，为正确答案（表 2-4-8）（表中 B、C 指背景因素相同）。

根据题意，每组只剩下 1 人活着，因此比较活着的人就没有什么意义了，所以 C、D、E 项均不予考虑。

对两组病人的考察，只能从患病并进行治疗开始，与平均寿命关系不大，不选 B。

表 2-4-8

| 场合 | 先行情况 | 观察到的现象 |
| --- | --- | --- |
| 1 | 服用含 W 素的试验药物、B、C | 44 人死亡 |
| 2 | 服用不含 W 素的安慰剂、B、C | 44 人死亡 |
| 结论：这种药物是无效的 | | |

**7. 正确答案：E**

要使这则通过求异法作出的论证成立，必须保证对照实验中的这两块地除了是否施了过磷酸钙单质肥料外，其他背景因素都应该相同。

E 项表明，东面和西面两块地的土质不同，这就说明了存在其他因素影响论证，能有效地削弱题干，为正确答案。

其余选项难以削弱题干。比如 A 项，给东面地施用的过磷酸钙是过期的肥料，东面的产量都比没施肥的西面高，可见过期的过磷酸钙有作用，那么不过期的肥料就更有作用了，支持了题干。C 项意思是这两块地都种植了不同种类的四种玉米，而不是说这两块地种植的玉米不一样，因此，不能削弱题干。

**8. 正确答案：D**

题干结论是：异地通婚可提高下一代的智商。

若要削弱该结论，只需要提供证据说明"出生地间隔较远的夫妻所生子女的智商较高有其他原因"即可，如果 D 项为真，即异地通婚者本身智商高，这显然有利于说明，异地通婚的夫妻下一代智商高的原因是异地通婚者本身就智商高，而并非是异地通婚本身能提高智商，这就有力地削弱了题干的结论。

本题干扰项是 A 项。样本数量不够，对题干的论据有一定程度的削弱作用，但只存在可能的削弱作用，因为一旦题干的统计增加采样并得出相似的数据，A 项"样本数量不够多"便不成立，因此，这类削弱一般力度不足。

**9. 正确答案：C**

题干中研究人员根据对 70 岁以上老人的调查发现，每天睡眠时间不适当（超过 9 小时或少于 5 小时），则平均认知水平低。从而得出结论：要改善老年人的认知能力，必须使其保持适当的睡眠时间。

若 C 项成立，即每天睡眠时间超过 9 小时或少于 5 小时的都是 80 岁以上的老人，则意味着，造成认知水平低的原因不是睡眠时间不适当，而很可能是年龄老化，这就有力地质疑了题干的观点。

其余选项不能削弱题干观点。比如，A 项，尚没有专业的医疗器具可以检测人的睡眠时间，并不意味着不需要这样的医疗器具，以后可能会发明出这样的工具。

**10. 正确答案：B**

题干所谓的"办公大楼"法则是指：通过办公大楼与企业发展阶段的相关性，得出结论，办公大楼修建得越豪华，该企业离解体的时间就越近。

上升时期——不建豪华楼。

重要工作完成（不上升了）——建豪华楼。

B项表明，某企业虽然建造了豪华大楼，但是企业的事业还是蒸蒸日上，是个反例，这就有力地质疑了题干观点，因此为正确答案。

其余选项不妥。A、C、D项，均对题干观点有支持作用。E项对题干论述的前提也有所削弱，但对题干观点的削弱力度不足。

### 11. 正确答案：E

题干中某人认为，每个人都隶属于一个层级。其理由是，某人在原来级别岗位上干得出色，被提拔后却碌碌无为。

原来级别岗位——干得出色。

被提拔——碌碌无为。

E项为题干观点的一个反例，王先生因业绩出众被提拔，被提拔后工作依然出色，这就有力地削弱了题干中的观点，因此为正确答案。

## 4.4 求异推论

求异推论题指的是，题干是个求异论证，要求推出结论。得出的结论应该是，差异因素是导致某种现象产生的原因。

### 1 2001MBA-46

各品种的葡萄中都存在着一种化学物质，这种物质能有效地减少人血液中的胆固醇。这种物质也存在于各类红酒和葡萄汁中，但白酒中不存在。红酒和葡萄汁都是用完整的葡萄作原料制作的；白酒除了用粮食作原料外，也用水果作原料，但和红酒不同，白酒在以水果作原料时，必须除去其表皮。

以上信息最能支持以下哪项结论？

A. 用作制酒的葡萄的表皮都是红色的。

B. 经常喝白酒会增加血液中的胆固醇。

C. 食用葡萄本身比饮用由葡萄制作的红酒或葡萄汁更有利于减少血液中的胆固醇。

D. 能有效地减少血液中胆固醇的化学物质，只存在于葡萄之中，不存在于粮食作物之中。

E. 能有效地减少血液中胆固醇的化学物质，只存在于葡萄的表皮之中，而不存在于葡萄的其他部分中。

### 2 2005GRK-30

母鼠对它所生的鼠崽立即显示出母性行为。而一只刚生产后的从未接触鼠崽的母鼠，在一个封闭的地方开始接触一只非己所生的鼠崽，七天后，这只母鼠才显示出明显的母性行为。如果破坏这只母鼠的嗅觉，或者摘除鼠崽产生气味的腺体，上述七天的时间将大大缩短。

上述断定最能推出以下哪项结论？

A. 不同母鼠所生的鼠崽发出不同的气味。

B. 鼠崽的气味是母鼠母性行为的重要诱因。

C. 非己所生的鼠崽的气味是母鼠对其产生母性行为的障碍。

D. 公鼠对鼠崽的气味没有反应。

E. 母鼠的嗅觉是老鼠繁衍的障碍。

### 3  2009MBA-29

一项对西部山区小塘村的调查发现，小塘村约五分之三的儿童入中学后出现中等以上的近视，而他们的父母及祖辈，没有机会到正规学校接受教育，很少出现近视。

以下哪项作为上述断定的结论最为恰当？

A. 接受文化教育是造成近视的原因。
B. 只有在儿童期接受正式教育才易于成为近视。
C. 阅读和课堂作业带来的视觉压力必然造成儿童的近视。
D. 文化教育的发展和近视现象的出现有密切关系。
E. 小塘村约有五分之二的儿童是文盲。

### 4  2011GRK-32

某项研究以高中三年级理科生288人为对象，分两组进行测试。在数学考试前，一组学生需咀嚼10分钟的口香糖，而另一组无须咀嚼口香糖。测试结果显示，总体上咀嚼口香糖的考生比没有咀嚼口香糖的考生其焦虑感低20%，特别是对于低焦虑状态的考生群体，咀嚼组比未咀嚼组的焦虑感低36%，而对中焦虑状态的考生，咀嚼口香糖比不咀嚼口香糖的焦虑感低16%。

从以上实验数据，最能得出以下哪项？

A. 咀嚼口香糖对于高焦虑状态的考生没有效果。
B. 对于高焦虑状态的考生群体，咀嚼组比未咀嚼组的焦虑感低8%。
C. 咀嚼口香糖能够缓解低、中程度焦虑状态的学生的考试焦虑。
D. 咀嚼口香糖不一定能缓解考试焦虑。
E. 未咀嚼口香糖的一组，因为无事可做而焦虑。

## 答案与解析

### 1. 正确答案：E

题干正反两方面的事实是：包含表皮的葡萄做的红酒有减少血液中胆固醇的物质；去掉表皮的葡萄做的白酒不含减少血液中胆固醇的物质。

这是使用求异法作出的论证，差异因素是"葡萄皮"，比较的现象是"含降低胆固醇的物质"，得出的结论就应该是：差异因素（葡萄皮）是导致某种现象（含降低胆固醇的物质）产生的原因，因此合理的推论是：这种物质只存在于葡萄的表皮中，这正是E项所断定的（表2-4-9）。（表中B、C指背景因素相同）

其余各项均不能从题干中推出。

表 2-4-9

| 场合 | 先行情况 | 观察到的现象 |
| --- | --- | --- |
| 1. 红酒 | 葡萄皮、B、C | 含降低胆固醇的物质 |
| 2. 白酒 | —、B、C | — |

结论：葡萄皮能有效地减少血液中的胆固醇

### 2. 正确答案：C

题干陈述：

(1) 对自己所生的鼠崽，母鼠立即显示出母性行为。

(2) 对非己所生的鼠崽,母鼠在七天后才显示出明显的母性行为。

(3) 破坏母鼠嗅觉,或摘除鼠崽产生气味的腺体,对非己所生的鼠崽,母鼠显示出明显的母性行为的上述七天时间将大大缩短。

由题干信息,显然可以推出 C 项。

B 项不成立。因为题干的断定只有利于说明,亲生鼠崽的气味是母鼠母性行为的诱因,而非己所生的鼠崽的气味,不但不是诱因,反而是母鼠母性行为的障碍。

### 3. 正确答案:D

题干根据调查发现:小塘村约五分之三的儿童入中学后出现近视,而他们没有接受学校教育的父母及祖辈却很少出现近视。

根据求异法的推理,上述调查比较的现象是"是否近视",差异因素是"是否接受学校教育",从而有利于得出结论:文化教育的发展和近视现象的出现有密切关系。因此,D 项为正确答案。

其余选项都不恰当。例如,A 项不恰当,因为题干最多可说明,实施文化教育过程的某种并非不可避免的人为因素造成近视,而不能说明是文化教育本身造成近视。C 项也不恰当,因为上述实施文化教育过程造成近视的人为因素,有可能是阅读和课堂作业带来的视觉压力,但不必然是。

### 4. 正确答案:C

从题干论述,显然可以合理地得出 C 项。

其余选项均超出题干论述的范围。

## 4.5 求异解释

求异法作出因果论证的解释大致有两种:

第一种,题干通过观察、调查或实验发现,差异因素与某现象具有相关性。问题是要求解释上述现象,或者要求解释题干所给出的差异因素是导致某现象产生的原因这样的结论。这样的题目需要从选项中找出一种符合因果机理的合理解释。

第二种,题干通过观察、调查或实验发现,差异因素与某现象具有相关性。按理可认为差异因素是导致某现象发生的原因,但题干又说明这两者之间没有因果关系。问题是要求解释题干论述的不一致。这样的题目可以从另外的角度,比如另有他因或背景因素不一样来进行解释。

### 1  2007GRK-43

研究表明,很少服用抗生素的人比经常服用抗生素的人有更强的免疫力。然而,没有证据表明,服用抗生素会削弱免疫力。

以下哪项如果为真,最能解释题干中似乎存在的不一致?

A. 抗生素药物对于治疗病毒引起的疾病没有疗效。
B. 抗生素药物的价格比较贵,病人只在病重时才服用抗生素药物。
C. 尽管抗生素会产生许多副作用,有些人依然不断使用这类药。
D. 免疫力差的人如果不服用抗生素药物,很难从细菌感染的疾病中恢复过来。
E. 免疫力强的人很少感染上人们通常需要用抗生素进行治疗的疾病。

### 2  2010MBA-37

美国某大学医学院的研究人员在《小儿科杂志》上发表论文指出,在对 2 702 个家庭的孩子进行跟踪调查后发现,如果孩子在 5 岁前每天看电视超过 2 小时,他们长大后出现行为问题的风险将会增加 1 倍多。所谓行为问题是指性格孤僻、言行粗鲁、侵犯他人、难与他人合作等。

以下哪项如果为真,最能解释上述结论?

A. 电视节目会使孩子产生好奇心,容易导致孩子出现暴力倾向。

B. 电视节目中有不少内容容易使孩子长时间处于紧张、恐惧的状态。

C. 看电视时间过长,会影响儿童与他人的交往,久而久之,孩子便会缺乏与他人打交道的经验。

D. 儿童模仿力强,如果只对电视节目感兴趣,长此以往,会阻碍他们分析能力的发展。

E. 每天长时间地看电视,容易使孩子神经系统产生疲劳,影响身心健康发展。

### 3  2014GRK-28

对交通事故的调查发现,严查酒驾的城市和不严查酒驾的城市,交通事故发生率实际上是差不多的。然而多数专家认为:严查酒驾确实能降低交通事故的发生。

以下哪项对消除这种不一致最有帮助?

A. 严查酒驾的城市交通事故发生率曾经都很高。

B. 实行严查酒驾的城市并没有消除酒驾。

C. 提高司机的交通安全意识比严格管理更为重要。

D. 除了严查酒驾外,对其他交通违章也应该制止。

E. 小城市和大城市交通事故的发生率是不一样的。

### 4  2016MBA-42

某公司办公室茶水间提供自助式收费饮料,职员拿完饮料后,自己把钱放到特设的收款箱中。研究者为了判断职员在无人监督时,其自律水平会受哪些因素的影响,特地在收款箱上方贴了一张装饰图片,每周一换。装饰图片有时是一些花朵,有时是一双眼睛。一个有趣的现象出现了:贴着"眼睛"的那一周,收款箱里的钱远远超过贴其他图片的情形。

以下哪项如果为真,最能解释上述实验中的现象?

A. 该公司职员看到"眼睛"图片时,就能联想到背后可能有人看着他们。

B. 在该公司工作的职员,其自律能力超过社会中的其他人。

C. 该公司职员看到"花朵"图片时,心情容易变得愉快。

D. 眼睛是心灵的窗口,该公司职员看到"眼睛"图片时会有一种莫名的感动。

E. 在无人监督的情况下,大部分人缺乏自律能力。

### 5  2016MBA-45

在一项关于"社会关系如何影响人的死亡率"的课题研究中,研究人员惊奇地发现:不论种族、收入、体育锻炼等因素,一个乐于助人、和他人相处融洽的人,其平均寿命长于一般人,在男性中尤其如此;相反,心怀恶意、损人利己、和他人相处不融洽的人 70 岁之前的死亡率比正常人高出 1.5 至 2 倍。

以下哪项如果为真,最能解释上述发现?

A. 男性通常比同年龄段的女性对他人有更强的"敌视情绪",多数国家男性的平均寿命也因此低于女性。

B. 与人为善带来轻松愉悦的情绪,有益身体健康;损人利己则带来紧张的情绪,有损身体健康。

C. 身心健康的人容易和他人相处融洽,而心理有问题的人与他人很难相处。

D. 心存善念、思想豁达的人大多精神愉悦、身体健康。

E. 那些自我优越感比较强的人通常"敌视情绪"也比较强，他们长时间处于紧张状态。

### 6  2017MBA-49

通常情况下，长期在寒冷环境中生活的居民可以有更强的抗寒能力。相比于我国的南方地区，我国北方地区冬天的平均气温要低很多。然而有趣的是，现在许多北方地区的居民并不具有我们所以为的抗寒能力，相当多的北方人到南方来过冬，竟然难以忍受南方的寒冷天气，怕冷程度甚至远超过当地人。

以下哪项如果为真，最能解释上述现象？

A. 一些北方人认为南方温暖，他们去南方过冬时往往对保暖工作做得不够充分。
B. 南方地区冬天虽然平均气温比北方高，但也存在极端低温的天气。
C. 北方地区在冬天通常启用供暖设备，其室内温度往往比南方高出很多。
D. 有些北方人是从南方迁过去的，他们没有完全适应北方的气候。
E. 南方地区湿度较大，冬天感受到的寒冷程度超出气象意义上的温度指标。

### 7  2022MBA-51

有科学家进行了对比实验：在一些花坛中种植金盏草，而在另外一些花坛中未种植金盏草。他们发现：种了金盏草的花坛，玫瑰长得很繁茂，而未种金盏草的花坛，玫瑰却呈现病态，很快就枯萎了。

以下哪项如果为真，最能解释上述现象？

A. 为了利于玫瑰生长，某园艺公司推荐种金盏草而不是直接喷洒农药。
B. 金盏草的根系深度不同于玫瑰，不会与其争夺营养，却可保持土壤湿度。
C. 金盏草的根部可分泌出一种能杀死土壤中害虫的物质，使玫瑰免受其侵害。
D. 玫瑰花花坛中的金盏草常被认为是一种杂草，但它对玫瑰的生长，具有奇特的作用。
E. 花匠会对种了金盏草和玫瑰花的花坛施肥较多，而对仅种了玫瑰花的花坛施肥偏少。

## 答案与解析

### 1. 正确答案：E

很少服用抗生素的人比经常服用抗生素的人有更强的免疫力，按求异法推理，正常情况应该是，服用抗生素会削弱免疫力；然而，题干认为没有证据表明这一结论，为什么呢？肯定是存在别的原因，使求异法得出的这一结论不可靠。

E项如果为真，则说明，免疫力强的人，即使治病，也很少服用抗生素。这意味着，很少服用抗生素的人本来就免疫力强；也就是说，不是因为服用抗生素削弱了免疫力，而是免疫力强的人不需要服用抗生素（表2-4-10）。（表中B、C指背景因素相同）

D项对题干也能起到解释作用，该项表明，免疫力差的人确实需要服用抗生素，只是有助于说明，服用抗生素可能不是削弱免疫力的原因，但解释力度不如E项。

表 2-4-10

| 场合 | 先行情况 | 观察到的现象 |
| --- | --- | --- |
| 1 | 很少服用抗生素、B、C | 免疫力更强 |
| 2 | 经常服用抗生素、B、C | — |

正常的结论：服用抗生素会削弱免疫力
题干的结论：没有证据表明，服用抗生素会削弱免疫力

291

## 2. 正确答案：C

本题需要解释的现象是，为什么孩子看电视时间过长会产生行为问题？

C项表明，看电视时间过长，会影响儿童与他人的交往，久而久之，孩子便会缺乏与他人打交道的经验，这就有力地解释了题干的现象（表2-4-11）（表中B、C指背景因素相同）。

表 2-4-11

| 场合 | 先行情况 | 观察到的现象 |
| --- | --- | --- |
| 1 | 每天看电视超过2小时、B、C | 长大后出现行为问题的风险增多 |
| 2 | —、B、C | — |

结论：看电视时间过长会导致长大后出现行为问题的风险增多

## 3. 正确答案：A

既然严查酒驾确实能降低交通事故的发生率，那么，严查酒驾的城市和不严查酒驾的城市，交通事故发生率为什么是差不多呢？

A项指出，严查酒驾的城市交通事故发生率曾经都很高，这显然以另有他因的方式解释了题干所述的不一致现象。

## 4. 正确答案：A

题干要解释的实验现象是，为什么贴着"眼睛"的那一周，收款箱里的钱远远超过贴其他图片的情形？

A项指出，该公司职员看到"眼睛"图片时，就能联想到背后可能有人看着他们，这显然是一个有力的解释。

其余选项起不到合理的解释作用，比如D项，"感动"与付钱之间的关系未知，无法解释，排除。

## 5. 正确答案：B

本题需要解释的是，为什么乐于助人、和他人相处融洽的人，其平均寿命长于一般人；心怀恶意、损人利己、和他人相处不融洽的人死亡率比正常人高？

B项表明了与人为善的好处及损人利己的害处，可有力地解释题干所述现象。

其余选项起不到合理的解释作用，其中：

A项：比较对象不对，题干并不是男女之间的比较，排除。

C项：表明身心健康与相处融洽之间的关系，与题干论述不一致，排除。

D项：只是表明心存善念的人大多身心健康，但没有解释为什么心怀恶意的人死亡率比正常人高，排除。

E项：题干并没有提及"自我优越感"，排除。

## 6. 正确答案：C

题干陈述的反常现象是，通常情况下，长期在寒冷环境中生活的居民可以有更强的抗寒能力，北方地区温度低于南方地区，但北方人的抗寒能力不如南方人。

C项提出了室内温度这样一个新的对比，以类似他因的方式解释了题干反常现象，为正确答案。

A项："一些北方人"力度较弱，排除。

B项："极端低温的天气"只是个例，解释力度有限，排除。

D项："有些"力度较弱，排除。

E项：这是很强的干扰项。一方面，比较对象不一致，题干比较的是南方和北方，而该项比较的是南方的体感温度和气象温度，没有与北方进行比较。另一方面，南方湿度大导致寒冷的感受超过温度指标，但与北方相比呢？比如南方实际是零度，感受是零下五度，但北方实际是零下十度，这样如何解释题干的现象？排除。

### 7. 正确答案：C

实验现象：种了金盏草的花坛，玫瑰长得很繁茂；而未种金盏草的花坛，玫瑰却呈现病态，很快就枯萎了。

C项表明，金盏草的根部分泌出的一种物质，能杀死土壤中的害虫，使玫瑰免受其侵害。这作为一个证据，有力地解释了上述现象。

其余选项不妥，比如，B、E项有利于解释种了金盏草的花坛，玫瑰长得很繁茂；但不能解释未种金盏草的花坛，玫瑰呈现病态且枯萎的现象。D项所述的具体作用不明确。

## 4.6 求异比较

求异法就是要考察正反两个场合，其推理特点是同中求异。题干是个求异法的论证，要求从选项中找出一个同样是用求异法作出的论证。

**1 2010MBA-30**

化学课上，张老师演示了两个同时进行的教学实验：一个实验是 $KClO_3$ 加热后，有 $O_2$ 缓慢产生；另一个实验是 $KClO_3$ 加热后迅速撒入少量 $MnO_2$，这时立即有大量的 $O_2$ 产生。张老师由此指出：$MnO_2$ 是 $O_2$ 快速产生的原因。

以下哪项与张老师得出结论的方法类似？

A. 同一品牌的化妆品价格越高卖得越火。由此可见，消费者喜欢价格高的化妆品。
B. 居里夫人在沥青矿物中提取放射性元素时发现，从一定量的沥青矿物中提取的全部纯铀的放射线强度比同等数量的沥青矿物放射线强度低数倍。她据此推断，沥青矿物中还存在其他放射性更强的元素。
C. 统计分析发现，30岁至60岁之间，年纪越大胆子越小，有理由相信：岁月是勇敢的腐蚀剂。
D. 将闹钟放在玻璃罩里，使它打铃，可以听到铃声；然后把玻璃罩里的空气抽空，再使闹钟打铃，就听不到铃声了。由此可见，空气是声音传播的介质。
E. 人们通过对绿藻、蓝藻、红藻的大量观察，发现结构简单、无根叶是藻类植物的主要特征。

**2 2015MBA-44**

研究人员将角膜感觉神经断裂的兔子分为两组：实验组和对照组。他们给实验组兔子注射了一种从土壤霉菌中提取的化合物。3周后检查发现，实验组兔子的角膜感觉神经已经复合，而对照组兔子未注射这种化合物，其角膜感觉神经都没有复合。研究人员由此得出结论：该化合物可以使兔子断裂的角膜感觉神经复合。

以下哪项与上述研究人员得出结论的方式最为类似？

A. 一个整数或者是偶数，或者是奇数。
B. 绿色植物在光照充足的环境下能茁壮成长，而在光照不足的环境下只能缓慢生长，所以，光照有助于绿色植物生长。
C. 年逾花甲的老王戴上老花镜可以读书看报，不戴则视力模糊，所以年龄大的人都要戴老花镜。

D. 科学家在北极冰川地区的黄雪中发现了细菌，而该地区的寒冷气候与木卫二的冰冷环境有着惊人的相似，所以，木卫二可能存在生命。

E. 昆虫都有三对足，蜘蛛并非有三对足，所以蜘蛛不是昆虫。

## 答案与解析

### 1. 正确答案：D

题干归纳推理求因果联系的方法为求异法。D项得出结论的方法同样为求异法，为正确答案。A项为共变法；B项易误选，实际上为剩余法；C项也为共变法；E项不直接涉及因果关系。

### 2. 正确答案：B

题干所述研究人员得出结论的推理方式是求异法。

B项也运用了求异法，因此为正确答案。

其余选项的推理方法均与题干不类似。其中，A项为选言证法；C项为例证法；D项为类比法；E项为直言三段论推理。

## 4.7　共变推理

共变法是指在其他条件不变的情况下，如果一个现象发生变化，另一个现象就随之发生变化，那么，前一现象就是后一现象的原因或部分原因。

### 1. 共变法的推理

共变法可用下述公式来表示：

| 场合 | 先行情况 | 被研究现象 |
|---|---|---|
| (1) | A1、B、C、D | a1 |
| (2) | A2、B、C、D | a2 |
| (3) | A3、B、C、D | a3 |
| … | … | … |

所以，A 是 a 的原因。

### 2. 批判性准则

针对运用共变法推出的因果主张，所提出的批判性问题包括：

(1) 考察的场合是否足够多？是否有反例存在？
(2) 被研究现象发生共变的情况是否是唯一的？是否还存在其他共变因素？
(3) 在考察两个现象之间的共变关系时，背景是否一样？即其他条件是否保持不变？
(4) 两种现象的共变是否具有相关性？是否有因果关系？
(5) 共变情况存在什么样的限制范围？
(6) 两种因果共变的现象是正的共变，还是逆的共变？

### 3. 解题指导

(1) 共变强化。

强化一个用共变法作出的论证的方法如下：

①指出发生共变的两个现象之间有实质性的相关。即从导致共变结果的原因方面指出共变

因素是唯一的、关键的或必不可少的。也即先行情况和被研究现象之间具有实质性的因果联系。

②提供符合题干共变关系的原则（理论根据），或者，提供新的共变证据（事实例证：有因有果）。

③正面指出除这两个共变现象之外，其他背景因素都是相同的。或者，从反面指出不存在其他共变因素（没有他因）。

(2) 共变弱化。

弱化一个用共变法作出的论证的方法如下：

①指出发生共变的两个现象之间没有实质性的相关。即从导致共变结果的原因方面指出共变因素不是唯一的、关键的或必不可少的。

②提供不符合题干共变关系的原则（理论根据），或者，提供存在共变现象不成立的反例（有因无果、无因有果）。

③正面指出除这两个共变现象之外，其他背景因素不同。或者，从反面指出存在其他共变因素（另有他因）。

(3) 共变推论。

由共变现象得出合理的结论：共变的先行因素是被研究现象出现的原因。

### 1 2000MBA-62

世界卫生组织在全球范围内进行了一项有关献血对健康影响的跟踪调查。调查对象分为三组。第一组对象均有二次以上的献血记录，其中最多的达数十次；第二组对象均仅有一次献血记录；第三组对象均从未献过血。调查结果显示，被调查对象中癌症和心脏病的发病率，第一组分别为0.3%和0.5%，第二组分别为0.7%和0.9%，第三组分别为1.2%和2.7%。一些专家依此得出结论，献血有利于减少患癌症和心脏病的风险。这两种病已经不仅在发达国家而且也在发展中国家成为威胁中老年人生命的主要杀手。因此，献血利己利人，一举两得。

以下哪项如果为真，将削弱以上结论？

Ⅰ. 60岁以上的调查对象，在第一组中占60%，在第二组中占70%，在第三组中占80%。

Ⅱ. 献血者在献血前要经过严格的体检，一般具有较好的体质。

Ⅲ. 调查对象的人数，第一组为1 700人，第二组为3 000人，第三组为7 000人。

A. 只有Ⅰ。   B. 只有Ⅱ。
C. 只有Ⅲ。   D. 只有Ⅰ和Ⅱ。
E. Ⅰ、Ⅱ和Ⅲ。

### 2 2001GRK-34

某公司一项对员工工作效率的调查测试显示，办公室中白领人员的平均工作效率和室内气温有直接关系。夏季，当气温高于30℃时，无法达到完成最低工作指标的平均效率，而在此温度线之下，气温越低，平均效率越高，只要不低于22℃；冬季，当气温低于5℃时，无法达到完成最低工作指标的平均效率，而在此温度线之上，气温越高，平均效率越高，只要不高于15℃。另外，调查测试显示，车间中蓝领工人的平均工作效率和车间中的气温没有直接关系，只要气温不低于5℃，不高于30℃。

从上述断定，推出以下哪项结论最为恰当？

A. 在车间安装空调设备是一种浪费。

B. 在车间中，如果气温低于5℃，则气温越低，工作效率越低。

C. 在春秋两季，办公室白领人员的工作效率最高时的室内气温在15℃～22℃。

D. 在夏季，办公室白领人员在室内气温32℃时的平均工作效率，低于在气温30℃时。

E. 在冬季，当室内气温是15℃时，办公室白领人员的平均工作效率最高。

### 3  2018MBA-39

我国中原地区如果降水量比往年偏低，该地区河流水位会下降，流速会减缓。这有利于河流中的水草生长，河流中的水草总量通常也会随之增加。不过，去年该地区在经历了一次极端干旱之后，尽管该地区某河流的流速十分缓慢，但其中的水草总量并未随之而增加，只是处于一个很低的水平。

以下哪项如果为真，最能解释上述看似矛盾的现象？

A. 经过极端干旱之后，该河流中以水草为食物的水生物数量大量减少。
B. 我国中原地区多平原，海拔差异小，其地表河水流速比较缓慢。
C. 该河流在经历了去年极端干旱之后干涸了一段时间，导致大量水生物死亡。
D. 河水流速越慢，其水温变化就越小，这有利于水草的生长和繁殖。
E. 如果河中水草数量达到一定的程度，就会对周边其他物种的生存产生危害。

# 答案与解析

### 1. 正确答案：D

题干结论是：献血利己利人。

理由是：调查发现，献血与健康有共变关系，献血次数越多，癌症和心脏病的发病率越低。

Ⅰ能削弱题干的结论。说明背景不同，因为在三个组中，60岁以上的被调查对象所占的比例，以10%递增，又题干断定，癌症和心脏病是威胁中老年人生命的主要杀手，因此，有理由认为，三个组的癌症和心脏病发病率的递增，与其中老年人比例的递增有关，而并非说明献血有利于减少患癌症和心脏病的风险。

Ⅱ能削弱题干的结论。因为如果献血者一般有较好的体质，则献血记录较高的被调查对象，一般患癌症和心脏病的可能性就较小，因此，并非献血减少了他们患癌症和心脏病的风险。

Ⅲ不能削弱题干。因为题干中进行比较的数据是百分比，被比较各组的绝对人数的一定差别，不影响这种比较的说服力。

### 2. 正确答案：E

由题干，在冬季，当气温低于5℃时，无法达到完成最低工作指标的平均效率，而在此温度线之上，气温越高，平均效率越高，只要不高于15℃，因此，可得出结论：在冬季，当室内气温是15℃时，办公室白领人员的平均工作效率最高。因此，E选项正确。

其余各项都不能从题干的条件中恰当地得出。

A选项：气温对工作效率有影响，空调可避免温度在5℃以下和30℃以上时，不是浪费。
B选项：5℃以下，温度与工作效率的明确关系题干未描述。
C选项：春秋两季温度与工作效率的关系题干未描述。
D选项：30℃以上工作效率低，温度与工作效率的关系题干未描述。

### 3. 正确答案：C

题干的矛盾在于：一方面，如果降水量低，河流中的水草总量通常也会随之增加。另一方面，去年该地区在经历了一次极端干旱之后，河流中的水草总量并未随之而增加。

本题涉及共变法的误用，即把在一定范围内的共变现象绝对化，共变情况超出了限制范围。C项表明，该河流在经历了去年极端干旱之后干涸了一段时间，导致大量水生物死亡。可见，去年的特殊性导致了水草生长困难。

其余选项均无法解释题干的矛盾现象，比如，E项，题干并没有提及"其他物种"，排除。

# 第 5 章　类比推理

类比推理是根据两个或两类对象在某些属性上相同，推断出它们在另外的属性上（这一属性已为类比的一个对象所具有，而在另一个类比的对象那里尚未发现）也相同的一种推理。

### 一、 类比推理的形式

案例 A 有属性 a、b、c、d
案例 B 有属性 a、b、c
所以，案例 B 有属性 d（图 2-5-1）

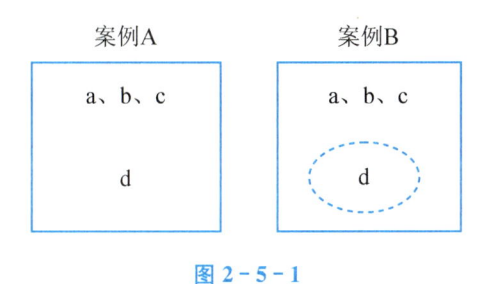

案例A　　　　　案例B
a、b、c　　　　a、b、c
　d　　　　　　　d

图 2-5-1

### 二、 针对运用类比推理得出的因果主张，所提出的批判性问题

(1) 相似性问题：A 和 B 真的相似吗？
(2) 相关性问题：相似属性 a、b、c 与推出属性 d 是否具有相关性？
(3) 不相似问题：A 和 B 之间是否存在某些重要的差异？
(4) 反案例问题：是否存在另一案例 C 也相似于 A，但是其中的 d 是不存在的？
(5) 可类推问题：是否忽视了时间因素对样本属性的影响？

## 5.1　类比强化

强化一个用类比论证的方法：
(1) 指出两类对象具有可类比性。包括：两类对象真的相似；相似属性与推出属性具有相关性；类比的两类对象有实质性的相关；类比的两类对象没有实质性的不同。
(2) 提供新的论据支持类比的结论。包括：提供符合题干类比关系的原则（理论根据）；提供不存在与类推属性相关的反例（事实证据）。

## 1  2001GRK-26

实验发现，少量口服某种类型的安定药物，可使人们在测谎器的测验中撒谎而不被发现。测谎器所产生的心理压力能够被这类安定药物有效地抑制，同时没有显著的副作用。因此，这类药物可同样有效地减少日常生活的心理压力而没有显著的副作用。

以下哪项最可能是题干的论证所假设的？

A. 任何类型的安定药物都有抑制心理压力的效果。
B. 如果禁止测试者服用任何药物，测谎器就有完全准确的测试结果。
C. 测谎器所产生的心理压力与日常生活人们所面临的心理压力类似。
D. 大多数药物都有副作用。
E. 越来越多的人在日常生活中面临日益加重的心理压力。

## 2  2003MBA-57

没有一个植物学家的寿命长到足以研究一棵长白山红松的完整生命过程。但是，通过观察处于不同生长阶段的许多棵树，植物学家就能拼凑出一棵树的生长过程。这一原则完全适用于目前天文学对星团发展过程的研究。这些由几十万个恒星聚集在一起的星团，大都有100亿年以上的历史。

以下哪项最可能是上文所作的假设？

A. 在科学研究中，适用于某个领域的研究方法，原则上都适用于其他领域，即使这些领域的对象完全不同。
B. 天文学的发展已具备对恒星聚集体的不同发展阶段进行研究的条件。
C. 在科学研究中，完整地研究某一个体的发展过程是没有价值的，有时也是不可能的。
D. 目前有尚未被天文学家发现的星团。
E. 对星团的发展过程的研究，是目前天文学研究中的紧迫课题。

## 3  2006GRK-50

食用某些食物可降低体内自由基，达到排毒、清洁血液的作用。研究者将大鼠设定为实验动物，分为两组，A组每天喂含菌类、海带、韭菜和绿豆的混合食物，B组喂一般饲料。研究观察到，A组大鼠的体内自由基比B组显著降低。科学家由此得出结论：人类食入菌类、海带、韭菜和绿豆等食物同样可以降低体内自由基。

以下哪项最可能是上述论证所假设的？

A. 一般人都愿意食入菌类、海带、韭菜和绿豆等食物。
B. 不含菌类、海带、韭菜和绿豆的食物将增加体内自由基。
C. 除食用菌类、海带、韭菜和绿豆等食物外，一般没有其他的途径降低体内自由基。
D. 体内自由基的降低有助于人体的健康。
E. 人对菌类、海带、韭菜和绿豆等食物的吸收和大鼠相比没有实质性的区别。

## 4  2009GRK-29

地球所在的太阳系的八大行星中，存在生命的就占了八分之一。按照这个比例，考虑到宇宙中存在数量巨大的行星，因此，宇宙中有生命的天体的数量一定是极其巨大的。

以上论证的漏洞在于，不加证明就预先假设

A. 一个天体如果与地球类似，就一定存在生命。
B. 一个星系，如果与太阳系类似，就一定恰有八个行星。
C. 太阳系的行星与宇宙中的许多行星类似。
D. 类似于地球上的生命可以在条件迥异的其他行星上生存。

E. 地球是最适合生命存在的行星。

## 答案与解析

### 1. 正确答案：C

本题类比论证：某类安定药物在抑制测谎器测验中所产生的心理压力时有效，所以该类安定药物在减少日常生活的心理压力时同样有效。

为使题干论证成立，C项是必须假设的，否则，如果测谎器所产生的心理压力与日常生活人们所面临的心理压力不同，那么就不能因为口服安定药物可有效抑制测谎器测验中所产生的心理压力而得出结论，这类药物可同样有效地减少日常生活的心理压力。

### 2. 正确答案：B

题干论述，人活不了红松整个生命周期那么长的时间，但可以通过观察处于不同生长阶段的许多棵红松来研究其整个生命周期。这同样可用来研究恒星聚集在一起的星团的发展过程。

为使题干的议论成立，B项是必须假设的，否则，如果事实上天文学的发展并不具备对恒星聚集体的不同发展阶段进行研究的条件，那么，就不可能基于对星团不同发展阶段的研究，对其总体的发展过程进行有效研究，题干的论述就难以成立。

其余各项不是必须假设的。例如，题干假设，植物学的研究方法，可用于天文学研究，但题干的议论不必假设：适用于某个领域的研究方法，原则上都适用于其他领域。A项的断定过强了，不是题干的议论必须假设的。

### 3. 正确答案：E

题干论证，由大鼠食用菌类等会使体内自由基降低，类推出：人类食用菌类等食物同样可以降低体内自由基。

类比推理要成立，必须保证类比的两类对象没有实质性的不同。E项是题干论证必须假设的，否则，如果人对菌类、海带、韭菜和绿豆等食物的吸收和大鼠相比存在实质性的区别，那么，就推不出人类食用菌类、海带、韭菜和绿豆等食物同样可以降低体内自由基这一结论了。因此，E项为正确答案。

### 4. 正确答案：C

要使题干论证成立，显然必须假设：太阳系的行星与宇宙中的许多行星类似。而这一假设本身存在疑问，不加证明作为论据是本论证的漏洞。

## 5.2 类比弱化

弱化一个用类比论证的方法：

（1）指出两类对象不可比。包括：两类对象不完全相似；相似属性与推出属性不具有相关性；类比的两类对象没有实质性的相关；类比的两类对象存在实质性的区别。

（2）提供新的论据削弱类比的结论。包括：提供不符合题干类比关系的原则（理论根据）；提供存在与类推属性相关的反例（事实证据）。

### 1  2000GRK-65

某市繁星商厦服装部在前一阵疲软的服装市场中打了一个反季节销售的胜仗。据统计繁星商厦皮服的销售额在6、7、8三个月连续成倍数增长，6月527件，7月1 269件，8月3 218件。市有关主管部门希望在今年冬天向全市各大商场推广这种反季节销售的策略，力争今年

11、12 月和明年 1 月全市的夏衣销售能有一个大突破。

以下哪项如果为真，能够最好地说明该市有关主管部门的这种希望可能会遇到麻烦？

A. 皮衣的价格可以在夏天一降再降，是因为厂家可以在皮衣淡季的时候购买原材料，其价格可以降低 30%。

B. 皮衣的生产企业为了使生产销售可以正常循环，宁愿自己保本或者微利，把利润压缩了 55%。

C. 在盛夏里搞皮衣反季节销售的不只是繁星商厦一家，但只有繁星商厦同时推出了售后服务由消协规定的三个月延长到七个月，打消了很多消费者的顾虑，所以在诸商家中独领风骚。

D. 今年夏天繁星商厦的冬衣反季节销售并没有使该商厦夏衣的销售获益，反而略有下降。

E. 根据最近进行的消费者心理调查的结果，买夏衣重流行、买冬衣重实惠是消费者的极为普遍的心理。

### 2  2001MBA – 21

今年上半年，即从 1 月到 6 月间，全国大约有 300 万台录像机售出。这个数字仅是去年全部录像机销售量的 35%。由此可知，今年的录像机销售量一定会比去年少。

以下哪项如果为真，最能削弱以上的结论？

A. 去年的录像机销售量比前年要少。

B. 大多数对录像机感兴趣的家庭都已至少备有一台。

C. 录像机的销售价格今年比去年便宜。

D. 去年销售的录像机中有 6 成左右是在 1 月售出的。

E. 一般说来，录像机的全年销售量 70% 以上是在年末两个月中完成的。

### 3  2001GRK – 60

毫无疑问，未成年人吸烟应该加以禁止。但是，我们不能为了防止给未成年人吸烟以可乘之机，就明令禁止自动售烟机的使用，马路上不是到处有避孕套自动销售机吗？为什么不担心有人从中买了避孕套去嫖娼呢？

以下哪项如果为真，最能削弱题干的论证？

A. 嫖娼是触犯法律的，但未成年人吸烟并不触犯法律。

B. 公众场合是否适合置放避孕套自动销售机，一直是一个有争议的问题。

C. 人工售烟营业点明令禁止向未成年人售烟。

D. 在司法部门的严厉打击下，卖淫嫖娼等社会丑恶现象逐年减少。

E. 据统计，近年来未成年吸烟者的比例有所上升。

### 4  2009MBA – 26

某中学发现有学生课余利用扑克玩带有赌博性质的游戏，因此规定学生不得带扑克进入学校。不过即使是硬币，也可以用作赌具，但禁止学生带硬币进入学校是不可思议的，因此，禁止学生带扑克进学校是荒谬的。

以下哪项如果为真，最能削弱上述论证？

A. 禁止带扑克进学校不能阻止学生在校外赌博。

B. 硬币作为赌具远不如扑克方便。

C. 很难查明学生是否带扑克进入学校。

D. 赌博不但败坏校风，而且影响学习成绩。

E. 有的学生玩扑克不涉及赌博。

## 5  2011GRK-42

某市报业集团经营遇到困难，向某咨询公司求助。咨询公司派出张博士调查了目标报纸发行时段，早上有晨报，上午有日报，晚上有晚报，都不是为夜间准备的，张博士建议他们办一份《都市夜报》，占领这块市场。

以下哪项如果为真，能够恰当地指出张博士分析中存在的问题？

A. 报纸发行的时段和阅读者的阅读时段可能不是相同的。
B. 酒吧或者戏院的灯光都很昏暗，无法读报。
C. 许多人睡前有读书的习惯，而读报的比较少。
D. 晚上人们一般习惯于看电视节目，很少读报。
E. 售报亭到夜间就关门了，《都市夜报》发行困难。

## 答案与解析

### 1. 正确答案：E

该市有关主管部门的建议依据的就是类比推理：夏季反季节销售冬季服装销量大增，因此，若在冬季反季节销售夏季服装也将销量大增。显然这个类比结论可能是错的，题目所要求的就是找出使这个类比不成立的理由。

选项 E 准确地概括了买夏衣和买冬衣时人们的不同消费心理，说明繁星商厦夏季销售皮衣之所以成功，是因为消费者买冬衣重实惠；但因为消费者买夏衣重流行，所以，冬季售夏衣的计划可能难以奏效。这就使题干中所设想的反季节销售的一般规律不成立了。

选项 A、B、C 都只是部分地说明了反季节销售冬装成功的原因，与"反季节销售夏装是否会成功"并不相干；选项 D 只是陈述了夏天反季节销售没有获益这一事实，但这并不能推翻销量增加这一事实。

### 2. 正确答案：E

题干由今年上半年销售量只占去年全年销售量的 35%，类推出今年的销量一定会比去年少。

E 项表明用上半年的数据不能外推到全年，如果录像机的全年销售量 70% 以上是在年末两个月中完成的，那么虽然今年上半年的销售量仅是去年全年的 35%，但全年的销售量却极可能超过去年。这就严重地削弱了题干的结论。

其余各项都不能削弱题干。

### 3. 正确答案：C

题干将避孕套自动销售机与自动售烟机类比，得出结论：不能为了防止未成年人吸烟就禁止自动售烟机的使用。

如果 C 项为真，说明题干进行类比的两类现象中，存在一个实质性的区别，即自动售烟机是未成年人取得香烟的几乎唯一的渠道，而避孕套自动销售机对于嫖娼者来说，是可有可无的。这就有力地削弱了题干的论证。即如果 C 项为真，则由于人工售烟营业点明令禁止向未成年人售烟，因此，禁止自动售烟机的使用，可有力地阻止非成年人吸烟。但由于避孕套可公开销售甚至免费提供，因此，禁止避孕套自动销售机的使用，对于杜绝嫖娼几乎没有什么作用。这就有力地削弱了题干的论证。

### 4. 正确答案：B

题干论证实际上把硬币类比为扑克，两者都可用作赌具，既然不禁止学生带硬币进入学校，那也没必要禁止学生带扑克进入学校。

题干的论证方法是类比。类比对象的相关属性必须不存在实质性的差异，否则类比的结论就不可靠。题干的类比对象是扑克和硬币，相关属性是用作赌具。B项指出，硬币作为赌具远不如扑克方便，意味着这两个类比对象的相关属性存在实质性的差异，这样就有力地削弱了题干论证。

其余选项都为无关项。

**5. 正确答案：A**

张博士提出的建议是，为了占领夜间读报的市场，办一份《都市夜报》。

这一建议的漏洞在于，把报纸的发行时段混同于读者的阅读时段。A项说明了报纸发行的时段和阅读者的阅读时段可能不是相同的，从根本上说明该建议不可行。

## 5.3　类比推论

题干给出的信息涉及不同对象的类比，要求通过类比推理来推出一个合理的结论。

**1  2001MBA－53**

赞扬一个历史学家对于具体历史事件阐述的准确性，就如同是在赞扬一个建筑师在完成一项宏伟建筑物时使用了合格的水泥、钢筋和砖瓦，而不是赞扬一个建筑材料供应商提供了合格的水泥、钢筋和砖瓦。

以下哪项最为恰当地概括了题干所要表达的意思？

A. 合格的建筑材料对于完成一项宏伟的建筑是不可缺少的。
B. 准确地把握具体的历史事件，对于科学地阐述历史发展的规律是不可缺少的。
C. 建筑材料供应商和建筑师不同，他的任务仅是提供合格的建筑材料。
D. 就如同一个建筑师一样，一个历史学家的成就，不可能脱离其他领域的研究成果。
E. 一个历史学家必须准确地阐述具体的历史事件，但这并不是他的主要任务。

**2  2008GRK－36**

核电站所发生的核泄漏严重事故的最初起因，没有一次是设备事故，都是人为失误。这种失误，和小到导致交通堵塞、大到导致仓库失火的人为失误，没有实质性的区别。从长远的观点看，交通堵塞、仓库失火几乎是不可避免的。

上述断定最能支持以下哪项结论？

A. 核电站不可能因设备故障而导致事故。
B. 核电站的管理并不比指挥交通、管理仓库复杂。
C. 核电站如果持续运作，那么发生核泄漏严重事故几乎是不可避免的。
D. 人们试图通过严格的规章制度以杜绝安全事故的努力是没有意义的。
E. 为使人类免于核泄漏引起的灾难，世界各地的核电站应当立即停止运行。

## 答案与解析

**1. 正确答案：E**

建筑师和建筑材料供应商的区别在于：对于建筑材料供应商来说，如果他提供的建筑材料是合格的，他的任务就完成了；对于建筑师来说，使用合格的建筑材料，只是他完成任务的必要条件，而不意味着他已完成了任务。

题干把对具体历史事件的准确阐述，比作使用了合格的建筑材料；把作了此种准确阐述的历史学家,比作建筑师,而不是比作完成了任务的建筑材料供应商,这意在说明,准确地阐述具体的历史事件,对于历史学家的工作来说是必不可缺的,但这并不是他的主要任务(也许他的主要任务是发现历史规律)。这正是 E 项所断定的。

其余各项对题干的概括均不如 E 项恰当。

### 2. 正确答案:C

题干断定:第一,核电站所发生的核泄漏严重事故的最初起因和交通堵塞、仓库失火等一样都是人为失误。第二,交通堵塞和仓库失火几乎是不可避免的。

由此,显然可以得出结论:核电站如果持续运作,那么发生核泄漏严重事故几乎是不可避免的。即 C 项为正确答案。

## 5.4 类比比较

题干所给出的是一个类比推理或论证,要求从选项中找出相似的类比推理或论证。

### 1 2001MBA-33

农科院最近研制了一种高效杀虫剂,通过飞机喷撒,能够大面积地杀死农田中的害虫。这种杀虫剂的特殊配方虽然能保护鸟类免受其害,但却无法保护有益昆虫。因此,这种杀虫剂在杀死害虫的同时,也杀死了农田中的各种益虫。

以下哪项产品的特点,和题干中的杀虫剂最为类似?

A. 一种新型战斗机,它所装有的特殊电子仪器使得飞行员能对视野之外的目标发起有效攻击。这种电子仪器能区分客机和战斗机,但不能同样准确地区分不同的战斗机。因此,当它在对视野之外的目标发起有效攻击时,有可能误击友机。

B. 一种带有特殊回音强立体声效果的组合音响,它能使其主人在欣赏它的时候倍感兴奋和刺激,但往往同时使左邻右舍不得安宁。

C. 一部经典的中国文学名著,它真实地再现了中晚期中国封建社会的历史,但是,不同立场的读者从中得出不同的见解和结论。

D. 一种新投入市场的感冒药,它能迅速消除患者的感冒症状,但也会使服药者在一段时间中昏昏欲睡。

E. 一种新推出的电脑杀毒软件,它能随时监视并杀除入侵病毒,并在必要时会自动提醒使用者升级,但是,它同时减低了电脑的运作速度。

### 2 2012MBA-44

我国著名的地质学家李四光,在对东北的地质结构进行了长期、深入的调查研究后发现,松辽平原的地质结构与中亚细亚极其相似。他推断,既然中亚细亚蕴藏大量的石油,那么松辽平原很可能也蕴藏着大量的石油。后来,大庆油田的开发证明了李四光的推断是正确的。

以下哪项与李四光的推理方式最为相似?

A. 他山之石,可以攻玉。

B. 邻居买彩票中了大奖,小张受此启发,也去买了体育彩票,结果没有中奖。

C. 某乡镇领导在考察了荷兰等国的花卉市场后认为要大力发展规模经济,回来后组织全乡镇种大葱,结果导致大葱严重滞销。

D. 每到炎热的夏季,许多商店腾出一大块地方卖羊毛衫、长袖衬衣、冬靴等冬令商品,进行反季节销售,结果都很有市场。小王受此启发,决定在冬季种植西瓜。

E. 乌兹别克地区盛产长绒棉。新疆塔里木河流域和乌兹别克地区在日照情况、霜期长短、气温高低、降雨量等方面均相似，科研人员受此启发，将长绒棉移植到塔里木河流域，果然获得了成功。

## 答案与解析

**1. 正确答案：A**

题干中的杀虫剂的特点是能区分鸟类和昆虫，但不能区分昆虫中的益虫与害虫，因此，在杀死害虫时虽然高效，但同时也杀死了益虫。

A项中的战斗机的特点是能区分客机和战斗机，但不能区分战斗机中的敌机与友机，因此，攻击敌机虽然有效，但也可能误击友机。这和题干中杀虫剂的特点类似。

其余各项中的产品都不具有类似于题干中杀虫剂的上述特点。

**2. 正确答案：E**

一个类比推理的结论要可靠，进行类比的对象必须具有某种相关的共同属性。选项 E 与题干的推理都体现了这一点，是合理的类比推理。

A项不是类比，B、C、D项也运用了类比，但不是合理的类比，推出的结论不可靠。

## 5.5 类比描述

类比描述题主要考查以下三个方面：

一是，识别类比论证以及识别类比论证的要素，揭示不同对象之间的类比。

二是，识别题干类比推理的结构与方法。

三是，识别题干类比推理的缺陷以及识别类比不当或弱类比的谬误。

### 1 2003GRK-54

一般人总会这样认为，既然人工智能这门新兴学科以模拟人的思维为目标，那么，就应该深入地研究人思维的生理机制和心理机制。其实，这种看法很可能误导这门新兴学科。如果说，飞机发明的最早灵感可能是来自鸟的飞行原理，那么，现代飞机从发明、设计、制造到不断改进，没有哪一项是基于对鸟的研究之上的。

题干是用类比的方法来论证自己的观点。以下哪项是题干中所作的类比？

Ⅰ.把对人思维的模拟，比作对鸟的飞行的模拟。

Ⅱ.把人工智能的研究，比作飞机的设计制造。

Ⅲ.把飞机的飞行，比作鸟的飞行。

A. 只有Ⅰ。
B. 只有Ⅱ。
C. 只有Ⅲ。
D. 只有Ⅰ和Ⅱ。
E. Ⅰ、Ⅱ和Ⅲ。

### 2 2006MBA-51

脑部受到重击后人就会失去意识。有人因此得出结论：意识是大脑的产物，肉体一旦死亡，意识就不复存在。但是，一台被摔的电视机突然损坏，它正在播出的图像当然立即消失，但这并不意味着正由电视塔发射的相应图像信号就不复存在。因此，要得出"意识不能独立于肉体而存在"的结论，恐怕还需要更多的证据。

以下哪项最为准确地概括了"被摔的电视机"这一实例在上述论证中的作用？

A. 作为一个证据，它说明意识可以独立于肉体而存在。

B. 作为一个反例，它驳斥关于意识本质的流行信念。

C. 作为一个类似意识丧失的实例，它从自身中得出的结论和关于意识本质的流行信念显然不同。

D. 作为一个主要证据，它试图得出结论：意识和大脑的关系，类似于电视图像信号和接收它的电视机之间的关系。

E. 作为一个实例，它说明流行的信念都是应当质疑的。

### 3  2006GRK-32

拥挤的居住条件所导致的市民健康状况明显下降，是清城面临的重大问题。因为清城和广州两个城市的面积和人口相当，所以，清城所面临上述问题必定会在广州出现。

以下哪项最为恰当地指出了上述论证的漏洞？

A. 不当地预设：拥挤的居住条件是导致市民健康状况下降的唯一原因。

B. 未能准确区分人口数量和人口密度两个概念。

C. 未能准确区分一个城市的面积和它的人口这两个不同的概念。

D. 未能恰当地选择第三个比较对象以增强结论的说服力。

E. 忽略了相同的人口密度可以有不同的居住条件。

### 4  2009MBA-52

所有的灰狼都是狼。这一断定显然是真的。因此，所有的疑似 SARS 病例都是 SARS 病例，这一断定也是真的。

以下哪项最为恰当地指出了题干论证的漏洞？

A. 题干的论证忽略了：一个命题是真的，不等于具有该命题形式的任一命题都是真的。

B. 题干的论证忽略了：灰狼与狼的关系，不同于疑似 SARS 病例和 SARS 病例的关系。

C. 题干的论证忽略了：在疑似 SARS 病例中，大部分不是 SARS 病例。

D. 题干的论证忽略了：许多狼不是灰色的。

E. 题干的论证忽略了：此种论证方式会得出其他许多明显违反事实的结论。

## 答案与解析

#### 1. 正确答案：D

题干结论：虽然人工智能以模拟人的思维为目标，但这并不意味着必须深入地研究人思维的生理机制和心理机制。

其论据为：虽然飞机发明的最早灵感可能是来自鸟的飞行原理，但是，现代飞机从发明、设计、制造到不断改进，没有哪一项是基于对鸟的研究之上的。

显然，题干把人工智能对人思维的模拟比作对鸟的飞行的模拟，Ⅰ正确；

同时，题干的论证是基于把人工智能的研究比作飞机的设计制造，Ⅱ正确；

题干是将人工智能与飞机作类比，没有讨论飞机的飞行与鸟的飞行的比较，Ⅲ明显错误。

#### 2. 正确答案：C

题干的类比推理如下：

电视机——大脑。

电视图像信号——（流行信念认为的）意识。

（电视塔发射的）图像信号——（作者认为的）意识。

通过类比，得出结论：不能认为意识不能独立于肉体而存在。

问题是要求概括"被摔的电视机"在上述论证中的作用。

题干所举的"被摔的电视机"的实例说明，信息可以独立于它的某种载体而存在，这和"意识不能独立于肉体而存在"的流行信念相左。题干引用这一实例并非要完全否定这一流行信念，而只是说明，论证这一信念需要更多的证据，仅依据"肉体一旦死亡，意识就不复存在"是不够的。因此，C项的概括最为准确。

其余各项都不准确。由于题干引用这一实例并非完全否定关于意识本质的流行信念，因此，A、B项均不恰当。类比推理的前提只能作为论据，不能作为证据，因此，D项不恰当。题干所举的"被摔的电视机"的实例，可以看作对关于意识本质的流行信念的一种质疑，但不能说明流行的信念都是应当质疑的，因此，E项不恰当。

3. 正确答案：E

题干由清城和广州的面积和人口相当（即人口密度相当），来类推出这两个城市的居住条件也相当。从而得出结论：清城所面临的拥挤的居住条件所导致的市民健康状况明显下降的问题必定会在广州出现。

E项指出了这个推理是类比不当，即忽略了相同的人口密度可以有不同的居住条件。

注意：削弱结论与削弱论证是有区别的，题目是要求削弱论证，就是要断开由前提到结论的论证链条。而A项只是削弱了结论。

4. 正确答案：B

题干是个类比论证，把"所有的疑似SARS病例都是SARS病例"类比为"所有的灰狼都是狼"。

此论证的漏洞在于类比不当，"灰狼"从属于"狼"，是包含关系；而"疑似SARS病例"并不从属于"SARS病例"，不是包含关系，B项恰当地指出了这一漏洞。

# 第 6 章　实践推理

实践推理是指主体指向目标的行动的推理。常见的实践推理是方案推理。方案推理是指这样一种推理，即为达到一个目的或目标而提出一个拟采取的行动方案（包括方法、建议、计划等）。

## 一、方案推理的形式

目标前提：有一个目标 G。
方案前提：主体 a 拟采取行动方案 A，作为实现 G 的手段。
结论：因此，主体 a 应该执行行动 A。

## 二、方案推理的批判性问题

（1）有效性问题：方案能达成目标吗？
（2）操作性问题：方案可以操作吗？
（3）副作用问题：操作该方案是否会带来不好的副作用？
（4）选择手段问题：还有其他实现目标的方案吗？
（5）最佳选项问题：是否有更好的其他解决方案？
（6）冲突目标问题：是否有与目标冲突的其他目标？

## 6.1　强化方案

强化一个方案论证的办法可分为两种：

### 1. 方案可行

（1）该方案（方法、建议或是计划）可以达到目的或目标。
（2）该方案（方法、建议或是计划）可以操作。

### 2. 方案可取

（1）该方案（方法、建议或是计划）没有副作用，或者即使有副作用，但优点大于缺点。
（2）没有比该方案（方法、建议或是计划）更好的其他解决方法。

**1  2010GRK-41**

赵家村的农田比马家村少得多，但赵家村的单位生产成本近年来明显比马家村低。马家村的人通过调查发现：赵家村停止使用昂贵的化肥，转而采用轮作和每年两次施用粪肥的方法。不久，马家村也采用了同样的措施，很快，马家村获得了很好的效果。

以下哪项最可能是上文所作的假设？
A. 马家村有足够的粪肥来源可以用于农田施用。

307

B. 马家村比赵家村更善于促进农作物生长的田间管理。
C. 马家村经常调查赵家村的农业生产情况，学习降低生产成本的经验。
D. 马家村用处理过的污水软泥代替化肥，但对生产成本的影响不大。
E. 赵家村和马家村都减少使用昂贵的农药，降低了生产成本。

## 2  2014GRK-47

某学会召开的国家性学术会议，每次都收到近千篇的会议论文。为了保证大会交流论文的质量，学术会议组委会决定，每次只从会议论文中挑选出10%的论文作为会议交流论文。

学术会议组委会的决定最可能基于以下哪项假设？

A. 每次提交的会议论文中总有一定比例的论文质量是有保证的。
B. 今后每次收到的会议论文数量将不会有大的变化。
C. 90%的会议论文达不到大会交流论文的质量。
D. 学术会议组委会能够对论文质量作出准确判断。
E. 学会有足够的经费保证这样的学术会议能继续举办下去。

## 3  2015MBA-36

美国扁桃仁于20世纪70年代出口到我国，当时被误译为"美国大杏仁"。这种误译导致大多数消费者根本不知道扁桃仁、杏仁是两种完全不同的产品。对此，我国林业专家一再努力澄清，但学界的声音很难传达到相关企业和民众中，因此，必须制定林果的统一标准，这样才能还相关产品以本来面目。

以下哪项是上述论证的假设？

A. 美国扁桃仁和中国大杏仁的外形很相似。
B. 我国相关企业和普通大众并不认可我国林果专家的意见。
C. 进口商品名称的误译会扰乱我国企业正常的对外贸易。
D. 长期以来，我国没有林果的统一标准。
E. 美国"大杏仁"在中国市场上销量超过中国杏仁。

## 4  2015MBA-49

张教授指出，生物燃料是指利用生物资源生产的燃料乙醇或生物柴油，它们可以替代由石油制取的汽油和柴油，是可再生能源开发利用的重要方向。受世界石油资源短缺、环保和全球气候变化的影响，20世纪70年代以来，许多国家日益重视生物燃料的发展，并取得了显著成效。所以，应该大力开发和利用生物燃料。

以下哪项最可能是张教授论证的预设？

A. 发展生物燃料可有效降低人类对石油等化石燃料的消耗。
B. 发展生物燃料会减少粮食供应，而当今世界有数以百万计的人食不果腹。
C. 生物柴油和燃料乙醇是现代社会能源供给体系的适当补充。
D. 生物燃料在生产与运输的过程中需要消耗大量的水、电和石油等。
E. 目前我国生物燃料的开发和利用已经取得很大成绩。

## 5  2017MBA-39

针对癌症患者，医生常采用化疗手段将药物直接注入人体杀伤癌细胞，但这也可能将正常细胞和免疫细胞一同杀灭，产生较强的副作用。近来，有科学家发现，黄金纳米粒子很容易被人体癌细胞吸收，如果将其包上一层化疗药物，就可作为"运输工具"，将化疗药物准确地投放到癌细胞中。他们由此断言，微小的黄金纳米粒子能提升癌症化疗的效果，并能降低化疗的副作用。

下列哪项如果为真，能支持上述科学家所作出的论断？

A. 因为黄金所具有的特殊化学性质，黄金纳米粒子不会与人体细胞发生反应。
B. 利用常规计算机断层扫描，医生容易判定黄金纳米粒子是否已投放到癌细胞中。
C. 在体外用红外线加热已进入癌细胞的黄金纳米粒子，可以从内部杀灭癌细胞。
D. 黄金纳米粒子用于癌症化疗的疗效有待大量临床检验。
E. 现代医学手段已能实现黄金纳米粒子的精准投送，让其所携带的化疗药物只作用于癌细胞，并不伤及其他细胞。

## 答案与解析

### 1. 正确答案：A

要使题干论证成立，A项是必须假设的。否则，如果马家村根本就没有足够的粪肥来源用于农田施用，那么，马家村就不具备条件采用和赵家村同样的措施，则题干的陈述就不能成立。

其余选项都不是题干论证所必须假设的。

### 2. 正确答案：A

学术会议组委会的决定所基于的假设是A项，否则，如果每次提交的会议论文中论文质量都没有保证，那么，就不能保证大会交流论文的质量。

### 3. 正确答案：D

题干论述：由于扁桃仁和大杏仁被误用，为还相关产品以本来面目，因此，必须制定林果的统一标准。

D项是上述论证的假设，表明这一措施是有必要的，否则，如果我国已经有了林果的统一标准，那么就不必制定这一标准了。

其余选项均不是题干论证所须的假设。

### 4. 正确答案：A

题干陈述，由于石油资源短缺，所以，应该大力开发和利用生物燃料。

其明显的假设是，发展生物燃料可有效降低人类对石油等化石燃料的消耗。因此，A项为正确答案。

### 5. 正确答案：E

科学家所作出的论断是：黄金纳米粒子能提升癌症化疗的效果，并能降低化疗的副作用。

其理由是：将黄金纳米粒子作为"运输工具"，将化疗药物准确地投放到癌细胞中。

E项表明，用黄金纳米粒子治疗癌症是可行的，有力地支持了科学家的论断。

A项：题干没有提及"与人体细胞发生反应"是目前化疗手段的副作用，不能支持，排除。

B、C项：并没有明确选项中的特点是否能提升化疗的效果，排除。

D项：表明该方法的疗效尚不明确，无法支持，排除。

## 6.2 弱化方案

弱化一个方案论证的办法可分为两种：

### 1. 方案不可行

（1）该方案（方法、建议或是计划）不能达到目的或目标，即使那样做也解决不了问题。

(2) 该方案（方法、建议或是计划）本身不完善、不能执行或无法操作。

### 2. 方案不可取

(1) 该方案（方法、建议或是计划）有副作用，并且其所带来的负面效应往往大于正面效应。

(2) 有比该方案（方法、建议或是计划）更好的其他解决方法。

**1  2000GRK-33**

网络咖啡屋，或者是"网吧"目前在都市非常流行，不少专家觉得这是一个很好的服务方向，很有市场前途。但实际上，网络咖啡屋和网吧的经营遇到了很多困难，其中之一就是电信部门网络服务基础收费太高，按照网络咖啡屋和网吧最初定的价格，就是加上酒水方面的利润，总体上也还是亏本。有些网络咖啡屋和网吧的经营者进行了量—本—利的计算后，准备全面提高网络服务和酒水的价格，来维持自身的生存和发展。

以下哪项如果为真，能有力地对上述措施提出质疑？

A. 在我们这样一个发展中国家，网络咖啡屋和网吧规模经营的进一步发展，有待于电信部门降低收费标准，目前的标准超过世界上绝大部分国家和地区。

B. 在计算机上玩游戏是现在网络咖啡屋和网吧中的常见现象，这部分顾客对网吧的消费环境并不十分在意。

C. 现在有些人到网络咖啡屋和网吧来是为了寻找出国信息或是爱好网络的朋友，甚至意中人，他们对收费的定价并不十分在意。

D. 提价后的酒水价格，应当不高于其他类型咖啡屋和酒吧的酒水价格，否则一批并不打算上网的顾客就会流失。

E. 根据《计算机世界》的市场调研报告，68%的网络咖啡屋和网吧的常客很在意网络咖啡屋和网吧中网络服务的收费定价。

**2  2000GRK-41**

去年某经营儿童食品的商家采取了这样一种促销的方式，在每个出售的儿童食品包装中放入一套小的系列画片中的一枚，这样，鼓励孩子们不断购买该商家出售的同种儿童食品，以便集齐整套的系列画片。这种销售方式收到了很好的效果，很多商家也都准备仿效。

以下各项，如果为真，都能对上述促销方式提出质疑，除了

A. 随着儿童娱乐方式的多样化，系列画片对儿童的吸引力正在下降。

B. 在儿童们吃过一次不合口味食品后，即使里面的画片再有趣，也不会再去买第二次。

C. 有些画片经营者针对儿童食品的这种促销策略，准备设计和推出更为有趣的系列画片。

D. 因为许多系列画片中经常有一两片很难集到，有的家长已经准备到消费者协会投诉这种不正当竞争行为。

E. 这种促销方式已经引起了很多家长的不满，他们觉得这种促销对孩子有不正确的引导作用，准备联合抵制采取这种方式促销的食品公司的其他非儿童产品。

**3  2000GRK-59**

目前，港南市主要干道上自行车车道的标准宽度为单侧3米。很长一段时期以来，很多骑自行车的人经常在机动车车道上抢道骑行。在对自行车违章执法还比较困难的现阶段，这种情况的存在严重地影响了交通，助长了人们对交通法规的漠视。有人向市政府提出，应当将自行车车道拓宽为3.5米，这样，给骑自行车的人一个更宽松的车道就能够消除自行车抢道的违章现象。

下列哪项如果为真，最能削弱上述论点？

A. 拓宽自行车车道的费用较高，此项建议可行性较差。
B. 自行车车道宽了，机动车走起来不方便，许多乘坐公共交通的人会很有意见。
C. 拓宽自行车车道的办法对于机动车的违章问题没有什么作用。
D. 当自行车车道拓宽到 3.5 米以后，人们仍会在缩小后的机动车车道上抢道违章。
E. 自行车车道拓宽，自行车车速加快，交通事故可能增多。

### 4  2001GRK-31

新的法律规定，由政府资助的高校研究成果的专利将归学校所有。京华大学的管理者计划卖掉他们所有的专利给企业，以此来获得收益，改善该校本科生的教育条件。

以下哪项如果为真，将对学校管理者的计划的可行性构成严重质疑？

A. 对学校专利产品感兴趣的盈利企业有可能对高校的研究计划提供赞助。
B. 在新的税法中，对高校研究提供赞助的可以减免一部分税收。
C. 在京华大学从事研究的科学家几乎完全不涉足本科生教育。
D. 由政府资助的设在京华大学的研究机构的研究成果已经被一些企业自行研制出来。
E. 京华大学不能吸引企业对其研究进行投资。

### 5  2004MBA-41

某乡间公路附近经常有鸡群聚集。这些鸡群对这条公路上高速行驶的汽车的安全造成了威胁。为了解决这个问题，当地交通部门计划购入一群猎狗来驱赶鸡群。

以下哪项如果为真，最能对上述计划构成质疑？

A. 出没于公路边的成群猎狗会对交通安全构成威胁。
B. 猎狗在驱赶鸡群时可能伤害鸡群。
C. 猎狗需要经过特殊训练才能够驱赶鸡群。
D. 猎狗可能会有疫病，有必要进行定期检疫。
E. 猎狗的使用会增加交通管理的成本。

### 6  2004GRK-25

从国外引进的波儿山羊具有生长速度快、耐粗饲、肉质鲜嫩等特点，养羊效益高。我国北方某地计划鼓励当地农民把波儿山羊与当地的山羊进行杂交，以提高农民养羊的经济效益，满足发展高效优质羊肉的生产需要。

以下哪项如果为真，最能对上述计划的可行性提出质疑？

A. 波儿山羊耐高温不耐低温，杂交羊不能适应当地的气候条件。
B. 并非所有的波儿山羊都可以与当地的山羊成功杂交。
C. 当地许多年轻人认为饲养羊是低等的工作，因为养羊的利润比其他的工作的利润低。
D. 当地许多人不喜欢波儿山羊。
E. 当地一些山羊也具有生长快、耐粗饲、屠宰率高、肉质鲜嫩的优点。

### 7  2005MBA-34

也许令许多经常不刷牙的人感到意外的是，这种不良习惯已使他们成为易患口腔癌的高危人群。为了帮助这部分人早期发现口腔癌，市卫生部门发行了一本小册子，教人们如何使用一些简单的家用照明工具，如台灯、手电等，进行每周一次的口腔自检。

以下哪项如果为真，最能对上述小册子的效果提出质疑？

A. 有些口腔疾病的病症靠自检难以发现。
B. 预防口腔癌的方案因人而异。
C. 经常刷牙的人也可能患口腔癌。

D. 口腔自检的可靠性不如在医院所做的专门检查。
E. 经常不刷牙的人不大可能做每周一次的口腔自检。

### 8  2010GRK-37

某市主要干道上摩托车车道的宽度为 2 米,很多骑摩托车的人经常在汽车道上抢道行驶,严重破坏了交通秩序,使交通事故频发。有人向市政府提出建议:应当将摩托车车道扩宽为 3 米,让骑摩托车的人有较宽的车道,从而消除抢道的现象。

下列哪项如果为真,最能削弱上述论点?

A. 摩托车车道宽度增加后,摩托车车速将加快,事故也许会随着增多。
B. 摩托车车道变宽后,汽车车道将会变窄,汽车驾驶者会有意见。
C. 当摩托车车道扩宽后,有些骑摩托车的人仍会在汽车车道上抢道行驶。
D. 扩宽摩托车车道的办法对汽车车道上的违章问题没有什么作用。
E. 扩宽摩托车车道的费用太高,需要进行项目评估。

### 9  2014GRK-37

某市私家车泛滥,加重了该市的空气污染,并且在早高峰期间和晚高峰期间常常造成多个路段出现严重的拥堵现象。为了解决这一问题,该市政府决定对私家车实行全天候单、双号限行,即奇数日只允许尾号为单数的私家车出行,偶数日只允许尾号为双数的私家车出行。

以下哪项最能质疑该市政府的决定?

A. 该市有一家大型汽车生产企业,限行令必将影响该企业的汽车销售。
B. 该市私家车拥有者一般都有两辆或者两辆以上的私家车。
C. 该市私家车车主一般都比较富有,他们不在乎违规罚款。
D. 该市正在大力发展轨道交通,这将有助于克服拥堵现象。
E. 私家车的运行是该市的税收来源之一,税收减少将影响公共交通的进一步改善。

### 10  2015MBA-27

长期以来,手机产生的电磁辐射是否威胁人体健康一直是极具争议的话题。一项长达 10 年的研究显示,每天使用移动电话通话 30 分钟以上的人患神经胶质癌的风险比从未使用者要高出 40%,由此某专家建议,在取得进一步证据之前,人们应该采取更加安全的措施,如尽量使用固定电话通话或使用短信进行沟通。

以下哪项如果是真,最能表明该专家的建议不切实际?

A. 大多数手机产生的电磁辐射强度符合国家规定标准。
B. 现有的在人类生活空间中的电磁辐射强度已经超过手机通话产生的电磁辐射强度。
C. 经过较长一段时间,人们的体质逐渐适应强电磁辐射的环境。
D. 在上述实验期间,有些人每天使用移动电话通话超过 40 分钟,但他们很健康。
E. 即使以手机短信进行沟通,发送和接收信息瞬间也会产生较强的电磁辐射。

### 11  2019MBA-53

阔叶树的降尘优势明显,吸附 PM2.5 的效果最好,一棵阔叶树一年的平均滞尘量达 3.16 公斤。针叶树树叶面积小,吸附 PM2.5 的功效较弱。全年平均下来,阔叶林的吸尘效果要比针叶林强不少。阔叶树也比灌木和草的吸尘效果好得多。以北京常见的阔叶树国槐为例,成片的国槐林吸尘效果比同等面积的普通草地约高 30%。有些人据此认为,为了降尘,北京应大力推广阔叶树,并尽量减少针叶树面积。

以下哪项如果为真,最能削弱上述有关人员的观点?

A. 阔叶树与针叶树比例失调,不仅极易暴发病虫害、火灾等,还会影响林木的生长和健康。
B. 针叶树冬天虽然不落叶，但基本处于"休眠"状态，生物活性差。
C. 植树造林既要治理 PM2.5，也要治理其他污染物，需要合理布局。
D. 阔叶树冬天落叶，在寒冷的冬季，其养护成本远高于针叶树。
E. 建造通风走廊，能把城市和郊区的森林连接起来，让清新的空气吹入，降低城区的 PM2.5。

**12  2023MBA-27**

处理餐厨垃圾的传统方式主要是厌氧发酵和填埋，前者利用垃圾产生的沼气发电，投资成本高；后者不仅浪费土地，还污染环境。近日，某公司尝试利用蟑螂来处理垃圾。该公司饲养了 3 亿只"美洲大蟑螂"，每天可吃掉 15 吨餐厨垃圾。有专家据此认为，用"蟑螂吃掉垃圾"这一生物处理方式解决餐厨垃圾，既经济又环保。

以下哪项如果为真，最能质疑上述专家的观点？

A. 餐厨垃圾经发酵转化为能源的处理方式已被国际认可，我国这方面的技术也相当成熟。
B. 大量人工养殖后，很难保证蟑螂不逃离控制区域，而一旦蟑螂逃离，则会危害周边生态环境。
C. 政府前期在工厂土地划拨方面对该项目给予了政策扶持，后期仍需进行公共安全检测和环境评估。
D. 我国动物蛋白饲料非常缺乏，1 吨蟑螂及其所产生的卵鞘，可产生 1 吨昆虫蛋白饲料，饲养蟑螂将来盈利十分可观。
E. 该公司正在建设新车间，竣工后将能饲养 20 亿只蟑螂，它们虽然能吃掉全区的餐厨垃圾，但全市仍有大量餐厨垃圾需要通过传统方式处理。

## 答案与解析

### 1. 正确答案：E

如果是对措施进行质疑，往往是寻找那些能够推导出措施无法有效实施或效果完全不如预先设想的选项。选项 E 表明，如果全面提高了网络服务的价格，大多数网络咖啡屋和网吧的常客很有可能不再光顾，这样网吧的生存就更困难了，说明该措施不可行。

### 2. 正确答案：C

选项 A、B、D、E 都很明显地对题干中的系列画片促销方式提出了质疑。A 和 B 是内在激励上的问题，D 和 E 则是通过外在的反对。

只有选项 C 对题干的促销方式是支持的，故选 C。

### 3. 正确答案：D

论点的主旨是说如果拓宽自行车车道，自行车就不会再抢道，隐含着表明，自行车抢道的原因是自行车车道窄。选项 D 正面削弱了这一论点，说明即使拓宽自行车车道，人们仍会在机动车车道上抢道违章，即这个建议不可行。

选项 A、B、C、E 都是在谈论与该论点无关的一些其他推测，均应排除。

### 4. 正确答案：D

题干断定，京华大学为获得收益，决定卖掉他们所有的专利给企业。

如果 D 项为真，表明京华大学的研究成果已经被一些企业自行研制出来，那么，京华大学在出卖其专利时将缺少收益，这对学校管理者的计划的可行性构成了严重质疑。

313

5. 正确答案：A

反对方法的削弱就是指出"方法不可取"，即解决问题的办法本身就是个问题，有负面作用。

A 项暗示用猎狗来驱赶鸡群，虽然可能减少鸡群对交通安全的威胁，但因此带来了猎狗对交通安全的威胁，这就有力地质疑了题干，为正确答案。

其余各项不能有力地削弱题干。比如 B 项，伤害鸡群虽然会带来损失，但是跟交通安全无关；C 项指出使用猎狗的计划有一定难度，但是并不意味着一定不可行；D 项指出猎狗计划需要其他手段支持，也不意味着不可行；E 项指出猎狗计划有不利的影响，但是不意味着猎狗计划不能解决交通安全问题。

6. 正确答案：A

A 项指出杂交羊不能适应当地的气候条件，这样就对"把波儿山羊与当地的山羊进行杂交，以提高农民养羊的经济效益"的计划的可行性提出了强烈的质疑。

B 项"并非所有"说明，有些波儿山羊可以与当地的山羊成功杂交，这说明计划还是可行的。

E 项指出，当地一些山羊也具有这样的优点，虽然有些削弱作用，但最多质疑的是"波儿山羊与当地的山羊进行杂交"这个计划是否需要，并不能质疑这个计划本身的可行性。

7. 正确答案：E

题干断定，小册子的目的是帮助经常不刷牙的人进行口腔自检。而 E 项则断定经常不刷牙的人不大可能做每周一次的口腔自检，恰恰说明了小册子的效果是不可行的。

8. 正确答案：C

题干论点是：扩宽摩托车车道以消除抢道的现象。

若 C 项为真，说明这一建议不能达到目的。

其余选项涉及题干建议的某些负面影响，但无助于说明此项建议不能达到消除摩托车抢道的目的。

9. 正确答案：B

题干论述：为减少空气污染和交通拥堵，市政府决定对私家车实行全天候单、双号限行。

可见，市政府希望以单、双号限行来减少私家车上路。B 项若为真，即该市私家车拥有者一般都有两辆或者两辆以上的私家车，意味着私家车拥有者都可能拥有单、双号两辆车，那么单、双号限行的办法并不能减少私家车上路，这就质疑了该市政府的决定。

10. 正确答案：B

题干根据研究所显示的使用移动电话与患神经胶质癌存在统计相关，从而推断两者因果相关，由此认为，手机的电磁辐射可能威胁人体健康。这是题干中尽量少用手机通话这一专家建议的依据。

B 项表明，即使不使用移动电话通话，人也会受到超过手机所产生辐射强度的电磁辐射，因此，上述两个现象很可能仅仅是统计相关，并不存在因果关系，这就有力地削弱了专家建议的依据。

其余选项对专家的建议也有所削弱，但力度不足。

11. 正确答案：A

题干观点是：为了降尘，北京应大力推广阔叶树，并尽量减少针叶林面积。

A 项表明，阔叶树与针叶树比例失调，会有严重的后果，这就意味着上述方案不可行，从而有力地削弱了题干中有关人员的观点。

其余选项不妥，其中：

B 项：表明针叶树有劣势，支持了题干论证，排除。

C、E项：与题干论证无关，排除。

D项：阔叶树养护成本高，但没有表明是否可达到降尘目的，削弱力度不足，排除。

## 12. 正确答案：B

专家观点：大量养殖蟑螂并用"蟑螂吃掉垃圾"，这种处理方式既经济又环保。

B项表明，人工养殖的蟑螂可能会逃离控制区域，从而危害生态环境，即大量养殖蟑螂难以保证环保，从而有力地质疑了专家观点。

A项：餐厨垃圾经发酵转化为能源的处理方式被认可，没有表明这种处理方式的经济性和环保性，不能削弱专家观点，排除。

C项：政府前期的政策扶持以及后期的安检和环评，不能表明这种处理方式的经济性和环保性，不能削弱专家观点，排除。

D项：饲养蟑螂盈利可观，意味着这种处理方式具有经济性，支持了专家观点，排除。

E项：表明该种处理方式市场需求大，但与专家观点无关，排除。

# 下篇 论证推理

2023 年 MBA、MPA、MPAcc、MEM
管理类联考综合能力逻辑历年真题分类精解

　　论证推理试题设计所依据的理论是"批判性思维"，其重点关注的是如何识别、构造特别是评价实际思维中各种推理和论证的能力。论证推理题主要考查确定论点、评价论点、规范或者评价一个行动计划这三个方面的推理能力——大多数问题基于一个单独的推理或是一系列语句。但有时候，也会有两三个问题基于一个推理或是一系列语句的情况。

# 第 1 章 假 设

假设就是题干论证的隐含前提,即题干结论成立的隐含条件。对于结论而言,假设的真或假是其能否成立的前提条件。如果假设不成立,则该结论不成立,而且也毫无意义。

## 一、假设的定义

假设是使推理成立的一个必要条件。

具体而言,若 A 是 B 的一个必要条件,那么非 A→非 B;若一个推理在没有某一条件时,这个推理就不成立,那么这个条件就是该段推理的一个假设。

## 二、揭示假设的步骤

(1) 提炼出理由与结论。站在为作者着想的角度考虑,怎样才能使论证中已表述的前提成为支持其结论的强有力的理由。

(2) 补充隐含前提。假定已表述的前提为真,紧扣结论,查看要使其结论成立,至少还需要得到什么样的隐含前提的支持,这样的隐含前提就是该论证的假设。

(3) 检验重构的论证。补充隐含前提后,这个论证即可被重新构建出来。再来对论证者的推理进行评价,看被省略的前提是否真实,论证过程是否正确,是否符合原意。

## 三、假设的检验

在解答假设题时,首先凭语感来寻找可能为假设的选项,然后通过对选项加入否定的方法来判断题干推理是否成立。即用"否定代入法"来验证。

何谓"否定代入法"?就是把你认为有可能正确的选项首先进行否定,然后再把这个经过否定的选项代入题干之中去,如果代入以后题干推理不能成立,那么,这个选项必为假设;如果代入以后题干推理仍然可以成立,则该选项绝对不是假设。

注意:假设分为充分假设和必要假设,除了充分假设,大多数假设均为必要假设,即有了这个假设上面的推理并不一定能成立,因为假设仅仅为使推理成立的一个必要条件,还可能需要其他条件的共同作用,上面的推理才能成立。

## 1.1 充分假设

充分假设是指将待选的选项加入题干论证,若该选项与题干前提结合起来,能使题干结论必然被推出,则该选项即为假设。可见,其解题思路是加进法,即三段论思维。

## 1  2000GRK-39

某年，国内某电视台在综合报道了当年的诺贝尔各项奖的获得者的消息后，做了以下评论：今年又有一位华裔科学家获得了诺贝尔物理学奖，这是中国人的骄傲。但是到目前为止，还没有中国人获得诺贝尔经济学奖和诺贝尔文学奖，看来中国在人文社会科学方面的研究与世界先进水平相比还有比较大的差距。

以上评论中所得出的结论最可能把以下哪项断定作为隐含的前提？

A. 中国在物理学等理科研究方面与世界先进水平的差距在逐步缩小。
B. 中国的人文科学有先进的理论基础和雄厚的历史基础，目前和世界先进水平的差距是不正常的。
C. 诺贝尔奖是衡量一个国家某个学科发展水平的重要标志。
D. 诺贝尔奖的评比在原则上对各人种是公平的，但实际上很难做到。
E. 包括经济学在内的人文社会科学研究与各国的文化传统有非常密切的联系。

## 2  2001GRK-55

最近几年，外科医生数量的增长超过了外科手术数量的增长，而许多原来必须施行的外科手术现在又可以代之以内科治疗，这样，最近几年，每个外科医生每年所做的手术的数量平均下降了四分之一。如果这种趋势得不到扭转，那么，外科手术的普遍质量和水平不可避免地会降低。

上述论证基于以下哪项假设？

A. 一个外科医生不可能保持他的手术水平，除非他每年所做手术的数量不低于一个起码的标准。
B. 新上任的外科医生的手术水平普遍低于已在任的外科医生。
C. 最近几年，外科手术的数量逐年减少。
D. 最近几年，外科手术的平均质量和水平下降了。
E. 一些有经验的外科医生最近几年每年所做的外科手术，比以前要多。

## 3  2005GRK-52

生活成本与一个地区的主导行业支付的工资的平均水平呈正相关。例如，某省雁南地区的主导行业是农业，而龙山地区的主导行业是汽车制造业。由此，我们可以得出结论，龙山地区的生活成本一定比雁南地区高。

以下哪项是上述论证的假设？

A. 龙山地区的生活质量比雁南地区高。
B. 雁南地区参与汽车制造业的人比龙山地区的人少。
C. 汽车制造业支付的工资的平均水平比农业高。
D. 龙山地区的生活成本比其他地区都高。
E. 龙山地区的居民希望离开龙山地区，到生活成本较低的地区生活。

## 4  2006GRK-29

任何行为都有结果。任何行为的结果中，必定包括其他行为。而要判断一个行为是否好，就需要判断它的结果是否好；要判断它的结果是否好，就需要判断作为其结果的其他行为是否好……这样，实际上我们面临着一个不可完成的思考。因此，一个好的行为实际上不可能存在。

以下哪项最可能是上述论证所假设的？

A. 有些行为的结果中只包括其他行为。

B. 我们可以判断已经发生的行为是否好，但不能判断正在发生的行为是否好。
C. 判断一个行为是好的，就需要判断制止该行为的行为是坏的。
D. 我们应该实施好的行为。
E. 一个好的行为必须是能够被我们判断的。

### 5  2006GRK-39

为了提高管理效率，跃进公司打算更新公司的办公网络系统。如果在白天安装此网络系统，将会中断员工的日常工作；如果夜晚安装此网络系统，则要承担高得多的安装费用。跃进公司的陈经理认为：为了省钱，跃进公司应该在白天安装此网络系统。

以下哪项最可能是陈经理所作的假设？

A. 安装新的网络系统需要的费用白天和夜晚是一样的。
B. 在白天安装网络系统导致误工损失的费用，低于夜晚与白天安装费用的差价。
C. 白天安装网络系统所需要的人数比夜晚安装网络系统所需要的人数要少。
D. 白天安装网络系统后公司员工可以立即投入使用，提高工作效率。
E. 当白天安装网络系统时，公司员工的工作积极性和效率更高。

### 6  2007GRK-40

某些精神失常患者可以通过心理疗法而痊愈，例如，癔病和心因性反应等。然而，某些精神失常是因为大脑神经递质化学物质不平衡，例如精神分裂症和重症抑郁，这类患者只能通过药物进行治疗。

上述论述是基于以下哪项假设？

A. 心理疗法对大脑神经递质化学物质的不平衡所导致的精神失常无效。
B. 对精神失常患者，药物治疗往往比心理疗法见效快。
C. 大多数精神失常都不是由脑神经递质化学物质的不平衡导致的。
D. 对精神失常患者，心理疗法比药物治疗疗效差些。
E. 心理疗法仅仅是减轻精神失常患者的病情，根治还是需要药物治疗。

### 7  2010MBA-45

有位美国学者做了一个实验，给被试儿童看三幅图画：鸡、牛、青草，然后让儿童将其分为两类。结果大部分中国儿童把牛和青草归为一类，把鸡归为另一类；大部分美国儿童则把牛和鸡归为一类，把青草归为另一类。这位美国学者由此得出：中国儿童习惯于按照事物之间的关系来分类，美国儿童则习惯于把事物按照各自所属的"实体"范畴进行分类。

以下哪项是这位学者得出结论所必须假设的？

A. 马和青草是按照事物之间的关系被列为一类。
B. 鸭和鸡是按照各自所属的"实体"范畴被归为一类。
C. 美国儿童只要把牛和鸡归为一类，就是习惯于按照各自所属"实体"范畴进行分类。
D. 美国儿童只要把牛和鸡归为一类，就不是习惯于按照事物之间的关系来分类。
E. 中国儿童只要把牛和青草归为一类，就不是习惯于按照各自所属"实体"范畴进行分类。

### 8  2011GRK-52

英国纽克大学和曼彻斯特大学考古人员在北约克郡的斯塔卡发现一处有一万多年历史的人类房屋遗迹。测验结果显示，它为一个高约3.5米的木质圆形小屋，存在于公元前8500年，比之前发现的英国最古老房屋至少早500年。考古人员还在附近发现了一个木头平台和一个保存完好的大树树干。此外他们还发现了经过加工的鹿角饰品，这说明当时的人已经有了一些仪式性的活动。

以下哪项如果为真，最能支持上述观点？

A. 木头平台是人类建造小木屋的工作场所。
B. 当时的英国人已经有了相对稳定的住址，而不是之前认为的居无定所的游猎者。
C. 人类是群居动物，附近还有更多的木屋等待发掘。
D. 人类在一万多年前就已经在约克郡附近进行农耕活动。
E. 只有举行仪式性的活动，才会出现经过加工的鹿角饰品。

### 9  2012GRK - 43

大城市相对于中小城市，尤其是小城镇来讲，其生活成本是比较高的。这必然限制农村人口的进入。因此，仅靠发展大城市实际上无法实现城市化。

以下哪项是上述论证所必须假设的？

A. 城市化是我国发展的必由之路。
B. 单纯发展大城市不利于城市化的推进。
C. 要实现城市化，就必须让城市充分吸纳农村人口。
D. 大城市对外地农村人口的吸引力明显低于中小城市。
E. 城市化不能单纯发展大城市，也要充分重视发展其他类型的城市。

### 10  2017MBA - 38

婴儿通过碰触物体、四处玩耍和观察成人的行为等方式来学习，但机器人通常只能按照确定的程序进行学习。于是，有些科学家试图研制学习方式更接近于婴儿的机器人。他们认为，既然婴儿是地球上最有效率的学习者，为什么不设计出能像婴儿那样不费力气就能学习的机器人呢？

以下哪项最可能是上述科学家观点的假设？

A. 成年人和现有机器人都不能像婴儿那样毫不费力地学习。
B. 如果机器人能像婴儿那样学习，它们的智能就有可能超过人类。
C. 即使是最好的机器人，它们的学习能力也无法超过最差的婴儿学习者。
D. 婴儿的学习能力是天生的，他们的大脑与其他动物幼崽不同。
E. 通过碰触、玩耍和观察等方式来学习是地球上最有效的学习方式。

### 11  2019MBA - 29

人们一直在争论猫与狗谁更聪明。最近，有些科学家不仅研究了动物脑容量的大小，还研究了大脑皮层神经细胞的数量，发现猫平常似乎总摆出一副智力占优的神态，但猫的大脑皮层神经细胞的数量只有普通金毛犬的一半。由此，他们得出结论：狗比猫更聪明。

以下哪项最可能是上述科学家得出结论的假设？

A. 狗善于与人类合作，可以充当导盲犬、陪护犬、搜救犬、警犬等，就对人类的贡献而言，狗能做的似乎比猫多。
B. 狗可能继承了狼结群捕猎的特点，为了互相配合，它们需要作出一些复杂行为。
C. 动物大脑皮层神经细胞的数量与动物的聪明程度呈正相关。
D. 猫的神经细胞数量比狗少，是因为猫不象狗那样"爱交际"。
E. 棕熊的脑容量是金毛犬的3倍，但其脑神经细胞的数量却少于金毛犬，与猫很接近，而棕熊的脑容量却是猫的10倍。

### 12  2019MBA - 44

得道者多助，失道者寡助。寡助之至，亲戚畔之；多助之至，天下顺之。以天下之所顺，攻亲戚之所畔，故君子有不战，战必胜矣。

以下哪项是上述论证所隐含的前提？
A. 得道者必胜失道者。
B. 失道者必定得不到帮助。
C. 君子是得道者。
D. 失道者亲戚畔之。
E. 得道者多，则天下太平。

### 13  2020MBA-28

有学校提出，将效仿免费师范生制度，提供减免学费等优惠条件以吸引成绩优秀的调剂生，提高医学人才培养质量。有专家对此提出反对意见：医生是既崇高又辛苦的职业，要有足够的爱心和兴趣才能做好，因此，宁可招不满，也不要招收调剂生。

以下哪项最可能是上述专家论断的假设？
A. 没有奉献精神，就无法学好医学。
B. 如果缺乏爱心，就不能从事医生这一崇高的职业。
C. 调剂生往往对医学缺乏兴趣。
D. 因优惠条件而报考医学的学生往往缺乏奉献精神。
E. 有爱心并对医学有兴趣的学生不会在意是否收费。

### 14  2020MBA-44

黄土高原以前植被丰富，长满大树，而现在千沟万壑，不见树木，这是植被遭破坏后水流冲刷大地造成的惨痛结果。有专家进一步分析认为，现在黄土高原不长植物是因为这里的黄土其实都是生土。

以下哪项最可能是上述专家推断的假设？
A. 生土不长庄稼，只有通过土壤改造等手段才适宜种植粮食作物。
B. 因缺少应有的投入，生土无人愿意耕种，无人耕种的土地贫瘠。
C. 生土是水土流失造成的恶果，缺乏植物生长所需要的营养成分。
D. 东北的黑土地中含有较厚的腐殖层，这种腐殖层适合植物的生长。
E. 植物的生长依赖熟土，而熟土的存续依赖人类对植被的保护。

### 15  2021MBA-44

今天的教育质量将决定明天的经济实力。PISA是经济合作与发展组织每隔三年对15岁学生的阅读、数学和科学能力进行的一项测试。根据2019年最新测试结果，中国学生的总体表现远超其他国家学生。有专家认为，该结果意味着中国有一支优秀的后备力量以保障未来经济的发展。

以下哪项如果为真，最能支持上述专家的论证？
A. 这次PISA测试的评估重点是阅读能力，能很好地反映学生的受教育质量。
B. 在其他国际智力测试中，亚洲学生总体成绩最好，而中国学生又是亚洲最好的。
C. 未来经济发展的核心驱动力是创新，中国教育非常重视学生创新能力的培养。
D. 中国学生在15岁时各项能力尚处于上升期，他们未来会有更出色的表现。
E. 中国学生在阅读、数学和科学三项排名中均位列第一。

### 16  2021MBA-46

水产品的脂肪含量相对较低，而且含有较多不饱和脂肪酸，对预防血脂异常和心血管疾病有一定作用；禽肉的脂肪含量也比较低，脂肪酸组成优于畜肉；畜肉中的瘦肉脂肪含量低于肥肉，瘦肉优于肥肉。因此，在肉类选择上，应该优先选择水产品，其次是禽肉，这样对身体更健康。

以下哪项如果为真，最能支持以上论述？

A. 所有人都有罹患心血管疾病的风险。

B. 肉类脂肪含量越低对身体越健康。

C. 人们认为根据自己的喜好选择肉类更有益于健康。

D. 人必须摄入适量的动物脂肪才能满足身体的需要。

E. 脂肪含量越低，不饱和脂肪酸含量越高。

**17  2023MBA-28**

记者：贵校是如何培养创新型人才的？

受访者：大学生踊跃创新创业是我校的一个品牌。在相关课程学习中，我们注重激发学生创业的积极性，引导学生想创业；通过实训、体验，让学生能创业；通过学校提供专业化的服务，帮助学生创成业。在高校创业者收益榜中，我们学校名列榜首。

以下哪项最可能是上述对话中受访者论述的假设？

A. 不懂创新就不懂创业。

B. 创新能力越强，创业收益越高。

C. 创新型人才培养主要是创业技能的培训和提升。

D. 培养大学生创业能力只是培养创新型人才的任务之一。

E. 创新型人才的主要特征是具有不拘陈规、勇于开拓的创新精神。

## 答案与解析

**1. 正确答案：C**

题干前提：到目前为止，还没有中国人获得诺贝尔经济学奖和诺贝尔文学奖。

补充 C 项：诺贝尔奖是衡量一个国家某个学科发展水平的重要标志。

题干结论：中国在人文社会科学方面的研究与世界先进水平相比还有比较大的差距。

其余选项均不是题干推论所必须假设的，其中选项 D 还对题干推论有质疑。

**2. 正确答案：A**

题干前提：最近几年，每个外科医生每年所做的手术的数量平均下降了四分之一。

补充 A 项：一个外科医生如果每年所做手术的数量低于一个起码的标准，那么他不可能保持他的手术水平。

得出结论：如果这种趋势得不到扭转，那么，外科手术的普遍质量和水平不可避免地会降低。

其余选项都不是题干论证基于的假设。

**3. 正确答案：C**

前提之一：生活成本与一个地区的主导行业支付的工资的平均水平呈正相关。

前提之二：龙山地区的主导行业是汽车制造业，雁南地区的主导行业是农业。

补充 C 项：汽车制造业支付的工资的平均水平比农业高。

得出结论：龙山地区的生活成本一定比雁南地区高。

**4. 正确答案：E**

从题干陈述中可以得出，判断一个行为是否好是不可能的。补充假设形成如下推理：

题干前提：判断一个行为是否好是不可能的。

补充 E 项：一个好的行为必须是能够被我们判断的。

题干结论：一个好的行为实际上不可能存在。

5. 正确答案：B

题干前提：虽然白天安装会中断员工工作，但如果夜晚安装则要承担高得多的安装费用。

补充 B 项：在白天安装网络系统导致误工损失的费用，低于夜晚与白天安装费用的差价。

题干结论：为了省钱，应该在白天安装此网络系统。

6. 正确答案：A

题干前提：某些精神失常是因为大脑神经递质化学物质不平衡。

补充 A 项：心理疗法对大脑神经递质化学物质的不平衡所导致的精神失常无效。

题干结论：这类患者不能用心理疗法，也即只能通过药物进行治疗。

7. 正确答案：C

题干前提：实验发现，大部分美国儿童则把牛和鸡归为一类，把青草归为另一类。

补充 C 项：美国儿童只要把牛和鸡归为一类，就是习惯于按照各自所属"实体"范畴进行分类。

题干结论：美国儿童则习惯于把事物按照各自所属的"实体"范畴进行分类。

其余选项都不是这位学者得出结论所必须假设的，其中，A 项中的"马"和 B 项中的"鸭"在题干中都没有提及。

8. 正确答案：E

题干陈述：发现了经过加工的鹿角饰品。

补充 E 项：只有举行仪式性的活动，才会出现经过加工的鹿角饰品。

得出结论：当时的人已经有了一些仪式性的活动。

9. 正确答案：C

题干陈述：大城市的生活成本必然限制农村人口的进入。

补充 C 项：要实现城市化，就必须让城市充分吸纳农村人口。

得出结论：仅靠发展大城市实际上无法实现城市化。

可见，C 项是题干论证必须假设的。

10. 正确答案：E

题干论证关系如下：

题干前提：婴儿通过碰触物体、四处玩耍和观察成人的行为等方式来学习。

补充 E 项：通过碰触、玩耍和观察等方式来学习是地球上最有效的学习方式。

题干结论：婴儿是地球上最有效率的学习者。所以，应该设计出能像婴儿那样不费力气就能学习的机器人。

A 项：范围过大，题干论证与"成年人"无关，排除。

B 项：题干论证与"智能就有可能超过人类"无关，排除。

C 项：题干没有区分"最好"与"最差"的婴儿学习者，这些与题干论证对象不一致，排除。

D 项：题干论证与"其他动物幼崽"无关，排除。

11. 正确答案：C

题干前提：猫的大脑皮层神经细胞的数量只有普通金毛犬的一半。

补充 C 项：动物大脑皮层神经细胞的数量与动物的聪明程度呈正相关。

得出结论：狗比猫更聪明。

因此，C 项最可能是上述科学家得出结论的假设。

其余选项均不具有假设意义，其中：

A、B 项：与题干论证中"大脑皮层神经细胞的数量"无关，排除。

D 项：没有建立起脑神经细胞数量与聪明之间的联系，排除。

E 项：棕熊与题干论证无关，排除。

### 12. 正确答案：C
根据题干论述，可知：得道者战必胜。

补充 C 项：君子是得道者。

得出结论：君子战必胜。

### 13. 正确答案：C
题干中专家的论断是，医生要有足够的爱心和兴趣才能做好，因此，不要招收调剂生。

显然，C 项是专家的假设，补充进去后形成完整的论证。

前提：医生要有足够的爱心和兴趣才能做好。

假设：调剂生往往对医学缺乏兴趣。

结论：调剂生难以成为好医生，所以，不要招收调剂生。

### 14. 正确答案：C
专家推断，现在黄土高原不长植物是因为这里的黄土其实都是生土。

C 项显然是专家推断的假设，补充到专家的论证后，形成如下完整的论证。

前提：这里的黄土其实都是生土。

假设：生土是水土流失造成的恶果，缺乏植物生长所需要的营养成分。

结论：现在黄土高原不长植物。

其余选项均与题干论证无关，排除。

### 15. 正确答案：A
题干前提1：据2019年最新PISA测试结果，中国学生的总体表现远超其他国家学生。

补充 A 项：这次 PISA 测试的评估重点是阅读能力，能很好地反映学生的受教育质量。

得出结论1：今天中国的教育质量非常好。

题干前提2：今天的教育质量将决定明天的经济实力。

题干最终结论：该结果意味着中国有一支优秀的后备力量以保障未来经济的发展。

其余选项均无法支持。其中，B、C 项为无关项，题干论证与"其他国际智力测试""创新"无关，排除。D 项未能表明与该测试的关系，排除。E 项没有体现与未来经济发展的联系，排除。

### 16. 正确答案：B
题干前提：水产品的脂肪含量相对较低，禽肉的脂肪含量也比较低。

补充 B 项：肉类脂肪含量越低对身体越健康。

题干结论：在肉类选择上，应该优先选择水产品，其次是禽肉，这样对身体更健康。

其余选项都不能建立肉类脂肪含量与健康之间的联系，均为无关项，排除。

### 17. 正确答案：C
受访者的回答：学校培养创新型人才的方法是，通过相关创业方面的课程学习使得学生创业成功。

可见，受访者的假设是创新型人才培养主要是创业技能的培训和提升，因此，C 项为正确答案。

其论证过程为：

前提：通过相关创业方面的课程学习使得学生创业成功。

假设：创新型人才培养主要是创业技能的培训和提升。

结论：学校成功地培养了创新型人才。

其余选项都无关题干论证，均为无关项，排除。

## 1.2 推理可行

推理可行的假设是一种必要假设，也是出题数量最多的假设题型。若能使一个论证可行或有意义，那么这样的假定就是题干推理成立的必要条件。因为若推理根本就不可行或没有实际意义，那么题干论证必然不成立，所以这个假定是假设。

注意：假设一定是支持，但支持不一定是假设。因此，命题者加大假设题难度无一例外地是在加大阅读的前提下设计出一个支持选项，而这时的易混淆支持选项必然不是题干论证成立的必要条件，所以可用加入否定的方法去掉这个易误选的支持选项。

### 1  2000MBA - 72

在西方几个核大国中，当核试验得到了有效的限制，老百姓就会倾向于省更多的钱，出现所谓的商品负超常消费；当核试验的次数增多的时候，老百姓就会倾向于花更多的钱，出现所谓的商品正超常消费。因此，当核战争成为能普遍觉察到的现实威胁时，老百姓为存钱而限制消费的愿望大大降低，商品正超常消费的可能性大大增加。

上述论证基于以下哪项假设？

A. 当核试验次数增多时，有足够的商品支持正超常消费。
B. 在西方几个核大国中，核试验受到了老百姓普遍的反对。
C. 老百姓只能通过本国的核试验的次数来觉察核战争的现实威胁。
D. 商界对核试验乃至核战争的现实威胁持欢迎态度，因为这将带来经济利益。
E. 在冷战年代，上述核战争的现实威胁出现过数次。

### 2  2001MBA - 47

一词当然可以多义，但一词的多义应当是相近的。例如，"帅"可以解释为"元帅"，也可以解释为"杰出"，这两个含义是相近的。由此看来，把"酷（Cool）"解释为"帅"实在是英语中的一种误用，应当加以纠正，因为"Cool"在英语中的初始含义是"凉爽"，和"帅"丝毫不相及。

以下哪项是题干的论证所必须假设的？

A. 一个词的初始含义是该词唯一确切的含义。
B. 除了"Cool"以外，在英语中不存在其他的词具有不相关的多种含义。
C. 词语的多义将造成思想交流的困难。
D. 英语比汉语更容易产生语词歧义。
E. 语言的发展方向是一词一义，用人工语言取代自然语言。

### 3  2001MBA - 55

交通部科研所最近研制了一种自动照相机，凭借其对速度的敏锐反应，当且仅当违规超速的汽车经过镜头时，它会自动按下快门。在某条单向行驶的公路上，在一个小时中，这样的一架照相机共摄下了50辆超速的汽车的照片。从这架照相机出发，在这条公路前方的1公里处，一批交通警察于隐蔽处在进行目测超速汽车能力的测试。在上述同一个小时中，某个警察测定，共有25辆汽车超速通过。由于经过自动照相机的汽车一定经过目测处，因此，可以推定，这个警察的目测超速汽车的准确率不高于50%。

要使题干的推断成立，以下哪项是必须假设的？

A. 在该警察测定为超速的汽车中，包括在照相机处不超速而到目测处超速的汽车。

B. 在该警察测定为超速的汽车中，包括在照相机处超速而到目测处不超速的汽车。
C. 在上述一个小时中，在照相机前不超速的汽车，到目测处不会超速。
D. 在上述一个小时中，在照相机前超速的汽车，都一定超速通过目测处。
E. 在上述一个小时中，通过目测处的非超速汽车一定超过 25 辆。

### 4 2001GRK-56

江口市急救中心向市政府申请购置一辆新的救护车，以进一步增强该中心的急救能力。市政府否决了这项申请，理由是：急救中心所需的救护车的数量，必须和中心的规模和综合能力相配套。根据该急救中心现有的医护人员和医疗设施的规模和综合能力，现有的救护车足够了。

以下哪项是市政府关于此项决定的论证所必须假设的？

A. 江口市的急救对象的数量不会有大的增长。
B. 市政府的财政面临困难，无力购置新的救护车。
C. 急救中心现有的救护车中，至少有一辆近期内不会退役。
D. 江口市的其他大中医院有足够的能力配合急救中心抢救全市的危重病人。
E. 市政府至少在五年内不会拨款以扩大急救中心的规模和综合能力。

### 5 2001GRK-68

有的地质学家认为，如果地球的未勘探地区中单位面积的平均石油储藏量能和已勘探地区中的一样，那么，目前关于地下未开采的能源含量的正确估计因此要乘上一万倍，由此可得出结论，全球的石油需求，至少可以在未来五个世纪中得到满足，即便此种需求每年呈加速上升的趋势。

为使上述论证成立，以下哪项是必须假设的？

A. 地球上未勘探地区的总面积是已勘探地区的一万倍。
B. 地球上未勘探地区中储藏的石油可以被勘测和开采出来。
C. 新技术将使未来对石油的勘探和开采比现在更为可行。
D. 在未来至少五个世纪中，石油仍然是全球主要的能源。
E. 在未来至少五个世纪中，世界人口的增长率不会超过对石油需求的增长率。

### 6 2002MBA-31

W 公司制作的正版音乐光盘每张售价 25 元，赢利 10 元。而这样的光盘的盗版制品每张仅售价 5 元。因此，这样的盗版光盘如果销售 10 万张，就会给 W 公司造成 100 万元的利润损失。

为使上述论证成立，以下哪项是必须假设的？

A. 每个已购买各种盗版制品的人，若没有盗版制品可买，都仍会购买相应的正版制品。
B. 如果没有盗版光盘，W 公司的上述正版音乐光盘的销售量不会少于 10 万张。
C. 上述盗版光盘的单价不可能低于 5 元。
D. 与上述正版光盘相比，盗版光盘的质量无实质性的缺陷。
E. W 公司制作的上述正版光盘价格偏高是造成盗版光盘充斥市场的原因。

### 7 2002GRK-45

尽管有关法律越来越严厉，盗猎现象并没有得到有效抑制，反而有愈演愈烈的趋势，特别是对犀牛的捕杀。一只没有角的犀牛对盗猎者是没有价值的，野生动物保护委员会为了有效地保护犀牛，计划将所有的犀牛角都切掉，以使它们免遭杀害厄运。

野生动物保护委员会的计划假设了以下哪项？

A. 盗猎者不会杀害对他们没有价值的犀牛。

B. 犀牛是盗猎者为获得其角而猎杀的唯一动物。

C. 无角的犀牛比有角的犀牛对包括盗猎者在内的人的威胁要小。

D. 无角的犀牛仍可成功地对人类以外的敌人进行防卫。

E. 对盗猎者进行更严格的惩罚并不会降低盗猎者猎杀犀牛的数量。

### 8  2002GRK-46

从技术上讲，一种保险单如果其索赔额及管理费用超过保金收入，这种保险单就属于折价发行。但是，保金收入可以用来投资并产生回报，因而折价发行的保单并不一定总是亏本的。

上述推理建立在以下哪项假设基础之上？

A. 保险公司不会为吸引顾客而故意折价发行保单。

B. 并不是每一种亏本的保单都是折价发行的。

C. 在索赔发生前，保单每年的索赔额都是可以精确估计的。

D. 投资与保金收入的所得，是保险公司利润的最重要来源。

E. 至少部分折价发行的保单，并不要求保险公司在得到保金后立即支付全部赔偿。

### 9  2004MBA-44

通常的高山反应是由高海拔地区空气中缺氧造成的，当缺氧条件改变时，症状可以很快消失。急性脑血管梗阻也具有脑缺氧的病征，如不及时恰当处理会危及生命。由于急性脑血管梗阻的症状和普通高山反应相似，因此，在高海拔地区，急性脑血管梗阻这种病特别危险。

以下哪项最可能是上述论证所假设的？

A. 普通高山反应和急性脑血管梗阻的医疗处理是不同的。

B. 高山反应不会诱发急性脑血管梗阻。

C. 急性脑血管梗阻如及时恰当处理不会危及生命。

D. 高海拔地区缺少抢救和医治急性脑血管梗阻的条件。

E. 高海拔地区的缺氧可能会影响医生的工作，降低其诊断的准确性。

### 10  2004MBA-53

西方航空公司由北京至西安的全额票价一年多来保持不变，但是，目前西方航空公司由北京至西安的机票90%打折出售，只有10%全额出售；而在一年前则是一半打折出售，一半全额出售。因此，目前西方航空公司由北京至西安的平均票价比一年前要低。

以下哪项最可能是上述论证所假设的？

A. 目前和一年前一样，西方航空公司由北京至西安的机票，打折的和全额的，有基本相同的售出率。

B. 目前和一年前一样，西方航空公司由北京至西安的打折机票售出率，不低于全额机票。

C. 目前西方航空公司由北京至西安的打折机票的票价和一年前基本相同。

D. 目前西方航空公司由北京至西安航线的服务水平比一年前下降了。

E. 西方航空公司所有航线的全额票价一年多来保持不变。

### 11  2004GRK-42

小红装病逃学一天，大明答应为她保密。事后，知道事情底细的老师对大明说，我和你一样，都认为违背承诺是一件不好的事；但是，人和人交往，事实上默认一个承诺，这就是说真话，任何谎言都违背这一承诺。因此，如果小红确实装病逃学，那么，你即使已经承诺为她保密，也应该对我说实话。

要使老师的话成立，以下哪项是必须假设的？

A. 说谎比违背其他承诺更有害。

B. 有时，违背承诺并不是一件坏事。
C. 任何默认的承诺都比表达的承诺重要。
D. 违背默认的承诺有时要比违背表达的承诺更不好。
E. 每个人都不应该违背任何承诺。

### 12  2005MBA－32

面试是招聘的一个不可以取代的环节，因为通过面试，可以了解应聘者的个性。那些个性不合适的应聘者将被淘汰。

以下哪项是上述论证最可能假设的？

A. 应聘者的个性很难通过招聘的其他环节展示。
B. 个性是确定录用应聘者的最主要因素。
C. 只有经验丰富的招聘者才能通过面试准确把握应聘者的个性。
D. 在招聘环节中，面试比其他环节更重要。
E. 面试的唯一目的是了解应聘者的个性。

### 13  2005MBA－45

香蕉叶斑病是一种严重影响香蕉树生长的传染病，它的危害范围遍及全球。这种疾病可由一种专门的杀菌剂有效控制，但喷洒这种杀菌剂会对周边人群的健康造成危害。因此，在人口集中的地区对小块香蕉林喷洒这种杀菌剂是不妥当的。幸亏规模香蕉种植园大都远离人口集中的地区，可以安全地使用这种杀菌剂。因此，全世界的香蕉产量，大部分不会受到香蕉叶斑病的影响。

以下哪项可能是上述论证所假设的？

A. 人类最终可以培育出抗叶斑病的香蕉品种。
B. 全世界生产的香蕉，大部分产自规模香蕉种植园。
C. 和在小块香蕉林中相比，香蕉叶斑病在规模香蕉种植园中传播得较慢。
D. 香蕉叶斑病是全球范围内唯一危害香蕉生长的传染病。
E. 香蕉叶斑病不危害植物。

### 14  2005GRK－39

某纺织厂从国外引进了一套自动质量检验设备。开始使用该设备的10月份和11月份，产品的质量不合格率由9月份的0.04%分别提高到0.07%和0.06%。因此，使用该设备对减少该厂的不合格产品进入市场起到了重要的作用。

以下哪项是上述论证最可能假设的？

A. 上述设备检测为不合格的产品中，没有一件实际是合格的。
B. 上述设备检测为合格的产品中，没有一件实际是不合格的。
C. 9月份检测为合格的产品中，至少有一些是不合格的。
D. 9月份检测为不合格的产品中，至少有一些是合格的。
E. 上述设备是国内目前同类设备中最先进的。

### 15  2005GRK－43

一些国家为了保护储户免受银行故障造成的损失，由政府给所有个人储户提供相应的保险。有的经济学家认为，这种保险政策应对这些国家的银行高故障率承担部分责任。因为有了这种保险，储户在选择银行时就不关心其故障率的高低，这极大地影响了银行通过降低故障率来吸引储户的积极性。

为使上述经济学家的论证成立，以下哪个选项是必须假设的？

A. 银行故障是可以避免的。
B. 储户有能力判断不同银行的故障率高低。
C. 故障率是储户选择银行的主要依据。
D. 储户存入的钱越多,选择银行就越谨慎。
E. 银行故障的主要原因是计算机病毒。

**16** 2009GRK-55

由工业垃圾掩埋带来的污染问题在中等发达国家中最为突出,而在发达国家与不发达国家中反而不突出。不发达国家是因为没有多少工业垃圾可以处理。发达国家或者是因为有效地减少了工业垃圾,或者是因为有效地处理了工业垃圾。H国是中等发达国家,因此,它目前面临的由工业垃圾掩埋带来的污染在五年后会有实质性的改变。

以下哪项最可能是上述论证所必须假设的?

A. H国不会在五年后倒退回不发达状态。
B. H国将在五年内成为发达国家。
C. H国五年内保持其发展水平不变。
D. H国将在五年内有效地处理工业垃圾。
E. H国将在五年内有效地减少工业垃圾。

**17** 2012GRK-44

研究人员最近发现,在人脑深处有一个叫作丘脑枕的区域,就像是个信息总台接线员,负责将外界的刺激信息分类整理,将人的注意力放在对行为与生存最重要的信息上。研究人员指出,这一发现有望为缺乏注意力而导致的紊乱类疾病带来新疗法,如注意力缺陷多动障碍、精神分裂症等。

以下哪项是上述论证所必须假设的?

A. 有些精神分裂症并不是由于缺乏注意力而导致的。
B. 视觉信息只是通过视觉皮层区的神经网络来传输。
C. 研究人员已经开发出一种新技术,能直接跟踪视觉皮层区和丘脑枕区的神经集丛间的通讯。
D. 大脑无法同时详细处理太多信息,大脑只会选择性地将注意力集中在与行为最相关的事物上。
E. 当我们注意重要视觉信息时,丘脑枕确保了信息通过不同神经集丛的一致性和行为相关性。

**18** 2015MBA-29

人类经历了上百万年的自然进化,产生了直觉、多层次抽象等独特智能。尽管现代计算机已经具备了一定的学习能力,但这种能力还需要人类的指导,完全的自我学习能力尚有待进一步发展。因此,计算机要达到甚至超过人类的智能水平是不可能的。

以下哪项最可能是上述论证的假设?

A. 计算机很难真正懂得人类的语言,更不可能理解人类的感情。
B. 理解人类复杂的社会关系需要自我学习能力。
C. 计算机如果具备完全的自我学习能力,就能形成知觉、多层次抽象等智能。
D. 计算机可以形成自然进化能力。
E. 直觉、多层次抽象等这些人类的独特智能无法通过学习获得。

**19** 2016MBA-46

超市中销售的苹果常常留有一定的油脂痕迹,表面显得油光滑亮。牛师傅认为,这是残留在苹果上的农药所致，水果在收摘之前都喷洒了农药，因此，消费者在超市购买水果后，一定要清洗干净方能食用。

以下哪项最可能是牛师傅看法所依赖的假设？

A. 在水果收摘之前喷洒的农药大多数会在水果上留下油脂痕迹。
B. 许多消费者并不在意超市销售的水果是否清洗过。
C. 超市里销售的水果并未得到彻底清洗。
D. 只有那些在水果上能留下油脂痕迹的农药才可能被清洗掉。
E. 除了苹果，其他许多水果运至超市时也留有一定的油脂痕迹。

## 答案与解析

1. **正确答案：A**

题干结论是：当核战争成为能普遍觉察到的现实威胁时，商品正超常消费的可能性大大增加。

理由是：当核试验的次数增多的时候，老百姓会倾向花更多的钱，出现商品正超常消费。

A项是题干的论证所必须假设的，否则，当核试验次数增多时，没有足够的商品支持正超常消费，商品正超常消费的现象也出现不了。因此，A项是正确答案。

题干并没说明，老百姓只能通过本国的核试验的次数来觉察核战争的现实威胁，因此，C项并非是必须假设的。

D项是对题干论证的一个可能的推论，并非题干的论证本身必须假设的。

B、E项显然不是必须假设的。

2. **正确答案：A**

A项是题干的论证必须假设的。否则，如果一个词的初始含义并不是该词唯一确切的含义，那么，"帅"完全可能是"酷（Cool）"的另一个确切含义，因此，就不能因为"帅"与"酷（Cool）"的初始含义"凉爽"在含义上丝毫不相干，就断定把"酷（Cool）"解释为"帅"是英语中的一种误用。其余各项均不是题干的论证必须假设的。

3. **正确答案：D**

题干结论：警察目测超速汽车的准确率不高于50%。

题干理由：照相机前有50辆汽车超速，而目测处目测出25辆汽车超速。

D项是题干的推断所必须假设的。否则，如果在照相机前超速的汽车，到目测处不再保持超速，意味着很有可能路过警察身边的超速车较少，导致警察目测到的较少，而不是警察漏测了超速车，则上述警察的目测准确率就可能高于50%，这样题干论证就不成立了。因此，D为正确答案。

其余各项均不是必须假设的。

4. **正确答案：C**

为使题干论证成立，C项是必须假设的。否则，如果急救中心现有的救护车近期内全部退役，那么，市政府否决上述申请的理由就不能成立。

5. **正确答案：B**

题干的结论是：全球的石油需求可以在未来得到满足。其根据是：目前包括未勘探地区在内的地下未开采的能源含量比原来估计的要多一万倍。

要使这一论证成立，有一个条件必须满足，即地球上未勘探地区中储藏的石油事实上可以被勘测和开采出来。B项正是断定了这一点，因此，B项是题干的论证必须假设的。

#### 6. 正确答案：B

题干论证：因为盗版光盘已经卖了 10 万张，而正版光盘每张赢利 10 元，所以公司损失了 100 万元的利润。

为使题干的论证成立，B 项是必须假设的，否则，如果没有盗版光盘，W 公司的上述正版音乐光盘的销售量少于 10 万张，那么它的总利润本来就到不了 100 万元，不可能存在 100 万元利润损失的问题。也就是说，只有当一张本来可以销售的正版光盘，因为盗版的存在而卖不出去的时候，对正版业主才存在利润损失的问题。

本题的争议之处，在于 A 项也是题干的假设。但 A 项的断定过强了，题干只涉及盗版光盘，而 A 项断定的是各种盗版制品。

其余各项都不是题干的论证必须假设的。无论盗版的质量如何、价格如何，不影响已经销售 10 万张的事实，也不影响题干推理，C、D 项排除；E 项为无关项。

#### 7. 正确答案：A

为使野生动物保护委员会的计划可行，A 项是必须假设的，否则，如果盗猎者照样杀害对他们没有价值的犀牛，那么，即使将所有的犀牛角都切掉，即使没有角的犀牛对盗猎者没有价值，也难使它们免遭被杀害的厄运。

其余各项不是题干的计划必须假设的。例如 E 项如果不成立，题干的计划仍然可以是合理的。因此，E 项不是题干的计划必须假设的。

#### 8. 正确答案：E

推理可行的假设题。E 项是题干的论证必须假设的，否则，如果所有折价发行的保单都要求保险公司在得到保金后立即支付全部赔偿，那么，这些保金就不可能用来投资并产生回报，这样的保单注定要亏本，题干的论断不能成立。

#### 9. 正确答案：A

题干论证：急性脑血管梗阻与高山反应具有脑缺氧的相似症状，前者如不及时恰当处理会危及生命。因此，在高海拔地区，急性脑血管梗阻特别危险。

为使题干论证成立，A 项是必须假设的，否则，如果"普通高山反应和脑血管梗阻的治疗方法相同"，那么即使将二者混淆而造成误诊，也不会产生危险。

#### 10. 正确答案：C

为使题干论证成立，C 项是必须假设的，否则，如果目前西方航空公司由北京至西安的打折机票的票价和一年前不同，那么题干推理就不成立了。举一个极端例子：如果目前虽然 90% 的机票打折，但是都是打 99 折，而一年前 50% 的机票打折，但都是打 1 折，那么目前的平均票价远高于一年前。

由于只有确定了打折票和全额票的价格才能由售出率推出题干结论，因此 A、B 项不是假设；D 项为明显无关选项；E 项没有讨论打折幅度，均排除。

#### 11. 正确答案：D

面对老师的言论，大明处于二难的困境：若遵守对小红明确作出的承诺，就得对老师说谎；若遵守对老师讲话时默认的承诺，就会违背对小红明确作出的承诺（即表达的承诺）。

老师论述：当两个承诺冲突时，大明应当选择说真话。可见，老师的话显然假设 D 项，否则，违背默认的承诺比违背表达的承诺更好，那么，大明就可以不对老师说实话，这样，老师的论述就不成立。

其余选项均不妥，其中，A 项，学生无论是否说谎都会违背承诺；B 项为无关项；C 项易误选，可以加强推断，但不是必须假设的。

## 12. 正确答案：A

题干断定：面试可了解个性，因此，面试不可取代。

A项是题干论证必须假设的，否则，应聘者的个性可以通过招聘的其他环节展示的话，面试在招聘中就是可以取代的环节了。

## 13. 正确答案：B

为使题干论证成立，B项是必须假设的，否则，如果全世界生产的香蕉并非大部分产自规模香蕉种植园，那么，虽然规模香蕉种植园可以安全地使用这种杀菌剂，也推不出"全世界的香蕉产量，大部分不会受到香蕉叶斑病的影响"这个结论。

其余选项是不需要假设的。比如D项，即使不是唯一的传染病，但只要是严重危害香蕉生长的传染病，就不影响题干论证的成立。

## 14. 正确答案：C

为使题干论证成立，C项是必须假设的，否则，如果9月份检测为合格的产品中都是合格的，意味着9月份就没有不合格的产品漏检，那么，题干的论证就不成立。

其余各项均不是必须假设的。

## 15. 正确答案：B

选项B是必须假设的，否则，如果储户没有能力判断不同银行的故障率高低，银行就不可能通过降低故障率来吸引储户，这样，一些国家的银行高故障率就和储户对银行的选择无关。这样，上述经济学家的论证就不可能成立。

## 16. 正确答案：B

题干陈述：污染问题在中等发达国家中最为突出，而在发达国家与不发达国家中不突出。H国是中等发达国家，因此，它目前面临的污染在五年后会有实质性的改变。

要使上述论证成立，必须假设以下两者之一：第一，H国在五年后倒退回不发达国家状态；第二，H国在五年内成为发达国家。A项是前者的否定。B项即后者。

## 17. 正确答案：D

D项表明，题干提及的丘脑枕对于人集中注意力的作用，是大脑处理信息时不可缺少的。显然，为使题干论证有说服力，这是必须假设的。

## 18. 正确答案：E

题干论证必须预设E项，否则，如果计算机通过学习可以学会直觉、多层次抽象等独特智能，那么计算机就有可能达到或者超过人类的智能水平。

## 19. 正确答案：C

牛师傅认为，超市中苹果的油脂痕迹是残留的农药所致，因此，消费者在超市购买水果后，一定要清洗干净方能食用。

这一论述显然需要假设C项，正是因为超市里销售的水果并未得到彻底清洗，所以在食用前才需要清洗干净。否则，如果超市里销售的水果得到了彻底清洗，那么，牛师傅的结论就不成立了。因此，该项为正确答案。

其余选项均不是假设，其中：

A项：有干扰作用，属于支持项，但不是假设，排除。

B、E项：与题干论证无关，为无关项，排除。

D项：若除了在水果上能留下油脂痕迹的农药外，其他类型的农药也可被清洗掉，则题干论证仍然成立。可见，该项假设过强，排除。

## 1.3 没有他因

当逻辑论证是由一个研究、调查、发现等推导出结论时，此类型推理成立的一个必要条件往往是除了该论证所述的原因之外，没有其他原因来说明这些研究、调查发现的事实了。因为如果存在别的原因影响事实结果，那其结论就不成立了。可见，"没有他因"也是一种必要型假设。

**1** 2002MBA-17

心脏的搏动引起血液循环。对同一个人，心率越快，单位时间进入循环的血液量就越多。血液中的红血球运输氧气，一般地说，一个人单位时间通过血液循环获得的氧气越多，他的体能及其发挥就越佳。因此，为了提高运动员在体育比赛中的竞技水平，应该加强他们在高海拔地区的训练，因为在高海拔地区，人体内每单位体积血液中含有的红血球数量，要高于在低海拔地区。

以下哪项是题干的论证必须假设的？
A. 海拔的高低对运动员的心率不发生影响。
B. 不同运动员的心率基本相同。
C. 运动员的心率比普通人慢。
D. 在高海拔地区训练能使运动员的心率加快。
E. 运动员在高海拔地区的心率不低于在低海拔地区。

**2** 2002GRK-36

在西西里的一处墓穴里，发现了一只陶瓷花瓶。考古学家证实这只花瓶原产自希腊。墓穴主人生活在2 700年前，是当时的一个统治者。因此，这说明在2 700年前，西西里和希腊间已有贸易。

以下哪项是上述论证必须假设的？
A. 当时西西里的陶瓷匠人的水平不及希腊陶瓷匠人。
B. 在当时用来制造陶瓷的黏土，西西里产的和希腊产的很不一样。
C. 墓穴主人活着的时候，已经有大批船队能够往来于西西里和希腊。
D. 在西西里墓穴里发现的这只花瓶不是墓穴主人的后裔在后来放进去的。
E. 墓穴主人不是西西里皇族的成员。

**3** 2002GRK-49

这个国家在1987年控制非法药物进入的计划失败了。尽管对非法药物的需求呈下降趋势，但是，如果这个计划没有失败，多数非法药物在1987年的批发价格不会急剧下降。

以上结论依赖于以下哪一个假设？
A. 1987年，非法药物的供给大幅下降。
B. 1987年，平均每个消费者支付的非法药物的价格并未显著下降。
C. 本国非法药物产量，比非法进入该国的非法药物增加更多。
D. 1987年，少数几种非法药物的批发价格大幅上升了。
E. 1987年，非法药物需求的下降不是其批发价格下降的唯一原因。

**4** 2003MBA-36

在汉语和英语中，"塔"的发音是一样的，这是英语借用了汉语；"幽默"的发音也是一样的，这是汉语借用了英语。而在英语和姆巴拉拉语中，"狗"的发音也是一样的，但可以肯定，使用这两种语言的人交往只是将近两个世纪的事，而姆巴拉拉语（包括"狗"的发音）的历史,几乎和英语一样古老。另外,这两种语言,属于完全不同的语系,没有任何亲缘关系。因此,这说明,不同的语言中出现意义和发音相同的词,并不一定是由于语言的相互借用,或是由于语言的亲缘关系所致。

以上论述必须假设以下哪项?

A. 汉语和英语中,意义和发音相同的词都是相互借用的结果。

B. 除了英语和姆巴拉拉语以外,还有多种语言对"狗"有相同的发音。

C. 没有第三种语言从英语或姆巴拉拉语中借用"狗"一词。

D. 如果两种不同语系的语言中有的词发音相同,则使用这两种语言的人一定在某个时期彼此接触过。

E. 使用不同语言的人相互接触,一定会导致语言的相互借用。

**5** 2003GRK-37

急性视网膜坏死综合征是由疱疹病毒引起的眼部炎症综合征。急性视网膜坏死综合征患者大多临床表现反复出现,相关的症状体征时有时无,药物治疗效果不佳。这说明,此病是无法治愈的。

上述论证假设反复出现急性视网膜坏死综合征症状体征的患者:

A. 没有重新感染过疱疹病毒。

B. 没有采取防止疱疹病毒感染的措施。

C. 对疱疹病毒的药物治疗特别抗药。

D. 可能患有其他相关疾病。

E. 先天体质较差。

**6** 2004MBA-46

莱布尼茨是17世纪伟大的哲学家。他先于牛顿发表了他的微积分研究成果。但是当时牛顿公布了他的私人笔记,说明他至少在莱布尼茨发表其成果的10年前已经运用了微积分的原理。牛顿还说,在莱布尼茨发表其成果的不久前,他在给莱布尼茨的信中谈起过自己关于微积分的思想。但是事后的研究说明,牛顿的这封信中,有关微积分的几行字几乎没有涉及这一理论的任何重要之处。因此,可以得出结论,莱布尼茨和牛顿各自独立地发现了微积分。

以下哪项是上述论证必须假设的?

A. 莱布尼茨在数学方面的才能不亚于牛顿。

B. 莱布尼茨是个诚实的人。

C. 没有第三个人不迟于莱布尼茨和牛顿独立地发现了微积分。

D. 莱布尼茨在发表微积分研究成果前从没有把其中的关键性内容告诉任何人。

E. 莱布尼茨和牛顿都没有从第三渠道获得关于微积分的关键性细节。

**7** 2006MBA-53

类人猿和其后的史前人类所使用的工具很相似。最近在东部非洲考古所发现的古代工具,就属于史前人类和类人猿都使用过的类型。但是,发现这些工具的地方是热带大草原,热带大草原有史前人类居住过,而类人猿只生活在森林中。因此,这些被发现的古代工具是史前人类而不是类人猿使用过的。

为使上述论证有说服力,以下哪项是必须假设的?

A. 即使在相当长的环境生态变化过程中,森林也不会演变成为草原。

B. 史前人类从未在森林中生活过。

C. 史前人类比类人猿更能熟练地使用工具。

D. 史前人类在迁移时并不携带工具。

E. 类人猿只能使用工具,并不能制造工具。

### 8  2007GRK-38

一项调查显示,某班参加挑战杯比赛的同学与那些未参加此项比赛的同学相比,学习成绩一直保持较高的水平。此项调查得出结论:挑战杯比赛通过开拓学生的视野,增加学生的学习兴趣,激发学生的创造潜力,有效地提高了学生的学习成绩。

以下哪项如果为真,最能加强上述调查结论的说服力?

A. 没有参加挑战杯比赛的同学如果通过其他活动开拓视野,也能获得好成绩。

B. 整天在教室内读书而不参加课外科技活动的学生,他们的视野、学习兴趣和创造力都会受到影响。

C. 没有参加挑战杯比赛的同学大都学习很努力。

D. 参加挑战杯比赛并不以学习成绩好为条件。

E. 参加挑战杯比赛的同学约占全班的半数。

### 9  2007GRK-54

在 H 国前年出版的 50 000 部书中,有 5 000 部都是小说。在 H 国去年发行的电影中,恰有 25 部是由这些小说改编的。因为去年 H 国共发行了 100 部电影,因此,由前年该国出版的书改编的电影,在这 100 部电影中所占的比例不会超过四分之一。

基于以下哪项假设能使上述推理成立?

A. H 国去年发行电影的剧本,都不是由专业小说作家编写的。

B. 由小说改编的电影的制作周期不短于一年。

C. H 国去年发行的电影中,至少 25 部是国产片。

D. H 国前年出版的小说中,适合于改编成电影的不超过 0.5%。

E. H 国去年发行的电影,没有一部是基于小说以外的书改编的。

### 10  2009GRK-36

最近发现,19 世纪 80 年代保存的海鸟标本的羽毛中,汞的含量仅为目前同一品种海鸟的羽毛汞含量的一半。由于海鸟羽毛中的汞的积累是海鸟吃鱼所导致,这就表明现在海鱼中汞的含量比 100 多年前要高。

以下哪项是上述论证的假设?

A. 进行羽毛汞含量检测的海鸟处于相同年龄段。

B. 海鱼的汞含量取决于其活动海域的污染程度。

C. 来源于鱼的汞被海鸟吸收后,残留在羽毛中的含量会随时间的变化而改变。

D. 在海鸟的食物结构中,海鱼所占的比例,在 19 世纪 80 年代并不比现在高。

E. 用于海鸟标本制作和保存的方法并没有显著减少海鸟羽毛中的汞含量。

### 11  2010GRK-40

黑脉金蝴蝶幼虫先折断含毒液的乳草属植物的叶脉,使毒液外流,再食入整片叶子。一般情况下,乳草属植物叶脉被折断后其内的毒液基本完全流掉,即便有极微量的残留,对幼虫也不会构成威胁。黑脉金蝴蝶幼虫就是采用这种方式以有毒的乳草属植物为食物来源直到它们发育成熟。

以下哪项最可能是上文所作的假设?

A. 幼虫有多种方法对付有毒植物的毒液,因此,有毒植物是多种幼虫的食物来源。

B. 除黑脉金蝴蝶幼虫外，乳草属植物不适合其他幼虫食用。
C. 除乳草属植物外，其他有毒植物已经进化到能防止黑脉金蝴蝶幼虫破坏其叶脉的程度。
D. 黑脉金蝴蝶幼虫成功对付乳草属植物毒液的方法不能用于对付其他有毒植物。
E. 乳草属植物的叶脉没有进化到黑脉金蝴蝶幼虫不能折断的程度。

### 12  2010GRK-44

1979 年，在非洲摩西地区发现有一只大象在觅食时进入赖登山的一个山洞。不久，其他的大象也开始进入洞穴，以后几年进入山洞集居成为整个大象群的常规活动。1979 年之前，摩西地区没有发现大象进入山洞，山洞内没有大象的踪迹。到 2006 年，整个大象群在洞穴内或附近度过其大部分冬季。由此可见，大象能够接受和传授新的行为，而这并不只是由遗传基因所决定的。

以下哪项是上述论述的假设？

A. 大象的基因突变可以发生在相对短的时间跨度，如数十年。
B. 大象群在数十年出现的新的行为不是由遗传基因预先决定的。
C. 大象新的行为模式易于成为固定的方式，一般都会延续几代。
D. 大象的群体行为不受遗传影响，而是大象群内个体间互相模仿的结果。
E. 某一新的行为模式只有在一定数量的动物群内成为固定的模式，才可以推断出发生了基因突变。

# 答案与解析

### 1. 正确答案：E

题干结论：为了提高运动员在体育比赛中的竞技水平，应该加强他们在高海拔地区的训练。

其逻辑主线是：竞技水平取决于体能，体能取决于输氧量，输氧量取决于"每单位体积血液中含有的红血球数量"和"单位时间进入循环的血液量"，而"每单位体积血液中含有的红血球数量"与"海拔高度"有关，"单位时间进入循环的血液量"与"心率"有关。

要使题干论证成立，就必须排除另一个因素"心率"的影响。E 项是题干的论证必须假设的，否则，如果事实上运动员在高海拔地区的心率低于在低海拔地区，那么即使在高海拔地区，人体内每单位体积血液中含有的红血球数量，要高于在低海拔地区，但由于心率较慢，单位时间进入循环的血液量较少，因而单位时间里血液中运输氧气的红血球并不见得就多，因而通过血液循环获得的氧气并不见得就多，因而在高海拔地区训练的运动员的体能及其发挥并不能较佳。

A 项的断定过强，不是题干的论证必须假设的。否定 A 项，假如，事实上海拔越高，运动员的心率越快，但题干的论证还是可以成立的。

D 项能加强题干的论证，但同样不是题干的论证必须假设的。

其余各项均不是题干的论证必须假设的。

### 2. 正确答案：D

为使题干的论证成立，D 项是必须假设的，否则，如果事实上在西西里墓穴里发现的这只花瓶是墓穴主人的后裔在后来放进去的，那么，由题干的条件，显然不能得出结论：在 2 700 年前，西西里和希腊间已有贸易。其余各项均不是必须假设的。

西西里陶瓷匠人的技术如何与题干无关，A 排除；题干已经说明了是希腊花瓶，跟陶器原料是否相似无关，B 排除；E 为明显无关选项。

C 是易误选的答案，但 C 是支持而非假设，因为贸易不一定是在水上，也可以在陆地，也就是否定C，也不能使题干推理不成立，因此，C不是假设。若把C改为"在2 700年前，西西里岛与希腊之间能够进行贸易往来"，那么就可以作为一个假设。

3. 正确答案：E

题干根据非法药物批发价的下降，得出结论：控制非法药物进入的计划失败了。

E项是题干论述必须假设的，否则，如果非法药物的需求下降是其批发价下降的唯一原因，即价格下降只是由需求下降引起的，那么，就没有理由怀疑由进入该国的非法药物增加而引起的供给增加导致了其价格下降，这样就得不出该计划失败了的结论。

其他选项不是该论述必须假设的。

4. 正确答案：C

第一步，抓住结论。结论是：两种语言中共有的词，既不是由于语言的亲缘关系，也不是由于互相借用造成的。

第二步，揭示论证的假设。根据文中所提供的信息，它并没有排除这两种语言通过第三种语言间接借用的可能。所以，若使论证的结论成立，就必须假设：没有第三种语言从英语或姆巴拉拉语中借用"狗"一词。

第三步，根据推理规则检验推理是否有效。如果将上述假设作为前提之一加入原论证后，这个论证是有效的，那么说明所揭示的假设是正确的。

可见，C项是题干的论证所必须假设的，否则，存在第三种语言从英语或姆巴拉拉语中借用"狗"一词，这样，虽然，"狗"在英语和姆巴拉拉语中的同音同义不是这两种语言间的直接借用，但却是通过第三种语言的间接借用（比如第三种语言借用英语中的"狗"，姆巴拉拉语借用第三种语言中的"狗"），这说明不同的语言中出现意义和发音相同的词还是相互借用了，这样，题干的论证就难以成立。

E项所述"一定会导致语言的相互借用"与题干结论相反，削弱了题干，当然不可能是假设。

5. 正确答案：A

题干由"由疱疹病毒引起的急性视网膜坏死综合征患者大多临床表现反复出现"推出结论"此病无法治愈"。

A项是题干论证所必须假设的，否则，如果反复出现急性视网膜坏死综合征症状体征的患者"重新"感染过疱疹病毒，那么，意味着反复出现症状很有可能并非没有治愈，而是治愈之后又重复感染了。

B项意味着可能治愈后重新感染了，说明还是可以治愈的，削弱题干论述；无论是否特别抗药都不能改变治疗效果不佳的事实，C项排除；D、E项为明显无关选项，排除。

6. 正确答案：E

题干论证：因为莱布尼茨和牛顿事先都不知道对方的研究成果，所以，他们是各自独立地发现了微积分。

为使题干论证成立，E项是必须假设的，否则，如果莱布尼茨和牛顿中有人从第三渠道获得关于微积分的关键性细节，那么即使他们两人之间没有过实质性的沟通，也得不出"他们是各自独立地发现了微积分"这一结论。

A、B、C项均为无关项。即使莱布尼茨在发表微积分研究成果前"曾经"把其中的关键性内容告诉过别人，但是并不意味着牛顿能够获得莱布尼茨的成果，因此D项也不是题干论证的假设。

7. 正确答案：A

A项是题干推理所必须假设的，否则，如果在相当长的环境生态变化过程中，森林会演变成为草原，那么，虽然上述古代工具是在热带大草原上发现的，这些工具还是有可能是类人猿使用过的。

**8. 正确答案：D**

题干是由 P 和 Q 这两个因素相关，就断定 P 是 Q 的原因。这一论证要有说服力，必须假设 Q 不是 P 的原因。

题干根据参加挑战杯比赛的同学的学习成绩优于未参加此项比赛的同学，得出结论：挑战杯比赛有效地提高了学生的学习成绩。要使这一结论有说服力，显然必须假设：参加挑战杯比赛并不以学习成绩好为条件，否则，如果只允许成绩好的同学参加挑战杯比赛，题干的结论就不一定成立了。

**9. 正确答案：E**

题干结论：由前年出版的书改编的电影在去年 100 部电影中所占的比例不超过四分之一。

理由：去年 100 部电影中，恰有 25 部是由该国前年出版的小说改编的。

题干论证要成立，E 项是必须假设的，否则，如果去年发行的电影中有些是基于小说以外的书改编的，那么即使由前年出版的小说改编的电影在去年所有电影中所占的比例为四分之一，由前年出版的书改编的电影在去年所有电影中所占的比例也有可能会超过四分之一。可见 E 项确实为假设。

**10. 正确答案：E**

为使题干论证成立，E 项是必须假设的，否则，如果用于海鸟标本制作和保存的方法显著减少了海鸟羽毛中的汞含量，那么，就不能认为目前海鸟的羽毛中的汞含量比以前高，这样，题干的论证就不成立了。

**11. 正确答案：E**

要使题干论证成立，E 项是必须假设的，否则，如果乳草属植物的叶脉已经进化到黑脉金蝴蝶幼虫不能折断的程度，那么，题干的陈述就不能成立了。

其余各项如果不成立，题干仍然可以成立。

**12. 正确答案：B**

要使题干论证成立，B 项是必须假设的，否则，如果大象群在数十年出现的新的行为是由遗传基因预先决定的，那么，题干的结论就不能成立了。

其余各项如果不成立，题干仍然可以成立。

# 1.4 假设辨析

假设的辨析就是假设的筛选，包括假设的删除、选取和验证。当题目出现高质量的假设干扰项时，我们要学会对假设的识别，找到最恰当的假设。

### 1. 假设的删除

（1）一要排除无关选项。超出题干论证、与题干论证无关的不是假设。

（2）二要排除语意重复性选项。假设是题干论证的非重复性条件，因此，要排除重复题干理由，或者是题干理由的同语反复的选项。

（3）三要排除一般性的支持选项。支持性的选项未必是假设，因此，要排除虽然可加强题干结论但仅仅是题干前提具体化的选项。

### 2. 假设的选取

（1）假如有若干满足论证重构规则的隐含前提，则应补充使论证成立的强度高的隐含前提，优选能使得论证必然成立的选项。

（2）当有多个满足论证重构规则的隐含前提都能使得论证必然成立时，则应补充最弱的隐含前提。

（3）若题干结论带"可能"等类似限定词，则补充的隐含前提要减弱，假设不应该出现"必然"而应带有"可能"等类似的限定词。

### 3. 假设的验证

取非后的选项要能够彻底否定题干，这样的选项才是假设，否则就不是假设。

**1　2002GRK-27**

张教授：在我国，因偷盗、抢劫或流氓罪入狱的刑满释放人员的重新犯罪率，要远远高于因索贿受贿等职务犯罪入狱的刑满释放人员。这说明，在狱中对上述前一类罪犯教育改造的效果远不如对后一类罪犯。

李研究员：你的论证忽视了这样一个事实：流氓犯罪等除了犯罪的直接主客体之外，几乎不需要什么外部条件；而职务犯罪是以犯罪嫌疑人取得某种官职为条件的。事实上，刑满释放人员很难再得到官职，因此，因职务犯罪入狱的刑满释放人员不具备重新犯罪的条件。

以下哪项最可能是李研究员的反驳所假设的？

A. 因职务犯罪入狱的刑满释放人员如果具备条件仍然会重新犯罪。

B. 职务犯罪比流氓罪等具有更大的危害。

C. 我国监狱对罪犯的教育改造是普遍有效的。

D. 流氓犯罪等比职务犯罪更容易得手。

E. 惯犯基本上犯的是同一类罪行。

**2　2006MBA-54**

研究显示，大多数有创造性的工程师，都有在纸上乱涂乱画，并记下一些看来稀奇古怪想法的习惯。他们的大多数最有价值的设计，都直接与这种习惯有关。而现在的许多工程师都用电脑工作，在纸上乱涂乱画不再是一种普遍的习惯。一些专家担心，这会影响工程师的创造性思维，建议在用于工程设计的计算机程序中匹配模拟的便条纸，能让使用者在上面涂鸦。

以下哪项最可能是上述建议所假设的？

A. 在纸上乱涂乱画，只可能产生工程设计方面的灵感。

B. 计算机程序中匹配的模拟便条纸，只能用于乱涂乱画，或记录看来稀奇古怪的想法。

C. 所有用计算机工作的工程师都不会备有纸笔以随时记下有意思的想法。

D. 工程师在纸上乱涂乱画所记下的看来稀奇古怪的想法，大多数都有应用价值。

E. 乱涂乱画所产生的灵感，并不一定通过在纸上的操作获得。

**3　2002GRK-57**

公寓住户设法减少住宅小区物业管理费的努力是不明智的。因为，对于住户来说，物业管理费少交1元，但为了应付因物业管理质量下降而付出的费用很可能是3元、4元，甚至更多。

以下哪项最可能是上述论证所假设的？

A. 目前许多住宅小区的物业管理费的标准偏高。

B. 目前许多住宅小区的物业管理费的标准是合理的。

C. 目前许多住宅小区的物业管理质量是合格的。

D. 物业管理费的减少必然导致管理质量的下降。

E. 物业管理部门很可能以降低服务质量来应对管理费的减少。

### 4  2007MBA-31

张华是甲班学生，对围棋感兴趣。该班学生或者对国际象棋感兴趣，或者对军棋感兴趣；如果对围棋感兴趣，则对军棋不感兴趣。因此张华对中国象棋感兴趣。

以下哪项最可能是上述论证的假设？

A. 如果对国际象棋感兴趣，则对中国象棋感兴趣。
B. 甲班对国际象棋感兴趣的学生都对中国象棋感兴趣。
C. 围棋和中国象棋比军棋更具挑战性。
D. 甲班同学感兴趣的棋类只限于围棋、国际象棋、军棋和中国象棋。
E. 甲班所有学生都对中国象棋感兴趣。

## 答案与解析

#### 1. 正确答案：E

李研究员反驳的根据是：因职务犯罪入狱的刑满释放人员不具备重新犯罪的条件，因为刑满释放人员很难再得到官职；因流氓犯罪入狱的刑满释放人员如果重新犯罪，几乎不需要什么外部条件。这里显然假设：刑满释放人员如果重新犯罪，犯的还是同一类罪行。因此，E 项最可能是李研究员的反驳所假设的。

A 项假设过强了。李研究员反驳的根据是"因职务犯罪入狱的刑满释放人员不具备条件，无法重新犯罪"。为使该根据成立，不必假设"因职务犯罪入狱的刑满释放人员如果具备条件就会重新犯罪"。

#### 2. 正确答案：E

E 项是题干推理所必须假设的，否则，如果乱涂乱画所产生的灵感一定要通过在纸上的操作获得，那么，在计算机程序中匹配的模拟便条纸上面涂鸦，产生不了灵感，也就是说在用于工程设计的计算机程序中匹配模拟的便条纸这个建议就没有意义了。

C 项是干扰项，断定过强了，可用否定代入法来验证，如果有的用计算机工作的工程师会备有纸笔以随时记下有意思的想法，那么也不会使得上述建议没意义，因为至少还会有一些用计算机工作的工程师没有准备纸笔，因此，上述建议还是有必要的。

#### 3. 正确答案：E

题干理由：减少物业管理费后，为了应付因物业管理质量下降而付出的费用很可能会更多。

补充 E 项：物业管理部门很可能以降低服务质量来应对管理费的减少。

推出结论：减少物业管理费，很可能导致物业管理质量的下降。

也即：公寓住户设法减少住宅小区物业管理费的努力是不明智的。

D 项易误选，但其断定过强了，因为题干没有断定，管理费的减少，必然导致物业管理质量的下降。

#### 4. 正确答案：B

题干断定：

(1) 张华是甲班学生，对围棋感兴趣。

(2) 该班学生或者对国际象棋感兴趣，或者对军棋感兴趣。

(3) 如果对围棋感兴趣，则对军棋不感兴趣。

由条件（1）（3）知：(4) 张华对军棋不感兴趣。

由条件（2）（4）知：张华对国际象棋感兴趣。

而题干的结论是"张华对中国象棋感兴趣"。

这样我们可以把题干推理简化为：因为张华是甲班学生而且对国际象棋感兴趣，所以，张华对中国象棋感兴趣。

我们发现 A、B、E 项代入题干，都能使题干论证成立。但相比较而言，A、E 项断定过强，即断定范围过于宽泛；而 B 项针对题干论证的推理链条，因此，是题干论证最可能的假设。

## 1.5 不能假设

不能假设型考题的解题方法是把题干论证的必要条件的选项排除掉，剩下的选项就是正确答案。正确答案可能为无关项，也可能为不是假设的支持项。

### 1 2000GRK-66

小郭和小万在讨论这次学校"艺翔助学金"发放的一些情况。

小郭：这次没有女生获得"艺翔助学金"的资助。

小万：那就是说这次全校的"艺翔助学金"的名额都空缺了。

小郭：不，事实上这次咱们学校有几位男生获得了"艺翔助学金"。

以下各项断定如果为真，都能使小万的推断成立，除了

A. "艺翔助学金"的申请者中，大部分的女生比大部分的男生更够条件。
B. 只有女生才有资格申请"艺翔助学金"。
C. "艺翔助学金"的申请者中，所有的女生都比男生更够条件。
D. 按规定，男生和女生必须获得相等数量的"艺翔助学金"名额。
E. "艺翔助学金"只发给女生。

### 2 2000GRK-67

某市有关部门策划了一项"全市理想生活小区排列名次"的评选活动。方法是，选择十项指标，内容涉及小区硬件设施（住房质量、配套设施等）、环境卫生、绿化程度、治安状况、交通方便程度等。每项指标按实际质量或数量的高低，评定从 1~10 分的某一分值，然后求得这十个分值的平均数，并根据其高低排出名次。

以下各项都是上述策划具有可行性所必须假设的，除了

A. 若把指标内容作相应修改，则这种评选方法具有一般性，例如，可用于评"全市重点中学排列名次"。
B. 各项指标的测定，是可以较为准确地量化的。
C. 各项指标测定数据所反映的状况，具有较长时间的稳定性。
D. 评选活动的实施者具有公平的精神和准确操作的能力。
E. 各项指标的重要性基本是均等的。

## 答案与解析

**1. 正确答案：A**

小万以小郭"这次没有女生获得'艺翔助学金'的资助"为前提，得出"这次全校的'艺翔助学金'的名额都空缺了"的结论。

如果选项 B、C、D、E 作为假设成立，那么小万的结论是必定正确的。比如 D 项，男生和

女生必须获得相等数量的助学金名额,既然没有女生获得助学金,那么,也就没有男生获得助学金,因此,可得出"这次全校的'艺翔助学金'的名额都空缺了"的结论。

而选项 A,"艺翔助学金"的申请者中,大部分的女生比大部分的男生更够条件,那完全有可能有些男生比所有女生都够条件,这样,小万的结论就得不到了。因此,A 为正确答案。

2. 正确答案:A

A 项不是假设,而是可能的推论。B、C、D、E 项都是上述策划必须假设的。

# 1.6 假设复选

假设复选题指的是要找出多个使题干推理成立的必要条件,这是各类假设方法的综合运用。复选题型的特征是,题干选项是Ⅰ、Ⅱ、Ⅲ几个结论的综合,复选题本质上就是多选题,因此,要做对复选题需要对Ⅰ、Ⅱ、Ⅲ每个结论都有充分的把握,实际上复选题是加大考试难度的一种重要方式。

**1  2001MBA-56**

有的地质学家认为,如果地球的未勘探地区中单位面积的平均石油储藏量能和已勘探地区一样,那么,目前关于地下未开采的能源含量的正确估计因此要乘上一万倍。如果地质学家的这一观点成立,那么,我们可以得出结论:地球上未勘探地区的总面积是已勘探地区的一万倍。

为使上述论证成立,以下哪项是必须假设的?

Ⅰ. 目前关于地下未开采的能源含量的估计,只限于对已勘探地区。
Ⅱ. 目前关于地下未开采的能源含量的估计,只限于对石油含量。
Ⅲ. 未勘探地区中的石油储藏能和已勘探地区一样得到有效的勘测和开采。

A. 只有Ⅰ。　　　　　　　　　　B. 只有Ⅱ。
C. 只有Ⅲ。　　　　　　　　　　D. 只有Ⅰ和Ⅱ。
E. Ⅰ、Ⅱ和Ⅲ。

**2  2004GRK-53**

张勇认为他父亲生于 1934 年,而张勇的妹妹则认为父亲生于 1935 年。张勇的父亲出生的医院没有 1934 年的产科记录,但有 1935 年的记录。据记载,该医院没有张勇父亲的出生记录。因此可以得出结论,张勇的父亲生于 1934 年。

为使上述论证成立,以下哪项是必须假设的?

Ⅰ. 上述医院 1935 年的产科记录是完整的。
Ⅱ. 张勇和他妹妹关于父亲的出生年份的断定,至少有一个是真实的。
Ⅲ. 张勇的父亲已经过世。

A. 只有Ⅰ。　　　　　　　　　　B. 只有Ⅱ。
C. 只有Ⅲ。　　　　　　　　　　D. 只有Ⅰ和Ⅱ。
E. Ⅰ、Ⅱ和Ⅲ。

**3  2001GRK-54**

最近五年来,共有五架 W-160 客机失事。面对 W-160 客机设计有误的指控,W-160 客机的生产厂商明确加以否定,其理由是,每次 W-160 客机空难的调查都表明,失事的原因是飞行员的操作失误。

为使厂商的上述反驳成立,以下哪项是必须假设的?

Ⅰ. 如果飞行员不操作失误,W-160客机就不会失事。

Ⅱ. 飞行员的操作失误,和W-160客机任一部分的设计都没有关系。

Ⅲ. 每次对W-160客机空难的调查结论都可信。

A. 只有Ⅰ。 B. 只有Ⅱ。
C. 只有Ⅲ。 D. 只有Ⅱ和Ⅲ。
E. Ⅰ、Ⅱ和Ⅲ。

### 4  2003MBA-51

天文学家一直假设,宇宙中的一些物质是看不见的。研究显示:许多星云如果都是由能看见的星球构成,它们的移动速度要比任何条件下能观测到的快得多。专家们由此推测:这样的星云中包含着看不见的巨大物质,其重力影响着星云的运动。

以下哪项是题干的议论所假设的?

Ⅰ. 题干说的看不见,是指不可能被看见,而不是指离地球太远,不能被人的肉眼或借助天文望远镜看见。

Ⅱ. 上述星云中能被看见的星球总体质量可以得到较为准确的估计。

Ⅲ. 宇宙中看不见的物质,除了不能被看见这点以外,具有看得见的物质所有属性,例如具有重力。

A. 只有Ⅰ。 B. 只有Ⅱ。
C. 只有Ⅲ。 D. 只有Ⅰ和Ⅱ。
E. Ⅰ、Ⅱ和Ⅲ。

### 5  2003GRK-51

西式快餐已被广大的中国消费者接受。随着美国快餐之父艾德熊的大踏步迈进并立足中国市场,一向生意火爆的麦当劳在中国的利润在今后几年肯定会有较明显的下降。

要使上述推测成立,以下哪项是必须假设的?

Ⅰ. 今后几年中,中国消费者用于西式快餐的消费总额不会有大的变化。

Ⅱ. 今后几年中,中国消费者用于除麦当劳、艾德熊以外的西式快餐(例如肯德基)上的消费总额不会有大的变化。

Ⅲ. 今后几年中,艾德熊的经营规模要达到和麦当劳相当。

A. 只有Ⅰ。 B. 只有Ⅱ。
C. 只有Ⅲ。 D. 只有Ⅰ和Ⅱ。
E. Ⅰ、Ⅱ和Ⅲ。

### 6  2003GRK-58

张教授的身体状况恐怕不宜继续担任校长助理的职务。因为近一年来,只要张教授给校长写信,内容只有一个,不是这里不舒服,就是那里有毛病。

为使上述论证成立,以下哪项是必须假设的?

Ⅰ. 胜任校长助理的职务,需要有良好的身体条件。

Ⅱ. 张教授给校长的信的内容基本上都是真实的。

Ⅲ. 近一年来,张教授经常给校长写信。

A. 只有Ⅰ。 B. 只有Ⅱ。
C. 只有Ⅲ。 D. 只有Ⅰ和Ⅱ。

E. Ⅰ、Ⅱ和Ⅲ。

### 7  2004MBA-38

实业钢铁厂将竞选厂长。如果董来春参加竞选，则极具竞选实力的郝建生和曾思敏不参加竞选。所以，如果董来春参加竞选，他将肯定当选。

为使上述论证成立，以下哪项是必须假设的？

Ⅰ．当选者一定是竞选实力最强的竞选者。
Ⅱ．如果董来春参加竞选，那么，他将是唯一的候选人。
Ⅲ．在实业钢铁厂，除了郝建生和曾思敏，没有其他人的竞选实力比董来春强。

A. 只有Ⅰ。　　　　　　　　B. 只有Ⅱ。
C. 只有Ⅲ。　　　　　　　　D. 只有Ⅰ和Ⅲ。
E. Ⅰ、Ⅱ和Ⅲ。

### 8  2004MBA-37

影片《英雄》显然是前两年最好的古装武打片。这部电影是由著名导演、演员、摄影师、武打设计师和服装设计师参与的一部国际化大制作的电影。票房收入的明显领先说明观看该部影片的人数远多于大片《卧虎藏龙》的人数，尽管《卧虎藏龙》也是精心制作的中国古装武打片。

为使上述论证成立，以下哪项是必须假设的？

Ⅰ．影片《英雄》和影片《卧虎藏龙》的票价基本相同。
Ⅱ．观众数量是评价电影质量的标准。
Ⅲ．导演、演员、摄影师、武打设计师和服装设计师的阵容是评价电影质量的标准。

A. 只有Ⅰ。　　　　　　　　B. 只有Ⅱ。
C. 只有Ⅲ。　　　　　　　　D. 只有Ⅰ和Ⅱ。
E. Ⅰ、Ⅱ和Ⅲ。

### 9  2005MBA-52

一般而言，科学家总是把创新性研究当作自己的目标，并且只把同样具有此种目标的人作为自己的同行。因此，如果有的科学家因为向大众普及科学知识而赢得赞誉，虽然大多数科学家会认同这种赞誉，但不会把这样的科学家作为自己的同行。

为使上述论证成立，以下哪项是必须假设的？

Ⅰ．创新性科学研究比普及科学知识更重要。
Ⅱ．大多数科学家认为，普及科学知识不需要创新性研究。
Ⅲ．大多数科学家认为，从事普及科学知识不可能同时进行创新性研究。

A. 只有Ⅰ。　　　　　　　　B. 只有Ⅱ。
C. 只有Ⅲ。　　　　　　　　D. 只有Ⅱ和Ⅲ。
E. Ⅰ、Ⅱ和Ⅲ。

### 10  2006MBA-37

在近现代科技的发展中，技术革新从发明、应用到推广的循环过程不断加快。世界经济的繁荣是建立在导致新产业诞生的连续不断的技术革新之上的。因此，产业界需要增加科研投入以促使经济进一步持续发展。

上述论证基于以下哪项假设？

Ⅰ．科研成果能够产生一系列新技术、新发明。
Ⅱ．电讯、生物制药、环保是目前技术革新循环最快的产业，将会在未来几年中产生大量的新技术、新发明。

Ⅲ. 目前产业界投入科研的资金量还不足以确保一系列新技术、新发明的产生。

A. 仅Ⅰ。
B. 仅Ⅲ。
C. 仅Ⅰ和Ⅱ。
D. 仅Ⅰ和Ⅲ。
E. Ⅰ、Ⅱ和Ⅲ。

## 11  2007MBA-55

为了提高运作效率，H公司应当实行灵活工作日制度，也就是充分考虑雇员的个人意愿，来决定他们每周的工作与休息日。研究表明，这种灵活工作日制度，能使企业员工保持良好的情绪和饱满的精神。

上述论证依赖于以下哪项假设？

Ⅰ. 那些希望实行灵活工作日的员工，大都是H公司的业务骨干。

Ⅱ. 员工良好的情绪和饱满的精神，能有效提高企业的运作效率。

Ⅲ. H公司不实行周末休息制度。

A. 只有Ⅰ。
B. 只有Ⅱ。
C. 只有Ⅲ。
D. 只有Ⅱ和Ⅲ。
E. Ⅰ、Ⅱ和Ⅲ。

## 12  2008GRK-43

在高速公路上行驶时，许多司机都会超速。因此，如果规定所有汽车都必须安装一种装置，这种装置在汽车超速时会发出声音提醒司机减速，那么，高速公路上的交通事故将会明显减少。

上述论证依赖于以下哪项假设？

Ⅰ. 在高速公路上超速行驶的司机，大都没有意识到自己超速。

Ⅱ. 高速公路上发生交通事故的重要原因，是司机超速行驶。

Ⅲ. 上述装置的价格十分昂贵。

A. 只有Ⅰ。
B. 只有Ⅱ。
C. 只有Ⅲ。
D. 只有Ⅰ和Ⅱ。
E. Ⅰ、Ⅱ和Ⅲ。

# 答案与解析

### 1. 正确答案：D

题干论证如下：

未勘探地区中单位面积的平均石油储藏量和已勘探地区一样。

所以，目前关于地下未开采的能源含量的正确估计因此要乘上一万倍。

要使题干论证成立，必须假设：

(1) 未勘探地区的总面积是已勘探地区的一万倍。

(2) 目前关于地下未开采的能源含量的估计，只限于对已勘探地区。

(3) 目前关于地下未开采的能源含量的估计，只限于对石油含量。

其中第一个假设即为题干的结论。第二个假设和第三个假设即Ⅰ和Ⅱ。

如果第二个假设不成立，即如果事实上目前关于地下未开采的能源含量的估计，也包括未勘探地区，那么，就不能根据"目前关于地下未开采的能源含量的正确估计因此要乘上一万倍"和第一个假设,来推出题干的结论:地球上未勘探地区的总面积是已勘探地区的一万倍。

如果第三个假设不成立,即如果事实上目前关于地下未开采的能源含量的估计,不限于对石油含量,那么,就不能根据第一个假设,得出结论:"地球的未勘探地区中单位面积的平均能源含量的正确估计要乘上一万倍",再结合第二个假设,推出题干的结论:地球上未勘探地区的总面积是已勘探地区的一万倍。

Ⅲ显然不是题干的论证所必须假设的,因为题干中说的只是地下未开采的能源储量,而不是能够有效利用的能源储量。

2. 正确答案:D

Ⅰ是必须假设的,否则,如果上述医院1935年的产科记录不是完整的,那么完全可能遗漏了张勇的父亲在该年的出生记录,因而,题干的结论就不能成立。

Ⅱ是必须假设的,否则,如果张勇和他的妹妹关于父亲的出生年份的断定都是不真实的,那么,就不能由张勇的父亲不是生于1935年,就推出他生于1934年,即题干的论证就不能成立。

Ⅲ不是必须假设的。

3. 正确答案:D

Ⅰ不是必须假设的。厂商的反驳需要假设的是:如果飞行员不操作失误,W-160客机也会失事,但这种失事和W-160客机的设计无关。

Ⅱ是必须假设的。否则,如果飞行员的操作失误,和W-160客机的设计有关,那么,就不能否定对W-160客机设计有误的指控。

Ⅲ是必须假设的。否则,如果对W-160客机空难的调查结论有的不可信,那题干中厂商的反驳的根据也就不可信。

4. 正确答案:D

题干断定,许多星云如果都是由能看见的星球构成,它们的移动速度要比在任何条件下能观测到的快得多。这里强调的能看见的星球的移动,是在任何条件下能观测到的移动,因此,题干所说的看不见,是指不可能被看见,而不是指离地球太远,不能被人的肉眼或借助天文望远镜看见,即Ⅰ是题干的议论所假设的。

题干中,天文学家是由星云的移动速度,计算出星云的实际质量;由星云的实际质量和星云中能被看见星球的总体质量的差别,推测星云中包含着看不见的巨大质量的物质。如果上述星云中能被看见的星球的总体质量无法得到较为准确的估计,则就无从推测上述看不见的巨大质量的物质存在,因此,Ⅱ是题干的议论所假设的。

题干的议论假设宇宙中看不见的物质具有看得见的物质的某些属性,例如具有重力,但并不假设具有除了不能被看见这点以外的所有属性。Ⅲ中,"所有"这样的绝对化词,断定过强了,不是题干的议论必须假设的。

5. 正确答案:D

题干观点:艾德熊进入中国市场,将导致麦当劳在中国的利润下降。

题干论证必须假设Ⅰ,否则,如果今后几年中,中国消费者用于西式快餐的消费总额会有大的变化,比如用于西式快餐的消费总额有大幅度的增长,那么,虽然艾德熊占据了原来属于麦当劳的一部分西式快餐中国市场,但麦当劳在中国的利润在今后几年仍可能不但不会有明显的下降,甚至会有上升。

题干论证必须假设Ⅱ,否则,如果今后几年中,中国消费者用于除麦当劳、艾德熊以外的西式快餐(例如肯德基)上的消费总额会有大的变化,比如会大幅度减少,那么,就很可能是艾德熊占据了原来属于其他西式快餐(例如肯德基)的中国市场,而对麦当劳在中国的利润不发生不利影响。

Ⅲ明显不是需要假设的。因此，D为正确答案。

### 6. 正确答案：E

题干论证包含两个推断：

第一，根据近一年来，只要张教授给校长写信，内容只有一个，不是这里不舒服，就是那里有毛病，推断出张教授身体确实不好。

第二，根据张教授身体确实不好，推断出不宜继续担任校长助理的职务。

为使题干的论证成立，Ⅰ、Ⅱ和Ⅲ都是必须假设的。

Ⅰ是必须假设的，否则，第二个推断就不成立了。

Ⅱ是必须假设的，否则，第一个推断就不成立了。

Ⅲ是必须假设的，否则，如果近一年来，张教授并没有经常给校长写信，那么即使信件的上述内容是真实的，也难以推出张教授的身体确实不好。

### 7. 正确答案：D

题干的结论是：如果董来春参加竞选，他将肯定当选。论据是：如果董来春参加竞选，则极具竞选实力的郝建生和曾思敏不参加竞选。

为使题干论证成立，Ⅰ是必须假设的，否则，如果当选者不一定是竞选实力最强的竞选者，那么，就不能根据极具竞选实力的郝建生和曾思敏不参加竞选而得出结论：如果董来春参加竞选，他将肯定当选。

Ⅲ也是必须假设的，否则，如果除了郝建生和曾思敏，还有其他人的竞选实力比董来春强，那么，同样不能根据极具竞选实力的郝建生和曾思敏不参加竞选而得出结论：如果董来春参加竞选，他将肯定当选。

Ⅱ不是必须假设的。即使还有其他竞选人，只要他们的竞争实力不强于董来春，题干的论证仍然可以成立。

### 8. 正确答案：D。

题干论述：《英雄》票房收入领先说明观看该部影片的人数多于《卧虎藏龙》；观看《英雄》的人数多于《卧虎藏龙》说明前者优于后者。

为使题干论证成立，Ⅰ是必须假设的，否则，如果《英雄》和《卧虎藏龙》的票价不同，意味着有可能《英雄》的票价远高于《卧虎藏龙》，那么很可能虽然《英雄》的票房收入高但是实际上观众人数少，这样题干论述就不成立了。

Ⅱ是必须假设的，否则，如果观众数量不是评价电影质量的标准，那么由观看《英雄》的人数多于《卧虎藏龙》，也不能说明前者优于后者。

Ⅲ不是必须假设的，题干只是指出由著名导演、演员、摄影师、武打设计师和服装设计师参与是《英雄》的一个特点，但并没有断定这是评价《英雄》的质量的标准。

### 9. 正确答案：D

题干断定：

第一，科学家只把同样具有创新性研究目标的人作为自己的同行。

第二，大多数科学家虽然会认同普及科学知识的科学家，但不会把这样的科学家作为自己的同行。

为使题干的论证成立，Ⅱ和Ⅲ是必须假设的，否则，如果在大多数科学家看来，普及科学知识同样需要或者可以同时进行创新性研究，那么他们就没有理由不把从事科普的科学家看作自己的同行。

题干的论证涉及的是科学家的观点。有理由认为，题干的论证需要假设：大多数科学家认

349

为，创新性科学研究比普及科学知识更重要。但我们不能知道，大多数科学家的观点一定成立。即题干不需要假设：（事实上）创新性科学研究比普及科学知识更重要。因此，Ⅰ不是必须假设的。

10. **正确答案：D**

题干断定，技术革新是经济持续发展的必要条件，并由此得出结论：产业界需要增加科研投入以促使经济进一步持续发展。

Ⅰ是需要假设的，否则，如果科研成果不能够产生一系列新技术、新发明，那就没必要增加科研投入。

Ⅱ是不需要假设的，与题干推理无关。

Ⅲ是需要假设的，否则，如果目前产业界投入科研的资金量足以确保一系列新技术、新发明的产生，那也就没必要增加科研投入。

11. **正确答案：B**

题干的结论是：为了提高运作效率，H公司应当实行灵活工作日制度。

理由是：灵活工作日制度能使企业员工保持良好的情绪和饱满的精神。

希望实行灵活工作日的员工是否业务骨干，题干没有涉及，Ⅰ显然不是需要假设的。

Ⅱ是需要假设的，否则，如果员工良好的情绪和饱满的精神并不能有效提高企业的运作效率，H公司就没必要实行灵活工作日制度了。

当年的试题标准答案是D，也就是Ⅲ是需要假设的。其实，该项与题干论证没有明确的关系，即使有关系，也并不是必须假设的。因此，答案应该选B。

12. **正确答案：D**

题干论述：许多司机在高速公路上行驶时都会超速，如果安装一种在汽车超速时会发出声音提醒司机减速的装置，高速公路上的交通事故将会明显减少。

Ⅰ是需要假设的，否则，如果在高速公路上超速行驶的司机大都意识到了自己超速，那么，就没必要安装这种提醒装置了。

Ⅱ是需要假设的，否则，如果高速公路上发生交通事故的重要原因不是司机超速行驶，那么，即使安装了这种提醒装置，也不会减少高速公路上的交通事故。

Ⅲ显然是不需要假设的。

# 小　结

假设题的逻辑关系是最严密的，吃透假设题就比较容易体会逻辑的推理过程，从而可以对别的题型举一反三，所以它是逻辑考题中最重要的一种题型。由于答案给出方式相对比较固定，假设题的解题技巧就很明确。

解题步骤：

1. 读题，找出前提和结论，把握逻辑主线。

2. 寻找疑似答案。

（1）根据核心词、否定词、"能够""可以"等标志词来定位选项。

（2）若无明显标志词，则凭语感或三段论思维寻找推理缺口，找出疑似答案。

3. 排除那些并没有填补推理缺口的选项。

排除无关项以及带有绝对化词的断定过强的选项。

4. 若题目冗长绕口，则猜答案。

读选项顺序，先是最长项，再是次长项。

5. 加非验证。

假设题的最有效方法就是对选项取非验证。

通过否定代入，判断上面推理是否成立，若加入否定词后，上面推理必不成立，则必为假设，若仍可能成立，则立即排除。

通常是用有关、无关的方法排除后，剩下难区分的选项时，才用这种方法，很多情况下，通过有关、无关的方法排除后，便只剩下一个正确选项。

注意：
- 有些选项可以加强原来的结论，但未必是假设。
- 取非后的选项要能够彻底否定原来的论断，否则就不是假设。

# 第 2 章 支 持

支持也叫加强，支持型考题的特点是在题干中给出一个推理或论证，要求用某一选项去补充其前提或论据，使推理或论证成立的可能性增大。支持的方式一般可分为两大类：

### 一、假设支持

虽然支持题和假设题的问法并不相同，但很多支持题可以与假设题一样，用同样的步骤和方法解题，因此，假设题的解题思路也是支持题的解题思路。假设支持包括：

（1）充分支持。填补题干论证的推理缺口，等同于充分性假设。

（2）必要支持。即该选项是题干论证成立的必要条件，等同于必要性假设。包括推理可行、没有他因。

### 二、论据支持

论据支持，即通过增加论据的方法来支持结论，具体包括：

（1）理据支持。即补充一个原则或原理，使题干论证成立的可能性增大，也包括直接重复结论（再次加强、明确态度）等。

（2）证据支持。即增加一个事例和证据，使题干论证成立的可能性增大（包括有因有果、无因无果以及表明因果关系的资料是准确的）。

## 2.1 充分支持

充分支持就是指补充省略前提的支持题，等同于充分假设。解题思路是加进法，即将待选的选项加入题干论证，若该选项与题干前提结合起来，能使题干结论必然被推出，则该选项就为正确答案。

**1 2001MBA-37**

经A省的防疫部门检测，在该省境内接受检疫的长尾猴中，有1％感染上了狂犬病。但是只有与人及其宠物有接触的长尾猴才接受检疫。防疫部门的专家因此推测，该省长尾猴中感染狂犬病的比例，将大大小于1％。

以下哪项如果为真，将最有力地支持专家的推测？

A. 在A省境内，与人及其宠物有接触的长尾猴，只占长尾猴总数的不到10％。

B. 在A省，感染狂犬病的宠物，约占宠物总数的0.1％。

C. 在与A省毗邻的B省境内，至今没有关于长尾猴感染狂犬病的疫情报告。

D. 与和人的接触相比，健康的长尾猴更愿意与人的宠物接触。

E. 与健康的长尾猴相比，感染有狂犬病的长尾猴更愿意与人及其宠物接触。

### 2  2006MBA-28

有些人若有一次厌食，就会对这次膳食中有特殊味道的食物持续产生强烈厌恶，不管这种食物是否会对身体有利。这种现象可以解释为什么小孩更易于对某些食物产生强烈的厌恶。

以下哪项如果为真，最能加强上述解释？

A. 小孩的膳食搭配中含有特殊味道的食物比成年人多。

B. 对未尝过的食物，成年人比小孩更容易产生抗拒心理。

C. 小孩的嗅觉和味觉比成年人敏锐。

D. 和成年人相比，小孩较为缺乏食物与健康的相关知识。

E. 如果讨厌某种食物，小孩厌食的持续时间比成年人更长。

### 3  2011GRK-35

尽管外界有放宽货币政策的议论，但某国中央银行在日前召开的各分支行行长座谈会上传递出明确的信息，下半年继续实施好稳健的货币政策，保持必要的政策力度，有学者认为，这说明该国决策层仍然把稳定物价作为首要任务，而把经济增速的回落控制在可以承受的范围内。

以下哪项可以支持上述学者的观点？

A. 如果保持必要的政策力度，就不能放宽货币的政策。

B. 只有实施好稳健的货币政策，才能稳定物价。

C. 一旦实施好稳健的货币政策，经济增速就要回落。

D. 只要稳定物价，就能把经济增速的回落控制在可以承受的范围内。

E. 如果放宽货币政策，就可以保持经济的高速增长。

### 4  2011GRK-39

自然界的基因有千万种，哪些基因是最为常见和最为丰富？某研究机构在对大量基因组进行成功解码后找到了答案，那就是有自私DNA之称的转座子基因。转座子基因的丰富和广度表明，它们在进化和生物多样性的保持中发挥了至关重要的作用。生物学教科书一般认为在光合作用中能固定二氧化碳的酶是地球上最为丰富的酶，有学者曾据此推测能对这种酶进行编码的基因也是最丰富的。不过研究却发现，被称为垃圾DNA的转座子反倒统治着已知的基因世界。

以下哪项如果为真，最能支持该学者的推测？

A. 转座子的基本功能就是到处传播自己。

B. 同样一种酶有时是用不同的基因进行编码的。

C. 不同的酶可能由同样的基因进行编码。

D. 基因的丰富性是由生物的多样性决定的。

E. 不同的酶需要不同的基因进行编码。

### 5  2013GRK-28

3年来，在河南信阳息县淮河河滩上，连续发掘出3艘独木舟。其中，2010年息县城郊乡徐庄村张庄组的淮河河滩下发现的第一艘独木舟，被证实为目前我国考古发现最早、最大的独木舟之一。该艘独木舟长9.3米，最宽处0.8米，高0.6米。根据碳-14测定，这些独木舟的选材竟和云南热带地区所产的木头一样。这说明，3 000多年前的古代，河南的气候和现在热带的气候很相似。淮河中下游两岸气候温暖湿润，林木高大茂密，动植物种类繁多。

以下哪项如果为真，最能支持以上论证？

A. 这些独木舟的原料不可能从遥远的云南原始森林运来，只能就地取材。

B. 这些独木舟在水中浸泡了上千年，十分沉重。

C. 刻舟求剑故事的发生地，就是包括当今河南许昌以南在内的楚地。

D. 独木舟舟体两头呈尖状，由一根完整的原木凿成，保存较为完整。
E. 在淮河流域的原始森林中，今天仍然生长着一些热带植物。

### 6  2020MBA－33

小王：在这次年终考评中，女员工的绩效都比男员工高。
小李：这么说，新入职员工中绩效最好的还不如绩效最差的女员工。
以下哪项如果为真，最能支持小李的上述论断？
A. 男员工都是新入职的。
B. 新入职的员工有些是女性。
C. 新入职的员工都是男性。
D. 部分新入职的女员工没有参与绩效考评。
E. 女员工更乐意加班，而加班绩效翻倍计算。

### 7  2020MBA－48

1818年前纽约市规定，所有买卖的鱼油都需要经过检查同时缴纳每桶25美元的检查费。一天，鱼油商人买了三桶鲸鱼油，打算把鲸鱼油制成蜡烛出售，鱼油检查员发现这些鲸鱼油根本没经过检查，根据鱼油法案，该商人需要接受检查并缴费，但该商人声称鲸鱼不是鱼，拒绝缴费，遂被告上法庭，陪审员最后支持了原告，判决该商人支付75美元检查费。
以下哪项如果为真，最能支持陪审员所作的判决？
A. 纽约市相关法律已经明确规定"鱼油"包括鲸鱼油和其他鱼类油。
B. "鲸鱼不是鱼"和中国古代公孙龙的"白马非马"类似，两者都是违反常识的诡辩。
C. 19世纪的美国虽有许多人认为鲸鱼不是鱼，但是也有许多人认为鲸鱼是鱼。
D. 当时多数从事科学研究的人都肯定鲸鱼不是鱼，而律师和政客持反对意见。
E. 古希腊有先哲早就把鲸鱼归类到胎生四足动物和卵生四足动物之下，比鱼类更高一级。

### 8  2020MBA－49

尽管近年来我国引进不少人才，但真正顶尖的领军人才还是凤毛麟角。就全球而言，人才特别是高层次人才紧缺已呈常态化、长期化趋势。某专家由此认为，未来10年，美国、加拿大、德国等主要发达国家对高层次人才的争夺将进一步加剧，发展中国家的高层次人才紧缺状况更甚于发达国家。因此，我国高层次人才引进工作急需进一步加强。
以下哪项如果为真，最能加强上述专家论证？
A. 我国理工科高层次人才紧缺程度更甚于文科。
B. 发展中国家的一般性人才不比发达国家少。
C. 我国仍然是发展中国家。
D. 人才是衡量一个国家综合国力的重要指标。
E. 我国近年来引进的领军人才数量不及美国等发达国家。

### 9  2021MBA－26

哲学是关于世界观、方法论的学问，哲学的基本问题是思维和存在的关系问题，它是在总结各门具体科学知识基础上形成的，并不是一门具体科学。因此，经验的个案不能反驳它。
以下哪项如果为真，最能支持以上论述？
A. 哲学并不能推演出经验的个案。
B. 任何科学都要接受经验的检验。
C. 具体科学不研究思维和存在的关系问题。
D. 经验的个案只能反驳具体科学。

E. 哲学可以对具体科学提供指导。

# 答案与解析

1. **正确答案：E**

这是由样本（与人接触的长尾猴的患病率）推出总体（该省所有长尾猴的患病率）的统计推理，而本题样本并不具有代表性。推理过程如下：

前提之一：只有与人及其宠物接触的长尾猴才接受检疫。

补充E项：染病的长尾猴比健康的长尾猴更愿意与人及其宠物接触。

推出结论：接受检疫的长尾猴中感染狂犬病的比例，要高于未接受检疫的长尾猴。

前提之二：该省接受检疫的长尾猴中，有1％感染上了狂犬病。

得出专家的推测：该省长尾猴患病率大大小于1％。

其余各项均不能支持专家的推测。比如，A项实际上指的是样本占总体的比率，实际上统计推理的有效性主要看样本是否具有代表性，由于抽样调查结果的可靠性主要不取决于抽样的比例，因此，A项实际上对题干起不到作用。

2. **正确答案：C**

题干前提：有些人会对这次膳食中有特殊味道的食物持续产生强烈厌恶。

补充C项：小孩的嗅觉和味觉比成年人敏锐。

得出结论：小孩更易于对某些食物产生厌恶。

可见，C项有力地加强了上述解释。其余选项均不妥。比如，A项不符合常理，而且即使属实，也不能用来解释小孩更易于对某些食物产生厌恶，因为这需要对同一种食物，来比较小孩与成人容易厌恶的程度。即使小孩和成年人一样具有食物与健康的知识，难道小孩就不容易厌食了吗？所以，D项也不对。

3. **正确答案：B**

题干中的学者认为：下半年继续实施好稳健的货币政策，这说明，该国决策层仍然把稳定物价作为首要任务。显然，该学者的论证必须假设B项，推理结构如下：

题干陈述：该国决策层仍然把稳定物价作为首要任务。

补充B项：只有实施好稳健的货币政策，才能稳定物价。

得出结论：下半年继续实施好稳健的货币政策。

题干学者只论述了"货币政策"与"稳定物价"的关系，没涉及其他关系，因此，其余选项不能支持学者的观点。

4. **正确答案：E**

题干陈述：在光合作用中能固定二氧化碳的酶是地球上最为丰富的酶。

补充E项：不同的酶都需要不同的基因进行编码。

得出结论：能对这种酶进行编码的基因也是最丰富的。

5. **正确答案：A**

题干前提：考古发现，在河南发掘出的独木舟的选材和云南热带地区所产的木头一样。

补充A项：这些独木舟的原料不可能从遥远的云南原始森林运来，只能就地取材。

得出结论：3 000多年前的古代，河南的气候和现在热带的气候很相似。

B、C、D项均为无关项；E项对题干有所支持，但力度不足。

6. **正确答案：C**

前提（小王）：女员工＞男员工

补充 C 项：新入职的员工都是男性

结论（小李）：女员工＞新入职员工

### 7. 正确答案：A

题干前提：纽约市规定，所有买卖的鱼油都需要缴纳检查费。

补充 A 项：纽约市相关法律已经明确规定"鱼油"包括鲸鱼油。

陪审员判决：买了鲸鱼油的商人要支付检查费。

可见，A 项最能支持陪审员所作的判决。

其余选项均不妥，其中，B、E 项与论证无关；C、D 项："许多人认为""多数人都肯定"均属于模糊数量，支持力不足，排除。

### 8. 正确答案：C

整理题干信息，补充选项后形成专家的完整论证：

前提：未来 10 年，发展中国家的高层次人才紧缺状况更甚于发达国家。

C 项：我国仍然是发展中国家。

结论：我国高层次人才引进工作急需进一步加强。

可见，C 项最能加强专家论证。

其余选项不妥，其中：

A 项：题干论证没有涉及文科与理工科的比较，排除。

B 项：题干论证没有涉及"一般性人才"，排除。

D 项：与题干论证无关，排除。

E 项：人才紧缺除了跟引进数量有关，也和需求有关，只知道数量不及发达国家，无法表明是否紧缺，排除。

### 9. 正确答案：D

题干前提：哲学不是具体科学。

补充 D 项：经验的个案只能反驳具体科学。

题干结论：经验个案不能反驳哲学。

## 2.2 必要支持

必要支持，也叫推理可行，相当于寻找题干推理成立的一个必要性假设。由于假设是题干推理的必要条件，找到了题干推理的一个假设，就使得题干论证可行或有意义，那么题干结论成立的可能性就必然增大，这个假设就对题干推理起到了有力的支持作用。

其中，"没有他因"的支持是属于必要支持的一种。如果支持题型的题干是由一个调查、研究、数据或实验等得出一个解释性的结论，或者为达到一个目的而提出一个方法或建议时，那么"没有别的因素影响论证"就是支持其结论或论证的一种有效方式。

### 1  2001GRK－66

"本公司自 1980 年以来生产的轿车，至今仍有一半在公路上奔驰；其他公司自 1980 年以来生产的轿车，目前至多有三分之一没有被淘汰。"该公司希望以此广告向消费者显示，该汽车公司生产的轿车的耐用性能极佳。

下列哪项如果为真，能够最有效地支持上述广告的观点？

A. 扣除通货膨胀的因素，该公司目前生产的新车的价格只比 1980 年生产的稍高一点。

B. 自 1980 年以来，其他公司轿车的年产量有显著增长。

C. 该公司轿车的车主，经常都把车保养得很好。

D. 自1980年以来，该公司在生产轿车上的改进远远小于其他公司对轿车的改进。

E. 自1980年以来，该公司每年生产的轿车数量没有显著增长。

### 2  2002MBA-45

在法庭的被告中，被指控偷盗、抢劫的定罪率，要远高于被指控贪污、受贿的定罪率。其重要原因是后者能聘请收费昂贵的私人律师，而前者主要由法庭指定的律师辩护。

以下哪项如果为真，最能支持题干的叙述？

A. 被指控偷盗、抢劫的被告，远多于被指控贪污、受贿的被告。

B. 一个合格的私人律师，与法庭指定的律师一样，既忠实于法律，又努力维护委托人的合法权益。

C. 被指控偷盗、抢劫的被告中罪犯的比例，不高于被指控贪污、受贿的被告。

D. 一些被指控偷盗、抢劫的被告，有能力聘请私人律师。

E. 司法腐败导致对有权势的罪犯的庇护，而贪污、受贿等职务犯罪的构成要件是当事人有职权。

### 3  2004GRK-26

近几年来，一种从国外传入的白蝇严重危害着我国南方农作物生长。昆虫学家认为，这种白蝇是甜薯白蝇的一个变种，为了控制这种白蝇的繁殖，他们一直在寻找并人工繁殖甜薯白蝇的寄生虫。但最新的基因研究成果表明，这种白蝇不是甜薯白蝇的变种，而是与之不同的一种蝇种，称作银叶白蝇。因此，如果这项最新的基因研究成果可信，那么，近年来昆虫学家寻找白蝇寄生虫的努力是白费了。

以下哪项是上述论证最可能假设的？

A. 上述最新的基因研究成果是可信的。

B. 甜薯白蝇的寄生虫对农作物没有任何危害。

C. 农作物害虫的寄生虫都可以用来有效控制这种害虫的繁殖。

D. 甜薯白蝇的寄生虫无法在银叶白蝇中寄生。

E. 某种生物的寄生虫只能在这种生物及其变种中才能寄生。

### 4  2006MBA-43

对常兴市23家老人院的一项评估显示，爱慈老人院在疾病治疗水平方面受到的评价相当低，而在其他不少方面的评价不错，虽然各老人院的规模大致相当，但爱慈老人院医生与住院老人的比率在常兴市的老人院中几乎是最小的。因此，医生数量不足是造成爱慈老人院在疾病治疗水平方面评价偏低的原因。

以下哪项如果为真，最能加强上述论证？

A. 和祥老人院也在常兴市，对其疾病治疗水平的评价比爱慈老人院还要低。

B. 爱慈老人院的医务护理人员比常兴市其他老人院都要多。

C. 爱慈老人院的医生发表的相关学术文章很少。

D. 爱慈老人院位于常兴市的市郊。

E. 爱慈老人院某些医生的医术一般。

## 答案与解析

### 1. 正确答案：E

题干根据1980年以来某公司生产的轿车在继续使用的比例高于其他公司，得出结论：该公司生产的轿车的耐用性能好。

E 项断定，自 1980 年以来，该公司每年生产的轿车数量没有显著增长，这是上述广告有说服力的一个重要条件，事实上，比如该广告发布的时间是 2000 年，并且 20 年来该公司每年的车产量基本持平，那么，根据该公司自 1980 年以来生产的轿车仍有一半在奔驰，可计算出该公司的轿车的平均寿命是 10 年。否则，年产量增长越大，则说明车的平均寿命越短。因此，如果 E 项为真，能有效地支持上述广告的观点。

2. 正确答案：C

题干断定：贪污、受贿罪的定罪率较低的原因是贪污、受贿罪的被告能请到好的律师。

被告不等于罪犯。要使题干的分析成立，有一个条件必须满足，即被指控偷盗、抢劫的被告中罪犯的比例，不高于被指控贪污、受贿的被告。否则，如果事实上被指控偷盗、抢劫的被告中罪犯的比例，高于甚至远高于被指控贪污、受贿的被告，那么，被指控偷盗、抢劫的被告的定罪率，自然要远高于被指控贪污、受贿的被告的定罪率，没有理由认为这种结果与所聘请的律师有实质性的联系。因此，如果 C 项为真，能有力地支持题干。

其余各项均不能有效地支持题干。题干讨论的是"定罪率"，是一个相对的比值，A 项讨论绝对数量比，为明显无关选项。即使律师的某些情况相同，但是还可能有能力、影响力等其他方面的区别造成案件的审判结果的变化，B 项支持力度不足。D 项能削弱题干。

E 项是干扰项，也能起到支持作用，但它只是支持题干的"受贿罪的定罪率较低"这个事实，不能支持"受贿罪的定罪率较低的原因是受贿罪的被告能请到好的律师"，也就是没有针对从前提到结论的推理过程，因此，没有 C 项好（本题是支持论证，也就是支持从前提到结论的过程，假设是前提与结论的桥梁，因此，肯定假设的支持力度较大）。

3. 正确答案：E

题干论证：昆虫学家为控制被认为是甜薯白蝇的一个变种的某种白蝇的繁殖而寻找甜薯白蝇的寄生虫。但研究表明，这种白蝇不是甜薯白蝇的变种，而是与之不同的银叶白蝇。因此，寻找白蝇寄生虫的努力是白费了。

为使题干论证成立，必须假设：某种生物的寄生虫只能在这种生物及其变种中才能寄生。否则，就不能根据白蝇不是甜薯白蝇的变种而得出结论：近年来昆虫学家寻找白蝇寄生虫的努力是白费了。因此 E 为正确答案。

本题有争议的是 D 项，也有假设意义，但最好的假设是强弱程度合适的隐含前提，而 D 项断定过强，不是最好的假设。

4. 正确答案：B

题干结论是：医生数量不足是造成爱慈老人院在疾病治疗水平方面评价偏低的原因。

B 项是个没有他因的支持，指出：爱慈老人院的医务护理人员比常兴市其他老人院的都要多，这样就排除了爱慈老人院疾病治疗水平低的原因是护理人员少，就加强了"疾病治疗方面的水平低的原因是医生的缺少"这个结论。

## 2.3　论据支持

论据支持也叫增加论据，即通过增加一个正面论据来使结论成立的可能性增大。

### 一、论据支持的类型

论据是支持论点的根据、依据。论据一般分为道理论据（简称为理据）和事实论据（可视为某种证据）两类。因此论据支持相应地分为理据支持和证据支持。

（1）理据支持就是增加原则，或补充一个原理或道理，从而与题干前提结合起来，使题干论证成立的可能性增大。

（2）证据支持就是补充正面的事实论据从而支持题干论证，包括前面所述的"有因有果"或"无因无果"等例子都是正面的事实论据。

## 二、论据支持的方式

如果题干逻辑主线为：由前提 A 得到结论 B，增加论据 A′作为支持的方式有三种：

（1）新论据 A′加强了前提 A，从而间接支持了结论 B。

（2）新论据 A′和前提 A 结合起来，强化了结论 B。这种情况出现最多。

（3）题干没有前提 A 直接断定结论 B 这种情况，新论据 A′直接支持了结论 B。

例证法是对一个论证进行强化和弱化的常用方法，方式如表 3-2-1：

表 3-2-1

| 题干 | | 根据相关前提，得出结论，A 是 B 的原因 | | |
|---|---|---|---|---|
| 选项 | 正例强化<br>（因果一致） | 有因有果 | 有 A | 有 B |
| | | 无因无果 | 无 A | 无 B |
| | 反例弱化<br>（因果不一致） | 有因无果 | 有 A | 无 B |
| | | 无因有果 | 无 A | 有 B |

其中，有因有果、无因无果均是论据支持的典型方式。

**1　2000MBA-74**

提高教师应聘标准并不是引起目前中小学师资短缺的主要原因。引起中小学师资短缺的主要原因，是近年来中小学教学条件的改进缓慢，以及教师的工资的增长未能与其他行业同步。

以下哪项如果为真，最能加强上述断定？

A. 虽然还有别的原因，但收入低是许多教师离开教育岗位的理由。

B. 许多教师把应聘标准的提高视为师资短缺的理由。

C. 有些能胜任教师的人，把应聘标准的提高作为自己不愿执教的理由。

D. 许多在岗但不胜任的教师，把低工资作为自己不努力进取的理由。

E. 决策部门强调提高应聘标准是师资短缺的主要原因，以此作为不给教师加工资的理由。

**2　2002GRK-15**

一份对北方山区先天性精神分裂症患者的调查统计表明，大部分患者都出生在冬季。专家指出，其原因很可能是那些临产的孕妇营养不良。因为在这一年最寒冷的季节中，人们很难买到新鲜食品。

以下哪项如果为真，能支持题干中的专家的结论？

A. 在精神分裂症患者中，先天性患者只占很小的比例。

B. 调查中相当比例的患者有家族史。

C. 与引起精神分裂症有关的大脑区域的发育，大部分发生在产前一个月。

D. 新鲜食品与腌制食品中的营养成分对大脑发育的影响相同。

E. 虽然生活在北方山区，但被调查对象的家庭，大都经济条件良好。

**3　2002GRK-52**

在塞普西路斯的一个古城蒙科云，发掘出了城市的残骸，这一残骸呈现出被地震损坏的典型特征。考古学家猜想，该城的破坏是这个地区公元365年的一次地震所致。

以下哪项如果为真，最有力地支持了考古学家的猜想？

A. 经常在公元365年前后的墓穴里发现的青铜制纪念花瓶，在蒙科云城里也发现了。
B. 在蒙科云城废墟里没有发现在公元365年以后的铸币，但是却有365年前的铸币。
C. 多数现代塞普西路斯的历史学家曾经提及，在公元365年前后在附近发生过地震。
D. 在蒙科云城废墟中发现了公元300—400年风格的雕塑。
E. 在蒙科云城发现了塞普西路斯公元365年以后才使用的希腊字母的石刻。

### 4  2004GRK-45

1989年以前，我国文物被盗情况严重，国家主要的博物馆中也发生了多起文物被盗案件，丢失珍贵文物多件。1989年后，国家主要的博物馆安装了技术先进的多功能防盗系统，结果，此类重大盗窃案显著下降，这说明多功能防盗系统对于保护文物安全起到了重要作用。

以下哪项如果为真，最能加强上述结论？

A. 90年代被窃的文物中包括一件珍贵的传世工艺品。
B. 从90年代早期开始，私人收藏和小展馆中发生的文物失窃案件明显上升。
C. 上述多功能防盗系统经过了国家级的技术鉴定。
D. 在1989年到1999年之间，主要博物馆为馆内重要的珍贵文物所付的保险金有了较大幅度的增加。
E. 在20世纪90年代初，文物失盗案件北方比南方严重，因为南方经济较发达，保护文物方法较先进。

### 5  2006GRK-48

在距离摩洛哥东部边境数千里处的一座古代约旦城市的遗址中，发现了一个钱袋，其中有32个刻着摩洛哥文字的金币。当时这个城市是联结中国和欧洲的丝绸之路上的一个重要商贸中心，并且又是摩洛哥去麦加的朝圣者一个重要的中途停留地。因此，上述这个钱袋可能装有其他种类的硬币。

以下哪项如果为真，最能支持上述论证？

A. 当时，摩洛哥货币比约旦货币更流行。
B. 当时，金币是唯一的流通货币。
C. 上述钱袋的主人是摩洛哥去麦加的朝圣者。
D. 上述钱袋的主人是约旦人。
E. 当时的朝圣者中很多是商人。

### 6  2009GRK-43

2005年打捞公司在南川岛海域调查沉船时意外发现一艘载有中国瓷器的古代沉船，该沉船位于海底的沉积层上。据调查，南川岛海底沉积层在公元1000年形成，因此，水下考古人员认为，此沉船不可能是公元850年开往南川岛的"征服号"沉船。

以下哪项如果为真，最严重地弱化上述论证？

A. 在南川岛海底沉积层发现的沉船可能是搁在海底礁石数百年后才落到沉积层上的。
B. 历史学家发现，"征服号"既未到达其目的地，也未返回其出发的港口。
C. 通过碳素技术测定，在南海沉积层发现的沉船是在公元800年建造的。
D. 经检查发现，"征服号"船的设计有问题，出海数周内几乎肯定会沉船。
E. 公元700年—900年间某些失传的中国瓷器在南川岛海底沉船中发现。

### 7  2010MBA-38

一种常见的现象是，从国外引进的一些畅销科普读物在国内并不畅销，有人对此解释说，这与我们多年来沿袭的文理分科有关。文理分科人为地造成了自然科学与人文社会科学的割裂，导致科普类图书的读者市场还没有真正形成。

以下哪项如果为真，最能加强上述观点？

A. 有些自然科学工作者对科普读物也不感兴趣。
B. 科普读物不是没有需求，而是有效供给不足。
C. 由于缺乏理科背景，非自然科学工作者对科学敬而远之。
D. 许多科普电视节目都拥有固定的收视群，相应的科普读物也大受欢迎。
E. 国内大部分科普读物只是介绍科学常识，很少真正关注科学精神的传播。

**8  2010GRK－43**

最近，国内考古学家在北方某偏远地区发现了春秋时代古遗址。当地旅游部门认为：古遗址体现了春秋古文明的特征，应立即投资修复，并在周围修建公共交通设施，以便吸引国内外游客。张教授对此提出反对意见：古遗址有许多未解之谜待破译，应先保护起来，暂不宜修复和进行旅游开发。

下述哪项如果为真，最能加强上述张教授的观点？

A. 只有懂得古遗址历史，并且懂得保护古遗址的人才能参与修复古遗址。
B. 现代人还难以理解和判断古代文明的重大意义。
C. 修复任何一个古遗址都应该展现此地区最古老的风貌。
D. 对古遗址的保护和利用不应该被商业利益所支配。
E. 在缺乏研究的情况下匆忙修复古遗址，可能对文物造成不可弥补的破坏。

**9  2011GRK－40**

某国外著名学术期刊发表的一篇研究论文揭示：人在生气时体内会产生一系列的反应使得心跳加快，内分泌失常，引起血压升高，消化系统紊乱，严重的可能引起呕吐甚至晕厥，日后还会引起皮肤雀斑增多。张三希望孩子能上名牌大学，如果看到成绩不如意就会生闷气。

基于题干的论断，以下哪项如果为真，最能推出张三生气的结论？

A. 张三的血压有所升高。
B. 张三的血压升高，而且呕吐了。
C. 张三的血压升高，呕吐并伴有晕厥，而且皮肤的雀斑也增多了。
D. 张三的儿子在学期期末考试中有两门功课成绩下降了。
E. 张三的儿子参加学校运动会1 500米比赛，只得到了第5名。

**10  2011GRK－46**

研究人员利用欧洲同步辐射加速器的X光技术，对一块藏身于距今9 500万年的古岩石中的真足蛇化石进行了扫描。结果发现，这种蛇与现代的陆生蜥蜴十分类似，这一成果有助于揭开蛇的起源之谜。研究报告指出，这种蛇身长50厘米，从表面上看只有一只脚，长约2厘米，X光扫描发现了这只真足蛇的另一只脚。这只脚之所以不易被察觉，是因为它在岩石中发生了异化，其脚踝部分仅有4块骨头，而且没有脚趾，这说明真足蛇的足部在当时已呈现出退化的趋势。

以下哪项如果为真，最能支持上述学者的观点？

A. 这只真足蛇所处的年代正好是蛇类从无足动物向有脚蜥蜴进化的时期。
B. 这只真足蛇所处的年代正好是蛇类从有脚动物向无足动物进化的时期。
C. 这只真足蛇所处的年代正好是蛇类从无足动物向有脚蜥蜴退化的时期。
D. 这只真足蛇所处的年代正好是蛇类从有脚动物向无足动物退化的时期。
E. 这只真足蛇所处的年代正好是蛇类从有脚蛇向无足蛇退化的时期。

## 11  2011GRK-53

美国某州立大学的研究人员对超过1.3万名7至12年级的中学生进行调查。在调查中，研究人员要求这些学生各列举5名男性朋友和女性朋友，然后统计这些被提名的朋友总得票数，选取获得5票的人进行调查统计。研究发现，在获得5票的人当中，独生子女出现的比例与他们在这一年龄段人口中的比例是一致的，这说明他们与非独生子女社交能力没有明显差别，并且这一结果不受父母年龄、种族、社会经济地位的影响。

以下哪项如果为真，最能支持上述研究发现？

A. 在没有获得选票的人当中，独生子女出现的比例高于他们在这一调查对象中的比例。
B. 获得选票的独生子女人数所占比例和他们在这一调查对象中的比例基本相当。
C. 在获得1票的人当中，独生子女出现的比例远高于他们在这一调查对象中的比例。
D. 在得票前500名当中，独生子女出现的比例和他们在这一调查对象中的比例相当。
E. 没能列举出5名男性朋友和5名女性朋友的学生当中，独生子女出现的比例较高。

## 12  2012GRK-48

荷叶为多年水生草本植物莲的叶片，其化学成分主要有荷叶碱、柠檬酸、苹果酸、葡萄糖酸、草酸、琥珀酸及其他抗有丝分裂作用的碱性成分。荷叶含有多种生物碱及黄酮甙类、荷叶甙等成分，能有效降低胆固醇和甘油三酯，对高血脂症和肥胖病人有疗效。荷叶的浸剂和煎剂更可扩张血管，清热解暑，有降血压的作用。有专家指出，荷叶是减肥的良药。

以下哪项如果为真，最能支持上述专家的观点？

A. 荷叶促进胃肠蠕动，清除体内宿便。
B. 荷叶茶是一种食品，而非药类，具有无毒、安全的优点。
C. 荷花茶泡水后成了液态食物，在胃里很快被吸收，时间很短，浓度较高，刺激较大。
D. 服用荷叶制品后在人体肠壁上形成一层脂肪隔离膜，可以有效阻止脂肪的吸收。
E. 荷叶有清热解暑、除湿祛瘀、利尿通便的作用。

## 13  2013GRK-33

研究发现，昆虫是通过它们身体上的气孔系统来"呼吸"的。气孔连着气管，而且由上往下又附着更多层的越来越小的气孔，由此把氧气送到全身。在目前大气的氧气含量水平下，气孔系统的总长度已经达到极限；若总长度超过这个极限，供氧的能力就会不足。因此，可以判断，氧气含量的多少可以决定昆虫的形体大小。

以下哪项如果为真，最能支持上述论证？

A. 对海洋中的无脊椎动物的研究也发现，在更冷和氧气含量更高的水中，那里的生物的体积也更大。
B. 石炭纪时期地球大气层中氧气的浓度高达35%，比现在的21%要高很多，那时地球上生活着许多巨型昆虫，蜻蜓翼展接近一米。
C. 小蝗虫在低含氧量环境中尤其是氧气浓度低于15%的环境中就无法生存，而成年蝗虫则可以在2%的氧气含量环境下生存下来。
D. 在氧气含量高、气压也高的环境下，接受试验的果蝇生活到第五代，身体尺寸增长了20%。
E. 在同一座山上，生活在山脚下的动物总体上比生活在山顶的同种动物要大。

## 14  2013GRK-39

从"阿克琉斯基猴"身上，研究者发现了许多类人猿的特征。比如，它脚后跟的一块骨头短而宽。此外，"阿克琉斯基猴"的眼眶较小，科学家据此推测它与早期类人猿的祖先一样，是在白天活动的。

以下哪项如果为真，最能支持上述科学家的推测？

A. 短而宽的后脚骨使得这种灵长类动物善于在树丛中跳跃捕食。
B. 动物的视力与眼眶大小不存在严格的比例关系。
C. 最早的类人猿与其他灵长类动物分开的时间，至少在5 500万年以前。
D. 以夜间活动为主的动物，一般眼眶较大。
E. 对"阿克琉斯基猴"的基因测序表明，它和类人猿是近亲。

### 15  2013GRK-51

某国研究人员报告说，他们在某地区的地层里发现了约2亿年前的陨石成分，而它们很可能是当时一颗巨大陨石撞击现在的加拿大魁北克省时的飞散物痕迹。在该岩石厚约5厘米的黏土层中还含有高浓度的铱和铂等元素，浓度是通常地表中浓度的50至2 000倍。另外，这处岩石中还含有白垩纪末期地层中的特殊矿物质。由于地层上下还含有海洋浮游生物化石，所以可以确定撞击时间是在约2.15亿年前。

以下哪项如果为真，最能支持上述研究发现？

A. 该处岩石是远古时代深海海底的堆积层露出地面后形成的。
B. 在古生代三叠纪后期（约2亿年至2.37亿年前）菊石等物种大规模灭绝。
C. 铱和铂等元素是陨石特有的，在地表中通常只微量存在。
D. 在远古时代曾经发生多起陨石撞击地球的事件。
E. 白垩纪末期，地球上曾经发生过生物大灭绝事件。

### 16  2015MBA-48

自闭症会影响社会交往、语言交流和兴趣爱好等方面的行为。研究人员发现，实验鼠体内神经连接蛋白的蛋白质如果合成过多，会导致自闭症。由此他们认为，自闭症与神经连接蛋白的蛋白质合成量具有重要关联。

以下哪项如果为真，最能支持上述观点？

A. 生活在群体之中的实验鼠较之独处的实验鼠患自闭症的比例要小。
B. 雄性实验鼠患自闭症的比例是雌性实验鼠的5倍。
C. 抑制神经连接蛋白的蛋白质合成可缓解实验鼠的自闭症状。
D. 如果将实验鼠控制蛋白合成的关键基因去除，其体内的神经连接蛋白就会增加。
E. 神经连接蛋白正常的老年实验鼠患自闭症的比例很低。

### 17  2016MBA-32

考古学家发现，那件仰韶文化晚期的土坯砖边缘整齐，并且没有切割痕迹，由此他们推测，这件土坯砖应当是使用木质模具压制成形的；而其他5件由土坯砖经过烧制而成的烧结砖，经检测其当时的烧制温度为850～900℃。由此考古学家进一步推测，当时的砖是先使用模具将黏土做成土坯，然后再经过高温烧制而成的。

以下哪项如果为真，最能支持上述考古学家的推测？

A. 仰韶文化晚期的年代约为公元前3500年～公元前3000年。
B. 仰韶文化晚期，人们已经掌握了高温冶炼技术。
C. 出土的5件烧结砖距今已有5 000年，确实属于仰韶文化晚期的物品。
D. 没有采用模具而成形的土坯砖，其边缘或者不整齐，或者有切割痕迹。
E. 早在西周时期，中原地区的人们就可以烧制铺地砖和空心砖。

### 18  2016MBA-39

有专家指出，我国城市规划缺少必要的气象论证，城市的高楼建得高耸而密集，阻碍了城市的通风循环。有关资料显示，近几年国内许多城市的平均风速已下降10%。风速下降，意味着大气扩散能力减弱，导致大气污染物滞留时间延长，易形成雾霾天气和热岛效应。为此，有专家提出建立"城市风道"的设想，即在城市里建立几条通畅的通风走廊，让风在城市中更加自由地进出，促进城市空气的更新循环。

以下哪项如果为真，最能支持上述建立"城市风道"的设想？

A. 城市风道形成的"穿街风"，对建筑物的安全影响不大。
B. 风从八方来，"城市风道"的设想过于主观和随意。
C. 有风道但没有风，就会让城市风道成为无用的摆设。
D. 有些城市已拥有建立"城市风道"的天然基础。
E. 城市风道不仅有利于"驱霾"，还有利于散热。

### 19  2017MBA-28

近年来，我国海外代购业务量迅速增长，代购者们通常从海外购买产品，通过各种渠道避开关税，再卖给内地顾客从中牟利，让政府损失了税收收入。某专家由此指出，政府应该严厉打击海外代购的行为。

以下哪项如果为真，最能支持上述论证？

A. 近期，有位前空乘服务员因在网上开设海外代购店而被我国地方法院判定犯走私罪。
B. 海外代购提升了人民的生活水平，满足了国内部分民众对于高品质生活的追求。
C. 国内民众的消费需求提升是伴随着我国经济发展而产生的经济现象，应以此为契机促进国内同类消费品产业的升级。
D. 去年，我国奢侈品海外代购规模几乎是全球奢侈品国内门店销售额的一半，这些交易大多避开关税。
E. 国内一些企业生产的同类产品与海外代购产品相比，无论质量还是价格都缺乏竞争优势。

### 20  2017MBA-30

离家300米的学校不能上，却被安排到2公里以外的学校就读，某市适龄儿童在上小学时就遇到了所在区教育局这样的安排，而这一安排是区教育局根据儿童户籍所在施教区作出的。根据该市教育局规定的"就近入学原则"，儿童家长将区教育局告上法庭，要求撤销原来的安排，让其孩子就近入学，法院对此作出一审判决，驳回原告请求。

下列哪项最可能是法院的合理依据？

A. "就近入学"不是"最近入学"，不能将入学儿童户籍地和学校的直线距离作为划分施教区的唯一依据。
B. 按照特定的地理要素划分，施教区中的每所小学不一定就处于该施教区的中心位置。
C. 儿童入学上哪一所学校不是让适龄儿童或其家长自主选择，而是要听从政府主管部门的行政安排。
D. "就近入学"仅仅是一个需要遵循的总体原则，儿童具体入学安排还要根据特定的情况加以变通。
E. 该区教育局划分施教区的行政行为符合法律规定，而原告孩子户籍所在施教区的确需要去离家2公里外的学校就读。

下篇 论证推理

**21** 2017MBA-32

通识教育重在帮助学生掌握尽可能全面的基础知识,即帮助学生了解各个学科领域的基本常识;而人文教育则重在培育学生了解生活世界的意义,并对自己及他人行为的价值和意义作出合理的判断,形成"智识"。因此有专家指出,相比较而言,人文教育对个人未来生活的影响会更大一些。

以下哪项如果为真,最能支持上述专家的断言?

A. 当今我国有些大学开设的通识教育课程要远远多于人文教育课程。
B. 没有知识,人依然可以活下去;但如果没有价值和意义的追求,人只能成为没有灵魂的躯壳。
C. "知识"是事实判断,"智识"是价值判断,两者不能相互替代。
D. 关于价值和意义的判断事关个人的幸福和尊严,值得探究和思考。
E. 没有知识就会失去应对未来生活挑战的勇气,而错误的价值观可能会误导人的生活。

**22** 2017MBA-36

进入冬季以来,内含大量有毒颗粒物的雾霾频繁袭击我国部分地区。有关调查显示,持续接触高浓度污染物会导致10%至15%的人患有眼睛慢性炎症和干眼症。有专家由此认为,如果不采取紧急措施改善空气质量,这些疾病的发病率和相关的并发症将会增加。

以下哪项如果为真,最能支持上述专家的观点?

A. 上述被调查的眼疾患者中有65%是年龄在20~40岁之间的男性。
B. 有毒颗粒物会刺激并损害人的眼睛,长期接触会影响泪腺细胞。
C. 空气质量的改善不是短期内能做到的,许多人不得不在污染环境中工作。
D. 在重污染环境中采取戴护目镜、定期洗眼等措施有助于预防干眼症等眼疾。
E. 眼睛慢性炎症和干眼症等病例通常集中出现于花粉季。

**23** 2018MBA-28

现在许多人很少在深夜11点以前安然入睡,他们未必都在熬夜用功,大多是在玩手机或看电视,其结果就是晚睡,第二天会头晕脑胀、哈欠连天。不少人常常对此感到后悔,但一到晚上他们多半还会这么做。有专家就此指出,人们似乎从晚睡中得到了快乐,但这种快乐其实隐藏着某种烦恼。

以下哪项如果为真,最能支持上述专家的结论?

A. 晨昏交替,生活周而复始,安然入睡是对当天生活的满足和对明天生活的期待,而晚睡者只想活在当下,活出精彩。
B. 晚睡者具有积极的人生态度,他们认为,当天的事须当天完成,哪怕晚睡也在所不惜。
C. 大多数习惯晚睡的人白天无精打采,但一到深夜就感觉自己精力充沛,不做点有意义的事情就觉得十分可惜。
D. 晚睡其实是一种表面难以察觉的、对"正常生活"的抵抗,它提醒人们现在的"正常生活"存在着某种令人不满的问题。
E. 晚睡者内心并不愿意睡得晚,也不觉得手机或电脑有趣,甚至都不记得玩过或看过什么,但他们总是要在睡觉前花较长时间磨蹭。

**24** 2018MBA-29

分心驾驶是指驾驶人为满足自己的身体舒适、心情愉悦等需求而没有将注意力全部集中于驾驶过程的驾驶行为,常见的分心行为有抽烟、饮水、进食、聊天、刮胡子、使用手机、照顾

365

小孩等。某专家指出，分心驾驶已成为我国道路交通事故的罪魁祸首。

以下哪项如果为真，最能支持上述专家的观点？

A. 驾驶人正常驾驶时反应时间为 0.3—1.0 秒，使用手机时反应时间则延迟 3 倍左右。

B. 一项统计研究表明，相对于酒驾、药驾、超速驾驶、疲劳驾驶等情形，我国由分心驾驶导致的交通事故占比最高。

C. 一项研究显示，在美国超过 1/4 的车祸是由驾驶人使用手机引起的。

D. 近来使用手机已成为我国驾驶人分心驾驶的主要表现形式，59％的人开车过程中看微信，31％的人玩自拍，36％的人刷微博、微信朋友圈。

E. 开车使用手机会导致驾驶人注意力下降 20％，如果驾驶人边开车边发短信，则发生车祸的概率是其正常驾驶时的 23 倍。

### 25  2018MBA-49

有研究发现，冬季在公路上撒盐除冰，会让本来要成为雌性的青蛙变成雄性。这是因为这些盐中的钠元素会影响青蛙的受体细胞，并改变原本可能成为雄性青蛙的性别。有专家据此认为，这会导致相关区域青蛙数量的下降。

以下哪项如果为真，最能支持上述专家的观点？

A. 大量的公路上的盐流入池塘可能会给其他生物造成危害，破坏青蛙的食物链。

B. 如果一个物种以雄性为主，该物种的个体数量就可能受到影响。

C. 在多个盐含量不同的水池中饲养青蛙，随着水池中盐含量的增加，雌性青蛙的数量不断减少。

D. 如果每年冬季在公路上撒很多盐，盐水流入池塘，就会影响青蛙的生长发育过程。

E. 雌性比例会影响一个动物种群的规模，雌性数量的充足对物种的繁衍生息至关重要。

### 26  2019MBA-27

根据碳 14 检测，卡皮瓦拉山岩画的创作时间最早可追溯到 3 万年前。在文字尚未出现的时代，岩画是人类沟通交流、传递信息、记录日常生活的方式。于是今天的我们可以在这些岩画中看到：一位母亲将孩子举起嬉戏，一家人在仰望并试图触碰头上的星空……动物是岩画的另一个主角，比如巨型马鹿、螃蟹等。在许多画面中，人们手持长矛，追逐着前方的猎物。由此可以推断，此时的人类已经居于食物链的顶端。

以下哪项如果为真，最能支持上述推断？

A. 岩画中出现的动物一般是当时人类捕猎的对象。

B. 3 万年前，人类需要避免自己被虎豹等大型食肉动物猎杀。

C. 能够使用工具使得人类可以猎杀其他动物，而不是相反。

D. 有了岩画，人类可以将生活经验保留下来供后代学习，这极大地提高了人类的生存能力。

E. 对星空的敬畏是人类脱离动物、产生宗教的动因之一。

### 27  2019MBA-34

研究人员使用脑电图技术研究了母亲给婴儿唱童谣时两人的大脑活动，发现当母亲与婴儿对视时，双方的脑电波趋于同步，此时婴儿也会发出更多的声音尝试与母亲沟通。他们据此认为，母亲与婴儿对视有助于婴儿的学习与交流。

以下哪项如果为真，最能支持上述研究人员的观点？

A. 在两个成年人交流时，如果他们的脑电波同步，交流就会更顺畅。

B. 当父母与孩子互动时，双方的情绪和心率也会同步。

C. 当部分学生对某学科感兴趣时，他们的脑电波会渐趋同步，学习效果也会随之提升。
D. 当母亲和婴儿对视时，他们都在发出信号，表明自己可以且愿意与对方交流。
E. 脑电波趋于同步可优化双方对话状态，使交流更加默契，增进彼此了解。

### 28  2019MBA-45

如今，孩子写作业不仅仅是他们自己的事，大多数中小学生的家长都要面临陪孩子写作业的任务，包括给孩子听写、检查作业、签字等。据一项针对3 000余名家长进行的调查显示，84%的家长每天都会陪孩子写作业，而67%的受访家长会因陪孩子写作业而烦恼。有专家对此指出，家长陪孩子写作业，相当于充当学校老师的助理，让家庭成为课堂的延伸，会对孩子的成长产生不利影响。

以下哪项如果为真，最能支持上述专家的论断？

A. 家长是最好的老师，家长辅导孩子获得各种知识本来就是家庭教育的应有之义，对于中低年级的孩子，学习过程中的父母陪伴尤为重要。
B. 家长通常有自己的本职工作，有的晚上要加班，有的即使晚上回家也需要研究工作、操持家务，一般难有精力认真完成学校老师布置的"家长作业"。
C. 家长陪孩子写作业，会使得孩子在学习中缺乏独立性和主动性，整天处于老师和家长的双重压力下，既难产生学习兴趣，更难养成独立人格。
D. 大多数家长在孩子教育上并不是行家，他们或者早已遗忘了自己曾学习过的知识，或者根本不知道如何将自己拥有的知识传授给孩子。
E. 家长辅导孩子，不应围绕老师布置的作业，而应着重激发孩子的学习兴趣，培养孩子良好的学习习惯，让孩子在成长中感到新奇、快乐。

### 29  2019MBA-51

《淮南子·齐俗训》中有曰："今屠牛而烹其肉，或以为酸，或以为甘，煎熬燔炙，齐味万方，其本一牛之体。"其中的"熬"便是熬牛肉汤的意思。这是考证牛肉汤做法的最早文献资料，某民俗专家由此推测，牛肉汤的起源不会晚于春秋战国时期。

以下哪项如果为真，最能支持上述推测？

A. 《淮南子·齐俗训》完成于西汉时期。
B. 早在春秋战国时期，我国已经开始使用耕牛。
C. 《淮南子》的作者中有来自齐国故地的人。
D. 春秋战国时期我国已经有熬汤的鼎器。
E. 《淮南子·齐俗训》记述的是春秋战国时期齐国的风俗习惯。

### 30  2020MBA-43

披毛犀化石都分布在欧亚陆路北部，我国东北平原、华北平原、西藏等地也偶有发现。披毛犀有一个独特的构造——鼻中隔，简单地说就是鼻子中间的骨头。研究发现，西藏披毛犀化石的鼻中隔只是一块不完全的硬骨，早先在亚洲北部、西伯利亚等地发现的披毛犀化石的鼻中隔要比西藏披毛犀的"完全"，这说明西藏披毛犀具有更原始的形态。

以下哪项如果为真，最能支持以上论述？

A. 一个物种不可能有两个起源地。
B. 西藏披毛犀化石是目前已知最早的披毛犀化石。
C. 在冰雪环境中生存，披毛犀的鼻中隔经历了由软到硬的进化过程，并最终形成一块完整的骨头。
D. 冬季的青藏高原犹如冰期动物的"训练基地"，披毛犀在这里受到耐寒训练。

E. 随着冰期的到来，有了适应寒冷能力的西藏披毛犀走出西藏，往北迁移。

**31** 2020MBA－50

移动互联网时代，人们随时都可进行数字阅读，浏览网页、读电子书是数字阅读，刷微博、朋友圈也是数字阅读。长期以来，一直有人担忧数字阅读的碎片化、表面化，但近来有专家表示，数字阅读具有重要价值，是阅读的未来发展趋势。

以下哪项如果为真，最能支持上述专家的观点？

A. 长有长的用处，短有短的好处，不求甚解的数字阅读，也未尝不可，说不定在未来某一时刻，当初阅读的信息就会浮现出来，对自己的生活产生影响。
B. 当前人们越来越多地通过数字阅读了解热点信息，通过网络进行相互交流，但网络交流者常常伪装或者匿名，可能会提供虚假信息。
C. 有些网络读书平台能够提供精致的读书服务，他们不仅帮你选书，而且帮你读书，你只需"听"即可，但用"听"的方式去读书，效率较低。
D. 数字阅读容易挤占纸质阅读的时间，毕竟纸质阅读具有系统、全面、健康、不依赖电子设备等优点，仍将是阅读的主要方式。
E. 数字阅读便于信息筛选，阅读者能在短时间内对相关信息进行初步了解，也可以此为基础作深入了解，相关网络阅读服务平台近几年已越来越多。

**32** 2021MBA－28

研究人员招募了 300 名体重超标的男性，将其分成餐前锻炼组和餐后锻炼组，进行每周三次相同强度和相同时段的晨练。餐前锻炼组晨练前摄入零卡路里安慰剂饮料，晨练后摄入 200 卡路里的奶昔；餐后锻炼组晨练前摄入 200 卡路里的奶昔，晨练后摄入零卡路里安慰剂饮料。三周后发现，餐前锻炼组燃烧的脂肪比餐后锻炼组多。该研究人员由此推断，肥胖者若持续这样的餐前锻炼，就能在不增加运动强度或时间的情况下改善代谢能力，从而达到减肥效果。

以下哪项如果为真，最能支持该研究人员的上述推断？

A. 餐前锻炼组额外的代谢与体内肌肉中的脂肪减少有关。
B. 餐前锻炼组觉得自己在锻炼中消耗的脂肪比餐后锻炼组多。
C. 餐前锻炼可以增强肌肉细胞对胰岛素的反应，促使它更有效地消耗体内的糖分和脂肪。
D. 肌肉参与运动所需要的营养，可能来自最近饮食中进入血液的葡萄糖和脂肪成分，也可能来自体内储存的糖和脂肪。
E. 有些餐前锻炼组的人知道他们摄入的是安慰剂，但这并不影响他们锻炼的积极性。

**33** 2021MBA－50

曾几何时，快速阅读进入了我们的培训课堂。培训者告诉学员，要按"之"字形浏览文章。只要精简我们看的地方，就能整体把握文本要义，从而提高阅读速度，真正的快速阅读能将阅读速度提高至少两倍，并且不影响理解。但近来有科学家指出，快速阅读实际上是不可能的。

以下哪项如果为真，最能支持上述科学家的观点？

A. 阅读是一项复杂的任务，首先需要看到一个词，然后要检索其涵义、引申义，再将其与上下文相联系。
B. 科学界始终对快速阅读持怀疑态度，那些声称能帮助人们实现快速阅读的人通常是为了谋生或赚钱。
C. 人的视力只能集中于相对较小的区域，不可能同时充分感知和阅读大范围文本，识别单词的能力限制了我们的阅读理解。
- D. 个体阅读速度差异很大，那些阅读速度较快的人可能拥有较强的短时记忆或信息处理能力。
- E. 大多声称能快速阅读的人实际上是在浏览，他们可能相当快地捕捉到文本的主要内容，但也会错过众多细枝末节。

### 34  2021MBA－53

孩子在很小的时候对接触到的东西都要摸一摸，尝一尝，甚至还会吞下去。孩子天生就对这个世界抱有强烈的好奇心，但随着孩子慢慢长大，特别是进入学校之后，他们的好奇心越来越少。有教育专家认为这是由于孩子受到外在的不当激励所造成的。

以下哪项如果为真，最能支持上述专家的观点？

- A. 现在许多孩子迷恋电脑、手机，对书本知识感到索然无味。
- B. 野外郊游可以激发孩子的好奇心，长时间宅在家里就会产生思维惰性。
- C. 老师和家长只看考试成绩，导致孩子只知道死记硬背书本知识。
- D. 现在孩子所做的很多事情大多迫于老师和家长等的外部压力。
- E. 孩子助人为乐能获得褒奖，损人利己往往受到批评。

### 35  2022MBA－29

2020年全球碳排放量减少大约24亿吨，远远大于之前的创纪录降幅，同比"二战"结束时下降9亿吨，2009年金融危机最严重时下降5亿吨。非政府组织全球碳计划（GCP）在其年度评估报告中说，由于各国在新冠肺炎疫情期间采取了封锁和限制措施，汽车使用量下降了一半左右，2020年的碳排放量同比下降了创纪录的7%。

以下哪项如果为真，最能支持GCP的观点？

- A. 2020年碳排放量下降得最明显的国家或地区是美国和欧盟。
- B. 延缓气候变化的办法不是停止经济活动，而是加速向低碳能源过渡。
- C. 根据气候变化《巴黎协定》，2015年后的10年，全球每年需减排约10~20亿吨。
- D. 2020年在全球各行业减少的碳排放总量中，交通运输业所占比例最大。
- E. 随着世界经济的持续复苏，2021年全球碳排放量同比下降可能不超过5%。

### 36  2022MBA－31

某研究团队研究了大约4万名中老年人的核磁共振成像数据、自我心理评估等资料，发现经常有孤独感的研究对象和没有孤独感的研究对象在大脑的默认网络区域存在显著差异。默认网络是一组参与内心思考的大脑区域，这些内心思考包括回忆旧事、规划未来、想象等。孤独者大脑的默认网络联结更为紧密，其灰质容积更大。研究人员由此认为，大脑默认网络的结构和功能与孤独感存在正相关。

以下哪项如果为真，最能支持上述研究人员的观点？

- A. 人们在回忆过去、假设当下或预想未来时会使用默认网络。
- B. 有孤独感的人更多地使用想象、回忆过去和憧憬未来以克服社交隔离。
- C. 感觉孤独的老年人出现认知衰退和患上痴呆症的风险更高，进而导致部分脑区萎缩。
- D. 了解孤独感对大脑的影响，拓展我们在这个领域的认知，有助于减少当今社会的孤独现象。
- E. 穹窿是把信号从海马体输送到默认网络的神经纤维束，在研究对象的大脑中，这种纤维束得到较好的保护。

### 37  2022MBA-33

2020年下半年，随着新冠病毒在全球范围内的肆虐及流感季节的到来，很多人担心会出现大范围流感和新冠疫情同时爆发的情况。但是有病毒学家发现，2009年甲型H1N1流感毒株出现时，自1977年以来一直传播的另一种甲型流感病毒株消失了，由此他推测，人体同时感染新冠病毒和流感病毒的可能性应该低于预期。

以下哪项如果为真，最能支持该病毒学家的推测？

A. 如果人们继续接种流感疫苗，仍能降低同时感染这两种病毒的概率。

B. 一项分析显示，新冠肺炎患者中大约只有3%的人同时感染另一种病毒。

C. 人体感染一种病毒后的几周内，其先天免疫系统的防御能力会逐步增强。

D. 为避免感染新冠病毒，人们会减少室内聚集、继续佩戴口罩、保持社交距离和手部卫生。

E. 新冠病毒的感染会增加参与干扰素反应的基因的活性，从而防止流感病毒在细胞内进行复制。

### 38  2022MBA-27

"君问归期未有期，巴山夜雨涨秋池。何当共剪西窗烛，却话巴山夜雨时。"这首《夜雨寄北》是晚唐诗人李商隐的名作，一般认为这是一封"家书"，当时诗人身处巴蜀，妻子在长安，所以说"寄北"，但有学者提出，这首诗实际上是寄给友人的。

以下哪项如果为真，最能支持以上学者的观点？

A. 李商隐之妻王氏卒于大中五年，而该诗作于大中七年。

B. 明清小说戏曲中经常将家庭塾师或官员幕客称为"西席""西宾"。

C. 唐代温庭筠的《舞衣曲》中有诗句"回鬟笑语西窗客，星斗寥廖波脉脉"。

D. 该诗另一题为《夜雨寄内》，"寄内"即寄怀妻子，此说得到了许多人的认同。

E. "西窗"在古代专指客房、客厅，起自尊客于西的先秦古礼，并被后世习察日用。

### 39  2023MBA-39

水在温度高于374℃、压力大于22MPa的条件下，称为超临界水。超临界水能与有机物完全互溶，同时还可以大量溶解空气中的氧，而无机物特别是盐类在超临界水中的溶解度很低。由此，研究人员认为，利用超临界水作为特殊溶剂，水中的有机物和氧气可以在极短时间内完成氧化反应，把有机物彻底"秒杀"。

以下哪项如果为真，最能支持上述研究人员的观点？

A. 有机物在超临界水中通过分离装置可瞬间转化为无毒无害的水、无机盐以及二氧化碳等气体，并最终在生产和生活中得到回收利用。

B. 超临界水氧化技术具有污染物去除率高、二次污染小、反应迅速等特征，被认为是水处理技术中的"杀手锏"，具有广阔的工业应用前景。

C. 超临界水只有兼具气体与液体的高扩散性、高溶解性、高反应活性及低表面张力等优良特性，才能把有机物彻底"秒杀"。

D. 超临界水氧化技术对难以降解的农化、石油、制药等有机废水尤为适用。

E. 如果超临界水氧化技术成功应用于化工、制药等行业的污水处理，可有效提升流域内重污染行业的控源减排能力。

### 40  2023MBA-43

研究表明，鱼油中的不饱和脂肪酸能够有效降低人体内血脂水平并软化血管，因此，鱼油通常被用来预防由高血脂引起的心脏病、动脉粥样硬化和高胆固醇血症等疾病，降低死亡风险。但有研究人员认为，食用鱼油不一定能够有效控制血脂水平并预防由高血脂引起的各种疾病。

以下哪项如果为真，最能支持上述研究人员的观点？

A. 鱼油虽然优于猪油、牛油，但毕竟是脂肪，如果长期食用，就容易引起肥胖。
B. 鱼油的概念很模糊，它既指鱼体内的脂肪，也包括被做成保健品的鱼油制品。
C. 不饱和脂肪酸很不稳定，只要接触空气、阳光，就会氧化分解。
D. 通过长期服用鱼油制品来控制体内血脂的观点始终存在学术争议。
E. 人们若要身体健康最好要注重膳食平衡，而不是仅仅依靠服用浓缩鱼油。

## 答案与解析

### 1. 正确答案：A

题干断定，中小学师资短缺的主要原因之一，是教师的工资增长滞后。A项直接加强了这一断定。其余各项均不能加强题干的断定。

### 2. 正确答案：C

如果C项为真，则由于与引起精神分裂症有关的大脑区域的发育，大部分发生在产前一个月，又由于冬季因难以买到新鲜食品易使临产的孕妇营养不良，因此，冬季出生的婴儿易患先天性精神分裂症。这就支持了题干中专家的结论。其余各项均不支持题干。

### 3. 正确答案：B

如果B项为真，则由于在蒙科云城废墟里没有发现在公元365年以后的铸币，但是却有365年前的铸币，这就有力地支持了题干的猜想：该城的破坏是这个地区公元365年的一次地震所致。

### 4. 正确答案：B

题干根据安装多功能防盗系统之后盗窃事件下降，认为这就是多功能防盗系统在起作用。

题干推理是：安装多功能防盗系统→盗窃案下降。

B项是：不安装多功能防盗系统→盗窃案上升。

私人收藏和小展馆没有安装多功能防盗系统，盗窃案上升，说明多功能防盗系统和盗窃事件的关系，没有这个原因就没有这个结果，恰好说明盗窃案下降就是因为有了多功能防盗系统。B项正确。

### 5. 正确答案：C

如果上述钱袋的主人是摩洛哥去麦加的朝圣者，则有利于说明钱袋的主人为了去麦加朝圣，需要携带沿途多个国家的货币。因此C项能支持题干。

D项易误选，既然这个钱袋是在古代约旦城市的遗址中发现的，钱袋的主人是约旦人这一信息，并不能有力地支持这个钱袋装有其他种类的硬币。其余选项为无关项。

### 6. 正确答案：A

如果沉船是数百年后才落到沉积层上的，那么，就不能根据沉积层在公元1000年形成，而得出结论，此沉船不可能是公元850年的沉船。即A项削弱了题干论证。

注意，E项是增加论据，支持了题干论证。

### 7. 正确答案：C

题干结论是，文理分科人为地造成了自然科学与人文社会科学的割裂。论据是国外引进的科普读物不畅销。

C项表明，由于缺乏理科背景，非自然科学工作者对科学敬而远之。这就有力地支持了题干的观点。

**8. 正确答案：E**

张教授反对意见的出发点是保护文物。E项所述显然有力地加强了张教授的观点。

选项D对张教授的观点也有所加强，但该项无助于具体说明为什么不宜匆忙修复古迹，故力度较弱。其余选项不能起到支持作用。

**9. 正确答案：D**

题干中条件为：张三如果看到孩子成绩不如意就会生闷气，若D项为真，说明孩子成绩确实不如意，最能推出张三生气的结论。

E项不能说学习成绩不如意，排除。题干只是论述了人如果生气，会发生一系列的反应；但发生了其中的某些反应，不能推出人一定生气了。因此，A、B、C项排除。

**10. 正确答案：B**

题干根据古岩石中的真足蛇化石进行扫描的结果推出真足蛇的足部在当时已呈现出退化的趋势，得出了隐含的结论：蛇是由有脚动物进化而来的。由此可见，B项最能支持学者的观点。

其余选项都不正确，比如，D项把意思说反了。

**11. 正确答案：D**

题干结论是：独生子女与非独生子女社交能力没有明显差别。

D项作为一个新的证据，有力地支持了这一结论。

B项对题干也有所支持，但力度较弱，因为获得选票的人数有票数高低的差异。

**12. 正确答案：D**

专家的观点是，荷叶是减肥的良药。

若D项为真，即服用荷叶制品后在人体肠壁上形成一层脂肪隔离膜，可以有效阻止脂肪的吸收，这就有力地支持了专家的观点。

**13. 正确答案：B**

题干结论：氧气含量的多少可以决定昆虫的形体大小。

B项：氧气含量高时昆虫大，这一证据有力地支持了题干论证。

选项A、D、E也能支持题干，但A项涉及氧含量和气温，D、E两项涉及氧含量和气压，支持力度不如仅涉及氧含量的B项。C为无关项。

**14. 正确答案：D**

科学家依据"阿克琉斯基猴"的眼眶较小，推测它是在白天活动的。

D项陈述，眼眶较大的动物以夜间活动为主，这就作为一个论据支持了科学家的推测。

**15. 正确答案：C**

研究发现，在某地层里发现了约2亿年前的陨石成分。

理由是，该岩石中含有高浓度的铱和铂等元素以及白垩纪末期地层中的特殊矿物质。

C项陈述，铱和铂等元素是陨石特有的，表明该岩石确实来自陨石，有力地支持了题干的研究发现。

**16. 正确答案：C**

题干根据实验鼠体内神经连接蛋白的蛋白质合成过多会导致自闭症，推出结论，自闭症与神经连接蛋白的蛋白质合成量具有重要关联。

C项：抑制神经连接蛋白的蛋白质合成可缓解实验鼠的自闭症状，这就以无因无果的证据，有力地支持了题干的观点。

**17. 正确答案：D**

考古学家推测：这件土坯砖应当是使用木质模具压制成形的（果）。

其理由是：边缘整齐∧没有切割痕迹（因）。

D项：没有采用模具而成形的土坯砖（无果），其边缘或者不整齐，或者有切割痕迹（无因）。可见，该项以无因无果的方式，有力地支持了考古学家的推测，因此，为正确答案。

其余选项不妥，其中：

A、E项：与题干论证无关，为无关项，排除。

B项：即使那时人们已掌握了高温冶炼技术，考古学家的推测仍依据不足，排除。

C项：即使有5件烧结砖的年代涉及所属时期，支持力度仍不足，排除。

**18. 正确答案：E**

题干论述，建立"城市风道"的目的是促进城市空气的更新循环，以改变当前由于城市高耸密集的高楼而阻碍城市通风循环，从而易形成雾霾天气和热岛效应的现状。

E项所述，"城市风道"确实有利于"驱霾"，也有利于散热，表明"城市风道"可以解决雾霾天气和热岛效应问题。这直接有力地支持了题干设想，为正确答案。

A、D项：起不到有效的支持作用，排除。

B项："城市风道"的设想过于主观和随意，起削弱作用，排除。

C项："城市风道"可能会成为无用的摆设，起削弱作用，排除。

**19. 正确答案：D**

题干论证关系为：

结论：政府应该严厉打击海外代购的行为。

论据：海外代购业务避开关税，让政府损失了税收收入。

D项说明了海外代购的销售额所占比重大，而且又避开关税，提供了新的证据加强了题干的论证。

其余选项起不到对题干论证的支持作用。

A项：没有建立"海外代购"与"税收损失"之间的关系，排除。

B、C、E项：表明海外代购的好处，起不到对题干论证的支持作用，排除。

**20. 正确答案：E**

题干陈述：儿童家长将区教育局告上法庭的理由是离家300米的学校不能上，却被安排到2公里以外的学校就读，违反了"就近入学原则"。但法院驳回了儿童家长的请求。

E项：孩子户籍所在施教区的确需要去离家2公里外的学校就读，表明教育局对孩子的安排符合规定，这显然是法院的合理依据。

A项：户籍地和学校的直线距离虽然不是划分施教区的"唯一根据"，但可能是重要的根据，家长的诉求还可能是合理的，排除。

**21. 正确答案：B**

题干的论证关系如下：

结论：相对而言，人文教育对个人未来生活的影响更大。

论据：通识教育重在帮助学生掌握尽可能全面的基础知识；人文教育重在培育学生了解生活世界的意义。

B项指出，对人来讲，没有知识可以活，但如果没有价值和意义的追求，人便失去了灵魂，由此可知后者的意义更大，从而加强了题干论证。

A项：哪个教育对个人未来生活的影响更大与开设的课程数量无关，排除。

C项：两者都重要，无法证明人文教育更重要，排除。

D 项：只能表明人文教育重要，但没有与通识教育进行对比，排除。

E 项："可能性"多大是未知的，支持力度不足，排除。

22. 正确答案：B

题干的论证关系为：

结论：如果不采取紧急措施改善空气质量，这些疾病的发病率和相关的并发症将会增加。

论据：持续接触高浓度污染物会直接导致 10% 至 15% 的人患有眼睛慢性炎症或干眼症。

B 项如果为真，增加了论据，说明有毒颗粒物确实会损害人的眼睛，导致眼疾，从而支持专家的观点，因此为正确答案。

A、C、E 项：与题干论证无关，均予以排除。

D 项：有其他措施可以预防干眼症，但不能证明题干的因果关系，排除。

23. 正确答案：D

专家的结论是：人们似乎从晚睡中得到了快乐，但这种快乐其实隐藏着某种烦恼。

在诸选项中，能体现某种烦恼的只有 D 项，即晚睡提醒人们现在的"正常生活"存在着某种令人不满的问题，说明"这种快乐其实隐藏着某种烦恼"，有力地支持了结论。

其余选项均与"烦恼"不相关或无直接关联，不能支持结论，均排除。

24. 正确答案：B

专家观点：分心驾驶已成为我国道路交通事故的罪魁祸首。

B 项表明，分心驾驶导致的交通事故占比最高，建立了"分心驾驶"与"交通事故"之间的联系，这就有力地支持了专家的观点，因此为正确答案。

A、E 项：只是论述了分心驾驶的弊端，但未提及我国，排除。

C 项：美国的情况与题干观点无关，排除。

D 项：只描述了分心驾驶的主要表现形式，但未提及交通事故的情况，排除。

25. 正确答案：E

专家观点：雌性变成了雄性会导致青蛙数量下降。

若 E 项为真，即雌性数量的充足对物种的繁衍生息至关重要，这显然作为一个重要的论据有力地支持了专家的观点。

A 项：破坏青蛙的食物链与雌性青蛙性别改变无关，排除。

B 项："可能"一词力度较弱，排除。

C、D 项："雌性青蛙的数量不断减少""影响青蛙的生长发育"与青蛙数量下降无直接关联，排除。

26. 正确答案：C

题干前提：岩画上人们手持长矛，追逐着前方的猎物。

题干结论：此时的人类已经居于食物链的顶端。

C 项说明，人们确实可以使用工具捕杀其他动物，而不是被动物捕杀，这样，通过这一论据，和题干前提结合起来，就有力地支持了题干的结论。所以，该项为正确答案。

A 项：只能表明人类可以捕猎一些动物，但无法确定人类是否已经居于食物链的顶端。该项支持力度不足，排除。

B 项：表明人类有可能被大型食肉动物猎杀，并未居于食物链的顶端，排除。

D、E 项：与题干论证无关，排除。

27. 正确答案：E

研究人员的观点是：母亲与婴儿对视有助于婴儿的学习与交流。

其理由是：当母亲与婴儿对视时，双方的脑电波趋于同步。

E项表明，脑电波同步有利于交流，建立了"脑电波同步"与"有助于婴儿的学习与交流"的联系，有力地支持了研究人员的观点。

其余选项不妥，其中：

A项：只讲了成年人的交流，而题干研究对象为母亲与婴儿，不是"两个成年人"，排除。

B项：未涉及脑电波，而题干研究的是脑电波，不是"情绪和心率"，排除。

C项：题干研究对象为母亲与婴儿，不是"部分学生"，排除。

D项：未涉及脑电波，排除。

### 28. 正确答案：C

专家的论断是：家长陪孩子写作业，会对孩子的成长产生不利影响。

C项表明，家长陪孩子写作业，会不利于孩子的学习兴趣和独立人格的形成，这建立起了"陪孩子写作业"与"对孩子的成长产生不利影响"的联系，作为新的理由，有力地支持了专家的论断，因此为正确答案。

其余选项都起不到支持作用，其中：

A项：表明家长陪孩子写作业对孩子成长的好处，削弱题干论证，排除。

B、D项：表明家长陪孩子写作业缺乏可行性，与题干论证无关，排除。

E项：表明家长不应该陪孩子写作业，但没明确家长辅导孩子写作业的不利影响，排除。

### 29. 正确答案：E

民俗专家推测牛肉汤的起源不会晚于春秋战国时期，其依据是《淮南子·齐俗训》中熬牛肉汤的记载。

E项表明，《淮南子·齐俗训》记述的是春秋战国时期齐国的风俗习惯，这建立了《淮南子·齐俗训》和"春秋战国时期"的联系，显然有力地支持了专家的推测。

其余选项不妥，其中：

A项：《淮南子·齐俗训》的完成时期和题干论证无关，排除。

B项：使用耕牛和制作牛肉汤无直接关系，排除。

C项：题干论证和《淮南子》的作者无关，排除。

D项：春秋战国时期我国已经有熬汤的鼎器，这不见得当时就用鼎器来熬牛肉汤，排除。

### 30. 正确答案：C

题干论述：亚洲北部、西伯利亚等地发现的披毛犀化石中的鼻中隔比西藏披毛犀化石中的鼻中隔更加"完全"，从而得出结论，西藏披毛犀具有更原始的形态。

C项所提供的论据表明，披毛犀的进化程度越高其鼻中隔越"完全"，有力地支持了题干论述。

其余选项与鼻中隔无关，排除。

### 31. 正确答案：E

专家观点：数字阅读具有重要价值，是阅读的未来发展趋势。

E项：数字阅读的优势和良好的发展趋势，有力地支持了专家的观点。

其余选项不妥。其中，A项，不求甚解的数字阅读，支持力度不足；B项，数字阅读提供虚假信息，起削弱作用；C项，网络读书服务，为无关项；D项，数字阅读不如纸质阅读，起削弱作用。

### 32. 正确答案：C

题干根据一项实验发现，餐前锻炼组燃烧的脂肪比餐后锻炼组多，得出结论，餐前锻炼能达到减肥效果。

若C项为真，即餐前锻炼可以更有效地消耗体内的糖分和脂肪，那么将有力地支持研究人员的推断：餐前锻炼能达到减肥效果。

其余选项不妥。比如，A、D项，没有将餐前锻炼和餐后锻炼进行比较，不能起支持作用。B、E项，为无关项。

### 33. 正确答案：C

科学家的观点是：快速阅读实际上是不可能的。其论据是：快速阅读是按"之"字形浏览文章。

C项表明，"之"字形浏览文章不可能同时充分感知和阅读大范围文本，所以快速阅读不可能，这作为一个直接证据有效地质疑了快速阅读，从而有力地支持了科学家的观点。

A项：与"快速阅读"无关，排除。

B项：题干论证与"科学界的态度"无关，排除。

D项：题干论证与"个体差异"无关，排除。

E项：表明快速阅读是可能的，削弱了科学家的观点，排除。

### 34. 正确答案：C

专家的观点是：孩子长大进入学校之后的好奇心越来越少是由于孩子受到外在的不当激励所造成的。

C项：建立起孩子受到不当激励（老师和家长只看考试成绩）和好奇心越来越少（孩子只知道死记硬背书本知识）之间的联系，这显然作为直接证据，有力地支持了专家的观点。

其余选项不妥。其中，A、B、E项：没有提及"不当激励"，无法支持，排除。D项：没有提及"好奇心越来越少"，无法支持，排除。

### 35. 正确答案：D

GCP的观点：由于在疫情期间采取了封锁和限制措施，汽车使用量下降，碳排放量同比下降。

D项表明，在碳排放总量中，交通运输业所占比例最大，这作为一个证据，直接支持了上述观点，所以该项为正确答案。

其余选项都无法建立汽车使用量与碳排放量之间的联系，因而均为无关项。

### 36. 正确答案：B

研究人员的观点：大脑默认网络的结构和功能与孤独感存在正相关。

其依据是：第一，孤独者大脑的默认网络联结更为紧密；第二，默认网络是一组参与内心思考的大脑区域，这些内心思考包括回忆旧事、规划未来、想象等。

B项：建立了"孤独感"与"默认网络"的联系，这作为一个证据表明，有孤独感的人会更多地使用大脑默认网络，从而有力地支持了研究人员的观点。因此，该项为正确答案。

A项：只是强调了上述第二个依据，没有与"孤独感"关联，支持力度很弱。

C项：题干论证与"老年痴呆"不相关，故为无关选项。

D项：题干论证与"减少孤独现象"不相关，故为无关选项。

E项：题干论证与"神经纤维束"不相关，故为无关选项。

### 37. 正确答案：E

病毒学家的推测：人体同时感染新冠病毒和流感病毒的可能性应该低于预期。

E项表明，新冠病毒的感染会防止流感病毒的复制，这作为一个新的证据，最强地支持了病毒学家的推测，因此，该项为正确答案。

A、D项：无法建立新冠病毒与流感病毒的联系，均为无关项，排除。

B项：支持力度较弱，举例支持，但并不能说明新冠病毒与流感病毒的关系，排除。

C项：有支持作用，但没有表明免疫系统防御能力增强对感染病毒的影响，因此，支持作用不如 E 项直接，排除。

### 38. 正确答案：E

题干中学者的观点为：李商隐《夜雨寄北》这首诗不是寄给妻子的，而是寄给友人的。

E 项表明，"西窗"在古代专指客房、客厅，建立了诗中"西窗"与"友人"的联系，作为一个依据，有力地支持了学者所认为的这首诗是寄给友人的这一观点，因此，该项为正确答案。

A 项为干扰项，支持力度较弱。此项表明，李商隐之妻在这首诗创作之前就已经离世了，但在信息不通畅的古代，有可能李商隐不知道；况且，即使这首诗不是寄给妻子的，但也不足以表明是寄给友人的。

B、C 项均与题干论证无关，为无关选项。

D 项支持了"家书"之说，反驳了学者的观点，为削弱选项。

### 39. 正确答案：A

研究人员的观点：利用超临界水作为特殊溶剂，水中的有机物和氧气可以在极短时间内完成氧化反应，把有机物彻底"秒杀"。

A 项表明，有机物在超临界水中可瞬间转化为无毒无害的水、无机盐以及二氧化碳等气体，与研究员的观点一致，因此，该项为正确答案。

B 项：指出了超临界水氧化技术的优势，但没有强调超临界水可以在极短时间内把有机物彻底"秒杀"的特点，支持力度弱，排除。

C 项：指出了超临界水应具备其他前提条件，才能把有机物彻底"秒杀"，不能有力地支持研究人员的观点，排除。

D 项：超临界水氧化技术对难以降解的农化、石油、制药等有机废水尤为适用，与"秒杀"无关，排除。

E 项：超临界水氧化技术可有效提升重污染行业的控源减排能力，与"秒杀"无关，排除。

### 40. 正确答案：C

研究人员的观点：虽然鱼油中的不饱和脂肪酸能够有效降低人体内血脂水平并软化血管，但食用鱼油不一定能够有效控制血脂水平并预防由高血脂引起的各种疾病。

C 项表明，不饱和脂肪酸极易氧化分解，意味着食用的鱼油可能很少含有有效的不饱和脂肪酸，起不到降血脂的作用，从而有力地支持了研究人员的观点，为正确答案。

A 项：长期食用鱼油会引起肥胖，与降血脂没有直接关联，排除。

B 项：只涉及鱼油的概念，为无关项，排除。

D 项："观点"存在学术争议，说明其作用不明确，排除。

E 项："注重膳食平衡"，是无关项，排除。

## 2.4 最能支持

在逻辑考试中，经常测试比较支持、削弱等程度的考题，这类题一般在备选选项中有两个或两个以上能起到问题所要求的作用（支持、削弱等）的选项，需要比较所起作用的程度，因此，这类题目有一定的难度。

最能支持题型的解题思路一般是，首先，排除无关选项；其次，排除与题干论证不一致的削弱性选项；最后，对剩下的两个以上的支持性选项比较支持的程度，正确答案应是支持程度最大的选项。那么，怎么来比较支持的程度呢？下面提供一些评价支持程度的一般经验：

(1) 结论强于理由——支持结论的力度大于支持原因或论据。
(2) 内部强于外部——针对逻辑主线的支持强于非逻辑主线的支持。
(3) 必然强于或然——必然的支持力度大于或然的支持。
(4) 明确强于模糊——含有确定性数字的支持大于模糊概念的支持。
(5) 量大强于量小——量大的支持力度大于量小的支持。
(6) 直接强于间接——直接支持的力度大于间接支持。
(7) 整体强于部分——综合因素的支持力度要大于单一因素的支持力度。
(8) 逻辑强于非逻辑——逻辑支持（形式化支持）的力度大于非逻辑支持。
(9) 质强于量——针对样本质的支持力度大于对样本量的支持。

### 1  2004GRK-43

爱尔兰有大片泥煤蕴藏量丰富的湿地。环境保护主义者一直反对在湿地区域采煤。他们的理由是开采泥煤会破坏爱尔兰湿地的生态平衡，其直接严重后果是会污染水源。然而，这一担心是站不住脚的。据近50年的相关统计，从未发生过因采煤而污染水源的报告。

以下哪项如果为真，最能加强题干的论证？

A. 在爱尔兰的湿地采煤已有200年的历史，其间从未因此造成水源污染。
B. 在爱尔兰，采煤湿地的生态环境和未采煤湿地没有实质性的不同。
C. 在爱尔兰，采煤湿地的生态环境和未开采前没有实质性的不同。
D. 爱尔兰具备足够的科技水平和财政支持来治理污染，保护生态。
E. 爱尔兰是世界上生态环境最佳的国家之一。

### 2  2010GRK-39

过去，人们很少在电脑上收到垃圾邮件。现在，只要拥有自己的电子邮箱地址，人们一打开电脑，每天都可以收到几件甚至数十件包括各种广告和无聊内容的垃圾邮件。因此，应该制定限制各种垃圾邮件的规则并研究反垃圾邮件的有效方法。

以下哪项如果为真，最能支持上述论证？

A. 目前的广告无孔不入，已经渗透到每个人的日常生活领域。
B. 目前，电子邮箱地址探测软件神通广大，而防范的软件和措施却软弱无力。
C. 现在的电脑与过去的电脑相比，功能十分强大。
D. 对于经常使用计算机的现代人来说，垃圾邮件是他们的主要烦恼之一。
E. 广告公司通过电子邮件发出的广告，被认真看过的不足千分之一。

### 3  2013GRK-53

最近，网络上开展了关于是否逐步延长退休年龄的讨论。根据某网站该问题讨论专栏一个月来的博客统计，在超过200字的陈述理由的博文中，有半数左右同意逐步延长退休年龄，以减轻人口老龄化带来的社会保障压力；然而，在所有博文中，有80%左右反对延长退休年龄，主要是担心由此产生的对青年就业带来的负面影响。

以下哪项如果为真，最能支持逐步延长退休年龄的主张？

A. 现在有许多人在办理退休手续后，又找到第二职业。
B. 尊老爱幼是中国几千年的优良传统，应该发扬光大。
C. 青年人的就业问题应该靠经济发展和转型升级来解决。
D. 由于多年来实行独生子女政策，中国老龄化问题将比许多西方发达国家更尖锐。
E. 有些青年埋怨就业难，不是因为没有工作岗位，而是就业观念有问题。

**4** 2012GRK-38

近几年来，研究生入学考试持续升温。与之相应，各种各样的考研辅导班应运而生，尤其是英语类和政治类辅导班几乎是考研一族的必需之选。刚参加工作不久的小庄也打算参加研究生入学考试，所以，小庄一定得参加英语辅导班。

以下哪项如果为真，最能加强上述论证？

A. 如果参加英语辅导班，就可以通过研究生入学考试。
B. 只有打算参加研究生入学考试的人才参加英语辅导班。
C. 即使参加英语辅导班，也未必能通过研究生入学考试。
D. 即使不参加英语辅导班，也未必不能通过研究生入学考试。
E. 如果不参加英语辅导班，就不能通过研究生入学考试。

**5** 2016MBA-50

如今，电子学习机已全面进入儿童的生活。电子学习机将文字与图像、声音结合起来，既生动形象，又富有趣味性，使儿童独立阅读成为可能。但是，一些儿童教育专家却对此发出警告，电子学习机可能不利于儿童成长。他们认为，父母应该抽时间陪孩子一起阅读纸质图书。陪孩子一起阅读纸质图书，并不是简单地让孩子读书识字，而是在交流中促进其心灵的成长。

以下哪项如果为真，最能支持上述专家的观点？

A. 电子学习机最大的问题是让父母从孩子的阅读行为中走开，减少父母与孩子的日常交流。
B. 接触电子产品越早，就越容易上瘾，长期使用电子学习机会形成"电子瘾"。
C. 在使用电子学习机时，孩子往往更关注其使用功能而非学习内容。
D. 纸质图书有利于保护儿童视力，有利于父母引导儿童形成良好的阅读习惯。
E. 现代生活中年轻父母工作压力较大，很少有时间能与孩子一起共同阅读。

**6** 2019MBA-32

近年来，手机、电脑的使用导致工作与生活的界限日益模糊，人们的平均睡眠时间一直在减少，熬夜已成为现代人生活的常态。科学研究表明，熬夜有损身体健康，睡眠不足不仅仅是多打几个哈欠那么简单。有科学家具体建议，人们应该遵守作息规律。

以下哪项如果为真，最能支持上述科学家所提的建议？

A. 长期睡眠不足会导致高血压、糖尿病、肥胖症、抑郁症等多种疾病，严重时还会造成意外伤害或死亡。
B. 缺乏睡眠会降低体内脂肪调节瘦激素的水平，同时增加饥饿激素，容易导致暴饮暴食、体重增加。
C. 熬夜会让人的反应变慢、认知退步、思维能力下降，还会引发情绪失控，影响与他人的交流。
D. 所有的生命形式都需要休息与睡眠。在人类进化过程中，睡眠这个让人短暂失去自我意识、变得极其脆弱的过程并未被大自然淘汰。
E. 睡眠是身体的自然美容师，与那些睡眠充足的人相比，睡眠不足的人看上去面容憔悴，缺乏魅力。

**7** 2021MBA-39

最近一项科学观测显示，太阳产生的带电粒子流即太阳风，含有数以千计的"滔天巨浪"，其时速会突然暴增，可能导致太阳磁场自行反转，甚至会对地球产生有害影响。但目前我们对太阳风的变化及其如何影响地球知之甚少。据此有专家指出，为了更好保护地球免受太阳风的影响，必须更新现有的研究模式，另辟蹊径研究太阳风。

以下哪项如果为真，最能支持上述专家的观点？
A. 太阳风里有许多携带能量的粒子和磁场，而这些磁场会发生意想不到的变化。
B. 对太阳风的深入研究，将有助于防止太阳风大爆发时对地球的卫星和通讯系统乃至地面电网造成的影响。
C. 目前，根据标准太阳模型预测太阳风变化所获得的最新结果与实际观测相比，误差约为10~20倍。
D. 最新观测结果不仅改变了天文学家对太阳风的看法，而且将改变其预测太空天气事件的能力。
E. "高速"太阳风源于太阳南北极的大型日冕洞，而"低速"太阳风则来自太阳赤道上的较小日冕洞。

### 8  2021MBA-42

酸奶作为一种健康食品，既营养丰富又美味可口，深受人们的喜爱，很多人饭后都不忘来杯酸奶，他们觉得，饭后喝杯酸奶能够解油腻、助消化。但近日有专家指出，饭后喝酸奶其实并不能帮助消化。

以下哪项如果为真，最能支持上述专家的观点？
A. 人体消化需要消化酶和有规律的肠胃运动，酸奶中没有消化酶，饮用酸奶也不能纠正无规律的肠胃运动。
B. 酸奶含有一定的糖分，吃饱了饭再喝酸奶会加重肠胃负担，同时也使身体增加额外的营养，容易导致肥胖。
C. 酸奶中的益生菌可以维持肠道消化系统的健康，但是这些菌群大多不耐酸，胃部的强酸环境会使其大部分失去活性。
D. 足量的膳食纤维和维生素B1被人体摄入后可有效促进肠胃蠕动，进而促进食物消化，但酸奶不含膳食纤维，维生素B1的含量也不丰富。
E. 酸奶可以促进胃酸分泌，抑制有害菌在肠道内繁殖，有助于维持消化系统健康，对于食物消化能起到间接帮助作用。

### 9  2022MBA-53

胃底腺息肉是所有胃息肉中最为常见的一种良性病变，最常见的是散发型胃底腺息肉，它多发于50岁以上人群。研究人员在研究10万人的胃镜检查资料后发现，有胃底腺息肉的患者无人患胃癌，而没有胃底腺息肉的患者中有172人发现有胃癌。他们由此断定，胃底腺息肉与胃癌呈负相关。

以下哪项如果为真，最能支持上述研究人员的断定？
A. 有胃底腺息肉的患者绝大多数没有家族遗传癌症病史。
B. 在研究人员研究的10万人中，50岁以下的占大多数。
C. 在研究人员研究的10万人中，有胃底腺息肉的人仅占14%。
D. 有胃底腺息肉的患者罹患萎缩性胃炎、胃溃疡的几率显著降低。
E. 胃内一旦有胃底腺息肉，往往意味着没有感染致癌物"幽门螺杆菌"。

## 答案与解析

### 1. 正确答案：C

题干要论证的结论是：环境保护主义者关于采煤会破坏爱尔兰湿地的生态平衡的担心是站

不住脚的。在各选项中，只有C项如果为真，才能得出结论：在湿地采煤并没有破坏生态环境。

其余各项都能加强题干的论证，但都不能得出这一结论。例如，B项如果为真，并不能保证在湿地采煤不改变生态环境，因为无法排除这种可能性：采煤湿地的生态环境虽然和未采煤湿地没有实质性的不同，但却和自身未开采前的生态环境有实质性的不同。再如，A项如果为真，只能加强题干的论据，但却不能保证得出题干的结论。

2. 正确答案：B

题干根据现在的人们每天可以收到各种广告和无聊内容的垃圾邮件，得出结论：应该制定限制各种垃圾邮件的规则并研究反垃圾邮件的有效方法。

选项B、D和E都支持题干的论证，但D和E只是重复题干的论据，即垃圾邮件有害，而B则提供了支持题干的新的有力证据，因此支持力度最强。

选项A、C为无关项。

3. 正确答案：A

题干陈述：反对延长退休年龄的理由主要是担心对青年就业带来负面影响。

A项表明，退休并不完全意味着空出就业机会给青年，削弱了反对者的理由，这就支持了逐步延长退休年龄的主张。

C、D、E项对题干逐步延长退休年龄的主张也起到了支持作用，但C、D项的支持作用比较间接，不如A项直接；E项只是有些青年埋怨，支持力度不足。B项为无关项。

4. 正确答案：E

题干结论：为通过研究生入学考试，小庄必须参加英语辅导班。

E项表明，参加英语辅导班是通过研究生入学考试的必要条件，这与题干结论是等价的，显然最能加强题干论证。

A项表明，参加英语辅导班是通过研究生入学考试的充分条件，能加强题干论证，但力度不如E项。因为A项如果为真，不能排除：有人即使不参加辅导班也能通过研究生入学考试。

5. 正确答案：A

儿童教育专家的观点是：父母应该抽时间陪孩子一起阅读纸质图书，促进其心灵的成长。理由是：电子学习机可能不利于儿童成长。

A项表明，电子学习机会减少父母与孩子的日常交流，这作为一个论据，建立了专家理由与观点之间的联系，显然有力地支持了专家观点，因此为正确答案。

B项：没能说明父母陪孩子阅读纸质图书的必要性，排除。

C项：只是说明电子学习机的弊端，但没能说明父母陪孩子阅读纸质图书的必要性，排除。

D项：说明纸质图书的益处，但并没表明父母陪孩子阅读纸质图书的益处，排除。

E项：表明父母没时间陪孩子阅读纸质图书，说明专家观点不可行，有削弱作用，排除。

6. 正确答案：A

科学家的建议是：人们应该遵守作息规律。理由是：熬夜（睡眠不足）有损身体健康。

A项：建立了睡眠不足与损害健康的联系，表明长期睡眠不足确实会损害健康，支持科学家的建议，为正确答案。

其余选项论述了睡眠的好处、重要性或者睡眠不足的害处，但没有明确说明睡眠不足会严重损害健康。其中：

B项：表明了缺乏睡眠会变胖，但没明确说明对身体健康的影响，排除。

C项：表明熬夜的坏处，但没有明确说明对身体健康的损害，排除。

D项：表明睡眠的重要性，但没有提及对健康的影响，排除。

E项：表明睡眠能让人变美，但没有具体说明缺乏睡眠对健康的影响，排除。

**7. 正确答案：C**

专家的观点是：为了更好保护地球免受太阳风的影响，必须更新现有的研究模式，另辟蹊径研究太阳风。

C项表明，根据标准太阳模型预测太阳风变化所获得的最新结果与实际观测相比误差非常大，显然，这作为一个证据，最强地支持了专家的观点。

A、B两项也有助于说明研究太阳风以更好地保护地球的必要性，但不能说明必须更新现有的研究模式，支持力度不如C项。D、E项均起不到支持作用。

**8. 正确答案：A**

专家观点：饭后喝酸奶不能帮助消化。

A项表明，消化需要消化酶和有规律的肠胃运动，但酸奶对此两者都没有作用，所以，无法帮助消化，这显然作为直接证据，最有力地支持了专家的观点。

B项：未涉及是否有助于消化，是无关项，排除。

C项：益生菌可以维持肠道健康，但胃部强酸环境会使其大部分失去活性，没有明确说明是否有助于消化，排除。

D项：对专家观点有所支持，但支持力度弱，排除。

E项：对专家观点有削弱作用，表明酸奶可以间接地帮助消化，排除。

**9. 正确答案：E**

研究人员的断定：胃底腺息肉与胃癌呈负相关。

E项表明，有胃底腺息肉的胃往往没有感染致癌物"幽门螺杆菌"，从而不易患胃癌，这作为直接的证据，有力地支持了研究人员的断定。

其余选项不妥，其中，A项支持力度弱，因为不确定家族癌症史与是否患胃癌存在必然联系。B、C项起不到支持作用。D项支持力度不足。

## 2.5 不能支持

不能支持型考题的解题方法是将能支持题干的选项排除掉，最后剩下的选项不管是与题干相矛盾、不一致，还是不相干的，都是不能支持的，即不能支持题型的正确答案必为削弱或无关项。

### 1  2001MBA-39

有着悠久历史的肯尼亚国家自然公园以野生动物在其中自由出没而著称。在这个公园中，已经有10多年没有出现灰狼了。最近，公园的董事会决定引进灰狼。董事会认为，灰狼不会对游客造成危害，因为灰狼的习性是避免与人接触的；灰狼也不会对公园中的其他野生动物造成危害，因为公园为灰狼准备了足够的家畜如山羊、兔子等作为食物。

以下各项如果为真，都能加强题干中董事会的论证，除了

A. 作为灰狼食物的山羊、兔子等，和野生动物一样在公园中自由出没，这增加了公园的自然气息和游客的乐趣。

B. 灰狼在进入公园前将经过严格的检疫，事实证明，只有患有狂犬病的灰狼才会主动攻击人。

C. 自然公园中，游客通常坐在汽车中游览，不会遭到野兽的直接攻击。

D. 麋鹿是一种反应极其敏捷的野生动物。灰狼在公园中对麋鹿可能的捕食将减少其中的不良个体，从总体上有利于麋鹿的优化繁衍。

E. 公园有完备的排险设施，能及时地监控并有效地排除人或野生动物遭遇的险情。

**2** 2003GRK-38

W-12是一种严重危害谷物生长的病毒，每年要造成谷物的大量减产。科学家们发现，把一种从W-12中提取的基因植入易受其感染的谷物基因中，可以使该谷物产生针对W-12的抗体，从而大大减少损失。

以下各项如果为真，都能加强上述结论，除了

A. 经验证明，在同一块土地上相继种植两种谷物，如果第一种谷物不易感染某种病毒，则第二种谷物通常也如此。
B. 病毒的感染能力越强，则其繁衍越强，反之，则越弱。
C. 植物通过基因变异获得的抗体会传给后代。
D. 植物通过基因变异获得对某种病毒的抗体的同时，会增加对其他某些病毒的抵抗力。
E. 植物通过基因变异获得对某种病毒的抗体的同时，会改变其某些生长特性。

**3** 2004MBA-33

汽油酒精，顾名思义，是一种汽油酒精混合物。作为一种汽车燃料，和汽油相比，燃烧一个单位的汽油酒精能产生较多的能量，同时排出较少的有害废气一氧化碳和二氧化碳。以汽车日流量超过200万辆的北京为例，如果所有汽车都使用汽油酒精，那么，每天产生的二氧化碳，不比北京的绿色植被通过光合作用吸收的多。因此，可以预计，在世界范围内，汽油酒精将很快进军并占领汽车燃料市场。

以下各项如果为真，都能加强题干的论证，除了

A. 汽车每公里消耗的汽油酒精量和汽油基本持平，至多略高。
B. 和汽油相比，使用汽油酒精更有利于汽车的保养。
C. 使用汽油酒精将减少对汽油的需求，有利于缓解石油短缺的压力。
D. 全世界汽车日流量超过200万辆的城市中，北京的绿色植被覆盖率较低。
E. 和汽油相比，汽油酒精的生产成本较低，因而售价也较低。

**4** 2010MBA-41

S市环保监测中心的统计分析表明，2009年空气质量为优的天数达到了150天，比2008年多出22天。二氧化硫、一氧化碳、二氧化氮、可吸入颗粒物四项污染物浓度平均值，与2008年相比分别下降了约21.3%、25.6%、26.2%、15.4%。S市环保负责人指出，这得益于近年来本市政府持续采取的控制大气污染的相关措施。

以下除哪项外，均能支持上述S市环保负责人的看法？

A. S市广泛开展环保宣传，加强了市民的生态理念和环保意识。
B. S市启动了内部控制污染方案：凡是排放不达标的燃煤锅炉停止运行。
C. S市执行了机动车排放国Ⅳ标准，单车排放比国Ⅲ标准降低了49%。
D. S市市长办公室最近研究了焚烧秸秆的问题，并着手制定相关条例。
E. S市制定了"绿色企业"标准，继续加快污染重、能耗高企业的退出。

**5** 2011GRK-44

一项由志愿者参与的评估饮料甜度的试验结果显示，那些经常喝含糖饮料且体型较胖的人，对同一种饮料甜度的评估等级要低于体型正常者的评估等级。这说明他们的味蕾对甜味的敏感度已经下降。试验结果还显示那些体型较胖者在潜意识中就倾向于选择更甜的食物。这说明吃太多糖可能形成一种恶性循环，即经常吃糖会导致味蕾对甜味的敏感度下降，吃同样多的糖带来的满足感下降，潜意识里就会要求吃更多的糖，其结果就是摄入糖分太多导致肥胖。

以下除了哪项，均可以支持上述论证？
A. 饮料甜度的评估等级是有标准的。
B. 志愿者能够比较准确地对饮料甜度作出评估。
C. 喜欢吃甜食的人往往不能抵挡甜味的诱惑。
D. 满足感是受潜意识支配的。
E. 人们往往不能控制自己的满足感。

### 6  2015MBA - 53

某研究人员在 2004 年对一些 12~16 岁的学生进行了智商测试，测试得分为 77~135 分，4 年之后再次测试，这些学生的智商得分为 87~143 分。仪器扫描显示，那些得分提高了的学生，其脑部比此前呈现更多的灰质（灰质是一种神经组织，是中枢神经的重要组成部分）。这一测试表明，个体的智商变化确实存在，那些早期在学校表现不突出的学生仍有可能成为佼佼者。

以下除哪项外，都能支持上述实验结论？
A. 随着年龄的增长，青少年脑部区域的灰质通常也会增加。
B. 学生的非言语智力表现与他们的大脑结构的变化明显相关。
C. 言语智商的提高伴随着大脑左半球运动皮层灰质的增多。
D. 有些天才少年长大后智力并不出众。
E. 部分学生早期在学校表现不突出与其智商有关。

### 7  2017MBA - 50

译制片配音，作为一种独有的艺术形式，曾在我国广受欢迎。然而时过境迁，现在许多人已不喜欢看配过音的外国影视剧。他们觉得还是听原汁原味的声音才感觉到位。有专家由此断言，配音已失去观众，必将退出历史舞台。

以下各项如果为真，则除哪项外都能支持上述专家的观点？
A. 很多上了年纪的国人仍习惯看配过音的外国影视剧，而在国内放映的外国大片有的仍然是配过音的。
B. 配音是一种艺术再创作，倾注了艺术家的心血，但有的人对此并不领情，反而觉得配音妨碍了他们对原剧的欣赏。
C. 许多中国人通晓外文，观赏外国原版影视剧并不存在语言的困难，即使不懂外文，边看中文字幕边听原声也不影响理解剧情。
D. 随着对外交流的加强，现在外国影视剧大量涌入国内，有的国人已经等不及慢条斯理、精工细作的配音了。
E. 现在有的外国影视剧配音难以模仿剧中的演员的出色嗓音，有时也与剧情不符，对此观众并不接受。

### 8  2020MBA - 45

日前，科学家发明了一项技术，可以把二氧化碳等物质"电成"有营养价值的蛋白粉，这项技术不像种庄稼那样需要具备合适的气温、湿度和土壤等条件。他们由此认为，这项技术开辟了未来新型食物生产的新路，有助于解决全球饥饿问题。

以下各项如果为真，则除了哪项均能支持上述科学家的观点？
A. 让二氧化碳、水和微生物一起接受电流电击，可以产生出有营养价值的食物。
B. 粮食问题是全球性重大难题，联合国估计到 2050 年将有 20 亿人缺乏基本营养。
C. 把二氧化碳等物质"电成"蛋白粉的技术将彻底改变农业，还能避免对环境造成不利影响。

D. 由二氧化碳等物质"电成"的蛋白粉，约含50%的蛋白质、25%的碳水化合物、核酸及脂肪。
E. 未来这项技术将被引入沙漠或其他面临饥荒的地区，为解决那里的饥饿问题提供重要帮助。

### 9  2023MBA-44

近年来，一些地方修改了本地见义勇为相关条例，强调对生命的敬畏和尊重，既肯定大义凛然、挺身而出的见义勇为，更鼓励和倡导科学、合法、正当的"见义智为"。有专家由此指出，从鼓励见义勇为到倡导"见义智为"，反映了社会价值观念的进步。

以下各项如果为真，则除了哪项均能支持上述专家的观点？

A. "见义智为"强调以人为本、合理施救，表明了科学理性、互帮互助的社会价值取向。
B. 有时见义勇为需要专业技术知识，普通民众如果没有相应的知识，最好不要贸然行事，应及时报警求助。
C. 所有的生命都是平等的，救人者与被救者都具有同等的生命价值，救人者的生命同样应得到尊重和爱护。
D. 我国中小学正在引导学生树立应对突发危机事件的正确观念，教育学生如何在保证自身安全的情况下"机智"救助他人。
E. 倡导"见义智为"容易给一些自私懦弱的人逃避社会责任制造借口，见死不救的惨痛案例可能会增多，社会道德水平可能因此而下滑。

## 答案与解析

### 1. 正确答案：A

董事会认为：灰狼不会对游客造成危害，也不会对公园中的其他野生动物造成危害。

理由是：灰狼的习性是避免与人接触的；公园为灰狼准备了足够的家畜作为食物。

选项A指出，作为灰狼食物的山羊、兔子等和野生动物一样在公园中自由出没，这并不能说明灰狼不会对公园中的野生动物造成危害，事实上这使得灰狼在捕食时，反而可能会对公园中的其他野生动物造成危害，这就有可能削弱题干中的论证（只有把A项改为灰狼更喜欢吃并更容易捕食到山羊、兔子等家畜，才能支持题干）。

其余各项都能加强题干的论证。比如D项，虽然灰狼对不良个体的麋鹿有危害，但对麋鹿群体却是有好处的，能起到支持作用。

E项所述公园有安全措施，显然有助于说明，灰狼不太会对游客或野生动物造成危害，当然能支持董事会的结论。

### 2. 正确答案：E

题干的结论是：把一种从W-12中提取的基因植入易受其感染的谷物基因中，可以使该谷物产生对W-12的抗体，从而大大减少谷物的减产。

E项断定，植物通过基因变异获得对某种病毒的抗体的同时，会改变其某些生长特性。至于这些特性是有利于还是不利于植物的生长，没有断定，因而也就无从断定有利于还是不利于减少W-12对谷物造成的损失。因此，E项如果为真，既不加强、也不削弱题干的结论。

### 3. 正确答案：D

题干论证：由于汽油酒精比汽油的环保效果好，同时，北京的绿色植被能够完全吸收汽油酒精产生的二氧化碳，因此，汽油酒精将占领燃料市场。

A项指出每公里的消耗量汽油酒精和汽油基本持平，由于同单位汽油酒精比汽油产生的有害废气低，因此，汽油酒精相对环保，有支持作用。

D项指出北京的绿色植被覆盖率较低，也就是其他城市的绿色植被覆盖率较高，则其他城市的绿色植被吸收的二氧化碳就多。暗示：很可能即使继续使用汽油，其他城市的绿色覆盖也能够充分吸收汽油产生的过高的二氧化碳，那么就没必要普遍采用汽油酒精来达到环保的目的，有削弱结论的作用，D项正确。

其余选项均有支持作用。比如：B项指出了支持使用汽油酒精的另一个理由；C项描述了使用汽油酒精的好处；E项指出汽油酒精更便宜。

**4. 正确答案：D**

针对空气质量转优的统计数据，S市环保负责人的看法是：这得益于近年来本市政府持续采取的控制大气污染的相关措施。

D项指出，S市市长办公室最近研究了焚烧秸秆的问题，并着手制定相关条例，这属于正在研究但尚未实施的项目，显然不能支持上述看法。

其余选项都起到加强作用。A项，通过开展环保宣传，加强了市民的环保意识。B项，排放不达标的燃煤锅炉停止运行。C项，执行了机动车排放国Ⅳ标准，单车排放降低了。E项，加快污染重、能耗高企业的退出。这些都从不同角度支持了S市环保负责人的看法。

**5. 正确答案：C**

题干有两个论证：

（1）那些经常喝含糖饮料且体型较胖的人，对同一种饮料甜度的评估等级要低于体型正常者的评估等级。这说明他们的味蕾对甜味的敏感度已经下降。

（2）体型较胖者在潜意识中就倾向于选择更甜的食物。这说明吃太多糖会导致味蕾对甜味的敏感度下降，吃同样多的糖带来的满足感下降，潜意识里就会要求吃更多的糖，其结果就是摄入糖分太多导致肥胖。

A和B项是论证（1）的假设，支持了题干论证。

D和E项是论证（2）的假设，支持了题干论证。

而C项是论证（2）可推出的结论，但并没有对论证（2）构成支持。

**6. 正确答案：E**

题干根据实验测试得出的结论有两个要点：一是，个体的智商变化确实存在。二是，个体的智商变化与脑部的灰质结构变化有关。

本题要选择不支持题干实验结论的选项。分别考察各个选项：

A项支持题干结论，个体随着年龄增长，一般智商也随之增长，因此，随着年龄增长，灰质通常也会增加。

B项支持题干，某项智力表现与大脑结构变化相关，符合题干结论。

C项支持题干，智商的提高伴随着灰质的增多，符合题干结论。

D项支持题干，有些天才少年长大后智力并不出众，这符合个体智商变化确实存在的结论。

E项指出，部分学生早期在学校表现不突出与其智商有关，这不能说明个体的智商变化确实存在，也不能说明个体的智商变化与其脑部结构变化相关，因此，对题干结论起不到支持作用。

**7. 正确答案：A**

题干中专家的观点是：配音已失去观众，必将退出历史舞台。理由是：现在许多人喜欢原汁原味的声音。

A项：仍有一部分观众习惯于看配过音的外国影视剧，所以配音仍然存在一定的市场，对专家的观点有所削弱。因此，A项为正确答案。

B项：有的人觉得配音妨碍了他们对原剧的欣赏，支持了专家的观点，排除。

C项：许多人观赏外国原版影视剧并没有语言困难，或者看中文字幕也可，无须配音，支持了专家的观点，排除。

D项：外国影视剧的时效性增强，配音无法满足部分国人的需求，支持了专家的观点，排除。

E项：配音难以模仿剧中的演员的出色嗓音，有时也与剧情不符，对此观众并不接受，支持了专家的观点，排除。

8. 正确答案：B

科学家的观点：把二氧化碳等物质"电成"有营养价值的蛋白粉的新技术，开辟了未来新型食物生产的新路，有助于解决全球饥饿问题。

B项与科学家的论证无关，不能支持科学家的观点。

其余选项均能起到支持作用，其中：

A项：表明该技术的可行性，该技术可以产生出有营养价值的食物，支持论证，排除。

C项：表明该技术可彻底改变农业，支持论证，排除。

D项：表明该技术可以产生有营养的食物，补充新论据，支持论证，排除。

E项：表明该技术可以为解决饥饿问题提供帮助，支持论证，排除。

9. 正确答案：E

专家的观点是肯定"见义智为"。

E项的论述是在否定"见义智为"，反对了专家观点，因此为正确答案。

其余选项都从不同角度对"见义智为"有所肯定，支持了专家观点，排除。

# 小　结

支持题逻辑关系和解题思路都不是很难，推理的重点在结论上。

假设答案是支持答案的子集。因为支持题的选项不像假设的范围那么窄，如果对答案没有把握，还是要花些时间迅速浏览一下其他选项，看看有没有遗漏的可能性或者错选，取非法对支持题一样有效。常见的几类支持题包括：

假设类支持：将原文推理中的缺口填补，消除原文的推理缺陷。

因果型结论：即原文给出两件事，然后得出结论说是一件事（因）导致另一件事（果）。支持该结论的方法包括：①没有其他原因可能导致该结果。②结合因果：或有因有果或无果无因。③因果没有倒置。④显示因果关系的资料是准确的。

原文是类比：支持方式为两者本质相同。

原文是调查：有效性不受怀疑（被调查对象的代表性等）。

原文前提和结论关系不密切：正确选项直接支持结论。

# 第 3 章  削 弱

削弱就是弱化题干论证，这类考题要求被测试者去识别能够使结论更不可能的陈述，即只要将某选项放入题干的前提与结论之间，就能使结论成立的可能性降低，那么，这个选项就是削弱性选项。

削弱题型的解题思路与支持题型的解题思路大致一样，只不过是它们的答案对题干推理的作用刚好相反。削弱就是要找出题干论证的漏洞，其主要解题思路如下：

(1) 否定假设：削弱题干前提和结论间的关系，即削弱论证方式。
(2) 反对理由：削弱题干前提或论据。
(3) 另有他因：存在别的因素影响论证，从而削弱题干结论。
(4) 反面论据：增加一个新的论据从而削弱题干结论。

## 3.1  否定假设

否定假设就是指出论证不可行或没有意义，这就达到了推翻结论的目的。因为假设是题干论证成立的必要条件，如果否定了潜在的假设，就能动摇论证的依据，从而说明题干推理是不可行的，这就有力地削弱了题干的论证。

**1  2000MBA-35**

过去，大多数航空公司都尽量减轻飞机的重量，从而达到节省燃油的目的。那时最安全的飞机座椅是非常重的，因此只安装很少的这类座椅。今年，最安全的座椅卖得最好。这非常明显地证明，现在的航空公司在安全和省油这两方面更倾向重视安全了。

以下哪项如果为真，能够最有力地削弱上述结论？
A. 去年销售量最大的飞机座椅并不是最安全的座椅。
B. 所有航空公司总是宣称他们比其他公司更加重视安全。
C. 与安全座椅销售不好的那些年比，今年的油价有所提高。
D. 由于原材料成本提高，今年的座椅价格比以往都贵。
E. 由于技术创新，今年最安全的座椅反而比一般的座椅重量轻。

**2  2000GRK-37**

在历史上，从来都是科学技术新发明的浪潮导致了新产业的诞生和兴旺，在此基础上逐步形成区域性直到世界性的经济繁荣，从汽车、飞机产业到化工、制药、电子等领域，情况都是如此。因此，目前产业界普遍增加在科学研究和开发上的投入，必将有力地促进经济繁荣。

以下哪项如果为真，最能削弱上面的推论？
A. 在目前的资金水平上，公司的研究开发部门申请专利的数量比起十年前来要少得多。
B. 大部分产业的研究开发部门关心的只是对现有产品进行有利于经销的低成本改进，而不是开发有远大前途的高成本新技术。
C. 历史上，只有一些新的主干行业是直接依赖公司研究开发部门获得技术突破的。
D. 公司在科学研究和开发上的投入与公司每年新的发明专利的数量直接相关。
E. 政府在科学研究和开发上的投入将在未来五年中大大缩减。

### 3  2001GRK-23

有些外科手术需要一种特殊类型的线带，使外科伤口缝合期达到十天，这是外科伤口需要线带的最长时间。D型带是这种线带的一个新品种。D型带的销售人员声称D型带将会提高治疗功效，因为D型带的黏附时间是目前使用的线带的两倍。

以下哪项如果成立，最能说明D型带销售人员所做声明中的漏洞？
A. 大多数外科伤口愈合大约需要十天。
B. 大多数外科线带是从医院而不是从药店得到的。
C. 目前使用的线带的黏性足够使伤口缝合期保持在十天。
D. 现在还不清楚究竟是D型带还是目前使用的线带更有利于皮肤的愈合。
E. D型带对已经预先涂上一层药物的皮肤的黏性只有目前使用的线带的一半好。

### 4  2002MBA-14

调查表明，一年中任何月份，18至65岁的女性中都有52%在家庭以外工作。因此，18至65岁的女性中有48%是全年不在外工作的家庭主妇。

以下哪项如果为真，能最严重地削弱上述论证？
A. 现在离家工作的女性比历史上的任何时期都多。
B. 尽管在每个月中参与调查的女性人数都不多，但是这些样本有很好的代表性。
C. 调查表明，把承担一份有薪工作作为优先考虑条件的女性比以往任何时候都多。
D. 总体上说，职业女性比家庭主妇有更高的社会地位。
E. 不管男性还是女性，都有许多人经常进出于劳动力市场。

### 5  2002MBA-18

因偷盗、抢劫或流氓罪入狱的刑满释放人员的重新犯罪率，要远远高于因索贿、受贿等职务犯罪入狱的刑满释放人员。这说明，在狱中对上述前一类罪犯教育改造的效果，远不如对后一类罪犯。

以下哪项如果为真，最能削弱上述论证？
A. 与其他类型的罪犯相比，职务犯罪者往往有较高的文化水平。
B. 对贪污、受贿的刑事打击，并没能有效地扼制腐败，有些地方的腐败反而愈演愈烈。
C. 刑满释放人员很难再得到官职。
D. 职务犯罪的罪犯在整个服刑犯中只占很小的比例。
E. 统计显示，职务犯罪者很少有前科。

### 6  2002GRK-51

为了缓解城市交通拥挤的状况，市长建议对每天进入市区的私人小汽车收取5元的费用。市长说，这个费用将超过乘公交车进出市区的车费，所以很多人都会因此不再开车上班，而改乘公交车。

以下哪项如果为真，最严重地削弱了市长的结论？
A. 汽油价格的大幅上涨将增加开车上下班的成本。
B. 对多数自己开车进入市区的人来说，在市区内停车的费用已经远远超过了乘公交车的费用。

C. 多数现在乘公交车的人没有私人汽车。

D. 很多进出市区的人反对市长的计划，他们宁愿承受交通阻塞也不愿交那5元钱。

E. 在一个平常工作日，住在市区内的人的私人汽车占了交通阻塞时汽车总量的20%。

### 7  2006GRK-30

黑脉金斑蝶的幼虫以乳草植物为食，这种植物所含的毒素使得黑脉金斑蝶对它的一些捕食动物有毒。副王峡蝶的外形和黑脉金斑蝶非常相似，但它的幼虫并不以乳草植物为食。因此可以得出结论，副王峡蝶之所以很少被捕食，是因为它和黑脉金斑蝶在外形上的相似。

以下哪项如果为真，最能削弱上述论证？

A. 有些动物在捕食了以乳草植物为食的昆虫后并不中毒。

B. 仅仅单个蝴蝶对捕食者有毒并不能对它产生保护作用。

C. 有些黑脉金斑蝶的捕食动物也捕食副王峡蝶。

D. 副王峡蝶对大多数捕食动物都有毒。

E. 只有蝴蝶才具有通过自身的毒性来抵御捕食者的保护机制。

### 8  2008MBA-34

现在能够纠正词汇、语法和标点符号使用错误的中文电脑软件越来越多，记者们即使不具备良好的汉语基础也不妨碍撰稿。因此培养新闻工作者的学校不必重视学生汉语能力的提高，而应注重新闻工作者其他素质的培养。

以下哪项如果为真，最能削弱上述论证和建议？

A. 避免词汇、语法和标点符号的使用错误并不一定能够确保文稿的语言质量。

B. 新闻学课程一直强调并要求学生能够熟练应用计算机并熟悉各种软件。

C. 中文软件越是有效，被盗版的可能性越大。

D. 在新闻学院开设新课要经过复杂的论证与报批程序。

E. 目前大部分中文软件经常更新，许多人还在用旧版本。

### 9  2008GRK-54

维护个人利益是个人行为的唯一动机。因此，维护个人利益是影响个人行为的主要因素。

以下哪项如果为真，最能削弱题干的论证？

A. 维护个人利益是否个人行为的唯一动机，值得讨论。

B. 有时动机不能成为影响个人行为的主要因素。

C. 个人利益之间有冲突，也有一致。

D. 维护个人利益的行为也能有利于公共利益。

E. 个人行为不能完全脱离群体行为。

### 10  2011GRK-49

中国的姓氏有一个非常大的特点，那就是同是一个汉族姓氏，却很可能有着非常大的血缘差异。总体而言，以武夷山——南岭为界，中国姓氏的血缘明显地分成南北两大分支。两地汉族血缘差异颇大，甚至比南北两地汉族与当地少数民族的差异还要大。这说明随着人口的扩张，汉族不断南下，并在2000多年前渡过长江进入湖广，最终跃过海峡到达海南岛。在这个过程中间，南迁的汉族人不断同当地说侗台、南亚和苗语的诸多少数民族融合，从而稀释了北方汉族的血缘特征。

以下哪项如果为真，最能反驳上述论证？

A. 南方的少数民族可能是更久远的时候南迁的北方民族。

B. 封建帝王曾经敕封少数民族的部分人以帝王姓氏。

C. 同姓的南北两支可能并非出自同一祖先。
D. 历史上也曾有少数民族北迁的情况。
E. 不同姓氏的南北两支可能出自同一祖先。

## 11  2012GRK-41

有关部委负责人表示，今年将在部分地区进行试点，为全面清理"小产权房"做制度和政策准备。要求各地对农村集体土地进行确权登记发证，凡是小产权房均不予确权登记，不受法律保护。因此，河西村的这片新建房屋均不受法律保护。

以下哪项如果为真，最能削弱上述论证？

A. 河西村的这片新建房屋已经得到相关部门的默许。
B. 河西村的这片新建房屋都是小产权房。
C. 河西村的这片新建房屋均建在农村集体土地上。
D. 河西村的这片新建房屋有些不是建在农村集体土地上。
E. 河西村的这片新建房屋有些不是小产权房。

## 12  2013GRK-26

借助动物化石和标本中留存的DNA，运用日益先进的克隆和基因技术，人类已经能够"复活"一些早已灭绝的动物，如猛犸象、渡渡鸟、恐龙等。与此同时，科学界对"人类是否应该复活灭绝动物"也展开了一场大讨论。支持者们相信，复活动物有望恢复某些地区被破坏的生态环境。例如，猛犸象生活在西伯利亚广阔草原上，其排泄物是滋养草原的绝佳肥料。猛犸象灭绝后，缺少肥料的草原逐渐被苔原取代。如果能让猛犸象复活，重回西伯利亚，将有助于缩小苔原面积，逐渐恢复草原生态系统。

以下哪项如果为真，最能反驳上述支持者们的观点？

A. 如果投入大量时间、精力和成本去复活已经消失的生物，势必牵制和削弱对现存濒危动物的保护，结果得不偿失。
B. 仅仅克隆出某种灭绝动物的个体，并不等于人类有能力复活整个种群。
C. 即便灭绝动物能够成批复活，适宜它们生长的栖息地或许早已消失，如果不能给重生物种一个适宜生存的环境，一切努力都将徒劳。
D. 这些动物绝大多数是在人类发展过程中逐渐消失的，正是人类活动，才导致了它们的灭绝。
E. 地球资源有限，复活灭绝了的动物势必对现存生物造成威胁。

## 13  2016MBA-33

研究人员发现，人类存在3种核苷酸基因类型：AA型、AG型以及GG型。一个人有36%的概率是AA型，有48%的概率是AG型，有16%的概率是GG型。在1 200名参与实验的老年人中，拥有AA型和AG型基因类型的人都在上午11时之前去世，而拥有GG型基因类型的人几乎都在下午6时左右去世。研究人员据此认为：GG型基因类型的人会比其他人平均晚死7小时。

以下哪项如果为真，最能质疑上述研究人员的观点？

A. 平均寿命的计算依据应是实验对象的生命存续长度，而不是实验对象的死亡时间。
B. 当死亡临近的时候，人体会还原到一种更加自然的生理节律感应阶段。
C. 有些人是因为疾病或者意外事故等其他因素而死亡的。
D. 对死亡的时间比较，比一天中的哪一时刻更重要的是哪一年、哪一天。
E. 拥有GG型基因类型的实验对象容易患上心血管疾病。

### 14  2017MBA-45

人们通常认为，幸福能够增进健康、有利于长寿，而不幸福则是健康状况不佳的直接原因。但最近有研究人员对300多人的生活状况调查后发现，幸福或不幸福并不意味着死亡的风险会相应地变得更低或更高。他们由此指出，疾病可能会导致不幸福，但不幸福本身并不会对健康状况造成损害。

以下哪项如果为真，最能质疑上述研究人员的论证？

A. 有些高寿老人的人生经历较为坎坷，他们有时过得并不幸福。
B. 有些患有重大疾病的人乐观向上，积极与疾病抗争，他们的幸福感比较高。
C. 人的死亡风险低并不意味着健康状况好，死亡风险高也不意味着健康状况差。
D. 幸福是个体的一种心理体验，要求被调查对象准确断定其幸福程度有一定的难度。
E. 少数个体死亡风险的高低难以进行准确评估。

### 15  2022MBA-47

有些科学家以为，基因调整技术能大幅延长人类寿命。他们在实验室中调整了一种小型土壤线虫的两组基因序列，成功将这种生物的寿命延长了5倍，他们据此声称，如果将延长线虫寿命的科学方法应用于人类，人活到500岁就会成为可能。

以下哪项最能质疑上述科学家的观点？

A. 基因调整技术可能会导致下一代中一定比例的个体失去繁殖能力。
B. 即使将基因调整技术成功应用于人类，也只会有极少数人活到500岁。
C. 将延长线虫寿命的科学方法应用于人类，还需要经历较长一段时间。
D. 人类的生活方式复杂而多样，不良的生活习惯和心理压力会影响身心健康。
E. 人类寿命的提升幅度不会像线虫那样简单倍增，200岁以后寿命再延长基本不可能。

## 答案与解析

#### 1. 正确答案：E

题干根据航空公司购买了更多安全座椅，得出结论：航空公司在安全和省油这两方面更倾向重视安全。

题干的论证必须基于一个隐含假设，即今年出售的最安全的座椅，仍然如同过去那样，由于比一般座椅较重而导致较多的耗油量。E项断定这一假设不能成立，这就说明，航空公司在安全和省油这两方面还是可能更重视省油，今年为省油买了轻的座椅，只是由于今年最安全的座椅反而比一般的座椅重量轻，而顺便带来了安全。因此，E项有力地削弱了题干的结论。

其余各项均没有削弱题干的论证。A项只表明去年最好卖的飞机座椅不是市场上最安全的座椅，但是与今年无关，所以A项不对；B、C、D项为无关选项。

#### 2. 正确答案：B

题干根据科技新发明导致新产业的诞生和兴旺，从而形成经济繁荣，得出结论：产业界增加科研投入，必将有力地促进经济繁荣。

上述论证隐含的假设就是，产业界增加科研投入会导致科技新发明。B项否定了这一假设，该项表明，即使企业普遍增加在科学研究和开发上的投入，这些投入也只是投到有利于经销的低成本改进上，而不是开发有远大前途的高成本新技术，最终也无法达成新产业的诞生与兴旺的初衷，因此，有力地削弱了题干的推论。

#### 3. 正确答案：C

销售人员声称D型带将会提高治疗功效，其根据是D型带的黏附时间是目前使用的线带的两倍。

要使这一声称有说服力，必须假设目前使用的线带的黏性不足够长。C项否定了这一假设，即目前使用的线带的黏性足够使伤口缝合期保持在十天，而由题干知，使外科伤口缝合期达到十天，是外科伤口需要线带的最长时间。因此，如果C项为真，最能说明销售人员所做声明中存在的漏洞。

由于题干中并未告知现有线带能用多少天，所以A项无任何意义；B项与推理无关；D项也起不到削弱作用；题干表明线带除了缝合伤口处，没有任何别的用处，所以E项不对。

4. 正确答案：E

题干的结论是：18～65岁的女性中有48%是全年不在外工作的家庭主妇。

其论据是：一年中任何月份，18～65岁的女性中都有52%的人在外工作。

这个论证，显然是有漏洞的。要使这个论证成立，必须隐含假设：一年中任一月份，18～65岁的女性中不在外工作的家庭主妇，在全年的所有月份中都不在外工作。如果E项为真，则否定了这个假设，即由于事实上许多妇女经常进出于劳动力市场，因此，上述条件很难成立，这就严重地削弱了题干的论证。

其余各项均不能削弱题干的论证。

5. 正确答案：C

题干结论：对偷盗等罪犯教育改造的效果，远不如对职务犯罪的罪犯。

其理由是：在刑满释放人员中，偷盗等罪犯的重新犯罪率高于职务犯罪的罪犯。

要使题干论证成立，必须假设两类刑满释放人员重新犯罪的条件相当。而C项否定了这一假设，由于刑满释放人员很难再得到官职，这说明职务犯罪的刑满释放人员，和因偷盗、抢劫或流氓罪入狱的刑满释放人员相比，较难具备重新犯罪的条件，因此，不能根据偷盗、抢劫或流氓罪入狱的刑满释放人员的重新犯罪率高于职务犯罪的刑满释放人员，而得出结论，在狱中对上述前一类罪犯教育改造的效果，远不如对后一类罪犯。这就有力地削弱了题干的论证。

其余各项均不能削弱题干。比如E项，职务犯罪者很少有前科，但偷盗、抢劫或流氓罪是否有前科，我们不知道，所以也无法比较，充其量E项是个或然性削弱。

6. 正确答案：B

题干中市长的建议建立在这样一个假设的基础之上，即如果小汽车进入市区收取的费用超过乘公交车进出市区的车费，那么很多人都会不再开车上班，而改乘公交车。如果B项为真，则市长的这一假设就不成立，因而其结论就会被大大削弱（B项意味着这些人可能都是有钱人，他们进入市区的费用早就超过乘公交车的费用，再加5元钱对他们来说也无所谓）。

7. 正确答案：D

题干结论：副王峡蝶之所以很少被捕食，是因为它和黑脉金斑蝶在外形上的相似。

理由是：黑脉金斑蝶的幼虫以含有对其捕食动物有毒的毒素的乳草植物为食，而副王峡蝶的幼虫并不以乳草植物为食。

可见题干论证的假设是，蝶类在幼虫时以乳草植物为食则带毒，否则就不带毒。

若D项为真，说明这一假设不成立，这就严重削弱了题干的论证。

8. 正确答案：A

题干结论：培养新闻工作者不必重视学生汉语能力的提高。

理由：有了能够纠正词汇、语法和标点符号使用错误的中文电脑软件，记者们即使不具备良好的汉语基础，也不妨碍撰稿。

可见，题干推理的隐含假设是，避免词汇、语法和标点符号的使用错误就能够确保文稿的语言质量。

A 项否定了这一假设，有力地削弱了题干的论证。

### 9. 正确答案：B

题干的论证是：根据利益决定动机，得出结论：利益决定行为。

论证所基于的假设是：动机是影响个人行为的主要因素。

如果 B 项为真，就否定了这一假设，因此，能有效地削弱题干论证。

### 10. 正确答案：C

题干陈述：同一个汉族姓氏很可能有着非常大的血缘差异。例如，南北两地汉族血缘差异颇大，原因是南迁的汉族人不断同当地的诸多少数民族融合，从而稀释了北方汉族的血缘特征。

可见，题干论证显然必须假设：同姓的南北两支出自同一祖先。C 项否定了这一假设，有力地反驳了上述论证。

其余选项不能削弱题干，或者削弱力度较弱。

### 11. 正确答案：E

题干论证是：凡是小产权房均不受法律保护，因此，河西村的这片新建房屋均不受法律保护。

为使该论证成立，必须假设：河西村的这片新建房屋都是小产权房。

E 项若为真，表明这一假设不成立，这就严重地削弱了题干的论证。

### 12. 正确答案：C

支持者的观点是：复活的动物有望恢复某些地区被破坏的生态环境。

这一结论成立的隐含假设是，复活的动物原先的生存环境仍然存在，使其能够长期生存。C 项所述如果为真，说明这一假设不成立，这就有力地反驳了支持者的观点。

A、E 项陈述了复活灭绝动物的坏处，意味着不应该复活灭绝的动物，但没有直接针对支持者的观点。B、D 项均为无关项。

### 13. 正确答案：D

题干只比较了不同基因类型的人去世的时辰，就得出结论：GG 型基因类型的人会比其他人平均晚死 7 小时。

D 项表明，比较人的死亡时间，首先应该考虑的是死亡的年份及日期，而不是一天中的哪个时刻，这就以存在其他因素的方式，质疑了研究人员的观点，因此为正确答案。

A 项：题干只是陈述了"平均晚死"，并没有提及"平均寿命"的长短，排除。

B、E 项：与题干论证无关，为无关选项，排除。

C 项："有些人"数量模糊，可能占比小而难以影响整体结果，排除。

### 14. 正确答案：C

研究人员的论证如下：

结论：疾病可能会导致不幸福，但不幸福本身并不会对健康状况造成损害。

论据：幸福和不幸福的人死亡率没有差别。

该论证需要假设，死亡风险低代表身体健康状况好（没有疾病），死亡风险高代表身体健康状况差（有疾病）。C 项否定了这一假设，最能质疑上述研究人员的论证。

其余选项中含有"有时""有些""有一定的难度""少数"等模糊数量，力度较弱，排除。

### 15. 正确答案：E

科学家根据调整土壤线虫的基因序列使得其寿命延长了 5 倍，从而认为：如果将延长线虫寿命的科学方法应用于人类，人活到 500 岁就会成为可能。

其隐含假设是人和土壤线虫是完全类似的。

E 项表明，人类寿命的提升幅度不会像线虫那样简单倍增，否定了科学家的隐含假设，从而有力地质疑了科学家的观点。

其余选项不妥，其中：A项力度弱，"一定比例"数量模糊，排除。B、C项均对题干有支持作用，排除。D项未涉及寿命问题，为无关选项，排除。

## 3.2 反对理由

反对理由就是否定或削弱理由，其基本特点是针对前提进行直接反对而达到推翻结论的效果，具体包括反对论据（即指出论证的论据是虚假的或者站不住脚的）、反对原因（即指出题干论证的原因是不可靠的）等方式。

**1** 2012GRK-46

人们经常使用微波炉给食品加热。有人认为，微波炉加热时食物的分子结构发生了改变，产生了人体不能识别的分子。这些奇怪的新分子是人体不能接受的，有些还具有毒性，甚至可能致癌。因此，经常吃微波食品的人或动物，体内会发生严重的生理变化，从而造成严重的健康问题。

以下哪项如果为真，最能质疑上述观点？

A. 微波炉加热食品不会比其他烹调方式导致更多的营养流失。
B. 我国微波炉生产标准与国际标准、欧盟标准一致。
C. 发达国家中人们使用微波炉也很普遍。
D. 微波只是加热食物中的水分子，食品并未发生化学变化。
E. 自1947年发明微波炉以来，还没有因微波炉加热食品导致癌变的报告。

**2** 2012GRK-49

2003年8月13日，宜良县九乡张口洞古人类遗址内出土了一枚长度为3厘米的"11万年前的人牙化石"，此发掘一公布立即引起了媒体和专家的广泛关注。不少参与发掘的专家认为，这枚人牙化石的出现，说明张口洞早在11万年前就已有人类活动了，它将改写之前由呈贡县龙潭山古人类遗址所界定的昆明地区人类只有3万年活动历史的结论。

以下哪项如果为真，最能质疑上述专家的观点？

A. 学术本来就是有争议的，每个人都有发表自己看法的权利。
B. 有专家对该化石的牙体长度、牙冠形态、冠唇面和舌面的突度及珐琅质等进行了分析，认为此化石并非人类门牙化石，而是一枚鹿牙化石。
C. 这枚牙齿化石是在距今11万年的钙板层之下20厘米处的红色砂土层发掘到的。
D. 有专家用铀系法对张口洞各个岩层的钙板进行年代测定，证明发现该牙齿化石的洞穴最早的堆积物形成于30万年前。
E. 该化石的发掘者曾主持完成景洪娜咪囡遗址、大中甸遗址、宜良县九乡张口洞遗址的发掘。

**3** 2016MBA-34

某市消费者权益保护条例明确规定，消费者对其所购买商品可以"7天内无理由退货"，但这项规定出台后并未得到顺利执行，众多消费者在7天内"无理由"退货时，常常遭遇商家的阻挠，他们以商品已作特价处理、商品已经开封或使用等理由拒绝退货。

以下哪项如果为真，最能质疑商家阻挠的理由？

A. 开封验货后，如果商品规格、质量等问题来自消费者本人，他们应为此承担责任。

B. 那些作特价处理的商品，本来质量就没有保证。
C. 如果不开封验货，就不能知道商品是否存在质量问题。
D. 政府总偏向消费者，这对于商家来说是不公平的。
E. 商品一旦开封或使用了，即使不存在问题，消费者也可以选择退货。

## 答案与解析

### 1. 正确答案：D

题干得出吃微波食品会造成严重的健康问题这一结论的依据是，微波炉加热食物时产生了人体不能接受的新分子。

若 D 项为真，即微波只是加热食物中的水分子，食品并未发生化学变化，就有力地削弱了题干论证的依据，从而严重质疑了题干的观点。

### 2. 正确答案：B

专家得出"张口洞早在 11 万年前就已有人类活动了"这一观点的依据是，这枚牙齿化石的发现。

若 B 项为真，即此化石并非人类门牙化石，而是一枚鹿牙化石，就推翻了专家论证的论据，从而严重质疑了专家的观点。

### 3. 正确答案：E

商家拒绝退货的理由是，商品已作特价处理、商品已经开封或使用等。

E 项指出，商品即使开封或使用了，也可以退货，说明商家拒绝退货的理由不成立，因此，该项为正确答案。

其余选项均与题干论证无关，比如 C 项，题干论述并没提及"存在质量问题"，排除。

## 3.3 另有他因

另有他因的削弱方式就是指出还存在别的因素影响推理。具体来说，如果题干是以一个事实、研究、发现或一系列数据为前提推出一个解释上述事实或数据的结论，要削弱这个结论，就可以指出，有其他可能因素来解释题干事实，即存在别的原因来解释题干的结果。

### 1 2000MBA-40

一位研究人员希望了解他所在社区的人们喜欢的口味是可口可乐还是百事可乐。他找了些喜欢喝可乐的人，要他们在一杯可口可乐和一杯百事可乐中，通过品尝指出喜好。杯子上不贴标签，以免商标引发明显的偏见，只是将可口可乐的杯子标志为"M"，将百事可乐的杯子标志为"Q"。结果显示，超过一半的人更喜欢百事可乐，而非可口可乐。

以下哪项如果为真，最可能削弱上述论证的结论？

A. 参加者受到了一定的暗示，觉得自己的回答会被认真对待。
B. 参加实验者中很多人从来都没有同时喝过这两种可乐，甚至其中的 30% 的参加实验者只喝过其中一种可乐。
C. 多数参加者对于可口可乐和百事可乐的市场占有情况是了解的，并且经过研究证明，他们普遍有一种同情弱者的心态。
D. 在对参加实验的人所进行的另外一个对照实验中，发现了一个有趣的结果：这些实验者中的大部分更喜欢英文字母 Q，而不大喜欢 M。

下篇　论证推理

E. 在参加实验前的一个星期中，百事可乐的形象代表正在举行大规模的演唱会，演唱会的场地中有百事可乐的大幅宣传画，并且在电视转播中反复出现。

**2** 2000MBA - 49

赵青一定是一位出类拔萃的教练。她调到我们大学执教女排才一年，球队的成绩就突飞猛进。

以下哪项如果为真，最有可能削弱上述论证？

A. 赵青以前曾经入选过国家青年女排，后来因为伤病提前退役。
B. 赵青之前的教练一直是男性，对于女运动员的运动生理和心理了解不够。
C. 调到大学担任女排教练之后，赵青在学校领导那里立下了军令状，一定要拿全国大学生联赛的冠军，结果只得了一个铜牌。
D. 女排队员尽管是学生，但是对于赵青教练的指导都非常佩服，并自觉地加强训练。
E. 大学准备建设高水平的体育代表队，因此，从去年开始，就陆续招收一些职业队的退役队员。女排只招到了一个二传手。

**3** 2000MBA - 52

由于烧伤致使四个手指黏结在一起时，处置方法是用手术刀将手指黏结部分切开，然后实施皮肤移植，将伤口覆盖住。但是，有一个非常头痛的问题是，手指靠近指根的部分常会随着伤势的愈合又黏结起来，非再一次开刀不可。一位年轻的医生从穿着晚礼服的新娘子手上戴的白手套得到启发，发明了完全套至指根的保护手套。

以下哪项如果为真，最能削弱该保护手套的作用？

A. 该保护手套的透气性能直接关系到伤口的愈合。
B. 由于材料的原因，保护手套的制作费用比较贵，如果不能大量使用，价格很难下降。
C. 烧伤后新生长的皮肤容易与保护手套黏连，在拆除保护手套时容易造成新的伤口。
D. 保护手套需要与伤患的手形吻合，这就影响了保护手套的大批量生产。
E. 保护手套不一定能适用于脚趾烧伤后的复原。

**4** 2000GRK - 69

"净菜进万家"是目前"巧媳妇综合服务公司"正在大力开展的一项促销活动。他们在市场分析人员的建议下，选择了格物和致知这两所本城最著名的大学作为主攻方向。市场分析人员提交给他们的报告认为，格物和致知这两所大学，汇聚了众多国家宝贵的高级知识分子。提供洗净包好的净菜能够为他们节省大量的家务时间，更好地做好教学科研工作，因此会受到他们的欢迎。

以下哪项如果为真，能最为有力地对上述推论构成质疑？

A. 净菜的价格只比一般市场上卖的蔬菜略高。
B. 格物和致知这两所大学的大部分家庭都雇用了钟点工做各种家务，付给钟点工的报酬比买净菜所增加的开支还少一些。
C. 对于净菜的卫生标准教师们还是信得过的，而且"巧媳妇"净菜还能提供上门送货服务。
D. 净菜的花样品种比一般市场卖的蔬菜要少一些，恐怕不能满足格物和致知两所大学这么多老师的口味。
E. 买净菜对很多格物和致知大学的老师来说还是一件新鲜事，恐怕要有一个适应过程。

**5** 2001GRK - 51

科学研究证明，非饱和脂肪酸含量高和饱和脂肪酸含量低的食物有利于预防心脏病。鱼通

397

过食用浮游生物中的绿色植物使得体内含有丰富的非饱和脂肪酸"奥米加-3"。而牛和其他反刍动物通过食用青草同样获得丰富的非饱和脂肪酸"奥米加-3"。因此，多食用牛肉和多食用鱼肉对于预防心脏病都是有效的。

以下哪项如果为真，最能削弱题干的论证？

A. 在单位数量的牛肉和鱼肉中，前者非饱和脂肪酸"奥米加-3"的含量要少于后者。
B. 欧洲疯牛病的风波在全球范围内大大减少了牛肉的消费者，增加了鱼肉的消费者。
C. 牛和其他反刍动物在反刍消化的过程中，把大量的非饱和脂肪酸转化为饱和脂肪酸。
D. 实验证明，鱼肉中含有的非饱和脂肪酸"奥米加-3"比牛肉中含有的非饱和脂肪酸更易被人吸收。
E. 统计表明，在欧洲内陆大量食用牛肉和奶制品的居民中患心脏病的比例，要高于在欧洲沿海大量食用鱼类的居民中的比例。

### 6  2001MBA-57

虽然菠菜中含有丰富的钙，但同时含有大量的浆草酸，浆草酸会有力地阻止人体对于钙的吸收。因此，一个人要想摄入足够的钙，就必须用其他含钙丰富的食物来取代菠菜，至少和菠菜一起食用。

以下哪项如果为真，最能削弱题干的论证？

A. 大米中不含有钙，但含有中和浆草酸并改变其性能的碱性物质。
B. 奶制品中的钙含量要远高于菠菜。许多经常食用菠菜的人也同时食用奶制品。
C. 在烹饪的过程中，菠菜中受到破坏的浆草酸要略多于钙。
D. 在人的日常饮食中，除了菠菜以外，事实上大量的蔬菜都含有钙。
E. 菠菜中除了钙以外，还含有其他丰富的营养素，另外，其中的浆草酸只阻止人体对钙的吸收，并不阻止其他营养素的吸收。

### 7  2001GRK-69

由于工业废水的污染，淮河中下游水质恶化，有害物质的含量大幅度提高，这引起了多种鱼类的死亡。但由于蟹有适应污染水质的生存能力，因此，上述沿岸的捕蟹业和蟹类加工业将不会象渔业同行那样受到严重影响。

以下哪项如果是真的，将严重削弱上述论证？

A. 许多鱼类已向淮河上游及其他水域迁移。
B. 上述地区渔业将向蟹业转移，激化了蟹业的竞争。
C. 在鱼群分布稀少的水域中蟹类繁殖较快。
D. 蟹类适应污染水质的生理机制未得到科学的揭示。
E. 作为幼蟹主要食物来源的水生物蓝藻无法在污染水质中继续存活。

### 8  2002MBA-22

被疟原虫寄生的红血球在人体内的存在时间不会超过120天。因为疟原虫不可能从一个它所寄生衰亡的红血球进入一个新生的红血球，因此，如果一个疟疾患者在进入了一个绝对不会再被疟蚊叮咬的地方120天后仍然周期性高烧不退，那么，这种高烧不会是由疟原虫引起的。

以下哪项如果为真，最能削弱上述结论？

A. 由疟原虫引起的高烧和由感冒病毒引起的高烧有时不容易区别。
B. 携带疟原虫的疟蚊和普通的蚊子很难区别。
C. 引起周期性高烧的疟原虫有时会进入人的脾脏细胞，这种细胞在人体内的存在时间要长于红血球。

D. 除了周期性的高烧只有到疟疾治愈后才会消失外，疟疾的其他某些症状会随着药物治疗而缓解乃至消失，但在120天内仍会再次出现。

E. 疟原虫只有在疟蚊体内和人的细胞内才能生存与繁殖。

### 9  2002MBA-25

最近10年，地震、火山爆发和异常天气对人类造成的灾害比数十年前明显增多，这说明，地球正变得对人类愈来愈充满敌意和危险。这是人类在追求经济高速发展中因破坏生态环境而付出的代价。

以下哪项如果为真，最能削弱上述论证？

A. 经济发展使人类有可能运用高科技手段来减轻自然灾害的危害。

B. 经济发展并不必然导致全球生态环境的恶化。

C. W国和H国是两个毗邻的小国，W国经济发达，H国经济落后，地震、火山爆发和异常天气所造成的灾害，在H国显然比在W国严重。

D. 自然灾害对人类造成的危害，远低于战争、恐怖主义等人为灾害。

E. 全球经济发展的不平衡所造成的人口膨胀和相对贫困，使得越来越多的人不得不居住在生态环境恶劣甚至危险的地区。

### 10  2002GRK-12

在疟疾流行的地区，很多孩子在感染疟疾几次后才对疟疾具有免疫力。显然，孩子的免疫系统在受到疟原虫的一次攻击后只能产生微弱的反应，而必须被攻击多次后才能产生有效的免疫反应。

以下哪项如果为真，最严重地削弱了上面的假设？

A. 在一个孩子感染疟疾后，孩子的监护人提高了避免使孩子再次感染疟疾的警惕，但是这种警惕过不了多久就降低了。

B. 疟疾是通过蚊子从一个人传播到另一个人的，而蚊子已经对控制它们的杀虫剂产生了越来越大的抵抗性。

C. 某一种基因如果可以从孩子的父母之一那里遗传下来，则可以使孩子对疟疾产生免疫力。

D. 治疗疟疾的疫苗都是通过激发人体的免疫力来发挥作用的。

E. 疟疾有几种截然不同的类型，人体对某一类型的免疫力并不能保护人免受其他类型疟疾的攻击。

### 11  2002GRK-29

通常人们总认为，赞助人向博物馆赠送展品，是对博物馆的一种财政上的支持。事实上，对捐赠品的日常保管和维护是笔昂贵的开支。这笔开支累计甚至很快就会超过该捐赠品的市场价。因此，这些捐赠品事实上加剧而并非减轻了博物馆的财政负担。

以下哪项如果为真，最能削弱上述论证？

A. 捐赠品中包括珍贵的历史文物。

B. 博物馆的开支主要由国家财政负担。

C. 博物馆一般只接受允许并易于出售的赠品。

D. 博物馆对藏品的保管和维护费用因藏品的等级而异。

E. 博物馆对藏品的保管和维护费用近年有下降的趋势。

### 12  2003MBA-58

据统计，西式快餐业在我国主要大城市中的年利润，近年来稳定在2亿元左右。扣除物价浮动因素，估计这个数字在未来数年中不会因为新的西式快餐网点的增加而有大的改变。因此，随着美国快餐之父艾德熊的大踏步迈进中国市场，一向生意火爆的麦当劳的利润肯定会有所下降。

以下哪项如果为真，最能动摇上述论证？

A. 中国消费者对艾德熊的熟悉和接受要有一个过程。

B. 艾德熊的消费价格一般稍高于麦当劳。

C. 随着艾德熊进入中国市场，中国消费者用于肯德基的消费将有明显下降。

D. 艾德熊在中国的经营规模，在近年不会超过麦当劳的四分之一。

E. 麦当劳一直注意改进服务，开拓品牌，使之在保持传统的基础上更适合中国消费者的口味。

**13  2003GRK-55**

据交通部去年对全国十个大城市的统计，S市的汽车交通事故率最低。S市在前年实施了汽车特殊安检制度，提高了安检的标准和力度。为了有效降低汽车交通事故率，其他大城市也应当像S市那样，对本市的汽车实施特殊安检。

以下哪项如果为真，最能削弱题干的论证？

A. 在上述十个大城市中，在S市行驶的汽车中外地汽车所占的比例最低。

B. 在上述十个大城市中，去年S市的汽车交通事故中外地汽车肇事所占的比例最低。

C. 在上述十个大城市中，在S市行驶的汽车的总量最少。

D. S市去年的汽车交通事故的数量要少于前年。

E. 在上述十个大城市中，H市也实行了和S市同样的特殊安检制度，但去年其汽车交通事故率要高于S市。

**14  2005MBA-26**

在期货市场上，粮食可以在收获前就"出售"。如果预测歉收，粮价就上升，如果预测丰收，粮价就下跌，目前粮食作物正面临严重干旱，今晨气象学家预测，一场足以解除旱情的大面积降雨将在傍晚开始。因此，近期期货市场上的粮价会大幅度下跌。

以下哪项如果为真，最能削弱上述论证？

A. 气象学家气候预测的准确性并不稳定。

B. 气象学家同时提醒做好防涝准备，防备这场大面积降雨延续过长。

C. 农业学家预测，一种严重的虫害将在本季粮食作物的成熟期出现。

D. 和期货市场上的某些商品相比，粮食价格的波动幅度较小。

E. 干旱不是对粮食作物生长的最严重威胁。

**15  2005GRK-28**

番茄红素、谷胱甘肽、谷氨酰胺是有效的抗氧化剂，这些抗氧化剂可以中和体内新陈代谢所产生的自由基。体内自由基过量会加速细胞的损伤，从而加速人的衰老。因此为了延缓衰老，人们必须在每天的饮食中添加这些抗氧化剂。

以下哪项如果为真，最能削弱上述论证？

A. 体内自由基不是造成人衰老的唯一原因。

B. 每天参加运动可有效中和甚至清除体内的自由基。

C. 抗氧化剂的价格普遍偏高，大部分消费者难以承受。

D. 缺乏锻炼的超重者在体内极易出现自由基过量。

E. 吸烟是导致体内细胞损伤的主要原因之一。

## 16  2005GRK-32

当航空事故发生后,乘客必须尽快地撤离飞机,因为在事故中泄漏的瓦斯对人体有毒,并且随时可能发生爆炸。为了避免因吸入瓦斯造成死亡,安全专家建议在飞机上为乘客提供防毒面罩,用以防止瓦斯的吸入。

以下哪项如果为真,最能质疑上述安全专家的建议?

A. 防毒面罩只能阻止瓦斯的吸入,但不能防止瓦斯的爆炸。
B. 防毒面罩的价格相当昂贵。
C. 使用防毒面罩并不是阻止吸入瓦斯的唯一方式。
D. 在大多数航空事故中,乘客是死于瓦斯中毒而不是瓦斯爆炸。
E. 使用防毒面罩延长了乘客撤离机舱的时间。

## 17  2005GRK-40

去年,和羊毛的批发价不同,棉花的批发价大幅度下跌。因此,虽然目前商店中棉制品的零售价还没有下跌,但它肯定会下跌。

以下哪项如果为真,最能削弱上述论证?

A. 去年由于引进新的工艺,棉制品的生产加工成本普遍上升。
B. 去年,羊毛批发价的上涨幅度,小于棉花批发价的下跌幅度。
C. 棉制品比羊毛制品更受消费者的欢迎。
D. 零售价的变动一般都滞后于批发价的变动。
E. 目前商店中羊毛制品的零售价没有大的变动。

## 18  2005GRK-51

迅通驾校希望减少中老年学员的数量,因为一般而言,中老年人的培训难度较大,但统计数据表明:该校中老年学员的比例在逐渐增加。很显然,迅通驾校的上述希望落空了。

以下哪项如果为真,最能削弱上述论证?

A. 迅通驾校关于年龄阶段的划分不准确。
B. 国家关于汽车驾驶者的年龄限制放宽了。
C. 培训合格的中老年驾驶员是驾校不可推卸的责任。
D. 中老年人学习驾车是汽车进入家庭后的必然趋势。
E. 迅通驾校附近另一家驾校开设了专招青年学员的低价速成培训班。

## 19  2007GRK-32

手球比赛的目标是将更多的球攻入对方球门,从而比对方得更多的分。球队的一名防守型选手专门防守对方的一名进攻型选手。旋风队的陈教练预言在下周的手球赛中本队将战胜海洋队。他的根据是:海洋队最好的防守型选手将防不住旋风队最好的进攻型选手曾志强。

以下哪项如果为真,最能削弱陈教练的上述预言?

A. 近年来,旋风队输的场次比海洋队多。
B. 海洋队防守型选手比旋风队的防守型选手多。
C. 旋风队最好的防守型选手防不住海洋队最好的进攻型选手。
D. 曾志强不是旋风队最好的防守型选手。
E. 海洋队最好的进攻型选手防不住旋风队最好的防守型选手。

## 20  2007GRK-49

某单位检验科需大量使用玻璃烧杯。一般情况下,普通烧杯和精密刻度烧杯都易于破损,前者的破损率稍微高些，但价格便宜得多。如果检验科把下年度计划采购烧杯的资金全部用于购买普通烧杯，就会使烧杯数量增加，从而满足检验需求。

以下哪项如果为真，最能削弱上述论证？

A. 如果把资金全部用于购买普通烧杯，可能会将其中部分烧杯挪为他用。
B. 下年度计划采购烧杯的数量不能用现在的使用量来衡量。
C. 某些检验人员喜欢使用精密刻度烧杯而不喜欢使用普通烧杯。
D. 某些检验需要精密刻度烧杯才能完成。
E. 精密刻度烧杯使用更加方便，易于冲洗与保存。

### 21  2008GRK-35

书最早是以昂贵的手稿复制品出售的，印刷机问世后，就便宜多了。在印刷机问世的最初几年里，市场上对书的需求量成倍增长。这说明，印刷品书籍的出现刺激了人们的阅读兴趣，大大增加了购书的数量。

以下哪项如果为真，最能质疑上述论证？

A. 书的手稿复制品比印刷品更有收藏价值。
B. 在印刷机问世的最初几年里，原来手稿复制品书籍的购买者，用原先只能买一本书的钱，买了多本印刷品书籍。
C. 在印刷机问世的最初几年里，印刷品的质量远不如现代的印刷品那样图文并茂，很难吸引年轻人购买。
D. 在印刷机问世的最初几年里，印刷书籍都没有插图。
E. 在印刷机问世的最初几年里，读者的主要阅读兴趣从小说转到了科普读物。

### 22  2012GRK-45

一份报告显示，截至3月份的一年内，中国内地买家成为购买美国房产的第二大外国买家群体，交易额达90亿美元，仅次于加拿大。这比上一年73亿美元的交易额高出23%，比前年48亿美元的交易额高出88%。有人据此认为，中国有越来越多的富人正在把财产转移到境外。

以下哪项如果为真，最能反驳上述论证？

A. 有许多中国人购房是给子女将来赴美留学准备的。
B. 尽管成交额上升了23%，但是今年中国买家的成交量未见增长。
C. 中国富人中存在群体炒房的团体，他们曾经在北京、上海等地炒房。
D. 近年来美国的房产市场风险很小，具有一定的保值、增值功能。
E. 一部分准备移居美国的中国人事先购房为移民做准备。

### 23  2013GRK-50

阿普崔帕洞穴位于马伊纳半岛的迪洛斯湾附近，足有四个足球场大小。这一洞穴可追溯到新石器时代，但直到20世纪50年代才被一名遛狗的男子在无意中发现。经过几十年的科考工作之后，考古学家从该洞穴中挖掘出工具、陶器、黑曜石、银质和铜质器具，并由此认为有数百人曾在该洞穴生活过。

以下哪项如果为真，最能反驳上述论证？

A. 该洞穴对希腊神话中有关地狱的描述内容有所启发。
B. 该洞穴其实是古代的墓地和葬礼举办地。
C. 在欧洲目前尚未发现比该洞穴更早的史前村落。
D. 该洞穴的入口在5 000年前坍塌。
E. 在离该洞穴不远处的平原地带，也挖掘出了类似的陶器和铁制器具。

## 24  2014GRK-33

挣更多的钱能让人更快乐,至少在某种程度上是这样的。但是新的研究表明,反过来也是如此,快乐的人能挣更多的钱。伦敦大学的研究人员在对一万多名美国人进行研究后发现,那些情绪积极、在成长过程中对生活感到更满意的人,在达到 29 岁的年龄时其收入也较高。

以下哪项最能对上述研究结论提出质疑?

A. 在比较富裕的家庭中成长起来的年轻人对生活大都持消极态度。
B. 除了情绪,专业化程度和工作能力也会直接影响收入水平。
C. 对生活感到更满意的年轻人大都出生于比较富裕的家庭,而且都具有良好的职业背景。
D. 应该比较一下被调查对象的职业分布情况。
E. 如果调查人们 22 岁时对自己的人生满意度,结果可能会有所不同。

## 25  2014GRK-39

与矿泉水相比,纯净水缺乏矿物质,而其中有些矿物质是人体必需的。所以营养专家老张建议那些经常喝纯净水的人改变习惯,多饮用矿泉水。

以下哪项最能削弱老张的建议?

A. 人们需要的营养大多数不是来源于饮用水。
B. 人体所需的不仅仅是矿物质。
C. 可以饮用纯净水和矿泉水以外的其他水。
D. 有些矿泉水也缺少人体必需的矿物质。
E. 人们可以从其他食物中得到人体必需的矿物质。

## 26  2020MBA-35

移动支付如今正在北京、上海等大中城市迅速普及,但是,并非所有中国人都熟悉这种新的支付方式,很多老年人仍然习惯传统的现金交易,有专家因此断言,移动支付的迅速普及会将老年人阻挡在消费经济之外,从而影响他们晚年的生活质量。

以下哪项如果为真,最能质疑上述专家的论断?

A. 到 2030 年,中国 60 岁以上人口将增至 3.2 亿,老年人的生活质量将进一步引起社会关注。
B. 有许多老年人因年事已高,基本不直接进行购物消费,所需物品一般由儿女或社会提供,他们的晚年生活很幸福。
C. 国家有关部门近年来出台多项政策指出,消费者在使用现金支付被拒时可以投诉,但仍有不少商家我行我素。
D. 许多老年人已在家中或社区活动中心学会移动支付的方法以及防范网络诈骗的技巧。
E. 有些老年人视力不好,看不清手机屏幕;有些老年人记忆力不好,记不住手机支付密码。

## 答案与解析

### 1. 正确答案:D

如果 D 项为真,则事实上存在这样一种可能:许多品尝者表示更喜欢标有"Q"的杯子中的饮料,是因为更喜欢英文字母 Q,而不是因为更喜欢杯中的饮料。这就削弱了题干的结论。

其余各项均不能削弱题干的结论。其中 C 项和 E 项看来似乎能削弱题干,但事实上不能,因为品尝者并不知道自己喝的实际上是何种饮料。

### 2. 正确答案：E

题干结论：赵青是一位优秀的教练。

理由是：执教一年，球队的成绩就突飞猛进。

如果 E 项为真，则球队的成绩突飞猛进，可能是因为得益于作为职业队退役队员的二传手，这就对题干的论证有所削弱。其余各项均不能削弱题干。

### 3. 正确答案：C

在各选项中，只有 C 项断定了保护手套对于手术的负面作用。保护手套虽然解决了指根的黏结问题，但又带来了另一个问题，即"烧伤后新生长的皮肤容易与保护手套黏连"，也就是存在别的因素影响了题干的推论。

A 项最多是个或然性削弱，并没有表明保护手套的透气性能不好，使得伤口难以愈合，只要改善其透气性就没问题了，削弱力度不足。

### 4. 正确答案：B

题干结论为：针对格物和致知这两所大学的净菜促销服务会受到欢迎。

理由是：净菜服务能够为这两所大学的高级知识分子节省大量的家务时间。

选项 A，净菜的价格不算太贵，是倾向于支持题干的。选项 C，净菜的卫生标准教师们信得过，是支持性的。D 项，净菜的品种少些，对题干有所削弱，但削弱力度不大，因为品种少和节省时间其实是可权衡的。E 项，买净菜还是一件新鲜事，要有一个适应过程，这对题干有所削弱，但力度不大，因为适应后照样可以。

选项 B，大部分家庭都雇用了钟点工做各种家务，付给钟点工的报酬比买净菜所增加的开支还少一些。这样，既有成本比较的因素，又对于题干中"节省大量的家务时间"有很强的质疑，故 B 项削弱力度大，为正确答案。

### 5. 正确答案：C

题干的结论是：多食用牛肉有利于预防心脏病，根据是：牛和其他反刍动物通过食用青草获得丰富的非饱和脂肪酸，而非饱和脂肪酸含量高的食物有利于预防心脏病。其隐含的假设是食用青草获得的丰富的非饱和脂肪酸能保留在牛肉中。

如果 C 项为真，则题干的上述假设就不成立了，这就有力地削弱了题干的论证。

### 6. 正确答案：A

题干结论：必须吃其他含钙丰富的食物（取代菠菜或和菠菜一起食用）。

理由：虽然菠菜中含有丰富的钙，但含有大量能阻止人体吸收钙的浆草酸。

如果 A 项的断定为真，则说明，大米和菠菜一起食用时，既摄入了足够的钙，又没有用其他含钙丰富的食物来取代菠菜，或和菠菜一起食用，这就有力地削弱了题干的论证。

C 项对题干有所削弱，但力度很小。因为即使菠菜在烹饪中受到破坏的浆草酸要略多于钙，但如果原来浆草酸要远远多于钙，那么，菠菜里面剩下的钙还是不能被吸收。

其余各项均不能削弱题干。

### 7. 正确答案：E

如果 E 项为真，说明虽然蟹自身有适应污染水质的生存能力，但是因为幼蟹的主要食物来源蓝藻无法在污染水质中存活而难免受到生存威胁，因此，沿岸的捕蟹业和蟹类加工业将极可能和渔业一样受到淮河中下游水质恶化的严重影响，这就严重削弱了题干的论证。

### 8. 正确答案：C

如果 C 项为真，则能说明：如果一个疟疾患者在进入了一个绝对不会再被疟蚊叮咬的地方 120 天后仍然周期性高烧不退，那么，这种高烧仍然可能是由进入人的脾脏细胞的疟原虫引起的，这就有力地削弱了题干的结论。

其余各项均不能削弱题干。

9. 正确答案：E

题干的结论是：人类破坏生态环境而付出代价；根据是：最近10年，地震、火山爆发和异常天气对人类造成的灾害比数十年前明显增多。

如果E项为真，则有助于说明：最近10年，地震、火山爆发和异常天气对人类造成的灾害比数十年前明显增多的原因，不在于生态环境本身的恶化，而在于越来越多的人不得不居住在生态环境恶劣甚至危险的地区，这不属于因破坏生态环境而付出的代价，这就有力地削弱了题干的论证。

其余各项均不能削弱题干的论证。其中，选项C所提及的W国和H国是两个毗邻的小国，而地震、火山爆发和异常天气所涉及的是大生态环境，因此，对二者的经济发展和受灾状况进行比较，对于揭示经济发展和生态环境的关系几乎没有意义。

10. 正确答案：E

选项E如果为真，说明疟疾有不同的类型；感染某种疟疾，只能产生对这种疟疾的免疫力，而不能产生对其他类型疟疾的免疫力。因此，很多孩子在感染疟疾几次后才对疟疾具有的免疫力，很可能是感染不同类型的疟疾后产生的对多种类型疟疾的免疫力。这种免疫力要在多次感染后产生，不能说明孩子在一次感染后不会产生对某种疟疾的有效免疫反应。这就有力地削弱了题干的假设。其他各项均不能削弱题干。

11. 正确答案：C

如果C项为真，则由于博物馆一般只接受允许并易于出售的赠品，因此，只要及时出售这些赠品，就不需要支出昂贵的开支来保管和维护它们，这就有力地削弱了题干的论证。

12. 正确答案：C

题干论述：由于西式快餐在我国总的年利润已稳定不变，因此，随着艾德熊进入中国市场，麦当劳的利润肯定会下降。

如果C项为真，则完全可能中国消费者原来用于肯德基的消费，转而用于艾德熊，这样，麦当劳的利润就不会下降，这就有力地动摇了题干的论证。

13. 正确答案：B

题干观点：S市的汽车交通事故率最低的原因是该市实施了汽车特殊安检制度。

B项为真意味着虽然S市的汽车交通事故率最低，但由于S市的汽车交通事故中外地汽车肇事所占的比例最低，因此，完全可能S市实施特殊安检的本市汽车交通事故率并不低，削弱了题干的论证，为正确答案。

A项指出S市的交通事故率受外来车辆的影响较小，意味着的确是由于本市汽车的某些变化导致了交通事故率的下降，支持题干。题目讨论的是"事故率"，不受绝对数量影响，C项排除。D项为明显无关比较，排除。即使安检制度是有效的，而且各个城市都实施了同样有效的安检制度，那么还是会有事故率的高低之分，H市的事故率高于S市不能说明安检制度无效，E项不能削弱题干论述，排除。

14. 正确答案：C

本题的推理为：降雨导致粮食收成好，进一步会导致粮食价格下降。

C项指出存在一种严重的虫害，所以收成会受到影响，削弱了上面的论断。

15. 正确答案：B

如果B项为真，说明可以通过运动来延缓衰老，而不必在每日的饮食中添加抗氧化剂，这就有力地削弱了题干的论证。

其余各项都不能削弱题干。C项只能说明，大部分消费者不具备条件采用题干的方式延缓

405

衰老，而并不能说明，他们可以不必采用题干的方式延缓衰老。

### 16. 正确答案：E

题干：安全专家建议向乘客提供防毒面罩以防吸入毒气。

如果E项为真，说明为乘客提供防毒面罩的做法，虽然有利于避免因吸入瓦斯造成的死亡，但却会因延长撤离机舱的时间而增加在瓦斯爆炸中伤亡的危险，这有力地削弱了题干的建议。

其余选项不妥。比如B项指出提供防毒面具在经济上有困难，有一定的质疑作用，但削弱力度不足。

### 17. 正确答案：A

商品的价格既取决于原料成本，又取决于生产加工成本。如果A项为真，则说明虽然棉制品的原料成本下降，但生产加工成本提高，因此，其价格不一定会下跌，这就有力地削弱了题干。

### 18. 正确答案：E

题干结论：迅通驾校减少中老年学员数量的希望落空了。

如果E项为真，即事实上迅通驾校附近另一家驾校开设了专招青年学员的低价速成培训班，则有助于说明，迅通驾校所招收学员的总量减少。这样，虽然该校中老年学员的比例在逐渐增加，但中老年学员的数量仍可能减少。这就有力地削弱了题干的论证。

A项是或然性的削弱，如果青年学员被错划为中老年学员，能削弱题干；但如果中老年学员被错划为青年学员，反而支持了题干。

### 19. 正确答案：C

陈教练预言：旋风队在下周的手球赛中将战胜海洋队。

他的根据是：海洋队最好的防守型选手将防不住旋风队最好的进攻型选手。

C项如果为真，说明可以用与陈教练类似的论证方式得出与陈教练相反的预言，有力地削弱了题干。

### 20. 正确答案：D

题干结论是：资金应全部用于购买普通烧杯。理由是：普通烧杯和精密刻度烧杯都易于破损，但前者价格便宜得多。

D项如果为真，说明如果把资金全部用于购买普通烧杯，虽然会使烧杯数量增加，但不能有效满足检验需求，这最为有力地削弱了题干。

### 21. 正确答案：B

题干论证表明：印刷机出现后印刷书的销售量增加的原因在于印刷品书籍的出现刺激了人们的阅读兴趣。

B项表明，印刷品书籍销售量的增加，主要是因为那些以前经常买手稿复制品书籍的购买者，现在可以用同样的价钱买更多的印刷品书籍，这就意味着，书卖得多不等于买书的人多，不等于人们阅读兴趣的提高，而是另外的原因造成的，从而有力地削弱了题干论证。

### 22. 正确答案：B

题干根据中国内地买家购买美国房产的交易额比上一年高出23%，得出结论：中国有越来越多的富人正在把财产转移到境外。

如果B项为真，即今年中国买家的成交量未见增长，最多只能说明转移到境外的财产在增多，但并不能说明把财产转移到境外的富人在增多，这就有力地反驳了题干的论证。

### 23. 正确答案：B

考古学家认为，有数百人曾在该洞穴生活过。其论据是，从该洞穴中挖掘出工具、陶器、黑曜石、银质和铜质器具。

B项指出，该洞穴其实是古代的墓地和葬礼举办地，表明从该洞穴中挖掘出的器具可能是陪葬品，并非是在此洞穴居住的人留下的，这就有力地反驳了题干论证。

A、C项为无关项。D、E项对题干有所支持。

### 24. 正确答案：C

题干结论是：快乐的人能挣更多的钱。

C项指出，对生活感到更满意的年轻人大都出生于比较富裕的家庭，而且都具有良好的职业背景，这意味着也许不是快乐本身能让人挣更多的钱，而是出生于富裕家庭且有良好职业背景能让人挣更多的钱，就有力地质疑了题干的结论。

### 25. 正确答案：E

营养专家老张的建议是：经常喝纯净水的人应改变习惯，多饮用矿泉水。其目的是补充矿物质。

E项表明，人们可以从其他食物中得到人体必需的矿物质，这意味着无须从饮用水中补充矿物质，就严重地削弱了老张的建议。

### 26. 正确答案：B

题干中专家根据很多老年人仍然习惯传统的现金交易，因此断言，移动支付的迅速普及会将老年人阻挡在消费经济之外，从而影响他们晚年的生活质量。

B项表明，许多老年人根本不需要直接购物，即使不熟悉移动支付，对老年人的生活质量也不会产生影响，这就从另一个角度严重地质疑了专家的论断。

其余选项不妥，其中：

A项：与移动支付无关，排除。

C项：与移动支付是否影响老年人的生活质量无关，排除。

D项：许多老年人已学会移动支付的方法，并不能否定其他很多老年人不熟悉移动支付而影响晚年生活，因此，削弱力度不足，排除。

E项：支持了题干中的论据，排除。

## 3.4 反面论据

反面论据的削弱方式是指，增加一个新的削弱题干结论的论据，来直接弱化结论。这样的论据包括起弱化作用的理据、证据，以及事实反例（包括无因有果、有因无果、因果倒置、间接因果等）。

### 1 2000GRK-57

人类的和平共处是一个不可实现的理想。统计数字显示，自1945年以来，每天有12场战斗在进行，这包括大大小小的国际战争以及内战中的武力交战。

以下哪项如果为真，最能对上述结论提出质疑？

A. 1945年以前至本世纪初，国与国之间在外交关系的处理上都表现了极大的克制，边境冲突也少有发生。

B. 现代战争更讲究威慑而不是攻击，比如曾经愈演愈烈的核军备竞赛以及由此而造成的东西方的冷战。

C. 自从有人类以来，人们为争夺资源和领土的冲突一直都没有停止。

D. 本世纪60年代全世界总共爆发了30次战争，而到80年代爆发的战争总共还不到10次。

E. 就像静止是相对于运动而存在的一样，没有战争也就没有现实意义上的和平。

### 2  2001MBA-28

某些种类的海豚利用回声定位来发现猎物：它们发射出滴答的声音，然后接收水域中远处物体反射的回音。海洋生物学家推测这些滴答声可能有另一个作用：海豚用异常高频的滴答声使猎物的感官超负荷，从而击晕近距离的猎物。

以下哪项如果为真，最能对上述的推测构成质疑？

A. 海豚用回声定位不仅能发现远距离的猎物，而且能发现中距离的猎物。
B. 作为一种发现猎物的讯号，海豚发出的滴答声，是它的猎物的感官所不能感知的，只有海豚能够感知从而定位。
C. 海豚发出的高频讯号即使能击晕它们的猎物，这种效果也是很短暂的。
D. 蝙蝠发出的声波不仅能使它发现猎物，而且这种声波能对猎物形成特殊刺激，从而有助于蝙蝠捕获它的猎物。
E. 海豚想捕获的猎物离自己越远，它发出的滴答声就越高。

### 3  2001MBA-41

关节尿酸炎是一种罕见的严重关节疾病，一种传统的观点认为，这种疾病曾于2 500年前在古埃及流行，其根据是在所发现的那个时代的古埃及木乃伊中，有相当高的比例可以发现患有这种疾病的痕迹。但是，最近对于上述木乃伊骨骼的化学分析使科学家们推测，木乃伊所显示的关节损害实际上是对尸体进行防腐处理时使用的化学物质引起的。

以下哪项如果为真，最能进一步加强对题干中所提及的传统观点的质疑？

A. 在我国西部所发现的木乃伊中，同样可以发现患有关节尿酸炎的痕迹。
B. 关节尿酸炎是一种遗传性疾病，但在古埃及人的后代中这种病的发病率并不比一般的要高。
C. 对尸体进行成功的防腐处理，是古埃及人一项密不宣人的技术，科学家至今很难确定他们所使用物质的化学性质。
D. 在古代中东文物艺术品的人物造型中，可以发现当时的人患有关节尿酸炎的参考证据。
E. 一些古埃及的木乃伊并没有显示患有关节尿酸炎的痕迹。

### 4  2001GRK-25

农科院最近研制了一高效杀虫剂，通过飞机喷撒，能够大面积地杀死农田中的害虫。但使用这种杀虫剂未必能达到提高农作物产量的目的，甚至可能适得其反，因为这种杀虫剂在杀死害虫的同时，也杀死了保护农作物的各种益虫。

以下哪项如果为真，最能削弱上述论证？

A. 上述杀虫剂的有效率，在同类产品中是最高的。
B. 益虫对农作物的保护作用，主要在于能消灭危害农作物的害虫。
C. 使用飞机喷撒上述杀虫剂，将增加农作物的生产成本。
D. 如果不发生虫灾，农田中的益虫要多于害虫。
E. 上述杀虫剂只适合在平原地区使用。

### 5  2004MBA-39

在一项社会调查中，调查者通过电话向大约一万名随机选择的被调查者问有关他们的收入和储蓄方面的问题。结果显示，被调查者的年龄越大，越不愿意回答这样的问题。这说明，年龄较小的人比年龄较大的人更愿意告诉别人有关自己的收入状况。

以下哪项如果为真，最能削弱上述论证？

A. 小张不是被调查者，在其他场合表示，不愿意告诉别人自己的收入状况。

B. 老李是被调查者，愿意告诉别人自己的收入状况。

C. 老陈是被调查者，不愿意告诉别人自己的收入状况，并在其他场合表示，自己年轻时因收入高，很愿意告诉别人自己的收入状况。

D. 小刘是被调查者，愿意告诉别人自己的收入状况，并在其他场合表示，自己的这种意愿不会随着年龄而改变。

E. 被调查者中，年龄大的收入状况一般比年龄小的要好。

### 6 2004MBA-52

一个部落或种族在历史的发展中灭绝了，但它的文字会留传下来。"亚里洛"就是这样一种文字。考古学家是在内陆发现这种文字的。经研究，"亚里洛"中没有表示"海"的文字，但有表示"冬天""雪"和"狼"等的文字。因此，专家们推测，使用"亚里洛"文字的部落或种族在历史上生活在远离海洋的寒冷地带。

以下哪项如果为真，最能削弱上述专家的推测？

A. 蒙古语中有表示"海"的文字，尽管古代蒙古人从没见过海。

B. "亚里洛"中有表示"鱼"的文字。

C. "亚里洛"中有表示"热"的文字。

D. "亚里洛"中没有表示"山"的文字。

E. "亚里洛"中没有表示"云"的文字。

### 7 2005MBA-31

市场上推出了一种新型的电脑键盘。新型键盘具有传统键盘所没有的"三最"特点，即最常用的键设计在最靠近最灵活手指的部分。新型键盘能大大提高键入速度，并减少错误率。因此，用新型键盘替换传统键盘能迅速提高相关部门的工作效率。

以下哪项如果为真，最能削弱上述论证？

A. 有的键盘使用者最灵活的手指和平常人不同。

B. 传统键盘中最常用的键并非设计在离最灵活手指最远的部分。

C. 越能高效率地使用传统键盘，短期内越不易熟练地使用新型键盘。

D. 新型键盘的价格高于传统键盘的价格。

E. 无论使用何种键盘，键入速度和错误率都因人而异。

### 8 2005MBA-43

有些纳税人隐瞒实际收入逃避交纳所得税时，一个恶性循环就出现了，逃税造成了年度总税收量的减少，总税收量的减少迫使立法者提高所得税率，所得税率的提高增加了合法纳税者的税金，这促使更多的人设法通过隐瞒实际收入以逃税。

以下哪项如果为真，上述恶性循环可以打破？

A. 提高所得税率的目的之一是激励纳税人努力增加税前收入。

B. 能有效识别逃税行为的金税工程即将实施。

C. 年度税收总量不允许因逃税原因而减少。

D. 所得税率必须有上限。

E. 纳税人的实际收入基本持平。

### 9 2005GRK-45

20世纪90年代初，小普镇建立了洗涤剂厂，当地村民虽然因此提高了收入，但工厂每天排出的大量污水使村民忧心忡忡。如果工厂继续排放污水，他们的饮用水将被污染，健康将受到影响。然而，这种担心是多余的。因为1994年对小普镇的村民健康检查发现，几乎没有人因为饮水污染而患病。

以下哪项如果为真，最能质疑上述论证？

A. 1994 年，上述洗涤剂厂排放的污水量是历年中较少的。

B. 1994 年，小普镇的村民并非全体参加健康检查。

C. 在 1994 年，上述洗涤剂厂的生产量减少了。

D. 合成洗涤剂污染饮用水导致的疾病需要多年后才会显现出来。

E. 合成洗涤剂污染饮用水导致的疾病与一般疾病相比更难检测。

**10  2006GRK-37**

东进咨询公司的广告词如下："东进咨询团体的实力出众，可以使新创办的公司开业成功！请看我们的这六位客户：他们每个公司在开业的两年内都获得了可观的利润。不要再犹豫了，马上联系东进咨询公司，我们可以给你们提供金点子，保证开业成功！"

以下哪项如果为真，最能质疑上述广告词？

A. 东进咨询公司的客户开业后也有失败的记录。

B. 除了东进咨询公司，上述六个公司还向其他咨询公司进行了咨询。

C. 东进咨询公司的工作人员并非都是博士或拥有 MBA 学位。

D. 即使没有东进咨询公司的帮助，上述六个公司开业也会获得成功。

E. 上述六个公司都是家具行业，东进咨询公司对其他行业的咨询效果一般。

**11  2007MBA-33**

在我国北方严寒冬季的夜晚，车辆前挡风玻璃会因低温而结冰霜。第二天对车辆发动预热后，玻璃上的冰霜会很快融化。何宁对此不解，李军解释道：因为车辆仅有的除霜孔位于前挡风玻璃，而车辆预热后除霜孔完全开启，因此，是开启除霜孔使车辆玻璃冰霜融化。

以下哪项如果为真，最能质疑李军对车辆玻璃冰霜迅速融化的解释？

A. 车辆一侧玻璃窗没有出现冰霜现象。

B. 尽管车尾玻璃窗没有除霜孔，其玻璃上的冰霜融化速度与前挡风玻璃没有差别。

C. 当吹在车辆玻璃上的空气气温增加，其冰霜的融化速度也会增加。

D. 车辆前挡风玻璃除霜孔排出的暖气流排出后可能很快冷却。

E. 即使启用车内空调暖风功能，除霜孔的功用也不能被取代。

**12  2007GRK-55**

李教授：目前的专利事务所工作人员很少有科技专业背景，但专利审理往往要涉及专业科技知识。由于本市现有的专利律师没有一位具有生物学的学历和工作经验，因此难以处理有关生物方面的专利。

以下哪项如果为真，最能削弱李教授的结论？

A. 大部分科技专利事务仅涉及专利政策和一般科技知识，不需要太多的专门技术知识。

B. 生物学专家对专利工作不感兴趣，因此专利事务所很少与生物学专家打交道。

C. 既熟悉生物知识，又熟悉专利法规的人才十分缺乏。

D. 技术专家很难有机会成为本专业以外的行家。

E. 专利律师的收入和声望不及高科技领域的专家，因此难以吸引他们加入。

**13  2008GRK-53**

张珊一直是甲班学习成绩最差的学生，但此次期末考试各科成绩均及格。因此，甲班在此次期末考试中将不会有学生不及格。

以下哪项如果为真，最能削弱上述论证？

A. 张珊此次期末考试各科的平均成绩不是甲班最差的。
B. 张珊不是甲班学习成绩最差的学生。
C. 考试成绩不能成为评价学生的唯一标准。
D. 甲班学生李思由于迷恋网络，学习成绩急剧下降。
E. 甲班学生王武在此次期末考试中有一门课程不及格。

### 14  2010MBA-43

一般认为，剑乳齿象是从北美洲迁入南美洲的。剑乳齿象的显著特征是具有较直的长剑形门齿，颚骨较短，臼齿的齿冠隆起，齿板数目为7至8个，并呈乳状凸起，剑乳齿象因此得名。剑乳齿象的牙齿结构比较复杂，这表明它能吃草。在南美洲的许多地方都有证据显示史前人类捕捉过剑乳齿象。由此可以推断，剑乳齿象的灭绝可能与人类的过度捕杀有密切关系。

以下哪项如果为真，最能反驳上述论证？
A. 史前动物之间经常发生大规模相互捕杀的现象。
B. 剑乳齿象在遇到人类攻击时缺乏自我保护能力。
C. 剑乳齿象也存在由南美洲进入北美洲的回迁现象。
D. 由于人类活动范围的扩大，大型食草动物难以生存。
E. 幼年剑乳齿象的牙齿结构比较简单，自我生存能力弱。

### 15  2010GRK-26

许多企业深受目光短浅之害，他们太关注立竿见影的结果和短期目标，以至于无法高瞻远瞩，往往使企业陷于被动甚至导致破产。因此，企业领导层的决策和行动应该以长期目标为主，不需过分关注短期目标。

以下哪项如果为真，将最有力地削弱上述论证？
A. 短期目标对员工的激励效果比长期目标更好。
B. 长期目标有较大的不确定性，短期目标易于控制。
C. 长期目标的实现有赖于一个个短期目标的成功。
D. 企业的短期目标和长期目标对于企业的发展都重要。
E. 企业的发展受到企业外部环境等诸多因素的影响。

### 16  2010GRK-47

丈夫和妻子讨论孩子上哪所小学为好。丈夫称：根据当地教育局最新的教学质量评估报告，青山小学教学质量不高。妻子却认为：此项报告未必客观准确，因为撰写报告的人中有来自绿水小学的人员，而绿水小学在青山小学附近，两所学校有生源竞争的利害关系，因此青山小学的教学质量其实是较高的。

以下哪项最能弱化妻子的推理？
A. 撰写评估报告的人中也有来自青山小学的人员。
B. 对青山小学盲目信任，主观认为质量评估报告不可信。
C. 用有偏见的证据论证"教学质量评估报告是错误"的。
D. 并没有提供确切的证据，只是猜测评估报告有问题。
E. 没有证明青山小学和绿水小学教学质量有显著差异。

### 17  2013GRK-27

利兹鱼生活在距今约1.65亿年前的侏罗纪中期，是恐龙时代一种体形巨大的鱼类。利兹鱼在出生后20年内可长到9米长，平均寿命40年左右的利兹鱼，最大的体长甚至可达到16.5米。这个体型与现代最大的鱼类鲸鲨相当，而鲸鲨的平均寿命约为70年，因此利兹鱼的生长速度很可能超过鲸鲨。

以下哪项如果为真，最能反驳上述论证？

A. 利兹鱼和鲸鲨都以海洋中的浮游生物、小型动物为食，生长速度不可能有大的差异。
B. 利兹鱼和鲸鲨尽管寿命相差很大，但是它们均在20岁左右达到成年，体型基本定型。
C. 鱼类尽管寿命长短不同，但其生长阶段基本上与其幼年、成年、中老年相应。
D. 侏罗纪时期的鱼类和现代鱼类其生长周期没有明显变化。
E. 远古时期的海洋环境和今天的海洋环境存在很大的差异。

### 18  2013GRK-34

迄今为止，年代最久远的智人遗骸在非洲出现，距今大约20万年。据此，很多科学家认为，人类起源于非洲，现代人的直系祖先——智人在约20万年前在非洲完成进化，然后在约15万年到20万年前，慢慢向北迁徙，穿越中东到达欧洲和亚洲，逐步迁徙至世界其他地方。

以下哪项如果为真，最能反驳上述科学家的观点？

A. 现代智人，生活在旧石器时代晚期，大约距今4万年至1万年左右。我国境内，许多地方都有晚期智人化石或者文化遗址发现，地点数以百计。
B. 在南美洲的一处考古发掘中，人们发现生活于大约17万年前的智人头骨化石。
C. 智人具备了个体之间能够相互沟通，能够制定计划，能够解决种种困难问题的那种非凡的能力。
D. 在很短的时间里，智人达到了令人瞠目结舌的繁荣，从热带到寒带，全世界凡是有陆地的地方基本上都有智人居住。
E. 在以色列特拉维夫以东12公里的Qesem洞穴中发现了8颗40万年前的智人牙齿，这是科学家迄今为止在全球发现的年代最为久远的智人遗骸。

### 19  2014GRK-30

随着互联网的飞速发展，足不出户购买自己心仪的商品已经成为现实。即使在经济发展水平较低的国家和地区，人们也可以通过网络购物来满足自己对物质生活的追求。

以下哪项最能质疑上述观点？

A. 随着网购销售额的增长，相关税费也会随之增加。
B. 即使在没有网络的时代，人们一样可以通过实体店购买心仪的商品。
C. 网络上的商品展示不能完全反映真实情况。
D. 便捷的网络购物可能耗费人们更多的时间和精力，影响人际间的交流。
E. 人们对物质生活追求的满足仅仅取决于所在地区的经济发展水平。

### 20  2015MBA-35

某市推出一项月度社会公益活动，市民报名踊跃。由于活动规模有限，主办方决定通过摇号抽签的方式选择参与者。第一个月中签率为1∶20；随后连创新低，到下半年的十月份已达1∶70。大多数市民屡摇不中，但从今年7月到10月，"李祥"这个名字连续四个月中签，不少市民据此认为有人作弊，并对主办方提出质疑。

以下哪项如果为真，最能消除市民的质疑？

A. 已经中签的申请者中，叫"张磊"的有7人。
B. 曾有一段时间，家长给孩子取名不同避免重名。
C. 在报名的市民中，名叫"李祥"的近300人。
D. 摇号抽签全过程是在有关部门监督下进行的。
E. 在摇号系统中，每一位申请人都被随机赋予了一个不重复的编码。

## 21  2016MBA-36

近年来，越来越多的机器人被用于在战场上执行侦察、运输拆弹等任务，甚至将来冲锋陷阵的都不再是人，而是形形色色的机器人。人类战争正在经历自核武器诞生以来最深刻的革命。有专家据此分析指出，机器人战争技术的出现可以使人类远离危险，更安全、更有效地实现战争目标。

以下哪项最能质疑上述专家的观点？

A. 现代人类掌控机器人，但未来机器人可能会掌控人类。
B. 因不同国家军事科技实力的差距，机器人战争技术只会让部分国家远离危险。
C. 机器人战争技术有助于摆脱以往大规模杀戮的血腥模式，从而让现代战争变得更为人道。
D. 掌握机器人战争技术的国家为数不多，将来战争的发生更为频繁，也更为血腥。
E. 全球化时代的机器人战争技术要消耗更多资源，破坏生态环境。

## 22  2019MBA-42

旅游是一种独特的文化体验。游客可以跟团游，也可以自由行。自由行游客虽避免了跟团游的集体束缚，但也放弃了人工导游的全程讲解，而近年来他们了解旅游景点的文化需求却有增无减。为适应这一市场需求，基于手机平台的多款智能导游APP被开发出来。它们可定位用户位置、自动提供景点讲解和游览问答等功能。有专家就此指出，未来智能导游必然会取代人工导游，传统的导游职业将消亡。

以下哪项如果为真，最能质疑上述专家的推断？

A. 至少有95%的国外景点所配备的导游讲解器没有中文语音，中国出境游客因为语音和文化的差异，对智能导游APP的需求比较强烈。
B. 旅行中才会使用的智能导游APP，如何保持用户黏性、未来又如何取得商业价值等都是待解问题。
C. 好的人工导游可以根据游客需求进行不同类型的讲解，不仅关注景点，还可表达观点，个性化很强，这是智能导游APP难以企及的。
D. 目前发展较好的智能导游APP用户量在百万级左右，这与当前中国旅游人数总量相比还只是一个很小的比例，市场还没有培养出用户的普遍消费习惯。
E. 国内景区配备的人工导游需要收费，大部分导游讲解的内容都是事先背好的标准化内容。但是，即使人工导游没有特色，其退出市场还需要一定的时间。

## 23  2019MBA-52

某研究机构以约2万名65岁以上的老人为对象，调查了笑的频率与健康状态的关系。结果显示，在不苟言笑的老人中，认为自身现在的健康状态"不怎么好"和"不好"的比例分别是几乎每天都笑的老人的1.5倍和1.8倍。爱笑的老人对自我健康状态的评价往往较高。他们由此认为，爱笑的老人更健康。

以下哪项如果为真，最能质疑上述调查者的观点？

A. 乐观的老年人比悲观的老年人更长寿。
B. 病痛的折磨使得部分老人对自我健康状态的评价不高。
C. 身体健康的老年人中，女性爱笑的比例比男性高10个百分点。
D. 良好的家庭氛围使得老年人生活更乐观，身体更健康。
E. 老年人的自我健康评价往往和他们实际的健康状况之间存在一定的差距。

## 24  2021MBA-32

某高校的李教授在网上撰文指责另一高校张教授早年发表的一篇论文存在抄袭现象，张教授知晓后立即在同一网站对李教授的指责作出反驳。

以下哪项作为张教授的反驳最为有力？

A. 自己投稿在先而发表在后，所谓论文抄袭其实是他人抄袭自己。
B. 李教授的指责纯属栽赃陷害，混淆视听，破坏了大学教授的整体形象。
C. 李教授的指责是对自己不久前批评李教授学术观点所做的打击报复。
D. 李教授的指责可能背后有人指使，不排除受到两校不正当竞争的影响。
E. 李教授早年的两篇论文其实也存在不同程度的抄袭现象。

### 25  2022MBA-44

当前，不少教育题材影视剧贴近社会现实，直击子女升学、出国留学、代际冲突等教育痛点，引发社会广泛关注。电视剧一阵风，剧外人急红眼，很多家长触"剧"生情，过度代入，焦虑情绪不断增加，引得家庭"鸡飞狗跳"，家庭与学校的关系不断紧张。有专家由此指出，这类教育题材影视剧只能贩卖焦虑，进一步激化社会冲突，对实现教育公平于事无补。

以下哪项如果为真，最能质疑上述专家的主张？

A. 当代社会教育资源客观上总是有限且分配不平衡，教育竞争不可避免。
B. 父母过度焦虑则导致孩子间暗自攀比，重则影响亲子关系，家庭和睦。
C. 教育题材影视剧一旦引发广泛关注，就会对国家教育政策走向产生重要影响。
D. 教育题材影视剧提醒学校应明确职责，不能对义务教育实行"家长承包制"。
E. 家长不应成为教育焦虑的"剧中人"，而应该用爱包容孩子的不完美。

### 26  2023MBA-33

进入移动互联网时代，扫码点餐、在线挂号、网购车票、电子支付等智能化生活方式日益普及，人们的生活越来越便捷。然而，也有很多老年人因为不会使用智能手机等设备，无法进入菜场、超市和公园，也无法上网娱乐与购物，甚至在新冠疫情期间无法从手机中调出健康码而被拒绝乘坐公共交通。对此，某专家指出，社会在高速发展，不可能"慢"下来等老年人；老年人应该加强学习，跟上时代发展。

以下哪项如果为真，最能质疑该专家的观点？

A. 老年人也享有获得公共服务的权利，为他们保留老办法，提供传统服务，既是一种社会保障，更是一种社会公德。
B. 有些老年人学习能力较强，能够熟练使用多种电子产品，充分感受移动互联网时代的美好。
C. 目前中国有2亿多老年人，超4成的老年人存在智能手机使用障碍，仅会使用手机打电话。
D. 社会管理和服务不应只有一种模式，而应更加人性化和多样化，有些合理的生活方式理应得到尊重。
E. 有些老年人感觉自己被时代抛弃了，内心常常充斥着窘迫与挫败感，这容易导致他们与社会的加速脱离。

### 27  2023MBA-35

曾几何时，"免费服务"是互联网的重要特征之一，如今这一情况正在发生改变。有些人在网上开辟知识付费平台，让寻求知识、学习知识的读者为阅读"买单"，这改变了人们通过互联网免费阅读的习惯。近年来，互联网知识付费市场的规模正以连年翻番的速度增长。但是有专家指出，知识付费市场的发展不可能长久，因为人们大多不愿为网络阅读付费。

以下哪项如果为真，最能质疑上述专家的观点？

A. 高强度的生活节奏使人无法长时间、系统性阅读纸质文本，见缝插针、随时呈现式的碎片化、网络化阅读已成为获取知识的常态。
B. 日常工作的劳累和焦虑使得人们更喜欢在业余时间玩网络游戏、看有趣视频或与好友进行微信聊天。
C. 日益增长的竞争压力促使当代人不断学习新知识，只要知识付费平台做得足够好，他们就愿意为此付费。
D. 当前网上知识付费平台竞争激烈，尽管内容丰富、形式多样，但是鱼龙混杂、缺少规范，一些年轻人沉湎其中难以自拔。
E. 当前，许多图书资料在互联网上均能免费获得，只要合理用于自身的学习和研究一般不会产生知识产权问题。

## 答案与解析

### 1. 正确答案：D

题干结论是：人类的和平共处是一个不可实现的理想。

理由是：自1945年以来，每天有12场战斗在进行。

选项D增加了一个相反的论据，揭示了一个趋势，虽然战争仍在爆发，但战争的数量是越来越少，这样就质疑了"人类的和平共处是一个不可实现的理想"的说法。

其他选项都是支持题干结论的。

### 2. 正确答案：B

如果B项的断定为真，则由于海豚发出的滴答声，不能使它的猎物感知，更谈不上使其感官超负荷从而被击晕，因此，海洋生物学家的推测显然不能成立。其余各项均不能构成质疑。

### 3. 正确答案：B

传统观点是：关节尿酸炎曾于2 500年前在古埃及流行。

问题要求我们质疑这一观点。如果B项的断定为真，则由于这种疾病是遗传病，所以，如果题干中的传统观点成立，则这种病在古埃及人的后代中的发病率应该高于在一般人中的发病率，但事实上在古埃及人的后代中这种病的发病率不比一般人的要高，因此，传统观点不能成立。

其余各项不能加强此种质疑。

### 4. 正确答案：B

题干根据杀虫剂在杀死害虫的同时也杀死了益虫，得出结论：杀虫剂未必能达到提高农作物产量的目的。

如果B项为真，说明只要能大面积地杀死农田中的害虫，即使杀死了益虫，也能达到提高农作物产量的目的，这就有力地削弱了题干的论证。

### 5. 正确答案：D

题干根据调查发现，年龄越大的被调查者越不愿意回答有关收入的问题，得出结论：年龄较小的人比年龄较大的人更愿意告诉别人有关自己的收入状况。

D项如果为真，有利于说明是否愿意告知别人有关自己收入的意愿，可能与年龄没有必然联系。题干所断定的二者的相关，可能是一种偶然的统计相关，而不是事实相关。这就削弱了题干的论证。

A项讨论被调查者之外的一个反例，没有统计意义。

B项作为题干结论的反例，削弱力度不足。

C项指出有人年轻的时候愿意告诉别人自己的收入，支持了题干结论。

收入状况如何与题干讨论无关，E项排除。

6. 正确答案：E

题干根据，"亚里洛"中没有表示"海"的文字，从而推测，使用该文字的部落远离海洋。

如果E项为真，则说明不能根据"亚里洛"中没有表示"海"的文字就推测出，使用"亚里洛"文字的部落或种族在历史上生活在远离海洋的地带。因为"亚里洛"中没有表示"云"的文字，但使用"亚里洛"文字的部落或种族生活的地带不可能没有云。这就有力地削弱了专家的推测。

A项如果为真，也起一定的削弱作用，但是有可能表示"海"的文字，只出现在近现代蒙古语中，因此削弱力度不如E项。"鱼"还可以生活在河、湖中，未必在海里，B项排除；到处都可能有"热"或者"山"，C、D项排除。

7. 正确答案：C

题干结论：用新型键盘替代传统键盘能迅速提高相关部门的工作效率。

选项C的意思是，使用新型键盘，在短期内不利于提高工作效率，显然与题干结论矛盾，有力地削弱了题干论证。A、B、D、E项均为无关项。

8. 正确答案：B

如果B项为真，则可有效地识别并减少逃税行为，因而可以打破上述恶性循环。

9. 正确答案：D

如果事实上合成洗涤剂污染饮用水导致的疾病需要多年后才会显现出来，那么就能说明，不能因为近年来该镇村民没有因饮水污染而患病，而得出被污染的饮用水不会影响健康的结论，因此，D项对题干的论证提出了有力的质疑。

B项和E项也能对题干有所质疑，但力度显然不如D项。其余选项不能对题干提出质疑。

10. 正确答案：D

题干结论：东进咨询公司能保证新创办的公司开业成功。

理由：东进咨询公司的六位客户在开业的两年内都获得了可观的利润。

题干理由：因（东进的咨询）——果（六个公司的开业成功）。

D项：无因（没有东进的咨询）——有果（六个公司的开业成功）。

如果D项为真，上述六个公司的开业成功，与对东进公司的咨询没有实质性的因果联系。

A项对结论有所削弱，但力度不足，比如失败率很低、成功率很高，这样就很难削弱其广告词。

B项是干扰项，是个另有他因的或然性削弱。C项不能削弱。E项的削弱力度很小。

11. 正确答案：B

李军的解释是：开启除霜孔导致车辆玻璃冰霜迅速融化。

前：因（开启除霜孔）——果（冰霜迅速融化）。

后：无因（没有除霜孔）——有果（冰霜迅速融化）。

而B项是：车尾玻璃窗没有除霜孔，后窗的冰霜同前挡风玻璃上的冰霜融化得一样快。

因此，B项无因有果地削弱了该解释，是正确答案。

12. 正确答案：A

李教授得出结论的根据是：专利审理往往要涉及专业科技知识。A项如果为真，就弱化了这一论据，因而也削弱了相关的结论。

13. 正确答案：E

题干结论是：甲班在此次期末考试中将不会有学生不及格。

E项是题干结论的一个反例,有力地削弱了题干结论。

A项能驳倒题干论据,而驳倒结论的削弱力度要大于驳倒论据。

14. 正确答案:A

题干结论是,剑乳齿象灭绝的可能原因是人类的过度捕杀。

A项表明,史前动物之间经常发生大规模相互捕杀的现象,意味着剑乳齿象灭绝的原因可能是其他动物的捕杀,这就提出来一个新的论据,有力地反驳了题干的论证。

B项加强题干解释。C项为无关项。D项有助于说明人类的活动与剑乳齿象的灭绝有关,由于没涉及人类活动中的捕杀行为,因此,不能有效地削弱题干。E项表明,幼年剑乳齿象生存能力弱,但很多幼小动物生存能力都较弱,都需要父母照顾长大,故削弱力度不足。

15. 正确答案:C

题干断定:企业领导层的决策和行动应该以长期目标为主,不需过分关注短期目标。

C项表明长期目标对于短期目标的依赖关系,有力地削弱上述论证。

其余选项不能削弱题干论证。

16. 正确答案:A

若A项为真,撰写报告的人中有来自青山小学的人员,那么按照妻子的推理,就应该得出结论:青山小学教学质量是高的,这就和题干陈述的评估结果不符。因此,A项有力地削弱了妻子的推理。

17. 正确答案:B

题干结论是:利兹鱼的生长速度很可能超过鲸鲨。理由是:最大的利兹鱼体型与鲸鲨相当,但其平均寿命比鲸鲨要短很多。

B项指出,利兹鱼和鲸鲨均在20岁左右达到成年,体型基本定型,这就有力地削弱了题干的论证,也意味着9米长的利兹鱼是正常情况,16.5米这一与鲸鲨体长相当的利兹鱼是个别情况。

A项是干扰项,生长速度不可能有大的差异并不意味着没有差异,削弱力度不足。其余选项为无关项。

18. 正确答案:E

科学家的观点是:人类起源于非洲。论据是:年代最久远的智人遗骸在非洲出现,距今大约20万年。

若E项所述为真,则推翻了题干的论据,有力地反驳了科学家的观点。

19. 正确答案:E

题干观点:在经济发展水平较低的国家和地区,人们也可以通过网络购物来满足自己对物质生活的追求。

若选项E为真,人们对物质生活追求的满足仅仅取决于所在地区的经济发展水平,意味着在经济发展水平较低的国家和地区,网络购物无法满足自己对物质生活的追求,因此最能质疑题干观点。

20. 正确答案:C

题干陈述,市民提出有人作弊的质疑的根据是,"李祥"这个名字连续四个月中签。

C项表明,"李祥"连续四个月抽中是因为叫这个名字的人特别多,并不是同一个人,这就有力地削弱了市民的质疑,因此为正确答案。

其余各项均不能消除市民的质疑。

21. 正确答案:D

专家观点:机器人战争技术的出现可以使人类远离危险,更安全、更有效地实现战争目标。

D项表明，机器人战争技术会使将来战争的发生更为频繁，也更为血腥，与专家所认为的"远离危险""更安全"完全相反，直接质疑了专家观点。因此，该项为正确答案。

A项：表明人类与机器人之间的掌控关系，没有明确机器人与"战争"的关系，排除。

B项：机器人战争技术使部分国家远离危险，对专家观点有一定支持作用，排除。

C项：机器人战争技术使得战争更为人道，支持了专家观点，排除。

E项："消耗更多资源""破坏生态环境"与题干论证无关，为无关选项，排除。

22．正确答案：C

专家的推断：未来智能导游必然会取代人工导游，传统的导游职业将消亡。其理由是：多款智能导游APP被开发出来，并且具有可定位用户位置、自动提供景点讲解和游览问答等功能。

C项表明，好的人工导游可表达观点，个性化很强，而这正是智能导游APP所做不到的，所以，智能导游APP还是难以代替人工导游，从而严重地质疑了上述专家的推断。

A项：中国出境游客因为语音和文化的差异，对智能导游APP的需求比较强烈，对专家的推断有一定的支持作用，排除。

B项：表明智能导游APP的推广还有一些待解的问题，但不能说明未来这些问题不能解决，不能质疑专家的推断，排除。

D项：目前市场还没有培养出用户使用智能导游APP的普遍消费习惯，但不能说明未来不能培养出来，不能质疑专家的推断，排除。

E项：人工导游退出市场还需要一定的时间，对专家的推断有一定的支持作用，排除。

23．正确答案：E

调查者的观点是，爱笑的老人更健康。其理由是，爱笑的老人对自我健康状态的评价往往较高。

E项表明，老年人的自我健康评价往往不客观，这表明老年人的自我健康评价并不等于实际的健康状况，这就有力地质疑了调查者的观点。

其余选项不妥，其中：A、D项，"乐观"不等于"爱笑"，排除；B项，"部分"力度不足，排除；C项，女性、男性与题干的比较对象不一致，排除。

24．正确答案：A

李教授指责：张教授早年发表的一篇论文存在抄袭现象。

张教授提出的证据是自己投稿在先而发表在后，因此，张教授撰写论文时，不可能抄袭别人那篇后发表的论文。因此，A项是张教授最有力的反驳。

张教授要反驳的是别人说自己抄袭，仅A项围绕抄袭是否为事实，作出说明，其他选项都为无关项。

25．正确答案：C

专家主张：教育题材影视剧只能贩卖焦虑，对实现教育公平无用。

C项表明，教育题材影视剧一旦引发广泛关注，就会对国家教育政策走向产生重要影响，意味着教育题材影视剧对实现教育公平是起重要作用的，这显然有力地质疑了专家的主张。

其余选项不妥，其中，A、B、E项与教育题材影视剧无关，排除；D项没提及教育题材影视剧对教育公平的影响，排除。

26．正确答案：A

专家观点：社会不可能"慢"下来等老年人。

A项表明，老年人享有获得公共服务的权利，应该为他们保留老办法，提供传统服务，即社会应该"等"老年人，该项有力地质疑了专家的观点，因此为正确答案。

B项：有些老年人能够熟练使用多种电子产品，对专家观点有支持作用，排除。

C项：超4成的老年人存在智能手机使用障碍，与题干论述的背景情况一致，不能质疑专家的观点，排除。

D项：社会管理和服务不应只有一种模式，对题干有一定的质疑作用，但力度较弱，排除。

E项："有些"是模糊数量，对题干有一定的质疑作用，但力度较弱，排除。

### 27. 正确答案：C

专家观点：知识付费市场的发展不可能长久，因为人们大多不愿为网络阅读付费。

C项表明，只要知识付费平台做得足够好，人们就愿意为网络阅读付费，这与专家观点相反，显然起到了有力质疑的作用，因此为正确答案。

A项：网络阅读已成为获取知识的常态，但没提及人们是否愿意为此付费，排除。

B项：人们更喜欢在业余时间做轻松的事而不是网络阅读，对题干有支持作用，排除。

D项："一些"是模糊数量，质疑力度较弱，排除。

E项：许多图书资料在互联网上均能免费获得，支持了专家观点，排除。

## 3.5 最能削弱

若在题目的备选项中，有两个或两个以上能削弱题干推理的选项，在确定答案时必须比较其削弱的程度。下面提供一些评价削弱程度的一般方法：

(1) 结论强于理由——削弱结论的力度大于削弱前提（论据、原因）。

(2) 内部强于外部——内部削弱的力度大于外部削弱。

(3) 必然强于或然——必然性削弱力度大于或然性削弱。

(4) 明确强于模糊——含有确定性数字的削弱大于模糊概念的削弱。

(5) 量大强于量小——量大的削弱力度大于量小的削弱。

(6) 直接强于间接——直接削弱的力度大于间接削弱。

(7) 整体强于部分——针对整体的削弱力度要大于针对部分的削弱。

(8) 逻辑强于非逻辑——逻辑削弱的力度大于非逻辑削弱。

(9) 质强于量——针对样本质的削弱力度大于针对样本量的削弱。

**1** 2000MBA-38

在驾驶资格考试中，桩考（俗称考杆儿）是对学员要求很高的一项测试。在南崖市各驾驶学校以往的考试中，有一些考官违反工作纪律，也有些考官责任心不强，随意性较大，这些都是学员意见比较集中的问题。今年1月1日起，各驾驶学校考场均在场地的桩上安装了桩考器，由目测为主变成机器测量，使场地驾驶考试完全实现了电脑操作，提高了科学性。

以下哪项如果为真，将最有力地怀疑了这种仪器的作用？

A. 机器都是人发明的，并且最终还是由人来操纵，所以，在执法中防止考官徇私仍有很大的必要。

B. 场地驾驶考试也要包括考查学员在驾驶室中的操作是否规范。

C. 机器测量的结果直接通过计算机打印，随意性的问题能完全消除。

D. 桩考器严格了考试纪律，但是，也会引起部分学员的反对，因为，这样一来，就很难托关系走后门了。

E. 桩考器如果只在南崖市安装，许多学员会到外地去参加驾驶考试。

### 2  2000MBA-44

许多消费者在超级市场挑选食品时，往往喜欢挑选那些用透明材料包装的食品，其理由是透明包装可以直接看到包装内的食品，这样心里有一种安全感。

以下哪项如果为真，最能对上述心理感觉构成质疑？

A. 光线对食品营养所造成的破坏，引起了科学家和营养专家的高度重视。
B. 食品的包装与食品内部的卫生程度并没有直接的关系。
C. 美国宾州州立大学的研究结果表明：牛奶暴露于光线之下，无论是何种光线，都会引起风味上的变化。
D. 有些透明材料包装的食品，有时候让人看了会倒胃口，特别是不新鲜的蔬菜和水果。
E. 世界上许多国家在食品包装上大量采用阻光包装。

### 3  2000MBA-54

第二次世界大战期间，海洋上航行的商船常常遭到德国轰炸机的袭击，许多商船都先后在船上架设了高射炮。但是，商船在海上摇晃得比较厉害，用高射炮射击天上的飞机是很难命中的。战争结束后，研究人员发现，从整个战争期间架设过高射炮的商船的统计资料看，击落敌机的命中率只有4％。因此，研究人员认为，商船上架设高射炮是得不偿失的。

以下哪项如果为真，最能削弱上述研究人员的结论？

A. 在战争期间，未架设高射炮的商船，被击沉的比例高达25％；而架设了高射炮的商船，被击沉的比例只有不到10％。
B. 架设了高射炮的商船，即使不能将敌机击中，在某些情况下也可能将敌机吓跑。
C. 架设高射炮的费用是一笔不小的投入，而且在战争结束后，为了运行的效率，还要再花费资金将高射炮拆除。
D. 一般地说，上述商船用于高射炮的费用，只占整个商船的总价值的极小部分。
E. 架设高射炮的商船速度会受到很大的影响，不利于逃避德国轰炸机的袭击。

### 4  2001MBA-42

为了挽救濒临灭绝的大熊猫，一种有效的方法是把它们都捕获到动物园进行人工饲养和繁殖。

以下哪项如果为真，最能对上述结论提出质疑？

A. 在北京动物园出生的小熊猫京京，在出生24小时后，意外地被它的母亲咬断颈动脉而不幸夭折。
B. 近五年在全世界各动物园中出生的熊猫总数是9只，而在野生自然环境中出生的熊猫的数字，不可能准确地获得。
C. 只有在熊猫生活的自然环境中，才有它们足够吃的嫩竹，而嫩竹几乎是熊猫的唯一食物。
D. 动物学家警告，对野生动物的人工饲养将会改变它们的某些遗传特性。
E. 提出上述观点的是一个动物园主，他的提议带有明显的商业动机。

### 5  2001GRK-29

硕鼠通常不患血癌。在一项实验中发现，给300只硕鼠同等量的辐射后，将它们平均分为两组，第一组可以不受限制地吃食物，第二组限量吃食物。结果第一组75只硕鼠患血癌，第二组5只硕鼠患血癌。因此，通过限制硕鼠的进食量，可以控制由实验辐射导致的硕鼠血癌的发生。

以下哪项如果为真，最能削弱上述实验结论？

A. 硕鼠与其他动物一样，有时原因不明就患有血癌。

B. 第一组硕鼠的食物易于使其患血癌,而第二组的食物不易使其患血癌。

C. 第一组硕鼠体质较弱,第二组硕鼠体质较强。

D. 对其他种类的实验动物,实验辐射很少导致患血癌。

E. 不管是否控制进食量,暴露于实验辐射的硕鼠都可能患有血癌。

## 6  2002MBA-24

一种外表类似苹果的水果被培育出来,我们称它为皮果。皮果皮里面会包含少量杀虫剂的残余物。然而,专家建议我们吃皮果之前不应该剥皮,因为这种皮果的果皮里面含有一种特殊的维生素,这种维生素在其他水果里面含量很少,对人体健康很有益处,弃之可惜。

以下哪项如果为真,最能对专家的上述建议构成质疑?

A. 皮果皮上的杀虫剂残余物不能被洗掉。

B. 皮果皮中的那种维生素不能被人体充分消化吸收。

C. 吸收皮果皮上的杀虫剂残余物对人体的危害超过了吸收皮果皮中的维生素对人体的益处。

D. 皮果皮上杀虫剂残余物的数量太少,不会对人体带来危害。

E. 皮果皮上的这种维生素未来也可能用人工的方式合成,有关研究成果已经公布。

## 7  2002MBA-42

近年来,立氏化妆品的销量有了明显的增长,同时,该品牌用于广告的费用也有同样明显的增长。业内人士认为,立氏化妆品销量的增长,得益于其广告的促销作用。

以下哪项如果为真,最能削弱上述结论?

A. 立氏化妆品的广告费用,并不多于其他化妆品。

B. 立氏化妆品的购买者中,很少有人注意到该品牌的广告。

C. 注意到立氏化妆品广告的人中,很少有人购买该产品。

D. 消协收到的对立氏化妆品的质量投诉,多于其他化妆品。

E. 近年来,化妆品的销售总量有明显增长。

## 8  2003MBA-55

我国科研人员经过临床和对动物的多次试验,发现中药山茱萸具有抗移植免疫排斥反应和治疗自身免疫疾病的作用,是新的高效低毒免疫抑制剂。某医学杂志首次发表了关于这一成果的论文。多少有些遗憾的是,从杂志收到该论文到它的发表,间隔了6周。如果这一论文能尽早发表,这6周内许多这类患者可以避免患病。

以下哪项如果为真,最能削弱上述论证?

A. 上述医学杂志在发表此论文前,未送有关专家审查。

B. 只有口服山茱萸超过两个月,药物才具有免疫抑制作用。

C. 山茱萸具有抗移植免疫排斥反应和治疗自身免疫性疾病的作用仍有待进一步证实。

D. 上述杂志不是国内最权威的医学杂志。

E. 口服山茱萸可能会引起消化系统不适。

## 9  2003GRK-35

现在市面上电子版图书越来越多,其中包括电子版的文学名著,而且价格都很低。另外,人们只要打开电脑,在网上几乎可以读到任何一本名著。这种文学名著的普及,会大大改变大众的阅读品味,有利于造就高素质的读者群。

以下哪项如果为真,最能削弱上述论证?

A. 文学名著的普及率一直不如大众读物,特别是不如健身、美容和智力开发等大众读物。

B. 许多读者认为电脑阅读不方便，宁可选择印刷版读物。
C. 一个高素质的读者不仅仅需要具备文学素养。
D. 真正对文学有兴趣的人不会因文学名著的价钱高或不方便而放弃获得和阅读文学名著的机会，而对文学没有兴趣的人则相反。
E. 在互联网上阅读名著仍然需要收费。

### 10　2004MBA－54

小丽在情人节那天收到了专递公司送来的一束鲜花。如果这束花是熟人送的，那么送花人一定知道小丽不喜欢玫瑰而喜欢紫罗兰。但小丽收到的是玫瑰。如果这束花不是熟人送的，那么，花中一定附有签字名片。但小丽收到的花中没有名片。因此，专递公司肯定犯了以下的某种错误：或者该送紫罗兰却误送了玫瑰；或者失落了花中的名片；或者这束花应该是送给别人的。

以下哪项如果为真，最能削弱上述论证？
A. 女士在情人节收到的鲜花一般都是玫瑰。
B. 有些人送花，除了取悦对方外，还有其他目的。
C. 有些人送花是出于取悦对方以外的其他目的。
D. 不是熟人不大可能给小丽送花。
E. 上述专递公司在以往的业务中从未有过失误记录。

### 11　2010GRK－55

新挤出的牛奶中含有溶菌酶等抗菌活性成分。将一杯原料奶置于微波炉加热至50℃，其溶菌酶活性降低至加热前的50%。但是，如果用传统热源加热原料奶至50℃，其内的溶菌酶活性几乎与加热前一样，因此，对酶产生失活作用的不是加热，而是产生热量的微波。

以下哪项如果属实，最能削弱上述论述？
A. 将原料奶加热至100℃，其中的溶菌酶活性会完全失活。
B. 加热对原料奶酶的破坏可通过添加其他酶予以补偿，而微波对酶的破坏却不能补偿。
C. 用传统热源加热液体奶达到50℃的时间比微波加热至50℃的时间长。
D. 经微波炉加热的牛奶口感并不比用传统热源加热的牛奶口感差。
E. 微波炉加热液体会使内部的温度高于液体表面达到的温度。

### 12　2016MBA－41

根据现有的物理学定律，任何物质的运动速度都不能超过光速，但是最近一次天文观测结果向这条定律发起了挑战。距离地球遥远的IC310星系拥有一个活跃的黑洞，掉入黑洞的物质产生了伽马射线冲击波。有些天文学家发现，这束伽马射线的速度超过了光速，因为它只用了4.8分钟就穿越了黑洞边界，而且光要25分钟才能走完这段距离。由此，这些天文学家提出，光速不变定律需要修改了。

以下哪项如果为真，最能质疑天文学家所作的结论？
A. 或者光速不变定律已经过时，或者天文学家的观测有误。
B. 如果天文学家的观测没有问题，光速不变定律就需要修改。
C. 要么天文学家的观测有误，要么有人篡改了天文观测数据。
D. 天文观测数据可能存在偏差，毕竟IC310星系离地球很远。
E. 光速不变定律已经历经多次实践检验，没有出现反例。

### 13　2016MBA－51

田先生认为，绝大部分笔记本电脑运行速度慢的原因不是CPU性能太差，也不是内存容量太小,而是硬盘速度太慢,给老旧的笔记本电脑换装固态硬盘可以大幅提升使用者的游戏体验。

以下哪项如果为真,最能质疑田先生的观点?

A. 一些笔记本电脑使用者的使用习惯不好,使得许多运行程序占据大量内存,导致电脑运行速度缓慢。

B. 销售固态硬盘的利润远高于销售传统的笔记本电脑硬盘。

C. 固态硬盘很贵,给老旧笔记本换装硬盘费用不低。

D. 使用者的游戏体验很大程度上取决于笔记本电脑的显卡,而老旧笔记本电脑的显卡较差。

E. 少部分老旧笔记本电脑的CPU性能很差,内存也小。

**14** 2021MBA-49

某医学专家提出一种简单的手指自我检测法:将双手放在眼前,把两个食指的指甲那一面贴在一起,正常情况下,应该看到两个指甲床之间有一个菱形的空间;如果看不到这个空,则说明手指出现了杵状改变,这是患有某种心脏或肺部疾病的迹象。该专家认为,人们通过手指自我检测能快速判断自己是否患有心脏或肺部疾病。

以下哪项如果为真,最能质疑上述专家的论断?

A. 杵状改变可能由多种肺部疾病引起,如肺纤维化、支气管扩张等,而且这种病变需要经历较长的一段过程。

B. 杵状改变不是癌症的明确标志,仅有不足40%的肺癌患者有杵状改变。

C. 杵状改变检测只能作为一种参考,不能用来替代医生的专业判断。

D. 杵状改变有两个发展阶段,第一个阶段的畸变不是很明显,不足以判断人体是否有病变。

E. 杵状改变是手指末端软组织积液造成,而积液是由于过量血液注入该区域导致,其内在机理仍然不明确。

**15** 2023MBA-49

十多年前曾有传闻:M国从不生产一次性筷子,完全依赖进口,而且M国96%的一次性筷子来自中国。2019年有媒体报道:"去年M国出口的木材中,约有40%流向了中国市场,而且今年中国订单的比例还在进一步攀升,中国已成为M国木材出口中占比最大的国家。"张先生据此认为,中国和M国木材进出口角色的转换,表明中国人的环保意识已经超越M国。

以下哪项如果为真,最能削弱张先生的观点?

A. 十多年前的传闻不一定反映真实情况,实际情形是中国的一次性筷子比其他国家的更便宜。

B. 从2018年起,中国相关行业快速发展,木材需求急剧增长;而M国多年养护的速生林正处于采伐期,出口量逐年递增。

C. 近年中国修订相关规范,原来只用于商品外包装的M国杉木现也可用于木结构建筑物,导致进口大增。

D. 制作一次性筷子的木材主要取自速生杨树或者桦树,这类速生树种只占中国经济林的极小部分。

E. 中国和M国在木材贸易上的角色转换主要是经济发展导致,环保意识只是因素之一,但不是主要因素。

423

## 答案与解析

**1. 正确答案：B**

题干断定：安装了桩考器，由目测变成机器测量，使场地驾驶考试完全实现了电脑操作，提高了科学性。

由题干，安装在场地桩上的桩考器，显然只能从外部监测汽车在场地上的驾驶是否符合要求，而不能从内部考查学员在驾驶室中的操作是否规范，因此，如果B项的断定为真，即场地驾驶考试也要包括考查学员在驾驶室中的操作是否规范，但这是桩考器无法测试的，这就有力地质疑这种仪器的作用。

**2. 正确答案：A**

如果A项为真，说明透明包装食品的营养容易受到破坏，这就对题干中顾客的感觉构成了质疑。

C项也能构成质疑，但它涉及的只是牛奶这一种食品，其质疑力度显然不如A项。

B项断定食品的包装与食品内部的卫生程度并没有直接的关系，但完全可能有间接关系，因此是一种或然性的质疑。

D项偏离了比较的对象；E项显然不能构成质疑。

**3. 正确答案：A**

根据商船架设高射炮后击落敌机的命中率，得出结论：商船架设高射炮没用（得不偿失）。要质疑题干的结论，找到"有用"的事例即可。

A项说明没架设高射炮的商船被击沉的比例高，从另一个方面说明商船架设高射炮有用。

B项说明架设高射炮的商船可能将敌机吓跑，也说明商船架设高射炮有用。但B项的削弱力度不如A项，因为B项所断定的"某些情况"，到底带有多大的普遍性，并没有得到断定。另外，考虑到题干所断定的击落敌机的命中率较低，因此，从A项可推出B项，但显然从B项不能推出A项。因此，答案是A。

C项和E项讲的是商船架设高射炮的坏处，实际上支持题干。D项讲的是商船架设高射炮费用不多，说明经济上可行，但题干讲的是军事上要有用，因此，为无关项。

**4. 正确答案：C**

如果C项的断定为真，则动物园不可能为所有的大熊猫提供足够的嫩竹，因此，如果把大熊猫都捕获到动物园进行人工饲养和繁殖，它们几乎唯一的食物来源就会发生问题，这就对题干的结论提出了严重的质疑。

D项如果为真，只能说明动物学家确实警告了，但这一警告是否符合科学则未必，并不能确定人工饲养会改变熊猫的某些遗传特性。而且即使改变了某些遗传特性，但如果是把不好的特性改变为好的特性，或者改变了一些无关紧要的特性，那也不能削弱题干。

E项是个外部削弱，质疑力度显然不如C项。A项和B项不能构成质疑。

**5. 正确答案：B**

题干的实验运用的是差异法。在运用差异法求因果联系时，必须保持背景条件的相同。在上述实验中，考察的是进食量的差异，除此以外，其他实验条件应当相同。而B、C项都表明了背景因素不同，都能削弱题干。

如果B项为真，能有力地说明硕鼠患血癌的原因，极可能与进食量无关，而与进食的食物有关，这就有力地削弱了题干的实验结论。由于B项直接点明了食物与血癌的关系，因此，削弱的力度要大于C项所指的体质差异。

#### 6. 正确答案：C

如果C项为真，则由于吸收皮果皮上的杀虫剂残余物对人体的危害超过了吸收皮果皮中的维生素对人体的益处，因此，没有理由因为皮果皮中的维生素对人体有益而食用它，这有力地质疑了专家的建议。

A项和B项也能对专家的建议构成质疑，是单一因素的削弱，力度不如C项。A项说的是坏处存在；B项说的是维生素不能被人体充分消化吸收，但也可以被部分吸收，削弱力度不足。

D项和E项不能构成质疑，其中，D项对专家的建议有所支持。

#### 7. 正确答案：C

题干断定：立氏化妆品销量的增长，得益于其广告的促销作用。

诸选项中，B项和C项都能削弱题干的结论，但是，B项是说立氏化妆品的广告几乎没有影响，C项是说立氏化妆品的广告有负影响，即起了负促销作用。显然，C项比B项更能削弱题干。

#### 8. 正确答案：B

如果B项的断定为真，则由于山茱萸的疗效在服用2个月后才能见效，因此，即使揭示山茱萸疗效的论文能提前6周发表，即使这类患者读到论文后立即服药，在这6周内也难以避免患病，这就严重地削弱了题干的论证。

C项和D项对题干有所削弱，但力度不如B项。"有待进一步证实"是个或然性的说法。

A项和E项都是明显的无关选项。

#### 9. 正确答案：D

题干观点：因为电子版的文学名著价格低廉并且易于获得，所以电子版的文学名著能够改变大众的阅读品味，有利于造就高素质的读者群。

A、C项为明显无关选项，排除。

B项指出有人认为电子读物不方便，有一定的削弱作用，但是没有排除另外一些人愿意选用电子读物的可能，削弱力度不足，排除。

D项意味着即使价格便宜了，也方便了，但是原来不读的人还是不读，那么电子版文学名著就不能改变大众的阅读品味，削弱题干论述，正确。

E项说电子读物也需要收费，有削弱的意思，但是没有排除题干所说的收费低廉的可能性，削弱力度不足，排除。

#### 10. 正确答案：C

题干论述：因为熟人不会送小丽不喜欢的玫瑰花，不是熟人一定在花中放名片，而小丽收到的是玫瑰花，并且没有名片，所以此专递公司送错了花或者丢了名片。

如果不是出于取悦对方的目的，熟人就可能送小丽不喜欢的花，并且符合熟人不放名片的条件，因此，如果C项为真，说明专递公司没有送错花或者丢了名片，严重削弱了题干论证。

E项对题干结论有所削弱，但没有削弱题干论证，因此不是答案。

A项为无关项；小丽不喜欢玫瑰，送玫瑰达不到取悦的目的，B项排除；题干里已经讨论了不是熟人送花的情况，因此，D项与题干结论无关。

#### 11. 正确答案：E

若E项为真，说明将一杯原料奶置于微波炉加热至50℃，实际达到的内部温度高于50℃，这就严重削弱了题干的论证。

A项并没有确认是何种热源，如果加热的方式是使用传统热源，则能削弱题干的结论；而如果是微波炉加热，就不能削弱题干。

### 12. 正确答案：C

题干论述：天文学家观测到这束伽马射线的速度超过了光速，由此提出，光速不变定律需要修改了。

C项表明，观测结果不可信，有力地质疑了天文学家的结论，因此为正确答案。

其余选项不妥。其中A、B项起不到明确的质疑作用。D项有质疑作用，但"可能"的表述的质疑力度较弱。E项"没有出现反例"不代表反例不存在，质疑力度较弱。

### 13. 正确答案：D

田先生的观点是，给老旧的笔记本电脑换装固态硬盘可以大幅提升使用者的游戏体验。

其理由是，笔记本电脑运行速度慢的原因是硬盘速度太慢。

D项表明，游戏体验主要取决于显卡，即使更换固态硬盘可能也没作用，这以另有他因的方式有力地质疑了田先生的观点。

其余选项不妥，其中：

A、E项：削弱力度较弱，"一些""少部分"是一种模糊数量，并且没有提及硬盘速度慢与使用者游戏体验差之间的因果关系，排除。

B、C项："利润""费用不低"均与题干论证无关，为无关项，排除。

### 14. 正确答案：E

专家认为，人们通过手指自我检测能快速判断自己是否患有心脏或肺部疾病。理由是，手指出现了杵状改变是患有某种心脏或肺部疾病的迹象。

E项表明，杵状改变的内在机理不明，这就割裂了杵状改变和心肺疾病之间的关系，意味着通过手指自我检测难以判断心肺疾病，这有力地质疑了专家的论断。

其余选项不妥，其中：

A项：对专家论点有所支持，表明杵状改变和心肺疾病有关，排除。

B项：表明杵状改变和肺部疾病有联系，对题干论证有所加强，排除。

C项：表明杵状改变检测可以作为一种参考，对题干论证有弱支持的作用，排除。

D项：只表明第一个阶段的畸变不明显，没有明确以后的阶段将会如何，起不到质疑作用，排除。

### 15. 正确答案：B

张先生的根据：多年前M国大部分的一次性筷子来自中国；而去年中国已成为M国木材出口中占比最大的国家。

提出观点：中国人的环保意识已经超越M国。

B项表明，中国木材需求急剧增长，M国处于采伐期的速生林出口量递增，这与环保意识无关，有力地削弱了张先生的观点，为正确答案。

A项：十多年前，中国的一次性筷子比其他国家的更便宜，没有涉及去年中国已成为M国木材出口中占比最大的国家，排除。

C项：只提及了中国进口M国杉木这一种木材的量大增，削弱力度较弱，排除。

D项：用于制作一次性筷子的速生树种只占中国经济林的极小部分，为无关选项，排除。

E项：环保意识只是中国和M国在木材贸易上的角色转换因素之一，对张先生的观点有一定的支持作用，排除。

## 3.6 削弱变形

削弱变形题指的是由于题干结论和提问方式的变化，使得有的题目貌似支持，实际上是削弱，有的题目貌似削弱，实际上是支持。由于提问方式的变化，而导致削弱或支持的指向发生变化。若题干是否定性的结论，则要注意提问方式：

(1) 支持否定性结论实际上就是削弱肯定性结论。
(2) 削弱否定性结论实际上就是支持肯定性结论。
(3) 不能支持否定性结论实际上就是支持肯定性结论（或无关项）。
(4) 不能削弱否定性结论实际上就是削弱肯定性结论（或无关项）。

不管是哪一类的支持或削弱方式，支持或削弱都最终对推理或结论起作用，所以关键是要针对结论来寻找满足问题要求的选项。

### 1 2000MBA-51

澳大利亚是个地广人稀的国家，不仅劳动力价格昂贵，而且很难雇到工人，许多牧场主均为此发愁。有个叫德尔的牧场主采用了一种办法，他用电网把自己的牧场圈起来，既安全可靠，又不需要多少牧牛工人。但是反对者认为这样会造成大量的电力浪费，对牧场主来说增加了开支，对国家的资源也不够节约。

以下哪项如果为真，能够削弱反对者对德尔的指责？

A. 电网在通电10天后就不再耗电，牛群因为有了惩罚性的经验，不会再靠近和触碰电网。
B. 节省人力资源对于国家来说也是一笔很大的财富。
C. 使用电网对于牛群来说是暴力式的放牧，不符合保护动物的基本理念。
D. 德尔的这种做法，既可以防止牛走失，也可以防范居心不良的人偷牛。
E. 德尔的这种做法思路新颖，可以考虑用在别的领域以节省宝贵的人力资源。

### 2 2000GRK-24

经过许多科学技术人员的攻关，目前DVD这种最新型的播放器的成本已经大大下降，单台的售价已经基本上与即将被淘汰的上一代播放设备VCD持平。有的市场分析人员认为，即将会出现一次DVD的"热销狂潮"。而对于这种预测，明讯管理学院的周教授表示不能同意，认为热销之说过于乐观。

以下哪项不能支持周教授的观点？

A. 目前市场中录制在DVD播放器所使用的激光光盘上的电影节目尚不多见。
B. VCD的技术虽然已经不很先进，但是十年以来已经占领了很大一部分市场，恐怕不会很快退出竞争。
C. DVD在美国的销量已经连续两年紧追彩电和冰箱，成为美国电器市场销售榜的第三名。
D. 供DVD播放器所使用的激光盘片的制作工艺非常特殊，经技术鉴定表明基本很难盗版。
E. 比DVD更先进的播放器SVD的研制工作已经结束，据晚报报道，大约半年时间就能够推出中国百姓普遍能够买得起的SVD产品。

### 3 2000GRK-28

调查表明，最近几年来，成年人中患肺结核的病例逐年减少。但是，以此还不能得出肺结核发病率逐年下降的结论。

以下哪项如果为真，则最能加强上述推论？

A. 上述调查的重点是在城市，农村中肺结核的发病情况缺乏准确的统计。
B. 肺结核早就不是不治之症。

C. 和心血管病、肿瘤等比较，近年来对肺结核的防治缺乏足够的重视。
D. 防治肺结核病的医疗条件近年来有较大的改善。
E. 近年来未成年人中的肺结核病例明显增多。

### 4  2001MBA - 38

一个已经公认的结论是，北美洲人的祖先来自亚洲。至于亚洲人是如何到达北美的，科学家们一直假设，亚洲人是跨越在14 000年以前还连接着北美和亚洲，后来沉入海底的陆地进入北美的，在艰难的迁徙途中，他们靠捕猎沿途陆地上的动物为食。最近的新发现导致了一个新的假设，亚洲人是驾船沿着上述陆地的南部海岸，沿途以鱼和海洋生物为食而进入北美的。

以下哪项如果为真，最能使人有理由在两个假设中更相信后者？

A. 当北美和亚洲还连在一起的时候，亚洲人主要以捕猎陆地上的动物为生。
B. 上述连接北美和亚洲的陆地气候极为寒冷，植物品种和数量都极为稀少，无法维持动物的生存。
C. 存在于8 000年以前的亚洲和北美文化，显示出极大的类似性。
D. 在欧洲，靠海洋生物为人的食物来源的海洋文化，最早发端于10 000年以前。
E. 在亚洲南部，靠海洋生物为人的食物来源的海洋文化，最早发端于14 000年以前。

### 5  2005MBA - 35

户籍改革的要点是放宽对外来人口的限制，G市在对待户籍改革上面临两难。一方面，市政府懂得吸引外来人口对城市化进程的意义；另一方面，又担心人口激增的压力。在决策班子里形成了"开放"和"保守"两派意见。

以下各项如果为真，都只能支持上述某一派的意见，除了

A. 城市与农村户口分离的户籍制度，不适应目前社会主义市场经济的需要。
B. G市存在严重的交通堵塞、环境污染等问题，其城市人口的合理容量有限。
C. G市近几年的犯罪案件增加，案犯中来自农村的打工人员的比例增高。
D. 近年来，G市的许多工程的建设者多数是来自农村的农民工，其子女的就学成为市教育部门面临的难题。
E. 由于计划生育政策和生育观的改变，近年来G市的幼儿园、小学乃至中学的班级数量递减。

### 6  2022MBA - 34

补充胶原蛋白已经成为当下很多女性抗衰老的手段之一。她们认为：吃猪蹄能够补充胶原蛋白，为了美容养颜，最好多吃些猪蹄。近日有些专家对此表示质疑，他们认为多吃猪蹄其实并不能补充胶原蛋白。

以下哪项如果为真，最能质疑上述专家的观点？

A. 猪蹄中的胶原蛋白会被人体的消化系统分解，不会直接以胶原蛋白的形态补充到皮肤中。
B. 人们在日常生活中摄入的优质蛋白和水果、蔬菜中的营养物质，足以提供人体所需的胶原蛋白。
C. 猪蹄中胶原蛋白的含量并不多，但胆固醇含量高、脂肪多，食用过多会引起肥胖，还会增加患高血压的风险。
D. 猪蹄中的胶原蛋白经过人体消化后会被分解成氨基酸等物质，氨基酸参与人体生理活动，再合成人体必需的胶原蛋白等多种蛋白质。

E. 胶原蛋白是人体皮肤、骨骼和肌腱中的主要结构蛋白，它填充在真皮之间，撑起皮肤组织，增加皮肤紧密度，使皮肤水润而富有弹性。

### 7  2023MBA-48

"嫦娥"登月、"神舟"巡天，我国不断谱写飞天梦想的新篇章。基于太空失重环境的多重效应，研究人员正在探究植物在微重力环境下生存的可能性。他们设想，如果能够在太空中种植新鲜水果和蔬菜，则不仅有利于航天员的身体健康，而且还可以降低食物的上天成本，同时，可以利用其消耗的二氧化碳产生氧气，为航天员生活与工作提供有氧环境。

以下哪项如果为真，则可能成为研究人员实现上述设想的最大难题？

A. 为了携带种子、土壤等种植必需品上天，飞船需要减少其他载荷以满足发射要求，这可能影响其他科学实验的安排。

B. 有些航天员虽然在地面准备阶段学习掌握了植物栽培技术，但在太空的实际操作中他们可能会遇到意想不到的情况。

C. 太空中的失重、宇宙射线等因素会对植物的生长和发育产生不良影响，食用这些植物可能有损航天员的健康。

D. 有些航天员将植物带入太空，又成功带回地面，短暂的太空经历对这些植物后来的生长发育可能造成影响。

E. 过去很多航天器携带植物上天，因为缺乏生长条件，这些植物都没有存活很长时间。

## 答案与解析

### 1. 正确答案：A

批评者对德尔的指责是：用电网把牧场圈起来的做法会造成大量的电力浪费。

如果 A 项的断定为真，则题干中反对者所指责的电力浪费，即使存在，也至多只会持续 10 天，这就有力地削弱了反对者对德尔的指责。

其余各项均不能削弱题干中的指责。

### 2. 正确答案：C

周教授的观点是："即将出现一次 DVD 热销狂潮"之说不成立。

本题的问题可转化为：下列哪项能够有力地支持"即将出现一次 DVD 热销狂潮"之说？

C 项明显地支持"即将出现一次 DVD 热销狂潮"，A、B、E 项都质疑"即将出现一次 DVD 热销狂潮"，D 项起不到支持作用。

### 3. 正确答案：E

题干中讲不能从成年人中患肺结核的病例逐年减少得出肺结核发病率逐年下降的结论，最直接的可能性是成年人只是肺结核发病者的一部分，那么，另一部分包括什么人呢？未成年人。选项 E 将肺结核发病人群分为两类，成年人和未成年人，那么，由成年人病例的减少加上未成年人病例的明显增多，当然不能得出肺结核发病率逐年下降的结论。

### 4. 正确答案：B

题干第一个假设断定，迁徙者是以沿途的动物为食，如果 B 项的断定为真，可知这样的动物当时难以存在，则题干中的第一个假设就难以成立。

A 项支持第一个假设。E 项能支持第二个假设，但力度不大。其余各项与问题无关。

### 5. 正确答案：D

D 项断定，近年来，G 市的许多工程的建设者多数是来自农村的农民工，这一断定支持了"开放"；D 项又断定，农民工子女的就学成为市教育部门面临的难题，这一断定支持了"保守"。

其余选项都只支持某一派的意见。比如，A 项是支持"开放"意见的。

### 6. 正确答案：D

专家的观点：多吃猪蹄其实并不能补充胶原蛋白。

D 项表明，猪蹄中的胶原蛋白确实能够合成人体必需的胶原蛋白，有力地质疑了专家的观点。因此，该项为正确答案。

其余选项不能质疑上述专家的观点，其中：

A 项：猪蹄中的胶原蛋白不能补充到人体皮肤中，支持了专家的观点，排除。

C 项：猪蹄中胶原蛋白的含量并不多，意味着多吃猪蹄其实并不能有效地补充胶原蛋白，支持了专家的观点，排除。

B、E 项：都没提及多吃猪蹄是否可以补充胶原蛋白，均为无关选项，排除。

### 7. 正确答案：C

研究人员的设想是：在太空中种植新鲜水果和蔬菜。

各选项从不同角度论述了实现这个设想的难题，其中 C 项表明，食用太空中种植的水果和蔬菜可能有损航天员的健康，与其他难题相比，这是最严重的问题。

## 3.7 不能削弱

不能削弱型考题的解题方法是先将能反对题干结论的选项排除掉，最后剩下的选项不管是与题干不相干的，还是支持题干的，都是不能削弱的，即不能削弱题型的正确答案必为支持项或无关项。

### 1 2000MBA-58

加拿大的一位运动医学研究人员报告说，利用放松体操和机能反馈疗法，有助于对头痛进行治疗。研究人员抽选出 95 名慢性牵张性头痛患者和 75 名周期性偏头痛患者，教他们放松头部、颈部和肩部的肌肉，以及用机能反馈疗法对压力和紧张程度加以控制。其结果是，前者中有四分之三、后者中有一半人报告说，他们头痛的次数和剧烈程度有所下降。

以下哪项如果为真，最不能削弱上述论证的结论？

A. 参加者接受了高度的治疗有效的暗示，同时，对病情改善的希望亦起到推波助澜的作用。

B. 参加者有意迎合研究人员，即使不合事实，也会说感觉变好。

C. 多数参加者自愿合作，虽然他们的生活状况受到巨大的压力，在研究过程中，他们会感觉到生活压力有所减轻。

D. 参加实验的人中，慢性牵张性头痛患者和周期性偏头痛患者人数选择不等，实验设计需要进行调整。

E. 放松体操和机能反馈疗法的锻炼，减少了这些头痛患者的工作时间，使得他们对于自己病情的感觉有所改善。

### 2 2000GRK-31

老钟在度过一个月的戒烟生活后，又开始抽烟。奇怪的是，这得到了钟夫人的支持。钟夫人说："我们处长办公室有两位处长，年龄差不多，看起来身体状况也差不多，只是一位烟瘾很重，一位绝对不吸，可最近体检却查出这位绝不吸烟的处长得了肺癌。看来不吸烟未必就好。"

以下各项如果为真，除哪项外均能反驳钟夫人的这个推论？

A. 癌症和其他一些疑难病症的起因是许多医学科研工作者研究的课题，目前还没有一个确定的结论。
B. 来自世界妇女大会的报告表明，妇女由于经常在厨房劳作，因为油烟的原因，患肺癌的比例相对较高。
C. 癌症的病因大多跟患者的性格和心情有关，许多并不吸烟的人因为长期心情抑郁，也容易患癌症。
D. 烟瘾很重的处长检查身体的结果还未出来，可能他的体检表会暴露更多的问题。
E. 根据统计资料，肺癌患者中有长期吸烟史的比例高达75％，而无长期吸烟史的只占30％。

### 3  2001MBA-22

据S市的卫生检疫部门统计，和去年相比，今年该市肠炎患者的数量有明显的下降。权威人士认为，这是由于该市的饮用水净化工程正式投入了使用。

以下哪项，最不能削弱上述权威人士的结论？

A. 和天然饮用水相比，S市经过净化的饮用水中缺少了几种重要的微量元素。
B. S市的饮用水净化工程在五年前动工，于前年正式投入了使用。
C. 去年S市对餐饮业特别是卫生条件较差的大排档进行了严格的卫生检查和整顿。
D. 由于引进了新的诊断技术，许多以前被诊断为肠炎的病案，今年被确诊为肠溃疡。
E. 全国范围的统计数字显示，我国肠炎患者的数量呈逐年明显下降的趋势。

### 4  2002GRK-28

一个医生在进行健康检查时，如果检查得足够彻底，就会使那些本没有疾病的被检查者无谓地饱经折腾，并白白地支付了昂贵的检查费用；如果检查得不够彻底，又可能错过一些严重的疾病，给病人一种虚假的安全感而延误治疗。问题在于，一个医生往往很难确定该把一个检查进行到何种程度。因此，对普通人来说，没有感觉不适就去接受医疗检查是不明智的。

以下各项如果为真，都能削弱上述论证，除了

A. 有些严重疾病早期就会出现病人自己能察觉的明显症状。
B. 有些严重疾病早期虽无病人能察觉的明显症状，但这些症状并不难被医生发现。
C. 有些严重疾病只有经过彻底的检查才能发现。
D. 有些经验丰富的医生可以恰如其分地把握检查的彻底程度。
E. 有些严重疾病发展到病人有明显不适已错过了治疗的最佳时机。

### 5  2003MBA-44

因为青少年缺乏基本的驾驶技巧，特别是缺乏紧急情况的应对能力，所以必须给青少年的驾驶执照附加限制。在这点上，应当吸取H国的教训。在H国，法律规定16岁以上就可申请驾驶执照。尽管在该国注册的司机中19岁以下的只占7％，但他们却是20％的造成死亡的交通事故的肇事者。

以下各项有关H国的判定如果为真，都能削弱上述议论，除了

A. 和其他人相比，青少年开的车较旧，性能也较差。
B. 青少年开车时载客的人数比其他司机要多。
C. 青少年开车的年均公里数（即每年平均行驶的公里数）要高于其他司机。
D. 和其他司机相比，青少年较不习惯系安全带。
E. 据统计，被查出酒后开车的司机中，青少年所占的比例，远高于他们占整个司机总数的比例。

### 6  2003GRK-46

据医学资料记载，全球癌症的发病率20世纪下半叶比上半叶增长了近十倍，成为威胁人类生命的第一杀手。这说明，20世纪下半叶以高科技为标志的经济迅猛发展所造成的全球性生态失衡是诱发癌症的重要原因。

以下哪项如果为真，最不能削弱上述论证？

A. 人类的平均寿命，20世纪初约为30岁，20世纪中叶约为40岁，目前约为65岁，癌症高发病的发达国家的人均寿命普遍超过70岁。

B. 20世纪上半叶，人类经历了两次世界大战，大量的青壮年人口死于战争；而20世纪下半叶，世界基本处于和平发展时期。

C. 高科技极大地提高了医疗诊断的准确率和这种准确的医疗诊断在世界范围的覆盖率。

D. 高科技极大地提高了人类预防、早期发现和诊治癌症的能力，有效地延长着癌症病人的生命时间。

E. 从世界范围来看，医学资料的覆盖面和保存完好率，20世纪上半叶大约分别只有20世纪下半叶的50%和70%。

### 7  2004GRK-36

越来越多的计算机软件被开发应用于机械工程，这使得该领域操作流程中原来需要通过复杂数学计算得到的结果，现在只要通过简单操作电脑就能得到。因此，对于操作型的机械工程师来说，理解和掌握数学知识变得越来越没有必要；在培养机械工程师的院校中，应大大缩减数学课程，以腾出时间，加强其他课程的教学。

以下哪项如果为真，最不能削弱上述论证？

A. 用于机械工程的计算机软件，其功能不仅是数学计算。

B. 机械工程学院的培养目标，不仅是纯操作型人才，而且是具有操作能力的理论型人才。

C. 数学知识是学习和掌握机械工程一系列基础课程的重要工具。

D. 数学教学的目的，不仅是传授数学知识，而且是训练锐利、敏捷、清晰和准确的思维能力，这对于提高操作型人员的素质，同样具有重要的作用。

E. 用于机械工程的计算机软件的开发研究，不仅需要机械工程专业知识，而且需要数学专业知识。

### 8  2006MBA-42

某报评论：H市的空气质量本来应该已经得到改善。五年来，市政府在环境保护方面花了气力，包括耗资600多亿元将一些污染最严重的工厂迁走，但是，H市仍难摆脱空气污染的困扰，因为解决空气污染问题面临着许多不利条件，其中，一个是机动车辆的增加，另一个是全球石油价格的上升。

以下各项如果为真，都能削弱上述论断，除了

A. 近年来H市加强了对废气的排放的限制，加大了对污染治理费征收的力度。

B. 近年来H市启用了大量电车和使用燃气的公交车，地铁的运行路线也有明显增加。

C. 由于石油涨价，许多计划购买豪华车的人转为购买低耗油的小型车。

D. 由于石油涨价，在国际市场上一些价位偏低的劣质含硫石油进入H市。

E. 由于汽油涨价和公车改革，拥有汽车的人缩减了驾车出行的计划。

### 9  2009MBA-44

S市持有驾驶证的人员数量较五年前增加了数十万，但交通死亡事故却较五年前有明显的减少。由此可以得出结论：目前S市驾驶员的驾驶技术熟练程度较五年前有明显的提高。

以下各项如果为真,都能削弱上述论证,除了
A. 交通事故的主要原因是驾驶员违反交通规则。
B. 目前 S 市的交通管理力度较五年前有明显加强。
C. S 市加强对驾校的管理,提高了对新驾驶员的培训标准。
D. 由于油价上涨,许多车主改乘公交车或地铁上下班。
E. S 市目前的道路状况及安全设施较五年前有明显改善。

## 10  2009GRK-50

在一项调查中,对"如果被查出患有癌症,你是否希望被告知真相"这一问题,80%的被调查者作了肯定回答。因此,当人们被查出患有癌症时,大多数都希望被告知真相。

以下各项如果为真,都能削弱上述论证,除了
A. 在另一项相同内容的调查中,大多数被调查者对这一问题作了否定回答。
B. 上述问题的完整表述是:作为一个意志坚强和负责任的人,如果被查出患有癌症,你是否希望被告知真相?
C. 上述调查的策划者不具有医学背景。
D. 上述调查是在一次心理学课堂上实施的,调查对象受过心理素质的训练。
E. 在被调查时,人们通常都不讲真话。

## 11  2010MBA-29

现在越来越多的人拥有了自己的轿车,但他们明显地缺乏汽车保养的基本知识。这些人会按照维修保养手册或 4S 店售后服务人员的提示做定期保养。可是,某位有经验的司机会告诉你,每行驶 5 000 公里做一次定期检查,只能检查出汽车可能存在问题的一小部分,这样的检查是没有意义的,是浪费时间和金钱。

以下哪项不能削弱该司机的结论?
A. 每行驶 5 000 公里做一次定期检查是保障车主安全所需要的。
B. 每行驶 5 000 公里做一次定期检查能发现引擎的某些主要故障。
C. 在定期检查中所做的常规维护是保证汽车正常运行所必需的。
D. 赵先生的新车未作定期检查行驶到 5 100 公里时出了问题。
E. 某公司新购的一批汽车未作定期检查,均安全行驶了 7 000 公里以上。

## 12  2016MBA-38

开车路上,一个人不仅需要有良好的守法意识,也需要有特有的"理性计算";在拥堵的车流中,只要有"加塞"的,你开的车就一定要让着它;你开着车在路上正常直行,有车不打方向灯在你近旁突然横过来要撞上你,原来它想要变道,这时你也得让着它。

以下除哪项外,均能质疑上述"理性计算"的观点?
A. 有理的让着没有理的,只会助长歪风邪气,有悖于社会的法律和道德。
B. "理性计算"其实就是胆小怕事,总觉得凡事能躲则躲,但有的事很难躲过。
C. 一味退让就会给行车带来极大的危险,不但可能伤及自己,而且有可能伤及无辜。
D. 即使碰上也不可怕,碰上之后如果立即报警,警方一般会有公正的裁决。
E. 如果不让,就会碰上,碰上之后,即使自己有理,也会有许多麻烦。

## 13  2023MBA-50

某公司为了让员工多运动,近日出台一项规定:每月按照 18 万步的标准对员工进行考核,如果没有完成步行任务,则按照"一步一分钱"标准扣钱。有专家认为,此举鼓励运动,看似对员工施加压力,实质上能够促进员工的身心健康,引导整个企业积极向上。

以下各项如果为真，则除哪项外均能质疑上述专家的观点？

A. 按照我国《劳动法》等相关法律规定，企业规章制度所涉及的员工行为应与工作有关，而步行显然与工作无关。
B. 步行有益身体健康，但规定每月必须步行 18 万步，不达标就扣钱，显得有些简单粗暴，这会影响员工对企业的认同感。
C. 公司鼓励员工多运动，此举不仅让员工锻炼身体，还可释放工作压力，培养良好品格，改善人际关系。
D. 有员工深受该规定的困扰，为了完成考核，他们甚至很晚不得不外出运动，影响了正常休息。
E. 该公司老张在网上购买了专门刷步行数据的服务，只花 1 元钱就可轻松购得两万步。

# 答案与解析

### 1. 正确答案：D

题干断定：放松体操和机能反馈疗法有助于对头痛进行治疗。

理由是：对头痛患者应用该疗法，能使部分患者头痛减轻。

A、B、C 和 E 项都是另有他因的削弱，这些选项有利于说明，题干中进行实验的患者，或者他们的头痛实际上并没有减轻，或者他们头痛虽然减轻了，但并不是因为题干中的疗法所致，这就削弱了题干的结论。

D 项所述的人数问题，不影响实验的结果，既不能加强，也不能削弱题干的结论。

### 2. 正确答案：A

钟夫人的结论是：不吸烟未必就好。

理由是：两位处长中不吸烟的那位却得了肺癌。

反驳钟夫人的推论的办法之一是说明她举的案例有偏差或有失误。选项 B 中，可能其中绝对不吸烟的处长是女性；选项 C 中，可能其中绝对不抽烟的处长长期心情抑郁；选项 D 说明了烟瘾很重的处长的体检结果可能更糟糕，吸烟比不吸烟还是更糟糕的。

反驳钟夫人的推论的办法之二是说明不吸烟就是好，吸烟就是不好。选项 E 用数据表明了有长期吸烟史的人得肺癌的可能性高，就说明了这一点。

只有选项 A，与题干并无太大并联，无法反驳钟夫人的推论，因此是正确答案。

### 3. 正确答案：A

题干中权威人士的结论是：S 市今年肠炎患者的数量比去年明显下降的原因，是由于该市的饮用水净化工程正式投入了使用。

如果 B 项的断定为真，则由于 S 市的饮用水净化工程于前年就投入了使用，因此，这一工程的使用，显然不能成为 S 市今年肠炎患者的数量比去年明显下降的原因，削弱了题干的结论。

如果 C 项的断定为真，则存在这种可能性，S 市对餐饮业严格的卫生检查和整顿是在接近去年年底进行的，作为这种检查的结果，今年该市餐饮业的卫生状况比去年有明显改善，这有可能是今年肠炎患者的数量比去年明显下降的主要原因，削弱了题干的结论。

如果 D 项的断定为真，则今年肠炎患者的数量比去年明显下降的主要原因，可能是在去年会被诊断为肠炎的病例，今年被确诊为肠溃疡，削弱了题干的结论。

如果 E 项的断定为真，则说明可能是某种在全国范围内一般性的原因造成了 S 市肠炎患者数量的逐年减少，削弱了题干的结论。

如果 A 项为真，则只有满足下述条件，题干的结论才可能被削弱：缺少所提及的微量元素会降低人对肠炎的抵抗力。但题干并没有断定这一点，如果缺少的微量元素导致了肠炎，则支持了题干中权威人士的结论；若两者无关，则为无关选项；若缺少的微量元素可以增加肠炎，则起到了削弱作用。因此，相比较而言，A 项最不能削弱题干的结论。

4. 正确答案：A

题干的结论是：对普通人来说，没有感觉不适就去接受医疗检查是不明智的。

A 项断定，有些严重疾病早期就会出现病人自己能察觉的明显症状，其中显然最可能包括某种程度的感觉不适，因此，这和题干的结论及其论证无关，既不加强、也不削弱题干。

其余各项均能削弱题干论证。

B 项断定，有些严重疾病早期虽无明显症状，但容易被医生发现，说明这种没有感觉不适的情况去接受医疗检查是明智的。

C 项断定，有些严重疾病只有经过彻底的检查才能发现，这指出了彻底健康检查的正面作用，因而能削弱题干的论证。

D 项断定，有些经验丰富的医生可以恰如其分地把握检查的彻底程度，说明彻底的健康检查有正面作用。

E 项断定，有些严重疾病发展到病人有明显不适已错过了治疗的最佳时机，说明应该早点接受彻底的检查。

5. 正确答案：B

题干论述：青少年缺乏基本的驾驶技巧和紧急情况的应对能力，因此，必须给青少年的驾驶执照附加限制。

题干以 H 国的实例来加强其论据：在该国注册的司机中 19 岁以下的只占 7％，但他们却是 20％ 的造成死亡的交通事故的肇事者。

A、D 和 E 项如果为真，则说明造成青少年交通事故的原因，并非他们缺乏基本的驾驶技巧，也并非他们缺乏紧急情况的应对能力，这就削弱了题干的议论。

C 项如果为真，则说明青少年驾车事故率较高的原因之一，是他们有较高的年均驾驶公里数，显然年均驾驶公里数较高，则发生交通事故的可能性也较高，这以另有他因的方式对题干有所削弱。

B 项不能削弱题干或削弱力度不足。因为：

第一，这是个概念陷阱，题干的论据涉及的是造成死亡的交通事故率，即造成死亡的交通事故中，有多大的比例是青少年驾车所致，而不是交通事故的死亡率，即交通事故造成的死亡人数中，有多大的比例是青少年驾车所致。

第二，即使认为人多，可能事故多，这对题干有所削弱，但题干没讲是否超载，在正常载客范围内，也不至于人多事故就多，不能递进推理。即使你坚持认为 B 项能削弱题干，那也得看是否有明显不能削弱的选项，而我们发现本题其他选项都能明显削弱题干，那么，相比较而言，不能削弱项就得选 B 项了。

6. 正确答案：D

题干认为 20 世纪下半叶癌症发病率增长的重要原因是高科技为标志的经济迅猛发展所造成的生态失衡。

D 项只能说明高科技提高了人类战胜癌症的能力，延长了寿命，但这与癌症发病率关系不大，无助于说明，以高科技为标志的经济迅猛发展所造成的生态失衡，不是癌症发病率增长的重要原因，因此不能削弱题干论证。

其余各项均能削弱题干。比如，B 项说明，全球癌症的发病率 20 世纪上半叶比下半叶低，是由于那时相当多的人，还不到癌症的发病年龄就已死于战争了，这意味着 20 世纪下半叶癌症发病率高可能是正常现象，而非生态失衡所导致，这就削弱了题干的论证。

7. 正确答案：A

题干的结论是：对于操作型的机械工程师来说，数学知识变得没有必要；在培养机械工程师的院校中，应大大缩减数学课程。论据是：电脑操作代替了数学计算。

B、C、D、E 项如果为真，都有利于说明，除了计算之外，数学知识和数学课程还有别的功能，因此都能削弱题干的论证。

A 项断定的是除了数学计算之外，计算机软件还有其他功能，这不能削弱题干的论证。

8. 正确答案：D

题干的论点是：H 市仍难摆脱空气污染的困扰。

D 项如果为真，有利于说明全球石油价格的上升，导致了劣质含硫石油的进入，将使污染加重，支持了题干论断。

A、B、C、E 项都说明可以摆脱空气污染的困扰，起到了削弱作用。

9. 正确答案：C

题干根据持有驾驶证的人数增加了，而交通死亡事故明显减少了，得出结论：驾驶员的驾驶技术提高了。

C 项指出，S 市加强对驾校的管理，提高了对新驾驶员的培训标准，这意味着驾驶员的驾驶技术通过强制措施得到了提高，支持了题干论证，为正确答案。

其余选项均说明，交通死亡事故明显减少很可能是驾驶员更遵守交通规则，交通管理力度较五年前有明显加强，车主开车少了，或者道路状况及安全设施较五年前有明显改善等原因造成的，而不是驾驶员提高了驾驶技术，因此都以另有他因的方式削弱了题干的论证。

10. 正确答案：C

只有 C 项不能削弱题干论证，其余选项都能削弱。A 项说明从该次调查不应当得出普遍性的结论；B 项说明该调查中存在误导性的问题，具有主观诱导的作用；D 项说明了调查对象的特殊性，不具有代表性；E 项直接否定了题干结论的可靠性。

11. 正确答案：E

司机的结论是，每行驶 5 000 公里做一次定期检查是没有意义的；理由是，检查只能查出汽车可能存在问题的一小部分。

E 项的事实是，一批汽车未作定期检查均安全行驶了 7 000 公里以上，支持了每行驶 5 000 公里做一次定期检查是没有意义的这一结论。

其余选项都削弱了题干的论证。A 项，定期检查是保障车主安全所需要的；B 项，定期检查能发现引擎的某些主要故障；C 项，在定期检查中所做的常规维护是必需的；D 项，举例说明了不检查就会出问题。这些都说明了定期检查是有意义的。

12. 正确答案：E

题干所述"理性计算"的观点是，在路上开车如果遇到加塞或变道的车，就要让着它。

选项 A、B、C、D 分别从不同角度说明不能一味避让，均质疑了上述观点。

只有 E 项表明，如果不让就会增添麻烦，意思就是要避让，与题干观点相同，即支持了题干。因此，该项起不到质疑作用，为正确答案。

13. 正确答案：C

专家观点：每月按照 18 万步的标准对员工进行考核，不达标则按规定扣钱，这个公司规定能够促进员工的身心健康，引导整个企业积极向上。

C 项表明公司鼓励员工多运动的好处，这对专家观点有支持作用，即不能质疑专家的观点，因此为正确答案。

其余选项均从不同角度论述了这个公司规定的坏处或漏洞，质疑了专家的观点，均予排除。

## 3.8 削弱复选

削弱复选是削弱题型的多选题，这类题的选项可从多个角度对题干论证进行削弱，是各类削弱方向的综合运用，对每个选项都要有正确的把握。

**1  2001MBA-26**

一位海关检查员认为，他在特殊工作经历中培养了一种特殊的技能，即能够准确地判定一个人是否在欺骗他。他的根据是，在海关通道执行公务时，短短的几句对话就能使他确定对方是否可疑；而在他认为可疑的人身上，无一例外地都查出了违禁物品。

以下哪项如果为真，能削弱上述海关检查员的论证？

Ⅰ. 在他认为不可疑而未经检查的入关人员中，有人无意地携带了违禁物品。
Ⅱ. 在他认为不可疑而未经检查的入关人员中，有人有意地携带了违禁物品。
Ⅲ. 在他认为可疑并查出违禁物品的入关人员中，有人是无意地携带违禁物品的。

A. 只有Ⅰ。　　　　　　　　　B. 只有Ⅱ。
C. 只有Ⅲ。　　　　　　　　　D. 只有Ⅱ和Ⅲ。
E. Ⅰ、Ⅱ和Ⅲ。

**2  2005MBA-28**

马医生发现，在进行手术前喝高浓度加蜂蜜的热参茶可以使他在手术时主刀更稳，同时用时更短，效果更好。因此，他认为，要么是参，要么是蜂蜜，含有的某些化学成分能帮助他更快更好地进行手术。

以下哪项如果为真，能削弱马医生的上述结论？

Ⅰ. 马医生在喝高浓度加蜂蜜的热柠檬茶后的手术效果同喝高浓度加蜂蜜的热参茶一样好。
Ⅱ. 马医生在喝白开水之后的手术效果与喝高浓度加蜂蜜的热参茶一样好。
Ⅲ. 洪医生主刀的手术效果比马医生好，而前者没有术前喝高浓度加蜂蜜的热参茶的习惯。

A. 只有Ⅰ。　　　　　　　　　B. 只有Ⅱ。
C. 只有Ⅲ。　　　　　　　　　D. 只有Ⅰ和Ⅱ。
E. Ⅰ、Ⅱ和Ⅲ。

**3  2010MBA-32**

在某次课程教学改革的研讨会上，负责工程类教学的程老师说，在工程设计中，用于解决数学问题的计算机程序越来越多了，这样就不必要求工程技术类大学生对基础数学有深刻的理解。因此，在未来的教学体系中，基础数学课程可以用其他重要的工程类课程替代。

以下哪项如果为真，能削弱程老师的上述论证？

Ⅰ. 工程类基础课程中已经包含了相关的基础数学内容。
Ⅱ. 在工程设计中，设计计算机程序需要对基础数学有全面的理解。
Ⅲ. 基础数学课程的一个重要目标是培养学生的思维能力，这种能力对工程设计来说很关键。

A. 只有Ⅱ。　　　　　　　　　B. 只有Ⅰ和Ⅱ。

C. 只有Ⅰ和Ⅲ。
D. 只有Ⅱ和Ⅲ。
E. Ⅰ、Ⅱ和Ⅲ。

## 答案与解析

**1. 正确答案：D**

海关检查员认为，他能够准确地判定一个人是否在欺骗他。根据是，在他认为可疑的人身上，无一例外地都查出了违禁物品。

选项Ⅰ不能削弱海关检查员的论证。因为判定一个无意地携带了违禁物品的入关人员为不可疑，不能说明检查员受了欺骗，同样不能说明检查员在判定一个人是否在欺骗他时不够准确。

选项Ⅱ能削弱海关检查员的论证。因为判定一个有意地携带了违禁物品的入关人员为不可疑，说明检查员受了欺骗，因而能说明检查员在判定一个人是否在欺骗他时不够准确。

选项Ⅲ能削弱海关检查员的论证。因为判定无意地携带了违禁物品的入关人员为可疑，虽然不能说明检查员受了欺骗，但是能说明检查员在判断一个人是否在欺骗他时不够准确。

**2. 正确答案：B**

马医生的结论是：要么是参，要么是蜂蜜，含有的某些化学成分能帮助他更快更好地进行手术。

Ⅰ项实际上有利于说明，蜂蜜有效果。

Ⅱ项表明，没有参和蜂蜜，能有同样好的手术效果，这就有力地削弱了马医生的结论（无因有果的削弱）。

Ⅲ项是个无关项，没有针对结论，起不到削弱作用。因为马医生的结论只是针对自己，并非同时针对别人。

**3. 正确答案：D**

程老师的结论是，不必要求工程技术类大学生对基础数学有深刻的理解，基础数学课程可以用其他重要的工程类课程替代。理由是，在工程设计中，用于解决数学问题的计算机程序越来越多了。

Ⅰ项，工程类基础课程中已经包含了相关的基础数学内容，支持了题干的结论。

Ⅱ项，设计计算机程序需要对基础数学有全面的理解。Ⅲ项，基础数学课程能培养学生的思维能力，这种能力对工程设计来说很关键。这些都从另外的角度说明了工程技术类大学生还是要学基础数学课程，有力地削弱了题干。

# 小 结

前面讲的几种支持与削弱的方式只是给考生解题时提供的一种思路，对某些考题可能用其中的几种思路都说得通，因此，考生不要拘泥于具体每一道逻辑题到底归于哪一类，特别是真正到考场，我们会发现没有时间判断考题属于哪一类，在考试中主要还是凭平时训练积累起来的感觉来迅速解题。

### 1. 削弱题的解题步骤

第一，寻找结论，推理的重点在结论上。

第二，找出题干得出结论的理由。

第三，分析题干中的论证形式。

第四，预测答案：用结论的具体性去区分有关无关，对于特殊类，先预测出答案。
第五，削弱方式：
（1）反驳或质疑结论。
（2）反驳或质疑论据。
（3）削弱前提对于结论的支持力度。
（4）指出论证方式中存在逻辑漏洞。
几种特殊类型：
条件型结论：举反例。
原文是类比：削弱方式为两者本质不同。
原文是调查：有效性受怀疑（被调查对象没代表性等）。
原文前提和结论关系不密切：正确选项直接削弱结论。
第六，验证答案。

### 2. 削弱题的解题思路

（1）第一类结构：因果论证型。前提（原因）→结论（结果）。
①断桥：措施达不到目的、原因得不到结果、条件得不出结论。
②他因：受其他因素限制，措施未必达目的、原因未必得结果、条件未必得结论。
（2）第二类结构：因果解释型。前提（结果）→结论（原因）。
①其他原因可能导致该结果。
②割断因果：有因无果或无因有果。
③因果颠倒了。
④显示因果关系的资料不准确。
总之，削弱就是找逻辑漏洞。

# 第 4 章 评 价

论证评价考题主要考查我们评价论点的能力，是支持和削弱两种思路的综合。解答评价题的关键是要寻找一个能影响题干结论的变量，即要求找出一个在肯定或否定状态下支持题干而相反状态下则削弱题干结论的选项。

## 4.1 是否假设

由于评价在很多情况下是对题干推理成立的隐含假设起作用，所以读题时要注意体会题干推理的隐含假设，解题重点一般在隐含假设上，对隐含假设提出评价，以达到评判目的。

针对隐含假设提出评价的思路包括因果有无联系、推理是否可行、方法是否可行、有无他因，也即寻找一个对题干论证过程起到正反两方面作用的隐含假设的选项。

**1  2001GRK-44**

人们对于搭乘航班的恐惧其实是毫无道理的。据统计，仅 1995 年，全世界死于地面交通事故的人数超出 80 万，而在自 1990 年至 1999 年的 10 年间，全世界平均每年死于空难的还不到 500 人，而在这 10 年间，我国平均每年罹于空难的还不到 25 人。

为了评价上述论证的正确性，回答以下哪个问题最为重要？

A. 在上述 10 年间，我国平均每年有多少人死于地面交通事故？
B. 在上述 10 年间，我国平均每年有多少人加入地面交通，有多少人加入航运？
C. 在上述 10 年间，全世界平均每年有多少人加入地面交通，有多少人加入航运？
D. 在上述 10 年间，1995 年全世界死于地面交通事故的人数是否是最高的？
E. 在上述 10 年间，哪一年死于空难的人数最多，人数是多少？

**2  2001GRK-45**

在北欧一个称为古堡镇的郊外，有一个不乏凶禽猛兽的天然猎场。每年秋季，吸引了来自世界各地富于冒险精神的狩猎者。一个秋季下来，古堡镇的居民发现，他们之中此期间在马路边散步时被汽车撞伤的人的数量，比在狩猎时受到野兽意外伤害的人数多出了两倍！因此，对于古堡镇的居民来说，在狩猎季节，呆在猎场中比马路边散步更安全。

为了评价上述结论的可信程度，最可能提出以下哪个问题？

A. 在这个秋季，古堡镇有多少数量的居民去猎场狩猎？
B. 在这个秋季，古堡镇有多少比例的居民去猎场狩猎？
C. 古堡镇的交通安全纪录在周边几个城镇中是否是最差的？
D. 来自世界各地的狩猎者在这个季节中有多少比例的人在狩猎时意外受伤？
E. 古堡镇的居民中有多少好猎手？

## 答案与解析

**1. 正确答案：C**

题干根据统计数据，地面交通比搭乘航班的死亡人数要大得多，得出结论：对搭乘航班感到恐惧是没有道理的。

为了评价上述论证的正确性，必须要知道每年加入地面交通和搭乘航班的人数。因为在对航运和地面交通的安全性进行比较时，在事故罹难者的绝对数量之间进行比较是没有意义的，正确的方法应是在事故率和事故死亡率之间进行比较。为了进行这种比较，不仅要知道统计年限内航运和地面交通事故罹难者的绝对数字，而且要知道有多少人加入地面交通，有多少人加入航运。选项C提出的正是这个问题，因此，为正确答案。

选项B提出的是类似的问题，但它仅涉及我国，不符合题干。

**2. 正确答案：B**

题干根据在马路边散步时被汽车撞伤的人数比在狩猎时受到野兽意外伤害的人数多出了两倍，得出结论：在猎场比在马路边散步更安全。

为了评价上述论证的正确性，必须要知道马路边散步的人数和去猎场的人数。因为在对猎场与马路边散步的安全性进行比较时，在受伤的绝对数量之间进行比较是没有意义的，正确的方法应是在受伤率之间进行比较。因此，只有知道了古堡镇居民的人数（也就是在马路边散步的人数）和去猎场狩猎的人数，对这两个场合中受到意外伤害的人的比率进行比较才有意义。B项提出的正是这个问题，它对评价题干的结论最为重要。

## 4.2 对比评价

对比评价针对的是一个对比实验或对比调查，往往涉及求异法，需要重点考虑的评价方向有：

（1）对比的基准如何？对某个事物的评价，首先要有个评价的基准，也就是可比较的标准。

（2）另一方的情况如何？重点考虑隐含比较的另一方是一个有效的评价。

（3）其他关键证据怎样？有无反例存在？对比实验或对比调查的关键是要让实验或调查对象的其他方面的条件相同。

### 1 2000MBA-60

在经历了全球范围的股市暴跌的冲击以后，T国政府宣称，它所经历的这场股市暴跌的冲击，是由于最近国内一些企业过快的非国有化造成的。

以下哪项，如果事实上是可操作的，最有利于评价T国政府的上述宣称？

A. 在宏观和微观两个层面，对T国一些企业最近的非国有化进程的正面影响和负面影响进行对比。

B. 把T国受这场股市暴跌的冲击程度，和那些经济情况和T国类似，但最近没有实行企业非国有化的国家所受到的冲击程度进行对比。

C. 把T国受这场股市暴跌的冲击程度，和那些经济情况和T国有很大差异，但最近同样实行了企业非国有化的国家所受到的冲击程度进行对比。

D. 计算出在这场股市风波中T国的个体企业的平均亏损值。

E. 运用经济计量方法预测 T 国的下一次股市风波的时间。

### 2  2001MBA-36

许多孕妇都出现了维生素缺乏的症状，但这通常不是由于孕妇的饮食中缺乏维生素，而是由于腹内婴儿的生长使她们比其他人对维生素有更高的需求。

为了评价上述结论的确切程度，以下哪项操作最为重要？

A. 对某个缺乏维生素的孕妇的日常饮食进行检测，确定其中维生素的含量。
B. 对某个不缺乏维生素的孕妇的日常饮食进行检测，确定其中维生素的含量。
C. 对孕妇的科学食谱进行研究，以确定有利于孕妇摄入足量维生素的最佳食谱。
D. 对日常饮食中维生素足量的一个孕妇和一个非孕妇进行检测，并分别确定她们是否缺乏维生素。
E. 对日常饮食中维生素不足量的一个孕妇和另一个非孕妇进行检测，并分别确定她们是否缺乏维生素。

### 3  2001MBA-68

毫无疑问，未成年人吸烟应该加以禁止。但是，我们不能为了防止给未成年人吸烟以可乘之机，就明令禁止自动售烟机的使用。这种禁令就如同为了禁止无证驾车在道路上设立路障，这道路障自然禁止了无证驾车，但同时也阻挡了 99% 以上的有证驾驶者。

为了对上述论证作出评价，回答以下哪个问题最为重要？

A. 未成年吸烟者在整个吸烟者中所占的比例是否超过 1%？
B. 禁止使用自动售烟机带给成年购烟者的不便究竟有多大？
C. 无证驾车者在整个驾车者中所占的比例是否真的不超过 1%？
D. 从自动售烟机中是否能买到任何一种品牌的香烟？
E. 未成年人吸烟的危害，是否真如公众认为的那样严重？

### 4  2001GRK-43

据一项统计显示，在婚后的 13 年中，妇女的体重平均增加了 15 公斤，男子的体重平均增加了 12 公斤。因此，结婚是人变得肥胖的重要原因。

为了对上述论证作出评价，回答以下哪个问题最为重要？

A. 为什么这项统计要选择 13 年这个时间段作为依据？为什么不选择其他时间段，例如为什么不是 12 年或 14 年？
B. 在上述统计中，婚后体重减轻的人有没有？如果有的话，占多大的比例？
C. 在被统计对象中，男女各占多少比例？
D. 这项统计的对象，是平均体重较重的北方人，还是平均体重较轻的南方人？如果二者都有的话，各占多少比例？
E. 在上述 13 年中，处于相同年龄段的单身男女的体重增减状况是怎样的？

### 5  2003GRK-40

随着年龄的增长，人体对卡路里的日需求量逐渐减少，而对维生素和微量元素的需求却日趋增多。因此，为了摄取足够的维生素和微量元素，老年人应当服用一些补充维生素和微量元素的保健品，或者应当注意比年轻时食用更多的含有维生素和微量元素的食物。

为了对上述断定作出评价，回答以下哪个问题最为重要？

A. 对老年人来说，人体对卡路里需求量的减少幅度，是否小于对维生素和微量元素需求量的增加幅度？
B. 保健品中的维生素和微量元素，是否比日常食品中的维生素和微量元素更易被人体吸收？

C. 缺乏维生素和微量元素所造成的后果，对老年人是否比对年轻人更严重？

D. 一般地说，年轻人的日常食物中的维生素和微量元素含量，是否较多地超过人体的实际需要？

E. 保健品是否会产生危害健康的副作用？

### 6  2017MBA-42

研究者调查了一组大学毕业即从事有规律的工作正好满8年的白领，发现他们的体重比刚毕业时平均增加了8公斤。研究者由此得出结论，有规律的工作会增加人们的体重。

关于上述结论的正确性，需要询问的关键问题是以下哪项？

A. 和该组调查对象其他情况相仿且经常进行体育锻炼的人，在同样的8年中体重有怎样的变化？

B. 该组调查对象的体重在8年后是否会继续增加？

C. 为什么调查关注的时间段是调查对象在毕业工作后8年，而不是7年或者9年？

D. 该组调查对象中男性和女性的体重增加是否有较大差异？

E. 和该组调查对象其他情况相仿但没有从事有规律工作的人，在同样的8年中体重有怎样的变化？

## 答案与解析

### 1. 正确答案：B

对某个事物的评价，有效的方式是看对比情况的结果。按照B项的设计操作，那些经济情况和T国类似，但最近没有实行企业非国有化的国家，如果没有受到类似于T国的股市暴跌的冲击，则根据求异法可认为股市暴跌的原因就是非国有化，即T国政府的宣称将受到支持；如果同样受到类似于T国的股市暴跌的冲击，则股市暴跌的原因就不能认为是非国有化，即T国政府的宣称将受到严重质疑。显然，这一操作有利于评价T政府的宣称。

其余各项，对评价T国政府的宣称没有意义，或意义不大（表3-4-1）（表中B、C指背景因素相同）。

表3-4-1

| 场合 | 先行情况 | 观察到的现象 |
| --- | --- | --- |
| 1. T国 | 实行非国有化、B、C | 股市暴跌 |
| 2. 别国 | 没有实行非国有化、B、C | ？ |

结论：股市暴跌是否是非国有化造成的

### 2. 正确答案：D

如果D项操作的结果是：非孕妇不缺乏维生素而孕妇缺乏维生素，则腹内婴儿就可被认为是孕妇维生素缺乏的原因；反之，如果非孕妇也缺乏维生素，则不能认为腹内婴儿是孕妇维生素缺乏的原因，可能是所有妇女都缺乏维生素了。因此，D项操作对于评价题干的结论具有重要性。

A项无意义，因为题干已说到孕妇的饮食中通常不缺乏维生素。其余各项对评价题干的结论都不具重要性（表3-4-2）（表中B、C指日常饮食中维生素都足量等相同背景因素）。

表 3-4-2

| 场合 | 先行情况 | 观察到的现象 |
|---|---|---|
| 1. 孕妇 | 腹内有婴儿、B、C | 维生素缺乏 |
| 2. 非孕妇 | 腹内无婴儿、B、C | 维生素是否缺乏？ |

结论：腹内婴儿是否是孕妇维生素缺乏的原因

### 3. 正确答案：B

把本题类比的要素列表 3-4-3：

表 3-4-3

| 目的 | 不可行的做法 | 做法不可行的理由 |
|---|---|---|
| 为防止未成年人吸烟 | 禁止自动售烟机 |  |
| 为禁止无证驾车 | 在道路上设立路障 | 路障在禁止无证驾车的同时也阻挡了有证驾驶者 |

为防止未成年人吸烟而禁止自动售烟机的使用这个做法不可行的理由应该是，禁止自动售烟机的使用在防止未成年人吸烟的同时，也影响了成年吸烟者。

B项说出了是否要禁止自动售烟机使用的参考依据。如果对B项的回答为"肯定"，即如果自动售烟机也是成年吸烟者主要的甚至是唯一的购烟渠道，那么禁令使大多数购买香烟的成年人感到不方便，所以支持了"该禁令不合适"的结论；否则如果对B项的回答为"否定"，即禁令没有给大多数购买香烟的成年人造成不便，则反对了"该禁令不合适"的结论。所以B项做了最好的评价。

### 4. 正确答案：E

题干根据统计，由结婚后男女的体重都增加了这一事实，得出结论：结婚是人变得肥胖的重要原因。

E项提出的问题对评价题干的论证最为重要。因为如果在上述13年中，处于相同年龄段的单身男女的体重增减状况和题干的统计结果类似，那么，题干的结论就得到削弱。反之，如果在上述13年中，处于相同年龄段的单身男女的体重增长要少，那么，题干的结论就得到支持（表3-4-4）。

表 3-4-4

| 场合 | 先行情况 | 观察到的现象 |
|---|---|---|
| 1 | 结婚 | 体重增长多 |
| 2 | 不结婚 | ? |

结论：结婚是否是体重增长的原因

### 5. 正确答案：D

题干观点：由于老年人所需的维生素和微量元素较多，所以老年人应该食用保健品或者食用比年轻时更多的含有维生素和微量元素的食物。

题干的议论要成立，需要满足一个条件，即年轻人的日常食物中的维生素和微量元素含量，并没有较多地超过人体的实际需要。D项正是针对这个假设，对于评判题干至关重要。对D项进行肯定回答，即：如果年轻人的日常食物中的维生素和微量元素含量，实际上较多地超过人体的实际需要，那么，老年人只要维持年轻时的日常食物就可以了，无须再补充，这样题干的议论就不能成立。对D项进行否定回答时，意味着老年人很可能的确需要摄入更多的含有维生素和微量元素的食物来满足需要，支持题干论述，因此，D项正确。

题干主要讨论维生素和微量元素的问题，A为明显无关比较，排除。

题干提供了保健品和食物两种选择，任选其一即可，B起不到评价作用，排除。

无论所造成的后果如何，只要有不利后果就应该避免，C为明显无关选项，排除。

题干提供了保健品和食物两种选择，即使保健品有副作用，也可以通过选择食物来满足维生素和微量元素的需要，E排除。

### 6. 正确答案：E

按照求异法，要得出合理的结论，必须对从事有规律工作的人和没有从事有规律工作的人的体重变化进行对比。

E项是需要询问的关键问题。和该组调查对象其他情况相仿但没有从事有规律工作的人，在同样的8年中体重有怎样的变化？若体重同样增加，则削弱题干论证；若体重没有增加或增加很少，则加强题干论证。

## 4.3 不能评价

不能评价型考题的解题方法是把能够评价题干推理的选项排除掉，剩下的起不到评价作用的选项就是正确答案。

### 1  2009GRK-44

一种流行的看法是，人们可以通过动物的异常行为来预测地震。实际上，这种看法是基于主观类比，不一定能揭示客观联系。一条狗在地震前行为异常，这自然会给他的主人留下深刻印象。但事实上，这个世界上的任何一刻，都有狗出现行为异常。

为了评价上述论证，回答以下哪个问题最不重要？

A. 被认为是地震前兆的动物异常行为，在平时是否也同样出现过？

B. 两种不同类型的动物，在地震前的异常行为是否类似？

C. 地震前有异常行为的动物在整个动物中所占的比例是多少？

D. 在地震前有异常行为的动物中，此种异常行为未被注意的比例是多少？

E. 同一种动物，在两次地震前的异常行为是否类似？

### 2  2002MBA-53

任何一篇译文都带有译者的行文风格。有时，为了及时地翻译出一篇公文，需要几个笔译人员同时工作，每人负责翻译其中一部分。在这种情况下，译文的风格往往显得不协调。与此相比，用于语言翻译的计算机程序则显示出优势：准确率不低于人工笔译，但速度比人工笔译快得多，并且能保持译文风格的统一。所以，为及时译出那些长的公文，最好使用机译而不是人工笔译。

为对上述论证作出评价，回答以下哪个问题最不重要？

A. 是否可以通过对行文风格的统一要求，来避免或至少减少合作译文在风格上的不协调？

B. 根据何种标准可以准确地判定一篇译文的准确率？

C. 机译的准确率是否同样不低于翻译家的笔译？

D. 日常语言表达中是否存在由特殊语境决定的含义，这些含义只有靠人的头脑，而不能靠计算机程序把握？

E. 不同的计算机翻译程序，是否也和不同的人工译者一样，会具有不同的行文风格？

445

## 答案与解析

**1. 正确答案：B**

本题需要评价的是，地震前狗的异常行为和地震是否有确凿的联系。

B项与此最不相关，因为即使否定此项，也不能削弱题干（即不同类型的动物在地震前的异常行为即使不类似，但只要都有异常行为就能支持题干）。

其余选项与评价题干的论述有关。例如A项如果得到肯定，则支持题干；如果得到否定，则削弱题干。

**2. 正确答案：E**

题干的结论是：为保持译文风格的统一，对于长的公文最好使用机译而不是人工笔译。

理由是：多人翻译公文，译文的风格往往不协调。

A、B、C、D项都与评判题干论证有关。只有E项涉及的问题和评判题干的论证无关，因为每篇公文的机译在正常情况下是由同一计算机翻译程序完成的，因此，即使不同的计算机翻译程序有不同的风格，也不会影响同一篇译文在行文风格上的统一。

# 小　结

评价实质上就是支持和削弱的结合。评价题型，要我们找到一个最能影响题干结论的变量，就是寻找一个在肯定或否定状态下支持题干而相反状态下则削弱题干结论的选项。

对某个问题两方面的回答，或者某个信息两方面的回答，对原文推理，如果一方面回答起到支持作用，则另一方面回答起到驳斥作用，这个选项就对原文有评价作用。

注意一定是两方面回答都起到作用，如果仅仅一方面回答起到作用，则不是评价。

答案方向：

（1）直接说，结果和原因之间有没有关系。

（2）原因是否可行或者有意义。

（3）间接性答案：除这个原因之外是否还有别的因素影响结论，或者有没有其他的原因来解释原文中存在的事实或者现象。

# 第5章 推 论

推论题是指逻辑考试中问题方向"自上而下"的论证推理考题。所谓"自上而下"的解题思路，即假定题干论述成立，要求从题干论述中推出某些结果。具体地说，推论与假设、支持、削弱、评价题型的最大差异在于：假设、支持、削弱、评价考题所面临的题干是有待评价的论证（题干论证是有疑问的），因此这四类考题是要求从所列选项中选择一个选项放到题干中对题干推理起到一定作用。而推论所面临的题干论述是肯定成立的，不需要对题干的内容是否正确、结论是否荒谬、推理是否合理作出评价，而是要求从上面题干中能合理地推出结论。

## 一、思维原则

推论题主要考查考生能否把握阅读材料所传达的主要信息，其读题思维原则如下：

（1）收敛思维原则。不管题干内容如何，考生都不能对试题所陈述的事实的正确与否提出怀疑，题干论述是被假设为正确的，不容置疑的。

（2）阅读分析原则。读题时需要注意从逻辑层次的结构上去分析题干推理关系，要学会一边读题一边分析题干论述。

（3）紧扣题干原则。解题时必须紧扣题干陈述的内容，不能忽视试题中所陈述的事实，正确的答案应与陈述直接有关，并从陈述中直接推出一个合理的结论。

## 二、题目分类

推论题的题干陈述可分为两类：

（1）第一类是题干仅是个陈述，只给出某些前提或多个信息，没给出结论。

这类题占推论题的大多数，包括概括论点、推出结论、推论支持等。解题思路是从题干所陈述的信息中，按问题要求，概括、引申或推出某个结论。

（2）第二类是题干是个论证，给出了前提，也给出了结论。

这类题首先要认为题干的论证是必然正确的，因此，其前提与结论之间有必然的联系。所以，这类题往往转化为假设题或支持题来思考。推论假设题的解题思路就是找出题干论证成立的隐含假设。

## 三、排除方法

除了推论支持题和不能推论题外，大部分推论题的正确答案必须与题干所给的陈述相符，一般不能用题干之外的信息进一步推理。原则上可用排除法排除超出题干范围的选项。

（1）排除绝对化语言。题干没有绝对化语言，答案也不能包括绝对化语言。

（2）排除新内容。正确答案一般不能出现题干中没有的新内容。

## 5.1 概括论点

概括论点题的具体表现形式是，题干给出一段论述，然后问作者到底想表达什么。实际上是要求总结题干陈述所表达的中心内容或者主要观点。这类题考查的方向包括确定论点，概括出题干陈述的内容、原则、主旨或中心思想，引申或概括出题干陈述的意图。

### 1 2008GRK-45

有人提出通过开采月球上的氦-3来解决地球上的能源危机，在熔合反应堆中氦-3可以用作燃料。这一提议是荒谬的。即使人类能够在月球上开采出氦-3，要建造上述熔合反应堆在技术上至少也是50年以后的事。地球今天面临的能源危机到那个时候再着手解决就太晚了。

以下哪项最为恰当地概括了题干所要表达的意思？

A. 如果地球今天面临的能源危机不能在50年内得到解决，那就太晚了。
B. 开采月球上的氦-3不可能解决地球上近期的能源危机。
C. 开采和利用月球上的氦-3只是一种理论假设，实际上做不到。
D. 人类解决能源危机的技术突破至少需要50年。
E. 人类的太空探索近年内不可能有效解决地球面临的问题。

### 2 2010GRK-34

X先生一直被誉为"19世纪西方世界的文学大师"，但是，他从前辈文学巨匠那里得到的受益却被评论家们忽略了。此外，X先生从未写出真正的不朽巨著，他最广为人知的作品无论在风格上还是在表达上均有较大缺陷。

从上述陈述可以得出以下哪项结论？

A. X先生在文坛上成名后，没有承认曾受益于他的前辈。
B. 当代的评论家们开始重新评估X先生的作品。
C. X先生的作品基本上是仿效前辈，缺乏创新。
D. 作家在文学史上的地位历来是充满争议的。
E. X先生对西方文学发展的贡献被过分夸大了。

## 答案与解析

**1. 正确答案：B**

题干作者认为：通过开采月球上的氦-3来解决地球上的能源危机这一提议是荒谬的。理由是：即使能够在月球上开采出氦-3，建造熔合反应堆在技术上至少也是50年以后的事。能源危机到那个时候再着手解决就太晚了。

可见，题干作者所要表达的意思就是：开采月球上的氦-3不可能解决地球上近期的能源危机。因此，B项为正确答案。

其余选项不能概括题干。比如，A项虽然表达了题干的一个观点，但并不是题干所要表达的主要意思。C项不符合题干表达的观点。D项超出了题干范围，因为题干只是断定通过开采月球上的氦-3来解决能源危机的技术突破至少需要50年，也许人类在50年内还有别的解决能源危机的技术。

2. 正确答案：E

从题干叙述，显然可以得出 E 项中的结论。

其余各项均不能从题干得出。例如 A 项不能得出，因为题干断定评论家忽略了 X 先生从前辈文学巨匠那里得到的受益，由此并不能表明，X 先生本人未承认这一点。

## 5.2 推出结论

推出结论型题是最普遍的推论题，具体表现形式是题干列举了一堆事实或给出一段陈述，然后问你从中最能得出什么结论。解题时要在把握题干层次结构的基础上，去寻找隐含的结论或内在的含义。正确答案必定是与题干前提相关并从中合理推出的，往往是概括类选项。

**① 2000GRK-60**

农田中连续使用大剂量的杀虫剂会产生两种危害性很大的作用。第一，它经常会杀死农田中害虫的天敌；第二，它经常会使害虫产生抗药性，因为没被杀虫剂杀死的害虫最具有抗药性，而且它们得以存活下来继续繁衍后代。

从上文中，我们可以推出以下哪项措施是解决上述问题的最好方法？

A. 只使用化学性稳定的杀虫剂。
B. 培育更高产的农作物抵消害虫造成的损失。
C. 逐渐增加杀虫剂的使用量使没被杀死的害虫尽可能地减少。
D. 每年闲置一些耕地使害虫因没有充足的食物而死亡。
E. 周期性地使用不同种类的杀虫剂。

**② 2001GRK-62**

在试飞新设计的超轻型飞机时，经验丰富的老飞行员似乎比新手碰到更多的麻烦。有经验的飞行员已经习惯了驾驶重型飞机，当他们驾驶超轻型飞机时，总是会忘记驾驶要则的提示而忽视风速的影响。

以下哪项作为题干蕴涵的结论最为恰当？

A. 重型飞机比超轻型飞机在风中更易于驾驶。
B. 超轻型飞机的安全性不如重型飞机。
C. 风速对重型飞机的飞行不会产生影响。
D. 飞行员新手在驾驶重型飞机时不会忽视风速的影响。
E. 新飞行员比老飞行员对超轻型飞机更为熟悉。

**③ 2003MBA-45**

最近台湾航空公司客机坠落事故急剧增加的主要原因是飞行员缺乏经验。台湾航空部门必须采取措施淘汰不合格的飞行员，聘用有经验的飞行员。毫无疑问，这样的飞行员是存在的。但问题在于，确定和评估飞行员的经验是不可行的。例如，一个在气候条件良好的澳大利亚飞行 1 000 小时的教官，和一个在充满暴风雪的加拿大东北部飞行 1 000 小时的夜班货机飞行员是无法相比的。

上述议论最能推出以下哪项结论？（假设台湾航空公司继续维持原有的经营规模）

A. 台湾航空公司客机坠落事故急剧增加的现象是不可改变的。
B. 台湾航空公司应当聘用加拿大飞行员，而不宜聘用澳大利亚飞行员。
C. 台湾航空公司应当解聘所有现职飞行员。

D. 飞行时间不应成为评估飞行员经验的标准。
E. 对台湾航空公司来说，没有一项措施，能根本扭转台湾航空公司客机坠落事故急剧增加的趋势。

### 4  2005GRK-41

人们在设计调查问卷时通常仅注意问题的设计，而往往忽略语言设计可能出现的各种问题（如语境、语言的歧义等）。最新研究结果确认：这些语言设计方面的问题对调查的结果可以产生十分重要的影响。

假设被调查者都能如实回答问卷，则以下哪项结论可能从上述断定中推出？

A. 问卷调查结果通常不能完全反映实际情况。
B. 问卷调查结果通常能完全反映实际情况。
C. 被调查者都不具备识别语境、语言的歧义的能力。
D. 在设计调查问卷时，语言设计比问题设计更重要。
E. 在设计调查问卷时，语言设计比问题设计更困难。

### 5  2005GRK-47

有一种识别个人签名的电脑软件，不但能准确辨别签名者的笔迹，而且能准确辨别其他一些特征，如下笔的力度、签名的速度等。一个最在行伪造签名的人，即使能完全模仿签名者的笔迹，也不能同时完全模仿上述这些特征。

如果上述断定为真，则以下哪项最可能为真？

A. 一个伪造签名者，如果能完全模仿签名者下笔的力度，则一定不能完全模仿签名者的速度。
B. 一个最在行的伪造签名者，如果不能完全模仿签名者下笔的力度，则一定能完全模仿签名的速度。
C. 对于配备上述软件的电脑来说，如果把使用者的个人签名作为密码，那么除使用者本人外，无人能进入。
D. 上述电脑软件将首先在银行系统得到应用。
E. 上述电脑软件不能辨别指纹。

### 6  2007MBA-32

神经化学物质的失衡可以引起人的行为失常，大到严重的精神疾病，小到常见的孤僻、抑郁甚至暴躁、嫉妒。神经化学的这些发现，使我们不但对精神疾病患者，而且对身边原本生厌的怪癖行为者，怀有同情和容忍。因为精神健康，无非是指具有平衡的神经化学物质。

以下哪项最为准确地表达了上述论证所要表达的结论？

A. 神经化学物质失衡的人在人群中只占少数。
B. 神经化学的上述发现将大大丰富精神病学的理论。
C. 理解神经化学物质与行为的关系将有助于培养对他人的同情心。
D. 神经化学物质的失衡可以引起精神疾病或其他行为失常。
E. 神经化学物质是否平稳是决定精神或行为是否正常的主要因素。

### 7  2007MBA-52

对行为的解释与对行为的辩护，是两个必须加以区别的概念。对一个行为的解释，是指准确地表达导致这一行为的原因。对一个行为的辩护，是指出行为都具有实施这一行为的正当理由。事实上，对许多行为的辩护，并不是对此种行为的解释。只有当对一个行为的辩护成为对该行为解释的实质部分时，这样的行为才是合理的。

上述断定能够得出以下哪项结论?

A. 当一个行为得到了辩护,则也得到了解释。
B. 当一个行为的原因中包含该行为的正当理由,则该行为是合理的。
C. 任何行为都不可能是完全合理的。
D. 有些行为的原因是不可能被发现的。
E. 如果一个行为是合理的,则实施这一行为的正当理由必定也是导致行为的原因。

**8  2007GRK-41**

K 市是重要高科技工业城市,H 镇位于 K 市近郊,是正在筹建中的 K 市的卫星城市。为了发挥 K 市在发展高科技产业中的作用,H 镇必须吸引足够的外来居民,其中包括大量高科技人才。吸引外来居民的关键措施是改建火车站,近来 K 市的就业机会急剧增加,就业人口中选择在近郊城镇居住的人数也急剧增加。随着公路收费点的增设,坐火车进出 K 市远比自己开车便宜。因此,人们更愿意选择在坐火车便利的地方居住。

以下哪项最为恰当地表达了上述断定所要表达的结论?

A. H 镇必须吸引足够的外来居民。
B. 改建火车站不但有利于 K 市高科技产业发展,也有利于 H 镇的居民。
C. 在 K 市周边应当减少公路收费点,并适当减少收费额。
D. 选择在近郊城镇居住的人大都有私人汽车。
E. H 镇的发展对于 K 市的高科技产业具有重要作用。

**9  2007GRK-53**

大三学生陈明收到以下来信:由于本公司用于学生暑假实习支出的经费有限,我们不可能为所有申请者提供相应的工作岗位,因此许多高素质的申请者被拒绝。很遗憾地通知您,我们不能聘请您参加我们公司的学生暑假实习项目。

从上述断定,最可能推出以下哪项?

A. 申请到公司暑假实习的学生数超过公司需要的数量。
B. 陈明被公司视为高素质的申请者。
C. 公司用于学生暑假工作的经费很少。
D. 公司在拒绝陈明的申请前曾犹豫不定。
E. 大部分申请公司暑假实习的学生是能够胜任工作的。

**10  2012GRK-26**

常春藤通常指美国东部的八所大学。常春藤一词一直以来是美国名校的代名词,这八所大学不仅历史悠久、治学严谨,而且教学质量极高。这些学校的毕业生大多成为社会精英,他们中的大多数人年薪超过 20 万美元,有很多政界领袖来自常春藤,更有为数众多的科学家毕业于常春藤。

根据以上陈述,关于常春藤毕业生可以得出以下哪项?

A. 有些社会精英年薪超过 20 万美元。
B. 有些政界领袖年薪不足 20 万美元。
C. 有些科学家年薪超过 20 万美元。
D. 有些政界领袖是社会精英。
E. 有些科学家成为政界领袖。

**11  2013GRK-32**

人类男女祖先"年龄"的秘密隐藏在 Y 染色体与线粒体中。Y 染色体只能从父传子,而线粒体只能从母传女。通过这两种遗传物质向前追溯，可以发现所有男人都有共同的男性祖先"Y染色体亚当"，所有女人都有共同的女性祖先"线粒体夏娃"。研究人员对来自亚非拉等代表9个不同人群的69名男性进行基因组测序并比较分析，结果发现，这个男性共同祖先"Y染色体亚当"约形成于15.6万年至12万年前。对线粒体采用同样的技术分析，研究人员又推算出这个女性共同祖先"线粒体夏娃"形成于14.8万年至9.9万年前。

以下哪项最适宜作为上述论述的推论？

A. "Y染色体亚当"和"线粒体夏娃"差不多形成于同一时期，"年龄"比较接近，"Y染色体亚当"可能还要早点。

B. 在15万年前，地球上只有一个男人"亚当"。

C. 作为两个个体，"亚当"和"夏娃"应该从未相遇。

D. 男人和女人相伴而生，共同孕育了现代人类。

E. 如果说"亚当"与"夏娃"繁衍出当今的人类，确实有一定的道理。

### 12  2017MBA-44

爱书成痴注定会藏书。大多数藏书家也会读一些自己收藏的书；但有些藏书家却因喜爱书的价值和精致装帧而购书收藏，至于阅读则放到了自己以后闲暇的时间，而一旦他们这样想，这些新购的书就很可能不被阅读了。但是，这些受到"冷遇"的书只要被友人借去一本，藏书家就会失魂落魄，整日心神不安。

根据上述信息，可以得出以下哪项？

A. 有些藏书家将自己的藏书当作友人。

B. 有些藏书家喜欢闲暇时读自己的藏书。

C. 有些藏书家会读遍自己收藏的书。

D. 有些藏书家不会立即读自己新购的书。

E. 有些藏书家从不读自己收藏的书。

## 答案与解析

### 1. 正确答案：E

题干断定：连续使用大剂量的杀虫剂会产生两种危害。

可见，解决此问题的方法就应该是，不要连续使用大剂量的杀虫剂，但又要达到杀虫目的，那么，最好就是周期性地使用不同种类的杀虫剂。因此，E为正确答案。

A项对解决问题无用，B项做法非常消极，C项的副作用可能更大，D项比较荒谬，均排除。

### 2. 正确答案：A

题干断定，有经验的老飞行员已经习惯了驾驶重型飞机，当他们驾驶超轻型飞机时，总是会忘记驾驶要则的提示而忽视风速的影响，这显然意味着：重型飞机比超轻型飞机在风中更易于驾驶。因此，A项正确。

### 3. 正确答案：E

这是一道有争议的考题。题干断定：

第一，台湾航空公司客机坠落事故急剧增加的主要原因是飞行员缺乏经验。

第二，要根本扭转客机坠落事故急剧增加的趋势，必须采取措施，聘用有经验的飞行员。

第三，有经验的飞行员是存在的。

第四，确定和评估飞行员的经验是不可行的。

因此，可以得出结论：对台湾航空公司来说，目前尚没有一项措施，能根本扭转台湾航空公司客机坠落事故急剧增加的趋势，因此，E项成立。

A项有争议，应该和E项是同一个意思。从题干可以看出，确定和评估飞行员的经验尽管目前不可行，但并非不可能，关键要拿出确定和评估的有效办法。因此，E项和A项的说法都不严格。

4. 正确答案：A

题干断定：

第一，语言设计方面的问题对调查的结果可以产生十分重要的影响。

第二，调查问卷往往忽略语言设计可能出现的各种问题。

由此显然可以推出：问卷调查结果通常不能完全反映实际情况。

5. 正确答案：C

一个最在行伪造签名的人，即使能完全模仿签名者的笔迹，也不能同时完全模仿下笔的力度、签名的速度等特征。由此，根据题干所断定的电脑软件的功能，显然能推出C项这一结论。

6. 正确答案：C

题干断定：

第一，神经化学物质的失衡可以引起人的行为失常。

第二，神经化学的这些发现，使我们对精神疾病患者及怪癖行为者怀有同情和容忍。

显然，从中可以得出结论：理解神经化学物质与行为的关系将有助于培养对他人的同情心，因此，C项准确地表达了这一结论。

A、B项与题干不一致，排除。D项只是重复了题干的前提条件，没有涉及题干的结论，排除。E项是干扰项，但其针对的是论据而非结论，故不选。

7. 正确答案：E

根据题干的最后一句话"只有当对一个行为的辩护成为对该行为解释的实质部分时，这样的行为才是合理的"，显然可以得出：如果一个行为是合理的，则一个行为的辩护成为对该行为解释的实质部分。加上题干的定义"辩护是指出行为都具有实施这一行为的正当理由"和"解释是指准确地表达导致这一行为的原因"，可得出结论：如果一个行为是合理的，则实施这一行为的正当理由必定也是导致行为的原因。即E项为正确答案。

8. 正确答案：B

题干的中心意思显然是论述在H镇改建火车站，诸选项中，只有B项涉及了这一点。

9. 正确答案：A

公司用于学生暑期实习支出的经费有限，是指不能为所有的合格申请者提供相应的工作岗位。这里的经费有限是相对有限，并不等于公司用于学生暑期工作的经费很少（实际的经费也许并不少）。因此，C项不能推出。

相比较而言，A项从题干推出的可能性最大。

10. 正确答案：A

题干陈述：常春藤的毕业生大多成为社会精英，他们中的大多数人年薪超过20万美元。

从而可以合理地推出：有些社会精英年薪超过20万美元。即A项正确。

其余选项超出题干范围，均推不出。

11. 正确答案：A

题干陈述：男性共同祖先"Y染色体亚当"约形成于15.6万年至12万年前，女性共同祖先"线粒体夏娃"形成于14.8万年至9.9万年前，从中显然可以推出A项。

题干并没涉及具体的"亚当"与"夏娃",因此,B、C、E项均推不出。至于D项,虽然符合事实,但不是题干的推论。

### 12. 正确答案:D

题干断定:有些藏书家因喜爱书的价值和精致装帧而购书收藏,至于阅读则放到了自己以后闲暇的时间。

从中显然可以得出,有些藏书家不会立即读自己新购的书。因此,D项为正确答案。

其余选项不能从题干中必然得出。其中,A项"将自己的藏书当作友人",B项"喜欢闲暇时读",C项"读遍",E项"从不读"均超出题干断定的范围。

## 5.3 推论假设

推论假设题是指题干是一个已经成立的论证,要求推出一个结论。由于对推论题而言,题干论证是一个已经成立的论证关系,因此,其论证的必要条件自然能被推导出来,即题干论证的隐含假设必定成立。这类题应转化为假设去思维,可用否定代入法(选项反证法)解决,即假设如果选项不成立,则题干结论也不成立,这样的选项就是正确答案。

### 1  2003MBA-38

上个世纪60年代初以来,新加坡的人均预期寿命不断上升,到本世纪已超过日本,成为世界之最。与此同时,和一切发达国家一样,由于饮食中的高脂肪含量,新加坡人的心血管疾病的发病率也逐年上升。

从上述判定,最可能推出以下哪项结论?

A. 新加坡人的心血管疾病的发病率虽逐年上升,但这种疾病不是造成目前新加坡人死亡的主要杀手。
B. 目前新加坡对于心血管疾病的治疗水平是全世界最高的。
C. 上个世纪60年代造成新加坡人死亡的那些主要疾病,到本世纪,如果在该国的发病率没有实质性的降低,那么对这些疾病的医治水平一定有实质性的提高。
D. 目前新加坡人心血管疾病的发病率低于日本。
E. 新加坡人比日本人更喜欢吃脂肪含量高的食物。

### 2  2005GRK-35

许多人认为,香烟广告是造成青少年吸烟流行的关键原因。但是,挪威自1975年以来一直禁止香烟广告,这个国家青少年吸烟的现象却至少和那些不禁止香烟广告的国家一样流行。

上述断定最能支持以下哪项结论?

A. 广告对于引起青少年吸烟并没有起什么作用。
B. 香烟广告不是影响青少年吸烟流行的唯一原因。
C. 如果不禁止香烟广告,挪威青少年吸烟的现象将比现在更流行。
D. 禁止香烟广告没有减少香烟的消费。
E. 广告对青少年的影响甚于成年人。

### 3  2003GRK-59

环境学家认为,随着许多野生谷物的灭绝,粮食作物的遗传特性越来越单一化,这是人类面临的最严重的环境问题之一。人类必须采取措施,阻止野生谷物和那些不再种植的粮食作物的灭绝，否则，不同遗传特性的缺乏，很可能使我们的粮食作物在一夜之间遭到毁灭性破坏。例如，1980年，菱叶病横扫了整个美国的南部，使得粮食作物减产大约20%，只有个别几个品种的谷物没有受到菱叶病的影响。

从上述信息能推出以下哪项结论？

A. 容易感染某种植物疾病，是一种通过遗传获得的特性。
B. 1980年在美国南部种植的粮食作物中，大约80%具有抵抗菱叶病的能力。
C. 目前种植的粮食作物的遗传特性都不利于它们抵抗植物疾病。
D. 已经灭绝的野生谷物，都具有抵抗菱叶病的能力。
E. 菱叶病只对植物中的谷物产生危害。

### 4  2006MBA-29

在桂林漓江一些有地下河流的岩洞中，有许多露出河流水面的石笋。这些石笋是由水滴常年滴落在岩石表面而逐渐积聚的矿物质形成的。

如果上述断定为真，最能支持以下哪项结论？

A. 过去漓江的江面比现在高。
B. 只有漓江的岩洞中才有地下河流。
C. 漓江的岩洞中大都有地下河流。
D. 上述岩洞中的地下河流是在石笋形成前出现的。
E. 上述岩洞中地下河流的水比过去深。

### 5  2007GRK-33

在B国一部汽车的购价是A国同类型汽车的1.6倍。尽管需要附加运输费用和关税，在A国购买汽车运到B国后的费用仍比在B国国内购买同类型的汽车便宜。

如果上述断定为真，最能加强以下哪项断定？

A. A国的汽油价格是B国的60%。
B. 从A国进口到B国的汽车数量是B国国内销售量的1.6倍。
C. B国购买汽车的人是A国的40%。
D. 从A国进口汽车到B国的运输费用高于A国购买同类型汽车价钱的60%。
E. 从A国进口汽车到B国的关税低于在B国购买同类型汽车价钱的60%。

### 6  2008MBA-37

水泥的原料是很便宜的，像石灰石和随处可见的泥土都可以用作水泥的原料。但水泥的价格会受石油价格的影响，因为在高温炉窑中把原料变为水泥要耗费大量的能源。

基于上述断定最可能得出以下哪项结论？

A. 石油是水泥所含的原料之一。
B. 石油是制造水泥的一些高温炉窑的能源。
C. 水泥的价格随着油价的上升而下跌。
D. 水泥的价格越高，石灰石的价格也越高。
E. 石油价格是决定水泥产量的主要因素。

### 7  2012GRK-33

所有好的评论家都喜欢格林在这次演讲中提到的每一个诗人。虽然格斯特是非常优秀的诗人，可是没有一个好的评论家喜欢他。

根据以上陈述，可以得出以下哪项？

A. 格斯特不是好的评论家。

B. 格林喜欢格斯特。
C. 格林不喜欢格斯特。
D. 有的评论家不是好的评论家。
E. 格林在这次演讲中没有提到格斯特。

# 答案与解析

### 1. 正确答案：C

题干断定：一方面，新加坡的人均预期寿命上升为世界之最；另一方面，新加坡人的心血管疾病的发病率也逐年上升。

可见，题干论证必须假设：除了心血管疾病外，其他以前造成新加坡人死亡的疾病，在目前造成新加坡人死亡的可能性大大降低了。因此，C 项最可能被题干所推出，否则，上个世纪 60 年代造成新加坡人死亡的那些主要疾病，到本世纪，在该国的发病率没有实质性的降低，并且对这些疾病的医治水平也没有实质性的提高，那么，新加坡的人均预期寿命不可能不断上升，更难以在本世纪成为世界之最。

其余各项均不能从题干推出。例如：A 项不能从题干推出，因为尽管新加坡的人均预期寿命是世界之最，但心血管疾病仍完全可能是造成目前新加坡人死亡的主要杀手（A 项对题干有解释作用，但不能由题干推出）。B 项也不能从题干推出。

### 2. 正确答案：B

如果香烟广告是影响青少年吸烟流行的唯一原因，那么，挪威自 1975 年以来一直禁止香烟广告，这个国家青少年吸烟的现象应当明显少于那些不禁止香烟广告的国家。可见，B 项是题干论证成立所必需的假设。

### 3. 正确答案：A

题干断定：粮食作物的遗传特性越来越单一化，使作物抵抗疾病的能力下降。

这显然说明容易感染某种植物疾病，是一种通过遗传获得的特性。实际上，A 项是题干论证的一个假设，否则，如果容易感染某种植物疾病并不是一种通过遗传获得的特性，那么，即使粮食作物的遗传特性越来越单一化，也不见得使作物抵抗灾害的能力下降。

作物减产 20% 不意味着粮食作物的 80% 具有抗病能力，有可能绝大部分的粮食作物没有抗病能力而造成总量减产 20%，B 项不能由题干推出；抗病能力下降不意味着所有遗传特性都不利于抗病，可能有的遗传特性有利于抗病，有的不利于抗病，C 项的说法过于绝对，排除；D、E 项的说法都很绝对，为明显的错误选项。

### 4. 正确答案：E

题干断定一：石笋是由水滴常年滴落在岩石表面而逐渐积累的矿物质形成的。

题干断定二：石笋目前露出河流水面。

如果 E 项不成立，意味着岩洞地下水比过去浅，即地下河流的水过去比现在还深，题干所述的露出河流的石笋，就不可能是由水滴常年滴落在岩石表面而逐渐积累的矿物质形成的，因为这样的岩石表面会在水面以下，含有矿物质的水滴无法滴落到这样的岩石表面。因此，E 项是题干能推出的结论。

其余选项推不出来。比如 A 项讲的是江面，超出了题干的范围（河流），排除。

### 5. 正确答案：E

假设 E 项不成立，则在 A 国购买汽车运到 B 国后的费用，不比在 B 国国内购买同类型的汽车便宜，即题干的断定不能成立。因此，如果题干为真，E 项一定成立。

#### 6. 正确答案：B

题干断定：

第一，水泥的原料很便宜（如石灰石和泥土）。

第二，水泥的价格会受石油价格的影响。

第三，在高温炉窑中把原料变为水泥要耗费大量的能源。

可见 B 项是题干论述成立必需的假设，否则，如果石油不是生产水泥的高温炉窑的能源，那么，由于石油不是水泥的原料，因此，水泥的价格就不会受石油价格的影响。

其余选项从题干都推不出来。

#### 7. 正确答案：E

假定 E 项不成立，那么，格林在这次演讲中提到了诗人格斯特。

结合题干断定，所有好的评论家都喜欢格林在这次演讲中提到的每一个诗人。

可推出：所有好的评论家都喜欢格斯特。

这完全不符合题干所陈述的"没有一个好的评论家喜欢格斯特"。

所以，假定不成立，这说明，从题干必然可以推出 E 项。

## 5.4 推论支持

推论支持指的是自上而下的支持，要求用题干陈述去支持下面的选项。解题思路是根据题干陈述，选项中使题干陈述成立的可能性最大的，就是正确答案。推论支持题的正确答案尽可能在题干范围之内，但由于推论支持并不是从题干必然推出的，实际上正确答案也有可能超出题干范围，但其内容一定要与题干紧密相关并能够合理地得到题干支持。

#### 1  2001MBA - 34

用蒸馏麦芽渣提取的酒精作为汽油的替代品进入市场，使得粮食市场和能源市场发生了前所未有的直接联系。到 1995 年，谷物作为酒精的价值已经超过了作为粮食的价值。西方国家已经或正在考虑用从谷物提取的酒精来替代一部分进口石油。

如果上述断定为真，则对于那些已经用从谷物提取的酒精来替代一部分进口石油的西方国家，以下哪项，最可能是 1995 年后进口石油价格下跌的后果？

A. 一些谷物从能源市场转入粮食市场。

B. 一些谷物从粮食市场转入能源市场。

C. 谷物的价格面临下跌的压力。

D. 谷物的价格出现上浮。

E. 国产石油的销量大增。

#### 2  2001MBA - 49

麦角碱是一种可以在谷物种子的表层大量滋生的菌类，特别多见于黑麦。麦角碱中含有一种危害人体的有毒化学物质。黑麦是在中世纪引进欧洲的。由于黑麦可以在小麦难以生长的贫瘠和潮湿的土地上有较好的收成，因此，就成了那个时代贫穷农民的主要食物来源。

上述信息最能支持以下哪项断定？

A. 在中世纪以前，麦角碱从未在欧洲出现。

B. 在中世纪以前，欧洲贫瘠而潮湿的土地基本上没有得到耕作。

C. 在中世纪的欧洲，如果不食用黑麦，就可以避免受到麦角碱所含有毒物质的危害。

457

D. 在中世纪的欧洲，富裕农民比贫穷农民较多地意识到麦角碱所含有毒物质的危害。
E. 在中世纪的欧洲，富裕农民比贫穷农民较少受到麦角碱所含有毒物质的危害。

### 3  2002MBA-44

随着人才竞争的日益激烈，市场上出现了一种"挖人公司"，其业务是为客户招募所需的人才，包括从其他的公司中"挖人"。"挖人公司"自然不得同时帮助其他公司从自己的雇主处挖人。一个"挖人公司"的成功率越高，雇用它的公司也就越多。

上述断定最能支持以下哪项结论？

A. 一个"挖人公司"的成功率越高，能成为其"挖人"目标的公司就越少。
B. 为了有利于"挖进"人才同时又确保自己的人才不被"挖走"，雇主的最佳策略是雇用只为自己服务的"挖人公司"。
C. 为了有利于"挖进"人才同时又确保自己的人才不被"挖走"，雇主的最佳策略是提高雇员的工资。
D. 为了保护自己的人才不被挖走，一个公司不应雇用"挖人公司"从别的公司挖人。
E. "挖人公司"的运作是一种不正当的人才竞争方式。

### 4  2004GRK-35

大多数抗忧郁药物都会引起体重的增加。尽管在服用这些抗忧郁药物时，节食有助于控制体重的增加，但不可能完全避免这种体重的增加。

以上信息最能支持以下哪项结论？

A. 医生不应当给超重的患者开抗忧郁药处方。
B. 至少有些服用抗忧郁药物的人的体重会超重。
C. 至少有些服用抗忧郁药物的人会增加体重。
D. 至少有些服用抗忧郁药物的患者应当通过节食来保持体重。
E. 服用抗忧郁药物的人超重，是由于没有坚持节食。

### 5  2004GRK-40

营养学研究发现，在其他条件不变的情况下，如果增加每天吃饭的次数，只要进食总量不显著增加，一个人的血脂水平将显著低于他常规就餐次数时的血脂水平。因此，多餐进食有利于降低血脂。然而，事实上，大多数每日增加就餐次数的人都会吃更多的食物。

上述断定最能支持以下哪项？

A. 对于大多数人，增加每天吃饭的次数一般不能导致他的血脂水平显著下降。
B. 对于少数人，增加每天吃饭的次数是降低高血脂的最佳方式。
C. 对于大多数人，每天所吃的食物总量一般不受吃饭次数的影响。
D. 对于大多数人，血脂水平不会受每天所吃食物量的影响。
E. 对于大多数人，血脂水平可受到就餐时间的影响。

### 6  2005MBA-46

为了减少汽车追尾事故，有些国家的法律规定，汽车在白天行驶时也必须打开尾灯。一般地说，一个国家的地理位置离赤道越远，其白天的能见度越差；而白天的能见度越差，实施上述法律的效果越显著。事实上，目前世界上实施上述法律的国家都比中国离赤道远。

上述断定最能支持以下哪项相关结论？

A. 中国离赤道较近，没有必要制定和实施上述法律。
B. 在实施上述法律的国家中，能见度差是造成白天汽车追尾的最主要原因。
C. 一般地说，和目前已实施上述法律的国家相比，如果在中国实施上述法律，其效果将较不显著。

D. 中国白天汽车追尾事故在交通事故中的比例，高于已实施上述法律的国家。

E. 如果离赤道的距离相同，则实施上述法律的国家每年发生的白天汽车追尾事故的数量，少于未实施上述法律的国家。

### 7  2006MBA-33

地球在其形成的早期是一个熔岩状态的快速旋转体，绝大部分的铁元素处于其核心部分。有一些熔岩从这个旋转体的表面甩出，后来冷凝形成了月球。

如果以上这种关于月球起源的理论正确，则最能支持以下哪项结论？

A. 月球是唯一围绕地球运行的星球。

B. 月球将早于地球解体。

C. 月球表面的凝固是在地球表面凝固之后。

D. 月球像地球一样具有固体的表层结构和熔岩状态的核心。

E. 月球的含铁比例小于地球核心部分的含铁比例。

### 8  2007MBA-53

在西方经济发展的萧条期，消费需求的萎缩导致许多企业解雇职工甚至倒闭。在萧条期，被解雇的职工很难找到新的工作，这就增加了失业人数。萧条之后的复苏，是指消费需求的增加和社会投资能力的扩张，这种扩张要求增加劳动力。但是经历了萧条之后的企业主大都丧失了经商的自信，他们尽可能地推迟雇用新的职工。

上述断定如果为真，最能支持以下哪项结论？

A. 经济复苏不一定能迅速减少失业人数。

B. 萧条之后的复苏至少需要两三年。

C. 萧条期的失业大军主要是由倒闭企业的职工造成的。

D. 萧条通常是由企业主丧失经商的自信引起的。

E. 在西方经济发展中出现萧条是解雇职工造成的。

### 9  2007GRK-48

人一般都偏好醒目的颜色。在婴幼儿眼里，红、黄都是醒目的颜色，这与成人相同；但与许多成人不同的是，黑、蓝和白色是不醒目的。市场上红、黄色为主的儿童玩具，比同样价格的黑、蓝和白色为主的玩具销量要大。

以上信息最能支持以下哪项结论？

A. 市场上黑、蓝和白色的成人服装比同样价格的红、黄色成人服装销量要大。

B. 市场上红、黄色为主的儿童服装，比同样价格的黑、蓝和白色为主的儿童服装销量要大。

C. 儿童玩具的销售状况至少在某种程度上反映了婴幼儿的喜好。

D. 儿童玩具的制造商认真研究了婴幼儿对颜色的喜好。

E. 颜色是婴幼儿选择玩具的唯一标准。

### 10  2007GRK-58

蚂蚁在从蚁穴回到食物源的途中，会留下一种称为信息素的化学物质。蚂蚁根据信息素的气味，来回于蚁穴和食物源之间，把食物运回蚁穴。当气温达到摄氏45度以上时，这种信息素几乎都会不留痕迹地蒸发。撒哈拉沙漠下午的气温都在摄氏45度以上。

如果上述断定为真，最能支持以下哪项结论？

A. 蚂蚁只在上午或晚上觅食。

B. 蚂蚁无法在撒哈拉沙漠存活。

C. 在撒哈拉沙漠存活的蚂蚁，如果不在上午或晚上觅食，那么一定不是依靠信息素的气味的引导把食物运回蚁穴。

D. 如果蚂蚁不是依靠信息素的气味的引导把食物运回蚁穴，那么一定依靠另一种物质，这种物质在气温达到摄氏 45 度以上时不会蒸发。

E. 蚂蚁具有耐高温的生存能力。

## 答案与解析

### 1. 正确答案：C

对于那些已经用从谷物提取的酒精来替代一部分进口石油的西方国家，1995 年后进口石油价格下跌，显然可能导致作为石油替代品的酒精价格的下跌；而酒精价格的下跌，显然可能导致作为酒精原料的谷物价格的下跌。因此，作为 1995 年后进口石油价格下跌的可能后果，谷物的价格面临下跌的压力。这正是 C 项所断定的。

当酒精价格的下跌幅度大到使得谷物作为酒精的价值低于作为粮食的价值，才会发生 A 项所断定的"一些谷物从能源市场转入粮食市场"，否则，这种现象不会发生。因此，先有 C 项发生，才会有 A 项发生，也就是说 A 项断定的后果虽然也有可能，但可能性不如 C 项大。

1995 年后进口石油价格下跌，当然不会使一些谷物从粮食市场转入能源市场，B 项不正确；D、E 项也都不是可能的后果。

### 2. 正确答案：E

题干断定：黑麦是那个时代贫苦农民的主要食物来源。黑麦含有一种危害人体的有毒化学物质麦角碱。

由此显然可以合理地推出：在那个年代，富裕农民比贫穷农民较少受到麦角碱的危害。这正是 E 项所断定的。

C 项超出题干断定范围，不一定成立。其余各项均不能从题干的信息中得出。

### 3. 正确答案：A

题干断定：

第一，一个"挖人公司"的成功率越高，雇用它的公司也就越多。

第二，"挖人公司"不得帮助其他公司从自己的雇主处挖人。

从以上两个断定可得出结论：一个"挖人公司"的成功率越高，能成为其"挖人"目标的公司就越少。这正是 A 项所断定的。

其余各项均不能从题干推出。

### 4. 正确答案：C

根据题干的意思，在服用这些抗忧郁药物时，节食也不可能完全避免这种体重的增加。可见，至少有些服用抗忧郁药物的人会增加体重。因此，C 项正确。

增加体重不等于超重，因此，B 项不恰当。

### 5. 正确答案：A

题干断定：只要进食总量不显著增加，多餐进食有利于降低血脂。然而，大多数每日增加就餐次数的人都会吃更多的食物。

从中显然能得出结论：对于大多数人，增加每天吃饭的次数一般不能导致他的血脂水平显著下降。因此，A 项为正确答案。

B 项太绝对化。C、D 项与题干矛盾。E 项为无关项。

## 6. 正确答案：C

题干断定以下三个事实：

第一，一个国家的地理位置离赤道越远，其白天的能见度越差。

第二，白天的能见度越差，实施上述法律的效果越显著。

第三，目前世界上实施上述法律的国家都比中国离赤道远。

从中很自然地推出"和目前已实施上述法律的国家相比，如果在中国实施上述法律，其效果将较不显著"这样的结论。

## 7. 正确答案：E

题干断定：

第一，早期地球绝大部分的铁元素处于其核心部分。

第二，月球是早期地球表面甩出的熔岩冷凝形成的。

由此显然有助于支持结论：月球的含铁比例小于地球核心部分的含铁比例。因此，E 项正确。

A、B 项为明显无关选项，排除；表面何时凝固题干没有提及，C 项排除；D 项讨论的情况题干都没有涉及，排除。

## 8. 正确答案：A

题干所述，萧条之后的复苏，要求增加劳动力，但是经历了萧条之后的企业主大都丧失了经商的自信，他们尽可能地推迟雇用新的职工，从中显然可推出，经济复苏不一定能迅速减少失业人数。因此 A 项正确。

## 9. 正确答案：C

题干断定：

第一，相对于黑、蓝和白色，婴幼儿偏好红、黄色。

第二，市场上红、黄色为主的儿童玩具，比同样价格的黑、蓝和白色为主的玩具销量要大。

由此显然可得出结论：儿童玩具的销售状况至少在某种程度上反映了婴幼儿的喜好。

## 10. 正确答案：C

题干断定：

第一，蚂蚁是依靠信息素的气味的引导把食物运回蚁穴。

第二，撒哈拉沙漠下午的气温都在摄氏 45 度以上，当气温达到摄氏 45 度以上时，这种信息素几乎都会不留痕迹地蒸发。

由此可推出，在撒哈拉沙漠存活的蚂蚁，如果在下午觅食，那么几乎不可能依靠信息素的气味的引导把食物运回蚁穴。

然而，如果不在上午或晚上觅食，那么一定在下午觅食。

因此，如果题干为真，则最能支持这一结论：在撒哈拉沙漠存活的蚂蚁，如果不在上午或晚上觅食，那么一定不是依靠信息素的气味的引导把食物运回蚁穴。

# 5.5 推论削弱

推论削弱题指的是自上而下的削弱，要求用题干陈述去反对下面的选项。解题思路是根据题干陈述，选项中使题干陈述成立的可能性降低的力度最大的那个就是正确答案。这类题的正确答案是与题干陈述相关且相反的选项，实质上是让我们找出一个完全违背题干推理的选项。

> **2002GRK – 30**

烟斗和雪茄比香烟对健康的危害明显要小。吸香烟的人如果戒烟，则可以免除对健康的危害，但是如果改吸烟斗或雪茄，对健康的危害和以前差不多。

如果以上的断定为真，则以下哪项断定最不可能为真？

A. 香烟对所有吸香烟者健康的危害基本相同。
B. 烟斗和雪茄对所有吸烟斗或雪茄者健康的危害基本相同。
C. 同时吸香烟、烟斗和雪茄所受到的健康危害不大于只吸香烟。
D. 吸烟斗和雪茄的人戒烟后如果改吸香烟，则所受到的健康危害比以前大。
E. 吸烟斗和雪茄对健康的危害要更大。

## 答案与解析

**正确答案：B**
题干断定：
第一，烟斗和雪茄比香烟对健康的危害明显要小。
第二，吸香烟的人如果戒烟后改吸烟斗或雪茄，对健康的危害和以前差不多。
由此可以推出：只吸烟斗和雪茄的人所受的危害要比戒烟后改吸烟斗和雪茄的人所受的危害要小。因此，B项不可能为真。

## 5.6　不能推论

不能推论题的解题思路是与题干论述的内容相一致的选项首先要排除掉，正确的答案应该是其论述与题干没有明显关系的选项。

> **1　2003MBA – 42**

图示方法是几何学课程的一种常用方法。这种方法使得这门课比较容易学，因为学生们得到了对几何概念的直观理解，这有助于培养他们处理抽象运算符号的能力。对代数概念进行图解相信会有同样的教学效果，虽然对数学的深刻理解从本质上说是抽象的而非想象的。

上述议论最不可能支持以下哪项判定？

A. 通过图示获得直观的理解，并不是数学理解的最后步骤。
B. 具有很强的处理抽象运算符号能力的人，不一定具有抽象的数学理解能力。
C. 几何学课程中的图示方法是一种有效的教学方法。
D. 培养处理抽象运算符号的能力是几何学课程的目标之一。
E. 存在着一种教学方法，可以有效地用于几何学，又用于代数。

> **2　2004MBA – 47**

去年春江市的汽车月销售量一直保持稳定。在这一年中，"宏达"车的月销售量较前年翻了一番，它在春江市的汽车市场上所占的销售份额也有相应的增长。今年一开始，尾气排放新标准开始在春江市实施。在该标准实施的头三个月中，虽然"宏达"车在春江市的月销售量仍然保持在去年底达到的水平，但在春江市的汽车市场上所占的销售份额明显下降。

如果上述断定为真，以下哪项不可能为真？

A. 在实施尾气排放新标准的头三个月中，除了"宏达"车以外，所有品牌的汽车在春江市的月销售量都明显下降。
B. 在实施尾气排放新标准之前的三个月中，除了"宏达"车以外，所有品牌的汽车销售总量在春江市汽车市场所占的份额明显下降。
C. 如果汽车尾气排放新标准不实施，"宏达"车在春江市汽车市场上所占的销售份额会比题干所断定的情况更低。
D. 如果汽车尾气排放新标准继续实施，春江市的汽车月销售总量将会出现下降。
E. 由于实施了汽车尾气排放新标准，在春江市销售的每辆"宏达"汽车的平均利润有所上升。

### 3  2004GRK-24

某大学对非英语专业的基础英语教学进行了改革。英语教师可以自行选择教材，可以删掉其中部分章节，同时也可以加入他们自己选择的材料。

上述改革最不利于实现下面哪项目标？

A. 满足某些学生对于英语教学的特殊需求。
B. 调动英语教师的教学积极性和创造力。
C. 提高学生运用英语的能力，包括口语和听力。
D. 提高学生参加全国统一英语考试的成绩。
E. 提高学生对英语学习的兴趣。

### 4  2011GRK-36

某彩票销售站最近半年一直出售一种不记名、不挂失的"刮刮看"彩票。该彩票左边有2个隐藏的两位数字，右边有6个隐藏的两位数字，顾客购买后就可以刮彩票。如果右边刮出来的数字和左边的某个数字相同，在右边该数字下面刮出来的字体更小的数字就是中奖的金额。根据福彩中心提供的信息：这种彩票可能中奖的金额有：60元、800元、6 000元、80 000元、600 000元、1 000 000元，每张彩票至多有一个中奖数字。张三下班后在某彩票销售站购买了一张彩票，刮开后发现右边的一个数字是15，与左边的数字相同，再看右边的小字数字是8 000元，高兴极了，销售彩票的李四立刻给了他8 000元，张三高兴地去餐厅和朋友大吃了一顿。事后，矛盾爆发，两人打起了官司。

以下哪项陈述是最不可能发生的？

A. 张三当真认为自己中奖8 000元。
B. 李四当真认为张三中奖8 000元。
C. 张三认为自己真中了彩票。
D. 李四认为张三真中了彩票。
E. 张三没有仔细刮开彩票。

### 5  2018MBA-45

某校图书馆新购一批文科图书，为方便读者查阅，管理人员对这批文科图书在图书馆阅览室中的摆放位置作出如下提示：

(1) 前3排书橱均放有哲学类新书。
(2) 法学类新书都放在第5排书橱，这排书橱左侧也放有经济类的新书。
(3) 管理类新书放在最后一排书橱。

事实上，所有的图书都按照上述提示放置，根据提示，徐莉顺利找到了她想查阅的新书。

根据上述信息，以下哪项是不可能的？

A. 徐莉在第2排书橱中找到哲学类新书。
B. 徐莉在第3排书橱中找到经济类新书。

C. 徐莉在第 4 排书橱中找到哲学类新书。
D. 徐莉在第 6 排书橱中找到法学类新书。
E. 徐莉在第 7 排书橱中找到管理类新书。

## 答案与解析

**1. 正确答案：B**

题干断定，对代数概念和几何概念进行图解有助于培养学生处理抽象运算符号的能力，至于这种处理抽象运算符号的能力，和对数学的深刻理解之间的关系，即和抽象的数学理解能力之间的关系，题干未作断定，既未作肯定性的断定，也未作否定性的断定。因此，题干不支持 B 项。（即 B 项的事实题干并没有断定）

题干支持其余各项。例如，题干断定，对数学的深刻理解从本质上说是抽象的而非想象的。这说明，通过图示获得直观的理解，并不是数学理解的最后步骤。因此，题干支持 A 项。

**2. 正确答案：A**

题干论述：在尾气排放新标准实施的头三个月中，"宏达"车在春江市的月销售量没变，但销售份额明显下降。

由此可推出结论：这三个月春江市汽车销售总量明显增加。因此，A 项不可能为真。

其余选项均可能为真。B 项所指的是在实施尾气排放新标准之前的三个月，这与题干论述的在尾气排放新标准实施的头三个月不同，因此，可能为真；C、D、E 项为明显的无关选项。

**3. 正确答案：D**

如果教师可以有足够的自由来按照他们的意愿自行选择教材，那么每个大学教师的教科书都可能有差异。D 项指出，教育的目标是提高学生参加全国统一英语考试的成绩，明显题目陈述冲突，因此 D 项是正确答案。

其余选项都从某种程度上与题目陈述相一致。

**4. 正确答案：B**

彩票的中奖金额中并没有 8 000 元，所以销售彩票的李四认为张三中奖 8 000 元是最不可能。因此，B 项最不可能发生。

其余选项都可能发生，比如 D 项，李四可能确实认为张三真中了彩票，只不过中的不是 8 000 元，而是 80 000 元。

**5. 正确答案：D**

根据"（2）法学类新书都放在第 5 排书橱"可知，其他排绝对不会出现法学类新书。因此，D 项是不可能的。

## 5.7 推论复选

推论复选是推论题型的多选题，解题时需要把能从题干推出的选项都选出来，这实际上增加了解题难度，对每个选项都要有正确的把握。

**1** 2002MBA - 21

有一种通过寄生方式来繁衍后代的黄蜂，它能够在适合自己后代寄生的各种昆虫的大小不同的虫卵中，注入恰好数量的自己的卵。如果它在宿主的卵中注入的卵过多，它的幼虫就会在互相竞争中因为得不到足够的空间和营养而死亡；如果它在宿主的卵中注入的卵过少，宿主卵中的多余营养部分就会腐败，这又会导致它的幼虫的死亡。

如果上述断定是真的，则以下哪项中的有关断定也一定是真的？

Ⅰ．上述黄蜂的寄生繁衍机制中，包括它准确区分宿主虫卵大小的能力。

Ⅱ．在虫卵较大的昆虫聚集区出现的上述黄蜂比在虫卵较小的昆虫聚集区多。

Ⅲ．黄蜂注入过多的虫卵比注入过少的虫卵更易引起寄生幼虫的死亡。

A. 仅Ⅰ。　　　　　　　　　　　B. 仅Ⅱ。
C. 仅Ⅲ。　　　　　　　　　　　D. 仅Ⅰ和Ⅱ。
E. Ⅰ、Ⅱ和Ⅲ。

### 2  2002MBA-23

左撇子的人比右撇子的人更容易患某些免疫失调症，例如过敏。然而，左撇子也有优于右撇子的地方，例如，左撇子更擅长于由右脑半球执行的工作。而人的数学推理的工作一般是由右脑半球执行的。

从上述断定能推出以下哪个结论？

Ⅰ．患有过敏或其他免疫失调症的人中，左撇子比右撇子多。

Ⅱ．在所有数学推理能力强的人当中左撇子的比例，高于所有推理能力弱的人中左撇子的比例。

Ⅲ．在所有左撇子中，数学推理能力强的比例，高于数学推理能力弱的比例。

A. 仅Ⅰ。　　　　　　　　　　　B. 仅Ⅱ。
C. 仅Ⅲ。　　　　　　　　　　　D. 仅Ⅰ和Ⅲ。
E. Ⅰ、Ⅱ和Ⅲ。

### 3  2002MBA-43

清朝雍正年间，市面流通的铸币，其金属构成是铜六铅四，即六成为铜，四成为铅。不少商人纷纷熔币取铜，使得市面的铸币严重匮乏，不少地方出现以物易物现象。但朝廷征于市民的赋税，须以铸币缴纳，不得代以实物或银子。市民只得以银子向官吏购兑铸币用以纳税，不少官吏因此大发了一笔。这种情况，在雍正之前的明清两朝历代中从未出现过。

从以上陈述，可推出以下哪项结论？

Ⅰ．上述铸币中所含铜的价值要高于该铸币的面值。

Ⅱ．上述用银子购兑铸币的交易中，不少并不按朝廷规定的比价成交。

Ⅲ．雍正以前明清两朝历代，铸币的铜含量，均在六成以下。

A. 只有Ⅰ。　　　　　　　　　　B. 只有Ⅱ。
C. 只有Ⅲ。　　　　　　　　　　D. 只有Ⅰ和Ⅱ。
E. Ⅰ、Ⅱ和Ⅲ。

### 4  2007GRK-56

对于东明市的居民来说，购买新房是一项高昂的消费，居民一般购买45万元左右的中低档房，少数富有的家庭购买100万元以上的高档房。每年购买房子的人群中25岁至35岁的人约占50%，其中高于65%的购房者没有私家车。

如果上述断定为真，则以下哪项一定为真？

Ⅰ．每年东明市约有50%的购房者的年龄要么小于25岁，要么大于35岁。

Ⅱ．每年东明市约有35%的购房者拥有私家车。

Ⅲ．东明市的房产将严重滞销。

A. 只有Ⅰ。　　　　　　　　　　B. 只有Ⅱ。

C. 只有Ⅰ和Ⅱ。
D. 只有Ⅰ和Ⅲ。
E. Ⅰ、Ⅱ和Ⅲ。

### 5  2008GRK-40

现在公历的某月某日与那天是星期几是随年份变化的。例如，你去年生日那天是星期日，但今年的生日就不是星期日了。如果约定：每年的1月1日是星期日，全年有52个完整的周，共364天；普通年的最后一天和闰年的最后两天都不属于任何一周。

根据上述约定，则以下哪项一定为真？

Ⅰ. 如果某人结婚的那天是星期日，则他的结婚纪念日都是星期日。
Ⅱ. 如果某人的第一个工休日是星期日，并且必须连续工作六天后休息一天，则他的每个工休日都是星期日。
Ⅲ. 如果某人的第一个工休日是星期日，并且必须连续工作六天后休息一天，则他的每个工休日都不是星期日。

A. 只有Ⅰ。
B. 只有Ⅱ。
C. 只有Ⅲ。
D. 只有Ⅰ和Ⅱ。
E. 只有Ⅰ和Ⅲ。

### 6  2009MBA-46

在接受治疗的腰肌劳损患者中，有人只接受理疗，也有人接受理疗与药物双重治疗。前者可以得到与后者相同的预期治疗效果。对于上述接受药物治疗的腰肌劳损患者来说，此种药物对于获得预期的治疗效果是不可缺少的。

如果上述断定为真，则以下哪项一定为真？

Ⅰ. 对于一部分腰肌劳损患者来说，要配合理疗取得治疗效果，药物治疗是不可缺少的。
Ⅱ. 对于一部分腰肌劳损患者来说，要取得治疗效果，药物治疗不是不可缺少的。
Ⅲ. 对于所有腰肌劳损患者来说，要取得治疗效果，理疗是不可缺少的。

A. 只有Ⅰ。
B. 只有Ⅱ。
C. 只有Ⅲ。
D. 只有Ⅰ和Ⅱ。
E. Ⅰ、Ⅱ和Ⅲ。

## 答案与解析

**1. 正确答案：A**

复选项Ⅰ一定是真的。否则，如果上述黄蜂的寄生繁衍机制中，不包括它准确区分宿主虫卵大小的能力，那么，它就不能在适合自己后代寄生的各种昆虫的大小不同的虫卵中，注入恰好数量的自己的卵。

复选项Ⅱ、Ⅲ显然不一定是真的。

**2. 正确答案：C**

选项Ⅰ不能作为结论从题干中推出。因为"左撇子的人比右撇子的人更容易患某些免疫失调症"，是指"患免疫失调的左撇子占左撇子的相对比例"比"患免疫失调的右撇子占右撇子的相对比例"大，推不出"患免疫失调症的人中，左撇子比右撇子多"。

根据题干可以确定：左撇子更擅长数学推理，即，左撇子比右撇子的数学推理能力要强。也即：左撇子的数学推理能力的平均水平要比右撇子的数学推理能力的平均水平要好。进一步可以确定：数学推理能力强于平均水平的人中，左撇子的人的比例，要高于数学推理能力弱于平均水平的人中的左撇子比例。

由于"数学推理能力强于平均水平"与"数学推理能力强"不是一回事，后者的要求更高，因此，选项Ⅱ不能作为结论从题干中推出。

选项Ⅲ可以作为结论从题干中推出。否则，如果在所有左撇子中，数学推理能力强的比例，不高于数学推理能力弱的比例，那么，一般地，左撇子并不擅长数学推理（充其量只比更不擅长数学推理的右撇子较强），这显然有悖于题干的断定。

### 3. 正确答案：D

Ⅰ可以从题干的陈述中推出。因为如果事实上上述铸币中所含铜的价值不高于该铸币的面值，那么熔币取铜就会无利可图，就不会出现题干中所说的商人纷纷熔币取铜，从而造成市面铸币严重匮乏的现象。

Ⅱ可以从题干的陈述中推出。因为如果上述银子购兑铸币的交易，都能严格按朝廷规定的比价成交，就不会有官吏通过上述交易大发一笔，题干中陈述的有关现象就不会出现。

Ⅲ不能从题干的陈述中推出。即使铸币铜含量在六成以上，如果雍正以前铸币中所含铜的价值不高于该铸币的面值，就不会导致熔币取铜。因此，不能由雍正以前明清两朝历代未见有题干陈述的现象，就得出其铸币铜含量均在六成以下的结论。

### 4. 正确答案：A

题干断定：每年购买房子的人中25岁至35岁的人约占50%，可以推出：每年东明市约有50%的购房者的年龄要么小于25岁，要么大于35岁。因此，复选项Ⅰ必然能从题干推出。

题干又断定：25岁至35岁的购房者中，65%没有私家车。由此不能推出：所有购房者的35%拥有私家车。因此，复选项Ⅱ不能从题干必然推出。

复选项Ⅲ显然不能从题干必然推出。

### 5. 正确答案：A

题干约定：每年的1月1日是星期日，全年有52个完整的周，共364天；普通年的最后一天和闰年的最后两天都不属于任何一周。

这样除了普通年的最后一天和闰年的最后两天外（普通年的最后一天和闰年的最后两天没有星期几之说），每一年的一个固定日子的星期几是不随年份变化的，因此，Ⅰ项必真。

由于存在普通年的最后一天和闰年的最后两天，因此，Ⅱ项不一定为真。例如，如果某人的第一个工休日是12月的最后一个星期日，并且连续工作六天后休息一天，则他的下一个工休日就不是星期日。

Ⅲ项显然为假。

因此，A为正确答案。

### 6. 正确答案：D

题干断定：

第一，对于一部分腰肌劳损患者来说，只接受理疗，而不用药物，可以得到预期治疗效果。因此，Ⅱ项必然为真。

第二，对于另一部分腰肌劳损患者来说，接受理疗与药物双重治疗可以得到预期治疗效果，此种药物对于这些患者获得预期的治疗效果是不可缺少的。因此，Ⅰ项必然为真。

题干并没有断定，对所有腰肌劳损患者来说，要取得治疗效果都必须理疗。因此，Ⅲ项不必然为真。

所以，正确答案选D。

# 小 结

推论题的解答目标应锁定在怎样从题干论述中得出一个合理的结论。

## 一、答题技巧

（1）与题干重合度越高的选项越可能成为正确答案。推论题一般都可以找到题干的关键词语，按关键词语定位选项，解题速度可以加快。

（2）首先要读懂题目的论述和结构，特别是找出题干的主结论或主要事实。推论答案往往是原文主结论的重写，必须概括全文，比如是原论断的逆否命题的改写或者是关键词替换。

（3）推论题型的错误有两种：无关或扩大推理范围。

要注意推论题的难点在于逻辑推论时范围限制的变化，尤其在论据是调查研究等题目中，原论断针对的范围一般不能变化，如果要变化，必须说明这种变化的合理性。

## 二、常用解法

### 1. 排除法

从某种意义上讲，这类题型考的就是阅读理解，解题策略就是要确定范围：即限定范围或收敛思维。推论题的"垃圾"选项经常是在文章的范围之外。做题时，注意一定要直击问题的范围。也就是说，推论题的答案应该在文章的范围之内。你个人的观点和背景知识通常都是在范围之外。

### 2. 直接代入法

由于答案不能和原文信息相违背，直接代入法（归谬法）可用来帮助排除选项。具体是指当错误选项不容易排除，而正确选项又难以选择时，就应该运用代入法试一试。这种方法是说，先假设某一个备选项是成立的，然后代入题干，看是否导致矛盾，如果出现矛盾就说明假设该选项成立不对，该选项是不成立的。

但是，需要注意的是，如果通过假设某一选项成立代入题干，并没有导致矛盾，是不是就说明该选项一定能成立呢？这很难说。因为有时可能出现不止一个选项如果成立而不会导致矛盾出现的情况。这里，代入法需要结合排除法来使用，如果通过使用排除法，其他选项均导致矛盾，则剩余的不导致矛盾的选项就是正确的。

### 3. 否定代入法

否定代入法即为假设反证法（假设 P 假，推出逻辑矛盾，因此，P 真）。该方法的意思是，如果我们对某个选项难以确定其真假，那么就可以先假设所要考虑的选项为假，然后代入题干，看是否导致矛盾，如果导致矛盾，则说明该选项不可能假，一定为真。

# 第6章 解 释

解释题型的特征是，给出一段关于某些事实、现象、结果或矛盾的客观描述，要求你对这些事实、现象、结果或矛盾作出合理的解释。解题要点如下：

## 1. 阅读分析
(1) 收敛思维：首先必须接受而不能怀疑或削弱题干所设定的基本事实。
(2) 阅读理解：分析题干论述的现象、基本论点以及关键概念。

## 2. 答题思路
(1) 相关原则：思路要紧扣题干，虽然正确答案有时可以超出题干范围，但一定要与题干相关。正确答案必须和题干的所有基本事实有关系，也就是说，选项不能只和某一事实有关而和另一事实无关。或者说，正确选项不能通过无视题干的某些事实来解释另一些事实。

(2) 常识思维：只需运用理性思维与常识思维来寻找答案。即针对结果为什么发生，题干论述的反常现象的原因是什么，找出一个常识性的选项来达到解释的效果即可。所谓常识一般是指人所共知的内容。

## 6.1 解释现象

解释结论或现象考题是指给出一段关于某些事实或现象的客观描述，要求从选项中寻求一个选项来解释事实、结果、现象发生的原因，找到一个能说明结论能够成立或现象为什么发生的选项即可。

### 1  2002MBA - 26

由于邮费上涨，广州《周末画报》杂志为减少成本，增加利润，准备将每年发行52期改为每年发行26期，但每期文章的质量、每年的文章总数和每年的订价都不变。市场研究表明，杂志的订户和在杂志上刊登广告的客户的数量均不会下降。

以下哪项如果为真，最能说明该杂志社的利润将会因上述变动而降低？

A. 在新的邮资政策下，每期的发行费用将比原来高 1/3。
B. 杂志的大部分订户较多地关心文章的质量，而较少地关心文章的数量。
C. 即使邮资上涨，许多杂志的长期订户仍将继续订阅。
D. 在该杂志上购买广告页的多数广告商将继续在每一期上购买同过去一样多的页数。
E. 杂志的设计、制作成本预期将保持不变。

### 2  2005GRK - 46

近年来，我国南北方都出现了酸雨。一项相关的研究报告得出结论：酸雨并没有对我国的绝大多数森林造成危害。专家建议将此结论修改为：我国的绝大多数森林没有出现受酸雨危害的显著特征，如非正常的落叶、高枯死率等。

以下哪项如果为真，最有助于说明专家所作的修改是必要的？

A. 酸雨对森林造成的危害结果有些是不显著的。
B. 我国有些森林出现了非正常的落叶、高枯死率的现象。
C. 非正常落叶、高枯死率是森林受酸雨危害的典型特征。如果不出现这种特征，说明森林未受酸雨危害。
D. 酸雨是工业污染，特别是燃煤污染的直接结果。
E. 我国并不是酸雨危害最严重的国家。

### 3  2005GRK-53

刘建是乐进足球队的主力左后卫，有很强的助攻能力，有时甚至能破门得分。但是，新主教练上任后，刘建却降为替补，鲜有上场机会，该教练的理由是刘建虽然助攻能力强，但他把守在左路经常在比赛中被对手突破，使本队陷入被动。

以下哪项最有助于解释教练决定的合理性？

A. 对队员的调整拥有决定权能树立新教练的权威。
B. 刘建曾公开为前主教练辩护，反对更换主教练。
C. 该教练崇尚进攻，主张进攻是最好的防守。
D. 足球队后卫最主要的职责是防守。
E. 刘建喜欢喝酒的习惯会影响训练和比赛的状态。

### 4  2007MBA-27

新疆的哈萨克人用经过训练的金雕在草原上长途追击野狼。某研究小组为研究金雕的飞行方向和判断野狼群的活动范围，将无线电传导器放置在一只金雕身上进行追踪。野狼为了觅食，其活动范围通常很广，因此，金雕追击野狼的飞行范围通常也很大。然而两周以来，无线电传导器不断传回的信号显示，金雕仅在放飞地3公里的范围内飞行。

以下哪项如果为真，最有助于解释上述金雕的行为？

A. 金雕的放飞地周边山峦叠嶂险峻异常。
B. 金雕的放飞地2公里范围内有一牧羊草场，成为狼群袭击的目标。
C. 由于受训金雕的捕杀，放飞地广阔草原的野狼几乎灭绝了。
D. 无线电传导器信号仅能在有限的范围内传导。
E. 无线电传导器的安放并未削弱金雕的飞行能力。

### 5  2015MBA-26

晴朗的夜晚我们可以看到满天星斗，其中有些是自身发光的恒星，有些是自身不发光但可以反射附近恒星光的行星。恒星尽管遥远，但是有些可以被现有的光学望远镜"看到"。和恒星不同，由于行星本身不发光，而且体积远小于恒星，所以，太阳系外的行星大多无法用现有的光学望远镜"看到"。

以下哪项如果为真，最能解释上述现象？

A. 现有的光学望远镜只能"看到"自身发光或者反射光的天体。
B. 太阳系外的行星因距离遥远，很少能将恒星光反射到地球上。
C. 如果行星的体积够大，现有的光学望远镜就能够"看到"。
D. 有些恒星没有被现有的光学望远镜"看到"。
E. 太阳系内的行星大多可以用现有的光学望远镜"看到"。

## 6  2021MBA-30

气象台的实测气温与人实际的冷暖感受常常存在一定的差异。在同样的低温条件下，如果是阴雨天，人会感到特别冷，即通常说的"阴冷"；如果同时赶上刮大风，人会感到寒风刺骨。

以下哪项如果为真，最能解释上述现象？

A. 人的体感温度除了受气温的影响外，还受风速与空气湿度的影响。

B. 低温情况下，如果风力不大、阳光充足，人不会感到特别寒冷。

C. 即使天气寒冷，若进行适当锻炼，人也不会感到太冷。

D. 即使室内外温度一致，但是走到有阳光的室外，人会感到温暖。

E. 炎热的夏日，电风扇转动时，尽管不改变环境温度，但人依然感到凉快。

## 7  2022MBA-38

在一项噪声污染与鱼类健康关系的实验中，研究人员将已感染寄生虫的孔雀鱼分成短期噪声组、长期噪声组和对照组。短期噪声组在噪声环境中连续暴露24小时，长期噪声组在同样的噪声中暴露7天，对照组则被置于一个安静环境中。在17天的监测期内，该研究人员发现，长期噪声组的鱼在第12天开始死亡，其他两组鱼则在第14天开始死亡。

以下哪项如果为真，最能解释上述实验结果？

A. 噪声污染不仅危害鱼类，也危害两栖动物、鸟类和爬行动物等。

B. 长期噪声污染会加速寄生虫对宿主鱼类的侵害，导致鱼类过早死亡。

C. 相比于天然环境，在充斥各种噪声的养殖场中，鱼更容易感染寄生虫。

D. 噪声污染使鱼类既要应对寄生虫的感染，又要排除噪声干扰，增加鱼类健康风险。

E. 短期噪声组所受的噪声可能引起了鱼类的紧张情绪，但不至于损害它们的免疫系统。

# 答案与解析

### 1. 正确答案：D

本题要求解释，杂志社的利润将会因发行期数减少一半而降低。

如果D项为真，则由于该杂志全年的发行期数只是变动前的一半，因此多数广告商每年在该杂志上所购买的广告页数将比变动前减少一半，这说明该杂志社的利润将会因上述变动而降低。

其余各项均不能说明该杂志社的利润将会因上述变动而降低。其中，A项断定，在新的邮资政策下，每期的发行费用将比原来高1/3，但由于每年的发行量将减少一半，因此，发行成本并未提高。

### 2. 正确答案：A

如果事实上酸雨对森林造成的危害结果有些是不显著的，那么就说明题干的报告可能忽视了这一点：没有出现受酸雨危害的显著特征，不等于酸雨没有造成危害。针对这一漏洞，专家所做作修改是必要的。因此，A项正确。

### 3. 正确答案：D

如果事实上足球队后卫最主要的职责是防守，那么，就能说明刘建作为后卫不能胜任其主要职责，因此，教练的决定是合理的。可见，D项为正确答案。

### 4. 正确答案：B

由于金雕是跟踪野狼的，选项B断定，金雕的放飞地2公里范围内有一牧羊草场，说明狼群为了生存得获取食物，当然会围绕羊群活动，伺机攻击羊群。这很好地解释了狼群在放飞地

3公里范围内活动，从而很好地解释了金雕只在放飞地3公里范围内飞行这一行为。

其他的选项或者无关，或者起不到解释作用。

### 5. 正确答案：B

题干需要解释的现象是：自身发光的恒星即使遥远有些也可以被光学望远镜"看到"，尽管行星自身不发光但可反射光，然而，太阳系外的行星大多无法"看到"。

B项表明，因为这些行星距离地球很远，亮光很少能反射到地球上，导致地球上的望远镜对大部分行星不能进行观测，可以解释题干现象。注意该项含有关键词"很少"，对应题干结尾的"大多无法用现有的光学望远镜'看到'"。

其余选项均不能解释题干现象。其中，A项，现有的光学望远镜只能"看到"自身发光或者反射光的天体，而题干说行星是可以反射光的天体，那么就不能够解释太阳系外的行星大多无法用现有的光学望远镜"看到"。C项，题干并未断定太阳系外的行星体积不够大。D项讲的是恒星，E项涉及的是太阳系内的行星，所以无法解释。

### 6. 正确答案：A

需要解释的现象是：实测气温与人实际的冷暖感受常常存在一定的差异。在同样的低温条件下，如果是阴雨天和刮大风，人会感到特别冷。

A项表明，人的体感温度受气温、风速与空气湿度的综合影响，这作为一个理由，显然有力地解释了上述现象。

其余选项均无法体现"阴雨天"和"刮大风"对体感温度的影响，故都起不到解释作用。

### 7. 正确答案：B

上述实验的结果显示，长期噪声组的鱼的死亡时间要早于短期噪声组的鱼和安静环境中的鱼的死亡时间。

B项表明，长期噪声污染会加速寄生虫对宿主鱼类的侵害，导致鱼类过早死亡，这显然作为新的证据，有力地解释了长期噪声组的鱼过早死亡的原因。因此，该项为正确答案。

A项：比较对象不一致，题干论述的是鱼类而不是其他动物，排除。

C项：解释对象不对，无须解释在哪类环境中鱼更容易感染寄生虫，排除。

D项：比较对象不一致，没有说明长期噪声组的鱼与短期噪声组的鱼、安静环境中的鱼的差别，排除。

E项：解释对象不对，没有解释长期噪声组的鱼死亡时间早的原因，排除。

## 6.2 解释矛盾

解释差异或缓解矛盾的考题主要指在逻辑考题中，发现了矛盾现象、反常现象，或发现了两类对象之间的不同，要求寻找一个答案说明为什么不同，即要求消除这些矛盾，或者分析为什么会存在这种矛盾。实质上是要求考生从备选答案中找到能够解释题干中看似矛盾但实质上并不矛盾的选项。解题的关键是，找到矛盾的事件、差异点，直接明确破解一方或者双方，或者破解推理过程，最好的选项应该能解释矛盾的双方。

### 1  2000MBA-42

近期的一项调查显示：日本产的"星愿"、德国产的"心动"和美国产的"EXAP"三种轿车最受女性买主的青睐。调查指出，在中国汽车市场上，按照女性买主所占的百分比计算，这三种轿车名列前三名。星愿、心动和EXAP三种车的买主，分别有58%、55%和54%是妇女。但是，最近连续6个月的女性购车量排行榜，却都是国产的富康轿车排在首位。

以下哪项如果为真，最有助于解释上述矛盾？

A. 某种轿车的女性买主占各种轿车买主总数的百分比，与某种轿车的买主之中女性所占的百分比是不同的。

B. 排行榜的设立，目的之一就是引导消费者的购车方向。而发展国产汽车业，排行榜的作用不可忽视。

C. 国产的富康轿车也曾经在女性买主所占的百分比的排列中名列前茅，只是最近才落到了第四名的位置。

D. 最受女性买主的青睐和女性买主真正花钱去购买是两回事，一个是购买欲望，一个是购买行为，不可混为一谈。

E. 女性买主并不意味着就是女性来驾驶，轿车登记的主人与轿车实际的使用者经常是不同的。而且，单位购车在国内占到了很重要的比例，不能忽略不计。

### 2 2000GRK-34

获得奥斯卡大奖的影片《泰坦尼克号》在滨州上映，滨州独家经营权给了滨州电影发行放映公司，公司各部门可忙坏了，宣传部投入了史无前例的170万元进行各种形式的宣传，业务部组织了8家大影院超前放映和加长映期，财务部具体实施与各影院的收入分账，最终几乎全市的老百姓都去看了这部片子，公司赚了750万元。而公司在总结此项工作时却批评了宣传部此次工作中的失误。

以下哪项如果为真，最能合理地解释上述情况？

A. 公司宣传部没有事先跟其他部门沟通，宣传中缺少针对性。

B. 由于忽视了奥斯卡获奖片自身具有免费宣传效应，公司宣传部的投入事实上过大。

C. 公司宣传部的投入力度不足，《泰坦尼克号》在滨海上映时，滨海公司宣传投入了300万元。

D. 公司宣传部的宣传在创意和形式上没有新的突破。

E. 公司宣传部的宣传对今年其他影片的发行也产生了很大的影响。

### 3 2002GRK-26

R国的工业界存在着一种看来矛盾的现象：一方面，根据该国的法律，工人终生不得被解雇，工资标准只能升不能降；但另一方面，这并没有阻止工厂主引进先进的生产设备，这些设备提高了劳动生产率，使得一部分工人事实上被变相闲置（例如让3个人干2人可以胜任的活）。

以下哪项相关断定如果为真，最能合理地解释上述现象？

A. 每个工人在被雇用之前，都经过严格的技术考核和培训。

B. 先进设备提高劳动生产率所创造的利润，高于重新培训工人从事其他工作的费用。

C. 先进设备的引进，提高了产品的最终成本。

D. R国面临着修改上述法律的压力。

E. R国的产品具有很强的国际竞争力。

### 4 2002GRK-58

棕榈树在亚洲是一种外来树种，长期以来，它一直靠手工授粉，因此棕榈果的生产率极低。1994年，一种能有效地对棕榈花进行授粉的象鼻虫引进了亚洲，使得当年的棕榈果生产率显著提高，在有的地方甚至提高了50%以上。但是，到了1998年，棕榈果的生产率却大幅度降低。

以下哪项如果为真，最有助于解释上述现象？

473

A. 在1994年—1998年期间，随着棕榈果产量的增加，棕榈果的价格在不断下降。
B. 1998年秋季，亚洲的棕榈树林区开始出现象鼻虫的天敌赤蜂。
C. 在亚洲，象鼻虫的数量在1998年比1994年增加了一倍。
D. 果实产量连年不断上升会导致孕育果实的雌花无法从树木中汲取必要的营养。
E. 在1998年，同样是外来树种的椰果的产量在亚洲也大幅度低于往年的水平。

### 5  2003GRK-42

当一只鱼鹰捕捉到一条白鲢、一条草鱼或一条鲤鱼而飞离水面时，往往会有许多鱼鹰几乎同时跟着飞聚到这一水面捕食。但是，当一只鱼鹰捕捉到的是一条鲶鱼时，这种情况却很少出现。

以下哪项如果为真，最能合理地解释上述现象？

A. 草鱼或鲤鱼比鲶鱼更符合鱼鹰的口味。
B. 在鱼鹰捕食的水域中，白鲢、草鱼和鲤鱼比较多见，而鲶鱼比较少见。
C. 在鱼鹰捕食的水域中，白鲢、草鱼和鲤鱼比较少见，而鲶鱼比较多见。
D. 白鲢、草鱼或鲤鱼经常成群出现，而鲶鱼则没有这种习性。
E. 白鲢、草鱼和鲤鱼比鲶鱼更易被鱼鹰捕食。

### 6  2005MBA-27

以优惠价出售日常家用小商品的零售商通常有上千雇员，其中大多数只能领取最低工资。随着国家法定的最低工资额的提高，零售商的人力成本也随之大幅度提高。但是，零售商的利润非但没有降低，反而提高了。

以下哪项如果为真，最有助于解释上述看来矛盾的现象？

A. 上述零售商的基本顾客，是领取最低工资的人。
B. 人力成本只占零售商经营成本的一半。
C. 在国家提高最低工资额的法令实施后，除了人力成本以外，其他零售商的经营成本也有所提高。
D. 零售商的雇员有一部分来自农村，他们都拿最低工资。
E. 在国家提高最低工资额的法令实施后，零售商降低了某些高薪雇员的工资。

### 7  2005GRK-44

1970年，U国汽车保险业的赔付总额中，只有10%用于赔付汽车事故造成的人身伤害。而2000年，这部分赔付金所占的比例上升到50%，尽管这30年来U国的汽车事故率呈逐年下降的趋势。

以下哪项如果为真，最有助于解释上述看来矛盾的现象？

A. 这30年来，U国汽车的总量呈逐年上升的趋势。
B. 这30年来，U国的医疗费用显著上升。
C. 2000年U国的交通事故数量明显多于1970年。
D. 2000年U国实施的交通法规比1970年的更为严格。
E. 这30年来U国汽车保险金的上涨率明显高于此期间的通货膨胀率。

### 8  2006GRK-40

马晓敏是眼科医院眼底手术的一把刀，也是湖城市最好的眼底手术医生。但是，令人费解的是，经马晓敏手术后，患者的视力获得明显提高的比例较低。

以下哪项如果为真，最有助于解释以上陈述？

A. 眼底手术大多是棘手的手术，需要较长的时间才能完成。
B. 除了马晓敏以外，湖城市眼科医院缺乏能干的眼底手术医生。

C. 除了眼底手术，马晓敏同时精通其他眼科手术。

D. 目前经马晓敏手术后患者视力获得明显提高的比例比过去有所提高。

E. 湖城市眼科医院难治的眼底疾病患者的手术大多数都是由马晓敏医生完成的。

### 9  2006GRK-43

汽车保险公司的统计数据显示，在所处理的汽车被盗索赔案中，安装自动防盗系统汽车的比例明显低于未安装此种系统的汽车。这说明，安装自动防盗系统能明显减少汽车被盗的风险。但警察局的统计数据却显示，在报案的被盗汽车中，安装自动防盗系统的比例高于未安装此种系统的汽车。这说明，安装自动防盗系统不能减少汽车被盗的风险。

以下哪项如果为真，最有利于解释上述看来矛盾的统计结果？

A. 许多安装了自动防盗系统的汽车车主不再购买汽车被盗保险。

B. 有些未安装自动防盗系统的汽车被盗后，车主报案但未索赔。

C. 安装自动防盗系统的汽车大都档次较高；汽车的档次越高，越易成为盗窃的对象。

D. 汽车失盗后，车主一般先到警察局报案，再去保险公司索赔。

E. 有些安装了自动防盗系统的汽车被盗后，车主索赔但未报案。

### 10  2010MBA-35

成品油生产商的利润很大程度上受国际市场原油价格的影响，因为大部分原油是按国际市场价购进的。近年来，随着国际原油市场价格的不断提高，成品油生产商的运营成本大幅度增加，但某国成品油生产商的利润并没有减少，反而增加了。

以下哪项如果为真，最有助于解释上述看似矛盾的现象？

A. 原油成本只占成品油生产商运营成本的一半。

B. 该国成品油价格根据市场供需确定。随着国际原油市场价格的上涨，该国政府为成品油生产商提供相应的补贴。

C. 在国际原油市场价格不断上涨期间，该国成品油生产商降低了个别高薪雇员的工资。

D. 在国际原油市场价格上涨之后，除进口成本增加以外，成品油生产的其他运营成本也有所提高。

E. 该国成品油生产商的原油有一部分来自国内，这部分受国际市场价格波动影响较小。

### 11  2010GRK-49

在19世纪，法国艺术学会是法国绘画及雕塑的主要赞助部门，当时个人赞助者已急剧减少。由于该艺术学会并不鼓励艺术创新，19世纪的法国雕塑缺乏新意；然而，同一时期的法国绘画却表现出很大程度的创新。

以下哪项如果为真，最有助于解释19世纪法国绘画与雕塑之间创新的差异？

A. 在19世纪，法国艺术学会给予绘画的经费支持比雕塑多。

B. 在19世纪，雕塑家比画家获得更多的来自艺术学会的支持经费。

C. 由于颜料和画布价格比雕塑用的石料便宜，19世纪法国的非赞助绘画作品比非赞助雕塑作品多。

D. 19世纪极少数的法国艺术家既进行雕塑创作，也进行绘画创作。

E. 尽管艺术学会仍对雕塑家和画家给予赞助，19世纪的法国雕塑家和画家得到的经费支持明显下降。

### 12  2023MBA-45

近期一项调查数据显示：中国并不缺少外科医生，而是缺少能做手术的外科医生；中国人均拥有的外科医生数量同其他中高收入国家相当，但中国人均拥有的外科医生所做的手术量却比那些国家少 40%。

以下哪项如果为真，最能解释上述现象？

A. 年轻外科医生一般总要花费数年时间协助资深外科医生手术，然后才有机会亲自主刀上阵，这已成为国内外医疗行业惯例。
B. 近年来，我国能做手术的外科医生的人均手术量，已与其他中高收入国家外科医生的人均手术量基本相当。
C. 患者在需要外科手术时都想请经验丰富的外科医生为其主刀，不愿成为年轻医生的练习对象，对此医院一般都会有合理安排。
D. 资深外科医生经常收到手术邀请，他们常年奔波在多所医院为年轻医生主刀示范，培养了不少新人。
E. 从一名医学院学生成长为能做手术的外科医生，需要经历漫长的学习过程，有些人中途不得不放弃梦想而另谋职业。

# 答案与解析

### 1. 正确答案：A

题干的矛盾在于：一方面，按照女性买主所占的百分比，星愿、心动和 EXAP 三种轿车名列前三；另一方面，又断定富康轿车位居女性购车量榜首。

这看来自相矛盾，其实并不矛盾。因为前者排名的依据，是某种轿车的买主之中女性所占的百分比；后者排名的依据，是富康车的女性购车量。因此，这样的情况完全是可能的：尽管富康车的女性买主在各种轿车买主总数中所占的百分比居第一，但是，富康车的买主中，女性的比例却低于 54%。这样，题干的断定就不存在任何矛盾。A 项正是指出了这一点，因此有助于解释题干中似乎存在的矛盾。

其余各项都无助于做到这一点。题干说的是已经购车的买主中两种女性所占的百分比的矛盾，已发生了购买行为，因此，D、E 项讲的购买欲望和购买行为、购车者和使用者有差异，这是与题干推理不相关的，为无关项。

### 2. 正确答案：B

题干断定：为上映《泰坦尼克号》，电影公司宣传部投入了史无前例的 170 万元进行宣传，最后公司赚了 750 万元，而公司却批评了宣传部工作中的失误。

C、E 项是无关项，A、D 项都是对宣传部的批评，但是与 B 项比较起来力度不足。B 项表明，成本 170 万元投入太多了，是对宣传部有力的批评，最合理地解释了题干的情况。

### 3. 正确答案：B

题干要求解释的是，尽管实行工作终身制且必须保护工人工资，为何引进劳动力节约型的生产设备对工厂主是有利的。

如果 B 项为真，则由于先进设备提高劳动生产率所创造的利润高于重新培训工人从事其他工作的费用，因此，工厂主宁愿让一部分工人闲置，也要引进先进生产设备，这就合理地解释了题干。其余各项均不能解释题干。

### 4. 正确答案：D

读完题干，我们发现题干中明显的矛盾是：在某一个地区，棕榈树的产量于 1994 年迅速增长，而在 1998 年又迅速下降。题干并没有提供这种变化的任何线索，我们必须在选项中寻找能解释这个矛盾的理由或者事实。

D 项说，产量的快速增长夺去了树的营养，而这些营养正是生产果实的雌花所需要的。换句话说就是，1994年左右产量的增加夺去了太多的营养，以至1998年生产果实所需养分不足，从而产量下降。这个选项很好地解释了产量急剧下降的原因。

B项断定亚洲的棕榈树林区开始出现象鼻虫的天敌赤蜂，这显然也能解释棕榈果的生产率为什么大幅度降低，但由于B项同时断定这种赤蜂出现在1998年秋季，因此无法对题干作出解释。

A项说，在产量迅速上升之后，于1994年—1998年期间，棕榈果的价格下降，但没有解释随后该树产量的下降。（有的考生认为价格下降了，种树的积极性就低了，产量就下降了，逻辑不能递进推理，即使有这种可能性，解释力度也不大。）

**5. 正确答案：D**

D项暗示鱼鹰捉到一条白鲢、一条草鱼或一条鲤鱼的地方可能有很多白鲢、草鱼或鲤鱼，导致鱼鹰聚集，而捉到鲶鱼的地方可能不再有其他的鲶鱼，所以鱼鹰不聚集，很好地解释了题干描述的现象，因此，为正确答案。

A项有一定的解释题干的作用，但是我们从题干知道鱼鹰也是吃鲶鱼的，既然有一只选择吃鲶鱼，那么其他的也很有可能选择，因此，A项的解释力度不足。

哪个多见、哪个少见，不影响题干的论述，B、C项排除。

E项有解释题干的作用，但是我们从题干知道鱼鹰也是能捉到鲶鱼的，既然有一只能够捉到鲶鱼，那么其他的也很有可能捉到，E项的解释力度不足，排除。

**6. 正确答案：A**

题干中的矛盾：一方面是工人的人力成本升高，另一方面是零售商的利润没有下降，反而提高了。

A项说明，国家法定的最低工资额的提高，虽然增加了零售商的工资成本，但同时也增加了基本顾客的购买力，导致了零售商的商品销售量增加，从而解释了零售商利润的增加。

至于E项，尽管零售商提高了最低工资，但降低了高薪雇员的工资。这个选项与题干已知的人力成本升高是不一致的，不能作为正确答案。

**7. 正确答案：B**

题干的矛盾在于，一方面，人身伤害的赔付金在保险赔付总额中所占的比例上升；另一方面，汽车事故率却逐年下降。

其实，人身伤害的赔付金在保险赔付总额中所占的比例，和汽车事故率没有必然的联系。因此，题干陈述的现象并不矛盾。如果B项为真，则有助于说明：30年来，因为汽车事故造成的人身伤害的医疗费用显著上升，因此，人身伤害的赔付金在保险赔付总额中所占的比例明显上升。

**8. 正确答案：E**

题干需要解释的是，马晓敏医生的医术最高，但其手术效果并不好。

如果E项为真，则事实上由于湖城市眼科医院难治的眼底疾病患者的手术大多数都是由马晓敏医生完成的，这样就很好地解释了题干的陈述。

**9. 正确答案：A**

题干的矛盾是：

一方面，在保险公司的被盗汽车索赔案中，安装防盗系统的比例明显低于未安装的。

另一方面，在报案的被盗汽车中，安装防盗系统的比例高于未安装的。

A项所述许多安装了自动防盗系统的被盗汽车失主并未购买汽车被盗保险，他们会去警察局报案，但不会去保险公司索赔，这样就有力地解释了题干看来矛盾的统计结果。

题干讲的是处理的汽车被盗索赔案，与实际上是否索赔无关，B项排除。

477

报案和索赔的先后关系，不影响题干的统计结果，因此，D项起不到解释题干矛盾的作用。

**10. 正确答案：B**

成品油生产商的利润主要取决于成本和成品油价格。题干矛盾现象是：一方面，成本大幅度增加了；另一方面，利润反而增加了。

B项表明，该国政府为成品油生产商提供相应的补贴，这对题干矛盾是个最有说服力的解释。

**11. 正确答案：C**

题干陈述：法国艺术学会作为法国绘画及雕塑的主要赞助部门，并不鼓励艺术创新。然而，虽然法国雕塑缺乏新意，但法国绘画却表现出很大程度的创新。

C项表明，那时的非赞助绘画作品比非赞助雕塑作品多，这显然有助于说明19世纪法国绘画比雕塑较具创新。

**12. 正确答案：B**

题干论述的现象是：一方面，中国不缺外科医生，因为中国人均拥有的外科医生数量同其他中高收入国家相当；另一方面，中国缺能做手术的外科医生，因为中国人均拥有的外科医生所做的手术量却比那些国家少40%。

B项表明，我国能做手术的外科医生的人均手术量已与其他国家相当。结合中国人均拥有的外科医生数量同其他国家相当，但中国人均拥有的外科医生所做的手术量却比其他国家少，可合理地推测出，中国缺能做手术的外科医生。这就有力地解释了题干现象，因此为正确答案。

其他选项都没有提供解释中外差异的有效论据，均起不到解释作用，排除。

## 6.3 最能解释

在解释题中，当备选项中有两个或两个以上能起到解释作用时，就需要比较解释的程度，正确答案必须是解释程度最强的选项。

### 1 2000MBA-53

日本脱口秀表演家金语楼曾获多项专利。有一种在打火机上装一个小抽屉代替烟灰缸的创意，在某次创意比赛中获得了大奖，倍受推崇。比赛结束后，东京的一家打火机制造厂家将此创意进一步开发成产品推向市场，结果销路并不理想。

以下哪项如果为真，能最好地解释上面的矛盾？

A. 某家烟灰缸制造厂商在同期推出了一种新型的烟灰缸，吸引了很多消费者。
B. 这种新型打火机的价格比普通的打火机贵20日元，有的消费者觉得并不值得。
C. 许多抽烟的人觉得随地弹烟灰既不雅观，也不卫生，还容易烫坏衣服。
D. 参加创意比赛后，很多厂家都选择了这项创意来开发生产，几乎同时推向市场。
E. 作为一个脱口秀表演家，金语楼曾经在他主持的电视节目上介绍过这种新型打火机的奇妙构思。

### 2 2000GRK-21

某市一项对健身爱好者的调查表明，那些称自己每周固定进行二至三次健身锻炼的人近二年来由28%增加到35%，而对该市大多数健身房的调查则显示，近二年去健身房的人数明显下降。

下篇　论证推理

以下各项如果为真，都有助于解释上述看来矛盾的断定，除了
A. 进行健身锻炼没什么规律的人在数量上明显减少。
B. 健身房出于非正常的考虑，往往少报顾客的人数。
C. 由于简易健身器材的出现，家庭健身活动成为可能并逐渐流行。
D. 为了吸引更多的顾客，该市健身房普遍调低了营业价格。
E. 受调查的健身锻炼爱好者只占全市健身锻炼爱好者的10%。

### 3　2000GRK-32

有一商家为了推销其家用电脑和网络服务，目前正在大力开展网络消费的广告宣传和推广促销。经过一定的市场分析，他们认为手机用户群是潜在的网络消费用户群，于是决定在各种手机零售场所宣传、推销他们的产品。结果两个月下来，效果很不理想。

以下哪项如果为真，最有助于解释出现上述结果的原因？
A. 刚刚购买手机的消费者需要经过一段时期后才能成为网络消费的潜在用户。
B. 最近国家在有关规定中对国家机关人员使用手机加以限制，购买手机的人因此有所减少。
C. 购买电脑或是办理网络服务对中国老百姓来说还是件大事，一般来说，消费者对此的态度比较慎重。
D. 家用电脑和网络服务在知识分子中已经比较普及，他们所希望的是增强自己计算机的功能。
E. 目前家用电脑更新换代速度快，广告宣传和推广促销要收到效果，必须特色鲜明，能够打动消费者的心。

### 4　2000GRK-42

《都市青年报》准备在5月4日青年节的时候推出一种订报有奖的营销活动。如果你在5月4日到6月1日之间订了下半年的《都市青年报》，你就可以免费获赠下半年的《都市广播电视导报》。推出这个活动之后，报社每天都在统计新订户的情况，结果非常失望。

以下哪项如果为真，最能够解释这项促销活动没能成功的原因？
A. 根据邮局发行部门的统计，《都市广播电视导报》并不是一份十分有吸引力的报纸。
B. 根据一项调查的结果，《都市青年报》的订户中有些已经同时订了《都市广播电视导报》。
C. 《都市广播电视导报》的发行渠道很广，据统计，订户比《都市青年报》的还要多1倍。
D. 《都市青年报》没有考虑很多人的订阅习惯，大多数报刊订户在去年年底已经订了今年一年的《都市广播电视导报》。
E. 《都市青年报》推出这个活动，伤害了那些《都市青年报》老订户的感情，影响了它的发行工作。

## 答案与解析

### 1. 正确答案：D

题干矛盾在于：一方面，在打火机上装一个小抽屉代替烟灰缸的创意获得了大奖；另一方面，一厂家将此创意开发成产品后销路并不理想。

如果D项断定为真，说明很多厂家推出了这个产品，那么，题干中所提及的那家打火机制造厂家在将产品推向市场时就遇到了激烈的竞争，因而销路不理想，这对题干是一种有说服力的解释。

479

A项也能解释题干，但该项断定的产品是烟灰缸，题干中断定的产品是装有烟灰缸的打火机，这是两种主要功能不同的产品。这两种产品即使存在竞争，其竞争程度肯定不如D项中断定的同类产品的竞争程度。

B项只是说有的消费者觉得不值，也就是说这样的消费者的数量可能不多，不足以影响该产品的销售。

因此，A项和B项解释的力度显然不如D项。答案应选D。

其余各项均不能解释题干。

### 2. 正确答案：D

题干的矛盾是：常客（固定进行锻炼的顾客）比例增加，但总顾客人数下降。

选项A"进行健身锻炼没什么规律的人在数量上明显减少"实际上指的是"过客减少"，当然会导致常客比例增加但总顾客人数下降，最能解释题干矛盾。

选项B、C分别为"那些称自己每周固定进行二至三次健身锻炼的人""去健身房的人数"等表面性矛盾提供了一些额外信息来说明内在的合乎逻辑，也能起到解释作用。

选项E讲的是题干的调查只是一个抽样调查，而抽样调查结果的可靠性在于抽样是否科学，而不在于抽样的比例。本题受调查的健身锻炼爱好者只占全市健身锻炼爱好者的10%，比例并不算小，至于抽样是否科学该项并没有断定。因此，E项是一种中性的，或者说是一种起或然性作用的选项，有可能起到一些解释作用，也有可能起不到解释作用。

选项D指出，健身房调低了营业价格，逻辑上的推论是去健身房的人数应当增加，这反而加剧了题干现存的矛盾，因此是正确答案。

### 3. 正确答案：A

解释原因就是说明题干中所述的"效果很不理想"是正常的，是另有隐情的，选项A强调了一个时间上的延迟，非常合乎逻辑，是很合适的选项。

选项B、C、D、E都在某种程度上说明了上述结果的某种可能的原因，但是程度比较弱，特别是E项，猜测的程度很大，因此不选。

### 4. 正确答案：D

本题要求解释"订《都市青年报》可免费获赠《都市广播电视导报》"的促销活动没能成功的原因。

选项D指出，大多数报刊订户在去年年底已经订了今年一年的《都市广播电视导报》，这就给出了额外信息，说明免费获赠《都市广播电视导报》为什么无法成为订《都市青年报》的激励因素，是非常合乎逻辑的解释。

其他四个选项也都不同程度地构成了对促销活动失败的原因的解释，但都没有选项D解释的力度大。

## 6.4　不能解释

不能解释型考题的解题方法是把能解释题干推理的选项排除掉，剩下的起不到解释作用或加剧题干矛盾的选项就是正确答案。

### 1　2000MBA-31

为降低成本，华强生公司考虑对中层管理者大幅减员。这一减员准备按如下方法完成：首先让50岁以上、工龄满15年者提前退休，然后解雇足够多的其他人使总数缩减为以前的50%。

以下各项如果为真，则都可能是公司这一计划的缺点，除了
  A. 由于人心浮动，经过该次减员后员工的忠诚度将会下降。
  B. 管理工作的改革将迫使商业团体适应商业环境的变化。
  C. 公司可以从中选拔未来高层经理人员的候选人将减少。
  D. 有些最好的管理人员在不知道其是否会被解雇的情况下选择提前退休。
  E. 剩下的管理人员的工作负担加重，使他们产生过分的压力而最终影响其表现。

### 2  2000GRK-29

近年来，我国许多餐厅使用一次性筷子。这种现象受到越来越多的批评，理由是我国森林资源不足，把大好的木材用来做一次性筷子，实在是莫大的浪费。但奇怪的是，至今一次性筷子的使用还没有被禁止。

以下除哪项外，都能对上文的疑问从某一方面给以解释？
  A. 有些一次性筷子不是木制的，有些一次性木制筷子并没有使用森林中的木材。
  B. 已经证明了，一次性筷子的使用能有效地避免一些疾病的交叉感染。
  C. 一次性筷子的使用与餐厅之间相互攀比有关，要禁必须大家一起禁才行。
  D. 一次筷子并不如想像的那样卫生，有些病菌或病毒也会借助一次性筷子传播。
  E. 保护森林不能只保不用。合理地使用，适量地采伐，有利于森林的保护。

### 3  2000GRK-64

"试点综合症"的问题屡见不鲜。每出台一项改革措施，先进行试点，积累经验后再推广，这种以点带面的工作方法本来是人们经常采用的。但现在许多项目中出现了"一试点就成功，一推广就失败"的怪现象。

以下哪项不是造成上述现象的可能原因？
  A. 在选择试点单位时，一般选择工作基础比较好的单位。
  B. 为保证试点成功，政府往往给予试点单位许多优惠政策。
  C. 在试点过程中，领导往往比较重视，各方面的问题解决得快。
  D. 试点尽管成功，但许多企业外部的政策、市场环境却并不相同。
  E. 全社会往往比较关注试点和试点的推广工作。

### 4  2001MBA-52

烟草业仍然是有利可图的。在中国，尽管今年吸烟者中成人的人数减少，烟草生产商销售的烟草总量还是增加了。

以下哪项不能用来解释吸烟者中成人人数减少了，但烟草销售量反而增长？
  A. 今年，开始吸烟的妇女数量多于戒烟的男子数量。
  B. 今年，开始吸烟的少年数量多于同期戒烟的成人数量。
  C. 今年，非吸烟者中咀嚼烟草及嗅鼻烟的人多于戒烟者。
  D. 今年和往年相比，那些有长年吸烟史的人平均消费了更多的烟草。
  E. 今年中国生产的香烟中用于出口的数量高于往年。

### 5  2002GRK-24

在美国，每年接受治疗的精神忧郁症病人的人数超过200万人，是中国的接近10倍，而中国的人口则接近美国的10倍。

以下各项如果为真，都有助于解释上述现象，除了
  A. 中美两国医学界对何为精神忧郁症的解释不同。
  B. 考虑到实际收入，和中国相比，美国的医疗费用并不过于昂贵。

C. 和中国相比，美国有较好的医疗条件。

D. 和中国人相比，美国人有较高的自我保健意识。

E. 和中国相比，美国的生活环境较不利于人的精神健康。

### 6  2003MBA-37

西双版纳植物园种有两种樱草，一种自花授粉，另一种非自花授粉，即须依靠昆虫授粉。近几年来，授粉昆虫的数量显著减少。另外，一株非自花授粉的樱草所结的种子比自花授粉的要少。显然，非自花授粉樱草的繁殖条件比自花授粉的要差。但是游人在植物园多见的是非自花授粉樱草而不是自花授粉樱草。

以下哪项判定最无助于解释上述现象？

A. 和自花授粉樱草相比，非自花授粉樱草的种子发芽率较高。

B. 非自花授粉樱草是本地植物，而自花授粉樱草是几年前从国外引进的。

C. 前几年，上述植物园非自花授粉樱草和自花授粉樱草数量比大约是5：1。

D. 当两种樱草杂生时，土壤中的养分更易被非自花授粉樱草吸收，这又往往导致自花授粉樱草的枯萎。

E. 在上述植物园中，为保护授粉昆虫免受游客伤害，非自花授粉樱草多植于园林深处。

### 7  2003MBA-47

市餐饮经营点的数量自1996年的约20 000个，逐年下降至2001年的约5 000个。但是这五年来，该市餐饮业的经营资本在整个服务行业中所占的比例并没有减少。

以下各项中，哪项最无助于说明上述现象？

A. S市2001年餐饮业的经营资本总额比1996年高。

B. S市2001年餐饮业经营点的平均资本额比1996年有显著增长。

C. 作为激烈竞争的结果，近五年来，S市的餐馆有的被迫停业，有的则努力扩大经营规模。

D. 1996年以来，S市服务行业的经营资本总额逐年下降。

E. 1996年以来，S市服务行业的经营资本占全市产业经营总资本的比例逐年下降。

### 8  2005MBA-48

城市污染是工业化社会的一个突出问题。城市居民因污染而患病的比例一般高于农村。但奇怪的是，城市中心的树木反而比农村的树木长得更茂盛，更高大。

以下各项如果为真，哪项最无助于解释上述现象？

A. 城里人对树木的保护意识比农村人强。

B. 由于热岛效应，城市中心的年平均气温明显比农村高。

C. 城市多高楼，树木因其趋光性而长得更高大。

D. 城市栽种的主要树木品种与农村不同。

E. 农村空气中的氧气含量高于城市。

### 9  2005MBA-50

新华大学在北戴河设有疗养院，每年夏季接待该校的教职工。去年夏季该疗养院的入住率，即客房部床位的使用率为87%，来此疗养的教职工占全校教职工的比例为10%。今年夏季来此疗养的教职工占全校教职工的比例下降至8%，但入住率却上升至92%。

以下各项如果为真，都有助于解释上述看似矛盾的数据，除了

A. 今年该校新成立了理学院，教职工总数比去年有较大增长。

B. 今年该疗养院打破了历年的惯例，第一次有限制地对外开放。

C. 今年该疗养院的客房总数不变，但单人间的比例由原来的 5% 提高至 10%，双人间由原来的 40% 提高到 60%。

D. 该疗养院去年大部分客房今年改为足疗保健室或棋牌娱乐室。

E. 经过去年冬季的改建，该疗养院的各项设施的质量明显提高，大大增加了对疗养者的吸引力。

### 10  2005GRK-36

为了更好地理解人类个性的特征及其发展，一些心理学家对动物的个性进行了研究。

以下各项如果为真，都能对上述行为提供解释，除了

A. 人类和动物的行为都产生于类似的本能，但动物的本能较为明显。

B. 对人的某些实验受到法律的限制，但对动物的实验一般不受限制。

C. 和对动物的实验相比，对人的实验的费用较为昂贵。

D. 在数年中可完成对某些动物个体从幼年至老年个性发展的全程观察。

E. 对人的个性的科学理解，能为恰当理解动物的个性提供模式。

### 11  2007GRK-34

夜晚点燃艾叶驱蚊曾是龙泉山区引起家庭火灾的重要原因。近年来，尽管使用艾叶驱蚊的人家显著减少，但是，家庭火灾所导致的死亡人数并没有呈现减少的趋势。

以下各项如果为真，都能够解释上述情况，除了

A. 与其他引起龙泉山区家庭火灾的原因比较，夜晚点燃艾叶引起的火灾所导致的损害相对较小。

B. 夜晚点燃艾叶所导致的火灾一般在家庭成员睡熟后发生。

C. 龙泉山区人对夜晚点燃艾叶导致火灾的防范意识增加了，但对其他火灾隐患防范并没有加强。

D. 随着生活水平的提高，近年来居室内木质家具和家用电器增多，一旦发生火灾，火势比过去更为猛烈。

E. 现在龙泉山区家庭住宅一般都是相邻而建，因此，一户失火随即蔓延，死亡人数因而比过去增多。

### 12  2010GRK-42

今年以来，A省的房地产市场出现了低迷迹象，成交量减少，房价下跌，但该省的S市是个例外，房价持续上涨，成交活跃。

以下哪项如果属实，最无助于解释上述的例外？

A. 经批准，S市将建立高新技术开发区，预计大量外资将进入该市。

B. 该市加入交通基础建设的投资已显出效果，交通拥堵的状况大为改观。

C. 与东部许多城市相比，S市的房地产价格一直偏低，上涨的空间较大。

D. S市的银行向房地产开发商发放了大量贷款，促进了该市房地产业的发展。

E. 经过网络投票和专家评定，S市被评为国内最适合人居住的城市之一。

### 13  2011GRK-27

在一次重大国际田径赛上，某著名长跑运动员顺利进入了10 000米的决赛，根据以往的成绩，只要她不违规，冠军非她莫属，然而，出乎意料的是她没有得到金牌。

以下除了哪项，都可能是该运动员与金牌无缘的原因？

A. 该运动员的教练在场外大声喊话。

B. 因为其他的原因，该运动员故意不得金牌。

483

C. 该运动员赛后违禁药品检查呈阳性。
D. 该运动员忘记了决赛开始的时间。
E. 该运动员误以为自己比另一个运动员快了一圈。

### 14  2011GRK-34

某国海滨城市发生了一场特大的地震，引发了多年未见的海啸，使几个核电站进水，被核辐射污染的水有可能被排入大海。

以下各项都有助于得出被核辐射污染的水已经排入大海的结论，除了
A. 事发 5 天后，发现万里之外的南极附近一条死鱼的内脏受到了核辐射的影响。
B. 事发 10 天后，对在 100 海里以外的海水取样检验，发现放射性超标。
C. 受影响的 1 号核电站电源中断，原来设计的防护措施难以发挥作用。
D. 受影响的 2 号核电站冷却系统失灵，高温的水蔓延出来。
E. 受影响的 3 号核电站的防护壳有裂缝，一场核灾难危在旦夕。

### 15  2016MBA-40

2014 年，为迎接 APEC 会议的召开，北京、天津、河北等地实施"APEC 治理模式"，采取了有史以来最严格的减排措施，果然，令人心醉的"APEC 蓝"出现了。然而，随着会议的结束，"APEC 蓝"也渐渐消失了。对此，有些人士表示困惑，既然政府能在短期内实施"APEC 治理模式"取得良好效果，为什么不将这一模式长期坚持下去呢？

以下除哪项外，均能解释人们的困惑？
A. 最严格的减排措施在落实过程中已产生很多难以解决的实际困难。
B. 如果近期将"APEC 治理模式"常态化，将会严重影响地方经济和社会发展。
C. 任何环境治理都需要付出代价，关键在于付出的代价是否超出收益。
D. 短期严格的减排措施只能是权宜之计，大气污染治理仍需从长计议。
E. 如果 APEC 会议期间北京雾霾频发，就会影响我们国家的形象。

## 答案与解析

### 1. 正确答案：B
选项 A、C、D、E 显然都可能是公司对中层管理者大幅减员这一计划的缺点。
一项改革措施如果能使商业团体适应商业环境的变化，说明这项改革取得了成效。因此，B 项断定的结果不可能是某项改革措施的缺点。

### 2. 正确答案：D
题干的疑问是："既然一次性筷子破坏森林，备受批评，那为什么没有被禁止呢？"
选项 D 指出，一次性筷子不卫生，那就意味着应该禁用，加剧了题干的疑问，故为正确答案。
选项 A、B 都提供了一些额外信息，说明一次性筷子的好处。选项 C 说明了一次性筷子没有被禁止的一个现实原因。选项 E 的意思隐含说明一次性筷子可能并不会破坏森林，反对了题干疑问的理由，也能对上文的疑问起到解释作用。

### 3. 正确答案：E
需要解释的现象是：一试点就成功，一推广就失败。
A、B 和 C 项有利于说明试点为何容易成功，D 项有利于说明试点为何不容易推广，因此都可能是上述现象的原因。
如果 E 项为真，那么，既然全社会对试点和试点的推广工作都很关注，这就有利于说明，

试点的推广也应该和试点工作一样能成功,因此,不可能是上述现象的原因。

4. 正确答案:A

需要解释的是:为什么今年成人吸烟者人数减少了,但烟草的销售量却增加了?

B、C、D和E项显然都能对此作出解释,都是一种另有他因的解释。例如,据B项,烟草销售量的增加可能是由于少年吸烟量的增加;据E项,烟草销售量的增加可能是由于外销量的增加。

A项不能对此作出解释。因为虽然今年开始吸烟的妇女数量多于戒烟的男子数量,但是由于成人吸烟者(包括男子和妇女)的数量总体上减少了,因此,该项对解释题干没有提供新的信息,起不到解释作用。

5. 正确答案:B

题干断定:一方面,美国每年接受治疗的精神忧郁症病人人数是中国的接近10倍;另一方面,中国的人口则接近美国的10倍。

B项断定的是:"考虑到实际收入,和中国相比,美国的医疗费用并不过于昂贵",也就是说,美国人的医疗费用负担几乎和中国人差不多,这无法解释为什么美国每年接受治疗的精神忧郁症病人的数量是中国的接近10倍。

其余各项显然有助于解释题干,比如:

A项:中美两国医学界对何为精神忧郁症的解释不同,可能美国对忧郁症的解释更为宽泛,所以,这类病人多,能解释题干。

C项:和中国相比,美国有较好的医疗条件,这会导致美国治疗更多的忧郁症病人。

D项:和中国人相比,美国人有较高的自我保健意识,这会导致更多的美国人去诊断和治疗忧郁症,会导致病人多。

E项:和中国相比,美国的生活环境较不利于人的精神健康,这显然会导致美国的忧郁症病人多。

6. 正确答案:E

题干:一方面,非自花授粉樱草的繁殖条件比自花授粉的要差(授粉昆虫的数量显著减少,其所结的种子比自花授粉樱草的要少);另一方面,非自花授粉樱草比自花授粉樱草更多见。

如果E项断定为真,则由于非自花授粉樱草多植于园林深处,较不易被游人看见,因此,无助于解释为什么游人在植物园多见的是非自花授粉樱草而不是自花授粉樱草。

其余各项都从不同角度有助于对题干作出解释:A项和D项断定非自花授粉樱草比自花授粉樱草有更强的生命力。B项有助于说明,非自花授粉樱草由于是本地植物而更多见,而自花授粉樱草由于是几年前从国外引进的而少见。据C项,如果事实上"前几年,上述植物园非自花授粉樱草和自花授粉樱草数量比大约是5∶1",那么即使非自花授粉樱草的繁殖条件比自花授粉樱草的要差,过了几年,非自花授粉樱草还是有可能比自花授粉樱草要多见。

7. 正确答案:E

为什么五年来S市餐饮业经营点的数量明显下降,但该市餐饮业的经营资本在整个服务行业中所占的比例并没有减少?以下两类数据有助于解释这一现象:

第一,S市餐饮业尽管经营点的数量下降,但经营资本总额没有减少;

第二,S市整个服务行业的经营资本总额下降。

A、B、C和D项分别从以上两个方面解释了题干的数据或信息。

E项无助于说明题干。因为S市服务行业的经营资本占全市产业经营总资本的比例下降,并不意味着S市服务行业经营资本总额的下降。

8. 正确答案：E

选项 A、B、C、D 实际上都讲到了城市中心的树木比农村的树木长得好的原因。只有选项 E 是个无关项，最无助于解释上述现象。

9. 正确答案：E

需要解释的是：为什么参加疗养的教职工占全校教职工的比例下降了，但疗养院的入住率反而上升了？

A、B、C、D 项都有助于解释上述现象。例如，A 项能说明，虽然参加疗养的教职工占全校教职工的比例下降，但因为教职工总数有较大增长，因此，参加疗养的教职工的绝对人数有增长，从而导致疗养院的入住率上升。

E 项无助于解释上述现象。

10. 正确答案：E

题干需要解释的是：为什么选择研究动物的个性的方式来帮助理解人类的个性？

E 项如果为真，只能说明研究人的个性有助于理解动物的个性，无助于解释题干。

其余各项都有助于解释题干。

11. 正确答案：B

A 项有助于这样解释题干：近年来家庭火灾主要不是由夜晚点燃艾叶引起的。与其他引起龙泉山区家庭火灾的原因比较，夜晚点燃艾叶引起的火灾所导致的损害相对较小。这样，尽管近年来使用艾叶驱蚊的人家显著减少，但是，家庭火灾所导致的死亡人数并没有呈现减少的趋势。

C、D、E 项均用另有他因的方式解释了题干。

B 项不能解释题干，反而加剧了题干矛盾。

12. 正确答案：D

题干需要解释的反常现象是：S 市所在的省虽然房地产市场低迷，但该市的房价却持续上涨，成交活跃。

A、B、C、E 项都从不同角度有助于解释这一例外。而 D 项只有助于说明 S 市有能力开发房地产业，却无助于说明为什么 S 市房价持续上涨，成交活跃。

13. 正确答案：A

教练在场外大声喊话是比赛中的正常现象，明显与获得金牌最不相关，因此，A 项正确。

其余选项都涉及运动员本身的问题，都可能是该运动员与金牌无缘的原因。

14. 正确答案：A

按常识，被核辐射污染的海水不可能 5 天就到达万里之外，所以，A 项不能作为被核辐射污染的水已经排入大海的证据。

其余选项都有助于得出被核辐射污染的水已经排入大海的结论。

15. 正确答案：E

题干所述人们的困惑是：政府能在短期内实施"APEC 治理模式"取得良好效果，为什么不将这一模式长期坚持下去呢？

E 项只能说明为什么要采取"APEC 治理模式"，而不能解释为什么不将这一模式长期坚持下去，因此为正确答案。

其余选项都能起到解释作用。其中，A 项，治理模式已产生很多难以解决的实际问题；B 项，治理模式严重影响地方经济和社会发展；C 项，长期坚持这一模式可能使付出的代价超出收益；D 项，这种治理模式是权宜之计。这些都从不同角度说明了不能将这一模式长期坚持下去。

下篇　论证推理

## 6.5　解释复选

解释复选是解释题型的多选题，这类题的选项可从多个角度对题干论证进行解释，是各类解释题型的综合运用。这类题实际上增加了解题的难度，需要对每个选项都要有正确的把握。

**1　2002GRK-44**

按照餐饮业卫生管理条例，对宴席，特别是规模宴席（例如婚宴）的卫生检查程序要比普通散座餐饮更为严格。S市的绝大多数餐馆事实上都执行了上述规定，但是，近年来在S市对餐饮业的食物中毒投诉大多数是针对宴席的。

以下哪项如果为真，有助于解释上述矛盾？

Ⅰ．S市餐饮业的主要利润来自宴席，特别是规模宴席。

Ⅱ．人们一般不会把吃一顿饭与之后出现的疾病联系起来，除非一群相关的人都出现了同样的疾病。

Ⅲ．S市的卫生执法足够严格。

A．只有Ⅰ。　　　　　　　　　B．只有Ⅱ。
C．只有Ⅲ。　　　　　　　　　D．只有Ⅰ和Ⅱ。
E．Ⅰ、Ⅱ和Ⅲ。

**2　2010GRK-31**

实验证明：茄红素具有防止细胞癌变的作用。近年来W公司提炼出茄红素，将其制成片剂，希望让酗酒者服用以预防饮酒过多引发的癌症。然而，初步的试验发现，经常服用W公司的茄红素片剂的酗酒者反而比不常服用W公司的茄红素片剂的酗酒者更易于患癌症。

以下哪项能解释上述矛盾？

Ⅰ．癌症的病因是综合的，对预防药物的选择和由此产生的作用也因人而异。

Ⅱ．酒精与W公司的茄红素片剂发生长时间作用后反而使其成为致癌物质。

Ⅲ．W公司生产的茄红素片剂不稳定，易于受其他物质影响而分解变性，从而与身体发生不良反应而致癌；自然茄红素性质稳定，不会致癌。

A．只有Ⅰ和Ⅱ。　　　　　　　B．只有Ⅰ和Ⅲ。
C．只有Ⅱ和Ⅲ。　　　　　　　D．Ⅰ、Ⅱ、Ⅲ。
E．Ⅰ、Ⅱ、Ⅲ都不是。

## 答案与解析

**1. 正确答案：D**

Ⅰ项有利于解释题干。餐饮业的主要利润来自宴席，那么，经营宴席的餐桌应该比经营散座的餐桌多，即使宴席比散座管理更严格，宴席受到的投诉仍可能比散座多。

Ⅱ项如果为真，说明对于食物中毒的投诉更可能与宴席联系，这有助于解释题干。

Ⅲ项显然无助于解释题干。

**2. 正确答案：C**

本题需要解释的矛盾是：一方面茄红素具有防止细胞癌变的作用；另一方面经常服用W公司的茄红素片剂的酗酒者反而比不常服用W公司的茄红素片剂的酗酒者更易于患癌症。

487

Ⅱ和Ⅲ都从另外的角度对此反常现象作出了合理的解释，而Ⅰ起不到解释作用。因此，C项为正确答案。

## 小 结

解释是为了更进一步地说明推理的正确性，或者说明看似存在的矛盾其实并不矛盾，或说明一种现象、差异事件的合理性，实际上类似于支持题。

### 1. 解释结果或现象
具体读出要解释什么，现象是什么。
解题要点：抓住要解释的对象，具体发生的变化。

### 2. 解释差异或矛盾
找一个选项说明为什么会存在这种矛盾，主要抓住区别点。
看原文：找出原文的矛盾现象。
找答案：用相关或无关排除答案。
验证：答案必须使原文相矛盾的事物不矛盾。

### 3. 注意：常识思维；答案要明确，答案无须充分性

# 第 7 章 比 较

比较题也叫相似比较，是有关类似推理的问题。这种类型的问题要求被测试者去识别这样一个论证，其中所包含的推理过程类似于一个给定论证中的推理过程。比较题型可大致分为结构平行（推理形式的相似比较）和方法相似（推理方法的相似比较）两类。该类题型主要从形式结构或推理方法上比较题干和选项之间的相同或不同。

## 7.1 结构平行

结构平行是指推理形式的相似比较，该类题型主要从形式结构上比较题干和选项之间的相同或不同，即比较几个不同推理在结构上的相同或者不同。通过把题干和选项的论证过程翻译成符号形式，将方便地识别这种推理形式的相似性。

**1 2008MBA－47**

使用枪支的犯罪比其他类型的犯罪更容易导致命案。但是，大多数使用枪支的犯罪并没有导致命案。因此，没有必要在刑法中把非法使用枪支作为一种严重刑事犯罪，同其他刑事犯罪区分开来。

上述论证中的逻辑漏洞，与以下哪项中出现的最为类似？

A. 肥胖者比体重正常的人更容易患心脏病。但是，肥胖者在我国人口中只占很小的比例。因此，在我国，医疗卫生界没有必要强调肥胖导致心脏病的风险。
B. 不检点的性行为比检点的性行为更容易感染艾滋病。但是，在有不检点性行为的人群中，感染艾滋病的只占很小的比例。因此，没有必要在防治艾滋病的宣传中，强调不检点性行为的危害。
C. 流行的看法是，吸烟比不吸烟更容易导致肺癌。但是，在有的国家，肺癌患者中有吸烟史的人所占的比例，并不高于总人口中有吸烟史的比例。因此，上述流行看法很可能是一种偏见。
D. 高收入者比低收入者更有可能享受生活。但是不乏高收入者宣称自己不幸福。因此，幸福生活的追求者不必关注收入的高低。
E. 高分考生比低分考生更有资格进入重点大学。但是，不少重点大学学生的实际水平不如某些非重点大学的学生。因此，目前的高考制度不是一种选拔人才的理想制度。

**2 2016MBA－28**

注重对孩子的自然教育，让孩子亲身感受大自然的神奇和奇妙，可促进孩子释放天性，激发自身潜能；而缺乏这方面教育的孩子容易变得孤独，道德、情感与认知能力的发展都会受到一定的影响。

以下哪项与以上陈述方式最为类似？

A. 老百姓过去"盼温饱",现在"盼环保",过去"求生存",现在"求生态"。
B. 脱离环境保护搞经济发展是"涸泽而渔",离开经济发展抓环境保护是"缘木求鱼"。
C. 注重调查研究,可以让我们掌握第一手资料;闭门造车只能让我们脱离实际。
D. 只说一种语言的人,首次被诊断出患阿尔兹海默症的平均年龄为71岁;说双语的人,首次被诊断出患阿尔兹海默症的平均年龄为76岁;说三种语言的人,首次被诊断出患阿尔兹海默症的平均年龄为78岁。
E. 如果孩子完全依赖电子设备来进行学习和生活,将会对环境越来越漠视。

### 3 2017MBA-43

赵默是一位优秀的企业家。因为如果一个人既拥有在国内外知名学府和研究机构工作的经历,又有担任项目负责人的管理经验,那么他就能成为一位优秀的企业家。

以下哪项与上述论证最为相似?

A. 李然是信息技术领域的杰出人才。因为如果一个人不具有前瞻性目光、国际化视野和创新思维,就不能成为信息技术领域的杰出人才。
B. 袁清是一位好作家。因为好作家都具有较强的观察能力、想象能力及表达能力。
C. 青年是企业发展的未来。因此,企业只有激发青年的青春力量,才能促其早日成才。
D. 人力资源是企业的核心资源。因为如果不开展各类文化活动,就不能提升员工岗位技能,也不能增强团队的凝聚力和战斗力。
E. 风云企业具有凝聚力。因为如果一个企业能引导和帮助员工树立目标,提升能力,就能使企业具有凝聚力。

### 4 2017MBA-46

甲:只有加强知识产权保护,才能推动科技创新。
乙:我不同意。过分强化知识产权保护,肯定不能推动科技创新。

以下哪项与上述反驳方式最为类似?

A. 妻子:孩子只有刻苦学习,才能取得好成绩。
   丈夫:也不尽然。光知道刻苦而不能思考,也不一定会取得好成绩。
B. 母亲:只有从小事做起,将来才有可能做成大事。
   孩子:老妈你错了。如果我们每天只是做小事,将来肯定做不成大事。
C. 老板:只有给公司带来回报,公司才能给他带来回报。
   员工:不对呀。我上月帮公司谈成一笔大业务,可是只得到1‰的奖励。
D. 老师:只有读书,才能改变命运。
   学生:我觉得不是这样。不读书,命运会有更大的改变。
E. 顾客:这件商品只有价格再便宜一些,才会有人来买。
   商人:不可能。这件商品如果价格再便宜一些,我就要去喝西北风了。

## 答案与解析

**1. 正确答案:B**

题干论证具有这样一个有逻辑漏洞的论证形式:
P比Q更易导致R;大多数P并没有导致R。因此,没必要区分P和Q。
在诸选项中,只有B项具有此种论证形式。

**2. 正确答案:C**

题干论述:注重对孩子的自然教育,会带来好的后果;缺乏这方面教育,会带来坏的后果。

其陈述方式可概括为：有 P，则有好的后果 Q；没有 P，则没有 Q。

其逻辑原理为求异法对比推理：有因有果，无因无果。

诸选项中，只有 C 项与此陈述方式最为类似，也建立了对比推理：调查研究，掌握第一手资料；不调查研究，不掌握第一手资料。因此，C 项为正确答案。

A 项：只是将过去与现在进行比较，与题干陈述方式不一致，排除。

B 项：只说明环境保护和经济发展不能只重视一方面，应该两手抓，但并没有形成对比推理，排除。

D 项：随着掌握语言数量的增长，首次确诊的平均年龄也增长，逻辑原理属于共变法，排除。

E 项：只对孩子依赖电子设备对环境漠视的现象进行了陈述，没有形成对比推理，排除。

**3. 正确答案：E**

题干论证结构为：赵默（P）→优秀的企业家（Q）。经历（R）∧经验（S）→优秀的企业家（Q）。

E 项：风云企业（P）→凝聚力（Q）。树立目标（R）∧提升能力（S）→凝聚力（Q）。与题干论证结构类似，因此，E 项为正确答案。

A、D 项：均含有否定命题，而题干都是肯定命题，不一致，排除。

B 项：袁清（P）→好作家（Q）。好作家（Q）→观察能力∧想象能力∧表达能力。与题干论证结构不一致，排除。

C 项："因此"与题干论证结构中的"因为"不一致，排除。

**4. 正确答案：B**

题干推理形式为：

甲：P（加强知识产权保护）←Q（能推动科技创新）。

乙：过分 P（过分强化知识产权保护）→¬Q（不能推动科技创新）。

各选项中，只有 B 项与题干反驳方式类似，"只是做小事"有"过分做小事"之意，因此，为正确答案。

其余选项都不类似。比如，A 项，"不一定"与题干不符。E 项，去喝西北风了，不代表"没有人来买"。

## 7.2 方法相似

方法相似指的是题干和选项不能或很难抽象出推理形式来进行相似比较，因此，主要从推理方法上来把握和比较题干和选项之间的相同或不同。

**1 2004GRK-27**

和专门的科研机构不同，高等院校，即使是研究型的高等院校，其首要任务是培养学生。这一任务完成得不好，院校再漂亮，硬件设施再先进，教师的科研成果再多，也是没有意义的。

上述议论的结构和以下哪项最不类似？

A. 一个饭店，最重要的是要使顾客感到饭菜好吃。价格的合理，服务的周到，环境的优雅，只有在顾客吃的满意的情况下才有意义。

B. 一个人，最重要的是不能穷。一旦没钱，有学问，有相貌，有品行，又能有什么用呢。

C. 和学术著作不同，对于文艺作品来说，最重要的是它的可读性、观赏性。只要有足够多的读者，高质量的文艺作品就一定能实现它的社会效益、经济效益，同时体现它的学术价值。

D. 一个国家要发展，最重要的是保持稳定。一旦失去稳定，经济的发展、政治的改革就失去了可行性。

E. 一个品牌最重要的是产品质量。如果广告和其他形式的包装对于某个品牌的产品长期占领市场确实起到了实质性的作用，那么该产品一定具有过硬的质量。

### 2  2008MBA-33

南口镇仅有一中和二中两所中学，一中学生的学习成绩一般比二中的学生好，由于来自南口镇的李明乐在大学一年级的学习成绩是全班最好的，因此，他一定是南口镇一中毕业的。

以下哪项与题干的论述方式最为类似？

A. 如果父母对孩子的教育得当，则孩子在学校的表现一般都较好，由于王征在学校的表现不好，因此，他的家长一定教育失当。

B. 如果小孩每天背诵诗歌1小时，则会出口成章，郭娜每天背诵诗歌不足1小时，因此，她不可能出口成章。

C. 如果人们懂得赚钱的方法，则一般都能积累更多的财富，因此，彭总的财富是来源于他的足智多谋。

D. 儿童的心理教育比成年人更重要，张青是某公司心理素质最好的人，因此，他一定在儿童时期获得良好的心理教育。

E. 北方人个子通常比南方人高，马林在班上最高，因此，他一定是北方人。

### 3  2008GRK-39

一个国家要发展，最重要的是保持稳定。一旦失去稳定，经济的发展、政治的改革就失去了可行性。

上述议论的结构和以下哪项的结构最不类似？

A. 一个饭店，最重要的是让顾客感到饭菜好吃。价格的合理，服务的周到，环境的优雅，只有在顾客吃得满意的情况下才有意义。

B. 一个人，最要紧的是不能穷。一旦没钱，有学问，有相貌，有品行，又能有什么用呢。

C. 高等院校，即使是研究型的高等院校，其首要任务是培养学生。这一任务完成得不好，校园再漂亮，硬件设施再先进，发表的论文再多，也是没有意义的。

D. 对于文艺作品来说，最重要的是它的可读性、观赏性。只要有足够多的读者，高质量的文艺作品就一定能实现它的社会效益和经济效益。

E. 一个品牌要能长期占领市场，最重要的是产品质量。一个产品如果质量不过关，广告或包装再讲究，也不能使它长期占领市场。

### 4  2009MBA-51

科学离不开测量，测量离不开长度单位。公里、米、分米、厘米等基本长度单位的确立完全是一种人为约定。因此，科学的结论完全是一种人的主观约定，谈不上客观的标准。

以下哪项与题干的论证最为类似？

A. 建立良好的社会保障体系离不开强大的综合国力，强大的综合国力离不开一流的国民教育。因此，要建立良好的社会保障体系，必须有一流的国民教育。

B. 做规模生意离不开做广告。做广告就要有大额资金投入。不是所有人都能有大额资金投入。因此，不是所有人都能做规模生意。

C. 游人允许坐公园的长椅。要坐公园长椅就要靠近它们。靠近长椅的一条路径要踩踏草地。因此，允许游人踩踏草地。

D. 具备扎实的舞蹈基本功必须经过长年不懈的艰苦训练。在春节晚会上演出的舞蹈演员必须具备扎实的基本功。长年不懈的艰苦训练是乏味的。因此，在春节晚会上演出是乏味的。

E. 家庭离不开爱情，爱情离不开信任。信任是建立在真诚基础上的。因此，对真诚的背离是家庭危机的开始。

### 5  2010GRK-53

商场调查人员发现，在冬季选购服装时，有些人宁可忍受寒冷也要挑选时尚但并不御寒的衣服。调查人员据此得出结论：为了在众人面前获得仪表堂堂的效果，人们有时宁愿牺牲自己的舒适感。

以下哪项与上述论证最相似？

A. 有些人的工作单位就在住所附近，完全可以步行或骑自行车上下班，但他们仍然购买高档汽车并作为上下班的交通工具。

B. 有些父母在商场为孩子购买冰鞋时，受到孩子的影响，通常会挑选那些式样新潮的漂亮冰鞋，即使别的种类的冰鞋更安全可靠。

C. 一对夫妇设宴招待朋友，在挑选葡萄酒时，他们选择了价钱更贵的 A 型葡萄酒，虽然他们更喜欢喝 B 型葡萄酒，但他们认为 A 型葡萄酒可以给宾客留下更深的印象。

D. 有些人在大热天的夜晚睡觉，宁可不使用空调或少使用空调，他们认为这样做不但可以省电，也可以减少因为大量使用空调所导致的对环境的破坏。

E. 杂技团的管理人员认为，让杂技演员穿上昂贵而又漂亮的服装，才能完美地配合他们的杂技表演，从而更好地感染现场观众。

### 6  2018MBA-42

甲：读书最重要的目的是增长知识、开拓视野。

乙：你只见其一，不见其二。读书最重要的是陶冶性情、提升境界。没有陶冶性情、提升境界，就不能达到读书的真正目的。

以下哪项与上述反驳方式最为相似？

A. 甲：文学创作最重要的是阅读优秀文学作品。

   乙：你只见现象，不见本质。文学创作最重要的是观察生活、体验生活。任何优秀的文学作品都来源于火热的社会生活。

B. 甲：做人最重要的是要讲信用。

   乙：你说得不全面。做人最重要的是要遵纪守法。如果不遵纪守法，就没法讲信用。

C. 甲：作为一部优秀的电视剧，最重要的是能得到广大观众的喜爱。

   乙：你只见其表，不见其里。作为一部优秀的电视剧最重要的是具有深刻寓意与艺术魅力。没有深刻寓意与艺术魅力，就不能成为优秀的电视剧。

D. 甲：科学研究最重要的是研究内容的创新。

   乙：你只见内容，不见方法。科学研究最重要的是研究方法的创新。只有实现研究方法的创新，才能真正实现研究内容的创新。

E. 甲：一年中最重要的季节是收获的秋天。

   乙：你只看结果，不问原因。一年中最重要的季节是播种的春天。没有春天的播种，哪来秋天的收获？

### 7  2018MBA-51

甲：知难行易，知然后行。

乙：不对。知易行难，行然后知。

以下哪项与上述对话方式最为相似？

A. 甲：知人者智，自知者明。
   乙：不对。知人不易，知己更难。

B. 甲：不破不立，先破后立。
   乙：不对。不立不破，先立后破。

C. 甲：想想容易做起来难，做比想更重要。
   乙：不对。想到就能做到，想比做更重要。

D. 甲：批评他人易，批评自己难；先批评他人后批评自己。
   乙：不对。批评自己易，批评他人难；先批评自己后批评他人。

E. 甲：做人难做事易，先做人再做事。
   乙：不对。做人易做事难，先做事再做人。

## 8  2019MBA-39

作为一名环保爱好者，赵博士提倡低碳生活，积极宣传节能减排。但我不赞同他的做法，因为作为一名大学老师，他这样做，占用了大量的科研时间，到现在连副教授都没有评上，他的观点怎么令人信服呢？

以下哪项论证中的错误和上述最为相似？

A. 张某提出要同工同酬，主张在质量相同的情况下，不分年龄、级别一律按件计酬，她这样说不就是因为她年轻、级别低吗？其实她是在为自己谋利益。

B. 公司的绩效奖励制度是为了充分调动广大员工的积极性，它对所有员工都是公平的。如果有人对此有不同意见，则说明他反对公平。

C. 最近听说你对单位的管理制度提了不少意见，这真令人难以置信！单位领导对你差吗？你这样做，分明是和单位领导过不去。

D. 单位任命李某担任信息科科长，听说你对此有意见，大家都没有提意见，只有你一个人有意见，看来你的意见是有问题的。

E. 有一种观点认为，只有直接看到的事物才能确信其存在，但是没有人可以看到质子、电子，而这些都被科学证明是客观存在的，所以该观点是错误的。

## 9  2020MBA-53

学问的本来意义与人的生命、生活有关。但是，如果学问成为口号或者教条，就会失去其本来的意义。因此，任何学问都不应该成为口号或者教条。

以下哪项与上述论证方法最为相似？

A. 椎间盘是没有血液循环的组织。但是，如果要确保其功能正常运转，将需要依靠其周围流过的血液提供养分。因此，培养功能正常运转的人工椎间盘应该很困难。

B. 大脑会改编现实经历。但是，如果大脑只是存储现实经历的"文件柜"，就不会对其进行改编。因此，大脑不应该只是存储现实经历的"文件柜"。

C. 人工智能应该可以判断黑猫和白猫都是猫。但是，如果人工智能不预先"消化"大量照片，就无法判断黑猫和白猫都是猫。因此，人工智能必须提前"消化"大量照片。

D. 机器人没有人类的弱点和偏见。但是，只有数据得到正确采集和分析，机器人才不会"主观臆断"。因此，机器人应该也有类似的弱点和偏见。

E. 历史包含必然性。但是，如果只坚信历史包含必然性，就会阻止我们用不断积累的历史数据去证实或证伪它。因此，历史不应该只包含必然性。

## 10  2023MBA-30

时时刻刻总在追求幸福的人不一定能获得最大的幸福,刘某说自己获得了最大的幸福,所以,刘某从来不曾追求幸福。

以下哪项与上述论证方式最为相似?

A. 年年岁岁总是帮助他人的人不一定能成为名人,李某说自己成了名人,所以,李某从来不曾帮助他人。

B. 口口声声不断说喜欢你的人不一定最喜欢你,陈某现在说他最喜欢你,所以,陈某过去从未喜欢过你。

C. 冷冷清清空无一人的商场不一定没有利润,某商场今年亏损,所以,该商场总是空无一人。

D. 日日夜夜一直想躲避死亡的士兵反而最容易在战场上丧命,林某在一次战斗中重伤不治,所以,林某从来没有躲避死亡。

E. 分分秒秒每天抢时间工作的人不一定是普通人,宋某看起来很普通,所以,宋某肯定没有每天抢时间工作。

## 11  2023MBA-53

甲:张某爱出风头,我不喜欢他。

乙:你不喜欢他没关系。他工作一直很努力,成绩很突出。

以下哪项与上述反驳方式最为相似?

A. 甲:李某爱慕虚荣,我很反对。

   乙:反对有一定道理。但你也应该体谅一下他,他身边的朋友都是成功人士。

B. 甲:贾某整天学习,寡言少语,神情严肃,我很担心他。

   乙:你的担心是多余的。他最近在潜心准备考研,有些紧张是正常的。

C. 甲:韩某爱管闲事,我有点讨厌他。

   乙:你的态度有问题。爱管闲事说明他关心别人,乐于助人。

D. 甲:钟某爱看足球赛,但自己从来不踢足球,对此我很不理解。

   乙:我对你的想法也不理解,欣赏和参与是两回事啊。

E. 甲:邓某爱读书但不求甚解,对此我很有看法。

   乙:你有看法没用。他的文学素养挺高,已经发表了3篇小说。

## 答案与解析

### 1. 正确答案:C

题干推理强调了某件事情的关键因素,没有这个关键因素,其他因素再好、再多也没用。因此,题干是从必要条件的意义上断定这个关键因素的重要性的。

A、B、D、E项都是类似的推理。其中E项等价于:如果一个产品没有过硬的质量,那么,广告和其他形式的包装对于某个品牌的产品长期占领市场就起不到实质性的作用。这也是从必要条件的意义上断定产品质量的重要性的。

而C项是从充分条件意义上断定其重要性的,因此,与题干议论的结构并不类似。

### 2. 正确答案:E

题干的论证漏洞是,根据可能性的前提,只能得出可能性的结论,但题干却得出了必然性的结论。选项E的论证方式存在类似的漏洞。

### 3. 正确答案：D

题干推理强调了某件事情的关键因素，没有这个关键因素，其他因素再好、再多也没用。因此，题干是从必要条件的意义上断定这个关键因素的重要性的。

A、B、C、E 项都是类似的推理。其中 E 项等价于：如果一个产品没有过硬的质量，那么，广告和其他形式的包装对于某个品牌的产品长期占领市场就起不到实质性的作用。这也强调的是相关条件的必要性。

而 D 项是从充分条件意义上断定其重要性的，因此，与题干议论的结构并不类似。

### 4. 正确答案：D

题干论证：科学测量要用长度单位，长度单位的确立是人为约定的。因此，科学的结论完全是一种人的主观约定，谈不上客观的标准。

可见，题干的论证结构是：甲离不开乙，乙离不开丙，丙具有某种性质，因此，甲也具有此种性质。

D 项的论证也具有此种结构，与题干同样犯了推不出的谬误。

### 5. 正确答案：C

冬服重要的作用是御寒，为取时尚而舍御寒，这是题干的论证。

作为饮料，葡萄酒重要的是口感，为显示价格而舍口感，因此，C 项的论证和题干最为相似。

其余选项与题干不类似。比如 B 项，得不出为取新潮而舍安全，因为所挑选的新潮冰鞋完全可能是安全的，即使别的冰鞋更安全。

### 6. 正确答案：C

题干结构为：

甲：读书（A）最重要的目的是增长知识、开拓视野（B）。

乙：读书（A）最重要的是陶冶性情、提升境界（C）。没有陶冶性情、提升境界（C），就不能达到读书（A）的真正目的。

诸选项中，C 项与上述反驳方式最为相似，其论述结构如下：

甲：作为一部优秀的电视剧（A），最重要的是能得到广大观众的喜爱（B）。

乙：作为一部优秀的电视剧（A）最重要的是具有深刻寓意与艺术魅力（C）。没有深刻寓意与艺术魅力（C），就不能成为优秀的电视剧（A）。

其余选项不相似，比如 B 项的论述结构为：

甲：做人（A）最重要的是要讲信用（B）。

乙：做人（A）最重要的是要遵纪守法（C）。如果不遵纪守法（C），就没法讲信用（B）。

### 7. 正确答案：E

题干对话的结构为：

甲：P 难 Q 易，先 P 后 Q。

乙：P 易 Q 难，先 Q 后 P。

在诸选项中，只有 E 项与上述对话方式最为相似。

A、C 项：只有难易比较，没有提及先后顺序，排除。

B 项：只有先后顺序，没有提供难易比较，排除。

D 项：与题干对话方式不相似，排除。

### 8. 正确答案：A

题干论证：因为赵博士连副教授都没有评上，所以不赞同他提倡低碳生活的主张。

其错误是诉诸人身或人身攻击，其特点是，论证不是针对对方的观点发表意见，而是针对提出观点的人的出身、职业、品德、处境等与论题无直接关系的方面进行攻击，以降低对方言论的可信度。

A项：因为张某年轻、级别低，所以不同意其提出的同工同酬的要求，与题干类似，属于诉诸人身的逻辑错误，因此为正确答案。

其余选项不妥，其中：B项，不符合推理规则，排除；C项，诉诸情感，排除；D项，诉诸众人，排除；E项，没有论证错误，排除。

### 9. 正确答案：B

题干论证结构为：学问的本来意义与人的生命、生活有关（P）。但是，如果学问成为口号或者教条（Q），就会失去其本来的意义（¬P）。因此，任何学问都不应该成为口号或教条（¬Q）。

B项：大脑会改编现实经历（P）。但是，如果大脑只是存储现实经历的"文件柜"（Q），就不会对其进行改编（¬P）。因此，大脑不应该只是存储现实经历的"文件柜"（¬Q）。这与题干论证方式相似，因此，B项为正确答案。

其余选项均不相似，排除。

A项：椎间盘是没有血液循环的组织（P）。但是，如果要确保其功能正常运转（Q），将需要依靠其周围流过的血液提供养分（R）。因此，培养功能正常运转的人工椎间盘应该很困难（¬Q）。

C项：人工智能应该可以判断黑猫和白猫都是猫（P）。但是，如果人工智能不预先"消化"大量照片（¬Q），就无法判断黑猫和白猫都是猫（¬P）。因此，人工智能必须提前"消化"大量照片（Q）。

D项：其中"只有""才"及论证方式与题干不一致。

E项：历史包含必然性（P）。但是，如果只坚信历史包含必然性（Q），就会阻止我们用不断积累的历史数据去证实或证伪它（R）。因此，历史不应该只包含必然性（¬Q）。

### 10. 正确答案：A

题干论证方式为：时时刻刻总在追求幸福的人（P）不一定能获得最大的幸福（Q），刘某说自己获得了最大的幸福（Q），所以，刘某从来不曾追求幸福（¬P）。

刻画为：P不一定是Q，刘某是Q，所以，刘某不是P。

A项：年年岁岁总是帮助他人的人（P）不一定能成为名人（Q），李某说自己成了名人（Q），所以，李某从来不曾帮助他人（¬P）。与题干论证方式相似，为正确答案。

B项：说P的人不一定是Q，陈某现在是Q，所以，陈某过去不是P。与题干论证方式不相似，排除。

C项：冷冷清清空无一人的商场（P）不一定没有利润（¬Q），某商场今年亏损（¬Q），所以，该商场总是空无一人（P）。与题干论证方式不相似，排除。

D项：日日夜夜一直想躲避死亡的士兵（P）反而最容易在战场上丧命（Q），林某在一次战斗中重伤不治（R），所以，林某从来没有躲避死亡（¬P）。与题干论证方式不相似，排除。

E项：P不一定是Q，宋看起来是Q，所以，宋不是P。与题干论证方式不相似，排除。

### 11. 正确答案：E

题干中，甲提出论点（我不喜欢他）和论据（张某的缺点：爱出风头）。

乙认为甲的论点无足轻重（你不喜欢他没关系），并提出了相反的论据（张某的优点：工作一直很努力，成绩很突出）。

在诸选项中，只有E项和题干反驳方式最相似：

甲提出论点（我对他很有看法）和论据（邓某的缺点：爱读书但不求甚解）。

乙认为甲的论点无足轻重（你有看法没用），并提出了相反的论据（他的优点：文学素养挺高，已经发表了3篇小说）。

## 小　结

  比较题的解题基本思路是，着重考虑从具体的、有内容的思维过程的论述中抽象出一般形式结构，每一个推理中相同的命题或词项用相同的变项表示。做这类题只需考虑抽象出推理结构和形式，而不用考虑其叙述内容的真假，有时甚至题干本身的推理结构或推理方法就不正确，但由于只要求我们找出一个推理结构或推理方法与题干类似的选项，因此我们不要在意题干推理或论证本身是否正确，只要找到一个类似的选项就是正确答案。

# 第8章 描 述

描述题主要考查被测试者是否具备识别题干论证的推理结构、方法和特点的能力，识别论证如何构建的能力，识别推理缺陷的能力。

## 8.1 逻辑描述

逻辑描述要求总结或描述题干推理的方法或特点，以及识别某句话对结论或前提是否起作用或起到什么作用。

**1** 2005GRK-50

一种新型飞机发动机的广告称：实验表明，其安全性能明显高于旧型发动机，只是燃料消耗略高。去年，两种型号的发动机同时销售，结果旧型发动机的销售量明显高于新型发动机，这说明，飞机发动机的购买者并不把安全性作为首要考虑的因素。

依据以下哪项原则，最有助于反驳上述论证？
A. 所陈述的是事实，并不等于这个陈述广为人知。
B. 所陈述的是事实，并不等于所陈述的事实被广泛认同。
C. 所陈述的是事实，并不等于该事实最重要。
D. 所陈述的是事实，并不等于其他陈述就不符合事实。
E. 所陈述的是事实，并不等于未经陈述的就不是事实。

**2** 2006MBA-34

雌性斑马和它们的幼小子女离散后，可以在相貌体形相近的成群斑马中很快又聚集到一起。研究表明，斑马身上的黑白条纹是它们互相辨认的标志，而幼小斑马不能将自己母亲的条纹与其他成年斑马区分开来。显而易见，每个母斑马都可以辨别出自己后代的条纹。

上述论证采用了以下哪种论证方法？
A. 通过对发生机制的适当描述，支持关于某个可能发生现象的假说。
B. 在对某种现象的两种可供选择的解释中，通过排除其中的一种，来确定另一种。
C. 论证一个普遍规律，并用来说明一特殊情况。
D. 根据两组对象有某些类似的特性，得出它们具有一个相同特性。
E. 通过反例推翻一个一般性结论。

**3** 2009MBA-32

去年经纬汽车专卖店调高了营销人员的营销业绩奖励比例，专卖店李经理打算新的一年继续执行该奖励比例，因为去年该店的汽车销售数量较前年增加了16%。陈副经理对此持怀疑态度。她指出，他们的竞争对手并没有调整营销人员的奖励比例，但在过去的一年也出现了类似的增长。

以下哪项最为恰当地概括了陈副经理的质疑方法？

A. 运用一个反例，否定李经理的一般性结论。
B. 运用一个反例，说明李经理的论据不符合事实。
C. 运用一个反例，说明李经理的论据虽然成立，但不足以推出结论。
D. 指出李经理的论证对一个关键概念的理解和运用有误。
E. 指出李经理的论证中包含自相矛盾的假设。

### 4　2009GRK-52

松鼠在树干中打洞吮食树木的浆液。因为树木的浆液成分主要是水加上一些糖分，所以松鼠的目标是水或糖分。又因为树木周边并不缺少水源，松鼠不必费那么大劲打洞取水。因此，松鼠打洞的目的是摄取糖分。

以下哪项最为恰当地概括了上述论证方法？

A. 通过否定两种可能性中的一种，来肯定另一种。
B. 通过否定某种现象存在的必要条件，来断定此种现象不存在。
C. 通过某种特例，来概括一般性的结论。
D. 在已知现象与未知现象之间进行类比。
E. 通过反例否定一般性的结论。

### 5　2019MBA-33

有一论证（相关语句用序号表示）如下：

①今天，我们仍然要提倡勤俭节约。
②节约可以增加社会保障资源。
③我国尚有不少地区的人民生活贫困，需更多社会保障资源，但也有一些人浪费严重。
④节约可以减少资源消耗。
⑤因为被浪费的任何粮食或者物品都是消耗一定的资源得来的。

如果用"甲→乙"表示甲支持（或证明）乙，则以下哪项对上述论证基本结构的表示最为准确？

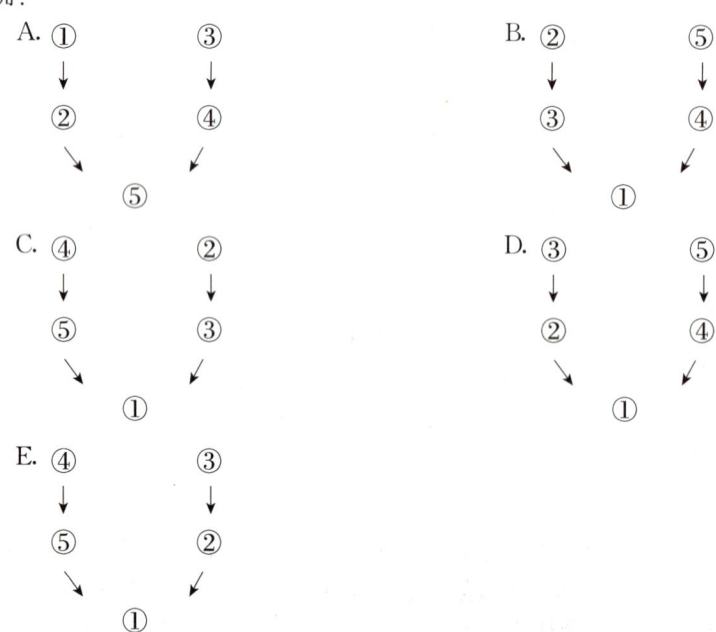

A. ①　③
　　↓　↓
　　②　④
　　　↘↙
　　　⑤

B. ②　⑤
　　↓　↓
　　③　④
　　　↘↙
　　　①

C. ④　②
　　↓　↓
　　⑤　③
　　　↘↙
　　　①

D. ③　⑤
　　↓　↓
　　②　④
　　　↘↙
　　　①

E. ④　③
　　↓　↓
　　⑤　②
　　　↘↙
　　　①

## 6  2022MBA－48

贾某的邻居易某在自家的阳台侧面安装了空调外机，空调一开，外机就向贾家卧室窗户方向吹热风，贾某对此叫苦不迭，于是找到易某协商此事，易某回答说："现在哪家没装空调，别人安装就行，偏偏我家就不行了？"

对于易某的回答，以下哪项的描述最为恰当？

A. 易某的行为虽然影响了贾某的生活，但易某是正常行使自己的权利。
B. 易某的行为已经构成对贾家权利的侵害，应该立即停止侵权认为。
C. 易某没有将心比心，因为贾家也可以在正对易家卧室窗户处安装空调外机。
D. 易某在转移论题，问题不是能不能安装空调，而是安装空调该不该影响邻居。
E. 易某空调外机的安装不应该正对贾家卧室窗户，不能只顾自己享受而让贾家受罪。

# 答案与解析

### 1. 正确答案：B

题干前提：第一，新型飞机发动机的广告称，新型号比旧型号安全；第二，事实上，新型号不如旧型号销量好。

题干结论：安全性并非客户的首要考虑。

题干论证的漏洞可能在于，也许实际情况是客户认为旧型号比新型号更安全呢，也就是说，该广告所陈述的即使是事实，也不等于该事实被广泛认同（事实不被广泛认同的情况并不鲜见）。因此，B项所陈述的原则，最有利于反驳题干的论证。

A项对题干的反驳力度不如B项，因为即使广为人知，但只要不被广泛认同，还是得不出"安全性并非客户的首要考虑"这一结论。

### 2. 正确答案：B

题干推理如下：

前提一：雌性斑马和幼小子女能通过黑白条纹辨认又聚集到一起（母斑马辨认幼小斑马或幼小斑马辨认母斑马）。

前提二：幼小斑马不能辨认自己母亲的条纹。

结论：母斑马都可以辨别出自己后代的条纹。

可见题干的推理是相容选言推理的否定肯定式，这实际上是我们所用的排除法。

因此，B项的描述是正确的。

### 3. 正确答案：C

李经理根据去年调高奖励比例增加了销售量，得出结论：新的一年继续执行该奖励比例。

而陈副经理怀疑的根据是：竞争对手并没有调整营销人员的奖励比例，但去年也出现了类似的增长。可见，陈副经理并没有否认李经理的论据，但提出了一个反例，用以说明，销售量的增加并不一定是提高奖励比例的结果。这说明李经理的论据虽然成立，但不足以推出结论。即C项正确。

其余各项不恰当。例如A项不恰当，有理由认为李经理的论证中包含一般性结论：提高奖励可以增加销量；否定这个一般性结论的反例应当是，某家企业提高奖励但没有增加销量；而陈副经理提出的不是这样的反例。

### 4. 正确答案：A

题干陈述：松鼠打洞是为了寻找水或者糖分，既然水很容易获得，因此，松鼠打洞的目的是摄取糖分。可见，题干的论证方式是，通过否定两种可能性中的一种，来肯定另一种。

5. 正确答案：D

这是个收敛式论证，②和④两个前提分别支持结论。其中：

②和③都提到了社会保障资源，而且是后者支持前者。

④和⑤都提到了资源消耗，而且也是后者支持前者。

综合分析后，D项准确地表示了上述论证结构。

6. 正确答案：D

贾某找易某协商的论题是，易某不要将空调外机安装在向着贾家卧室窗户的方向。

易某回答的意思是，我有权利安装空调。

可见，易某并没有针对空调外机安装的位置进行回答，而是转移了论题，因此，D项为正确答案。

## 8.2 缺陷描述

缺陷描述题主要考查体会题干推理之后是否具备识别论证和推理缺陷的能力。题目特点是前提到结论的推理方法或论证方式不正确或有漏洞。阅读和分析时要重点关注从前提到结论的推理过程中所存在的具体缺陷。

### 1 2004MBA-50

在一场魔术表演中，魔术师看来是随意请一位观众志愿者，上台配合他的表演。根据魔术师的要求，志愿者从魔术师手中的一副扑克中随意抽出一张。志愿者看清楚了这张牌，但显然没有让魔术师看到这张牌。随后，志愿者把这张牌插回那副扑克中。魔术师把扑克洗了几遍，又切了一遍。最后魔术师从中取出一张，志愿者确认，这就是他抽出的那一张。有好奇者重复三次看了这个节目，想揭穿其中的奥秘。第一次，他用快速摄像机记录下了魔术师的手法，没有发现漏洞；第二次，他用自己的扑克代替魔术师的扑克；第三次，他自己充当志愿者。这三次表演，魔术师无一失手。此好奇者因此推断：该魔术的奥秘，不在手法技巧，也不在扑克或志愿者有诈。

以下哪项最为确切地指出了好奇者的推理中的漏洞？

A. 好奇者忽视了这种可能性：他的摄像机的功能会不稳定。

B. 好奇者忽视了这种可能性：除了摄像机以外，还有其他仪器可以准确记录魔术师的手法。

C. 好奇者忽视了这种可能性：手法技巧只有在使用做了手脚的扑克时才能奏效。

D. 好奇者忽视了这种可能性：魔术师表演同一个节目可以使用不同的方法。

E. 好奇者忽视了这种可能性：除了他所怀疑的上述三种方法外，魔术师还可能使用其他方法。

### 2 2007GRK-57

昨天冬冬和妞妞都病了，病症也类似。平日两人每天下午都在一起玩，因此，两人可能患的是同一种病。冬冬的病症有点象链球菌感染，但他患的肯定不是这种病。因此，妞妞患的病也肯定不是链球菌感染。

以下哪项最为准确地概括了上述论证中的漏洞？

A. 预先假设了所有证明的结论。

B. 颠倒了某个特定现象的结果与原因。
C. 把一种判定可能性结论的证据当作判定事实性结论的证据。
D. 在缺乏可比性的对象之间进行不当类比。
E. 基于某个特例轻率概括出一般性结论。

### 3  2008MBA-40

和平基金会决定中止对 S 研究所的资助，理由是这种资助可能被部分地用于武器研究。对此，S 研究所承诺：和平基金会的全部资助，都不会用于任何与武器相关的研究。和平基金会因此撤销了上述决定，并得出结论：只要 S 研究所遵守承诺，和平基金会的上述资助就不再会有利于武器研究。

以下哪项最为恰当地概括了和平基金会上述结论中的漏洞？

A. 忽视了这种可能性：S 研究所并不遵守承诺。
B. 忽视了这种可能性：S 研究所可以用其他来源的资金进行武器研究。
C. 忽视了这种可能性：和平基金会的资助使 S 研究所有能力把其他资金改用武器研究。
D. 忽视了这种可能性：武器研究不一定危害和平。
E. 忽视了这种可能性：和平基金会的上述资助额度有限，对武器研究没有实质性意义。

### 4  2008MBA-51

统计显示，在汽车事故中，装有安全气囊的汽车比例高于未安装安全气囊的汽车，因此，在汽车中安装安全气囊，并不能使车主更安全。

以下哪项最为恰当地指出了上述论证的漏洞？

A. 不加以说明就予以假设，任何安装安全气囊的汽车都有可能遭遇汽车事故。
B. 忽视了这种可能：未安装安全气囊的车主更注意谨慎驾驶。
C. 不当地假设：在任何汽车事故中，安全气囊都会自动打开。
D. 不当地把发生汽车事故的可能程度，等同于车主在事故中受伤害的严重程度。
E. 忽视了这种可能性：装有安全气囊的汽车所占的比例越来越大。

### 5  2009GRK-48

办公室主任：本办公室不打算使用循环再利用纸张。给用户的信件必须能留下好的印象。不能打印在劣质纸张上。

文具供应商：循环再利用纸张不一定是劣质的。事实上，最初的纸张就是用可回收材料制造的。一直到 19 世纪 50 年代，由于碎屑原料供不应求，才使用木纤维作为造纸原料。

以下哪项最为恰当地概括了文具供应商的反驳中存在的漏洞？

A. 没有意识到办公室主任对于循环再利用纸张的偏见是由于某种无知。
B. 使用了不相关的事实来证明一个关于产品质量的断定。
C. 不恰当地假设办公室主任忽视了环境保护。
D. 不恰当地假设办公室主任了解纸张的制造工艺。
E. 忽视了办公室主任对产品质量关注的合法权利。

### 6  2009GRK-49

张林是奇美公司的总经理，潘洪是奇美公司的财务主管。奇美公司每年生产的紫水晶占全世界紫水晶产量的 2%。潘洪希望公司通过增加产量使公司利润增加。张林却认为：增加产量将会导致全球紫水晶价格下降，反而会导致利润减少。

以下哪项最为恰当地指出了张林的逻辑推断中的漏洞？

A. 将长期需要与短期需要互相混淆。

B. 不当地假设公司的产量是与全球的紫水晶市场紧密联系的。
C. 不当地假设公司的生产目标与财务目标不一定是一致的。
D. 将未加工的紫水晶与加工后紫水晶的价格互相混淆。
E. 不当地假设奇美公司的产量供给变化会显著改变整个水晶市场产量的总供给。

**7  2010GRK-36**

即使在古代，规模生产谷物的农场，也只有依靠大规模的农产品市场才能生存，而这种大规模的农产品市场意味着有相当人口的城市存在。因为中国历史上只有一家一户的小农经济，从来没有出现过农场这种规模生产的农业模式，因此，现在考古所发现的中国古代城市，很可能不是人口密集的城市，而只是为举行某种仪式的人群临时的聚集地。

以下哪项，最为恰当地指出了上述论证的漏洞？

A. 该结论只是对其前提中某个断定的重复。
B. 论证中对某个关键概念的界定前后不一致。
C. 在同一个论证中，对一个带有歧义的断定作出了不同的解释。
D. 把某种情况的不存在，作为证明此种情况的必要条件也不存在的根据。
E. 把某种情况在现实中不存在，作为证明此类情况不可能发生的根据。

# 答案与解析

### 1. 正确答案：D

题干论述：由于好奇者通过三次不同方式的观察，都没有发现破绽，因此好奇者得出结论：魔术的奥秘不在手法技巧，也不在扑克或志愿者有诈。

D项指出：魔术师可能在他几次观察中采用了不同的方法（包括手法、扑克和志愿者），从而使他不能看出破绽，而不能排除魔术师采用了三种方法。比如，好奇者用快速摄像机记录魔术师的手法时，魔术师完全可以使用有诈的扑克或志愿者。这样就确切地指出了好奇者的推理中的漏洞。

A、B、C项为明显的无关选项，排除；好奇者的推断只是说"奥秘不在于手法、扑克和志愿者有诈"，而并没有排除魔术师采用其他方法的可能性，因此，E项与题干不矛盾，不能削弱题干。

### 2. 正确答案：C

题干论证的依据是：冬冬和妞妞可能患的是同一种病。冬冬的病肯定不是链球菌感染。
由此得出的合理结论应当是可能性的结论，即：妞妞患的病也可能不是链球菌感染。
而不应当是必然性的结论：妞妞患的病肯定不是链球菌感染。
显然这一论证的漏洞在于：把一种判定可能性结论的证据当作判定事实性结论的证据。

### 3. 正确答案：C

题干结论：研究所遵守承诺，是和平基金会的资助不再会有利于武器研究的充分条件。

C项是另有他因的削弱，事实上，如果和平基金会的资助使S研究所有能力把其他资金改用武器研究，那么，即使S研究所遵守"和平基金会的全部资助，都不会用于任何与武器相关的研究"的承诺，和平基金会的上述资助就还是会有利于武器研究。

其余选项均不能说明题干结论的条件关系不成立。比如A项，即使研究所并不遵守承诺，题干结论的条件关系仍然可以成立。

### 4. 正确答案：D

题干结论：安装安全气囊并不能使车主更安全。

理由是统计发现：在汽车事故中，装有安全气囊的汽车比例高于未安装安全气囊的汽车。安全气囊的作用，不在于避免汽车事故的发生，而在于当事故发生时减少车主受伤害的程度。题干论证忽略了这一常识，D项恰当地指出了上述论证的漏洞。

5. **正确答案：B**

要对办公室主任进行反驳，必须说明循环再利用纸张不是劣质纸张。

而文具供应商的断定是，最初的纸张就是用可回收材料制造的，而这与说明循环再利用纸张不是劣质纸张并不相干。

6. **正确答案：E**

张林认为：增加产量将会导致全球紫水晶价格下降。显然他假设了奇美公司的产量供给变化会显著改变整个水晶市场产量的总供给。而由于奇美公司每年生产的紫水晶只占全世界紫水晶产量的2%，因此，该公司产量的增加不会显著改变整个水晶市场产量的总供给，可见，张林的假设不当。E项恰当地指出了这一漏洞。

7. **正确答案：D**

题干断定，相当人口城市的存在，是农场存在的必要条件。题干又根据我国历史上不存在农场，不当地得出结论：中国古代没有城市。

这一论证的漏洞在于：由某种情况不存在，不当地推断，此种情况的必要条件也不存在。D项正确地指出了这一论证上的漏洞。

## 小　结

逻辑描述题并不涉及文章主题，并不是让你从上文中必然推导出什么，而是让你去总结上文推理的方法或特点，最基本的问题是直接问你上述推理怎样得到或怎样发展，要你描述作者推理的构建。

# 第 9 章 综 合

综合题主要涉及两个方面,一方面是与语言有关,主要是测试考生的汉语阅读理解能力,这类题主要包括言语理解、事例判断、论证谬误、争议焦点、对话辨析和完成句子等;另一方面是与论证有关,是对前面所述的假设、支持、削弱、推论、解释等各类题型的综合运用,这类题主要包括完成句子和论证题组等。

## 9.1 言语理解

日常推理和论证中,前提和结论之间总是存在着某种共同意义的内容,使得我们可以由前提推出结论。形式逻辑试题通常不理会推理内容的相关性,但以非形式逻辑和批判性思维为基础的逻辑试题要顾及前提和结论之间的这种内容相关性,并为此设计了言语理解的考题。

言语理解题的解题方法是:一要阅读仔细,通过对选项和题干的内容逐一对照,从中迅速发现找到答案的线索;二要充分运用自己平时积累起来的语感,细心品味其推理的语义,力求准确理解、分析和推断题干给出的日常语言表达的句子或内容的复杂含义和深层意义。

**1  2000MBA－80**

美国《华盛顿邮报》发表文章,引述美国前中央情报局副局长的话称,在过去多次中美核子科学家交流会期间,美国曾获得过中国有关核技术的资料,而且远远超过早些时候美国指责中国窃取美方核机密的数量。

以下各项,除了哪项,都与题干中引用论述的观点相符合?

A. 中美核子科学家之间曾有过比较长的友好的学术交流历史。
B. 中美核子科学家在交流中会讨论一些本研究领域共同关心的理论问题。
C. 在发展核子技术方面,中国科学家也有独到的创造,美国对此也很感兴趣。
D. 中国的核子科学家可以独立地发展自己的核技术并与美国相抗衡。
E. 美国无根据地指责某华人科学家是为中国提供核机密的间谍,这是不公正的。

**2  2000GRK－25**

任何方法都是有缺陷的。在母语为非英语的外国学生中,如何公正合理地选拔合格的考生,对于美国这样一个每年要吸收大量外国留学生的国家来说,目前实行的托福考试恐怕是所有带缺陷的方法中最好的方法了。

以下各项关于托福考试及其考生的断定都符合上述议论的含义,除了

A. 大多数考生的实际水平与他们的考分是基本相符的。
B. 存在低考分的考生,他们有较高的实际水平。
C. 高分低能或低分高能现象的产生,是实施考试中操作失误所致。

D. 存在高分的考生,他们并无相应的实际水平。
E. 对美国来说,目前恐怕没有比托福考试更能使人满意的方法来测试外国考生的英语能力。

### 3　2002GRK-11

目前全球的粮食年产量比满足全球人口的最低粮食需求略高。因此,那种认为将来会因粮食短缺而引发饥饿危机的预言,是危言耸听。饥饿危机总是源于分配而不是生产。

以下各项关于全球粮食需求的断定,哪项最符合题干?
A. 将来不会有粮食短缺。
B. 将来不会有饥饿危机。
C. 将来不会有粮食分配不公。
D. 将来粮食年产不低于目前。
E. 全球人口的最低粮食需求将基本保持不变。

### 4　2003GRK-47

现在市面上充斥着《成功的十大要素》之类的书。出版商在推销此类书时声称,这些书将能切实地帮助读者成为卓越的成功者。事实上,几乎每个人都知道,卓越的成功注定只属于少数人,人们不可能通过读书都成为这少数人群中的一个。基于这一点,出版商故意所做的上述夸张乃至虚假的宣传不能认为是不道德的。退一步说,即使有人相信了出版商的虚假宣传,但只要读此类书对他在争取成功中确实利大于弊,做此类宣传也不能认为是不道德的。

以下哪项断定最符合以上的议论?
A. 只有当虚假宣传完全没有任何"歪打正着"的正面效应时,故意做此种虚假宣传才是不道德的。
B. 只有当人们受了欺骗并深受其害时,故意做这种宣传才是不道德的。
C. 如果故意做虚假宣传的人,通过损害受骗者获利,那么,故意做此种虚假宣传是不道德的。
D. 只有当虚假宣传的受骗者的数量超出了未受骗者时,故意做此种虚假宣传才是不道德的。
E. 只有当做虚假宣传的人完全意识到其所为的全部后果时,故意做此种虚假宣传才是不道德的。

### 5　2007MBA-34

小荧十分渴望成为一名微雕艺术家,为此,他去请教微雕大师孔先生:"您如果教我学习微雕,我要多久才能成为一名微雕艺术家?"孔先生回答:"大约十年。"小荧不满足于此,再问:"如果我不分昼夜每天苦练,能否缩短时间?"孔先生答道:"那要用二十年。"

以下哪项最可能是孔先生的回答所提示的成为微雕艺术家的重要素质?
A. 谦虚。　　　　　　　　　　B. 勤奋。
C. 尊师。　　　　　　　　　　D. 耐心。
E. 决心。

### 6　2007MBA-39

"男女"和"阴阳"似乎指的是同一种区分标准,但实际上,"男人和女人"区分人的性别特征,"阴柔和阳刚"区分人的行为特征。按照"男女"的性别特征,正常人分为两个不重叠的部分;按照"阴阳"的行为特征,正常人分为两个重叠部分。

以下各项都符合题干的含义,除了

A. 人的性别特征不能决定人的行为特征。
B. 女人的行为，不一定是有阴柔的特征。
C. 男人的行为，不一定是有阳刚的特征。
D. 同一个人的行为，可以既有阴柔又有阳刚的特征。
E. 一个人的同一个行为，可以既有阴柔又有阳刚的特征。

### 7　2007MBA－44

三分之二的陪审员认为证人在被告作案时间、作案地点或作案动机上提供伪证。

以下哪项能作为结论从上述断定中推出？

A. 三分之二的陪审员认为证人在被告作案时间上提供伪证。
B. 三分之二的陪审员认为证人在被告作案地点上提供伪证。
C. 三分之二的陪审员认为证人在被告作案动机上提供伪证。
D. 在被告作案时间、作案地点或作案动机这三个问题中，至少有一个问题，三分之二的陪审员认为证人在这个问题上提供伪证。
E. 以上各项均不能从题干的断定推出。

### 8　2009MBA－49

张珊：不同于"刀""枪""箭""戟"，"之""乎""者""也"这些字无确定所指。
李思：我同意。因为"之""乎""者""也"这些字无意义，因此，应当在现代汉语中废止。

以下哪项最可能是李思认为张珊的断定所含的意思？

A. 除非一个字无意义，否则一定有确定所指。
B. 如果一个字有确定所指，则它一定有意义。
C. 如果一个字无确定所指，则应当在现代汉语中废止。
D. 只有无确定所指的字，才应当在现代汉语中废止。
E. 大多数的字都有确定所指。

### 9　2009GRK－31

张珊有合法与非法的概念，但没有道德上对与错的概念。他由于自己的某个行为受到起诉。尽管他承认自己的行为是非法的，但却不知道这一行为事实上是不道德的。

上述断定能恰当地推出以下哪项结论？

A. 张珊做了某种违法的事。
B. 张珊做了某种不道德的事。
C. 张珊是法律专业的毕业生。
D. 对于法律来说，道德上的无知不能成为借口。
E. 非法的行为不可能合乎道德。

### 10　2010GRK－32

最近的研究表明，和鹦鹉长期密切接触会增加患肺癌的危险。但是没人会因为存在这种危险性，而主张政府通过对鹦鹉的主人征收安全税来限制或减少人和鹦鹉的接触。因此，同样的道理，政府应该取消对滑雪、汽车、摩托车和竞技降落伞等带有危险性的比赛所征收的安全税。

以下哪项最不符合题干的意思？

A. 政府应该对一些豪华型的健身美容设施征收专门税以贴补教育。
B. 政府不应提倡但也不应禁止新闻媒介对像飞车越黄河这样的危险性活动的炒作。

C. 政府应运用高科技手段来提高竞技比赛的安全性。
D. 政府应拨专款来确保登山运动和探险活动参加者的安全。
E. 政府应设法通过增加成本的方式，来减少人们对带有危险性的竞技娱乐活动的参与。

**11** 2010GRK-33

某社会学家认为：每个企业都力图降低生产成本，以便增加企业的利润，但不是所有降低生产成本的努力都对企业有利，如有的企业减少对职工社会保险的购买，暂时可以降低生产成本，但从长远看是得不偿失，这会对职工的利益造成损害，减少职工的归属感，影响企业的生产效率。

以下哪项最能准确表示上述社会学家陈述的结论？
A. 如果一项措施能够提高企业的利润，但不能提高职工的福利，此项措施是不值得提倡的。
B. 企业采取降低生产成本的某些措施对企业的发展不一定总是有益的。
C. 只有当企业职工和企业家的利益一致时，企业采取的措施才是对企业发展有益的。
D. 企业降低生产成本的努力需要从企业整体利益的角度进行综合考虑。
E. 减少对职工社保的购买会损害职工的切身利益，对企业也没有好处。

**12** 2011GRK-31

2011年世界大学生运动会在深圳举行，运动员是通过各国的选拔来参加比赛，某项目限制每个国家最多两个报名名额。某国在该项目上有四名出色的运动员U、V、W、X愿意报名参赛。通过一次公平、公正、公开的国内比赛，选拔出U、V参加世界大学生运动会。

以下各项陈述的事实与题干之意不相符合的是
A. 运动员W在选拔赛中成绩优于运动员U，但U是该国这项纪录的保持者。
B. 运动员X在选拔赛的成绩最优秀，但赛后违禁药物检测呈阳性。
C. 运动员W在本赛季创造了该国的最好成绩。
D. 运动员U在2008年因兴奋剂被禁赛两年。
E. 运动员V是一员年龄超过35岁的老将。

**13** 2013GRK-55

2012年11月17日，由国防科技大学研制的"天河一号"超级计算机以峰值计算速度每秒4 700万亿次、持续计算速度每秒2 568万亿次，成为世界上运算速度最快的计算机。相隔不到3年，2013年6月17日在德国莱比锡举行的2013年国际超级计算机大会上，国际TOP500组织公布了最新全球超级计算机500强排行榜榜单。国防科技大学研制的"天河二号"以峰值计算速度每秒5.49亿万次、持续计算速度每秒3.39亿万次的优异性能又位居榜首。相比以前排名世界第一的美国"泰坦"超级计算机，计算速度是后者的2倍。

以下哪项最适合作为以上论述的推论？
A. 世界上只有美国和中国可以制造超级计算机。
B. 中国只有国防科技大学成功研制超级计算机。
C. 只有美国和中国的超级计算机运算速度曾经排名世界第一。
D. 全世界现在共计有500台超级计算机。
E. 中国的"天河二号"计算速度明显领先于其他超级计算机。

**14** 2019MBA-43

甲：上周去医院，给我看病的医生竟然还在抽烟。
乙：所有抽烟的医生都不关心自己的健康，而不关心自己健康的人也不会关心他人的健康。

甲：是的，不关心他人健康的医生没有医德。我今后再也不会让没有医德的医生给我看病了。

根据上述信息，以下除了哪项，其余各项均可得出？

A. 甲认为他不会再找抽烟的医生看病。

B. 乙认为上周给甲看病的医生不会关心乙的健康。

C. 甲认为上周给他看病的医生不会关心医生自己的健康。

D. 甲认为上周给他看病的医生不会关心甲的健康。

E. 乙认为上周给甲看病的医生没有医德。

**15  2020MBA - 52**

人非生而知之者，孰能无惑？惑而不从师，其为惑也，终不解矣。生乎吾前，其闻道也固先乎吾，吾从而师之；生乎吾后，其闻道也亦先乎吾，吾从而师之。吾师道也，夫庸知其年之先后生于吾乎？是故无贵无贱，无长无少，道之所存，师之所存也。

根据以上信息，可以得出哪项？

A. 与吾生乎同时，其闻道也必先乎吾。

B. 师之所存，道之所存也。

C. 无贵无贱，无长无少，皆为吾师。

D. 与吾生乎同时，其闻道不必先乎吾。

E. 若解惑，必从师。

## 答案与解析

### 1. 正确答案：D

没有理由认为，题干中的陈述意在说明，中国的核子科学家可以独立地发展自己的核技术并与美国相抗衡。D 项明显与题干观点不符。

### 2. 正确答案：C

题干一方面赞成托福考试，另一方面又承认了托福考试的缺陷。

因此，要把符合这两种说法的选项都排除掉，剩下的就是正确答案。

选项中赞成托福考试的都应当排除，这样选项 A、E 就去掉了；题干中也突出承认了托福考试的缺陷，选项 B 和 D 从两个角度说明了这一点，与题干含义相符，因此也被排除。

选项 C 强调托福考试的缺陷并非方法设计上的问题，而是实际操作中的失误，这不能算是托福考试本身的缺陷，不符合题干的含义，因此为正确答案。

### 3. 正确答案：A

题干实际上断定了这样的意思：粮食短缺当然会引发饥饿危机，但这样的粮食短缺目前和将来都不会发生，因为粮食总产量大于人口对粮食的最低需求。因此，粮食短缺不可能是引发将来饥饿危机的原因。将来发生饥饿危机并非不可能，但同过去一样，其根源在于分配。

A 项显然符合题干的断定。否则，题干的断定就不能成立。

B 项和 C 项显然不符合题干的断定。

D 项和 E 项不符合题干的断定。题干认为将来不会有粮食短缺的根据是：粮食总产量大于人口对粮食的最低需求。因此，即使 D 项和 E 项不成立，例如，即使将来粮食年产量低于目前，但只要全球人口的最低粮食需求量也低于目前，题干的断定依然成立。

### 4. 正确答案：B

题干断定：

第一，一个虚假的宣传，只要没有产生欺骗效果，就不是不道德的。

第二，一个虚假的宣传，即使产生了欺骗效果，但只要这个宣传的总体效果利大于弊，也不是不道德的。

B项符合题干的断定，为正确答案。

题干的条件是"利大于弊"，就是说只要利不大于弊，该宣传就有可能是不道德的，没必要满足"完全没有任何正面效应"的条件，A项过于绝对；是否获利题干没有提及，数量的比较也与题干论述无关，C、D项为无关项；E项也为明显的无关选项，排除。

5. 正确答案：D

题干断定：小荧想成为一名微雕艺术家，微雕大师孔先生告诉他需要十年的时间，如果昼夜不休息每天苦练，孔先生反而说那要二十年。

孔先生的回答说明小荧缺乏耐心，而要从事微雕这样的艺术，非得有极大的耐心不可。如果没有耐心，会用更长的时间去完成同一件事情。因此，D项最可能是孔先生的回答所提示的成为微雕艺术家的重要素质。

6. 正确答案：E

题干断定：

第一，"男女"是性别特征，按照此特征，正常人分为两个不重叠的部分。

第二，"阴阳"是行为特征，按照此特征，正常人分为两个重叠的部分。

从题干看出：用"阴柔和阳刚"区分人的行为特征，意思就是，任何一种行为，如果阴柔就不阳刚，如果阳刚就不阴柔；因此，一个人的同一个行为不可能既有阴柔又有阳刚的特征，这不符合题干的含义，因此，E项是正确答案。

人的性别特征和人的行为特征不是一回事，因此，A项符合题干含义。

既然性别特征和行为特征是两回事，那就完全有可能存在阳刚而不阴柔的女人和阴柔而不阳刚的男人，因此，B、C项也符合题干含义。

既然按照"阴阳"的行为特征正常人分为两个重叠部分，那么，同一个人的行为，可以既有阴柔又有阳刚的特征。因此，D项符合题干的含义。

7. 正确答案：E

题干断定：认为证人提供伪证的陪审员数占陪审员总数的三分之二。

注意：这里的伪证指的是只要在被告作案时间、作案地点或作案动机这三个问题中至少有一个问题上提供伪证。

A、B、C、D项均不能从题干推出。其中，A、B、C三项结构相同，属于同性选项，均应予以排除。D项为干扰项。

举例，考虑以下情况（表3-9-1）（"√"表示"认为提供伪证"；"×"表示"不认为提供伪证"）：

表3-9-1

|  | 1号陪审员 | 2号陪审员 | 3号陪审员 |
|---|---|---|---|
| 作案时间 | √ | × | × |
| 作案地点 | × | √ | × |
| 作案动机 | × | √ | × |

上述情况显然符合题干，但作案时间、作案地点或作案动机这三个问题中，每一个问题都只有1/3的陪审员认为证人在这个问题上提供伪证。可见D项不成立。

因此答案应选E。

8. 正确答案：A

李思同意张珊认为"之""乎""者""也"这些字无确定所指的观点，认为"之""乎"

511

"者""也"这些字无意义。

可见，李思认为张珊的断定的意思是：如果一个字无确定所指，那么，它一定无意义。也即等价于，除非一个字无意义，否则一定有确定所指。因此，A项正确。

### 9. 正确答案：B

题干断定：张珊不知道这一行为事实上是不道德的。这说明，张珊的行为事实上是不道德的，也即，张珊做了某种不道德的事。因此，B项可以推出。

其余选项不能被推出。比如，A项不成立，因为虽然张珊的行为被起诉，但不能说他的行为就一定违法了，尽管他承认自己的行为是非法的，但也不等于事实上真的违法了。

### 10. 正确答案：E

题干根据没人会因为和鹦鹉接触会增加患肺癌的危险，而主张征收安全税来限制和鹦鹉的接触，从而得出结论：政府应取消对滑雪、汽车等带有危险性的比赛所征收的安全税。

显然，E项的陈述与题干结论相反，因此最不符合题干意思，为正确答案。

### 11. 正确答案：B

题干中社会学家通过实例说明，不是所有降低生产成本的努力都对企业有利。B项和这一意思完全等值，因此，最能准确表示社会学家的结论。

其余选项也都基本符合题干中社会学家的意思，但都不如D项准确。

### 12. 正确答案：A

A项说明在选拔赛中W成绩优于U，而实际选拔了U，这说明不符合公平、公正。

其余选项都可以不违背题干的意思。比如C项，并没说明在本次选拔赛中W的情况。

### 13. 正确答案：E

题干断定："天河二号"计算速度位居榜首，是以前排名世界第一的美国"泰坦"超级计算机的计算速度的2倍。从中显然可以推出，"天河二号"计算速度明显领先于其他超级计算机，E项正确。

其余选项都超出了题干断定的范围，不适合作为推论。

### 14. 正确答案：E

根据题干信息，整理如下：

(1) 甲：医生抽烟

(2) 乙：医生抽烟→不关心自己健康→不关心他人健康

(3) 甲：不关心他人健康→没有医德→不找这样的医生看病

从题干两人的对话中可以看出，是甲认为上周给甲看病的医生没有医德，并不是乙认为的，乙的论述并没有涉及"医德"。因此，E项从题干信息得不出，为正确答案。

其余选项均可得出，其中，A、C、D项，符合(3)，排除；B项，符合(2)，排除。

### 15. 正确答案：E

题干断定：

(1) 人→有惑

(2) ¬从师→¬解惑

(3) (生乎吾前∨生乎吾后)∧闻道先乎吾→吾从而师之

(4) 道之所存→师之所存

E项：是(2)等价的逆否命题，可以得出，因此，为正确答案。

其余选项不妥，其中：A、D项，与(3)不一致；B项，与(4)不一致；C项，题干论证并未出现此逻辑关系，均排除。

## 9.2 事例判断

事例判断类题指的是，题干给出一段陈述，要求从选项中找出符合题干或支持题干观点、原则等的相应的事例。这类题主要考查考生是否阅读仔细，对题干论述的范围是否界定清楚。解题时必须紧扣题干部分陈述的内容，正确选项所述事实应与题干所给的陈述相符。

**1 2000MBA-69**

某电脑公司正在研制可揣摩用户情绪的电脑。这种被称为"智能个人助理"的新装置主要通过分析用户敲击键盘的模式，来判断其心情是好是坏，还可通过不断监测用户的活动，逐渐琢磨出其好恶，能在使用者紧张或烦躁时自动减少其所浏览的电子邮件或网站的数量。

以下哪项最不可能是这种计算机提供的功能？

A. 在使用者连续使用计算机超过两个小时后，屏幕会显示"长时间看屏幕对眼睛有害，请您休息几分钟"。
B. 在深夜时间，使用者击键的速度逐渐变慢时，计算机便得知主人已经疲劳，会播出孩子招呼爸爸睡觉的喊话。
C. 在使用者经常出现习惯性拼写错误时，比如南方人难以分清"Z"和"ZH"，计算机可以自动加以更正，减轻主人的烦躁心理。
D. 在使用者利用国际网络查找资料时，计算机可以根据主人的喜好，把常用的站点放在最显眼的地方，尽可能让主人多看一些。
E. 在使用者心情烦躁时，计算机可以通过人机传递的信息觉察到，并及时放一段主人最喜欢的音乐。

**2 2000MBA-73**

如果能有效地利用互联网，能快速方便地查询世界各地的信息，对科学研究、商业往来乃至寻医求药都会带来很大的好处。然而，如果上网成瘾，也有许多弊端，还可能带来严重的危害。尤其是青少年，上网成瘾可能荒废学业、影响工作。为了解决这一问题，某个网站上登载了"互联网瘾"自我测试办法。

以下各项提问，除了哪项，都与"互联网成瘾"的表现形式有关？

A. 你是否有时上网到深夜并为连接某个网站时间过长而着急？
B. 你是否曾一再试图限制、减少或停止上网而不果？
C. 你试图减少或停止上网时，是否会感到烦躁、压抑或容易动怒？
D. 你是否曾因上网而危及一段重要关系或一份工作机会？
E. 你是否曾向家人、治疗师或其他人谎称你并未沉迷互联网？

## 答案与解析

**1. 正确答案：D**

题干陈述了智能电脑的两个功能，第一是能揣摩用户的心情，第二是能在使用者紧张时自动减少其浏览对象的数量。

A、B、C、E项都说明该计算机能揣摩并缓解用户的紧张情绪，均可能是这种智能电脑提供的功能。D项断定的功能，是使电脑使用者增加而不是减少在网上浏览对象的数量，因此，最不可能是题干中智能电脑的功能。

2. 正确答案：A

A项的提问涉及的只是"有时"上网时的表现，与上网成瘾无关。其余各项均涉及上网成瘾或其对工作的影响。

## 9.3 论证谬误

从论证角度来看，谬误通常被定义为逻辑上有缺陷的但可能误导人们认为它是逻辑上正确的论证。论证有三个基本要素：主张（论点/结论）、理由（前提/论据）和支持（论证方式）。基于论证三个基本要素的角度，相应地可把谬误分为主张谬误、理由谬误和支持谬误三大类。

### 1. 主张谬误

对主张的批判性思考，需要检查论证是否存在以下谬误：

（1）语词谬误：包括语词歧义、语词含混、偷换概念（混淆概念）、歪曲词义。

（2）语句谬误：包括语句歧义、语句含混、断章取义（偷换句义）、强调不当。

（3）论题谬误：包括转移论题（偷换论题）、稻草人谬误、回避论题、错失主旨、两不可（模棱两可）等。

### 2. 理由谬误

对理由的批判性思考，需要检查论证是否存在以下谬误：

（1）相干谬误：包括诉诸无知、诉诸情感、诉诸怜悯、诉诸偏见（确认性偏见、一厢情愿、懒散归纳、诉诸信心、诉诸武断、诉诸传统、诉诸起源）、诉诸强力（诉诸势力、诉诸武力、诉诸暴力、诉诸威力）、诉诸恐惧、诉诸众人（诉诸大众、从众谬误、流行意见）、以人为据（因人纳言、因人废言）、人身攻击（人格人身攻击、处境人身攻击、井中投毒、反唇相讥）、诉诸权威等。

（2）论据谬误：包括论据矛盾（自相矛盾、论据相左、前提不一致）、理由虚假（虚假原因、虚假理由、虚假前提）等。

（3）预设谬误：包括预期理由、复合问题（复杂问语、误导性问题）、非黑即白（黑白二分、虚假两分、假二择一、非此即彼）等。

（4）乞题谬误：乞求论题，包括同语反复、循环论证等。

### 3. 支持谬误

对支持的批判性思考，需要检查论证是否存在以下谬误：

（1）演绎谬误：包括词项逻辑、命题逻辑等推理中的谬误。

（2）概括谬误：包括特例概括、轻率概括等。

（3）统计谬误：包括以偏概全、数字陷阱、数据误用等。

（4）因果谬误：包括强加因果、因果倒置、混淆原因、复合原因、复合结果、错否因果、滑坡谬误等。

（5）类比谬误：包括类比不当、类推不当等。

（6）合情谬误：包括举证不全、以全概偏、分解谬误、合成谬误等。

其中一些有关谬误的真题在前面已有论述，此处列出前面尚未论述的谬误类真题。

**1  2001MBA-27**

商业伦理调查员：XYZ钱币交易所一直误导它的客户说，它的一些钱币是很稀有的。实际上那些钱币是比较常见而且很容易得到的。

XYZ钱币交易所：这太可笑了。XYZ钱币交易所是世界上最大的几个钱币交易所之一。我们销售钱币是经过一家国际认证的公司鉴定的，而且有钱币经销的执照。

XYZ钱币交易所的回答显得很没有说服力，因为它

以下哪项作为上文的后继最为恰当？
A. 故意夸大了商业伦理调查员的论述，使其显得不可信。
B. 指责商业伦理调查员有偏见，但不能提供足够的证据来证实它的指责。
C. 没能证实其他钱币交易所也不能鉴定它们所卖的钱币。
D. 列出了XYZ钱币交易所的优势，但没有对商业伦理调查员的问题作出回答。
E. 没有对"非常稀少"这一意思含混的词作出解释。

**2　2002MBA-27**

在一次聚会上，10个吃了水果色拉的人中，有5个很快出现了明显的不适。吃剩的色拉立刻被送去检验。检验的结果不能肯定其中存在超标的有害细菌。因此，食用水果色拉不是造成食用者不适的原因。

如果上述检验结果是可信的，则以下哪项对上述论证的评价最为恰当？
A. 题干的论证是成立的。
B. 题干的论证有漏洞，因为它把事件的原因当作该事件的结果。
C. 题干的论证有漏洞，因为它没有考虑到这种可能性：那些吃了水果色拉后没有很快出现不适的人，过不久也出现了不适。
D. 题干的论证有漏洞，因为它没有充分利用一个有力的论据：为什么有的水果色拉食用者没有出现不适？
E. 题干的论证有漏洞，因为它把缺少证据证明某种情况存在，当作有充分证据证明某种情况不存在。

**3　2007MBA-29**

舞蹈学院的张教授批评本市芭蕾舞团最近的演出没能充分表现古典芭蕾舞的特色。他的同事林教授认为这一批评是个人偏见。作为芭蕾舞技巧专家，林教授考察过芭蕾舞团的表演者，结论是每一位表演者都拥有足够的技巧和才能来表现古典芭蕾舞的特色。

以下哪项最为恰当地概括了林教授反驳中的漏洞？
A. 他对张教授的评论风格进行攻击而不是对其观点加以批驳。
B. 他无视张教授的批评意见是与实际情况相符的。
C. 他仅从维护自己的权威地位的角度加以反驳。
D. 他依据一个特殊的事例轻率概括出一个普遍结论。
E. 他不当地假设，如果一个团体每个成员具有某种特征，那么这个团体总能体现这种特征。

**4　2009MBA-48**

主持人：有网友称你为国学巫师，也有网友称你为国学大师。你认为哪个名称更适合你？

上述提问中的不当也存在于以下各项中，除了
A. 你要社会主义的低速度，还是资本主义的高速度？
B. 你主张为了发展可以牺牲环境，还是主张宁可不发展也不能破坏环境？
C. 你认为人都自私，还是认为人都不自私？
D. 你认为"9.11"恐怖袭击必然发生，还是认为有可能避免？

E. 你认为中国队必然夺冠，还是认为不可能夺冠？

## 5  2010MBA－47

学生：IQ 和 EQ 哪个更重要，您能否给我指点一下？

学长：你去书店问问工作人员，关于 IQ、EQ 的书哪类销得快，哪类就更重要。

以下哪项与上述题干中的问答方式最为相似？

A. 员工：我们正制订一个度假方案，你说是在本市好，还是去外地好？

　经理：现在年终了，各公司都在安排出去旅游，你去问问其他公司的同行，他们计划去哪里，我们就不去哪里，不凑热闹。

B. 平平：母亲节那天我准备给妈妈送一样礼物，你说是送花好还是巧克力好？

　佳佳：你在母亲节前一天去花店看一下，看看买花的人多不多就行了嘛。

C. 顾客：我准备买一件毛衣，你看颜色是鲜艳一点，还是素一点好？

　店员：这个需要结合自己的性格与穿衣习惯，各人可以有自己的选择与喜好。

D. 游客：我们前面有两条山路，走哪一条更好？

　导游：你仔细看看，哪一条山路上车马的痕迹深，我们就走哪一条。

E. 学生：我正准备期末复习，是做教材上的练习重要还是理解教材内容更重要？

　老师：你去问问高年级得分高的同学，他们是否经常背书做练习。

## 6  2014GRK－41

卫生部的报告表明，这些年来医疗保健费的确是增加了。可见，我们每个人享受到的医疗条件大大改善了。

以下哪项对上述结论提出最严重的质疑？

A. 医疗保健费的绝大部分用在了对高危病人的高技术强化护理上。

B. 在不增加费用的情况下，我们的卫生条件也可能提高。

C. 国家给卫生部的拨款中有 70% 用于基础设施的建设。

D. 老年慢性病的护理费用是非常庞大的。

E. 每个公民都有享受国家提供的卫生保健的权利。

## 7  2016MBA－47

许多人不仅不理解别人，而且也不理解自己，尽管他们可能曾经试图理解别人，但这样的努力注定会失败，因为不理解自己的人是不可能理解别人的。可见，那些缺乏自我理解的人是不会理解别人的。

以下哪项最能说明上述论证的缺陷？

A. 使用了"自我理解"概念，但并未给出定义。

B. 没有考虑"有些人不愿意理解自己"这样的可能性。

C. 没有正确把握理解别人和理解自己之间的关系。

D. 结论仅仅是对其论证前提的简单重复。

E. 间接指责人们不能换位思考，不能相互理解。

## 答案与解析

**1. 正确答案：D**

题干论证犯了"转移论题"的谬误。

题干中商业伦理调查员指责 XYZ 钱币交易所误导客户的根据是，它所称的很稀有的货币，实际上是比较常见的。XYZ钱币交易所的回答回避了商业伦理调查员的问题，只是陈述了该交易所的一些优势，这显然使得它的回答没有说服力。D项指出了这一点，作为题干的后继是恰当的。其余各项均不恰当。

至于选项E是不妥的，"非常稀少"在题干中意思是明确的，并不含混。

2. **正确答案：E**

题干论证犯了"诉诸无知"的谬误。

题干的结论是：食用水果色拉不是造成食用者不适的原因，其根据是检验的结果不能肯定送检的色拉中存在超标的有害细菌。不能肯定送检物中存在超标的有害细菌，不等于否定送检物中不存在超标的有害细菌。而只有否定送检物中不存在超标的有害细菌时，才能得出结论：食用水果色拉不是造成食用者不适的原因。因此，题干论证的漏洞是：把缺少证据证明某种情况存在，当作有充分证据证明某种情况不存在。因此，E项正确。

其余各项均不恰当。比如B项是因果倒置，原文并没有这样做。

3. **正确答案：E**

林教授认为："本市芭蕾舞团最近的演出没能充分表现古典芭蕾舞的特色"的看法不对。

理由是：每一位表演者都拥有足够的技巧和才能来表现古典芭蕾舞的特色。

其论证的漏洞在于，每一位表演者都拥有足够的技巧和才能来表现古典芭蕾舞的特色，而整个芭蕾舞团却不一定能充分表现古典芭蕾舞的特色。

因此，选项E最为恰当地概括了林教授反驳中的漏洞，实际上林教授的论证犯了合举的谬误。

4. **正确答案：D**

题干论证犯了"非黑即白"的谬误。

题干中"国学巫师"与"国学大师"是反对关系而非矛盾关系。

A项的"社会主义的低速度"与"资本主义的高速度"、B项的"为了发展可以牺牲环境"与"宁可不发展也不能破坏环境"、C项的"人都自私"与"人都不自私"、E项的"必然夺冠"与"不可能夺冠"均为反对关系而非矛盾关系，因此，与题干的提问犯了同样的错误。

只有D项"必然发生"与"可能避免"（即"可能不发生"）为矛盾关系，不存在"选言支不穷尽"的错误，因此为正确答案。

5. **正确答案：D**

题干论证犯了"诉诸众人"的谬误。

题干的推理方法是，根据受关注的程度，比较两个对象的等级。

D项的推理方法与题干最为类似，因此为正确答案。

其余选项均不妥，其中，B项没有比较花和巧克力的关注程度。

6. **正确答案：A**

题干论证犯了分解的谬误，总体的医疗保健费增加了，不等于每个人享受到的医疗条件大大改善了。

A项指出，医疗保健费的绝大部分用在了对高危病人的高技术强化护理上，这表明，增加的医疗保健费并没有真正用于改善医疗条件，这就严重地削弱了题干结论。

7. **正确答案：D**

题干论证犯了"同语反复"的谬误。

题干论证的结论是：那些缺乏自我理解的人是不会理解别人的。

理由是：不理解自己的人是不可能理解别人的。

可见，题干论证的理由与结论一致，论证无效，即其论证缺陷在于，结论仅仅是对其论证前提的简单重复。因此，D项为正确答案。

## 9.4 争议焦点

争议指的是在同一个问题上所存在的相互矛盾或相互反对的主张。争议的焦点既可以是观点，也可以是理由。发生在主要问题上的争议称为观点之争，发生在主要根据上的争议称为理由之争。提出恰当的问题是解决争议双方各自的主张相互纠缠的有效方法。

**1  2001MBA - 67**

吴大成教授：各国的国情和传统不同，但是对于谋杀和其他严重刑事犯罪实施死刑，至少是大多数人可以接受的。公开宣判和执行死刑可以有效地阻止恶性刑事案件的发生，它所带来的正面影响比可能存在的负面影响肯定要大得多，这是社会自我保护的一种必要机制。

史密斯教授：我不能接受您的见解。因为在我看来，对于十恶不赦的罪犯来说，终身监禁是比死刑更严厉的惩罚，而一般的民众往往以为只有死刑才是最严厉的。

以下哪项是对上述对话的最恰当评价？

A. 两人对各国的国情和传统有不同的理解。
B. 两人对什么是最严厉的刑事惩罚有不同的理解。
C. 两人对执行死刑的目的有不同的理解。
D. 两人对产生恶性刑事案件的原因有不同的理解。
E. 两人对是否大多数人都接受死刑有不同的理解。

**2  2005MBA - 44**

厂长：采用新的工艺流程可以大大减少炼铜车间所产生的二氧化硫。这一新流程的要点是用封闭式熔炉替代原来的开放式熔炉。但是，不光购置和安装新的设备是笔大的开支，而且运作新流程的成本也高于目前的流程。因此，从总体上说，采用新的工艺流程将大大增加生产成本而使本厂无利可图。

总工程师：我有不同意见。事实上，最新的封闭式熔炉的熔炼能力是现有的开放式熔炉无法相比的。

在以下哪个问题上，总工程师和厂长最可能有不同意见？

A. 采用新的工艺流程是否确实可以大大减少炼铜车间所产生的二氧化硫。
B. 运作新流程的成本是否一定高于目前的流程。
C. 采用新的工艺流程是否一定使本厂无利可图。
D. 最新的封闭式熔炉的熔炼能力是否确实明显优于现有的开放式熔炉。
E. 使用最新的封闭式熔炉是否明显增加了生产成本。

**3  2006MBA - 36**

张教授：和谐的本质是多样性的统一。自然界是和谐的，例如没有两片树叶是完全相同的。因此，克隆人是破坏社会和谐的一种潜在危险。

李研究员：你设想的那种危险是不现实的，因为一个人和他的克隆复制品完全相同的仅仅是遗传基因。克隆人在成长和受教育的过程中，必然在外形、个性和人生目标等诸方面形成自己的不同特点。如果说克隆人有可能破坏社会和谐，我看一个现实危险是，有人可能把他的克隆复制品当作自己的活"器官银行"。

以下哪项最为恰当地概括了张教授与李研究员争论的焦点？

A. 克隆人是否会破坏社会的和谐？
B. 一个人和他的克隆复制品的遗传基因是否可能不同？
C. 一个人和他的克隆复制品是否完全相同？
D. 和谐的本质是否为多样性的统一？
E. 是否可能有人把他的克隆复制品当作自己的活"器官银行"？

### 4  2007MBA-54

司机：有经验的司机完全有能力并习惯以每小时120公里的速度在高速公路上安全行驶。因此，高速公路上的最高时速不应由120公里改为现在的110公里，因为这既会不必要地降低高速公路的使用效率，也会使一些有经验的司机违反交规。

交警：每个司机都可以在法律规定的速度内行驶，只要他愿意。因此，把对最高时速的修改说成是某些违规行为的原因，是不能成立的。

以下哪项最为准确地概括了上述司机和交警争论的焦点？
A. 上述对高速公路最高时速的修改是否必要。
B. 有经验的司机是否有能力以每小时120公里的速度在高速公路上安全行驶。
C. 上述对高速公路最高时速的修改是否一定会使一些有经验的司机违反交规。
D. 上述对高速公路最高时速的修改实施后，有经验的司机是否会在合法的时速内行驶。
E. 上述对高速公路最高时速的修改，是否会降低高速公路的使用效率。

### 5  2008MBA-38

郑女士：衡远市过去十年的GDP（国内生产总值）增长率比易阳市高，因此衡远市的经济前景比易阳市好。

胡先生：我不同意你的观点。衡远市GDP增长率虽然比易阳市高，但易阳市的GDP数值却更大。

以下哪项最为准确地概括了郑女士和胡先生争议的焦点？
A. 易阳市的GDP数值是否确实比衡远市大？
B. 衡远市的GDP增长率是否确实比易阳市高？
C. 一个城市的GDP数值大，是否经济前景一定好？
D. 一个城市的GDP增长率高，是否经济前景一定好？
E. 比较两个城市的经济前景，GDP数值与GDP增长率哪个更重要？

### 6  2009GRK-51

总经理：快速而准确地处理订单是一项关键的商务工作。为了增加利润，我们应当用电子方式而不是继续用人工方式处理客户订单，因为这样订单可以直接到达公司相关业务部门。

董事长：如果用电子方式处理订单，我们一定会赔钱。因为大多数客户喜欢通过与人打交道来处理订单。如果转用电子方式，我们的生意就会失去人情味，就难以吸引更多的客户。

以下哪项最为恰当地概括了上述争论的问题？
A. 转用电子方式处理订单是否不利于保持生意的人情味？
B. 转用电子方式处理订单是否有利于提高商业利润？
C. 用电子方式处理订单是否比人工方式更为快速和准确？
D. 快速而准确的运作方式是否一定能提高商业利润？
E. 客户喜欢用何种方式处理订单？

### 7  2010MBA-51

陈先生：未经许可侵入别人的电脑，就好像开偷来的汽车撞伤了人，这些都是犯罪行为。但后者性质更严重，因为它既侵占了有形财产，又造成了人身伤害；而前者只是在虚拟世界中捣乱。

林女士：我不同意，例如，非法侵入医院的电脑，有可能扰乱医疗数据，甚至危及病人的生命。因此，非法侵入电脑同样会造成人身伤害。

以下哪项最为准确地概括了两人争论的焦点？

A. 非法侵入别人的电脑和开偷来的汽车是否同样会危及人的生命？
B. 非法侵入别人的电脑和开偷来的汽车撞伤人是否都构成犯罪？
C. 非法侵入别人的电脑和开偷来的汽车撞伤人是否同样性质的犯罪？
D. 非法侵入别人的电脑的犯罪性质是否和开偷来的汽车撞伤人一样严重？
E. 是否只有侵占有形财产才构成犯罪？

### 8  2010GRK-46

甲：从互联网上人们可以获得任何想要的信息和资料。因此，人们不需要听取专家的意见，只要通过互联网就可以很容易地学到他们需要的知识。

乙：过去的经验告诉我们，随着知识的增加，对专家的需求也相应增加。因此，互联网反而会增加我们咨询专家的机会。

以下哪项是上述争论的焦点？

A. 互联网是否能有助于信息在整个社会的传播。
B. 互联网是否能增加人们学习知识时请教专家的可能性。
C. 互联网是否能使更多的人容易获得更多的资料。
D. 专家在未来是否将会更多地依靠互联网。
E. 互联网知识与专家的关系以及两者的重要性。

### 9  2016MBA-30

赵明与王洪都是某高校辩论协会的成员，在为今年华语辩论赛招募新队员的问题上，两人发生了争执。

赵明：我们一定要选拔喜爱辩论的人，因为一个人只有喜爱辩论，才能投入精力和时间研究辩论并参加辩论赛。

王洪：我们招募的不是辩论爱好者，而是能打硬仗的辩手，无论是谁，只要能在辩论赛中发挥应有的作用，他就是我们理想的人选。

以下哪项最可能是两人争论的焦点？

A. 招募的标准是从现实出发还是从理想出发。
B. 招募的目的是研究辩论规律还是培养实战能力。
C. 招募的目的是培养新人还是赢得比赛。
D. 招募的标准是对辩论的爱好还是辩论的能力。
E. 招募的目的是为了集体荣誉还是满足个人爱好。

## 答案与解析

### 1. 正确答案：C

由题干可知：吴大成教授认为执行死刑的目的是有效地阻止恶性刑事案件的发生，而史密斯教授认为执行死刑的目的是给十恶不赦的罪犯以最严厉的惩罚。两人对执行死刑的目的有不同的理解。因此，C项的评价最为恰当。

B项易误选。两人并没表露出他们自身对什么是最严厉的刑事惩罚有不同的理解。

## 2. 正确答案：C

厂长的结论是采用新的工艺流程无利可图，其根据是采用新的工艺流程将大大增加生产成本。总工程师并不否认采用新的工艺流程会增加生产成本，但指出这种生产成本的增加显著有利于提高生产能力，因而增加利润，从而使该厂有利可图。因此，总工程师和厂长的不同意见是：使用新的工艺流程是否一定使该厂无利可图。

## 3. 正确答案：C

张教授推理的隐含假设是克隆人和其原人是完全相同的。

而李研究员认为一个人和他的克隆复制品仅仅是遗传基因完全相同，而在外形、个性和人生目标等诸方面并不同。

张教授与李研究员争论的焦点就是"一个人和他的克隆复制品是否完全相同"。

C项正确，其余各项均不恰当。例如，李研究员并不否认克隆人有可能破坏社会和谐，因此，A项不恰当。

## 4. 正确答案：C

司机的结论：高速公路上的最高时速不应由每小时120公里改为现在的每小时110公里。

理由：第一，会降低高速公路的使用效率；第二，会使一些有经验的司机违反交规。

交警反驳了司机的理由，交警的观点是：每个司机都可以在法律规定的速度内行驶，因此，不能把对最高时速的修改说成是某些违规行为的原因。

可见，交警的反驳针对了上述的第二条理由，C项准确地概括了上述司机和交警争论的焦点。

题干中交警的反驳不是针对司机的结论，因此，A项不成立（A项是干扰项，其实题干争论的并不是最高时速修改的必要性，而是最高时速修改的可行性）。

交警的反驳也不是针对第一条理由，因此，E项不成立。

B、D项对司机和交警争论的焦点的概括都不准确。

## 5. 正确答案：E

郑女士认为衡远市的经济前景比易阳市好，理由是衡远市过去十年的GDP（国内生产总值）增长率比易阳市高。

胡先生则认为衡远市的经济前景并不比易阳市好，理由是易阳市的GDP数值比衡远市更大。

可见，郑女士和胡先生争议的焦点在于：比较两个城市的经济前景，GDP数值与GDP增长率哪个更重要。因此，E项正确。

## 6. 正确答案：B

总经理认为，电子方式可快速而准确地处理订单，从而增加利润。

董事长认为，电子方式会使生意失去人情味，这会使顾客减少导致利润减少。

可见，两人争论的问题在于：转用电子方式处理订单是否有利于提高商业利润，即B项正确。对B项，总经理是肯定回答，董事长是否定回答。

其余选项不恰当。比如A项，董事长是否定回答，但由题干，不能确定总经理对此的观点。

## 7. 正确答案：D

非法侵入别人的电脑的犯罪性质是否和开偷来的汽车撞伤人一样严重？

陈先生的观点是前者不如后者严重；林女士的观点是两者同样严重。

因此，本题争论的焦点是这两种犯罪的性质是否一样严重，所以，D项正确。

对A项的问题两人有不同的明确观点，但A项概括两人争论的焦点不如D项准确。对B项的问题两人持相同的观点。对C项和E项的问题无法确定两人的观点。

8. 正确答案：B

通过互联网可以很容易地学到知识，甲乙双方的分歧在于，这对专家的需求是增加还是降低。

在各选项中，B项的陈述，最好地概括了题干争论的焦点。

9. 正确答案：D

根据题干论述，赵明认为，招募的新队员应该是喜爱辩论的，而王洪则认为，招募的新队员应该是能打硬仗的，也就是有能力的，可见，两人争论的焦点是：招募的标准是对辩论的爱好还是辩论的能力，所以，D项是正确答案。

其余选项均不妥。其中，A项，两人都没谈论现实或理想；B项，两人都没涉及研究辩论规律或培养实战能力的问题；C项，两人显然都认同招募新人是要去赢得比赛，这不是争论的焦点；E项，两人显然都不认同招募的目的是满足个人爱好。

## 9.5 对话辨析

对话辨析题型是针对两个人的对话和辩论进行分析，其解题思路是：一要抓住对话双方意思的差异。二要注意对话或论辩双方的语气，从而明确问题的方向。三要重点理解第一个人最后一句话和第二个人最后一句话，如果是甲驳斥乙，就应该重点关注乙的最后一句话。

### 1  2001MBA-24

某大公司的会计部经理要求总经理批准一项改革计划。

会计部经理：我打算把本公司会计核算所使用的良友财务软件更换为智达财务软件。

总经理：良友软件不是一直用得很好吗，为什么要换？

会计部经理：主要是想降低员工成本。我拿到了一个会计公会的统计，在新雇员的财会软件培训成本上，智达软件要比良友低28%。

总经理：我认为你这个理由并不够充分，你们完全可以聘请原本就会使用良友财务软件的雇员嘛。

以下哪项如果为真，最能削弱总经理的反驳？

A. 现在公司的所有雇员都曾经被要求参加良友财务软件的培训。
B. 当一个雇员掌握了财务会计软件的使用技能后，他们就开始不断地更换雇主。
C. 有会计软件使用经验的雇员通常比没有太多经验的雇员要求更高的工资。
D. 该公司雇员的平均工作效率比其竞争对手的雇员要低。
E. 智达财务软件的升级换代费用可能会比良友财务软件升级的费用高。

### 2  2002MBA-37

是否应当废除死刑，在一些国家中一直存在争议。下面是相关的一段对话：

史密斯：一个健全的社会应当允许甚至提倡对罪大恶极者执行死刑。公开执行死刑通过其震慑作用显然可以减少恶性犯罪，这是社会自我保护的必要机制。

苏珊：您忽视了讨论这个议题的一个前提，这就是一个国家或者社会是否有权力剥夺一个人的生命。如果事实上这样的权力不存在，那么，讨论执行死刑是否可以减少恶性犯罪这样的问题是没有意义的。

如果事实上执行死刑可以减少恶性犯罪，则以下哪项最为恰当地评价了这一事实对两人所持观点的影响？

A. 两人的观点都得到加强。
B. 两人的观点都未受到影响。
C. 史密斯的观点得到加强，苏珊的观点未受影响。
D. 史密斯的观点未受影响，苏珊的观点得到加强。
E. 史密斯的观点得到加强，苏珊的观点受到削弱。

**3** 2003GRK－53

李工程师：农科院最近研制了一种高效杀虫剂，通过飞机喷撒，能够大面积地杀死农田中的害虫。

张研究员：我看使用这种杀虫剂未必能达到保护农作物生长的目的，甚至可能适得其反，因为这种杀虫剂在杀死害虫的同时，也杀死了农田中的各种益虫。

李工程师：你的观点缺乏说服力，因为我们之所以要保护益虫，就在于它能消灭危害农作物的害虫，而我们的杀虫剂起到了这个作用。

以下哪项如果为真，最能加强李工程师对张研究员观点的反驳？

A. 一般地说，害虫的生长繁殖能力和速度要高于益虫。
B. 上述杀虫剂对人畜无害。
C. 害虫比益虫更容易获得对于杀虫剂的抗药性。
D. 上述杀虫剂的有效率，在同类产品中是最高的。
E. 害虫的种类比益虫要多。

**4** 2007MBA－37

魏先生：计算机对于当代人类的重要性，就如同火对于史前人类，因此，普及计算机知识应当从小孩子抓起，从小学甚至幼儿园开始就应当介绍计算机知识，一进中学就应当学习计算机语言。

贾女士：你忽视了计算机技术的一个重要特点：这是一门知识更新和技术更新最为迅速的学科。童年时代所了解的计算机知识，中学时代所学的计算机语言，到需要运用的成年时代早已陈旧过时了。

以下哪项作为魏先生对贾女士的反驳最为有力？

A. 快速发展和更新并不仅是计算机技术的特点。
B. 孩子具备接受不断发展的新知识的能力。
C. 在中国算盘已被计算机取代，但是并不说明有关算盘的知识毫无价值。
D. 学习计算机知识和熟悉某种计算机语言有利于提高理解和运用计算机的能力。
E. 计算机课程并不是中小学教育中的主课。

**5** 2008MBA－45

小陈：目前1996D3彗星的部分轨道远离太阳，最近却可以通过太空望远镜发现其发出闪烁光。过去人们从来没有观察到远离太阳的彗星出现这样的闪烁光，所以这种闪烁光必然是不寻常的现象。

小王：通常人们都不会去观察那些远离太阳的彗星，这次发现的1996D3彗星闪烁光是有人通过持续而细心的追踪观测而获得的。

以下哪项最为准确地概括了小王反驳小陈的观点所使用的方法？

A. 指出小陈使用的关键概念含义模糊。
B. 指出小陈的论据明显缺乏说服力。
C. 指出小陈的论据自相矛盾。

D. 不同意小陈的结论，并且对小陈的论据提出了另一种解释。

E. 同意小陈的结论，但对小陈的论据提出了另一种解释。

### 6  2008GRK-37

陈先生：昨天我驾车时被警察出具罚单，理由是我超速。警察这样做是不公正的。我敢肯定，当时我看到很多车都超速，为什么受罚的只有我一个？

贾女士：你没有受到不公正的对待，因为警察当时不可能制止所有的超速汽车。事实上，当时每个超速驾驶的人都同样可能被出具罚单。

确定以下哪项原则，最能支持贾女士的观点？

A. 任何处罚的公正性，只能是相对的，不是绝对的。绝对公正的处罚，是一种理想化的标准，不具有可操作性。

B. 对违反交通规则的处罚不是一种目的，而是一种手段。

C. 违反交通规则的处罚对象，应当是所有违反交通规则的人。

D. 任何处罚，只要有法规依据，就是公正的。

E. 如果每个违反交通规则的人被处罚的可能性均等，那么，对其中任何一个人的处罚都是公正的。

### 7  2008GRK-49

张教授：上个世纪80年代以来，斑纹猫头鹰的数量急剧下降，目前已有濒临灭绝的危险。木材采伐公司应对此负有责任，它们大量采伐的陈年林区是猫头鹰的栖息地。

李研究员：斑纹猫头鹰数量的下降不能归咎于木材采伐公司。近30年来，一种繁殖力更强的条纹猫头鹰进入陈年林区，和斑纹猫头鹰争夺生存资源。

以下哪项最为准确地概括了李研究员对张教授观点的反驳？

A. 否定张教授的前提，这一前提是：木材采伐公司一直在陈年林区采伐。

B. 质疑张教授的假设，这一假设是：猫头鹰只能在陈年林区生存。

C. 对斑纹猫头鹰数量下降的原因提出另一种解释。

D. 指出张教授夸大了对陈年林区采伐的负面影响。

E. 指出张教授把斑纹猫头鹰濒临灭绝偷换为猫头鹰濒临灭绝。

### 8  2017MBA-35

王研究员：我国政府提出的"大众创业、万众创新"激励着每一个创业者。对于创业者来说，最重要的是需要一种坚持精神。不管在创业中遇到什么困难，都要坚持下去。

李教授：对于创业者来说，最重要的是要敢于尝试新技术。因为有些新技术一些大公司不敢轻易尝试，这就为创业者带来了成功的契机。

根据以上信息，以下哪项最准确地指出了王研究员与李教授的分歧所在？

A. 最重要的是敢于迎接各种创业难题的挑战，还是敢于尝试那些大公司不敢轻易尝试的新技术。

B. 最重要的是坚持创业，有毅力有恒心把事业一直做下去，还是坚持创新，作出更多的科学发现和技术发明。

C. 最重要的是坚持把创业这件事做好，成为创业大众的一员，还是努力发明新技术，成为创新万众的一员。

D. 最重要的是需要一种坚持精神，不畏艰难，还是要敢于尝试新技术，把握事业成功的契机。

E. 最重要的是坚持创业，敢于成立小公司，还是尝试新技术，敢于挑战大公司。

## 9  2020MBA-40

王研究员：吃早餐对身体有害。因为吃早餐会导致皮质醇峰值更高，进而导致体内胰岛素异常，这可能引发Ⅱ型糖尿病。

李教授：事实并非如此。因为上午皮质醇水平高只是人体生理节律的表现，而不吃早餐不仅会增加患Ⅱ型糖尿病的风险，还会增加患其他疾病的风险。

以下哪项如果为真，最能支持李教授的观点？

A. 一日之计在于晨，吃早餐可以补充人体消耗，同时为一天工作准备能量。

B. 糖尿病患者若在9点至15点之间摄入一天所需的卡路里，血糖水平就能保持基本稳定。

C. 经常不吃早餐，上午工作处于饥饿状态，不利于血糖调节，容易患上胃溃疡、胆结石等疾病。

D. 如今，人们工作繁忙，晚睡晚起现象非常普遍，很难按时吃早餐，身体常处于亚健康状态。

E. 不吃早餐的人通常缺乏营养和健康方面的知识，容易形成不良生活习惯。

## 10  2023MBA-36

甲：如今，独特性正成为中国人的一种生活追求。试想周末我穿一件心仪的衣服走在大街上，突然发现你迎面走来，和我穿得一模一样，"撞衫"的感觉八成会是尴尬之中带着一丝丝不快，因为自己不再独一无二。

乙：独一无二真的那么重要吗？想想上世纪七十年代满大街的中山装、八十年代遍地的喇叭裤，每个人也活得很精彩。再说"撞衫"总是难免的，再大的明星也有可能"撞衫"，所谓的独特只是一厢情愿。走自己的路，不要管自己是否和别人一样。

以下哪项是对甲、乙对话最恰当的评价？

A. 甲认为独一无二是现在每个中国人的追求，而乙认为没有人能做到独一无二。

B. 甲关心自己是否和别人"撞衫"，而乙不关心自己是否和别人一样。

C. 甲认为"撞衫"八成会让自己感到不爽，而乙认为自己想怎么样就怎么样。

D. 甲关心的是个人生活的独特性，而乙关心的是个人生活的自我认同。

E. 甲认为乙遇到"撞衫"无所谓，而乙认为别人根本管不着自己穿什么。

## 答案与解析

### 1. 正确答案：C

如果C项的断定为真，则聘请原本就会使用良友财务软件的雇员，虽然不会如同会计部经理担心的那样会增加新雇员的财会软件培训成本，但是会增加公司的员工工资成本，这就有力地削弱了总经理的反驳。其余各项均不能削弱总经理的反驳。

### 2. 正确答案：C

史密斯的观点是：执行死刑可取，因为它能减少恶性犯罪。

苏珊的观点是：执行死刑是否可取，首先不取决于它是否能减少恶性犯罪，而是取决于一个国家或者社会是否有权力剥夺一个人的生命。

因此，执行死刑可以减少恶性犯罪的事实，使史密斯的观点得到加强，而苏珊的观点未受影响。

### 3. 正确答案：A

李工程师认为：因为杀虫剂能够有效杀灭害虫，所以没必要保护吃害虫的益虫。

如果 A 项为真，意味着在消灭害虫方面，杀虫剂具有益虫不可替代的作用，这就有力地加强了李工程师对张研究员观点的反驳。

B 项指出杀虫剂的另一优点，略有加强的味道，但是没有涉及益虫问题，明显加强力度不够，排除；C 项说害虫比益虫更容易产生抗药性，意味着如果长期使用杀虫剂将起不到杀虫效果，反而因为益虫被杀死导致害虫更多，明显削弱李工程师的观点，排除；D、E 项为明显无关选项。

### 4. 正确答案：D

魏先生的观点：普及计算机知识应当从小孩子抓起。

而贾女士不同意他的看法，理由是：计算机技术更新迅速，童年时代所了解的计算机知识到需要运用的成年时代早已陈旧过时了。

选项 D 所述学习计算机知识和计算机语言有利于提高理解和运用计算机的能力，说明虽然知识可能会过时，但所学到的能力在以后是有用的，这样就有力地支持了魏先生对贾女士的反驳。

C 项也能作为魏先生对贾女士的反驳。C 项举出中国算盘这个反例，来说明尽管知识已经过时了，但是仍然还是有价值的。举例论证的力度相对要弱一些。

综合比较，D 项为正确答案。其余选项均为无关项。

### 5. 正确答案：D

小陈的结论是：远离太阳的彗星出现这样的闪烁光必然是不寻常的现象。其论据是：过去人们从来没有观察到这样的闪烁光。

小王不同意小陈的结论，认为远离太阳的彗星出现这样的闪烁光是寻常的现象，因为这种现象早已存在，只不过以前人们观察得不够持续和细心罢了。

可见小王并不否定小陈的论据所陈述的情况存在，只是对这一情况作出了另一种解释，基于这一解释，可得出与小陈不同的结论。因此，D 项准确地概括了小王反驳小陈的观点所使用的方法。

### 6. 正确答案：E

根据贾女士的论述很容易推出，如果所有超速的人在当时被拦住受处罚的可能性一样时，警察只拦住某一个人并对他进行处罚，警察对他的处罚就是公正的。因此，E 项是正确答案。

### 7. 正确答案：C

张教授把斑纹猫头鹰数量的下降归咎于木材采伐公司。李研究员不认同张教授的看法，而对斑纹猫头鹰数量下降的原因提出另一种解释，即：近 30 年来，一种繁殖力更强的条纹猫头鹰进入陈年林区，和斑纹猫头鹰争夺生存资源。因此，C 项为正确答案。

### 8. 正确答案：D

题干中王研究员和李教授讨论的焦点问题是，对于创业者来说什么是最重要的。

王研究员认为，最重要的是需要一种坚持精神。

李教授认为，最重要的是要敢于尝试新技术。

D 项准确地指出了王研究员与李教授的分歧所在，因此为正确答案。

其余选项均不妥，其中，A 项中"敢于迎接"挑战，B 项中"作出更多的科学发现和技术发明"，C 项中"努力发明新技术"，E 项中"挑战大公司"均与题干不符，排除。

### 9. 正确答案：C

李教授的观点：不吃早餐不仅会增加患 II 型糖尿病的风险，还会增加患其他疾病的风险。

C 项表明，经常不吃早餐，对血糖的调节不利，并且容易患其他疾病。这作为新的论据，直接支持了李教授的观点。

其余选项均不能支持,其中:

A项:只是讲了吃早餐的好处,与不吃早餐的坏处无关,排除。

B项:糖尿病患者摄入卡路里与不吃早餐无关,排除。

D、E项:均与题干论证无关,排除。

10. 正确答案:D

甲陈述:独特性正成为中国人的一种生活追求。可见,甲关心的是个人生活的独特性。

乙陈述:走自己的路,不要管自己是否和别人一样。可见,乙关心的是个人生活的自我认同。

因此,两人对话争议的焦点是D项。

## 9.6 完成句子

完成句子题是在题干论证的最后,要求完成一个带有空格的推理。要完成这一推理过程,所要做的是识别并填补这个推理的缺口,从而使得整个论证完整。这个推理缺口可能是论点或结论,也可能是论据或原因。

### 1  2001MBA-48

在各种动物中,只有人的发育过程包括了一段青春期,即性器官由逐步发育到完全成熟的一段相对较长的时期。至于各个人种的原始人类,当然我们现在只能通过化石才能确认和研究他们的曾经存在,但是是否也像人类一样有青春期这一点则难以得知,因为:

以下哪项作为上文的后继最为恰当?

A. 关于原始人类的化石,虽然越来越多地被发现,但对于我们完全地了解自己的祖先总是不够的。

B. 对动物的性器官由发育到成熟的测定,必须基于对同一个体在不同年龄段的测定。

C. 对于异种动物,甚至对于同种动物中的不同个体,性器官由发育到成熟所需的时间是不同的。

D. 已灭绝的原始人的完整骨架化石是极其稀少的。

E. 无法排除原始人类像其他动物一样,性器官无须逐渐发育而迅速成熟以完成繁衍。

### 2  2001GRK-48

某公司在一次招聘中,对所有申请者进行了一次书面测试,其中包括这样一个问题:"你是否是一个诚实的人?"有五分之二的申请者的回答是:"我至少有一点不诚实。"该公司在这次测试中,很可能低估申请者中不诚实的人所占的比例,因为:

以下哪项作为上文的后续最为恰当?

A. 在这次测试中,有些非常诚实的申请者可能作了不诚实的回答。

B. 在这次测试中,那些回答"我至少有一点不诚实"的申请者可能是非常不诚实的。

C. 在这次测试中,那些回答自己是不诚实的申请者,他所做的这一回答可能是诚实的。

D. 在这次测试中,有些不诚实的申请者可能宣称自己是诚实的。

E. 在这次测试中,其余五分之三的申请者中,可能很多人的回答是:"我非常不诚实"。

### 3  2010GRK-28

大气和云层既可以折射也可以吸收部分太阳光,约有一半照射地球的太阳能被地球表面的土地和水面吸收，这一热能值十分巨大。由此可以得出：地球将会逐渐升温以致融化。然而，幸亏有一个可以抵消此作用的因素，即：

以下哪项作为上述陈述的后续最为恰当？
A. 地球发散到外空的热能值与其吸收的热能值相近。
B. 通过季风与洋流，地球赤道的热向两极方向扩散。
C. 在日食期间，由于月球的阻挡，照射到地球的太阳光线明显减少。
D. 地球核心因为热能积聚而一直呈熔岩状态。
E. 由于二氧化碳排放增加，地球的温室效应引人关注。

### 4  2010GRK－52

心理学研究表明，当人们对某些事情怀有消极态度时，如果通过画面将这些事情与他们喜欢的事情联系起来，人们对这些事情的态度可能会由消极变为积极。因此，广告设计者应该_____。

以下哪项能最合乎逻辑地完成上述陈述？
A. 在其广告里使用很少的文字内容，呈现更多的画面元素。
B. 通过画面对所宣传的产品进行夸张，设法让人们对其产生好感。
C. 把他们的广告在电视上发布而不是刊登在杂志上。
D. 通过画面将广告产品的优点与竞争对手产品的缺点进行对比。
E. 在广告中适当插入被大部分目标顾客喜欢的图片。

## 答案与解析

### 1. 正确答案：B

由于任一动物个体的化石只能记录其一个特定的年龄段，而B项断定，对动物的性器官由发育到成熟的测定，必须基于对同一个体在不同年龄段的测定，因此，显然难以根据化石来确定原始人类是否也有青春期，而由题干，化石又是研究原始人类的唯一根据，这就使得确定原始人类是否有青春期变得极为困难。可见，B项有力地陈述了题干所提及的这种困难的原因，能恰当地作为题干的后继。

### 2. 正确答案：D

本题要解释为什么这项调查可能低估了有不诚实行为的求职人员的比例。如果实际上不诚实的申请者宣称自己是诚实的，调查结果就会显示出比实际存在的不诚实的申请者比例小的比例。因此，D项是正确答案。

当一个申请者回答自己"我至少有一点不诚实"，则可以判定他确实是不诚实的。因为如果他的回答是假的，则他不诚实；如果他的回答是真的，则他自然是不诚实的。

A项使该公司可能高估申请者中不诚实的人所占的比例，作为题干的后续自然不恰当。因为承认自己不诚实的申请人不会造成对不诚实的申请人的比例的低估，因此，B、C和E项作为题干的后续均不恰当。

### 3. 正确答案：A

虽然太阳的热能被地球吸收，但A项说明地球具有把所吸收的太阳热能向外空散发的能力，这是一种抵消太阳热能对地球影响的因素，因此，地球不会逐渐升温以致融化。可见，A项作为题干的后续最为恰当。

### 4. 正确答案：E

若E项为真，即在广告中适当插入被大部分目标顾客喜欢的图片，那么由题干陈述，这些顾客就会对与这些图片同时出现的东西持有积极态度,这正是广告设计者所追求的。

## 9.7 论证题组

论证题组就是两到三个题(一般为两个题)基于同一个题干这样的考题,实际上是对题干论证关系从不同角度同时考查,能更有效地考查考生的批判性思维能力。

**1** 2000MBA-77~78题基于以下题干:

一项全球范围的调查显示,近10年来,吸烟者的总数基本保持不变;每年只有10%的吸烟者改变自己的品牌,即放弃原有的品牌而改吸其他品牌;烟草制造商用在广告上的支出占其毛收入的10%。

在Z烟草公司的年终董事会上,董事A认为,上述统计表明,烟草业在广告上的收益正好等于其支出,因此,此类广告完全可以不做。董事B认为,由于上述10%的吸烟者所改吸的香烟品牌中几乎不包括本公司的品牌,因此,本公司的广告开支实际上是笔亏损性开支。

77. 以下哪项,构成对董事A的结论的最有力的质疑?
   A. 董事A的结论忽视了:对广告开支的有说服力的计算方法,应该计算其占整个开支的百分比,而不应该计算其占毛收入的百分比。
   B. 董事A的结论忽视了:近年来各种品牌的香烟的价格有了很大的变动。
   C. 董事A的结论基于一个错误的假设:每个吸烟者在某个时候只喜欢一种品牌。
   D. 董事A的结论基于一个错误的假设:每个烟草制造商只生产一种品牌。
   E. 董事A的结论忽视了:世界烟草业是由处于竞争状态的众多经济实体组成的。

78. 以下哪项如果为真,能构成对董事B的结论的质疑?
   Ⅰ. 如果没有Z公司的烟草广告,许多消费Z公司品牌的吸烟者将改吸其他品牌。
   Ⅱ. 上述改变品牌的10%的吸烟者所放弃的品牌中,几乎没有Z公司的品牌。
   Ⅲ. 烟草广告的效果之一,是吸引新吸烟者取代停止吸烟者(死亡的吸烟者或戒烟者)而消费自己的品牌。
   A. 只有Ⅰ。              B. 只有Ⅱ。
   C. 只有Ⅲ。              D. 只有Ⅰ和Ⅱ。
   E. Ⅰ、Ⅱ和Ⅲ。

**2** 2000GRK-54~55题基于以下题干:

小李:如果在视觉上不能辨别艺术复制品和真品之间的差异,那么复制品就应该和真品的价值一样。因为如果两件艺术品在视觉上无差异,那么它们就有相同的品质。要是它们有相同的品质,它们的价格就应该相等。

小王:你对艺术了解得太少啦!即使某人做了一件精致的复制品,并且在视觉上难以把这件复制品与真品区别开来,由于这件复制品和真品产生于不同的年代,不能算有同样的品质。现代人重塑的兵马俑再逼真,也不能与秦陵的兵马俑相提并论。

54. 以下哪项是小李和小王的分歧之所在?
   A. 到底能不能用视觉来区分复制品和真品。
   B. 一件复制品是不是比真品的价值高。
   C. 是不是把一件复制品误认为真品。
   D. 一件复制品是不是和真品有同样的时代背景。

E. 首创性是不是一件艺术品所体现的宝贵品质。

55. 小王用下列哪项方法驳斥小李的论证？

A. 攻击小李的一个假设，这个假设认为：一件艺术品的价格表明它的价值。

B. 提出一个观点，这个观点削弱对方的一个断言，它是对方得出结论的基础。

C. 对小李的一个断言提出质疑，这个断言是：在视觉上难以把一件精致的复制品和真品区别开来。

D. 给出确认小李不能判断一件艺术品品质的理由，这个理由是小李对艺术品的鉴赏还缺乏经验。

E. 提出一个标准，依据这个标准，可判定两件艺术品是否可从视觉上加以区别。

**3** 2000GRK-72～73题基于以下题干：

以下是在一场关于"安乐死是否应合法化"的辩论中正反方辩手的发言：

正方：反方辩友反对"安乐死合法化"的根据主要是在什么条件下方可实施安乐死的标准不易掌握，这可能会给医疗事故甚至谋杀造成机会，使一些本来可以挽救的生命失去最后的机会。诚然，这样的风险是存在的。但是我们怎么能设想干任何事都排除所有风险呢。让我提一个问题，我们为什么不把法定的汽车时速限制为不超过自行车，这样汽车交通死亡事故发生率不是几乎可以下降到 0 吗？

反方：对方辩友把安乐死和交通死亡事故作以上的类比是毫无意义的。因为不可能有人会作这样的交通立法。设想一下，如果汽车行驶得和自行车一样慢，那还要汽车干什么？对方辩友，你愿意我们的社会再回到没有汽车的时代？

72. 以下哪项最为确切地评价了反方的言论？

A. 他的发言实际上支持了正方的论证。

B. 他的发言有力地反驳了正方的论证。

C. 他的发言有力地支持了反安乐死的立场。

D. 他的发言完全离开了正方阐述的论题。

E. 他的发言是对正方的人身攻击而不是对正方论证的评价。

73. 正方论证预设了以下哪项？

Ⅰ. 实施安乐死带来的好处比可能产生的风险损失总体上说要大得多。

Ⅱ. 尽可能地延长病人的生命并不是医疗事业的绝对宗旨。

Ⅲ. 总有一天医疗方面可以准确无误地把握何时方可实施安乐死的标准。

A. 仅仅Ⅰ。　　　　　　　　　　B. 仅仅Ⅱ。

C. 仅仅Ⅲ。　　　　　　　　　　D. 仅仅Ⅰ和Ⅱ。

E. Ⅰ、Ⅱ和Ⅲ。

**4** 2001MBA-30～31题基于以下题干：

李工程师：在日本，肺癌病人的平均生存年限（即从确诊至死亡的年限）是 9 年，而在亚洲的其他国家，肺癌病人的平均生存年限只有 4 年。因此，日本在延长肺癌病人生命方面的医疗水平要高于亚洲的其他国家。

张研究员：你的论证缺乏充分的说服力。因为日本人的自我保健意识总体上高于其他的亚洲人，因此，日本肺癌患者的早期确诊率要高于亚洲其他国家。

30. 张研究员的反驳，基于以下哪项假设？

Ⅰ. 肺癌患者的自我保健意识对于其疾病的早期确诊起到重要作用。

Ⅱ. 肺癌的早期确诊对延长患者的生存年限起到重要作用。

Ⅲ．对肺癌的早期确诊技术是衡量防治肺癌医疗水平的一个重要方面。
A. 只有Ⅰ。 B. 只有Ⅱ。
C. 只有Ⅲ。 D. 只有Ⅰ和Ⅱ。
E. Ⅰ、Ⅱ和Ⅲ。

31. 以下哪项如果为真，能最为有力地指出李工程师论证中的漏洞？
A. 亚洲一些发展中国家的肺癌患者是死于由肺癌引起的并发症。
B. 日本人的平均寿命不仅居亚洲之首，而且居世界之首。
C. 日本的胰腺癌病人的平均生存年限是5年，接近于亚洲的平均水平。
D. 日本医疗技术的发展，很大程度上得益于对中医的研究和引进。
E. 一个数大大高于某些数的平均数，不意味着这个数高于这些数中的每个数。

### 5 2001GRK-49~50题基于以下题干：

据1999年所作的统计，在美国35岁以上的居民中，10％患有肥胖症。因此，如果到2009年美国的人口将达到4亿的估计是正确的，那么，到2009年美国35岁以上患肥胖症的人数将达到2 000万。

49. 以下哪项最可能是题干的推测所假设的？
A. 在未来的10年中，世界的总人口将有大的增长。
B. 在未来的10年中，美国人饮食方式将不会有任何变化。
C. 在未来的10年中，世界上将不会有大的战争发生。
D. 到2009年，美国人口中35岁以上的将占了一半。
E. 到2009年，对肥胖症的防治仍没有任何进展。

50. 以下哪项如果为真，最能削弱题干的推测？
A. 肥胖症对健康的危害，已日益引起美国和其他发达国家的重视。
B. 据2008年所作的统计，在美国35岁以上的居民中，肥胖症患者的比例是12％。
C. 权威人士指出，对到2009年美国人口将达到4亿的推测缺乏足够的根据。
D. 到2009年，美国人口的年龄结构中，35岁以上的所占的比例，将比目前有所下降。
E. 一个设计有误的统计，将不可避免地提供错误的数据。

### 6 2001GRK-57~59题基于以下题干：

李工程师：一项权威性的调查数据显示，在医疗技术和设施最先进的美国，婴儿最低死亡率在世界上只占第17位。这使我得出结论，先进的医疗技术和设施，对于人类生命和健康所起的保护作用，对成人要比对婴儿显著得多。

张研究员：我不能同意您的论证。事实上，一个国家所具有的先进的医疗技术和设施，并不是每个人都能均等地享受的。较之医疗技术和设施而言，较高的婴儿死亡率更可能是低收入的结果。

57. 以下哪项最为恰当地概括了张研究员反驳李工程师所使用的方法？
A. 对他的论据的真实性提出质疑。
B. 对他的结论的真实性提出质疑。
C. 对他援引的数据提出另一种解释。
D. 暗指他的数据会导致产生一个相反的结论。
E. 指出他偷换了一个关键的概念。

58. 张研究员的反驳基于以下哪项假设？
Ⅰ．在美国，享受先进的医疗技术和设施，需要一定的经济条件。
Ⅱ．在美国，存在着明显的贫富差别。

Ⅲ. 在美国，先进的医疗技术和设施，主要用于成人的保健和治疗。

A. 只有Ⅰ。
B. 只有Ⅱ。
C. 只有Ⅲ。
D. 只有Ⅰ和Ⅱ。
E. Ⅰ、Ⅱ和Ⅲ。

59. 以下哪项如果为真，能最有力地削弱张研究员的反驳？

A. 美国的人均寿命占世界第二。
B. 全世界的百岁老人中，美国人占了30%。
C. 美国的婴儿死亡率呈下降趋势。
D. 美国用于医疗新技术开发的投资，占世界之最。
E. 一般地说，拯救婴儿免于死亡的医疗要求高于成人。

### 7  2001GRK－64～65题基于以下题干：

一份教育部的调查报告指出，城市儿童的心理素质，特别是承受挫折的能力，普遍比乡村儿童较差，这是由城市儿童的生活条件一般比乡村儿童较为优越造成的。作为一个长期从事儿童生理研究的学者，我不同意此看法。我认为城市儿童的心理素质较差是因为不能得到足够的新鲜空气和阳光。

64. 以下哪项，最为恰当地概括了上述学者的观点？

A. 它完全否认了教育部调查报告的可信性。
B. 它指出了调查报告在操作方法上的错误。
C. 它蕴含着一个超越调查报告的断定：城市成人的心理素质也比乡村成人较差。
D. 它蕴含着一个针对调查报告的断定：目前乡村儿童的生活条件并不比城市差。
E. 它对调查报告发现的差别提出了另一种解释。

65. 以下哪项，最可能无助于支持上述学者的观点？

A. 一份研究城乡环境污染差别的报告。
B. 一份研究环境污染和人的生理素质关系的报告。
C. 一份研究城市环境综合治理的报告。
D. 一份研究城乡人民生活条件差别的报告。
E. 一份研究生理素质和心理素质关系的报告。

### 8  2002MBA－19～20题基于以下题干：

张小珍：在我国，90%的人所认识的人中都有失业者，这真是个令人震惊的事实。

王大为：我不认为您所说的现象有令人震惊之处。其实，就5%这样可接受的失业率来讲，每20个人中就有1个人失业。在这种情况下，如果一个人所认识的人超过50个，那么，其中就很可能有1个或更多的失业者。

19. 根据王大为的断定能得出以下哪个结论？

A. 90%的人都认识失业者的事实并不表明失业率高到不可被接受。
B. 超过5%的失业率是一个社会所不能接受的。
C. 如果我国失业率不低于5%，那么就不可能90%的人所认识的人中都包括失业者。
D. 在我国，90%的人所认识的人不超过50个。
E. 我国目前的失业率不可能高于5%。

20. 以下哪项最可能是王大为的论断所假设的？

A. 失业率很少超过社会能接受的限度。
B. 张小珍所引述的统计数据是准确的。

C. 失业者通常并不集中在社会联系闭塞的区域。

D. 认识失业者的人通常超过总人口的 90％。

E. 失业者比就业者具有更多的社会联系。

### 9 2002MBA-39～40题基于以下题干：

史密斯：根据《国际珍稀动物保护条例》的规定，杂种动物不属于该条例的保护对象。《国际珍稀动物保护条例》的保护对象中，包括赤狼。而最新的基因研究技术发现，一直被认为是纯种物种的赤狼实际上是山狗与灰狼的杂交种。由于赤狼明显需要保护，所以条例应当修改，使其也保护杂种动物。

张大中：您的观点不能成立。因为，如果赤狼确实是山狗与灰狼的杂交种，那么，即使现有的赤狼灭绝了，仍然可以通过山狗与灰狼的杂交来重新获得。

39. 以下哪项最为确切地概括了张大中与史密斯争论的焦点？

A. 赤狼是否为山狗与灰狼的杂交种。

B. 《国际珍稀动物保护条例》的保护对象中，是否应当包括赤狼。

C. 《国际珍稀动物保护条例》的保护对象中，是否应当包括杂种动物。

D. 山狗与灰狼是否都是纯种物种。

E. 目前赤狼是否有灭绝的危险。

40. 以下哪项最可能是张大中的反驳所假设的？

A. 目前用于鉴别某种动物是否为杂种的技术是可靠的。

B. 所有现存杂种动物都是现存纯种动物杂交的后代。

C. 山狗与灰狼都是纯种物种。

D. 《国际珍稀动物保护条例》执行效果良好。

E. 赤狼并不是山狗与灰狼的杂交种。

### 10 2002MBA-49～50题基于以下题干：

张教授：智人是一种早期人种。最近在百万年前的智人遗址发现了烧焦的羚羊骨头碎片的化石。这说明人类在自己进化的早期就已经知道用火来烧肉了。

李研究员：但是在同样的地方也同时发现了被烧焦的智人骨头碎片的化石。

49. 以下哪项最可能是李研究员所要说明的？

A. 百万年前森林大火的发生概率要远高于现代。

B. 百万年前的智人不可能掌握取火用火的技能。

C. 上述被发现的智人骨头不是被人控制的火烧焦的。

D. 羚羊并不是智人所喜欢的食物。

E. 研究智人的正确依据，是考古学的发现，而不是后人的推测。

50. 以下哪项最可能是李研究员的议论所假设的？

A. 包括人在内的所有动物，一般不以自己的同类为食。

B. 即使在发展的早期，人类也不会以自己的同类为食。

C. 上述被发现的智人骨头碎片的化石不少于羚羊骨头碎片的化石。

D. 张教授并没有掌握关于智人研究的所有考古资料。

E. 智人的主要食物是动物而不是植物。

### 11 2002MBA-57～58题基于以下题干：

以下是一份商用测谎器的广告：

员工诚实的个人品质，对于一个企业来说至关重要。一种新型的商用测谎器，可以有效地帮助贵公司聘用诚实的员工。著名的 QQQ 公司在一次招聘面试时使用了测谎器，结果完全有理由让人相信它的有效功能。有三分之一的应聘者在这次面试中撒谎。当被问及他们是否知道法国经济学家道尔时，他们都回答知道，或至少回答听说过。但事实上这个经济学家是不存在的。

57. 以下哪项最可能是上述广告所假设的？
   A. 上述应聘者中的三分之二知道所谓的法国经济学家道尔是不存在的。
   B. 上述面试的主持者是诚实的。
   C. 上述应聘者中的大多数是诚实的。
   D. 上述应聘者在面试时并不知道使用了测谎器。
   E. 该测谎器的性能价格比非常合理。

58. 以下哪项最能说明上述广告存在漏洞？
   A. 上述广告只说明面试中有人撒谎，并未说明测谎器能有效测谎。
   B. 上述广告未说明为何员工诚实的个人品质，对于一个公司来说至关重要。
   C. 上述广告忽视了：一个应聘者即使如实地回答了某个问题，仍可能是一个不诚实的人。
   D. 上述广告依据的只有一个实例，难以论证一般性的结果。
   E. 上述广告未对 QQQ 公司及其业务进行足够的介绍。

**12** 2002GRK-19～20 题基于以下题干：

有钱并不意味着幸福。有一项覆盖面相当广的调查显示，在自认为有钱的被调查者中，只有 1/3 的人感觉自己是幸福的。

19. 要使上述论证成立，以下哪项必须为真？
   A. 在不认为自己有钱的被调查者中，感觉自己幸福的人多于 1/3。
   B. 在自认为有钱的被调查者中，其余的 2/3 都感觉自己很不幸福。
   C. 许多自认为有钱的人，实际上并不有钱。
   D. 上述调查的对象全部是有钱人。
   E. 是否幸福的标准是当事人的自我感觉。

20. 以下哪项有关上述调查的断定如果为真，最能支持上述论证？
   A. 绝大多数自认为有钱的人，实际上都达到中等以上的富裕程度。
   B. 许多感觉不幸福的人，实际上十分幸福。
   C. 许多不认为自己有钱的人，实际上很有钱。
   D. 被调查的有钱人绝大多数是合法致富。
   E. 被调查的有钱人中，许多是非法致富。

**13** 2002GRK-59～60 题基于以下题干：

张教授：据世界范围的统计显示，20 世纪 50 年代，癌症病人的平均生存年限（即从确诊至死亡的年限）是 2 年；而到 20 世纪末，这种生存年限已升至 6 年。这说明，世界范围内诊治癌症的医疗水平总体上有了显著的提高。

李研究员：您的论证缺乏说服力。因为您至少忽视了这样一个事实：20 世纪末癌症的早期确诊率较 20 世纪 50 年代有了显著的提高。

59. 李研究员的反驳基于以下哪项假设？
   A. 张教授的论证所依据的统计数据是完全准确的。
   B. 癌症的早期确诊有利于延长患者的生存年限。
   C. 20 世纪末人类的平均寿命较 20 世纪 50 年代有了显著的提高。
   D. 20 世纪 50 年代以来，癌症一直是威胁人类健康和生命的头号杀手。

E. 癌症是可以彻底治愈的。

60. 以下哪项如果为真，最能削弱李研究员的反驳？

A. 癌症的早期确诊，很大程度度上依赖于患者的自我保健意识。

B. 对癌症的早期确诊是提高癌症诊治水平的重要内容和标准。

C. 无论在20世纪50年代还是20世纪末，诊治癌症的医疗水平在世界的不同国家和地区是不平衡的。

D. 20世纪末癌症的发病率比20世纪50年代有显著提高。

E. 20世纪末和20世纪50年代相比，有更多的癌症患者接受化疗。

**14  2004MBA-48~49题基于以下题干：**

张先生：应该向吸烟者征税，用以缓解医疗保健事业的投入不足。因为正是吸烟导致了许多严重的疾病。要吸烟者承担一部分费用，来对付因他们的不良习惯而造成的健康问题，是完全合理的。

李女士：照您这么说，如果您经常吃奶油蛋糕或者肥猪肉，也应该纳税。因为如同吸烟一样，经常食用高脂肪、高胆固醇的食物同样会导致许多严重的疾病。但是没有人会认为这样做是合理的，并且人们的危害健康的不良习惯数不胜数，都对此征税，事实上无法操作。

48. 以下哪项最为恰当地概括了张先生和李女士争论的焦点？

A. 张先生关于缓解医疗保健事业投入不足的建议是否合理？

B. 有不良习惯的人是否应当对由此种习惯造成的社会后果负责？

C. 食用高脂肪、高胆固醇的食物对健康造成的危害是否同吸烟一样严重？

D. 由增加个人负担来缓解社会公共事业的投入不足是否合理？

E. 通过征税的方式来纠正不良习惯是否合理？

49. 以下哪项最为恰当地概括了李女士的反驳所运用的方法？

A. 举出一个反例说明对方的建议虽然合理但在执行中无法操作。

B. 指出对方对一个关键性概念的界定和运用有误。

C. 提出了一个和对方不同的解决问题的方法。

D. 从对方的论据得出了一个明显荒谬的结论。

E. 对对方在论证中所运用的信息的准确性提出质疑。

**15  2004GRK-28~29题基于以下题干：**

人们已经认识到，除了人以外，一些高级生物不仅能适应环境，而且能改变环境以利于自己的生存。其实，这种特性普遍存在。例如，一些低级浮游生物会产生一种气体，这种气体在大气层中转化为硫酸盐颗粒，这些颗粒使水蒸气浓缩而形成云。事实上，海洋上空的云层的形成很大程度上依赖于这种颗粒。较厚的云层意味着较多的阳光被遮挡，意味着地球吸收较少的热量。因此，这些浮游生物获得凉爽，而这有利于它们的生存，当然也有利于人类。

28. 以下哪项最为准确地概括了上述议论的主题？

A. 为了改变地球的温室效应，人类应当保护浮游生物。

B. 并非只有高级生物才能改变环境以利于自己的生存。

C. 一些浮游生物通过改变环境以利于自己的生存，同时也造福于人类。

D. 海洋上空云层形成的规模，很大程度上取决于海洋中浮游生物的数量。

E. 低等生物以对其他种类的生物无害的方式改变环境，而高等生物则往往相反。

29. 以下哪项最为准确地概括了上述议论所用的方法？

A. 基于一般性的见解说明了一个具体的事例。

B. 运用一个反例来反驳一个一般性见解。
C. 运用一个具体事例来补充推广一个一般性见解。
D. 运用一个具体事例来论证一个一般性见解。
E. 对某种现象进行分析，并对这种现象产生的条件及其意义进行一般性的概括。

**16** 2004GRK-32～33题基于以下题干：

张教授：在我国大陆架外围海域建设新油井的计划不足取，因为由此带来的收益不足以补偿由此带来生态破坏的风险。目前我国每年海底石油的产量，还不能满足我国一天石油的需求量，而上述拟建中的新油井，最多只能使这个数量增加0.1%。

李研究员：你的结论不能成立。你能因为建设的防护林不能在一夜之间消灭北京的沙尘暴而反对实施防护林计划吗？

32. 以下哪项最为确切地概括了李研究员的反驳所运用的方法？
A. 提出了一个比对方更有力的证据。
B. 构造了一个和对方类似的论证，但这个论证的结论显然是不可接受的。
C. 提出了一个反例来反驳对方的一般性结论。
D. 指出对方在一个关键性概念的理解和运用上存在含混。
E. 指出对方对所引用数据的解释有误，即使这些数据自身并非不准确。

33. 以下哪项如果为真，最能削弱李研究员的反驳？
A. 在北京周边建防护林，只能防治沙尘暴，不能根治沙尘暴。
B. 我国在治理沙尘暴方面还缺乏成功的经验。
C. 建防护林不像建海上油井那样能产生直接的经济效益。
D. 建防护林只保护生态，不会破坏生态。
E. 建防护林不会产生类似于建海上油井所带来的风险。

**17** 2004GRK-38～39题基于以下题干：

贾女士：我支持日达公司雇员的投诉。他们受到了不公正的待遇。他们中大多数人的年薪还不到10 000元。

陈先生：如果说工资是主要原因，我很难认同你的态度。据我了解，日达公司雇员的平均年薪超过15 000元。

38. 以下哪项最为恰当地概括了陈先生和贾女士意见分歧的焦点？
A. 日达公司雇员是否都参与了投诉？
B. 大多数日达公司雇员的年薪是否不到10 000元？
C. 日达公司雇员的工资待遇是否不公正？
D. 工资待遇是否为日达公司雇员投诉的主要原因？
E. 工资待遇不合理是否应当成为投诉的理由？

39. 以下哪项最为恰当地指出了陈先生反驳中存在的漏洞？
A. 在一个核心概念的界定和使用上没有与论辩对方保持一致。
B. 所反驳的并不是论辩对方事实上所持的观点。
C. 在反驳过程中出现自相矛盾。
D. 在反驳过程中没有对某个核心概念的界定和使用保持一致。
E. 对关键性数据的引用有误。

**18** 2004GRK-46～47题基于以下题干：

李娜说，作为一个科学家，她知道没有一个科学家喜欢朦胧诗，而绝大多数科学家都擅长逻辑思维。因此，至少有些喜欢朦胧诗的人不擅长逻辑思维。

46. 以下哪项是对李娜的推理的最恰当评价？
   A. 李娜的推理是正确的。
   B. 李娜的推理不正确，因为事实上有科学家喜欢朦胧诗。
   C. 李娜的推理不正确，因为从"绝大多数科学家都擅长逻辑思维"，推不出"擅长逻辑思维的都是科学家"。
   D. 李娜的推理不正确，因为合乎逻辑的结论应当是"喜欢朦胧诗的人都不擅长逻辑思维"，而不应当弱化为"至少有些喜欢朦胧诗的人不擅长逻辑思维"。
   E. 李娜的推理不正确，因为创作朦胧诗需要形象思维，也需要逻辑思维。

47. 以下哪项的推理结构和题干的推理结构最为类似？
   A. 余静说，作为一个生物学家，他知道所有的有袋动物都不产卵，而绝大多数有袋动物都产自澳大利亚。因此，至少有些澳大利亚动物不产卵。
   B. 方华说，作为父亲，他知道没有父亲会希望孩子在临睡前吃零食，而绝大多数父亲都是成年人。因此，至少有些希望孩子临睡前吃零食的人是孩子。
   C. 王唯说，作为一个品酒专家，他知道，陶瓷容器中的陈年酒的质量，都不如木桶中的陈年酒，而绝大多数中国陈年酒都装在陶瓷容器中。因此，中国陈年酒的质量至少不如装在木桶中的法国陈年酒。
   D. 林宜说，作为一个摄影师，他知道，没有彩色照片的清晰度能超过最好的黑白照片，而绝大多数风景照片都是彩色照片。因此，至少有些风景照片的清晰度不如最好的黑白照片。
   E. 张杰说，作为一个商人，他知道，没有商人不想发财，因为绝大多数商人都是守法的。因此，至少有些守法的人并不想发财。

**19** 2005MBA-24~25题基于以下题干：

市政府计划对全市的地铁进行全面改造，通过较大幅度地提高客运量，缓解沿线包括高速公路上机动车的拥堵。市政府同时又计划增收沿线两条主要高速公路的机动车过路费，用以弥补上述改造的费用。这样做的理由是，机动车主是上述改造的直接受益者，应当承担部分开支。

24. 以下哪项相关断定如果为真，最能质疑上述计划？
   A. 市政府无权支配全部高速公路机动车过路费的收入。
   B. 地铁乘客同样是上述改造的直接受益者，但并不承担开支。
   C. 机动车有不同的档次，但收取的过路费区别不大。
   D. 为躲避多交过路费，机动车会绕开收费站，增加普通公路的流量。
   E. 高速公路上机动车拥堵现象不如普通公路严重。

25. 以下哪项相关断定如果为真，最有助于论证上述计划的合理性？
   A. 上述计划通过了市民听证会的审议。
   B. 在相邻的大、中城市中，该市的交通拥堵状况最为严重。
   C. 增收过路费的数额，经过专家的严格论证。
   D. 市政府有足够的财力完成上述改造。
   E. 改造后的地铁中，相当数量的乘客都有私人机动车。

**20** 2005MBA-29~30题基于以下题干：

宏达山钢铁公司由五个子公司组成。去年，其子公司火龙公司实行与利润挂钩的工资制度，其他子公司则维持原有的工资制度。结果，火龙公司的劳动生产率比其他各子公司的平均劳动生产率高出13%。因此，在宏达山钢铁公司实行与利润挂钩的工资制度有利于提高该公司的劳动生产率。

29．以下哪项最可能是上述论证所假设的？
A．火龙公司与其他各子公司分别相比，原来的劳动生产率基本相同。
B．火龙公司与其他各子公司分别相比，原来的利润率基本相同。
C．火龙公司的职工数量，和其他子公司的平均职工数量基本相同。
D．火龙公司原来的劳动生产率，与其他子公司相比不是最高的。
E．火龙公司原来的劳动生产率，和其他各子公司原来的平均劳动生产率基本相同。

30．以下哪项如果为真，最能削弱上述论证？
A．实行了与利润挂钩的分配制度后，火龙公司从其他子公司挖走了不少人才。
B．宏达山钢铁公司去年从国外购进的先进技术装备，主要用于火龙公司。
C．火龙公司是三年前组建的，而其他子公司都有10年以上的历史。
D．红塔钢铁公司去年也实行了与利润挂钩的工资制度，但劳动生产率没有明显提高。
E．宏达山公司的子公司金龙公司去年没有实行与利润挂钩的工资制度，但劳动生产率比火龙公司略高。

**21** 2005GRK-25～26题基于以下题干：

张教授：有的歌星的一次出场费比诺贝尔奖金还高，这是不合理的。一般地说，诺贝尔奖得主对人类社会的贡献，要远高于这样那样的歌星。

李研究员：你忽视了歌星的酬金是一种商业回报，他的一次演出，可能为他的老板带来上千万的利润。

张教授：按照你的逻辑，诺贝尔奖金就不应该设立。因为诺贝尔在生前不可能获益于杨振宁的理论贡献。

25．以下哪项最为恰当地概括了张教授和李研究员争论的焦点？
A．诺贝尔奖得主是否应当比歌星有更高的个人收入。
B．商业回报是否可成为一种正当的个人收入。
C．是否存在判别个人收入合理性的标准。
D．什么是判别个人收入合理性的标准。
E．诺贝尔奖金是否应当设立。

26．以下哪项最为恰当地指出了张教授反驳中的漏洞？
A．张教授的反驳夸大了不合理个人收入的不良后果。
B．张教授的反驳忽视了：降低歌星的酬金，意味着增加老板的利润，这是一种更大的不公正。
C．张教授的反驳忽视了：巨额的出场费只属于个别当红歌星。
D．张教授的反驳忽视了：诺贝尔生前虽然没有从设立诺贝尔奖金获益，但他被后人永远铭记。
E．张教授的反驳忽视了：商业回报不是个人收益的唯一形式。

**22** 2005GRK-33～34题基于以下题干：

大湾公司实施工间操制度的经验揭示：一个雇员，每周参加工间操的次数越多，全年病假的天数就越少。即使那些每周只参加一次工间操的雇员全年的病假天数，也比那些从不参加工间操的要少。因此，如果大湾公司把每个工作日一次的工间操改为上、下午各一次，则能进一步降低雇员的病假率。

33. 为使上述论证成立，以下哪项是必须假设的？
Ⅰ. 每个工作日两次工间操，不会影响公司的正常工作。
Ⅱ. 增加工间操的次数，能增加参加工间操的人数。
Ⅲ. 增加工间操的次数，能增加参加工间操的人次。
A. 只有Ⅰ。　　　　　　　　　B. 只有Ⅱ。
C. 只有Ⅲ。　　　　　　　　　D. 只有Ⅱ和Ⅲ。
E. Ⅰ、Ⅱ和Ⅲ。

34. 以下哪项如果为真，最能削弱上述论证？
A. 经常请休病假的雇员，大多不参加体育锻炼，包括工间操。
B. 每个工作日两次工间操，使有些雇员产生怠倦，影响工作效率。
C. 有的雇员坚持业余体育锻炼。
D. 工间操运动量小，不是一种最佳的群众性体育锻炼方式。
E. 一般地说，参加工间操的雇员的工作效率，并不比不参加工间操的雇员高。

### 23　2005GRK-48~49题基于以下题干：

是过于集中的经济模式，而不是气候状况，造成了近年来H国糟糕的粮食收成。K国和H国耕地条件基本相同，但当H国的粮食收成连年下降的时候，K国的粮食收成却连年上升。

48. 为使上述论证有说服力，以下哪项是必须假设的？
Ⅰ. 近年来H国的气候状况不比K国差。
Ⅱ. K国并非采取过于集中的经济模式。
Ⅲ. 气候状况不是影响粮食收成的重要因素。
A. 仅仅Ⅰ。　　　　　　　　　B. 仅仅Ⅱ。
C. 仅仅Ⅲ。　　　　　　　　　D. Ⅰ和Ⅱ。
E. Ⅰ、Ⅱ和Ⅲ。

49. 以下哪项如果为真，最能削弱上述论证？
A. H国种植的主要谷物品种不是K国种植的主要谷物品种。
B. H国的一些谷物不适合在K国生长。
C. K国的一些谷物不适合在H国生长。
D. H国的北方邻国J国近年的粮食收成呈下降趋势。
E. H国集中的经济模式使有限的粮食得到了最合理的分配。

### 24　2006MBA-30~31题基于以下题干：

一般认为，一个人80岁和他在30岁相比，理解和记忆能力都显著减退。最近的一项调查显示，80岁的老人和30岁的年轻人在玩麻将时所表现出的理解和记忆能力没有明显差别。因此，认为一个人到了80岁理解和记忆能力会显著减退的看法是站不住脚的。

30. 以下哪项如果为真，最能削弱上述论证？
A. 玩麻将需要的主要不是理解和记忆能力。
B. 玩麻将只需要较低的理解和记忆能力。
C. 80岁的老人比30岁的年轻人有更多时间玩麻将。
D. 玩麻将有利于提高一个人的理解和记忆能力。
E. 一个人到了80岁理解和记忆能力会显著减退的看法，是对老年人的偏见。

31. 以下哪项如果为真，最能加强上述论证？

A. 目前30岁的年轻人的理解和记忆能力，高于50年前的同龄人。

B. 上述调查的对象都是退休或在职的大学教师。

C. 上述调查由权威部门策划和实施。

D. 记忆能力的减退不必然导致理解能力的减退。

E. 科学研究证明，人的平均寿命可以达到120岁。

### 25  2006MBA-40~41题基于以下题干：

免疫研究室的钟教授说："生命科学院从前的研究生那种勤奋精神越来越不多见了，因为我发现目前在我的研究生中，起早摸黑做实验的人越来越少了。"

40. 钟教授的论证基于以下哪项假设？

A. 现在生命科学院的研究生需要从事的实验外活动越来越多。

B. 对于生命科学院的研究生来说，只有起早摸黑才能确保完成实验任务。

C. 研究生是否起早摸黑做实验是他们勤奋与否的一个重要标准。

D. 钟教授的研究生做实验不勤奋是由于钟教授没有足够的科研经费。

E. 现在的年轻人不热衷于实验室工作。

41. 以下哪项最为恰当地指出了钟教授推理中的漏洞？

A. 不当地断定：除了生命科学院以外，其他学院的研究生普遍都不够用功。

B. 没有考虑到研究生的不勤奋有不同的原因。

C. 只是提出了问题，但没有提出解决问题的方法。

D. 不当地假设：他的学生状况就是生命科学院所有研究生的一般状况。

E. 没有设身处地考虑他的研究生毕业后找工作的难处。

### 26  2006MBA-44~45题基于以下题干：

小红说：如果中山大道只允许通行轿车和不超过10吨的货车，大部分货车将绕开中山大道。

小兵说：如果这样的话，中山大道的车流量将减少，从而减少中山大道的撞车事故。

44. 以下哪项是小红的断定所假设的？

A. 轿车和10吨以下的货车仅能在中山大道行驶。

B. 目前中山大道的交通十分拥挤。

C. 货车司机都喜欢在中山大道行驶。

D. 大小货车在中山大道外的马路行驶十分便利。

E. 目前行驶在中山大道的大部分货车都在10吨以上。

45. 以下哪项如果为真，最能加强小兵的结论？

A. 中山大道的撞车事故主要发生在10吨以上的货车。

B. 在中山大道上，大客车很少发生撞车事故。

C. 中山大道因为常发生撞车事故，交通堵塞严重。

D. 许多原计划购买10吨以上货车的单位转而购买10吨以下的货车。

E. 近来中山大道周围的撞车事故减少了。

### 27  2006MBA-48~49题基于以下题干：

陈先生：北欧人具有一种特别明显的乐观精神。这种精神体现为日常生活态度，也体现为理解自然、社会和人生的哲学理念。北欧人的人均寿命历来是最高的，这正是导致他们具备乐观精神的重要原因。

贾女士：你的说法难以成立。因为你的理解最多只能说明，北欧的老年人为何具备乐观精神。

48. 以下哪项最可能是贾女士的反驳所假设的?

A. 北欧的中青年人并不知道北欧人的人均寿命历来是最高的。
B. 只有已经长寿的人,才具备产生上述乐观精神的条件。
C. 北欧国家都有完美的保护老年人利益的社会福利制度。
D. 成熟地理解自然、社会和人生的哲学理念,只有老年人才可能具有。
E. 北欧人实际上并不具有明显的乐观精神。

49. 以下哪项如果为真,最能加强陈先生的观点并削弱贾女士的反驳?

A. 人均寿命是影响社会需求和生产的重要因素,经济发展水平是影响社会情绪的重要因素。
B. 北非的一些国家人均寿命不高,但并不缺乏乐观的民族精神。
C. 医学研究表明,乐观精神有利于长寿。
D. 经济发展水平是影响人的寿命及其情绪的决定因素。
E. 一家权威机构的最新统计表明,目前全世界人均寿命最高的国家是日本。

### 28  2006GRK-33~34题基于以下题干:

除非像给违反交通规则的机动车一样出具罚单,否则在交通法规中禁止自行车闯红灯是没有意义的。因为一项法规要有意义,必须能有效制止它所禁止的行为。但是上述法规对于那些经常闯红灯的骑车者来说显然没有约束力,而对那些习惯于遵守交通法规的骑车者来说,即使没有这样的法规,他们也不会闯红灯。

33. 以下哪项最符合题干的断定?

A. 一项法规有意义的唯一标准,是能有效制止它所禁止的行为。
B. 大多数骑车者都习惯于遵守交通法规。
C. 大多数机动车驾驶员都不能自觉遵守交通法规。
D. 要使禁止自行车闯红灯的交通法规有效实施,必须给违法者出具罚单。
E. 如果出具罚单,那么,自行车闯红灯的现象一定能有效制止。

34. 以下哪项最为恰当地指出了上述论证的漏洞?

A. 不当地假设大多数机动车驾驶员都遵守禁止闯红灯的交通法规。
B. 在前提和结论中对"法规"这一概念的含义没有保持同一。
C. 忽视了这种可能性:一个法规若运用过于严厉的惩戒手段,即使有效地制止了它所禁止的行为,也不能认为是有意义的。
D. 没有考虑上述法规对于有时但不经常闯红灯的骑车者所产生的影响。
E. 没有论证闯红灯对于公共交通的危害。

### 29  2006GRK-41~42题基于以下题干:

史密斯:传统的壁画是这样完成的:画家在潮湿的灰泥上作画,待灰泥干了后就完成并保存了下来。可惜的是,目前罗马教堂中米开朗基罗的壁画上,有明显的在初始作品完成后添加的痕迹。因此,为了使作品能完全体现米开朗基罗本人的意图,应当在他的作品中去掉任何后来添加的东西。

张教授:但那个时代的画家普遍都有在他们的作品完成后再在上面添加什么的习惯。

41. 以下哪项最为恰当地概括了张教授在应对史密斯的观点时所运用的方法?

A. 对史密斯在论证中的一个隐含假设提出质疑。
B. 对史密斯在论证中的一个关键概念提出不同的定义。

C. 得出了一个和史密斯不完全相同的结论。
D. 否定了史密斯在论证中所表达的一个前提的真实性。
E. 指出史密斯的前提之间存在的矛盾。

42. 张教授的断定如果为真，最能支持以下哪项结论？
A. 在目前见到的米开朗基罗的壁画中，不可能准确区分哪些是初始的，哪些是后来添加的痕迹。
B. 去掉任何后来添加的痕迹所恢复的米开朗基罗壁画，很可能并不完全体现米开朗基罗本人的意图。
C. 在目前的米开朗基罗壁画中去掉任何后来添加的东西，不一定就能完全恢复该副壁画的初始面貌。
D. 米开朗基罗壁画中后来添加的东西，除了画家本人外，不可能出自其他人之手。
E. 米开朗基罗很少对自己完成的作品满意。

**30** **2006GRK-45~46题基于以下题干：**

统计显示，近年来在死亡病例中，与饮酒相关的比例逐年上升。有人认为，这是由于酗酒现象越来越严重。这种看法有漏洞，因为它忽视了这样一点：酗酒过去只是在道德上受到批评，现在则被普遍认为本身就是一种疾病。每次酒醉就是一次酒精中毒，就相当于患了一次肝炎。因此，_____

45. 以下哪项作为上文的结束语最为恰当？
A. 近年来在死亡病例中，与饮酒相关的比例事实上并没有逐年上升。
B. 以前被认为与饮酒无关的死亡病例中，现在有些会被人认为与饮酒有关。
C. 酗酒只是损害行为者自身的健康，不应受到道德上的批评。
D. 酗酒现象并没有像估计的那么严重。
E. 酗酒现象的严重危害并没有受到足够的重视。

46. 如果题干的结论是恰当的，则以下哪项如果为真，最能支持上述论证？
A. 和现在相比，过去的医生更具有从道德上认定酗酒的社会影响的能力。
B. 和过去相比，现在的医生更具有从医学上认定酗酒的生理影响的能力。
C. 近年来年轻人中酗酒现象越来越严重。
D. 有些死亡病例的分析评估者不是医生。
E. 尽管酗酒被认为是一种疾病，但多数医生仍然建议酗酒成瘾者接受心理治疗。

**31** **2006GRK-52~53题基于以下题干：**

山奇是一种有降血脂特效的野花，它数量特别稀少，正濒临灭绝。但是，山奇可以通过和雏菊的花粉自然杂交产生山奇—雏菊杂交种子。因此，在山奇尚存的地域内应当大量地人工培育雏菊，虽然这种杂交品种会失去父本或母本的一些重要特性，例如不再具有降血脂的特效，但这是避免山奇灭绝的几乎唯一的方式。

52. 如果上述论证成立，最能说明以下哪项原则成立？
A. 为了保护一个濒临灭绝的物种，即使所用的方法会对另一个物种产生负面影响，也是应当的。
B. 保存一个物种本身就是目的，至于是否能保存该物种的所有特性则无关紧要。
C. 改变一个濒临灭绝的物种的类型，即使这种改变会使它失去一些重要的特性，也比这个物种的完全灭绝要好。
D. 在两个生存条件竞争的物种中，只保存其中一个，也比两个同时灭绝要好。

542

E. 保存一个有价值的物种，即使这种保存是困难的过程，也比接受这个物种的一个没什么价值的替代品好。

53. 上述论证依赖于以下哪项假设？
Ⅰ. 只有人工培育的雏菊才能和山奇自然杂交。
Ⅱ. 在山奇尚存的地域内没有野生雏菊。
Ⅲ. 山奇—雏菊杂交种子具有繁衍后代的能力。

A. 只有Ⅰ。　　　　　　　　　　B. 只有Ⅱ。
C. 只有Ⅲ。　　　　　　　　　　D. 只有Ⅱ和Ⅲ。
E. Ⅰ、Ⅱ和Ⅲ。

**32　2006GRK-54~55题基于以下题干：**

区别于知识型考试，能力型考试的理想目标，是要把短期行为的应试辅导对于成功应试所起的作用降低到最低限度。能力型考试从理念上不认同应试辅导。一项调查表明，参加各种专业硕士考前辅导班的考生的实考平均成绩，反而低于未参加任何辅导班的考生。因此，考前辅导班不利于专业硕士考生的成功应试。

54. 以下哪项相关断定如果为真，能削弱上述论证？
Ⅰ. 参加考前辅导而实考成绩较差的考生，如果不参加考前辅导，实考成绩会更差。
Ⅱ. 未参加考前辅导而实考成绩较好的考生，如果参加考前辅导，实考成绩会更好。
Ⅲ. 基础较差的考生更会选择考前辅导。

A. 仅Ⅰ。　　　　　　　　　　B. 仅Ⅱ。
C. 仅Ⅲ。　　　　　　　　　　D. 仅Ⅰ和Ⅱ。
E. Ⅰ、Ⅱ和Ⅲ。

55. 为使上述论证成立，以下哪项是必须假设的？
A. 专业硕士考试是能力型考试。
B. 上述辅导班都由名师辅导。
C. 在上述调查中，经过考前辅导的考生在辅导前的平均水平和未参加辅导的考生大致相当。
D. 专业硕士考试对于考生的水平有完全准确的区分度。
E. 在上述调查对象中，男女比例大致相当。

**33　2007MBA-49~50题基于以下题干：**

人的行为，分为私人行为和社会行为，后者直接涉及他人和社会利益。有人提出这样的原则：对于官员来说，除了法规明文允许的以外，其他的社会行为都是禁止的；对于平民来说，除了法规明文禁止的以外，其余的社会行为都是允许的。

49. 为使上述原则能对官员和平民的社会行为产生不同的约束力，以下哪项是必须假设的？
A. 官员社会行为的影响力明显高于平民。
B. 法规明文涉及（允许或禁止）的行为，并不覆盖所有的社会行为。
C. 平民比官员更愿意接受法规的约束。
D. 官员的社会行为如果不加严格约束，其手中的权力就会被滥用。
E. 被法规明文允许的社会行为，要少于被禁止的社会行为。

50. 如果实施上述原则能对官员和平民的社会行为产生不同的约束力，则以下各项断定均不违反这一原则，除了

A. 一个被允许或禁止的行为，不一定是法规明文允许或禁止的。
B. 有些行为，允许平民实施，但禁止官员实施。
C. 有些行为，允许官员实施，但禁止平民实施。
D. 官员所实施的行为，如果法规明文允许，则允许平民实施。
E. 官员所实施的行为，如果法规明文禁止，则禁止平民实施。

**34** **2007GRK-59~60题基于以下题干：**

陈先生：有的学者认为，蜜蜂飞舞时发出的嗡嗡声是一种交流方式，例如蜜蜂在采花粉时发出的嗡嗡声，是在给同一蜂房的伙伴传递它们正在采花粉位置的信息。但事实上，蜜蜂不必通过这样费劲的方式来传递这样的信息。它们从采花粉处飞回蜂房时留下的气味踪迹，足以引导同伴找到采花粉的地方。

贾女士：我不完全同意你的看法。许多动物在完成某种任务时都可以有多种方式。例如，有些蜂类可以根据太阳的位置，也可以根据地理特征来辨别方位，同样，对于蜜蜂来说，气味踪迹只是它们的一种交流方式，而不是唯一的交流方式。

59. 以下哪项最为恰当地概括了陈先生和贾女士所争论的问题？
A. 关于动物行为方式的一般性理论，是否能只基于对某种动物的研究？
B. 对蜜蜂飞舞时发出的嗡嗡声，是否可以有多种不同的解释？
C. 是否只有蜜蜂才有能力向同伴传递位置信息？
D. 蜜蜂在采花粉时发出的嗡嗡声，是否在给同一蜂房的伙伴传递所在位置的信息？
E. 气味踪迹是否为蜜蜂的主要交流方式？

60. 在贾女士的应对中，提到有些蜂类辨别方位的方式，以下哪项最为恰当地概括了这一议论在贾女士的应对中所起的作用？
A. 指出陈先生所使用的"动物交流方式"这个概念存在歧义。
B. 提供具体证据用以支持一般性的结论。
C. 对陈先生的一个关键论据的准确性提出质疑。
D. 指出陈先生的结论直接与他的某一个前提矛盾。
E. 对蜜蜂飞舞时发出的嗡嗡声提出了另一种解释。

**35** **2008MBA-41~42题基于以下题干：**

一般人认为，广告商为了吸引顾客不择手段。但广告商并不都是这样。最近，为了扩大销路，一家名为《港湾》的家庭类杂志改名为《炼狱》，主要刊登暴力与色情内容。如果原先《港湾》杂志的一些常年广告客户拒绝续签合同，转向其他刊物，这说明这些广告商不只考虑经济效益，而且顾及道德责任。

41. 以下各项如果为真，都能削弱上述论证，除了
A. 《炼狱》杂志所登载的暴力与色情内容在同类杂志中较为节制。
B. 刊登暴力与色情内容的杂志通常销量较高，但信誉度较低。
C. 上述拒绝续签合同的广告商主要推销家具商品。
D. 改名后的《炼狱》杂志的广告费比改名前提高了数倍。
E. 《炼狱》因登载虚假广告被媒体曝光，一度成为新闻热点。

42. 以下哪项如果为真，最能加强题干的论证？
A. 《炼狱》的成本与售价都低于《港湾》。
B. 上述拒绝续签合同的广告商在转向其他刊物后效益未受影响。
C. 家庭类杂志的读者一般对暴力与色情内容不感兴趣。

D. 改名后《炼狱》杂志的广告客户并无明显增加。

E. 一些在其他家庭类杂志做广告的客户转向《炼狱》杂志。

### 36　2008GRK-41~42题基于以下题干：

林教授患有支气管炎。为了取得疗效，张医生要求林教授立即戒烟。

41. 为使张医生的要求有说服力，以下哪项是必须假设的？

A. 张医生是经验丰富的治疗支气管炎的专家。

B. 抽烟是引起支气管炎的主要原因。

C. 支气管炎患者抽烟，将严重影响治疗效果。

D. 严重支气管炎将导致肺气肿。

E. 张医生本人并不抽烟。

42. 以下哪项是张医生的要求所预设的？

A. 林教授抽烟。

B. 林教授的支气管炎非常严重。

C. 林教授以前戒过烟，但失败了。

D. 林教授抽的都是劣质烟。

E. 林教授有支气管炎家族史。

### 37　2008GRK-46~47题基于以下题干：

陈教授：中世纪初欧洲与东亚之间没有贸易往来，因为在现存的档案中找不到这方面的任何文字记录。

李研究员：您的论证与这样一个论证类似：传说中的喜马拉雅雪人是不存在的，因为从来没有人作证亲眼看到过这种雪人。这一论证的问题在于：有人看到雪人当然能证明雪人存在，但没人看到不能证明雪人不存在。

46. 以下哪项最为准确地概括了李研究员所要表达的结论？

A. 断定中世纪初欧洲与东亚之间存在贸易往来，和断定存在喜马拉雅雪人一样，缺少科学的证据。

B. 尽管缺少可靠的文字记录，但中世纪初欧洲与东亚之间非常可能存在贸易往来。

C. 不同内容的论证之间存在可比性。

D. 不能简单地根据缺乏某种证据证明中世纪初欧洲与东亚之间有贸易往来，就说这种贸易往来不存在。

E. 证明事物不存在要比证明它存在困难得多。

47. 以下哪项如果为真，最能反驳李研究员的论证？

A. 中世纪初欧洲与东亚之间存在贸易往来的证据，应该主要依赖考古发现，而不是依赖文字档案。

B. 虽然东亚保存的中世纪初文档中有关于贸易的记录，但这一时期的欧洲文档却几乎没有关于贸易的记录。

C. 有文字档案记载，中世纪初欧洲与南亚和北非之间存在贸易往来。

D. 中世纪初欧洲的海外贸易主要依赖海上运输。

E. 欧洲与东亚现存的中世纪初文档中没有当时两个地区贸易的记录，如果有这种贸易往来，不大可能不留记录。

### 38　2008GRK-50~51题基于以下题干：

纯种赛马是昂贵的品种。一种由遗传缺陷引起的疾病威胁着纯种赛马，使它们轻则丧失赛跑能力，重则瘫痪甚至死亡。因此，赛马饲养者认为，一旦发现有此种缺陷的赛马应停止饲养。这种看法是片面的。因为一般地说，此种疾病可以通过饮食和医疗加以控制。另外，有此种遗传缺陷的赛马往往特别美，这正是马术表演特别看重的。

50. 以下哪项最为准确地概括了题干所要论证的结论？
   A. 美观的外表对于赛马来说特别重要。
   B. 有遗传缺陷的赛马不一定丧失比赛能力。
   C. 不应当绝对禁止饲养有遗传缺陷的赛马。
   D. 一些有遗传缺陷的赛马的疾病未得到控制，是由于缺乏合理的饮食或必要的医疗。
   E. 遗传疾病虽然是先天的，但其病变可以通过后天的人为措施加以控制。

51. 以下哪项最为准确地概括了题干的论证所运用的方法？
   A. 质疑上述赛马饲养者的动机。
   B. 论证上述赛马饲养者的结论与其论据自相矛盾。
   C. 指出上述赛马饲养者的论据不符合事实。
   D. 提出新的思路，并不否定上述赛马饲养者的论据，但得出与其不同的结论。
   E. 构造一种类比，指出上述赛马饲养者的论证与一种明显有误的论证类似。

**39  2009MBA－36～37题基于以下题干：**

张教授：在南美洲发现的史前木质工具存在于13 000年以前。有的考古学家认为，这些工具是其祖先从西伯利亚迁徙到阿拉斯加的人群使用的。这一观点难以成立。因为要到达南美，这些人群必须在13 000年前经历长途跋涉，而在从阿拉斯加到南美洲之间，从未发现13 000年前的木质工具。

李研究员：您恐怕忽视了：这些木质工具是在泥煤沼泽中发现的，北美很少有泥煤沼泽。木质工具在普通的泥土中几年内就会腐烂化解。

36. 以下哪项最为准确地概括了张教授与李研究员所争论的问题？
   A. 上述史前木质工具是否其祖先从西伯利亚迁徙到阿拉斯加的人群使用的。
   B. 张教授的论据是否能推翻上述考古学家的结论。
   C. 上述人群是否可能在13 000年前完成从阿拉斯加到南美洲的长途跋涉。
   D. 上述木质工具是否只有在泥煤沼泽中才不会腐烂化解。
   E. 上述史前木质工具存在于13 000年以前的断定是否有足够的根据。

37. 以下哪项最为准确地概括了李研究员的应对方法？
   A. 指出张教授的论据违背事实。
   B. 引用与张教授的结论相左的权威性研究成果。
   C. 指出张教授曲解了考古学家的观点。
   D. 质疑张教授的隐含假设。
   E. 指出张教授的论据实际上否定其结论。

**40  2009MBA－40～41题基于以下题干：**

因为照片的影像是通过光线与胶片的接触形成的，所以每张照片都具有一定的真实性。但是，从不同角度拍摄的照片总是反映了物体某个侧面的真实而不是全部的真实，在这个意义上，照片又是不真实的。因此，在目前的技术条件下，以照片作为证据是不恰当的，特别是在法庭上。

40. 以下哪项是上述论证所假设的？
   A. 不完全反映全部真实的东西不能成为恰当的证据。

B. 全部的真实性是不可把握的。

C. 目前的法庭审理都把照片作为重要物证。

D. 如果从不同角度拍摄一个物体，就可以把握它的全部真实性。

E. 法庭具有判定任一证据真伪的能力。

41. 以下哪项如果为真，最能削弱上述论证？

A. 摄影技术是不断发展的，理论上说，全景照片可以从外观上反映物体的全部真实。

B. 任何证据只需要反映事实的某个侧面。

C. 在法庭审理中，有些照片虽然不能成为证据，但有重要的参考价值。

D. 有些照片是通过技术手段合成或伪造的。

E. 就反映真实性而言，照片的质量有很大的差别。

**41** **2009GRK-45~46题基于以下题干：**

张教授：在西方经济萧条时期，由汽车尾气造成的空气污染状况会大大改善，因为开车上班的人大大减少了。

李工程师：情况恐怕不是这样。在萧条时期买新车的人大大减少。而车越老，排放超标尾气造成的污染越重。

45. 以下哪项最为准确地概括了李工程师的反驳所运用的方法？

A. 运用一个反例，质疑张教授的论据。

B. 提出一种考虑，虽然不否定张教授的论据，但能削弱这一论据对其结论的支持。

C. 作出一个断定，只要张教授的结论不成立，则该断定一定成立。

D. 论证一个见解，张教授的论证虽然缺乏说服力，但其结论是成立的。

E. 运用归谬反驳张教授的结论，即如果张教授的结论成立，会得出荒谬的推论。

46. 张教授的论证依赖以下哪项假设？

A. 只有就业人员才开车。

B. 空气污染主要是由上班族的汽车所排放的尾气造成的。

C. 大多数上班族不使用公共交通工具上班。

D. 在萧条时期，开车上班人数的减少一定会造成汽车运行总量的减少。

E. 在萧条时期，开车上班人员的失业率高于不开车的上班人员。

**42** **2011GRK-54~55题基于以下题干：**

11月8日上午，国防科技工业局首次公布了嫦娥二号卫星传回的嫦娥三号预选着陆区——月球虹湾地区的局部影像图。它是一张黑白照片，成像时间为10月28日18时，是卫星在距离月面18.7公里地方拍摄获取的。摄像图的传回，标志着嫦娥二号任务所确定的六个工作目标已经全部实现，意味着嫦娥二号工程任务取得圆满成功。

嫦娥二号的发射，最主要的任务是对月球虹湾地区进行高清晰度的拍摄，为今后发射嫦娥三号卫星并实施着陆做好前期准备。

据悉，此次嫦娥二号携带的CCD相机分辨率比嫦娥一号携带的提高很多，嫦娥二号在100公里圆轨道运行时分辨率优于10米，进入100公里×15公里的椭圆轨道时，其分辨率达到1米，已超过原先预定的1.5米的指标。据了解，将来嫦娥三号着陆器上也同样携带CCD相机，届时它不光要拍照，还能根据图片自主避开不适于降落的地点，"临机决断"为着陆器选择适宜降落的平坦表面。

54. 以下陈述中，最符合题干观点的是

A. 嫦娥二号拍摄的月球虹湾地区局部影像图传送到地球大约需要10天时间。

B. 对月球虹湾地区进行高清晰度的拍摄是嫦娥二号唯一的任务。
C. 嫦娥二号在 100 公里的圆形轨道运行时拍摄了月球虹湾地区局部影像图。
D. 嫦娥二号在椭圆轨道绕月运行时拍摄了月球虹湾地区局部影像图。
E. 嫦娥二号在完成六项预定工程目标后失去了与陆地控制中心的联络。

55. 以下各项都可以从题干推出，除了
A. 嫦娥二号携带的 CCD 相机分辨率比嫦娥一号携带的分辨率高。
B. 将来嫦娥三号携带的 CCD 相机比嫦娥二号携带的功能更强。
C. 嫦娥二号为今后要发射的嫦娥三号卫星着陆地点做了精确的选择。
D. 嫦娥三号着陆器在月球软着陆过程中应该选择平坦表面。
E. 嫦娥三号着陆器在着陆时有自我调节方向的功能。

### 43  2016MBA-52~53题基于以下题干：

钟医生："通常，医学研究的重要成果在杂志上发表之前需要经过匿名评审，这需要耗费不少时间。如果研究者能放弃这段等待时间而事先公开其成果，我们的公共卫生水平就可以伴随着医学发现更快获得提高。因为新医学信息的及时公布将允许人们利用这些信息提高他们的健康水平。"

52. 以下哪项最可能是钟医生论证所依赖的假设？
A. 即使医学论文还没有在杂志发表，人们还是会使用已公开的相关新信息。
B. 因为工作繁忙，许多医学研究者不愿成为论文评审者。
C. 首次发表于匿名评审杂志的新医学信息一般无法引起公众的注意。
D. 许多医学杂志的论文评审者本身并不是医学研究专家。
E. 部分医学研究者愿意放弃在杂志上发表，而选择事先公开其成果。

53. 以下哪项如果为真，最能削弱钟医生的论证？
A. 大部分医学杂志不愿意放弃匿名评审制度。
B. 社会公共卫生水平的提高还取决于其他因素，并不完全依赖于医学新发现。
C. 匿名评审常常能阻止那些含有错误结论的文章发表。
D. 有些媒体常常会提前报道那些匿名评审杂志发表的医学研究成果。
E. 人们常常根据新发表的医学信息来调整他们的生活方式。

## 答案与解析

### 1. 正确答案：77. E

题干中统计的烟草业的广告收益，是世界各烟草企业收益的合计；同样，这样的广告支出，也是世界各烟草企业支出的合计。因此，虽然从合计上看收支相当，但对单个的烟草企业来说，其在广告上的支出和收益可以表现出很大的差别。因此显然不能从题干的数据显示烟草业在广告上的收益等于其支出，而得出此类广告完全可以不做的结论。董事 A 的观点正是忽视了这样一个事实，即世界烟草业是由处于竞争状态的众多经济实体组成的。E 项指明了这一点，因而构成对董事 A 的结论的有力质疑。其余各项均不能质疑。

### 78. E

烟草广告的效果，至少可以体现在三方面：第一，吸引消费其他品牌的吸烟者改吸自己的品牌；第二，说服消费自己品牌的吸烟者继续消费本品牌；第三，吸引新吸烟者消费自己的品牌。I、II项体现了上述第二个效果，III项体现了上述第三个效果。即I、II和III的断定如果为真，都能说明广告支出的必要性，即不能因为Z公司的烟草广告在上述第一方面的效果不明显，就认为该公司的广告是笔亏损性开支。因此，Ⅰ、Ⅱ和Ⅲ都能构成对董事B的结论的质疑。

## 2. 正确答案：54. E

本题要求辨析争议的焦点。

小李认为，两件艺术品在视觉上无差异，那就有相同的品质。

小王认为，即使复制品与真品视觉上无差异，但由于产生年代的不同，不能算有同样的品质。

可见，小李和小王的分歧在于：首创性是不是一件艺术品所体现的宝贵品质。故选E项。

视觉难以区分复制品和真品，是他们两人的共识，因此，A项不是他们的分歧所在。

### 55. B

提出观点"由于这件复制品和真品产生于不同的年代，不能算有同样的品质"，来削弱小李的一个断言"如果两件艺术品在视觉上无差异，那么它们就有相同的品质"，这是小李得出"要是它们有相同的品质，它们的价格就应该相等"的结论的基础。

因此，小王驳斥小李的方法就是：提出一个观点，这个观点削弱对方的一个断言，它是对方得出结论的基础。

## 3. 正确答案：72. A

反方让正方设想汽车如果行驶得和自行车一样慢，那么汽车就毫无意义，正是支持了正方所认为的干任何事情都排除所有风险是做不到的。

### 73. D

正方认为虽然存在风险，也不影响安乐死的实施。因此，Ⅰ、Ⅱ项是需要预设的。

正方承认"诚然，这样的风险是存在的"，这里的风险就是指的"在什么条件下方可实施安乐死的标准不易掌握"；是否将来能准确无误地把握这个标准，正方并未预设。因此，Ⅲ项是不需要预设的。

## 4. 正确答案：30. D

由题干，李工程师认为：日本肺癌病人平均生存年限较长的原因，是日本的医疗水平较高。

张研究员则认为：日本肺癌病人平均生存年限较长的原因，是日本肺癌患者的早期确诊率较高；而日本肺癌患者的早期确诊率较高的原因，是日本人的自我保健意识较高。

显然，为使张研究员的反驳成立，选项Ⅰ和选项Ⅱ是必须假设的，否则，张研究员断定的两个因果关系就不能成立。

选项Ⅲ不是张研究员必须假设的。

### 31. E

李工程师的论证实际上包含了两个推理：

第一个推理是根据肺癌病人在日本的平均生存年限高于在亚洲其他国家的平均生存年限，推出肺癌病人在日本的平均生存年限高于在亚洲其他（任一）国家的平均生存年限。

第二个推理是根据肺癌病人在日本的平均生存年限高于在亚洲其他（任一）国家的平均生存年限，推出日本在延长肺癌病人生命方面的医疗水平要高于亚洲的其他（任一）国家。

E项指出了第一个推理中存在的漏洞。事实上，正如E项所指出的，虽然肺癌病人在日本的平均生存年限高于在亚洲其他国家的平均生存年限，但完全可能有某个或某些亚洲国家，它的肺癌病人的平均生存年限高于日本。因此，李工程师的第一个推理是不成立的，因而它的结论也是不可靠的。其余各项均不能说明李工程师的论证中存在漏洞。

## 5. 正确答案：49. D

要使题干的推测成立，有两个条件是最可能假设的：第一，在未来10年中，美国35岁以上的居民中肥胖症患者的比例保持不变；第二，到2009年，美国人口中35岁以上的将占了一半。即：4亿的一半是2亿，2亿的10%就是2 000万。

如果这两个前提成立，则题干的结论就一定成立。因此，D项是题干的推测最可能假设的。

50. B

要使题干的推测成立，需要假设在未来10年中，美国35岁以上的居民中肥胖症患者的比例保持不变。如果B项为真，则说明这一假设难以成立，这就有力地削弱了题干的推测。

### 6. 正确答案：57. C

张研究员的反驳是对李工程师援引的数据提出了另一种解释，即低收入使得一些美国的穷人难以让他们的婴儿享受先进的医疗而导致了较高的婴儿死亡率。因此，C项成立。

张研究员的反驳是基于李工程师援引的数据之上的，这说明他并没有对李工程师的论据提出质疑。因此，A项不成立。

李工程师的结论是：先进的医疗技术和设施，对于人类生命和健康所起的保护作用，对成人要比对婴儿显著得多。张研究员在反驳中并没有对这一结论提出质疑，而只是指出，一个国家所具有的先进的医疗技术和设施，并不是每个人都能均等地享受的。因此，B项不成立。

与李工程师所论证的相反的结论是，先进的医疗技术和设施，对于人类生命和健康所起的保护作用，对婴儿要比对成人显著得多。张研究员显然并不认为根据李工程师援引的数据会导致这一结论。因此，D项不成立。

张研究员的反驳没有涉及李工程师的论证中是否存在偷换概念的问题，因此，E项不成立。

58. D

Ⅰ和Ⅱ是必须假设的。否则，如果美国不存在明显的贫富差别，或者虽然存在贫富差别，但先进的医疗技术和设施作为一种社会福利是免费或基本免费提供的，那么，张研究员关于低收入使得一些美国的穷人难以让他们的婴儿享受先进的医疗技术和设施而导致较高的婴儿死亡率的解释就不能成立。

Ⅲ不但不是必须假设的，而且是不能假设的。否则，如果事实上美国先进的医疗技术和设施，主要用于成人而不是婴儿的保健和治疗，那么，这本身就成为美国婴儿死亡率相对较高的一个有说服力的解释，这就支持了李工程师的说法，将对张研究员的解释构成有力的质疑。

59. A

如果张研究员的解释是成立的，那么，被迫无法享受先进医疗的，就会不仅是贫穷的婴儿，而且包括贫穷的成人。这样，不仅婴儿死亡率会相对较高，成人死亡率也会同样如此，这又不可避免地会使得美国人均寿命在世界上变得相对较低。而A项断定美国的人均寿命居世界第二，这就对张研究员的解释提出了有力的质疑。

### 7. 正确答案：64. E

上述学者并不否认调查报告所发现的城乡儿童在心理素质上的差别，只是提出了对导致这种差别的原因的另一种解释。因此，E项最为恰当地概括了上述学者的观点。

65. C

学者的观点涉及城乡差别，特别是与环境污染相关的城乡差别对儿童生理和心理素质的影响。因此，凡是涉及城乡生活条件、环境污染、生理素质、心理素质等方面的报告都可能有助于支持该学者的观点。各选项中，A、B、D、E项都涉及上述内容。C项则最可能无助于支持学者的观点。

下篇　论证推理

**8. 正确答案：19. A**

题干断定：王大为并不认为张小珍所说的"90％的人所认识的人中都有失业者"这一现象有令人震惊之处。

由此，显然可以得出结论：90％的人都认识失业者的事实并不表明失业率高到不可被接受。因此，A项正确。

其余各项都不能作为结论从王大为的断定中得出。

**20. C**

王大为的议论中包含着以下几个断定：

第一，5％的失业率是可接受的。

第二，按5％的失业率计算，每20个人中就有1个人失业，即只要一个人认识20个人，他所认识的人中按概率计算就有失业者。

第三，在我国，所认识的人的数量在20个以上乃至超过50个的人，占总人口的比例不低于90％。（这个断定题干没有表述出来，但实际上显然是王大为议论的隐含假设。）

选项C是王大为的论断需要假设的，否则，如果事实上失业者通常集中在社会联系闭塞的区域，那么，一个人所认识的失业的人的数量就可能大大降低，以上王大为的第三个断定就不能成立，因而基于之上的论证也就难以成立。

选项B并不是王大为的论断必须假设的。因为即使张小珍所引述的统计数据不准确，王大为的论断仍然可以成立。

其余各项不是王大为的论断需要假设的。

**9. 正确答案：39. C**

史密斯的观点是：《国际珍稀动物保护条例》的保护对象中，应当包括杂种动物。其根据是：《国际珍稀动物保护条例》的保护对象中，包括赤狼。赤狼是杂种动物。既然赤狼明显需要保护，所以一般地，杂种动物需要保护。

张大中的观点是：《国际珍稀动物保护条例》的保护对象中，不应当包括杂种动物。其根据是：如果某种杂种动物物种灭绝，可以通过动物的杂交来重新获得它，不需要保护。

因此，两人争论的焦点是：《国际珍稀动物保护条例》的保护对象中，是否应当包括杂种动物。

**40. B**

为使张大中的反驳成立，B项是必须假设的，否则，如果有的杂交动物不是现存纯种动物杂交的后代，那么，此种杂种动物物种一旦灭绝，就不能通过杂交来重新获得它，张大中反驳的根据就不能成立。

其余各项均不是需要假设的。

**10. 正确答案：49. C**

张教授的结论是：人类在自己进化的早期就已经知道用火来烧肉了，其根据是：在百万年前的智人遗址发现了烧焦的羚羊骨头碎片的化石。

李研究员对此质疑的根据是：在同样的地方也同时发现了被烧焦的智人骨头碎片的化石。可见李研究员实际上是反驳张教授的论据，而不是直接反驳张教授的结论。如果事实上上述被发现的智人骨头碎片化石不是被人控制的火烧焦的，那就可能是被天然的森林大火烧焦的，据此显然是要说明：上述羚羊的骨头不是被人控制的火烧焦的。因此，C项正确。

B项是针对结论，不如C项合适。

**50. B**

李研究员的议论要成立，B项是必须假设的，否则，如果在发展的早期，人类以自己的同

551

类为食，那么，上述被烧焦的智人骨头碎片化石完全可能是人为火烧的结果，这样，李研究员的质疑就失去了根据。

A项的断定中包含对B项的断定，但过强了，不是李研究员的议论所必须假设的。其余各项显然不是需要假设的。

### 11. 正确答案：57. D

D项显然是上述广告必须假设的，否则，如果应聘者在面试时知道使用了测谎器，并因此显然就能意识到面试的目的之一是测试是否诚实，那么，就没有必要在上述这样一个无关紧要的问题上撒谎，就不会有这么多的应聘者的测试结果为撒谎。

其余各项都不是需要假设的。

### 58. A

很明显，题干所说的"有三分之一的应聘者在这次面试中撒谎"，并不是测谎器测出来的，而只是用一个问题来说明面试者中有人撒谎。

上述广告的目的是宣传商用测谎器的有效功能，但广告中只说明面试中有人撒谎，并未说明测谎器能有效测谎，这是该广告中一个明显的漏洞，A项正确地指出了这一点。

### 12. 正确答案：19. E

要使题干的论证成立，E项显然是必须假设的，否则，如果是否幸福的标准不是当事人的自我感觉，那么，就不能根据当事人的自我感觉来推断金钱和幸福的关系。

其余各项都不必须为真。例如，A项不必为真，即使在不认自己有钱的被调查者中，所有的人都感觉自己不幸福，最多只能说明没钱意味着不幸福，但不能说明有钱就意味着幸福，在这种情况下，题干的论证仍然可以成立。B项不必为真，在自认为有钱的被调查者中，其余的2/3可以感觉自己不幸福，但并非都感觉自己很不幸福，在这种情况下，题干的论证仍然可以成立。

### 20. A

要使题干的论证成立，A项是必须假设的，否则，如果绝大多数自认为有钱的人实际上并未达到中等以上的富裕程度，则他们中很多人不感到幸福，很可能还是因为不够有钱，这就会严重削弱题干的论证。因此，A项如果为真，则有力地加强了题干的论证。

其余各项不支持题干，其中，B项如果为真，能削弱题干的论证。C项为无关项。题干讲的是有钱和幸福的关系问题，合法致富是个新概念，超出了题干的论证范围，因此，D、E项为无关项。

### 13. 正确答案：59. B

张教授断定，诊治癌症的医疗水平的提高，是癌症病人的平均生存年限上升的原因。李研究员对此反驳的根据是，早期确诊率的提高是癌症病人的平均生存年限上升的原因，而这个原因被张教授忽略了。要使李研究员的反驳成立，B项是必须假设的。否则，如果癌症的早期确诊并不有利于延长患者的生存年限，那么，早期确诊率的提高不可能是癌症病人的平均生存年限上升的原因。这样，李研究员的反驳就没有根据。

### 60. B

如果B项为真，即：如果对癌症的早期确诊是提高癌症诊治水平的重要内容和标准，那么，张教授所断定的诊治癌症的医疗水平的提高，也包括对癌症的早期确诊率的提高。这样，李研究员的议论就不能构成对张教授的反驳。

### 14. 正确答案：48. A

张先生提出：通过向吸烟者征税来缓解医疗保健事业的投入不足。李女士质疑了这一建议的合理性。因此，两人争议的焦点是，张先生关于缓解医疗保健事业投入不足的建议是否合理。因此，A项正确。

B项的概括不恰当，因为虽然张先生的建议中包含"有不良习惯的人应当对由此种习惯造成的社会后果负责"的意思，但张女士的争议没有针对这一点。

E项容易误选，题干表面上二人的争论始终围绕"对不良习惯的征税"问题，但是应该注意到，二人的争论并没有涉及"纠正"不良习惯的问题。

其他选项明显错误。

49. D

张女士指出，如果向吸烟者征税是合理的，那么向经常食用高脂肪、高胆固醇的食物的人征税也是合理的。而后者显然是不合理的。因此，D项恰当地概括了张女士的反驳所运用的方法。其余各项均不恰当。

### 15. 正确答案：28. B

本题要求通过阅读理解概括语段主题。题干列举的事实是，一些浮游生物通过改变环境以利于自己的生存。可以看出，要说明的结论是，并非只有高级生物才能改变环境以利于自己的生存。因此，B项概括了题干的主题。

C项概括的是题干用以说明主题所列举的事实。

29. C

题干用一些低级浮游生物的具体事例来说明，不仅高级生物，而且低级生物也能通过改变环境以利于自己的生存。可见，题干议论所使用的方法就是运用一个具体事例来补充推广一个一般性见解。

### 16. 正确答案：32. B

张教授的观点是：在我国大陆架外围海域建设新油井的计划不足取。其理由是：第一，收益不大；第二，收益不足以补偿由此带来生态破坏的风险。

李研究员的反驳所使用的方法就是试图构造一个和对方类似的论证，但他的论证中并没有讲到防护林的负面作用，也就是只反驳了张教授的第一个理由，而没有反驳第二个理由，因此，李研究员的反驳是无力的，其论证的结论是不可接受的。

33. E

因为建防护林不会产生类似于建海上油井所带来的风险，所以，李研究员的反驳是无力的，可见E项最能削弱李研究员的反驳。

D项只能说明建防护林不会破坏生态，但不能说明不会产生其他风险，因此，D项的削弱力度不如E项。

### 17. 正确答案：38. C

贾女士认为日达公司雇员受到了不公正的待遇，而陈先生并不认同，可见陈先生和贾女士意见分歧的焦点就是日达公司雇员的工资待遇是否不公正。

39. A

贾女士认为不公正的理由是，"大多数雇员的年薪"低。

而陈先生不认同上述理由，因为"雇员的平均年薪"不低。

其反驳的漏洞在于，"平均年薪"不低并不能否定大多数雇员的"个体年薪"低。

可见，陈先生在"年薪"这个核心概念的界定和使用上没有与论辩对方保持一致，由于这种不一致，即使陈先生的断定成立，也不能说明贾女士的断定不成立。因此，A项正确。

没有根据说明，陈先生在自身的反驳过程中对某个核心概念的界定和使用前后不一致（虽然陈先生反驳贾女士时在核心概念上没有与对方保持一致，但陈先生在自身的反驳过程中并没有出现概念界定和使用前后不一致的情况）。因此，D项不成立。

也没有根据说明，陈先生对关键性数据（平均年薪超过 15 000 元）的引用有误。因此，E 项不成立。

### 18. 正确答案：46. C

李娜的推理是不正确的，因为从"绝大多数科学家都擅长逻辑思维"，推不出"擅长逻辑思维的都是科学家"，因此，完全有可能所有喜欢朦胧诗的人都擅长逻辑思维，这与题干并不矛盾（图 3-9-1）。

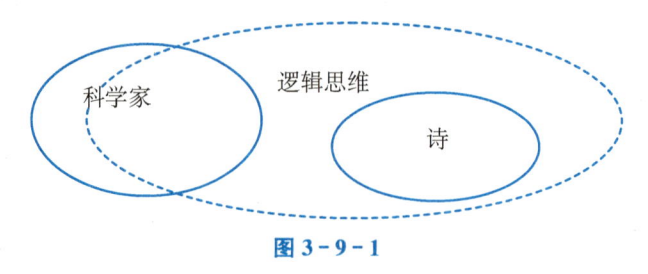

图 3-9-1

**47. B**

题干的推理结构是：没有 S 是 P，绝大多数 S 是 Q，因此，至少有些 P 不是 Q。

选项中只有 B 项与题干的推理方式最为类似。其余各项的推理结构与题干不同。

### 19. 正确答案：24. D

题干对地铁改造的目的是：缓解沿线机动车的拥堵。

D 项说为躲避多交过路费，机动车会绕开收费站，增加普通公路的流量。这样就造成，第一，由于机动车绕道了，所以这个费用收不到；第二，这个改造达不到缓解沿线道路拥堵的目的。所以 D 项最能质疑上述计划，是正确答案。

A 项：市政府无权支配全部高速公路机动车过路费的收入。"全部"是关键词，也就是这个关键词决定了这个选项不能作为正确答案，因为不能支配全部，不是一点不能支配，所以 A 项的削弱作用不强。

B 项：地铁乘客同样是上述改造的直接受益者，但并不承担开支。虽然题干说机动车车主是直接受益者，要承担费用，但并没有说明，所有的直接受益者都应该承担费用，所以 B 项应当排除。

**25. E**

题干的推理是通过改造地铁来减少车流量。这里面有个潜在的假设，就是说过去开车的人现在乘坐地铁了。因此，E 项加强了上述计划的合理性。

其他选项均为无关项。

### 20. 正确答案：29. E

题干结论：实行与利润挂钩的工资制度有利于提高该钢铁公司的劳动生产率。

其论据是：实行与利润挂钩的工资制度的火龙公司的劳动生产率比没有实行这一制度的其他各子公司的平均劳动生产率高出 13%。

E 项是个没有他因的假设，否则，火龙公司原来的劳动生产率就比其他各子公司原来的平均劳动生产率要高，那么题干"实行与利润挂钩的工资制度有利于提高该公司的劳动生产率"的结论就不成立了。

A 项说的是火龙公司和其他各子公司分别相比，原来的劳动生产率基本相同，即这五个子公司原来的劳动生产率都基本一样。E 项的意思是火龙公司的劳动生产率和其他四个子公司的平均劳动生产率基本相同，但具体四个子公司中每个子公司的劳动生产率不一定是相同的，也许相差很大。而题干讲的是"其他各子公司原来的平均劳动生产率"，因此，A 项断定过强，是不需要假设的。

### 30. B

B项是个另有他因的削弱。总公司去年从国外购进的先进技术装备，主要用于火龙公司，这说明，火龙公司的劳动生产率提高，可能是由于先进的生产设备，而不是由于工资制度，这就有力地削弱了题干的论证。

A项的意思是说，实行了与利润挂钩的分配制度后，火龙公司从其他公司挖走了不少人才。这个选项表面看起来比较有干扰性，却忘了一点，能挖走人才的原因依然是由于执行了这种分配制度。所以，从根本上来说，不能削弱题干的实行分配制度是劳动生产率提高的原因，因此，A项不能选。

题干结论是针对宏达山公司的，其他公司如何，对题干结论影响不大。因此，D项不合适。

E项不能削弱，因为即使"金龙公司去年没有实行与利润挂钩的工资制度，但劳动生产率比火龙公司略高"，但可能原来金龙公司的劳动生产率就比火龙公司要高。

### 21. 正确答案：25. D

张教授认为歌星的高额出场费不合理，张教授判断个人收入合理性的标准是其对社会的贡献。

李研究员认为歌星的高额出场费是合理的，李研究员判断个人收入合理性的标准是其实际创造的利润。

因此，张教授和李研究员争论的焦点就是判别个人收入合理性的标准。可见，D项为正确答案。

A项是很好的干扰项，但并不恰当。因为从题干来看，张教授主张诺贝尔奖得主应当比歌星的收入高，但是李研究员的论述只是对歌星的高额出场费作出了一个解释，从中得不出他主张诺贝尔奖得主不应当比歌星有更高的收入这样的结论。

### 26. E

张教授反驳的观点是：商业回报不是个人收益的唯一形式，但这并不能认为就是李研究员的逻辑。李研究员认为歌星的出场费是一种商业回报，但他并没有认为商业回报不是个人收益的唯一形式。这就是张教授反驳中的漏洞。

### 22. 正确答案：33. C

为使题干论证成立，Ⅲ是必须假设的，否则，如果增加工间操的次数，不能增加参加工间操的人次，这样，平均而言，雇员每周参加工间操的次数并不增加，题干的论证就不成立了。

Ⅰ不是必须假设的。即使每个工作日两次工间操，影响了公司的正常工作，但只要有利于进一步降低雇员的病假率，题干的论证仍然可以成立。

Ⅱ也显然不是必须假设的。

### 34. A

降低病假率的一个重要的途径就是增强经常请休病假雇员的体质。A项如果为真，说明增加工间操的次数，并不能增强经常请休病假雇员的体质，这有力地削弱了题干的论证。

### 23. 正确答案：48. D

Ⅰ项是必须假设的，否则，如果近年来H国的气候状况比K国差，那么，就不能根据H国的粮食收成连年下降和K国的粮食收成连年上升的对比，得出气候状况不是造成H国粮食收成连年下降的原因的结论。

Ⅱ项是必须假设的，否则，如果K国采取过于集中的经济模式，那么，就不能根据H国的粮食收成连年下降和K国的粮食收成连年上升的对比，得出过于集中的经济模式是造成H国粮食收成连年下降的原因的结论。

Ⅲ项显然不是必须假设的。

49. A

如果事实上 H 国种植的主要谷物品种不是 K 国种植的主要谷物品种，则有利于说明：是所种植的主要谷物对生长条件例如耕地条件的不同需求，造成 H 国和 K 国不同的收成状况，而不是过于集中的经济模式造成了近年来 H 国糟糕的粮食收成，这就有力地削弱了题干的论证。因此，A 项正确。

### 24. 正确答案：30. B

题干结论：老人理解和记忆能力不会显著减退。

题干理由：老人和年轻人在玩麻将时所表现出的理解和记忆能力没有明显差别。

题干推理的漏洞是以偏概全，由于"玩麻将只需要较低的理解和记忆能力"，说明玩麻将只需要低层次的理解和记忆能力，至于高层次的理解和记忆能力就不好说了，所以老人高层次的理解和记忆能力很可能会显著减退，这样就削弱了题干的结论。故 B 项正确。

A 项是个很有争议的选项，其实只是个很好的干扰项，如果 A 项为真，玩麻将需要的主要不是理解和记忆能力，玩麻将需要的主要是什么呢，也许是运气，但毕竟不能否认老人和年轻人在玩麻将时所表现出的理解和记忆能力没有明显差别的事实，所以，A 项起不到削弱作用。

D 项也有一定的削弱作用，但即使"玩麻将有利于提高一个人的理解和记忆能力"，也并不能推翻"老人比年轻人理解和记忆能力要显著减退"这个普遍性的事实。

E 项支持题干。

31. A

如果"目前 30 岁的年轻人的理解和记忆能力，高于 50 年前的同龄人"，再加上"目前 80 岁的老人和 30 岁的年轻人在玩麻将时所表现出的理解和记忆能力没有明显差别"，就能说明"80 岁的老人在玩麻将时所表现出的理解和记忆能力就比他们在 30 岁时更强了"，就很强地支持了题干结论。

B 项可能起到削弱作用；C 项能起到一定支持作用，但力度不大；D、E 项是无关项。

### 25. 正确答案：40. C

为使题干论证成立，C 项是必须假设的，否则，研究生是否起早摸黑做实验不是他们勤奋与否的一个重要标准，那么，显然就不能根据起早摸黑做实验的人越来越少，就得出研究生的勤奋精神越来越不多见的结论。

41. D

题干推理要成立，必须假设钟教授的研究生是生命科学院的研究生的代表。

D 项指出了这个潜在假设不一定成立，也就是指出了题干推理犯了以偏概全的逻辑错误。

### 26. 正确答案：44. E

E 项是该推理可行的假设，否则，如果目前行驶在中山大道的大部分货车并不在 10 吨以上，那么小红的断定就不成立。

45. A

A 项通过增加一个论据加强了前提，即如果中山大道的撞车事故主要发生在 10 吨以上的货车，而中山大道只允许通行轿车和不超过 10 吨的货车，这样显然能减少中山大道的撞车事故，从而有力地加强了小兵的结论。

### 27. 正确答案：48. B

陈先生认为：因为北欧人长寿，所以乐观。

贾女士认为：陈先生的理解最多只能说明，北欧老年人为何乐观。

可见，贾女士隐含的推理就是："北欧人长寿，可以是北欧老年人乐观的理由，但并不是所有北欧人都乐观的理由。"显然,贾女士需要假设:只有已经长寿的人,才具备产生上述乐观精神的条件。

A 项可以支持贾女士的反驳,但并非必需的假设。C 项是无关项。E 项说"北欧人实际上并不具有明显的乐观精神",这和贾女士的观点是矛盾的,所以它不可能是贾女士的假设。

49. A

如果 A 项为真,有助于说明,长寿促进需求和生产,即长寿是促进经济发展的原因,经济发展又促进了乐观情绪,这样就加强了陈先生"因为长寿所以乐观"的观点。

C 项"乐观有利于长寿"不能支持陈先生把长寿理解为乐观的充分条件的观点。

## 28. 正确答案:33. D

题干结论:不出具罚单→在法规中禁止自行车闯红灯没意义。

理由是:禁止自行车闯红灯的法规要有意义→有效禁止自行车闯红灯。

要使上述论证成立,必须断定:有效禁止自行车闯红灯→出具罚单。

即 D 项和题干理由结合起来能保证题干结论成立,因此,D 项为正确答案。

题干只是断定,能有效制止它所禁止的行为,是一项法规有意义的必要条件,并没有断定是充分必要条件,因此,A 项说法太绝对。同样,B、C、E 项也不符合题干断定。

34. D

骑车者有三类:经常闯红灯的、从不闯红灯的、偶尔闯红灯的。

题干只是断定,这项法规对经常闯红灯的和从不闯红灯的骑车者没有意义,但没有考虑对偶尔闯红灯的骑车者是否有意义,因此 D 项为正确答案。

## 29. 正确答案:41. A

史密斯的论证是:米开朗基罗的壁画上,有明显的在初始作品完成后添加的痕迹。为了使作品能完全体现米开朗基罗本人的意图,应当在他的作品中去掉任何后来添加的东西。

显然史密斯在论证中的一个隐含假设是:米开朗基罗本人在他的壁画的初始作品完成后,没有添加任何东西(即壁画初始完成后又添加的痕迹不是米开朗基罗本人所为)。

张教授反驳的理由是:那个时代的画家普遍都有在他们的作品完成后再在上面添加什么的习惯。

可见,张教授对史密斯在论证中的一个隐含假设提出质疑。

42. B

张教授的断定如果为真,意味着在米开朗基罗的壁画的初始作品完成后又添加的痕迹,完全可能是他本人所为。因此,去掉任何后来添加的痕迹所恢复的米开朗基罗壁画,很可能并不完全体现米开朗基罗本人的意图。

## 30. 正确答案:45. B

题干论证:近年来在死亡病例中与饮酒相关的比例逐年上升;其原因并非现在的酗酒现象变得严重了,而是由于过去没有认识到而现在已经认识到酗酒本身就是一种疾病。

从中有理由得出如下推论:一些死于肝病的病例,即使死者有酗酒史,过去也不认为与饮酒相关,但现在认为与饮酒相关。因此 B 项作为结束语最为恰当。

46. B

为使题干论证有说服力,B 项是应当假设的,否则,如果和过去相比,现在的医生并不更具有从医学上认定酗酒的生理影响的能力,题干论证的理由就不成立了。

## 31. 正确答案:52. C

题干断定:虽然这种杂交品种会失去父本或母本的一些重要特性,但这是避免山奇灭绝的几乎唯一方式。

可见，题干论证说明了这项原则：改变一个濒临灭绝的物种的类型，即使这种改变会使它失去一些重要的特性，也比这个物种的完全灭绝要好。

其余各项作为对题干所体现原则的概括均不恰当。

**53. C**

题干只是说，山奇可以通过和雏菊的花粉自然杂交产生山奇—雏菊杂交种子，并不意味着只有人工培育的雏菊才能和山奇自然杂交。因此，Ⅰ项是不需要假设的。

题干只是说，在山奇尚存的地域内应当大量地人工培育雏菊，并不意味着在山奇尚存的地域内没有野生雏菊。因此，Ⅱ项是不需要假设的。

题干说明了，山奇—雏菊杂交品种是避免山奇灭绝的几乎唯一方式，意味着山奇—雏菊杂交种子具有繁衍后代的能力。否则，如果山奇—雏菊杂交种子不具有繁衍后代的能力，那么题干论述就不成立了。因此，Ⅲ项是需要假设的。

### 32. 正确答案：54. E

题干结论：考前辅导班不利于成功应试。

理由是：参加考前辅导班的考生的实考平均成绩，反而低于未参加任何辅导班的考生。

要削弱上述论证，就是要寻找能说明"考前辅导班有利于应试"的选项。

Ⅰ、Ⅱ从两个侧面起到了这个作用。

Ⅲ对题干论证是个另有他因的削弱。

因此E项为正确答案。

**55. C**

C项是上述论证成立所必须假设的，否则，如果在上述调查中，参加考前辅导的考生在辅导前的平均水平远不如未参加辅导的考生，那么，即使参加考前辅导班的考生的实考平均成绩低于未参加任何辅导班的考生，也不能得出考前辅导班不利于成功应试的结论。

A项不是必须假设的。虽然题干有专业硕士考试是能力型考试的含义，但这一含义不是题干论证的必要论据。题干的结论是：考前辅导不利于专业硕士考生的成功应试，其论据是：参加各种专业硕士考前辅导班的考生的实际考试平均成绩，反而低于未参加任何辅导班的考生。即使专业硕士考试事实上不是能力型考试，这一论证仍然可以成立。

为使题干的论证成立，确实需要假设：专业硕士考试对于考生的水平有足够准确的区分度。但D项断定过强了，事实上任何一种考试都不可能有完全准确的区分度，因此D项不是必须假设的。

### 33. 正确答案：49. B

题干的原则要表达的意思是：有一些社会行为，法律既不允许，也不禁止。这类行为，禁止官员实施，但允许平民实施（表3-9-2）。

表3-9-2

|  | 法律允许的社会行为 | 法律没涉及的其他社会行为 | 法律禁止的社会行为 |
|---|---|---|---|
| 官员 | √ | × | × |
| 平民 | √ | √ | × |

因此，要使题干的原则能对官员和平民的社会行为产生不同的约束力，必须假设B项，否则，如果法规明文涉及（允许或禁止）的行为，覆盖了所有的社会行为，那么，上述原则就不能对官员和平民的社会行为产生不同的约束力。

**50. C**

题干的原则是：对于官员来说，除了法规明文允许的以外，其他的社会行为都是禁止的。

对于平民来说，除了法规明文禁止的以外，其余的社会行为都是允许的。

因此，允许官员实施的行为，一定允许平民实施。可见，C项违反了这一原则，为正确答案。

其余选项均不违反题干的原则。例如B项不违反。因为允许平民实施的行为，包括法律允许和法律既不允许、也不禁止这两部分，由题干，后一部分禁止官员实施。

### 34. 正确答案：59. D

辨析争议焦点的对话题。

陈先生认为，蜜蜂飞舞时发出的嗡嗡声并不是在给同一蜂房的伙伴传递它们正在采花粉位置的信息。因为蜜蜂从采花粉处飞回蜂房时留下的气味踪迹，足以引导同伴找到采花粉的地方。

贾女士认为，动物在完成某种任务时都可以有多种方式，因此，不能根据蜜蜂从采花粉处飞回蜂房时留下的气味踪迹，足以引导同伴找到采花粉的地方，就得出结论，蜜蜂飞舞时发出的嗡嗡声不是在给同一蜂房的伙伴传递它们正在采花粉位置的信息。

可见，两人争论的问题是：蜜蜂在采花粉时发出的嗡嗡声，是否在给同一蜂房的伙伴传递所在位置的信息。因此，D项正确。

B项易误选，但不是两人争议的焦点。

### 60. B

逻辑描述题。

贾女士的结论是：对于蜜蜂来说，气味踪迹只是它们的一种交流方式，而不是唯一的交流方式。这是一般性的结论。

贾女士的论据是：有些蜂类可以根据太阳的位置，也可以根据地理特征来辨别方位。这是具体证据。

因此，贾女士的论证方法是：提供具体证据用以支持一般性的结论。

### 35. 正确答案：41. A

要削弱题干论证，就要说明"原先《港湾》的一些广告客户拒签合同而转向其他刊物，是出于经济效益的考虑，而非道德责任方面的考虑"，B、C、D、E项都有助于说明这一点。

其中C项如果为真，意味着广告客户拒绝续签合同，不是因为《炼狱》刊登暴力与色情内容，而是因为在《炼狱》上刊登广告不再像在家庭类杂志《港湾》上那样有利于推销家具。

只有A项不能削弱题干。

### 42. E

E项指出"一些在其他家庭类杂志做广告的客户转向《炼狱》杂志"，说明在该杂志上刊登广告是有经济效益的，这就更说明了原先《港湾》杂志的一些常年广告客户拒签合同，不只考虑经济效益，而且顾及道德责任。

### 36. 正确答案：41. C

C项是题干论证必须假设的，否则，如果支气管炎患者抽烟不会影响治疗效果，那么，为有效治疗林教授的支气管炎，张医生没必要要求林教授立即戒烟。

其余各项不是必须假设的。例如，B项能支持张医生要求的说服力，但不假设B项，并不能说明张医生的要求没有说服力。

### 42. A

张医生要求林教授立即戒烟，这意味着张医生预设了林教授抽烟。如果林教授不抽烟，则张医生的要求就没有意义。因此，A项为正确答案。

### 37. 正确答案：46. D

李研究员实际上用类比的方式指出陈教授的论证犯了"诉诸无知"的谬误。可见，李研究员所要表达的结论是：不能简单地根据缺乏某种证据证明中世纪初欧洲与东亚之间有贸易往来，就说这种贸易往来不存在。因此，D项为正确答案。

"诉诸无知"的论证模式是：没有证明S为真；所以，S是假的。或者，没有证明S为假；所以，S是真的。

47. E

E项断定，如果有贸易往来，则很可能会留记录，而欧洲与东亚现存的中世纪初文档中没有当时两个地区贸易的记录，这就有力地支持了陈教授的结论：中世纪初欧洲与东亚之间没有贸易往来，从而有力地反驳了李研究员的论证。

### 38. 正确答案：50. C

题干认为：赛马饲养者所认为的"一旦发现有遗传缺陷的赛马应停止饲养"这种看法是片面的。

从而可以推出题干的结论是：不应当绝对禁止饲养有遗传缺陷的赛马。即C项正确。

其余选项不准确。例如，虽然B项也是题干论证的结论，但不是题干所要论证的最终结论，而是用以支持最终结论的中间结论，属于论据。

51. D

赛马饲养者的观点"一旦发现有遗传缺陷的赛马应停止饲养"所基于的论据是：该病威胁着纯种赛马，使它们轻则丧失赛跑能力，重则瘫痪甚至死亡。

题干并没有否定上述赛马饲养者的论据，而是提出另外的看法，即：此种疾病可以通过饮食和医疗加以控制；而且有此种遗传缺陷的赛马往往特别美，这正是马术表演特别看重的。从而得出与赛马饲养者不同的结论：不应当绝对禁止饲养有遗传缺陷的赛马。

因此，D项准确地概括了题干的论证所运用的方法。

### 39. 正确答案：36. B

考古学家的观点是，这些工具是其祖先从西伯利亚迁徙到阿拉斯加的人群使用的。

张教授不同意上述考古学家的观点，其论据是：在从阿拉斯加到南美洲之间，从未发现13 000年以前的木质工具。张教授认为这一论据能推翻考古学家的结论，因为如果在南美洲发现的史前木质工具是其祖先从西伯利亚迁徙到阿拉斯加的人群使用的，那么，在从阿拉斯加到南美洲之间，应该能发现13 000年以前的木质工具。

李研究员认为这一论据不能推翻考古学家的结论。因为在从阿拉斯加到南美洲之间，未发现13 000年以前的木质工具，不等于13 000年前在从阿拉斯加到南美洲之间一定没有此种木质工具，此种存在过的木质工具可能因为不具备土质条件而腐烂化解了。

因此，两人争论的问题是张教授的论据是否能推翻上述考古学家的结论。

其余概括均不恰当。

37. D

张教授的隐含假设是，在从阿拉斯加到南美洲之间，如果存在过13 000年前的木质工具，就应该如同在南美洲那样能被发现。而李研究员反驳了这一假设。

### 40. 正确答案：40. A

题干断定，一张照片只反映一定的真实而不能反映全部的真实。如果A项为真，即不完全反映全部真实的东西不能成为恰当的证据，从而可以合理地得出结论：照片作为证据是不恰当的。因此，A项为题干论证的假设。

41. B

题干论证：照片只反映一定的真实而不能反映全部的真实，因此，照片作为证据是不恰当的。其隐含的假设是：不完全反映全部真实的东西不能成为恰当的证据。

如果B项为真，即：任何证据只需要反映事实的某个侧面，就否定了题干论证的隐含假设，因此有力地削弱了题干论证。

### 41. 正确答案：45. B

张教授的论据是，经济萧条时期开车上班的人大大减少了。李工程师并没有否定这一论据，但认为这并不能说明会减轻污染，因为车越老造成的污染越重。

#### 46. D

D项是张教授论证所依赖的假设，否则，如果开车上班人数的减少并不会造成汽车运行总量的减少，那么，即使经济萧条时期开车上班的人大大减少了，也得不出汽车尾气造成的空气污染状况会大大改善。

其余选项不是假设。比如B项，即使空气污染的主要原因并不是汽车排放的尾气（例如是工业废气），题干的论证仍然可以成立。

### 42. 正确答案：54. D

本题属于阅读型试题。根据该照片是在距离月面18.7公里地方拍摄获取的，可知是嫦娥二号在椭圆轨道绕月运行时拍摄了月球虹湾地区局部影像图，因此，D项正确。

其余选项均不符合题干断定。

#### 55. C

根据题干的陈述：嫦娥二号为今后发射嫦娥三号卫星并实施着陆做好前期准备。将来嫦娥三号还能根据图片自主避开不适于降落的地点，选择适宜降落的平坦表面。

可知嫦娥二号并没有为嫦娥三号着陆地点做了精确的选择。因此，C项推不出，为正确答案。

其余选项都能从题干推出。

### 43. 正确答案：52. A

钟医生论述：医学成果在发表之前需要经过耗时的匿名评审，如果医学论文还没有在杂志发表，研究者就事先公开其成果，公共卫生水平就可以伴随着医学发现更快获得提高。

这一论证显然必须假设A项，否则，如果人们不会使用已公开的相关新信息，那么，钟医生的论述就不成立了。

B项：与题干无关，为无关选项，排除。

C项：题干中没有出现"首次发表"，为无关选项，排除。

D项：题干论证与评审者是不是医学研究专家无关，排除。

E项：公开成果后，是否会被人们使用，这也是未知的，排除。

#### 53. C

C项表明，匿名评审常常能阻止那些含有错误结论的文章发表，这意味着，医学成果在发表前就事先公开，可能会包含不少错误结论，公共卫生水平就不见得会伴随着医学发现更快获得提高，这显然以另有他因的方式有力地削弱了钟医生的论证。

A项：与放弃匿名评审是否会提高公共卫生水平无关，排除。

B项：社会公共卫生水平的提高并不完全依赖于医学新发现，但仍然可能起到决定性作用，为干扰项，排除。

D项：与题干论证无关，为无关选项，排除。

E项：与是否应该进行匿名评审无关，排除。

## 本篇总结

逻辑论证的本质是事件或事件之间的推理关系，从解题角度上看，论证的本质就是句子与句子之间的推理关系。假设就是必要的支持；支持的取非就是削弱；评价就是支持与削弱的综合；解释是对题干结论的支持。同一个题目可以按照不同的问题考多次。所以题型不是关键，题干的论证关系才是本质。

论证推理的内容是全面介绍解题套路，重点关注的是解题方向，即往哪方面思考的问题，这具有一般的规律性。本篇用题型分类的方式讲解每一类题型及其各种解题思路，这类似于一种分解动作，目的是在平时训练过程中，在练基本功的过程中，帮助考生形成解题感觉。如果经过足量的训练，解题感觉已基本形成，那么在正式解题时就应一气呵成，而不用拘泥于具体是哪种思路。其实逻辑题的推理过程最重要，要从繁复的叙述中看清事物间的推理关系。推理过程清楚了，什么题型都好说，很多题型是相通的。尤其是在实战过程中，切忌解题的时候拿到一道题就琢磨到底哪个解题套路和技巧能用上，因为有些题目是很难讲技巧的，逻辑推理每道题目就是一个独立的挑战，要具体问题具体分析。

逻辑推理考试作为一种能力考试，就要相对独立于各种专业知识，也就是说，相关逻辑理论与知识点掌握得多，逻辑思维能力不一定就强，所以关键是要强化日常逻辑思维能力，其中一个最有效的办法就是多做相关的练习题，在习题的练习过程当中，逐步找到解题的感觉，感觉的提高是很高级的过程，要靠大量做题来训练和提高。逻辑过关的指标就是，你做完一套题后能估算出自己的正确率，选一道题有充分的理由认为自己选对了，说明你有"题感"了。我们确信，拥有"题感"是逻辑考试高分突破的真正秘诀。

# 后 记

管理类联考和经济类联考综合能力的逻辑测试目标是检验考生的三种能力：分析性推理能力、批判性思维能力和阅读理解能力。测试内容不涉及任何专业知识，其测试特征不以难度为主，而以速度为主。在这种富有挑战性的实力型测试中，既需要具有雄厚的综合实力，又需要运用有效的应试方法和策略。

逻辑推理试题的特点主要包括三个方面：一是，考查重点明确，逻辑考试考查的重点是对知识的综合运用以及解决实际问题的能力；二是，出题方式相对固定，具体表现在题目内容虽然很活，但题型相对固定；三是，考查细致化，要求对解题技巧和方法准确把握。由于解题技巧只有在反复练习中才会真正掌握并巩固，因此，要拿高分，秘诀就是要运用类型化方法。所谓类型化方法，指的就是以最佳的试题类型分类为基础，根据不同的试题类型所具有的主要特征而提炼出来的处理不同类问题的具体方法。

为帮助考生更好地把握逻辑考试的特点，提高逻辑推理的应用能力，我们特别为广大管理类和经济类专业学位联考考生编写了本书。全书真题讲解精当，除了答案精准之外，更重要的是，它系统剖析逻辑考试的题型特点，教给考生精简而有用的解题思路、方法和技巧。把本书利用好，能给考生带来事半功倍的效果。

真题是逻辑复习备考的最好蓝本。逻辑命题具有很强的承继性，历年真题具有重要的参考价值。本书精选历年逻辑真题予以讲解。书中相关真题标注所代表的意义是"年代/考试类型-题号"，比如"2018MBA-31"表示"2018年管理类联考综合能力的第31题"，其中考试类型标注的意义分别为："MBA"表示管理类联考及其前身 MBA 联考，"GRK"表示在职 MBA 联考。

本书用分类思维训练的编排方式概括了各类逻辑推理真题的解题思路和解题规律，将有助于考生全面了解考试题型以及相关考点。书中总结的解题方法与规律具有仿效的价值，有助于拓宽思路，考生对照本书归纳总结的方法、技巧，研读相关的解题分析，便可融会贯通、举一反三、触类旁通，在遇到同类问题时，一定有助于尽快理清思路，快速准确解题。我们相信，这将是对考生最有效的实用指导。

本书特别为平时复习时间不充裕的在职人员量身定做，考生可以把它当作考前速成复习书，即在考前可以把它当作题典阅读，这对管理类联考和经济类联考考生来说，是一条省心、省时、有效的速成之道。具体做法是：考前冲刺阶段，边阅读本书真题边思考，阅读时重点思考正确答案为什么正确，这种看题的方法实质上是把自己的解题思路努力往命题专家的思路上靠，靠得越近就越容易做对题。"靠"的过程，有利于在短时间内领悟逻辑解题要领。

考生在运用本书进行逻辑复习备考的过程中，要注意在平时训练中逐步归纳和体会出逻辑考题的共性和有规律性的东西，在此基础上将之变成自己内在的思维方法和感觉，这些方法和感觉必将引导考生顺利取得逻辑高分。

# 科学思维文库
## 周建武逻辑系列著作在版书目

科学思维是人们正确认识客观世界和改造客观世界的有效工具，是对包括逻辑与批判性思维在内的各种科学思维方法的有机整合。"周建武逻辑系列著作"是"科学思维文库"在逻辑领域重点推出的图书，目前在版的主要书目如下：

**考研逻辑系列**
- ◆《MBA、MPA、MPAcc、MEM 管理类联考综合能力逻辑教程（考前辅导与历年试题精讲）》
- ◆《MBA、MPA、MPAcc、MEM 管理类联考综合能力逻辑题库（专项训练与模拟试题精编）》
- ◆《MBA、MPA、MPAcc、MEM 管理类联考综合能力逻辑历年真题分类精解》
- ◆《MBA、MPA、MPAcc、MEM 管理类联考综合能力逻辑精选 600 题（20 套全真试卷及详解）》
- ◆《管理类联考与经济类联考综合能力论证有效性分析（考试教程与历年真题）》
- ◆《经济类联考综合能力逻辑应试教程（历年真题分类精解及全真模拟试卷）》

**科学逻辑系列**
- ◆《科学推理——逻辑与科学思维方法》
- ◆《科学分析——逻辑与科学演绎方法》
- ◆《科学论证——逻辑与科学评价方法》

**大学逻辑系列**
- ◆《逻辑学导论——推理、论证与批判性思维》
- ◆《批判性思维——逻辑原理与方法》
- ◆《论证有效性分析——逻辑与批判性写作指南》

**高中逻辑系列**
- ◆《简明逻辑学——逻辑论证与批判性思维》
- ◆《科学逻辑——逻辑推理与科学思维方法》

**大众逻辑系列**
- ◆《博弈逻辑学：历史与生活中的思维法则》
- ◆《推理日训——逻辑名题 365 道》
- ◆《思维日训——逻辑趣题 365 道》
- ◆《经典逻辑思维名题 365 道》
- ◆《经典全脑思维趣题分类训练》

图书在版编目（CIP）数据

2024 年 MBA、MPA、MPAcc、MEM 管理类联考综合能力逻辑历年真题分类精解 / 周建武编著．--北京：中国人民大学出版社，2023.4
ISBN 978-7-300-31492-1

Ⅰ.①2… Ⅱ.①周… Ⅲ.①逻辑-研究生-入学考试-题解 Ⅳ.①B81-44

中国国家版本馆 CIP 数据核字（2023）第 036094 号

**2024 年 MBA、MPA、MPAcc、MEM 管理类联考综合能力逻辑历年真题分类精解**
周建武　编著
2024 Nian MBA、MPA、MPAcc、MEM Guanlilei Liankao Zonghe Nengli Luoji Linian Zhenti Fenlei Jingjie

| 出版发行 | 中国人民大学出版社 | | |
|---|---|---|---|
| 社　　址 | 北京中关村大街 31 号 | 邮政编码 | 100080 |
| 电　　话 | 010 62511242（总编室） | 010 62511770（质管部） | |
| | 010-82501766（邮购部） | 010-62514148（门市部） | |
| | 010-62515195（发行公司） | 010-62515275（盗版举报） | |
| 网　　址 | http://www.crup.com.cn | | |
| 经　　销 | 新华书店 | | |
| 印　　刷 | 涿州市星河印刷有限公司 | | |
| 开　　本 | 787 mm×1092 mm　1/16 | 版　　次 | 2023 年 4 月第 1 版 |
| 印　　张 | 36 | 印　　次 | 2023 年 4 月第 1 次印刷 |
| 字　　数 | 975 000 | 定　　价 | 89.90 元 |

版权所有　侵权必究　印装差错　负责调换